本书是国家开发银行资助、中共中央党校2012年度重点科研项目

# 国际战略格局转变中的
# 能源与气候问题研究

GUOJI ZHANLüE GEJU ZHUANBIANZHONG DE
NENGYUAN YU QIHOU WENTI YANJIU

马小军　惠春琳　梁亚滨　等　著

人民出版社

# 目　录

# 导论　对当前世界格局暨国际战略格局转变的基本判断[1]

在世界经济格局变化的国际大背景下,能源与气候变化问题已成为当今最引人注目的国际政治问题,并迅速发酵成为国际政治舞台上各利益攸关方瞩目的焦点。能源—气候变化议题正在改变整个世界,也对国际政治和国际关系产生长远而深刻的影响。围绕于此,能源政治、气候政治也已堂皇走进国际战略博弈的中心。因此,只有从国际战略的高度和视角着眼,审视能源与气候变化问题,才能获得更为客观、清醒、深刻的认识,才能使我们从容应对,从而使中国的国家战略利益得以维护和延展。

## 一、金融危机导致世界经济格局的战略性变化

从 2008 年 9 月美国华尔街引爆国际金融危机至今已有 9 年,在过去的 9 年时间里,全球经济经历了政策刺激、快速复苏、缓慢增长的演变轨迹。金融危机与债务危机的相互交织,宏观调控与经济增长的内在矛盾,导致发达国家的经济处于一个长期震荡和调整的过程。与此同时,新兴经济体相对保持着更强劲的增长势头,全球经济格局发生着显著变化。但是,在日趋激烈、充满变数的国际竞争环境下,目前全球经济格局变化方向的稳定性与持续性还有待观察。

① 本书所论及的世界格局暨国际战略格局,是指世界经济暨国际经济战略格局。因此,课题讨论的范畴自然大致局限于经济格局的战略转变。——笔者注

### （一）对此次金融危机的基本理论判断

此次金融危机重创了西方经济，尤其是国际金融业以及国际金融体系。金融危机改变了华尔街的历史，使美国经济陷入一场罕见的衰退，使欧洲的经济困境至今未见谷底，面临二次触底的可能。在危机处置过程中，世界各主要经济体围绕国际金融秩序的重建展开激烈博弈。然而，就此断定美国经济，以及美国主导的西方金融体系已经处于走向"衰落"的"拐点"，不仅不符合实际，在理论和实践上也是危险的。

我们看到，尽管金融危机始作俑者是美国，但当危机出现了全球性扩散后，美元的国际储备货币和国际交换手段的地位反而得到了强化；在股市以及其他投资领域出现全球性恐慌后，美国政府公债反而作为稳健的投资工具而受到投资者的追捧。这些都对美国金融体系逐步走向稳定、使美国经济逐步走向复苏，具有重要的意义，也表现出美国经济体所具有的良好弹性。在应对金融危机的进程中，美元因全球资金从高风险资产中流出以及融资套利交易的解除而获益；美元对欧元、英镑等主要货币出现了大幅升值，对人民币也出现了短期的止跌现象；国际清算银行的数据显示，美元依然是最受全球银行界欢迎的货币，美国政府的公债和那些有政府直接担保的按揭贷款债券也普遍出现升值；资金仍在从全球流向美国市场，美国股市仍是全球股市的领导者。也就是说，美国引爆的金融危机，在其将危机有条不紊地转嫁到其他西方国家和发展中国家的同时，反倒在一定程度上促进了美元的稳定。毫无疑问，现行国际金融体系将在清算此次金融危机教训的基础上，展开机制和制度层面的调整与改革，但在未来相当长的时间内，现有国际金融秩序很难得到根本性改变，而且也很难看到有任何一个国家或国家集团取代美国领导地位的可能。甚至，我们隐约感到，在应对危机的进程中，现行国际金融体系对美国及其主导的国际金融机制的依赖反而加深了。

笔者认为，此次金融危机的爆发，并不必然意味着美国乃至西方经济实力的衰落和体制—制度的终结，而只是世界经济结构的一次自我更新。现代经济是以美国为代表、以金融经济为主体的金融资本经济。金融经济已不再是什么"虚拟经济"，而正在成为一个独立的产业或经济部门（an industry or a business)。其自发产生着自身的各类市场需求,生产并配置自身各种所需的原材料或资源,制造出各种适合市场的产品,并进入金融市场进行各种交易、流通,实现利润,然后再进入下一个生产周期,从而实现自身完整的经济运行过程。金融经济似乎已不再是我们在传统教科书上学到的那种寄生于所谓"实体经济"或产业经济的依附经济部门,货币也不再简单地仅仅具有传统意义上的"符号"、交换与流通手段等职能,而被赋予了金融经济产业的资源、产品等属性。不认识此点,便无法对此次金融危机的性质以及由此引出的对美国经济,尤其是美国主导的世界金融经济的本质得出正确的认识,也就无法把握当代国际金融产业的形势。近来,笔者十分关注美国奥巴马政府时期进行的金融体制的改革;密切留意美国的金融改革对于正在发生与深化的欧洲二次金融危机形成的政治与经济压力;注意观察美国的金融改革与国际金融体制改革的战略关联。笔者不禁产生了某种直觉,难道美国又要藉此国内金融改革之机再次悄然占据国际新金融体系的战略高地吗?与六十多年前在布雷顿森林的高屋建瓴相比,这一次美国人用的不会是暗度陈仓之计吧?

因此,笔者并不赞成把21世纪以来的两场经济危机,包括前一场IT经济危机和这一次全球金融危机,简单地看作美国的衰退或西方经济体制的崩溃。无论是IT危机还是金融危机,都表明全球经济发展的内容和结构正在发生变化和调整。世界经济体系内部联系的紧密化,使危机发生时任何国家都不能够独善其身。在21世纪初出现的一系列新兴经济技术领域,诸如金融产业、环境产业、新能源产业、气候产业、文化创意产业等新的经济领域和产业群中,美国—欧洲一开始即占据了技术研发高端,并获取了主导优势。这两场经济危机的发生,并不表明相关新兴产业的毁灭,而只是我们通常看到的新产业必然经历的盘整,这只是经济发展进程中的自然过程,是剔除泡沫的过程。其中,当然也有政府监管不力的问题,也必然存在华尔街贪欲的彰显、资本主义本身的制度弊病等问题,但并不意味着西方经济体系的崩解;相反,在泡沫被剔出之后,人们并没有看到IT产业或金融产业的瓦解,也没有看到美欧日等西方国家对于这些新兴产业领导的垮塌。冷战后,新兴产业的更新周期在加快,而且创新点不断涌现,创新本身意味着风险,但是风险过后，经济体系自身的结构以及经济体之间的联系会更加健康。因此，经济危机的爆发并不必然意味着西方和美国实力的衰落和制度终结。这一点反而应当引起人们的深思。

## （二）金融危机后世界经济的变化

1. 全球经济增速放缓

金融危机爆发后，全球经济增速呈现出自20世纪80年代以来最大的负增长，2009年全球实际国内生产总值（Gross Domestic Product，GDP）增长率为-0.38%，其中发达经济体的增速为-3.44%，对全球经济拖累严重，好在新兴与发展中经济体表现良好，维持了3.11%的正增长。此后，各主要经济体都开始积极实施经济刺激计划，推动全球较快地走出了此次严重的整体衰退，2010年全球经济快速反弹，增速大幅回升到5.18%。此后，全球经济的表现可以用“后劲不足，缓慢回升”来形容，从2010年至2013年增速呈下降趋势，但国际货币基金组织（International Monetary Fund，IMF）、经济合作与发展组织（Organization for Economic Co-operation and Development，OECD）等国际机构预测未来几年全球经济将持续缓慢复苏。

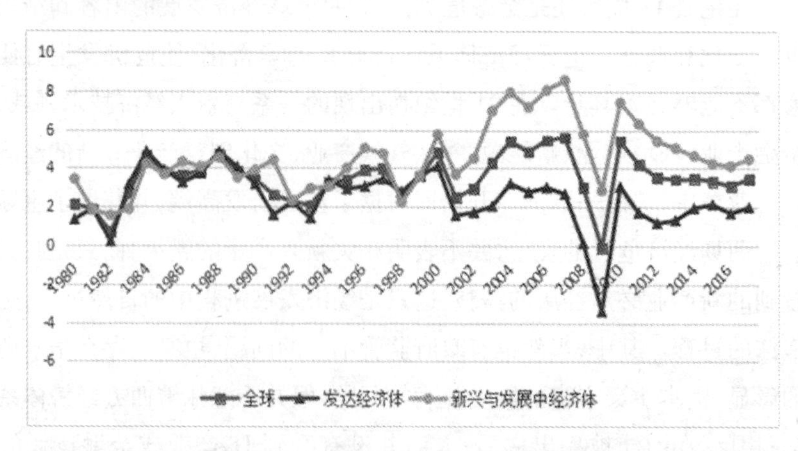


**图0-1 1980—2017年全球、发达经济体、新兴与发展中经济体GDP增速**

数据来源：IMF，*World Economic Outlook Database*，April 2017，图中经济增速为实际GDP增速，已剔除通货膨胀因素。2016、2017年数据为IMF的预测值。

2. 发达经济体艰难复苏

(1)美国面临增长难题。美国虽因空前力度的救助措施较快摆脱了严重衰退的险境,但是近几年仍呈现出增长乏力的状态。对于处于产业经济前沿的美国而言,在创新领域寻求技术突破是其保持平衡增长的要求,回顾之前,在互联网产业革命高潮过去乃至出现泡沫时,美国将房地产和金融业作为经济增长主要动力,但结果却产生房地产泡沫和金融系统次贷危机。

目前,美国正是处于缺乏产业前沿创新的沉寂期,这表现为国内投资乏力,没有新的增长点吸引投资,从 2007 年至 2011 年,美国国内投资占 GDP 比例就一直呈现下降趋势。[①] 所以,未来美国如何打破这一沉寂期,取得新的产业创新突破,给投资创造新机会,将是其面临的经济增长难题。但值得注意的是,美国近年在前沿创新领域也有一些较为显著的表现,如页岩气开采技术的突破、可再生能源利用率的提高、3D 打印技术的成熟等,都有可能帮助美国走出困境。

时至 2018 年,美国经济历经 10 年的艰苦挣扎复苏,GDP 的增长上升到了 3%上下,股市在 2017 年第四季度表现出强劲的增长势头,显示出美国经济已基本走出金融危机。

(2)欧洲经济遭遇多重危机。欧洲经济目前面临债务、金融、经济、货币等多重危机,而 2008 年金融危机是其导火索,但本质原因还是欧元超主权货币内在机制的局限性。在金融危机的引爆下,沉重的外债负担将部分欧元国拖入危机泥潭,2009 年葡萄牙、希腊、爱尔兰的公共债务中外债占 GDP 比例都在 70%以上,希腊甚至超过了 100%。[②] 欧元区成员国经常项目持续逆差,不得不通过举债满足需求;单一货币体制为成员国在外部低成本举债提供了条件——成为拖累欧盟经济最主要的两个原因。在未来一段时期欧洲可能继续处于危机僵持的状态,宏观经济形势则面临低增长甚至濒临衰退困境。

---

① 根据 IMF 的 World Economic Outlook Database 中数据显示,美国在 2007 年至 2011 年的投资占 GDP 比重为 19.6%、18.9%、14.7%、15.5%、15.5%,呈现一路下降的趋势,但在 2012 年提高到 16.2%。——笔者注

② 数据来源:世界银行数据库。

当然,在欧盟经济体中,我们也看到了德国经济的增长韧性,其成为欧盟经济最重要的支撑者。

(3)日本维持稳定低增长。日本受金融危机影响严重,在2009年其实际GDP增速下降到-5.527%,是当年衰退最严重的发达国家之一,但2010年在美国快速复苏的带动下,也实现了4.65%的高增长率。回顾日本在过去20年中的表现是令人失望的,在1990年至2012年日本的年均增长率不到1%,在达到最发达国家人均收入水平后,日本就呈现出这种"低增长稳态"。究其原因,最重要的有两点,一是人口的高速老龄化,其老龄化比重达到20%以上,比欧洲还严重。① 二是国内资本形成率不足,日本资本存量进入停滞甚至是下行通道。

日本首相安倍晋三,希望以激进的金融政策、灵活的财政政策,刺激民间投资的产业政策等方式,让日本走出低增长的状态,重振日本经济。② 所谓安倍经济学的"三支箭"一度对日本经济产生了一定的刺激作用,但后续效果乏善,是否能让日本经济走出"失去的20年",似乎并不乐观。

3. 新兴经济体③逆势保增

从经济增长的角度来看,新兴市场在危机中保持了较好的增长势头,并没有受到严重影响,在金砖五国中除俄罗斯外,其他国家经济增长都好于全球平均水平,特别是中国和印度在逆势中还分别保持了9%和5%的高增长,带动全球经济复苏。不仅是金融危机爆发后,实际上从2000年开始,新兴经济体对全球经济增长的贡献就非常显著,2000年至2008年间,金砖四国④对

---

① 数据来源:International Economic Review。

② 安倍晋三所采取的这一系列政策,以及其经济改革思想,被称为"安倍经济学"。——笔者注

③ 新兴经济体,是指某一国家或地区经济蓬勃发展,成为新兴的经济实体,但目前并没有一个准确的定义。英国《经济学家》将新兴经济体分成两个梯队。第一梯队为中国、巴西、印度和俄罗斯、南非,也称"金砖国家";第二梯队包括墨西哥、韩国、菲律宾、土耳其、印度尼西亚、埃及等"新钻"国家。——笔者注

④ 金砖四国(BRIC)是引用了俄罗斯(Russia)、中国(China)、巴西(Brazil)和印度(India)的英文首字母,由于该词与英语单词的砖(Brick)类似,因此被称为"金砖四国"。2001年,美国高盛公司首席经济师吉姆·奥尼尔(Jim O'Neill)首次提出"金砖四国"这一概念。2010年南非(South Africa)加入,其英文单词变为"BRICS",并改称为"金砖国家"。——笔者注

于全球经济增长的贡献率高达 30%，而之前十年的贡献率仅仅是 16%，G7 国家[①]的贡献率则由 1990 年的 70%下降到目前的 40%。[②]

**表 0-1　2007—2017 年主要经济体 GDP 增速及预测**

| 年份 | 2007 | 2008 | 2009 | 2010 | 2011 | 2012 | 2013 | 2014 | 2015 | 2016 | 2017 |
|---|---|---|---|---|---|---|---|---|---|---|---|
| 中国 | 14.2 | 9.6 | 9.2 | 10.6 | 9.5 | 7.9 | 7.8 | 7.3 | 6.9 | 6.7* | 6.6* |
| 印度 | 9.8 | 3.9 | 8.5 | 10.3 | 6.6 | 5.5 | 6.5 | 7.2 | 7.9 | 6.8* | 7.2* |
| 俄罗斯 | 8.5 | 5.2 | -7.8 | 4.5 | 4.0 | 3.5 | 1.3 | 0.7 | -2.8 | -0.2* | 1.4* |
| 巴西 | 6.1 | 5.1 | -0.1 | 7.5 | 4.0 | 1.9 | 3.0 | 0.5 | -3.8 | -3.6* | 0.2* |
| 南非 | 5.4 | 3.2 | -1.5 | 3.0 | 3.3 | 2.2 | 2.5 | 1.7 | 1.3 | 0.3* | 0.8* |
| 欧盟 | 3.3 | 0.6 | -4.3 | 2.1 | 1.7 | -0.4 | 0.3 | 1.7 | 2.4 | 2.0* | 2.0* |
| 美国 | 1.8 | -0.3 | -2.8 | 2.5 | 1.6 | 2.2 | 1.7 | 2.4 | 2.6 | 1.6* | 2.3* |
| 日本 | 1.7 | -1.1 | -5.4 | 4.2 | -0.1 | 1.5 | 2.0 | 0.3 | 1.2 | 1.0* | 1.2* |

数据来源：IMF，*World Economic Outlook Database*，April 2017，其中带 * 为预测值。

从国际金融领域来看，新兴市场的银行业在危机后迅速成长，在全球金融市场中扮演更加重要的角色。由于美元地位的相对削弱，一些新兴经济体也开始在外贸结算和资产标价中与美元“脱钩”。

从国际贸易和投资领域来看，受金融危机影响，全球贸易量在 2009 年减少了 10.97%，全球对外直接投资总量减少 33.1%。而新兴与发展中经济体的增长率则好于全球平均水平，更强于发达经济体，对全球经济整体衰退起到了抵抗的作用（如图 0-1）。而且正是在危机发生之后，新兴市场和发展中国家在全球贸易中的地位显著上升，2010 年发展中国家占全球出口总额的 35.6%，占进口总额的 38.3%，与危机前相比显著提高，并且这一比例在 2012 年进一步提高到 38.5%和 41.6%。[③] 另一方面，2009 年新兴经济

① G7 国家是指七国集团（Group of Seven，以下简称 G7），是主要工业国家会晤和讨论政策的论坛，成员国包括加拿大、法国、德国、意大利、日本、英国和美国。——笔者注

② ［英］奥尼尔：《“金砖四国”有望提前统领世界经济风骚》，《21 世纪经济报道》2009 年 12 月 28 日，第 19—20 版。

③ 数据来源：IMF，*Direction of Trade Statistics*（DOTS）数据库，更新于 2013 年 7 月。

体用于收购发达国家企业的资金为1050亿美元,超过了同期发达国家集团对新兴经济体的收购资金742亿美元。[①] 在此次危机中,新兴经济体在国际贸易和投资领域的表现更加活跃,对全球经济的影响产生了积极的影响。

### (三)金融危机后世界经济格局的新变化

当前的世界经济进入一个关键时期。经济全球化出现波折,保护主义、内顾倾向抬头,多边贸易体制受到冲击。金融监管改革虽有明显进展,但高杠杆、高泡沫等风险仍在积聚。主要经济体先后进入老龄化社会,人口增长率下降,给各国经济社会带来压力。在这些因素综合作用下,世界经济虽然已经显示出了总体复苏的势头,但仍面临多重风险和挑战,诸如增长动力不足、需求不振、金融市场反复动荡、国际贸易和投资持续低迷等。

1. 新兴经济体地位提升,但欧美主导未根本动摇

从全球经济总量结构看,发达国家的总体份额出现了明显下降,从2007年的71.6%下降到2016年的61.2%,而新兴与发展中经济体的总量份额明显上升,从2007年的28.4%上升到2016年的38.8%。并且根据IMF的预测,这一趋势在未来几年内将继续保持,2013年新兴与发展中经济体的经济总量已经超过发达经济体。图0-2还显示了美国、欧盟、日本与金砖国家在世界经济总量的比例,可以发现,这几个主要发达经济体总量占比呈现逐年下降的趋势;相反,金砖国家总量占比却逐年升高,根据IMF预测,金砖国家的总量占比在2017年将达到23.4%。经济总量的变化导致新兴经济体和发展中国家地位的日益提升,目前G20会议的协商机制也反映了这一变化。

但是,新兴与发展中经济体的崛起与发达经济体的衰落是一个长期过程,关于世界经济格局的演变过程有以下两点基本判断:第一,发达经济体尤其是美国的经济实力仍处主导地位,而且美国在科技、金融及军事方面的力量还保持着绝对优势,在可预见的未来不太可能发生根本性变化。第二,

---

① 金芳:《金融危机后的世界经济格局变化及其对美国经济的影响》,《世界经济研究》2010年第10期。

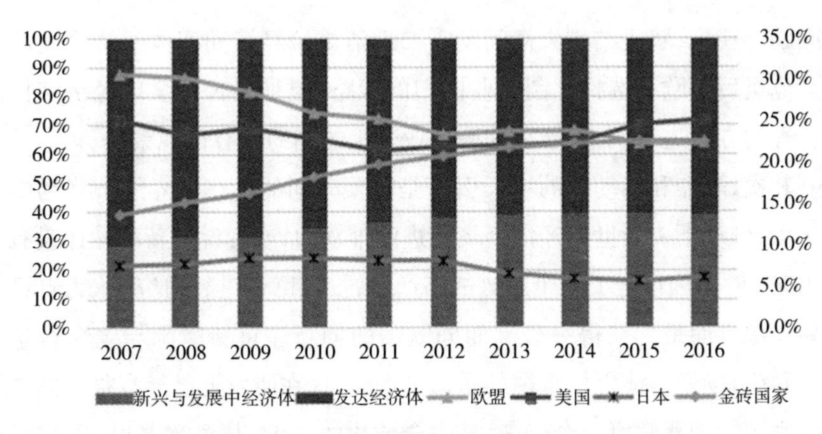


**图 0-2　2007—2016 年各经济体占全球 GDP 比重**

数据来源:IMF,*World Economic Outlook Database*,April 2017,其中 2016 年、2017 年数据为 IMF 的预测值。

目前的矛盾不仅是发达国家和发展中国家之间的矛盾,两者内部的矛盾也日益凸显。欧债危机实际上暴露了美欧之间的矛盾,而金砖国家之间在发展中也不可避免地处于竞争状态。总之,世界经济格局目前虽然发生了较为显著的变化,但距离新兴经济体占主导地位还有很长的距离。

2. 金融风险尚未消散,欧债危机压力仍存

在治理金融危机的过程中,在政府干预经济的权力扩张中,欧美社会形成了高额的政府主权债务。美国政府通过注入流动性,确保银行保持平稳,但是却没有对银行业的规范进行改革,银行仍面临着能否可持续发展的问题。

放眼欧洲,高额的政府主权债务引发欧债危机,并且这场危机的风险仍然此起彼伏。IMF 数据显示欧元区 2014 年处于缓慢增长态势,GDP 增长率上升到 0. 89%。欧元体制的内在矛盾将与欧债危机前景捆绑在一起,欧洲经济在短期内大概很难摆脱低速增长和濒临衰退状态。近期发生的英国脱欧的重大政治经济困局,以及有可能引发个别欧元区国家退出,甚至更为剧烈的欧元重组的局面,则将对已处于复苏期的欧盟经济,造成剧烈的影响和破坏。

3. 经济结构面临调整,增长动力尚不明朗

世界经济在复苏过程中,面临着调整结构失衡和培育新增长引擎两个

大问题。首先,解决结构失衡问题需要理清虚拟经济和实体经济之间的关系。危机后美欧都选择了制造业回归的策略,但是能否使全球经济结构向更合理的方向进行调整,能否摆脱产业分工的制约还有待观察。

其次,酝酿和启动新的增长引擎是需要时间的。在世界经济格局的新变化中,带动下一轮世界经济突飞猛进的推动力,或者说创新革命还没有显现出来。① 美国设定了六个新兴战略产业,投入巨资进行研究,认为自己将在新能源方面最先获得突破。而同欧美的创新注重新能源与生命科学不同,新兴市场经济体更加重视的是信息产业,这在研发上已经有很大的差异和区别。特朗普政府上台以来,其去全球化的政策,其意欲退出《巴黎气候协定》的举措,以及一系列"去奥巴马"国内能源、经济政策的推出,使得美国能够成为引领世界经济走出低谷的创新引擎被质疑。而中国近年来经济快速高质的发展,特别是在新能源领域、电子经济领域、大数据领域等诸多新兴科技、经济领域,令世界瞩目的发展,提振了国际社会的信心,有可能成为以创新驱动下一轮世界经济发展的新引擎。

### (四)中国在世界经济格局中的地位及前景

当前,中国经济正进入新旧发展模式的交替时期,即所谓"大改革、大转型、大调整"阶段,也是实现第一个百年宏伟目标的"决胜阶段"。与前三十多年中国经济发展模式不同,旨在改变增长方式、追求经济质量的改善、保持中高速度的发展,已成为中国经济发展的新常态。站在新的历史起点上,党中央把握住认识新常态、适应新常态、引领新常态这一中国经济发展的大逻辑,统筹国内外两个发展大局,坚持改革开放,创造性地提出创新、协调、绿色、开放、共享五大发展理念,将其贯诸于中国经济社会发展"十三五"规划全领域,也将开启中国经济发展贡献于世界新模式。

中国快速和平崛起并未因经济下行而减速,继续成为格局转型—秩序

① 国内外有学者提出第三次工业革命即将到来,但是具体内容却各自有不同的看法,总结看来,有以下几种:新能源与互联网相结合的发展、制造业的数字化、互联网和制造业的结合发展,以及人工智能、机器人和数字制造技术的结合发展。但也有不同的观点,有的观点认为目前技术积累还没有完成,第三次工业革命的判断还为时尚早。——笔者注

塑形最主要的推动力量。中国经济转型受到国际社会广泛关注。中国经济放缓幅度在预期之内,中国经济正向更安全、可持续的发展模式转变。中国GDP增长速度虽然放缓,但对世界经济的贡献率不仅没有下跌,反而拉升。IMF强调,中国经济发展方式转变,发展速度有所放缓是自然的过程,同时也是对中国和世界发展的有益转变。

1. 中国在世界经济中具较大能动性

中国在世界经济中的能动性实际上是指:较大的中国经济增量影响力,自由度较好的政策选择,在改革发展领域较独立的支配权。这样的能动性表现在三个方面:

第一,中国正在加快推进新型工业化、信息化、城镇化、农业现代化,新的经济增长点将不断涌现。中国目前的城市化率约五成,而农业劳动力人口比例远远高于发达国家,在城市化的过程中中国还有巨大的增长潜力。中国13亿多人口的市场具有不可估量的潜力,中国经济结构调整和产业优化升级将产生巨大需求。未来5年,中国预计将进口超过10万亿美元的商品,对外投资规模累计将超过5000亿美元,出境旅游人数将超过5亿人次。这将为国际和地区伙伴提供更广阔的市场、更充足的资本、更丰富的产品、更宝贵的合作契机。

第二,作为全球最大的增量国是中国实现能动性的客观依据。根据IMF数据,中国在2005年至2015年已经成为全球经济最主要的增长贡献国,贡献率接近美国的两倍,超过欧元区的贡献率。这也使得中国能动性的选择将对世界经济发挥产生重要的影响。

第三,宏观调控应对金融危机的实践是中国体现能动性的经验证据。2008年中国出台了“一揽子”刺激计划,通过拉动内需促进国内经济快速回升,虽然事后看这样的刺激措施可能存在一些弊端,但不可否认的是中国在外需激烈收缩的背景下通过内需扩张使得本国经济在全球主要经济体中最快企稳回升。这个事实本身就凸显了现阶段中国经济自身所具备的能动性。

2. 中国经济将面临增速减缓

近年来中国经济出现了持续的减缓调整,从现实情况来看,中国经济增速减缓有以下几点原因：

(1)人口红利的逐步弱化。中国劳动力资源优势弱化，对我国多年来依靠丰富廉价劳动力资源吸引外资的模式构成挑战。2003 年，我国 65 岁以上人口比重占到 7.5%，按国际标准进入老龄化社会，2012 年这一比重提高到 9.4%，未来我国人口老龄化将进一步加剧，人口红利将逐步减少。①此外，居民生活成本增加，劳动力整体素质提高，劳动力市场供求关系转变，劳动力成本上升成为长期趋势。

(2)资源—环境约束已到临界点。中国经济的高增长是建立在资源高消耗与环境高污染基础上的，国内自然资源已经开始枯竭，目前国内共确定了 69 个资源枯竭型城市，大宗商品需要从国外大量进口。国内环境污染所带来的负外部性迅速上升，国际环境也急剧变化，有气候专家指出自然现象变化有可能在未来几十年到达临界点，人类生存环境将受严重影响。这说明，中国依靠消耗资源、牺牲环境来实现高增长的模式已经走到尽头。

(3)日益激烈的国际竞争。增长的劳动力成本，使中国在低端技术领域，面临来自发展中国家的竞争，特别是东盟国家以更低的劳动力成本获得追赶优势。此外，发达经济体提出的“再工业化”战略，特别是美国重振制造业的新布局，将在中高端技术领域给中国带来更大的竞争压力。

(4)刺激政策产生的透支回补效应。在金融危机发生的特殊环境下，中国采取了强势的经济刺激计划，然而这是通过透支未来收入和需求发生作用的。在相关钢铁业、房地产等领域的巨大投资，刺激了相关行业的扩张和地方融资膨胀，导致处理经济危机时出现的“强增长”，而在危机时期，则导致这些领域的后续透支回补效应，构成了宏观经济增速减缓的行业背景。

3. 中国的战略机遇期在深化改革中实现

金融危机后，中国经济所面临的国际与国内环境确实发生了战略性的变化，但是否迎来了发展的“战略机遇期”，实际上还取决于中国自身深化改革、攻坚克难的决心和行动。关于中国经济在这个挑战与机遇并存的时

---

① 《2012 年社会服务发展统计公报》，中国民政部网站，2013 年 6 月 19 日，http://www.mca.gov.cn/article/sj/tjgb/201306/201306004747469.shtml。

期,如何保持稳定又有质量的发展,有以下几点判断:

(1)增速减缓,有利于经济结构调整。从国内经济来看,这一时期适度的经济减速是早先经济过度扩张的结果,也有利于调整化解之前的宏观调控积累的失衡因素,为深化改革创造有利的宏观环境。从外部经济关系来看,适度减速有助于增加中国获取外部大宗商品原料和能源供应的宽松度,有助于抑制进口价格飙升而带来的贸易条件恶化的情况,有助于保障中国作为世界上最大债权国的利益。

(2)力推改革,谋求自主性增长。在目前温和的总需求管理政策下,应趁势实施经济调整方针,在关键领域力推改革,如建立公平准入与鼓励竞争的市场环境,调整政府的管理职能等。中国需要改革之处很多,难度也很大,但一旦取得实质进步就将释放出巨大改革红利。近期在金融、能源、铁路等领域所采取的一系列改革措施,也释放出了这个良好的信号。

(3)以供给侧结构性改革为主线。推进供给侧结构性改革,是适应和引领新常态的重大创新,是党中央综合研判世界经济形势和我国经济发展新常态作出的重大决策,是以习近平同志为核心的党中央在深入认识发展规律、洞悉国内外发展大势基础上提出的新思想、新举措,是对中国特色社会主义政治经济学的丰富发展。当前,经济下行压力加大,有外部周期性因素,但根本上是内生性结构问题,主要是供需结构失衡,供给能力不适应市场需求变化。制约我国经济发展的因素,供给和需求两侧都有,但矛盾的主要方面在供给侧。供给侧结构性改革直接作用于生产者和劳动者,影响的是企业成本、效率和劳动生产率,对于新常态下实现发展方式的根本转变具有重要意义;通过供给方面的成本降低、效率提升,可以在保持需求稳定、物价稳定的同时更为有效地拉动经济增长;将重点解决一系列结构性问题,特别是产业结构、产业组织、区域结构、技术结构、就业结构、分配结构等方面的问题。因此,无论是从微观、宏观还是从结构方面看,推进供给侧结构性改革对于新常态下我国经济持续健康发展都具有决定性意义。“十三五”规划纲要进一步强调以供给侧结构性改革为主线。

(4)扩大开放,发挥自身优势。审视中国目前的开放进程,开放格局已经大大滞后,如今的开放格局是 2001 年加入世贸组织的时候确立的,在过去的十几年取得了巨大成就,但加入世贸所带来的开放红利在逐渐衰竭。未来需要在以下领域进一步开放:一是贸易领域的开放。从原来主要注重货物贸易转向货物贸易和服务贸易并重,服务领域的开放承诺范围宽度够了,但是深度还不够。二是投资领域的开放。从原来比较注重利用外资转向双向投资同样关注。三是进一步推动人民币的国际化。扩大开放的长期目标应是从原来以出口创汇为主要目的转变为提升中国在全球价值链中的地位。

(5)2015年年末人民币入篮特别提款权(Special Drawing Right,SDR),成为具有全球影响的大事件。世界货币秩序16年来第一次因人民币入篮SDR发生改变。人民币成为IMF除美元、欧元、日元和英镑外的第五种国际储备货币,成为继美元和欧元之后的第三大货币。美国国会最终批准IMF改革方案,中国将成为IMF第三大股东。这是国际社会对中国的改革,中国的市场经济地位,特别是近年中国金融体制改革的认可。中国作为全球第二经济大国、第一货物贸易大国和第一出口大国,人民币的加入推动了SDR货币篮子多元化和代表性,为国际货币体系改革提供了正能量,带来了新机遇,推动中国金融体制改革提速,贡献中国在国际货币秩序转型中的领导力,使当代国际货币体系晕染上了鲜明的"中国特色"。

(6)中国经济转型受到国际社会广泛关注。IMF强调,中国经济发展方式转变,发展速度有所放缓是自然的过程,同时也是对中国和世界发展的有益转变。中国GDP增长速度虽然放缓,但对世界经济的贡献率不仅没有下跌,反而拉升。中国快速和平崛起并未因经济下行而减速,继续成为格局转型—秩序塑形最主要的推动力量。国际社会高度重视解读中国"十三五"规划。仔细研读"十三五"规划不难发现,几乎所有重大经济发展规划领域,无不与当今世界经济发展相联系。这是中国第一次将国家经济社会发展规划与全球经济发展联系到一起,第一次将国家治理现代化与推动全球治理改革接轨。推进"一带一路"建设,被放在了拓展中国区域发展空间中加以规划。"一带一路"一头接续着中国沿海、沿江、沿线经济带为主的纵向横向经济轴带,另一头向欧亚大陆陆海纵深全方位延伸,打造陆海内外联动、东西双向开放的全面开放新格局。

当前，国际环境复杂严峻，国内增长速度换挡期、结构调整阵痛期和前期刺激政策消化期“三期叠加”的特征凸显。因此，必须进一步加大供给侧结构性改革力度，提高适应、把握、引领新常态的主动性，推动我国社会生产力水平总体改善。从中长期来看，我国发展仍处于重要战略机遇期，新型工业化、信息化、城镇化、农业现代化、绿色化等发展目标将得到实现，我国经济总量、人均 GDP 水平、城乡居民收入都将实现跨越式发展。预计我国在 2020 年前后有可能跨越“中等收入陷阱”，达到高收入发展阶段起点；在 2030 年前后有可能在经济总量上实现新的跨越；在 2050 年前后有可能在人均 GDP 水平上达到发达国家平均水平，基本实现社会主义现代化。中国经济将在世界经济格局中占据更重要的位置，对人类社会发展作出更大贡献。

## 二、21 世纪初国际政治格局的变化暨大国关系的战略调整

进入 21 世纪以来，世界经历“9·11”事件、阿富汗战争、伊拉克战争、中东大变局，以及粮食危机、全球经济和金融危机、美欧社会危机等一系列重大事件的洗礼和催化，正在发生深刻复杂变化。世界多极化、经济全球化深入发展，文化多样化、社会信息化持续推进，科技革命孕育新突破，全球合作向多层次全方位拓展，大发展、大变革、大调整在不同层面和不同维度上深入展开。国际政治、经济、社会、军事和安全等不同程度地经历转型，转型的长期性、过渡性、渐进性、曲折性、多变性和风险性并存交织，量变的不断累积加速导致部分质变，世界格局、国际体系和国际安全将在嬗变中呈现越来越多的新特点。

### （一）力量对比新变化

从全球范围内看，美欧日等传统发达国家面临的问题增多，新兴市场国家及发展中国家的整体实力增强，这就导致前者与后者两个大的国家群体之间的力量此消彼长，差距持续缩小。

在经济方面，根据2016年IMF提供的数据，从2007年到2015年年底，G7国内生产总值总和在世界GDP总量中所占的比例从54.7%下降为46.6%，出口贸易额总和在世界出口贸易总量中所占比例从41.16%下降为31.9%。相比之下，一批新兴市场国家和发展中国家呈现比较快速的群体性的梯次崛起态势。其中，“金砖国家”的整体实力提升明显。从2007年到2015年年底，金砖国家国内生产总值的总和在世界GDP总量中所占比例从13.6%增长为22.5%，出口贸易额总和在世界出口贸易总量中所占比例从13.96%增长为19.1%。根据2017年6月IMF发布的预测，美欧2016年的经济增速分别为1.6%、2.0%，2017年可能达到2.3%、2.0%；2016年和2017年新兴经济体的经济增速仍可能达到4.1%和4.5%。凭借不断累积的经济实力，“金砖五国”在世界经济和国际金融领域的影响力持续上升。在2012年3月于印度举行的金砖国家峰会上，五国要求国际货币基金组织继续落实2010年的投票权改革方案，并在2014年全面重新审议投票权分配方案。同时，金砖五国协商组建了金砖国家银行。在政治方面，美欧等国主导和塑造国际事务的意愿和能力受到的牵制有所增多，在全球和地区问题上的话语垄断和影响力有所下降，对新兴大国的倚重明显加大。基于此，美国领导的北约国家加快准备从阿富汗撤军，在中东事务特别是叙利亚和伊朗问题，以及朝鲜等地区热点问题上的介入力度有所减弱；在国际金融体系改革、气候变化应对、粮食危机处理等全球性问题上的着力有所下降。相比之下，新兴经济体在联合国安理会和联合国大会、“金砖五国”峰会、二十国集团（Group of Twenty，以下简称G20）峰会、七十七国集团（Group of 77，以下简称G77）、不结盟运动等多种多边机制中积极开展合作，群体性崛起的合力以及经济实力增长转换而来的政治影响力增强，在全球和地区事务中的话语权扩大。在发展模式方面，西方资本主义尤其是美英自由市场经济模式遭受质疑，经济民族主义、贸易保护主义和反全球化力量上升，社会政治生态加快演化，激进思潮有所抬头、影响力增大，不同政党之间、不同种族和族群之间、不同阶层尤其是少数富人和大多数穷人之间、本国人和外国人之间等多重矛盾有所激化，政治生态的复杂性和脆弱性上升，这些问题使得发达国家作为世界发展引领者的道义优势和感召力受损。

相比之下，中国等新兴大国的发展模式在应对危机方面彰显优势，越来越多的发展中国家积极探索符合本国国情的发展道路和发展模式，各种非西方道路和模式的发展潜力受到越来越多的关注。

从主要战略力量之间的力量对比看，"一超"与"多强"之间的实力差距缩小，"多强"之间综合实力的均衡化趋势日益突出。首先，美国作为"一超"的综合实力依然突出，但对世界格局和国际体系演变的主导力与其世纪之交的顶峰时期相比进一步削弱，与其他大国的差距进一步缩小。从2007年到2015年年底，美国GDP在世界GDP总量中所占比例从25.1%下降为24.7%，出口贸易额总和在世界出口贸易总量中所占比例从10.46%下降为9.2%，进口贸易额总和在世界出口贸易总量中所占比例从14.82%下降为14.5%，军费开支占世界总量的比例从41.7%下降为36.3%。① 加上国际体系的转型和国际事务日趋错综复杂，中东大变局和乌克兰问题等驾驭和处理难度增大，这使得美国独自掌控地区和国际局势的能力和意愿下降。其次，在"多强"之中，欧盟和日本分别力图通过继续加强一体化建设和自我变革保持国际地位和影响力相对稳定，中国、俄罗斯、印度等国在全球化和区域化进程中发挥优势，增强实力，国际地位和影响力明显提升。中、欧、俄、日、印等"多强"的整体实力趋强，彼此之间的力量对比总体上趋于扁平化。此外，巴西、澳大利亚、印尼、土耳其、伊朗、南非等更多国家自主发展的意愿、能力和实力都在不同程度地持续走强。加上各种国际非政府组织、跨国公司、国际传媒以及其他组织和团体等各种非国家行为体，凭借各自优势，利用信息化趋势深入发展尤其是互联网的传播影响作用，对国际事务施加越来越大的影响，对大国的地位和作用造成制约冲击。所有这些因素的交互作用和共同影响推动国际力量对比日益分散而日趋平衡，导致世界大国和地区大国的地位起落排序正在重新洗牌。由此，20世纪80年代末冷战结束后从两极对峙格局转变而来的"一超多强"格局，加快朝着多极格局方向演变，包括美国在内的"多极"之间的力量对比正在朝着扁平化和均衡化的方向曲折发展。

---

① 数据来源：The World Bank，http://data.worldbank.org/indicator。

这种发展意味着，在未来5—10年乃至更长时期内，如果现有世界多极化趋势持续深入推进，那么多极格局的特征将变得更加突出。其实，早在2008年，法国总统萨科奇在法驻外使节会议上就明确提出："中国、印度、巴西等国在政治、经济领域日益崛起，俄罗斯逐渐恢复元气，为形成一个新的大国合唱的多极世界创造了条件"；西方独自为世界"定调"的时代已经结束，世界将进入长达数十年的"相对大国时代"。① 2009年出台的《俄罗斯联邦2020年前国家安全战略》强调："由于新的经济增长和政治影响中心的加强，一种崭新的地缘政治格局正在形成。"②俄外长拉夫罗夫在题为《变革的潜力》的文章中明确指出："多中心世界秩序的轮廓已越来越清晰。"③ 2009年美国国家情报委员会推出的《全球趋势2025：转型的世界》预计，到2025年，中、印的国内生产总值可能超越除美、日之外的所有国家（人均国民收入仍将继续落后数十年），世界八大经济体的排序将是美国、中国、印度、日本、德国、英国、法国和俄罗斯；综合GDP、国防开支、人口和技术等加权指数，发达国家与发展中国家间的实力差距将持续缩小，"一个全球多极体系正在崭露头角"。④ 2010年英国国防部发表的《全球战略趋势——展望2040》报告认为，全球权力中心将从美国和欧洲向亚洲转移，单极权力结构将变成由3个乃至更多国家或国家联盟组成的多极权力结构。⑤ 这些论断尽管提出的时间有早有晚，概念表述的具体含义和所指时段也存在差异，但在国际多极格局将在未来10年左右时间里变为现实或者至少开始形成这一点上，却可以说已经形成了国际共识。

---

① 《解读萨科奇的相对大国论》，新华网，2008年1月24日，www. xinhuanet. com/world/2008-01/24/content_7480495.htm。

② 《俄罗斯联邦2020年前国家安全战略》，钟忠、马茹、熊伊眉、胡丽雯译，《参考消息》2009年5月31日，http://www. cetin. net. cn/cetin2/servlet/cetin/action/HtmlDocumentAction;jsessionid=1F4722315907EEA9E164388800816842? baseid=1&docno=385648。

③ 谢尔盖·拉夫罗夫：《变革的潜力》，新疆哲学社会科学网，2009年11月18日，http://www.xjass.com/zy/content/2009-11/18/content_118276.htm。

④ ［美］美国国家情报委员会：《全球趋势2025：转型的世界》，中国现代国际关系研究院美国研究所译，时事出版社2009年版，第19—20、138页。

⑤ *Global Strategic Trends-Out to* 2040, British Ministry of Defense, 2002, http://www.mod.uk/NR/rdonlyres/38651ACB-D9A9-4494-98AA-1c86433BB673/0/gst4_update9_Feb10.pdf.

## （二）战略关系新形态

基于以上力量对比的新变化，世界主要大国着眼于在不断深化的多极化趋势中确保和扩展各自的战略利益，着眼于在形成中的新格局中谋求比较有利的战略地位，纷纷加强近中期的战略谋划，加快调整内外战略，力图抢抓世界发展和国际格局交替转换的战略主动权，至少防止被过快和过度地边缘化。

美国对内在推进金融改革、对汽车等传统产业进行"再工业化"、实施医疗改革和移民管理改革、加强教育和科技创新、设法刺激经济增长和增加就业的同时，谋求在新能源、新网络等新技术和新产业方面的新优势，力图增强经济竞争力。对外，开启接触与合作时代，与 47 个国家开启服务贸易协定谈判，与欧盟进行全面的跨大西洋贸易与投资伙伴协议谈判（Transatlantic Trade and Investment Partnership，TTIP），加快推进跨太平洋伙伴关系协定谈判（Trans-Pacific Partnership Agreement，TPPA），加强对国际贸易秩序演进的主导；积极调整和巩固与欧、日、韩、澳等传统盟友的关系，又推进与中、俄、印度、巴西等新兴大国的关系，促进合作和减少竞争，注重发挥"巧实力"和利用多边机制以弥补综合实力的下降，使"多极世界"转变为"多伙伴世界"。[①] 当前，美国这种战略在乌克兰问题上遭遇俄罗斯强势出击的考验，双方客观上已经形成抗衡态势。

欧盟力图转变为一个提供高就业、高生产率与社会凝聚力、智能化、可持续和包容性的经济体，进而重振科技和经济优势；在应对债务危机和银行危机的过程中强化共同的金融监管和救助体系建设，促进与货币一体化相适应的财政联盟、预算协调和银行联盟建设，穿越"转型时刻"迈向一体化建设的新阶段。对外，强化行动能力，注重向其周边的西亚北非、西巴尔干和苏联国家倾斜；制定"真正的战略，把中国、巴西和其他新兴工业化国家纳入"西方主导的国际体系中，以欧盟未来作为国际格局一极的地位。

---

① Hillary Rodham Clinton, "Foreign Policy Address at the Council on Foreign Relations", *Washington, DC*, July 15, 2009.

俄罗斯对内着力推进远东地区开发,对外把独立国家联合体和欧洲作为外交优先方向,坚决抵制欧盟和北约向乌克兰和格鲁吉亚一线的扩展,以促进其欧亚两部分的经济联动来凸显其独特的地缘战略优势,推进欧亚经济同盟建设来强化对苏联成员的掌控和巩固周边战略依托;注重借助"金砖五国"机制和上海合作组织来提升和保持国际影响力。

日本战略焦虑和右倾保守化趋势日益凸显,对内以量化宽松和日元贬值以及税收改革等措施来促进经济发展,从武器装备、军费投入、人员和相关法律修改等多个方面大幅加强军备建设,积极推动修改和平宪法;对外借助美国的支持不断突破第二次世界大战后形成的战略束缚,积极扩展与澳大利亚、菲律宾、印度等国的合作,把中国作为首要对手展开战略竞争,力图重振国际地位和维持地区主导权。

印度力求以推动科技创新加快经济增长,以航空航天开发和国防建设为抓手增强综合国力;对外,以强化对南亚和印度洋的主导权为基点,北上更多地介入中亚、西向加强与中东国家能源经贸合作、东进加强与日本、澳大利亚等东亚和西太平洋国家的合作,积极推行大国平衡和强势周边外交,大国心态和相应外交路线持续凸显。

此外,巴西、澳大利亚、印尼、土耳其、伊朗、南非等更多国家自主发展的意愿、能力和实力都在不同程度地持续走强。加上各种国际非政府组织、跨国公司、国际传媒以及其他组织和团体等各种非国家行为体,凭借各自优势,利用信息化趋势深入发展尤其是互联网的传播影响作用,对国际和地区事务施加越来越大的影响,对大国的地位和作用造成制约冲击。

主要大国的战略调整导致大国关系在多个层面和多个维度同时展开新一轮调适和重组。从全球范围看,传统发达国家出于维护其国际体系主导地位的需要,增加对新兴大国的借重,推动新兴大国在体系转变中承担更多责任,同时又对新兴大国可能构成的挑战多加防范和牵制,这种互动已经并将继续构成新一轮大国关系重组的主线。从半球范围看,北半球的美国与欧盟、日本等在各自战略利益的折中和碰撞中,对其传统盟友关系进行重新塑造和实现新的平衡,跨越南北半球的中国、俄罗斯、印度、巴西、南非等主要新兴经济体为了维护在国际体系转变尤其是围绕气候变化、金融改革等全球性问题的战略角力中的共同利益，既合作更竞争。从地区范围看，有美、欧、俄之间围绕新的跨大西洋关系和欧洲安全框架进行角力，有中、美、日、印、澳围绕亚太地区秩序主导权展开的角逐。从国别范围看，中美分别作为新兴大国和西方发达国家代表的引领地位和作用日显突出，两国关系变化既浓缩体现新兴大国和西方发达国家两大板块关系的变化，更呈现出越来越多的新兴崛起国与霸权守成国之间关系的特点，在越来越大的程度上牵动新一轮大国关系重新组合。中美日在围绕钓鱼岛主权归属和亚太地区秩序主导权等重要问题的激烈角力中探求平等化和协作化，中美欧关系在债务危机的艰难应对中寻求战略平衡与互信，中俄印巴南在不断深化合作的过程中面临防止竞争失控的考验，美欧俄在乌克兰危机的刺激下围绕中东欧未来格局的博弈明显加剧。这些层面的战略关系的互动和演变并行交织，大国关系的对抗性、竞争性与合作性同时存在，并且都不同程度地有所发展变化，捍卫核心利益的坚决与对抗、争取优势的激烈与克制、合作应对共同挑战的广泛深入与务实灵活、各种关系的多方联动和彼此牵制等特点日趋突出，整个大国关系将日渐呈现竞争与合作快速转换的空前错综复杂多变的新形态。

### （三）机制重组新特点

力量对比的变化和战略关系的新形态势必反映到权利的调整和秩序的重构，这把世界推入了建章立制的规制时代，意味着通过在会议室里和谈判桌上调整厘定规则和机制来实现国际权力和利益的重新分配以及相应的制度化安排成为当今世界深刻复杂变化的一个重要方面。既得利益者将极力确保其权利份额，新崛起者终将争取与实力地位相称的权利，这就导致主要战略力量为之展开激烈博弈。发达国家与发展中国家尤其是新兴大国围绕国际秩序重构中的理念和规则、国际金融体系改革和国际储备货币变化、温室气体减排所代表的环境秩序重建、油气和铁矿石价格谈判所代表的能源资源秩序调整和重建、社会责任国际标准与活动可持续性管理体系所代表的经济和公民社会发展方向等方面的规则主导权和话语权激烈角力；西方国家内部围绕金融体系改革、发展模式和地区主导权明争暗斗；新兴大国内部就国际发展空间、发达国家分割给发展中国家的权利再分割、联合国安理会扩大以及地区和次地区主导权等展开博弈；主要大国在军备建设和地缘战略方面的竞争呈现加剧态势。

在全球层面，大国博弈首先围绕联合国改革展开。从20世纪70年代开始，特别是90年代以来，联合国体系为因应国际形势变化的需要就开始适应性的改革。2005年，联合国改革取得明显进展，成立了建设和平委员会，用人权理事会取代人权委员会，改善和加强与非政府组织的合作，开启了安理会改革进程。2009年有关安理会改革的政府间谈判正式启动以来，各方围绕改革方案、扩大后的安理会与联大的关系等问题展开讨论，英法所提延长非常任理事国任期的过渡性的小幅改革方案得到较多呼应。2012年9月，日印德巴组成的“四国联盟”再度提出要求推进安理会改革。2014年，日本、印度和巴西又一次着手准备，在2015年联合国成立70周年之际推动安理会改革的意图明显。从迄今为止的角力情况看，安理会改革如果得以突破，那可能形成的格局应该是：五个常任理事国、日印德巴和两个非洲国家等任期较长（两年以上）的非常任理事国、原有任期两年的常任理事国等三个层次构成的等级结构。其次，大国博弈围绕专门性国际机构的改革展开。国际货币基金组织（IMF）和世界银行（World Bank，WB）的股权结构和职能进一步调整，根据2010年提出的改革方案，前者已经向把新兴市场和发展中国家的投票权增加到6%，后者把发展中国家和转型经济体的投票权提高为3.13%，未来还将进一步展开改革。然而，在这项改革中，美国所占的投票权比重没有变化，被调整的主要是欧洲国家的投票权比重，所以难以落实。鉴于此，如前所述，在2012年3月于印度举行的金砖国家峰会上，五国要求国际货币基金组织落实已有方案，并在2014年全面重新审议。2013年4月，金砖国家在南非德班峰会上决定启动建立金砖国家的复兴银行。2014年7月，金砖国家在巴西福塔莱萨峰会上发表《福塔莱萨宣言》，签署成立金砖国家开发银行协议，并对金砖国家开发银行的资本金、出资结构、所在地、人员与机构设置做出了说明。银行首任理事会主席将来自俄罗斯，首任董事会主席将来自巴西，首任行长将来自印度。银行总部设于中国的上海，同时在南非设立非洲区域中心。这意味着金砖国家开发银行已经从理念设计阶段进入实际运作阶段。

在大国合作机制方面，成立于1999年、由欧美发达国家和新兴大国组成的二十国集团（G20）经过2008年金融危机的催化和全球经济治理需求的强劲拉动，其地位进一步夯实和提升，已经成为推进国际金融体系改革、加强全球金融监管和开展全球经济治理的主要平台，并寻求从危机应对机制向协调宏观经济政策的长效机制方向演化。八国集团在二十国集团地位快速提升的背景下被迫寻求重新定位，正在探讨向十四国集团扩展的过程中，由于乌克兰危机爆发，美欧决定不出席原定于2014年在俄罗斯举行的八国集团峰会，并举行了没有俄罗斯参加的七国集团峰会，这使得八国集团机制中止，七国集团机制再现。“金砖国家”则从概念走向现实，从四国峰会扩展为五国峰会，并朝着兼顾有效务实合作和准机制化的方向发展。欧盟在《里斯本条约》通过之后，加强欧盟委员会主席、轮值主席国元首与新设的欧盟“总统”“外长”等之间的领导机制整合以及内外政策整合，力图在应对债务危机和银行危机的过程中强化共同的金融监管和救助体系建设，促进与货币一体化相适应的财政联盟、预算协调和银行联盟建设，穿越“转型时刻”迈向一体化建设的新阶段。

在军备建设方面，主要国家为了更好地因应大变局和确保各自战略安全，在经济形势恶化的情况下，依然纷纷着力加强战略力量，包括加速调整军事战略、提高装备技术和人员作战水平，等等。美国军事战略在反恐、防扩散与防范新兴大国崛起之间寻求“平衡”，在未来10年军费将缩减近5000亿美元的情况下，推行“空海一体化”战略，越来越注重维护其在海洋、网络和外太空等“全球公地”的绝对优势，积极研发“全球即时打击系统”等新型常规威慑武器以及无人驾驶飞机和滨海战舰等新型空海打击武器，着力加强网络战力量建设。俄罗斯继续谋求在潜艇和导弹等战略力量方面的传统优势，同时出台了《2020年前俄联邦国家安全战略》和“新军事学说”等一系列近中期战略文件，推进军备升级，把提高机动性和快反能力作为军队改革方向的核心，把确保边界安全与资源获取作为常备部队的战备重点。俄计划在2020年之前累计支出将达到6500亿美元，俄财政部长库德林表示这笔钱将用于俄武装部队的现代化。印度更是连续多年大幅提高国防预算,着力加强海陆空战略力量建设,对外军购规模不断扩大,采购对象从欧洲扩展到美国。

在地缘战略方面,大国角逐的中心转向亚太,纷纷加大战略关注和投入,亚太格局的变动将在一定程度上影响整个国际格局交替转换的走向。“新边疆”的角逐则围绕海洋、太空与网络等所谓“全球公地”的战略优势竞争展开。世界主要大国海上发展空间和安全保障能力竞争升温,包括不断提升海洋在国家发展与安全战略中的地位,积极推进海洋战略实施和壮大海洋综合开发能力,围绕专属经济区和外大陆架划界以及战略通道安全保障问题加紧文攻武备。北冰洋、印度洋、中国南海和东海等主要海域集结多重阵型组合。美国、俄罗斯、加拿大等国竞相通过立法、建军事基地、军演等加紧抢占北极“战略领地”;美国、俄罗斯和澳大利亚等国利用南极海域的“法律真空”抢占地域,宣示主权。多个国家加大太空开发的战略投入,军民综合利用保持主导,但军事用途仍是开发主要动力——“武器化”程度不断提高,竞赛危险度增大,有关国际谈判已然升温。美、日、俄、印等多国加紧制定和实施网络安全战略和建设网络战备体系及力量,使得信息技术和网络竞争日益向网络战方向演变。

## 三、地缘战略格局变动与国际能源秩序的调整

### (一)全球地缘战略格局的新变动

从全球层面看,地缘战略格局变动呈现三大重要趋势,首要是东升西降,即美欧日等传统发达国家的综合实力相对下降,金砖国家为代表的新兴经济体群体性崛起。这种趋势自 2008 年金融危机以来变得越来越明显,并在前述有关国际格局变动的部分已经阐述。其次是全球地缘战略维度呈现新特点,海洋的重要性不断上升,外空竞争不断加剧,网络空间的战略角逐更是异军突起。

20 世纪 80 年代,亚洲“四小龙”(韩国、新加坡、中国香港、中国台湾)快速发展和率先实现工业化;90 年代亚洲“四小虎”(泰国、马来西亚、印度

尼西亚、菲律宾)的快速发展开始显现;进入21世纪尤其是2008年金融危机之后,中国、印度、俄罗斯、土耳其、哈萨克斯坦等国快速发展,这些国家不同批次前后延续的持续撑托使得亚洲的崛起态势变得越来越突出。这种凸显在经济和政治方面均有体现。在经济维度上,亚洲地区国家的国内生产总值、进出口贸易、吸引外资和对外投资等都呈现快速增长态势,2013年年底世界国内生产总值前十位国家有四个在亚洲(中国第二、日本第三、印度第八和俄罗斯第九),整个地区的经济规模占世界1/3。[①] 亚洲开发银行预测,亚洲经济占世界比重到2035年将升至44%,到2050年将进一步上升到52%。[②] 在政治维度上,泰国、菲律宾提供了亚洲国家采取西方民主制度之后的发展范例,韩国、新加坡、中国香港和中国台湾提供了儒家文化圈国家和地区工业化、民主化的例子,马来西亚、印尼和土耳其等提供了对现代化的发展路径探索,俄罗斯、哈萨克斯坦、吉尔吉斯斯坦等则提供了苏联成员国转型的经验和教训。

作为亚洲整体性崛起的重要因素,同时也是亚洲整体性崛起的重要效应之一,区域外的战略力量纷纷加大对亚洲的关注和力量投放。美国为了掌控从西太平洋和东亚延伸到印度洋和南亚的弧形地带,进而掌控整个亚洲和继续维护其全球领导地位,在中东(西亚和西南亚等)和亚太进行"再平衡"或"转轴"(pivot),一方面适度减少小布什时期因阿富汗战争和伊拉克战争而在中东过多投入的力量,但不离开该区域;另一方面增加对亚太的关注和投入,以确保美国在该区域的存在和主导地位不受严重削弱;特别是着力加强在中东与亚太的连接部位即中亚、东南亚和西南太平洋的力量部署,力图形成强有力的战略支撑。为此,美国奥巴马政府持续加大投入,推进"新丝绸之路倡议",打造以阿富汗为核心,囊括中亚国家、巴基斯坦、印度、孟加拉国在内的贸易和能源合作机制,为2014年撤军之后继续保持足够的影响力进行相关部署;推进与菲律宾、越南、新加坡、印尼、澳大利亚等国

---

① 《李克强在博鳌亚洲论坛2014年年会开幕式上的主旨演讲》,新华网,2014年4月10日,http://news.xinhuanet.com/politics/2014-04/10/c_1110191764.htm。

② 刘振民:《坚持合作共赢 携手打造亚洲命运共同体》,《国际问题研究》2014年第2期。

的外交联系、经贸往来、安全合作,进一步激活与泰国的安全同盟关系,改善与缅甸、老挝等国的关系。受美国战略调整的刺激和推动,俄罗斯、日本、印度、东盟等的亚洲外交更加活跃,欧盟、澳大利亚等区域外国家纷纷强化与亚洲国家的多方面关系。欧盟明确把发展与中国、印度等亚太新兴大国关系作为对外关系的重要方面;与日本举行首脑定期磋商,相互借重谋求更大影响力;与东盟建立全面政治伙伴关系;提升与印度关系,英法领导人也相继访印;继续加强在中亚的油气博弈。俄罗斯在普京重回总统宝座的强势带动下,以推动建设欧亚经济联盟为契机,提升在欧亚大陆中心地带的地位;与韩国寻求提升伙伴关系,加强油气领域的合作与贸易;加强针对南千岛群岛的军力和军演,加强东北亚军事存在;与越南签署关于建设核电站的协议、能源合作协议及海关行政互助协议等,深化核能合作;与东盟举行峰会并发表联合声明,推动双方更全面务实的合作;与印度签署高额军事及太空技术合作协议,深化民用核能合作,在中印边境举行联合军事演习。日本安倍政府要重振经济和国防,摆脱第二次世界大战后东亚体制的束缚,在与美国进一步加强同盟关系基础上,寻求在亚太地区发挥更大作用;同时更加明确地将其西南方向作为军事和安全力量发展重点,大力强化在西南诸岛方向的攻防能力,积极扩展对南亚和东南亚的影响力。印度继续东进亚太尤其是加强与日本和澳大利亚等国的全方位合作,同时推进与哈萨克斯坦等中亚国家的合作,重启与伊朗的联合委员会会议,商讨伊—巴—印天然气管道协议。东盟在大力推进一体化建设和确保区域合作中心地位的同时,极力实施“大国平衡术”,把美、俄拉入东亚峰会。澳大利亚更是越来越重视加强与亚洲的联系,扩展在亚洲的利益。吉拉德政府在2012年10月制定并发表的《亚洲世纪中的澳大利亚》白皮书认为,亚洲成为世界经济龙头的进程势不可当,而且加快了步伐;澳大利亚要在2025年前变得更加繁荣、更有活力并分享新机遇,进而成为亚洲世纪的赢家,就要成为一个更了解亚洲、更具能力的国家;要有明确的计划,抓住即将涌现的经济机遇,应对将要出现的战略挑战。①

① 《亚洲世纪中的澳大利亚》白皮书(中文版),澳大利亚总理内阁部,http://asiancentury.dpmc.gov.au/sites/default/files/white-paper/translations/asian_century_white_paper_foreword_chinese.pdf。

同样既是亚洲整体性崛起的重要内生支撑和内在驱动，又是亚洲整体性崛起效应的重要体现之一，板块内部不同层面和不同领域的联动持续加剧，包括：东南亚方向的东盟从加强自身一体化建设向牵引亚洲地区整合方向发展；上海合作组织作为亚洲中心地带最重要的多边合作机制的发展及其影响辐射，强化了东亚、中亚与南亚之间的联系；西亚的海湾合作委员会在应对中东大变局的过程中进一步扩员和扩大影响；美国提出并推进的“新丝绸之路”计划促进了南亚和中亚的联系；俄罗斯力推的欧亚经济联盟则增强了苏联成员之间的合作。这些机制从五个不同方位，各有侧重和特点，在不断推动次区域合作的同时，促进了整个地区范围内部的联动，增强了整体性。以经济内部联系为例，区内贸易从21世纪初的8000亿美元增长到如今的3万亿美元，贸易依存度超过50%；区内已经签署的自贸协定从2002年的70个快速增加到2013年初的250多个，成为全球自贸区建设最活跃的地区；大多数国家的入境游客80%以上来自亚洲内部。中国与亚洲国家之间的经贸联系更是日趋紧密，已经成为许多亚洲国家的最大贸易伙伴、最大出口市场和重要投资来源地，前十大贸易伙伴中1/2来自亚洲，对外投资约70%投向亚洲，截至2012年年底，在亚洲国家开设了66所孔子学院和32所孔子课堂，互派留学生近50万人；同亚洲国家人员外来超过3000万人次，入境中国内地的亚洲国家人员达1500万人次，占入境外国人总数的57%，外国人入境人数前十位的国家中有7个是亚洲国家。①

### （二）中东地缘政治格局的新变动

始于2010年底的中东大变局，作为苏联解体以来世界范围内最重要的地缘政治变动，经过两年多的演进，已经把整个地区推上了动荡、转型和重塑的轨道。从地缘政治角度来看，中东地区格局中“东升西降”态势突出。

在中东地区，从地缘政治角度来看，大致可以划分为两个重要的次区域，一是东部以海湾为中心的区域，包括伊朗、伊拉克和海湾合作委员会国

① 刘振民：《坚持合作共赢　携手打造亚洲命运共同体》，《国际问题研究》2014年第2期。

家等,这个次区域的主要矛盾围绕逊尼派与什叶派、阿拉伯人与波斯人、沙特与伊朗、萨达姆时期的伊拉克与伊朗的利益角力,以及油气资源供应安全等问题展开。二是西部以巴勒斯坦为中心的地中海东岸的黎凡特区域,包括以色列、叙利亚、黎巴嫩、约旦等国,这个次区域的主要矛盾围绕阿拉伯国家与以色列的冲突与和平(核心是巴以冲突与和平)展开,北非的埃及、利比亚和阿尔及利亚等其他国家可以视为这个次区域的延伸。

自 1948 年以色列建国以来,在中东地缘政治格局中,由于以巴以冲突与和平问题为核心的阿以冲突与和平问题长期占据中东政治和安全议程的核心地位,该地区最重要的地区组织阿拉伯国家联盟(League of Arab States,以下简称"阿盟")也由埃及所主导(总部设在开罗;秘书长除 1979 年至 1990 年间由突尼斯人担任外,其余时间均为埃及人),所以以巴勒斯坦为中心的黎凡特区域长期在政治和安全上占据比较重要的地位。1991 年海湾战争之后,随着美国在"西促和平"的同时,在海湾地区对伊拉克和伊朗实施"双重遏制"战略,并且要由此打造地区新秩序,中东地缘政治格局中的东西两个次区域开始逐步趋向平衡。2003 年伊拉克战争爆发和随后开始的重建,特别是在伊朗核问题日渐突出之后,这种平衡被再度打破,从之前的"西高东低"向"东高西低"转变,海湾地区在整个中东地缘政治格局中的重要性进一步上升。

2010 年年底中东大变局开始以来,由于突尼斯、埃及、利比亚等国相继发生政权更替,经济社会发展形势持续恶化,新的政治秩序构建在宗教与世俗、集权与民主、温和与激进等多重矛盾较量中曲折前行,面临诸多挑战;加上叙利亚政府与反政府力量的武装对抗久拖不决,刺激教派、部落、民族等多种矛盾开始恶性爆发,导致安全局势不断恶化,这些国家的地区作用和影响力下滑使得北非和地中海东岸的黎凡特地区在整个地区的地缘格局中的地位持续下沉。相比之下,海湾阿拉伯国家合作委员会(Gulf Cooperation Council,以下简称海湾合作委员会、海合会或 GCC)新老成员和伙伴国则凭借比较强大的经济实力以及相互支持,通过推进政治、经济和社会改革,基本保持了稳定。在此基础上,海合会一方面顺势扩员,进一步加强一体化建设,增强集体应对变局的能力。2011 年 5 月,海合会在沙特首都利雅得首脑会议上决定,宣布将吸纳约旦为正式成员,与摩洛哥建立伙伴关系。由此,海合会从海湾伸展到地中海东岸和北非地区,从次区域性机制向区域性机制转变,成为中东君主制国家和逊尼派国家加强合作、应对地区变局的一个重要平台。另一方面,对外展开积极作为,对整个中东地区局势走向施加影响,地位明显提升。在也门问题上,海合会三次提出并修改调解方案,最终推动萨利赫政府与反对派在2011年年底签署协议,实现政权和平过渡,使也门问题在海合会框架内得到初步解决。在利比亚问题上,率先明确表示支持联合国安理会通过设立禁飞区的1973号决议,采取支持利比亚反对派的基本立场,这成为推动阿盟整体乃至其他国家对该决议采取支持立场的重要因素。随着美、法、英等北约国家的军事干预推进,卡塔尔和阿联酋等成员国追随提供政治、经济、军事和舆论支持,特别是卡塔尔还直接派出军机参与作战,并帮助利比亚“全国过渡委员会”在卡塔尔设立办事处和电视台,为利比亚进入“后卡扎菲时代”发挥了比较重要的帮手作用。在叙利亚问题上,沙特作为在海合会中享有主导地位的国家,在美欧明确表示要求巴沙尔总统已经失去执政合法性而应该下台之后,就持续不断地对叙巴沙尔政府强化政治孤立和经济制裁,向叙反对派提供政治、经济和舆论等多方面援助,同时支持联合国—阿盟特使进行斡旋。在巴勒斯坦问题上,2012年2月推动“哈马斯”和“法塔赫”在卡塔尔的多哈达成和解协议,长期流亡叙利亚的哈马斯领导人迈沙阿勒转居卡塔尔。10月,卡塔尔埃米尔哈马德率团访问加沙地带,承诺投入2.54亿美元帮助重修道路、医院、居民生活区和发展农业项目。在伊朗问题上,在伊方威胁封锁霍尔木兹海峡之后,海合会作为一个整体开始制定应对各种可能的突发情况的预案,其中包括寻求与美国共建导弹防御系统;2012年7月,阿联酋建成启用新管线从该国东部富查伊拉港经阿曼湾向外输出,而无须经过霍尔木兹海峡;同期,沙特将其东部油田通达红海沿岸石油城延布长达1200公里的一条天然气管线改成原油管线,绕过霍尔木兹海峡对外输油。这些立场和措施无疑已经成为影响伊朗问题国际博弈走向的重要因素。

海合会组织及其成员对整个中东地区局势的影响不断扩展;“伊斯兰国”严重破坏伊拉克安全局势并引来美国的空袭,伊拉克作为目前石油输出国组织(Organization of the Petroleum Exporting Countries,以下简称欧佩克或 OPEC)第二大出口国其局势发展对国际石油市场的影响上升;伊朗核问题全面协议谈判取得的重大成果,成为牵动地区局势发展的重大利好消息,而美国特朗普政府对此的否定政策,使得围绕伊核问题的国际政治、经济、军事博弈再次起伏跌宕;叙利亚危机的走向,因俄罗斯的快速、大规模军事介入,使战场形势得到根本性的扭转,而来自美国、欧盟国家以及东部沙特等海湾国家和伊朗与西部的土耳其越来越多的卷入,又致使形势演变得更加复杂;巴勒斯坦"哈马斯"在以色列 2014 年 7 月"护刃行动"的打击下,其走向如何,一定程度上同样与伊朗、海湾逊尼派国家的背后角力紧密相关,这些因素都使得海湾在整个中东地区乃至国际政治和安全议程中的重要性不断增高,对世界政治和经济格局的影响变得越来越大。

引人注目的是,2017 年发生了以沙特为首的海合会成员国家,集体以制裁、断交封锁的方式惩罚成员国卡塔尔的事件,给海合会的国际形象蒙上了一层阴影,使其对中东国际事务的影响大打折扣。

### (三)地缘战略格局变动对国际能源格局的影响

上述全球地缘战略格局变动的新趋势和中东地缘政治格局的新变动,无疑使全球的能源—地缘政治格局越加扑朔迷离,其对国际能源格局造成的影响主要集中于三个方面:一是亚太地区的能源消费持续增长,对国际能源格局的影响不断扩大;二是亚洲内部的能源格局呈现新特点,西亚和中亚作为能源供应方,包括东北亚在内的东亚作为能源消费方,这两方相互之间的能源纽带不断增强,地区内联系日趋紧密;三是中东地区动荡加剧,使得能源自给率不断提高、对中东能源依存度持续下降的美国介入地区事务的意愿和决心下降,转而进一步推动形成美国主导的国际能源格局。从长期看,如果美国确实像国际能源机构所预测的那样,在 2020 年超过沙特成为世界第一大石油生产国,2030 年超过俄罗斯成为世界第一大天然气生产国,那么美国不仅对中东的能源依赖将进一步下降,而且将掌握影响国际能源格局变动的新杠杆,其对国际能源格局的主导力将进一步增强,其与沙特、伊拉克、俄罗斯等其他油气出口大国的能源竞争合作关系将发生新的变化。

## 四、国际公共安全领域的突出问题与全球治理格局的建构

### （一）国际公共安全领域的突出问题

国际公共安全，是指国际层面的“社会安全”和“公众安全”，该领域所涉及的问题十分广泛，如国际环境变化、粮食与能源安全、非法移民、武器扩散、流行性疾病、武器扩散等。但在经济、生产、消费全球化的今天，国际公共安全领域中最受关注的两个议题就是气候变化与能源安全，而且气候与能源问题本身就是一对双生子，构成了对未来人类发展的双重挑战。

1. 全球气候变化问题

气候变化的科学研究已经表明，全球变暖已经成为人类迄今为止面临最严重，规模最广泛，影响最深远的问题之一。[①] 根据《联合国气候变化框架公约》中的定义，气候变化是指“经过相当一段时间的观察，在自然气候变化之外由人类活动直接或间接地改变全球大气组成所导致的气候改变”。目前的全球气候变暖表现在地球大气和海洋温度的升高，这是由人为因素造成的。而任由这种情况发生下去，将有可能对全球生态系统和人类健康等产生巨大的不利影响。

目前，全球气候变化问题呈现出的特点主要有：第一，全球气候变暖具有全球性与不均性的特点。气候变暖没有完全平等地发生在每一个国家或地区，有的区域受害有的区域可能受益。第二，各国气候应对政策差异明显。各国的具体情况差异决定了各国在应对气候变化对策的差异性。第三，气候问题的不确定性使其在民众中信任度下降。这种不确定性提高了治理的成本，也损害了各国参与减排的积极性。

通过对全球气候变化问题的特点分析，可知其不再是一国国内问题，而是需要全球各国通力合作的国际公共安全问题。

---

① O.C.Change，“Intergovernmental Panel on Climate Change”，*United Nations*，2001.

2. 国际能源安全问题

随着世界经济的复苏,世界能源需求增长强劲,能源安全重新成为世界关注的焦点问题。关于能源安全,表现在四个方面,包括实体安全,即资产、供应链、基础设施的安全;能源获取安全,即能够获得稳定的供给;机制体系协调,即国家政策和国际协调来共同应对存在的问题;使用安全,即对环境、人类健康等没有危害。从目前的形势来看,国际能源安全已经给世界政治和经济的稳定发展构成严峻挑战。其表现在:

首先,能源需求持续增长造成巨大供给压力。1970 年世界能源消费总量为 49.5 亿吨,到 2016 年已经增长到 132.76 亿吨,45 年间增长了 2.56 倍,仅有 4 年出现负增长。① 2010 年世界经济复苏带动全球能源消费全面回升,预计全球能源消费在 2014 年至 2035 年将年均增长 1.4%,在 2030 年达到 174.47 亿吨。② 虽然目前各国都开始积极开展可再生能源的使用,但是其占全球能源消费比例在 2016 年仅为 3.2%。③ 所以,全球对传统能源的需求仍在增大,考验着世界能源供给的稳定性与可持续性。

其次,能源争夺导致的政治冲突日趋激烈。大国对能源产地控制权的争夺严重影响了国际能源市场的稳定。近 20 年来,连续发生的海湾战争、伊拉克战争、巴以冲突、非洲国家内战以及涉及中国主权的南沙群岛问题等,核心都是对石油资源的争夺。

再次,能源使用的安全性受到挑战。一是生物燃料。④ 有研究机构预计,到 2018 年,全球生物燃料(生物乙醇与生物柴油)消费量将达到 5110 亿升。随着油价和粮价的起伏跌宕,生物燃料这两年也处于舆论的风口浪尖。英国《自然·气候变化》一份研究报告指出,生物燃料可能加剧空气污染,

---

① 数据来源:*BP statistical review of world energy*,2017.BP 是英国石油公司,全称为 British Petroleum,以下简称 BP。

② *BP Energy outlook* 2035,BP,2016.

③ 数据来源:*BP statistical review of world energy*,2017。

④ 所谓生物燃料一般是泛指由生物质组成或萃取的固体、液体或气体燃料。由于利用的是自然界原本就存在的自然生物,生物燃料被认为可以替代化石燃料,成为可再生能源开发利用的重要方向。——笔者注

导致粮食减产，以至于有损人类健康。① 二是核能。2011 年日本福岛核泄漏再次引发人们对核能使用的担忧，事故后，日本几近停止核能发电，转而进口更多液化天然气等化石燃料，代替核能发电，2012 年其国内核能发电量下降 89%。同时也造成全球能源价格剧烈动荡，影响到各国的核能利用进程。

### （二）全球气候变化与能源治理

进入 21 世纪以来，随着全球问题日趋复杂和恶化，任何政府组织或民族国家都难以单独应对，无论是发达国家还是发展中国家都对全球治理的目标和议程表现出更多的关注。而全球气候变化治理与全球能源治理，又是全球治理议程中最受关注的两大议题。

1. 全球气候变化治理

（1）全球气候变化治理的现状。在不到 30 年的时间，气候变化已经从一个模糊的科学话题发展成为全球政治议程中的关键议题，并出现了一种强有力的全球共识，即气候变化必须通过减少碳排放加以解决，这也是全球治理努力的基本目标。归纳起来，全球气候变化治理体系的主要组成部分包括国际环境组织和国际环境法律体系。

在国际环境组织方面，一是联合国环境规划署。虽然在过去几十年间联合国环境规划署发挥了重要的作用，但存在协调能力差、资金缺乏等问题；二是非政府组织，虽然其在全球治理方面崭露头角，但仅局限在宣传引导、提供信息等层面，尚未真正参与气候变化治理。

在国际环境法律体系方面，最重要的就是《京东议定书》。2005 年正式生效实施的《京东议定书》，是全球唯一从法律上约束各国减排的国际条约，要求主要工业化国家在 2008 年至 2012 年减排 5.2%。

（2）全球气候变化治理体系存在的问题。全球气候治理机制及国际气候协议没有取得理想的效果，主要是因为所应对的气候问题是具有跨区域性质的，但是应对手段却是基于国家的、片面的、不完整的，这本身是一个悖

① 卜勇：《生物燃料：可能没有想象的"绿"》，《科技日报》2013 年 1 月 30 日。

论,具体表现在:

一是无政府状态下的低效率。由于参与全球治理的合作者都是主权国家,在国际协定的制定和实施过程中缺乏一个超国家机构,强制性地推进各国合作协议的执行。所以,设计一个具有执行力的协议才是气候变化治理的关键。

二是"搭便车"问题。由于气候是一个全球公共产品,部分国家对温室气体减排的努力可使全球获益,其他不作为的国家就会存在"搭便车"的动机和行为。

三是南北国家参与决策与调动资源的不平等。实现温室气体排放量减少的任务,需要发达国家和发展中国家都参与进来。一方面,发达国家具备更强大的谈判能力,这就存在参与决策的机会不平等;另一方面,许多发展中国家无法轻易地支配公共资金、能力或技术来履行减少温室气体排放。所以,如果发达国家没有为发展中国家承担相当一部分转型成本的话,协议很难成功达成乃至实施。

2. 全球能源治理

全球能源治理事关全球能源供应结构、总量及其配置,但其根本问题是如何通过集体行动、按什么样的幅度和进度推动能源结构调整。目前的全球能源治理载体实际上还是一个多元、多层、分散的治理网络,迄今尚缺乏一个全球性和综合性的全球能源治理机构。在目前的治理网络中,存在多重价值体系,以及相互存在竞争的多重目标,包括能源供应、经济效率、环境保护等。此外,国家、部门与私人机构之间的利益博弈也充斥于网络之中。

当前的全球能源治理反映出两大特征、一是全球化的市场是国际能源配置的基础机制,二是体现了以化石燃料为主的全球能源消费结构。在全球能源治理网络居于主导地位的,是欧美发达国家组织的国际能源署(International Energy Agency,IEA),其次是石油输出国组织(OPEC),天然气输出国论坛(Gas Exporting Countries Forum,GECF)等生产国组织,最弱地位的是联合国框架下的发展议程与世界银行为中心的能源扶贫与能力建设(UN/WB),其代表能源"贫困"的发展中国家的利益。而世界贸易组织

(World Trade Organization, WTO)、《能源宪章条约(ECT)》、国际能源论坛(International Energy Forum, IEF)等是沟通三者尤其是前两者的桥梁。

目前全球能源治理框架和机制存在以下缺陷:一是新兴经济体没有包括在机制内。占据主导地位的国际能源机构的成员都是传统的发达国家,没有包括目前在能源领域越来越重要的新兴经济体。二是生产国和消费国之间的合作仍然存在障碍。虽然国际能源论坛包括了传统能源的主要消费国和生产国,但是其讨论和决策的机制不够有效。

### (三)中国在全球治理中的角色

1. 争取构建全球气候变化治理体系的主动权

目前,国际环境制度仍在建立中,尚未成熟。中国作为最大的发展中国家仍有很大的发展空间,主动积极地参加全球环境治理,包括气候变化治理体系的建立,有助于在国际领域取得话语权与争取国家利益。

(1)主导并积极参与全球气候变化问题治理组织的建立和运行。如果任由西方国家主导规则的建立,中国就只能被动适应,要改造、修改规则非常困难。因此,中国应在这种全球性气候问题主导规则建立之前积极参与,争取在这一问题上发挥主导作用。

(2)尝试与欧盟、美国合作建立全球气候变化治理机制。美国作为当今世界唯一的超级大国,在许多国际制度中占有主导地位,甚至一些国际制度成为美国战略和利益的工具;而由欧盟推动的气候变化公约谈判进程,某种程度上成为欧盟制约美国的制度工具。中国、美国、欧盟事实上在气候公约谈判中,已形成相互制衡的关系。因此,中国在欧盟与美国之间存在很大的选择空间,可以在全球气候治理机制等议题上,通过参与机制及法律法规的制定,增加话语权,保障自身的利益。

(3)对全球气候变化问题进行科学的判断与估计。事实上全球气候问题仍存在许多不确定性,例如,美国退出《京都议定书》给出的主要理由是气候变化问题的科学性尚有存疑;法国地质学家洛德・阿莱克尔在《气候的骗局或是虚假的生态》一书中指出,全世界的人们都在为一个“缺乏依据的谎言”奔走。因此,对气候变化进行科学的中国式解读,充分分析解决气候问题的各个措施，得出我国经过严格论证的结论，尤为重要。这将为中国气候环境外交和谈判提供可靠而有力的支撑和保障。

2. 中国积极参与全球能源治理责无旁贷

中国作为世界能源需求大国，需要与国际社会展开合作，积极参与全球能源治理不仅可以保证充足的外部能源供应，也有助于中国国内能源问题得到解决。

（1）中国理应纳入全球能源治理架构。中国不仅是能源消费大国，同时也是经济大国，但由于不是 OECD 成员，所以无法加入 IEA。应该通过采用适当方法，使中国加入 IEA 共享体系，共同行动。实际上没有中国的参与，IEA 就无法发挥更大的作用，把世界主要能源消费国排除在世界主要能源组织之外的全球治理将无法实现。

（2）尝试在中国设立全球能源治理机构的秘书处。目前在欧洲、沙特阿拉伯、拉美都设有国际能源组织秘书处。作为国际能源治理最大的利益攸关者之一，中国对全球能源市场的利益诉求会越来越大，但中国不是现有国际能源安全机制的成员，而且至今也没有任何国际机构的总部设在中国，可以考虑推动成立总部设在中国的国际能源治理机构。

（3）积极开展新能源与可再生能源利用的国际合作。鉴于世界化石能源供求日益紧张，开发利用新能源和可再生能源是中国未来开展能源合作的发展方向，也是维护全球能源安全的内在要求。中国应积极建立与其他国家的相关技术共享交流平台，推动可再生能源与新能源科学技术的整体发展。特别是在新一代核电技术、太阳能发电技术、节能建筑等重点领域开展国际合作。

3. 全球治理中的中国责任

中国迅速崛起后，在全球治理中有什么样的责任和战略，同时国际社会对中国提出怎样的要求，这是不可回避的课题。

（1）构建中国的全球治理战略。继续增强综合能力，提高我国国际竞争力和全球治理能力；确立整体的国家安全战略，维护国家利益；主动参与全球治理，承担更多责任。我们应该比美国更加积极地推动全球治理，主动参与全球价值的建构、全球秩序的重构和全球治理规则的制定，同时提供更多的人道主义帮助和承担更多的全球安全责任，积极参与全球公民社会的发展，不断增强中国在全球治理中的发言权。

(2)认清承担责任的最大受益者是中国。承担责任并不是给别人买单，而是在帮助自己。中国在工业化过程中产生了许多的环境污染，这些污染的受害者主要是中国自身，所以承担责任首先是为了自己。在参与全球治理的过程中，要在体系中按规则办事，从遵守规则到制定规则，融入体系才能对体系施加压力，进而谋取自身利益。

(3)理清中国发展与全球治理的关系。中国问题的解决不仅要靠自己，还要靠与别国的合作。中国过去并不使用"全球治理"的说法，但长期通过介入国际事务来促进人类进步事业。因此，我们要区分建设性介入支持与干涉内政的关系，区分批评与帮助的关系，同时还应当冷静处理来自别国的批评。全球治理让中国与世界进步，中国可以借助全球治理来帮助别国发展，但前提是让自己也得到发展。

## 五、格局变迁中的中国战略定位

### (一)中国国际地位跃升

中国经过40年的改革开放和发展，特别是在金融危机的考验和应对过程之中，政治、经济、文化、社会、生态、国防和外交等各个领域都发生了显著变化，国家综合实力大幅提升，国际地位快速攀升到新高度。根据2017年IMF公布的数据，从2007年到2016年年底，中国国内生产总值从3.54万亿美元增长为11.28万亿美元，占世界GDP总量的比例从6.1%增长为14.9%；人均国内生产总值从2681美元增长为8113美元；进出口贸易总额从2.17万亿美元增长为3.68万亿美元，占世界总量的比例从7.7%增长为11.8%；对外直接投资从265.1亿美元增长为1701亿美元。在经济快速发展和技术研发投入不断扩大的带动下，以"神舟"系列飞船、大型计算机、高速铁路、北斗卫星导航系统等为代表的一大批科技成果不断实现突破，科技实力不断增强。文化建设进入新阶段，特别是社会主义核心价值体系构建、文化软实力提升、对外传播能力增强等从不同层面和不同角度共同促进文化发展。开放和多样化条件下的社会建设提速，信息化时代的社会管理创新加强，推动社会加快转型。政治体制改革推进，外界所说的“中国模式”受到越来越多的关注，被认为对世界其他国家探求自身发展道路增添了一种参照和借鉴。国防现代化建设在海、陆、空、天等多个领域取得长足进展，首艘航母交付入列，防空反导系统和多种型号隐形战机亮相，军队遂行以打赢信息化条件下局部战争为核心的多样化任务的能力明显增强。概而言之，在全球化时代，中国作为一个13亿多人口规模和延续五千年文明体系的国度、民族和经济体的全方位崛起，正站在新的高度，以前所未有的方式和力度影响着世界的发展。在“金砖五国”（中国、印度、俄罗斯、巴西、南非）等新兴市场和发展中国家整体实力的整体提升中，在亚太区域在全球地缘战略格局中不断提升中，均与中国改革开放、快速发展的瞩目成果，与中国综合实力和国际地位的快速提升紧密相关。

### （二）牵动亚太战略板块重组

中国国际地位跃升直接牵动亚太地区多重战略关系重组。在所有关系的重组中，美国奥巴马政府的亚太战略调整最为突出。奥巴马政府的亚太战略旨在确保其存在、实现地区力量再平衡、重新塑造环境，使中国在美国及其盟国主导的地区秩序中实现发展，按照它们制定的规则行为而不能损害其主导地位等重大利益。在此过程中，美国要在中国与中国的周边邻国之间保持平衡而获得影响力，无法完全站在中国的邻国一边，因为那样势必会损害美国在中美关系中的利益。用美国政要和战略家的话来说就是既要发展强劲的对华关系，又要推进与美国在亚太地区的盟友和新兴伙伴的关系。中国的周边国家则在中国与美国之间搞平衡，而无法决然割舍与中国的利益纽带并和美国站在一起共同对抗中国。2012年以来有关黄岩岛和钓鱼岛局势的演变已经比较充分地展示了这些关系的相互牵制、平衡、再平衡。

特别是从中东地区与亚太地区的联动看，一方面，中东地区作为美国全球霸权的支点正在经历历史性变化，奥巴马政府尽管力求不再度陷入其中，但也不得不花费资源和力量加以应对，以防该地区格局全面翻盘，最终动摇美国的全球霸权地位。这客观上使得美国难以将其对外关系的大部分资源完全投放到亚太地区;但另一方面,奥巴马政府第一任期的亚太战略实施已经清晰地向世界表明,美国对外战略的重心将转向亚太地区。这既是亚太板块在世界政治格局中不断上升,其他大国纷纷强化对亚太地区的战略投入所牵动的结果,更是美国急于搭乘亚太经济发展快车以拉动本国经济发展的需要所推动的结果,还是美国要确保自己在亚太地区格局的变动中继续享有领导地位的战略所追求的目标。美国在自身不能向亚太投入更多资源的情况下,可能进一步发挥"巧实力",更加注重利用中国与周边邻国的矛盾。这将给周边邻国借助美国的站台撑腰对华采取强硬路线留下更多余地,进一步推升中国与周边邻国的矛盾、分歧和摩擦,甚至引发更多的关系紧张。

对中国来说,这种复杂联动最坏的情况是:在亚太,与日本、菲律宾、越南、美国等的关系持续紧张甚至爆发冲突,导致周边环境的"东线"局势恶化;在中东,美国施加影响的意愿和能力进一步下降,该地区主要力量由于相互之间的诸多利益分歧和纠葛而无法合作找到叙利亚和伊朗等问题的解决办法以及共同维护地区稳定,导致该地区陷入更大混乱和权力真空,中国被迫加以填补,否则能源等重大利益遭受严重损害;最后由于周边环境全面恶化,与美国在亚太和中东均未实现合作而成为对手甚至敌人,而无法把主要精力和资源用于国内政治、经济、文化、社会、生态文明和党的建设,进而赢得新一轮国际战略竞争的主动和优势。基于这种最坏的情况,着眼于改变上述国际和地区格局的消极联动,从亚太战略调整谋划开始,以钓鱼岛问题处理为切入点,推动形成中美日新的互动;以南海问题处理为切入点,推动中国、东盟、美国三角关系的新互动;打破中国、美国、中国周边邻国这个大三角之间消极互动的恶性循环。然后,将整个亚洲和西太平洋作为一个整体联系起来加以谋划,顺应和调动中东与亚太之间的联动,适度采取"东缩西进"的态势,在中东变局应对过程中实施相对以往更加积极的政策,既相机适度拓展在中东这条"西线"的利益,又适度扩大与美国在中东的合作,共同维护地区总体稳定,防止美国情急之下一走了之而陷中国于战略被动,为应对来自亚太这条"东线"的压力扩大空间和增加筹码。最后,推动中国整个周边环境形成总体有利的良性互动态势，为在国内全面建成小康社会和实现民族复兴营造比较良好的国际环境。

### （三）推动国际制度变革

从制度层面看，中国与世界的互动始于1972年恢复在联合国的合法席位。之后，随着中国在20世纪80年代加入国际货币基金组织和世界银行，特别是2001年加入世界贸易组织（WTO），这种制度层面的互动从扩大参与国际组织和规制，步入参与创新国际组织和规制以及推动国际组织和规制改革的新阶段。

在全球范围内，中国积极支持联合国进行改革并在2005年取得突破，在联合国人权理事会的创设和建章立制过程中发挥了重要作用，承担的联合国费用分摊比例十年内大幅度增长。作为安理会五个常任理事国之一，维和费用的摊款也从3.1474%增长到3.9390%。在世界贸易组织（WTO）、世界银行（WB）、国际货币基金组织（IMF）等国际经济和金融机构中，中国的话语权有所提升。根据2010年通过的改革方案，世界银行（WB）和国际货币基金组织（IMF）分别向新兴经济体及发展中国家转移3.13%和6%的投票权。其中，中国在世行的投票权从2.77%提高到4.42%，成为世界银行第三大股东国，仅次于美国和日本；在国际货币基金组织中的份额从3.72%升至6.39%，投票权从3.65%升至6.07%，超越德国、法国和英国，同样仅次于美国和日本。2012年，中国在对IMF增加注资430亿美元的同时，与其他“金砖国家”一起明确要求该机构在2014年全面重新审议权力分配。2011年，中国支持“金砖国家”在海南博鳌峰会上从四国（中、俄、印、巴西）发展成五国（增加南非），在2012年印度德里峰会上开始探讨建立金砖国家银行，在2013年南非德班峰会上决定启动建立金砖国家复兴银行进程。中国在国际组织改革和规制演变中的影响力不断上升，势必要求获得与实力地位相称的话语权和规制权，需要美欧日等发达国家做出相应的让渡，而这正是它们所不愿意放弃的，即使出于要求中国承担更多全球治理责任而被迫应允也不会轻易兑现落实。2015年年末人民币入篮SDR，成为具有全球影响的大事件。人民币成为国际货币基金组织（IMF）除美元、欧元、日元和英镑外的第五种国际储备货币，成为继美元和欧元之后的第三大货币。美国国会最终批准 IMF 改革方案，中国将成为 IMF 第三大股东。这是国际社会对中国的改革，中国的市场经济地位，特别是近年中国金融体制改革的认可。

在地区范围内，中国在中亚方向支持并参与创建了上海合作组织。2012 年该组织的北京峰会批准了《中期发展战略规划》，进一步明确了其未来 10 年的发展方向和主要任务，签署了《关于构建持久和平、共同繁荣地区的宣言》等一系列加强政治互信和机制建设的文件，审议批准阿富汗成为上合组织观察员、土耳其成为对话伙伴，推动建立该组织的开发银行。在东南亚方向，中国推动和参与东盟与中国（10+1）、东盟与中日韩（10+3）、东盟地区论坛等区域合作机制发展，并于 2010 年与东盟建成自贸区，在 2012 年第九届中国—东盟博览会召开之际为中国与东盟合作机制未来十年的发展进行布局。在东亚，中国积极支持并参与东亚峰会、亚太经合组织、中日韩首脑会晤等机制建设。同时，中国还通过与阿拉伯国家联盟、非盟等地区机制的合作论坛建设，带动和推进东亚与其他地区的合作朝着机制化方向发展。

中国在区域合作机制发展方面的影响力不断上升，对美国、俄罗斯、日本、东盟、印度等主要力量的地区秩序主导地位构成的挑战增大，这些国家势必与中国就此展开博弈。特别是美国近两年来亚太战略的推进，一个重要目的就是推动形成美国主导的、同盟关系和伙伴关系纵横交错、多个多边机制并存交织的复杂网络和地区秩序，并迫使中国作为其中一个节点而沿循相关规则行为。

在国家范围内，金融经济危机迫使西方发达国家为 21 世纪的发展挑战而反思、调整和改革自身制度。中国经济发展的成功，使世界越来越关注“中国模式”，加强对中国政治制度、经济体制、文化体制和社会管理体制等的研究。发达国家多着眼于如何应对“中国模式”对资本主义的挑战，发展中国家则多着眼于如何借鉴“中国模式”并期待中国给予更多帮助和支持。国家间的互动和竞争向文化软实力、国家形象、外交决策机制效能、政府治理能力、公共服务水平、社会文明程度、国民幸福程度等领域延伸，给中国与世界关系的相互调适增添新的因素、维度和难度,也给中国在新的高度上发展对外关系开拓了新的领域和空间。

今天的中国,已经站在新的历史起点上。这个新起点,就是中国全面深化改革、增加经济社会发展新动力的新起点,就是中国适应经济发展新常态、转变经济发展方式的新起点,就是中国同世界深度互动、向世界深度开放的新起点。中国的发展得益于国际社会,也愿为国际社会提供更多公共产品。党的十八大以来,中央提出"一带一路"倡议,旨在同沿线各国分享中国发展机遇,共同繁荣。丝绸之路经济带一系列重点项目和经济走廊建设已经取得重要进展,21 世纪海上丝绸之路建设正在同步推进。中国倡导创建的亚洲基础设施投资银行,已经开始在区域基础设施建设方面发挥积极作用。

中国相继在中国主场举办了 APEC 织峰会、G20 峰会、"一带一路"峰会、金砖国家峰会等一系列重大外交盛会,取得了重大外交成果,向世界贡献了一大批具有中国特色的国际优质公共产品。在 G20 峰会上,中国倡议国际社会共同维护和平稳定的国际环境;共同构建合作共赢的全球伙伴关系;共同完善全球经济治理。G20 杭州峰会成为新旧增长动能转换的节点。中国首次把"创新"提到峰会主题当中,把创新增长方式、挖掘增长潜力作为峰会核心任务,有利于从根本上解决当前世界经济增长动力不足的问题,找到全球增长的新动能。杭州峰会也成为从稳增长到促发展转型的节点。峰会将发展议题置于全球宏观框架的突出位置,围绕落实"2030 年可持续发展"制定了行动计划。中国通过 G20 平台,对现有治理机制的改革和创新贡献中国方案、中国智慧,有效推动国际合作,为世界经济发展提供更多优质国际公共产品,以"人类命运共同体"引领全球治理的长远变革。

当前,正值国际社会对公共产品需求高涨之际,却出现严重供给不足的局面,亟须进行国际公共产品的供给侧结构性改革。美国大选和欧洲政治"黑天鹅事件"迭出,极大影响其全球领导力。作为此前公共产品的主要提供者,其继续提供国际公共品的意愿和能力显著下降。美国和欧洲减少公共产品供应之际,正是中国和平崛起增加公共产品供应之时。这一减一增显示出国际社会权力结构的变化,显现出领导力的增减。这就给中国带来一个展现全球领导力的历史契机。中国积极推进“一带一路”倡议，通过同区域伙伴共商、共建、共享，为亚太互联互通事业作出贡献。“一带一路”倡议并非只有沿线国家受益，它的影响已波及全球，其将成为中国奉献给世界经济发展的一份最大的优质公共产品。“一带一路”倡议的顺利实施，将为国际关系与全球治理提供一个典范，表明中国正在承担起历史责任，展现全球领导力。

2017 年习近平主席首访瑞士，出席达沃斯论坛，访问多个国际组织总部，向世界传递出了中国推动世界经济恢复增长的强大正能量。中国将继续为世界经济增长提供巨大市场空间，继续成为各国投资的热土，继续为增进各国人民福祉作出贡献。习主席还借此访同各方重温历史，弘扬各方公认的外交理念，向国际社会全面阐述人类命运共同体理念，就事关人类前途命运的重大问题提供中国方案。这次访问表明，中国对全球治理的认识越来越丰富，参与引领合作的意愿越来越强烈，中国的国际形象也越来越臻至丰满和完善。

# 第一章　世界能源格局面临重大转变

能源和粮食、水一样，是人类生产、生活不可或缺的要素，也是人类社会发展进步的重要物质基础。习近平指出："能源安全是关系国家经济社会发展的全局性、战略性问题，对国家繁荣发展、人民生活改善、社会长治久安至关重要。面对能源供需格局新变化、国际能源发展新趋势，保障国家能源安全，必须推动能源生产和消费革命。"[①]如果说20世纪是石油世纪，那么21世纪将会成为天然气世纪，或者新能源世纪。这不仅是简单的能源转换问题，而是在全球化、现代化进程中，人类社会变革的重要标志。

自工业革命始，煤炭、石油、天然气、水电、核能与可再生能源等相继大规模地进入人类活动领域后，全球能源格局和能源结构一直处于动态的调整和演变之中并反映了世界经济的发展和社会的进步。[②] 20世纪90年代末，世界能源需求进入新的扩张期，消费与生产因地缘因素造成的失衡局面进一步加剧。世界石油市场在一定程度上由买方市场向卖方市场过渡。能源市场全球化、多元化趋势明显，影响价格的因素增多。资源输出国则在加大投资和开放力度的同时，加强资源控制，积极拓展能源外交。国际能源勘探开发领域的竞争日趋激烈。与此同时，能源消费国纷纷调整能源战略，加强节能和新能源开发；地区能源一体化势头强劲，国际能源合作全方位推进；世界能源格局调整与变化的进程明显加快。

---

① 习近平：《积极推动我国能源生产和消费革命》，《习近平谈治国理政》，外文出版社2014年版，第130—132页。

② 世界能源格局是基于世界格局产生的次格局状态，表现为能源领域中的国家实力结构的稳定状态，利益相关的各方通过竞争、合作、谈判等方式在能源生产、交换、消费、分配问题上达到的暂时均衡。——笔者注

能源问题和能源因素已经成为影响世界格局发展变化的重要变量。世界能源格局的变化不仅改变着人们的生产、生活方式，经济的发展方式；也在很大程度上重塑着全球地缘政治格局和权力格局。煤、石油、天然气等不可再生资源仍旧是必不可少的基础性战略资源；由于资源分布处于需求分离的刚性结构性矛盾，以石油、天然气为核心的能源资源与国际关系密切相连，围绕油气资源、市场、通道的角逐竞争，始终成为国际能源地缘演变的主要内容。世界进入后冷战时代，全球性的对油气资源的战略竞争反而更趋激烈，时常成为各国经济诉求和外交诉求的重要目标，甚至成为爆发冲突、战争的缘由。从 1991 年的海湾战争到近年的中东北非危机，均不难透视出其背后的能源因素。

进入 21 世纪，能源问题已成为全球性问题，是全人类面临的共同挑战。国际能源政治格局、能源经济格局、能源供需格局和能源地缘结构格局发生了令人瞩目的重大调整。2008 年金融危机所引发的全球性经济衰退，不仅促使世界能源秩序由两极向多极转变，进而导致欧佩克影响力减弱、美元石油的价格体制受到质疑与挑战，新兴的工业化国家能源需求成为危机中的亮点；在金融危机的重创下，国际油价犹如过山车般波动起伏，走势扑朔迷离，传统的能源消费国集团和能源生产国集团纷纷调整各自的能源政策以应对金融危机。国际石油价格持续震荡，居高不下的局面正在被美国页岩气革命所引发的国际能源大变局所搅动；持续十年的煤炭黄金发展遭遇挫折；而 2011 年 3 月 11 日发生在日本的福岛核泄漏事件深刻地影响了世界能源格局，使此前正在复苏的核电事业受到沉重打击，至今仍徘徊不前。此外，近年来以全球变暖为标志的气候变化，日益引起关注和重视，一场以"绿色低碳"为特征的技术革命和产业革命已然形成，应对气候变化成为全球共识，节能减排、国际气候治理和新能源开发浪潮，引导着 21 世纪全球战略能源格局发展的未来。

中国作为全球最大的能源消费国，是全球能源格局中的最大利益攸关者。准确把握好国际能源格局基本发展趋势和格局变化，对保障我国能源安全、加快推进国际化进程、增强国际油气合作中的话语权、制定我国的能源发展战略和国际安全战略具有十分重要的意义。

## 一、传统化石能源依然是全球主要能源消费品种

能源格局的变化无疑将决定未来能源的发展趋势。至少在未来可见的二三十年,传统化石能源依然是全球主要能源消费品种。目前,全球化石燃料在能源消费中的份额高达85.5%(可再生能源的份额虽然有所提高,但仅占全球能源消费量的3.2%)。同时,化石燃料消费结构也在发生变化。尽管石油仍是主导性燃料,2016年占全球能源消费量的33.3%,但其所占份额至2013年已连续14年出现下降,2014年开始呈现微涨趋势。煤炭消费增长率重创历史新低,份额为28.1%,达到2005年以来的最低值。天然气份额也呈上升趋势,达到24.1%。以世界一次能源份额为例,2010年之前,煤、石油、天然气在世界一次能源份额中所占的比重超过85%,2016年全球一次能源消费增长1%,远低于过去10年的平均水平(1.9%)(全球一次能源消费的净增长97%来自新兴经济体,仅中国、印度就贡献了全球能源消费增量的50.1%)。经合组织国家的一次能源消费上升0.2%,俄罗斯成为全球一次能源消费下降幅度最大的国家。非经合组织国家的消费增长了1.7%,与过去10年的平均水平相当。根据《BP2035世界能源展望》,预计到2035年,煤、石油、天然气占能源供应总量的80%左右。[①] 能源消费所

① 《BP2030世界能源展望》是在BP公司《世界能源统计年鉴》诞生60周年之际(即2011年1月)首次发布的,这也是BP公司第一次对长期能源发展趋势进行展望。BP公司强调,展望不是在"一如往常"模式下的推断或是建立政策目标模型的尝试;相反,它反映了其对全球能源市场可能演变轨迹所做的判断。展望的主要研究方法是,将分析和预测重点放在最可能出现的基准情景,在此基础上考虑能源市场存在的重大不确定性,比如经济发展速度、各国气候变化政策的实施情况,然后进行专门的情景分析,评估这些变化导致的结果。在数据上,展望的所有历史数据都来自《BP世界能源统计年鉴》。与同类报告相比,《BP2030世界能源展望》具有鲜明的特点,那就是"更加强调预测数字背后的看法和观点"。因此,展望在内容安排、发布形式等方面都贯彻了这一意图。在首次发布一年后,BP公司与2012年1月发布了更新后的《BP2030世界能源展望》,以反映过去一年世界能源市场变化对长期能源趋势的影响;2014年BP正式发布《BP2035世界能源展望》。此外,展望还深入研究了热点地区(比如中国、印度和中东地区)的能源发展趋势以及交通运输业能源消费的"驱动因素"。可见,BP公司希望在长期能源预测领域树立新的品牌和标杆。2016年BP发布更新后的《BP2035世界能源展望》。——笔者注

导致的全球二氧化碳排放量在2015年增长放缓,约为0.1%,这是1992年来最小增幅。①

亚太地区是世界能源消费量最大的区域,占全球能源消费总量的42%,全球煤炭消费总量的72.9%;该地区石油消费量和水力发电量也位列世界前茅,分别占全球消费总量的35.2%和40.4%。② 欧洲及欧亚大陆是天然气,核电和可再生能源的主要消费地区。煤炭是亚太地区的主导燃料,天然气是欧洲及欧亚大陆的主导燃料,石油则是其余地区的主要燃料。

世界一次能源生产的增长与消费增长齐头并进,2013年至2035年间每年增长1.4%。与能源消费相同,生产增长的主力也是非经合组织国家,这些国家占全球生产增量的78%。它们在2030年将贡献71%的全球能源产量。而2011年和1990年的比重分别为69%和58%。作为最大的区域性能源产地,亚太地区凭借大量本土煤炭的生产,产量增速最为迅猛(每年2.2%),占全球能源生产增长的48%。该地区到2030年将提供35%的全球能源产量。其他几大产量增长地区为中东和北美,北美仍然是第二大能源产区(除欧洲外,所有地区的能源产量都将有所提高)。③

## (一)煤炭

煤炭曾被人们誉为黑色的金子、工业的食粮,它是工业革命诞生时人类世界使用的最重要的能源。在全球范围内,现在虽然煤炭的首要位置已被石油所代替,但由于煤炭储量巨大,加之科学技术的飞速发展,煤炭汽化等新技术日趋成熟,并得到广泛应用,煤炭依然是人类生产生活中无法替代的主要能源之一。2015年,煤炭占全球能源消费的28.1%,较1969年以来的最高份额下降约2.2%(2011年为30.3%)。2016年世界煤炭消费下降1.7%,远低于近10年平均增长率(2.1%)。2016年全球煤炭产量下降6.2%(2.3亿吨油当量),其中美国下降19%(8500万吨油当量),中国则下降7.9%(1.4亿吨油当量),从而导致煤炭产量大幅下降。

① 数据来源:*BP Statistical Review of World Energy*,2016。

② 数据来源:*BP Statistical Review of World Energy*,2016。

③ *BP Energy Outlook* 2035,BP,2015,p.21.

中国的煤炭产量和消费量分别占到同期世界煤炭产量和消费量的46.1%、50.6%。①

2016年全球煤炭产量3656.4百万吨油当量，较2015年下降6.2%，是1992年以来首次出现。这主要是亚太地区下降5.4%，北美地区下降高达18.1%。目前，中国虽然下降幅度达到7.9%，但是中国依然是全球最大的煤炭生产国，占全球煤炭生产的比重高达46.1%；非经合组织在全球煤炭生产中的比重达到了76.9%，美国次之，其煤炭产量在全球煤炭生产中的比重达到10%；就地区来看，亚太和北美地区是全球煤炭的主要供应区，两者在全球煤炭产量中的比重分别占到71.6%和11%。② 据估计，全球煤炭供应在2011年到2030年期间将每年增长1.0%，非经合组织国家的增量将抵消经合组织的减量。这其中中国和印度的煤炭产量每年分别增长0.9%和3.9%；而进口的增加将推动全球煤炭市场的进一步扩大和整合。③

**表1-1 主要国家和地区煤炭产量情况**

单位：百万吨油当量

| 国家 | 2005 | 2006 | 2007 | 2008 | 2009 | 2010 | 2011 | 2012 | 2013 | 2014 | 2015 | 2016 | 2015—2016年变化情况 | 2016年占总量比例 |
|---|---|---|---|---|---|---|---|---|---|---|---|---|---|---|
| 美国 | 580.2 | 595.1 | 587.7 | 596.7 | 540.8 | 551.2 | 556.1 | 517.8 | 500.9 | 507.7 | 449.3 | 364.8 | -19.0% | 10.0% |
| 加拿大 | 35.3 | 34.8 | 35.7 | 35.6 | 33.1 | 35.4 | 35.5 | 35.6 | 36.4 | 35.6 | 31.9 | 31.4 | -1.8% | 0.9% |
| 墨西哥 | 6.1 | 6.8 | 7.3 | 6.9 | 6.1 | 7.3 | 9.4 | 7.4 | 7.2 | 7.3 | 6.9 | 4.5 | -34.8% | 0.1% |
| 北美洲总计 | 621.6 | 636.7 | 630.7 | 639.2 | 580.0 | 594.0 | 600.9 | 560.9 | 544.5 | 550.5 | 488.1 | 400.7 | -18.1% | 11.0% |
| 巴西 | 2.8 | 2.6 | 2.7 | 2.9 | 2.3 | 2.3 | 2.4 | 2.9 | 3.7 | 3.4 | 3.5 | 3.5 | - | 0.1% |
| 哥伦比亚 | 38.8 | 45.7 | 48.2 | 50.7 | 50.2 | 51.3 | 59.2 | 61.5 | 59.0 | 61.1 | 59.0 | 62.5 | 5.5% | 1.7% |
| 委内瑞拉 | 5.0 | 5.2 | 5.0 | 3.7 | 2.4 | 1.9 | 1.9 | 1.4 | 0.9 | 0.6 | 0.6 | 0.2 | 66.4% | ◆ |

① 数据来源：*BP Statistical Review of World Energy*，2017。

② 数据来源：*BP Statistical Review of World Energy*，2017。

③ *BP Energy Outlook* 2030，BP，2012，p.57.

续表

| 国家 | 2005 | 2006 | 2007 | 2008 | 2009 | 2010 | 2011 | 2012 | 2013 | 2014 | 2015 | 2016 | 2015—2016 年变化情况 | 2016 年占总量比例 |
|---|---|---|---|---|---|---|---|---|---|---|---|---|---|---|
| 其他中南美洲国家 | 0.4 | 0.4 | 0.3 | 0.4 | 0.4 | 0.4 | 0.4 | 0.5 | 1.7 | 2.4 | 1.9 | 1.5 | -18.3% | ◆ |
| 中南美洲总计 | 47.2 | 53.9 | 56.2 | 57.7 | 55.3 | 55.9 | 63.9 | 66.3 | 65.3 | 67.5 | 64.9 | 67.6 | 3.9% | 1.8% |
| 德国 | 56.6 | 53.3 | 54.4 | 50.1 | 46.4 | 45.9 | 46.7 | 47.8 | 45.1 | 44.1 | 42.9 | 39.9 | -7.2% | 1.1% |
| 希腊 | 8.5 | 8.2 | 8.4 | 8.1 | 8.2 | 7.3 | 7.5 | 8.0 | 6.7 | 6.4 | 5.7 | 4.1 | -28.7% | 0.1% |
| 哈萨克斯坦 | 37.3 | 41.4 | 42.2 | 47.9 | 43.4 | 47.5 | 49.8 | 51.6 | 51.4 | 48.9 | 46.2 | 44.1 | -4.9% | 1.2% |
| 波兰 | 69.4 | 68.0 | 62.5 | 60.9 | 56.4 | 55.4 | 55.7 | 57.8 | 57.2 | 54.0 | 53.0 | 52.3 | -1.5% | 1.4% |
| 罗马尼亚 | 6.6 | 6.5 | 6.9 | 7.0 | 6.6 | 5.9 | 6.6 | 6.3 | 4.7 | 4.4 | 4.7 | 4.3 | -9.2% | 0.1% |
| 俄罗斯 | 135.6 | 141.0 | 143.5 | 149.0 | 141.7 | 151.0 | 157.6 | 168.3 | 173.1 | 176.6 | 186.4 | 192.8 | 3.1% | 5.3% |
| 乌克兰 | 34.9 | 35.7 | 34.0 | 34.4 | 31.8 | 31.8 | 36.3 | 38.0 | 36.6 | 25.9 | 16.4 | 17.1 | 4.3% | 0.5% |
| 英国 | 12.7 | 11.4 | 10.7 | 11.3 | 11.0 | 11.4 | 11.5 | 10.6 | 8.0 | 7.3 | 5.3 | 2.6 | -51.5% | 0.1% |
| 其他欧洲及欧亚大陆国家 | 22.9 | 24.8 | 16.3 | 16.5 | 16.6 | 16.9 | 17.1 | 15.6 | 18.0 | 17.0 | 15.3 | 14.9 | -3.1% | 0.4% |
| 欧洲及欧亚大陆总计 | 432.7 | 440.4 | 438.8 | 443.9 | 418.8 | 429.3 | 446.9 | 459.4 | 450.9 | 433.2 | 422.6 | 419.4 | -1.0% | 11.5% |
| 中东国家总计 | 1.0 | 1.0 | 1.1 | 1.0 | 0.7 | 0.7 | 0.7 | 0.7 | 0.7 | 0.6 | 0.7 | 0.7 | - | ◆ |
| 南非 | 138.4 | 138.3 | 138.4 | 141.0 | 139.7 | 144.1 | 143.2 | 146.6 | 145.3 | 148.2 | 142.9 | 142.4 | -0.6% | 3.9% |
| 非洲总计 | 141.5 | 140.5 | 140.5 | 142.7 | 141.5 | 146.8 | 146.0 | 152.0 | 152.3 | 157.5 | 151.7 | 150.5 | -1.0% | 4.1% |
| 澳大利亚 | 206.5 | 220.4 | 227.0 | 234.2 | 242.5 | 250.6 | 245.1 | 265.9 | 285.8 | 305.7 | 305.8 | 299.3 | -2.4% | 8.2% |
| 中国 | 1241.7 | 1328.4 | 1469.3 | 1491.8 | 1537.9 | 1665.3 | 1851.7 | 1873.5 | 1894.6 | 1864.2 | 1825.6 | 1685.7 | -7.9*% | 46.1% |
| 印度 | 189.9 | 198.2 | 210.3 | 227.5 | 246.0 | 252.4 | 250.8 | 255.0 | 255.7 | 269.5 | 280.9 | 288.5 | 2.4% | 7.9% |
| 印度尼西亚 | 93.9 | 114.2 | 127.8 | 141.6 | 151.0 | 162.1 | 208.2 | 227.4 | 279.7 | 269.9 | 272.0 | 255.7 | -6.2% | 7.0% |
| 日本 | 0.6 | 0.7 | 0.8 | 0.7 | 0.7 | 0.5 | 0.7 | 0.7 | 0.7 | 0.7 | 0.6 | 0.7 | 14.2% | ◆ |

续表

| 国家 | 2005 | 2006 | 2007 | 2008 | 2009 | 2010 | 2011 | 2012 | 2013 | 2014 | 2015 | 2016 | 2015—2016年变化情况 | 2016年占总量比例 |
|---|---|---|---|---|---|---|---|---|---|---|---|---|---|---|
| 新西兰 | 3.3 | 3.6 | 3.0 | 3.0 | 2.8 | 3.3 | 3.1 | 3.0 | 2.8 | 2.5 | 2.0 | 1.7 | -15.4% | 0.1% |
| 巴基斯坦 | 1.6 | 1.8 | 1.7 | 1.8 | 1.6 | 1.5 | 1.4 | 1.5 | 1.3 | 1.5 | 1.5 | 1.8 | 19.5% | ◆ |
| 韩国 | 1.3 | 1.3 | 1.3 | 1.2 | 1.0 | 1.0 | 1.0 | 1.0 | 0.8 | 0.8 | 0.8 | 0.8 | -2.4% | ◆ |
| 泰国 | 6.1 | 5.4 | 5.0 | 5.0 | 4.8 | 5.0 | 6.0 | 4.8 | 4.9 | 4.8 | 3.9 | 4.3 | 10.6% | 0.1% |
| 其他亚太地区国家 | 19.1 | 22.4 | 20.6 | 22.0 | 23.5 | 24.7 | 24.9 | 25.3 | 25.1 | 25.7 | 28.6 | 33.9 | 18.3% | 0.9% |
| 亚太地区总计 | 1789.5 | 1922.2 | 2065.6 | 2156.2 | 2244.8 | 2406.7 | 2638.8 | 2699.7 | 2792.5 | 2783.1 | 2759.4 | 2617.4 | -5.4% | 71.6% |
| 世界总计 | 3333.6 | 3194.7 | 3331.9 | 3440.8 | 3441.1 | 3633.3 | 3897.3 | 3938.9 | 4006.1 | 3992.4 | 3887.3 | 3656.4 | -6.2% | 100.0% |
| 其中:经合组织 | 1033.9 | 1060.1 | 1055.8 | 1064.6 | 1003.4 | 1023.4 | 1025.5 | 1005.7 | 1000.7 | 1020.9 | 946.6 | 844.8 | -11.0% | 23.1% |
| 非经合组织 | 1999.6 | 2134.6 | 2276.0 | 2376.3 | 2437.7 | 2609.9 | 2871.8 | 2933.1 | 3005.5 | 2971.4 | 2940.7 | 2811.6 | -4.7% | 76.9% |
| 欧盟 | 198.8 | 193.2 | 187.0 | 178.9 | 167.9 | 165.7 | 168.5 | 168.1 | 157.3 | 150.6 | 144.6 | 133.6 | -7.9% | 3.7% |
| 苏联 | 209.4 | 219.5 | 221.5 | 233.0 | 218.8 | 232.0 | 245.7 | 260.3 | 263.5 | 254.0 | 251.5 | 256.8 | 1.8% | 7.0% |

资料来源:*BP Statistical Review of World Energy*,2017。

2016 年全球煤炭消费下降 1.7%,远低于近 10 年 2.1%的平均增速,也是连续第二年出现下降情况。煤炭现在占全球能源消费的 28.1%,是 2005 年以来的最低值。2015 年全球煤炭消费的净下降主要来自美国、中国和英国;美国煤炭消费净下降 8.8%(3300 万吨油当量),中国则下降 1.6%(2600 万吨油当量),英国下降 53.5%(1200 万吨油当量)。而与此同时,印度煤炭消费量增长 3.6%,印度尼西亚则增长 22.2%,抵消了一小部分煤炭消费的下降。就地区而言,亚太地区是全球煤炭消费的主要地区,占到了 73.8%。

2015 年经合组织的煤炭消费下降幅度高达 6.4%(2011—2030 年期间每年下降 0.8%),同时非经合组织的煤炭消费微涨,但是远低于每年 1.9%

的平均增速。其中,中国仍是最大的煤炭消费国(在全球煤炭消费中占比50.6%),而印度(在全球煤炭消费中占比11.0%)超越美国(9.6%)成为世界第二大煤炭消费国。到2035年美国和欧洲经合组织国家煤炭需求量下降幅度将超过50%。值得注意的是,随着中国向低煤炭密集型经济活动转型以及采取增效措施,中国的煤炭需求迅速减速,从2000—2014年期间的每年8%,放缓至年均增长仅为0.2%;到2030年中国煤炭总需求量将开始下降。而印度显示出最大的煤炭消费增长(4.07亿吨油当量),其新增煤炭消费量的三分之二将用于发电。①

**表1-2　2006—2016年主要国家煤炭消费情况**

单位:百万吨油当量

| 国家 | 2006 | 2007 | 2008 | 2009 | 2010 | 2011 | 2012 | 2013 | 2014 | 2015 | 2016 | 2015—2016年变化情况 | 2015年占总量比例 |
|---|---|---|---|---|---|---|---|---|---|---|---|---|---|
| 美国 | 565.7 | 573.3 | 564.2 | 496.2 | 525.0 | 495.4 | 437.9 | 454.6 | 453.5 | 391.8 | 358.4 | -8.8% | 9.6% |
| 加拿大 | 29.2 | 30.3 | 29.4 | 23.5 | 24.8 | 21.8 | 21.0 | 20.8 | 19.7 | 19.6 | 18.7 | -5.2% | 0.5% |
| 墨西哥 | 12.3 | 11.3 | 10.1 | 10.3 | 12.7 | 14.7 | 12.8 | 12.7 | 12.7 | 12.7 | 9.8 | -22.9% | 0.3% |
| 巴西 | 12.8 | 13.6 | 13.8 | 11.1 | 14.5 | 15.4 | 15.3 | 16.5 | 17.5 | 17.7 | 16.5 | -6.8% | 0.4% |
| 法国 | 12.4 | 12.8 | 12.1 | 10.8 | 11.5 | 9.8 | 11.1 | 11.6 | 8.6 | 8.4 | 8.3 | -1.1% | 0.2% |
| 德国 | 84.5 | 86.7 | 80.1 | 71.7 | 77.1 | 78.3 | 80.5 | 82.8 | 79.6 | 78.5 | 75.3 | -4.3% | 2.0% |
| 意大利 | 16.7 | 16.3 | 15.8 | 12.4 | 13.7 | 15.4 | 15.7 | 13.5 | 13.1 | 12.3 | 10.9 | -11.9% | 0.3% |
| 伊朗 | 1.5 | 1.6 | 1.2 | 1.4 | 1.3 | 1.4 | 1.1 | 1.4 | 1.6 | 1.6 | 1.7 | 4.3% | ◆ |
| 俄罗斯 | 97.0 | 93.9 | 100.7 | 92.2 | 90.5 | 94.0 | 98.4 | 90.5 | 87.6 | 92.2 | 87.3 | -5.5% | 2.3% |
| 英国 | 40.9 | 38.4 | 35.6 | 29.8 | 30.9 | 31.4 | 39.0 | 36.8 | 29.7 | 23.0 | 11.0 | -52.5% | 0.3% |
| 南非 | 81.5 | 83.7 | 93.3 | 93.8 | 92.8 | 90.5 | 88.3 | 88.6 | 89.8 | 83.4 | 85.1 | 1.8% | 2.3% |
| 中国 | 1454.7 | 1584.2 | 1609.3 | 1685.8 | 1748.9 | 1903.9 | 1927.8 | 1969.1 | 1954.5 | 1913.6 | 1887.6 | -1.6% | 50.6% |
| 印度 | 219.4 | 240.1 | 259.3 | 280.8 | 290.4 | 304.8 | 330.0 | 352.8 | 387.5 | 396.9 | 411.9 | 3.6% | 11.0% |
| 印尼 | 28.9 | 36.2 | 31.5 | 33.2 | 39.5 | 46.9 | 53.0 | 57.0 | 45.1 | 51.2 | 62.7 | 22.2% | 1.7% |
| 日本 | 112.3 | 117.7 | 120.3 | 101.6 | 115.7 | 109.6 | 115.8 | 121.2 | 119.1 | 119.4 | 119.9 | -0.2% | 3.2% |
| 韩国 | 54.8 | 59.7 | 66.1 | 68.6 | 75.9 | 83.6 | 81.0 | 81.9 | 84.6 | 85.5 | 81.6 | -4.8% | 2.2% |

资料来源:*BP Statistical Review of World Energy*,2017。

① *BP Energy Outlook* 2035,BP,2017.

**表 1-3　2007—2016 年主要地区煤炭消费情况**

单位：百万吨油当量

| 地区 | 2006 | 2007 | 2008 | 2009 | 2010 | 2011 | 2012 | 2013 | 2014 | 2015 | 2016 | 2015—2016 年变化情况 | 2016 年占总量比例 |
|---|---|---|---|---|---|---|---|---|---|---|---|---|---|
| 经合组织 | 1177.7 | 1198.4 | 1175.2 | 1051.0 | 1114.8 | 1094.1 | 1047.3 | 1058.4 | 1040.9 | 972.7 | 913.3 | -6.4% | 24.5% |
| 非经合组织 | 2116.2 | 2281.7 | 2353.2 | 2425.1 | 2520.8 | 2713.1 | 2770.0 | 2828.5 | 2848.5 | 2812.0 | 2818.7 | - | 75.5% |
| 欧盟 | 327.2 | 328.4 | 303.6 | 267.4 | 280.2 | 288.1 | 294.3 | 288.0 | 268.4 | 261.1 | 238.4 | -8.9% | 6.4% |

资料来源：*BP Statistical Review of World Energy*，2017。

**表 1-4　2007—2016 年各地区煤炭消费比重**

单位：百万吨油当量

| 地区 | 2007 | 2008 | 2009 | 2010 | 2011 | 2012 | 2013 | 2014 | 2015 | 2016 | 2014—2015 年变化情况 | 2016 年占总量比例 |
|---|---|---|---|---|---|---|---|---|---|---|---|---|
| 北美洲总计 | 614.98 | 603.7 | 530.0 | 562.5 | 531.9 | 471.8 | 488.1 | 486.0 | 424.2 | 386.9 | -9.0% | 10.4% |
| 中南美洲总计 | 25.7 | 28.0 | 23.2 | 28.1 | 30.2 | 31.7 | 34.2 | 36.1 | 35.9 | 34.7 | -3.7% | 0.9% |
| 欧洲及欧亚大陆总计 | 540.2 | 528.3 | 475.8 | 492.5 | 514.9 | 528.1 | 508.1 | 487.3 | 471.3 | 451.6 | -4.5% | 12.1% |
| 中东国家总计 | 9.9 | 9.7 | 9.9 | 10.1 | 11.1 | 12.3 | 10.9 | 10.8 | 10.2 | 9.3 | -9.5% | 0.2% |
| 非洲总计 | 92.1 | 101.5 | 101.0 | 100.1 | 98.5 | 96.1 | 97.5 | 102.3 | 95.3 | 95.9 | 0.4% | 2.6% |
| 亚太地区总计 | 2197.4 | 2257.3 | 2336.3 | 2442.3 | 2620.6 | 2677.4 | 2748.3 | 2767.0 | 2747.7 | 2753.6 | -0.1% | 73.8% |
| 世界总计 | 3480.2 | 3528.4 | 3476.1 | 3635.6 | 3807.2 | 3817.3 | 3887.0 | 3889.4 | 3784.7 | 3732.0 | -1.7% | 100.0% |

资料来源：*BP Statistical Review of World Energy*，2017。

值得注意的是，全球用于发电的煤炭消费增速从 2000—2010 年间的每年 3.6%降至 2011—2020 年间的每年 2.4%，进而在 2020 年后降至每年

0.4%。经合组织发电用煤已经减少（2000—2010年间每年下降0.2%），这种减速在2020—2030年间加快至每年下降1.2%。非经合组织的发电用煤增速减缓，从2000—2010年间的每年增长7.7%降至2020年后的1.0%。因此，煤炭在发电燃料中所占比重将从2020年的44%降至2030年的39%。

工业部门的煤炭消费也趋于平稳。经合组织的煤炭消费继续减少（每年下降1.1%），而非经合组织的煤炭消费增速从2000—2010年间的每年7.8%降至2011—2020年间的每年1.9%，进而在2020—2030年间降至每年1.2%。随着中国经济发展重心从快速工业化和基础设施建设转向以服务业和轻型制造业为基础的增长，其工业部门的煤炭消费增速将从2000—2010年间的每年9.6%降至2020年后的每年0.9%。[①] 到2035年，中国电力行业的煤炭消费比重将从2013年的77%降至58%；工业领域则从59%降至46%，这两个行业占中国煤炭消费的97%。[②]

无论是工业、交通运输业还是电力行业，其煤炭消费所占的比重均呈现出下降趋势。预计煤炭比重在2020年后将会迅速降低。从长期而言，这不仅反映出发电燃料结构的巨大变化，也是相对价格、政策和技术发展造成的结果。[③]

### （二）石油

作为最重要的战略资源，也是最大的能源消费品种，石油在全球能源供应总量中的比重已经从1973年的45%下降到2011年的33.1%，但依然处于第一位，而世界石油需求总量依然在稳步增加。[④] 作为世界能源体系当中份额最大的能源，无论是泛指原油还是专指精炼产品，石油都是全球贸易

---

① *BP Energy Outlook 2030*, BP, 2012.

② *BP Energy Outlook 2035*, BP, 2015.

③ 在20世纪70和80年代，高价石油被核电取代，并在一定程度上被煤炭取代。到了20世纪90年代和21世纪，随着联合循环燃气轮机技术的应用，天然气比重提高，煤炭比重也有所提高，体现出亚洲煤炭密集型发电行业在全球发电格局中的权重日益提高。从2011年到2030年，煤炭比重下降，天然气比重略有增加，而可再生能源开始大规模进入市场。——笔者注

④ 数据来源：国际能源署，计算得出。

规模最大的产品。① 当前世界石油市场供求形势总体上仍处于供应略大于需求的状态。不过,与过去相比,这种供需基本平衡的格局已变得非常脆弱,结构性失衡较为突出,传统的石油生产供应格局已发生了深刻变化,世界石油市场在一定程度上在由买方市场向卖方市场过渡。② 2016 年全球石油产量 4383.4 百万吨,年增长幅度为 0.3%,即 44.6 万桶/日,为 2013 年以来最低增长。其中中东地区是石油生产增长的主要地区,增幅分别为 5.7%;中东地区的石油生产在全球石油供应中的比重达到 34.5%;伊朗增产 70.3 万桶/日,是全球石油产量增幅最大的国家,伊拉克增产 43.4 万桶/日,沙特阿拉伯增产 36.3 万桶/日,从而使得石油输出国组织增加 122.5 万桶/日,达到 3935.8 万桶/日,这也是 2012 年以来的最高值。非石油输出国组织的石油产量呈现下降趋势,降幅为 78 万桶/日。其中,美国石油产量下降 40.3 万桶/日,但是美国与沙特阿拉伯石油产量均占世界石油产量的 13%,仍是全球比重最高的国家。伊朗、伊拉克以及沙特阿拉伯等国家石油产量增长被北美洲、非洲、亚太以及中南美洲产量下降所抵消。全球石油消费量平均增长 160 万桶/日,连续第二年高于 100 万桶/日,这主要是经合组织国家强劲的消费增长。但是,中国石油消费量增长 40 万桶/日,以及印度石油消费量增长 33 万桶/日,仍是对全球石油消费增长贡献最大的国家。随着陆上页岩油产量持续强劲增长,美国的石油产量达到了 1998 年以来的最高水平。③

---

① 《能源手册》,国际能源署,2007 年,第 69 页。

② 这种变化有三个层面的原因。首先,这是因为剩余产能大幅度下降,供应弹性变小。目前欧佩克产油能力约为 3200 万桶/日,低于 1973 年的 3400 万桶/日,而且剩余产能由 600 万桶/日降至 200 多万桶/日。产能下降,特别是剩余产能严重不足使市场供需回旋余地大大减少。其次,产品结构性矛盾突出。高硫重质原油供大于求与低硫轻质原油供应严重不足局面并存,而欧佩克等国增产的大部分是高硫油。同时,全球石油炼制能力不足,全球炼油厂利用率达到约 90%的高负荷。再次,战略石油储备和市场投机等非消费需求大幅度增加进一步加剧了结构性短缺。近年来,美国等许多国家都在增加或建设战略石油储备。同时,期货市场异常活跃,世界原油供应约为 8400 万桶/日,期货交易量则达 1.2 亿—1.6 亿桶/日,有时甚至更高。——笔者注

③ 综观石油发展的历史进程,150 年前,自美国发现石油以来,世界石油资源已经从少数地区向全球其他地区聚集,目前主要集中在东北半球北非、中东、里海、俄罗斯中北部和西半部的委内瑞拉、墨西哥湾、美国中部、加拿大西部、阿拉斯加北部这两个弧形地带。——笔者注

**表 1-5 主要国家和地区石油产量情况**

单位：百万吨油当量

| 地区 | 2005 | 2006 | 2007 | 2008 | 2009 | 2010 | 2011 | 2012 | 2013 | 2014 | 2015 | 2016 | 2015—2016 年变化情况 | 2016 年占总量比例 |
|---|---|---|---|---|---|---|---|---|---|---|---|---|---|---|
| 美国 | 309.0 | 304.5 | 305.1 | 302.3 | 322.4 | 332.7 | 344.9 | 393.2 | 446.9 | 522.7 | 565.1 | 543.0 | -4.2% | 12.4% |
| 加拿大 | 142.3 | 150.6 | 155.3 | 152.9 | 152.8 | 160.3 | 169.8 | 182.6 | 195.1 | 209.4 | 215.6 | 218.2 | 0.9% | 5.0% |
| 墨西哥 | 186.5 | 182.5 | 172.2 | 156.9 | 146.7 | 145.6 | 144.5 | 143.9 | 141.8 | 137.1 | 127.5 | 121.4 | -5.1% | 2.8% |
| 北美总计 | 637.7 | 637.6 | 632.6 | 612.0 | 621.9 | 638.6 | 659.2 | 719.6 | 783.8 | 869.2 | 908.3 | 882.6 | -3.1% | 20.1% |
| 阿根廷 | 39.4 | 39.5 | 38.3 | 37.8 | 34.0 | 33.3 | 30.9 | 31.1 | 30.5 | 29.9 | 29.8 | 28.8 | -3.7% | 0.7% |
| 巴西 | 89.0 | 94.0 | 95.4 | 99.1 | 106.0 | 111.6 | 114.0 | 112.4 | 110.2 | 122.5 | 132.2 | 136.7 | 3.1% | 3.1% |
| 哥伦比亚 | 27.7 | 27.9 | 28.0 | 31.1 | 35.3 | 41.4 | 48.2 | 49.9 | 52.9 | 52.2 | 53.0 | 48.8 | -8.1% | 1.1% |
| 厄瓜多尔 | 28.6 | 28.8 | 27.5 | 27.2 | 26.1 | 26.1 | 26.8 | 27.1 | 28.2 | 29.8 | 29.1 | 29.3 | 0.4% | 0.7% |
| 秘鲁 | 5.3 | 5.5 | 5.5 | 5.7 | 6.5 | 7.0 | 6.7 | 6.7 | 7.1 | 7.3 | 6.2 | 5.6 | -10.4% | 0.1% |
| 特立尼达和多巴哥 | 8.1 | 8.3 | 7.1 | 7.0 | 6.8 | 6.2 | 5.9 | 5.2 | 5.1 | 5.1 | 4.8 | 4.3 | -10.5% | 0.1% |
| 委内瑞拉 | 169.4 | 171.2 | 165.5 | 165.6 | 156.0 | 145.8 | 141.5 | 139.3 | 137.8 | 138.5 | 135.9 | 124.1 | -9.0% | 2.8% |
| 其他中南美洲国家 | 7.3 | 7.0 | 7.1 | 7.1 | 6.6 | 6.9 | 7.0 | 7.3 | 7.5 | 7.7 | 7.5 | 7.0 | -7.5% | 0.2% |
| 中南美洲总计 | 374.8 | 382.2 | 374.3 | 380.5 | 377.3 | 378.4 | 381.1 | 378.9 | 379.2 | 392.9 | 398.6 | 384.5 | -3.8% | 8.8% |
| 阿塞拜疆 | 22.2 | 32.3 | 42.6 | 44.5 | 50.4 | 50.8 | 45.6 | 43.4 | 43.5 | 42.1 | 41.6 | 41.0 | -1.7% | 0.9% |
| 丹麦 | 18.5 | 16.8 | 15.2 | 14.0 | 12.9 | 12.2 | 10.9 | 10.0 | 8.7 | 8.1 | 7.7 | 6.9 | -10.2% | 0.2% |
| 意大利 | 6.1 | 5.8 | 5.9 | 5.2 | 4.6 | 5.1 | 5.3 | 5.4 | 5.6 | 5.8 | 5.5 | 3.8 | -31.4% | 0.1% |
| 哈萨克斯坦 | 61.5 | 65.1 | 67.2 | 70.7 | 76.5 | 79.7 | 80.1 | 79.3 | 82.3 | 81.1 | 80.2 | 79.3 | -1.4% | 1.8% |
| 挪威 | 138.7 | 129.0 | 118.6 | 114.8 | 108.7 | 98.8 | 93.8 | 87.3 | 83.2 | 85.3 | 88.0 | 90.4 | 2.4% | 2.1% |
| 罗马尼亚 | 5.4 | 5.0 | 4.7 | 4.7 | 4.5 | 4.3 | 4.2 | 4.0 | 4.1 | 4.1 | 4.0 | 3.8 | -5.3% | 0.1% |
| 俄罗斯 | 474.8 | 485.6 | 496.8 | 493.7 | 500.8 | 511.8 | 518.8 | 526.2 | 531.1 | 534.1 | 540.7 | 554.3 | 2.2% | 12.6% |
| 土库曼斯坦 | 9.5 | 9.2 | 9.8 | 10.4 | 10.5 | 10.8 | 10.8 | 11.2 | 11.7 | 12.1 | 12.7 | 12.7 | -0.4% | 0.3% |

续表

| 地区 | 2005 | 2006 | 2007 | 2008 | 2009 | 2010 | 2011 | 2012 | 2013 | 2014 | 2015 | 2016 | 2015—2016年变化情况 | 2016年占总量比例 |
|---|---|---|---|---|---|---|---|---|---|---|---|---|---|---|
| 英国 | 85.1 | 76.9 | 76.9 | 72.0 | 68.3 | 63.2 | 52.1 | 44.7 | 40.7 | 40.0 | 45.4 | 47.5 | 4.4% | 1.1% |
| 乌兹别克斯坦 | 5.4 | 5.4 | 4.9 | 4.8 | 4.5 | 3.6 | 3.6 | 3.2 | 2.9 | 2.8 | 2.7 | 2.6 | -3.3% | 0.1% |
| 其他欧洲及欧亚大陆国家 | 22.0 | 21.7 | 21.6 | 20.6 | 19.9 | 19.2 | 19.2 | 19.2 | 19.6 | 19.2 | 18.8 | 18.2 | -3.3% | 0.4% |
| 欧洲及欧亚大陆总计 | 849.4 | 852.9 | 864.2 | 855.4 | 861.6 | 859.5 | 844.5 | 833.6 | 833.3 | 834.7 | 847.3 | 860.6 | 1.3% | 19.6% |
| 伊朗 | 207.9 | 210.7 | 213.3 | 215.6 | 207.4 | 211.7 | 212.7 | 180.7 | 169.8 | 174.2 | 181.6 | 216.4 | 18.9% | 4.9% |
| 伊拉克 | 89.9 | 98.0 | 105.1 | 119.3 | 119.9 | 121.5 | 136.7 | 152.5 | 153.2 | 160.3 | 197.0 | 218.9 | 10.8% | 5.0% |
| 科威特 | 130.4 | 133.7 | 129.9 | 136.1 | 120.9 | 123.3 | 140.8 | 153.9 | 151.3 | 150.1 | 148.2 | 152.7 | 2.8% | 3.5% |
| 阿曼 | 38.0 | 36.2 | 34.8 | 37.1 | 39.7 | 42.2 | 43.2 | 45.0 | 46.1 | 46.2 | 48.0 | 49.3 | 2.4% | 1.1% |
| 卡塔尔 | 52.6 | 56.8 | 57.6 | 64.7 | 62.6 | 71.1 | 78.0 | 82.2 | 80.3 | 79.4 | 79.1 | 79.4 | 0.1% | 1.8% |
| 沙特阿拉伯 | 521.3 | 508.9 | 488.9 | 509.9 | 456.7 | 473.8 | 525.9 | 549.8 | 538.4 | 543.4 | 567.8 | 585.7 | 2.9% | 13.4% |
| 叙利亚 | 21.7 | 20.3 | 19.5 | 19.6 | 19.3 | 18.5 | 16.9 | 8.1 | 2.7 | 1.5 | 1.2 | 1.1 | -8.3% | 0.0% |
| 阿联酋 | 135.7 | 144.3 | 139.6 | 141.4 | 126.2 | 133.3 | 151.3 | 154.8 | 165.1 | 166.2 | 176.2 | 182.4 | 3.2% | 4.2% |
| 也门 | 19.8 | 18.1 | 15.9 | 14.8 | 14.3 | 14.3 | 10.1 | 8.0 | 8.9 | 6.7 | 2.0 | 0.8 | -60.8% | 0.0% |
| 其他中东国家 | 9.1 | 8.9 | 9.5 | 9.5 | 9.4 | 9.4 | 9.9 | 9.0 | 10.3 | 10.5 | 10.5 | 10.1 | -3.9% | 0.2% |
| 中东国家总计 | 1226.4 | 1236.0 | 1214.1 | 1267.8 | 1176.6 | 1219.2 | 1325.6 | 1344.0 | 1326.1 | 1338.7 | 1411.6 | 1496.9 | 5.8% | 34.2% |
| 阿尔及利亚 | 86.4 | 86.2 | 86.5 | 85.6 | 77.2 | 73.8 | 71.7 | 67.2 | 64.8 | 68.8 | 67.2 | 68.5 | 1.6% | 1.6% |
| 安哥拉 | 62.9 | 69.6 | 82.5 | 93.5 | 87.6 | 90.5 | 83.8 | 86.9 | 87.3 | 83.0 | 88.7 | 87.9 | -1.2% | 2.0% |
| 乍得 | 9.1 | 8.0 | 7.5 | 6.7 | 6.2 | 6.4 | 6.0 | 5.3 | 4.4 | 4.3 | 3.8 | 3.8 | 0.6% | 0.1% |
| 刚果共和国 | 12.6 | 14.2 | 11.5 | 12.2 | 14.1 | 16.0 | 15.3 | 14.3 | 12.6 | 13.4 | 12.9 | 11.9 | -7.8% | 0.3% |
| 埃及 | 33.2 | 33.2 | 33.8 | 34.7 | 35.3 | 35.0 | 34.6 | 34.7 | 34.4 | 35.1 | 35.4 | 33.8 | -4.8% | 0.8% |
| 赤道几内亚 | 16.4 | 15.6 | 15.9 | 16.1 | 14.2 | 12.6 | 11.6 | 12.7 | 12.4 | 13.1 | 13.5 | 13.1 | -3.3% | 0.3% |
| 加蓬 | 13.5 | 12.1 | 12.3 | 12.0 | 12.0 | 12.4 | 12.5 | 12.7 | 11.6 | 11.6 | 11.5 | 11.4 | -1.1% | 0.3% |
| 利比亚 | 82.0 | 85.3 | 85.4 | 85.6 | 77.4 | 77.8 | 22.5 | 71.2 | 46.5 | 23.4 | 20.3 | 20.0 | -1.5% | 0.5% |

续表

| 地区 | 2005 | 2006 | 2007 | 2008 | 2009 | 2010 | 2011 | 2012 | 2013 | 2014 | 2015 | 2016 | 2015—2016年变化情况 | 2016年占总量比例 |
|---|---|---|---|---|---|---|---|---|---|---|---|---|---|---|
| 尼日利亚 | 123.3 | 118.5 | 112.4 | 102.6 | 105.3 | 119.1 | 115.9 | 114.4 | 109.2 | 112.8 | 112.0 | 98.8 | -12.1% | 2.3% |
| 南苏丹 | n/a | n/a | n/a | n/a | n/a | n/a | n/a | 1.5 | 4.9 | 7.7 | 7.3 | 5.8 | -20.0% | 0.1% |
| 苏丹 | 14.5 | 17.5 | 23.8 | 22.6 | 23.4 | 22.8 | 14.3 | 5.1 | 5.8 | 5.9 | 5.4 | 5.1 | -5.0% | 0.1% |
| 突尼斯 | 3.7 | 3.6 | 5.0 | 4.6 | 4.3 | 4.0 | 3.7 | 3.9 | 3.6 | 3.4 | 3.0 | 2.9 | -3.8% | 0.1% |
| 其他非洲国家 | 8.8 | 11.4 | 9.6 | 9.2 | 9.1 | 7.6 | 10.3 | 10.2 | 11.5 | 11.7 | 12.6 | 11.6 | -8.6% | 0.3% |
| 非洲总计 | 466.4 | 475.1 | 486.1 | 485.3 | 466.1 | 478.2 | 402.3 | 440.1 | 408.9 | 394.2 | 393.7 | 374.8 | -5.1% | 8.6% |
| 澳大利亚 | 25.3 | 23.5 | 24.5 | 24.1 | 22.4 | 24.5 | 21.5 | 21.4 | 17.8 | 19.1 | 17.4 | 15.5 | -11.1% | 0.4% |
| 文莱 | 10.1 | 10.8 | 9.5 | 8.6 | 8.3 | 8.5 | 8.1 | 7.8 | 6.6 | 6.2 | 6.2 | 5.9 | -4.7% | 0.1% |
| 中国 | 181.4 | 184.8 | 186.3 | 190.4 | 189.5 | 203.0 | 202.9 | 207.5 | 210.0 | 211.4 | 214.6 | 199.7 | -7.2% | 4.6% |
| 印度 | 34.9 | 36.0 | 36.4 | 37.8 | 38.0 | 41.3 | 42.9 | 42.5 | 42.5 | 41.6 | 41.2 | 40.2 | -2.6% | 0.9% |
| 印度尼西亚 | 53.7 | 50.2 | 47.8 | 49.4 | 48.4 | 48.6 | 46.3 | 44.6 | 42.7 | 41.2 | 40.7 | 43.0 | 5.2% | 1.0% |
| 马来西亚 | 34.6 | 32.7 | 33.8 | 34.0 | 32.2 | 32.6 | 29.4 | 29.8 | 28.5 | 29.7 | 32.3 | 32.7 | 0.9% | 0.7% |
| 泰国 | 11.5 | 12.6 | 13.2 | 14.0 | 14.5 | 14.9 | 15.4 | 16.6 | 16.5 | 16.2 | 17.0 | 17.6 | 3.2% | 0.4% |
| 越南 | 19.0 | 17.2 | 16.3 | 15.2 | 16.7 | 15.6 | 15.8 | 17.3 | 17.4 | 18.1 | 17.4 | 16.0 | -8.5% | 0.4% |
| 其他亚太地区国家 | 12.4 | 13.1 | 13.9 | 14.9 | 14.4 | 13.8 | 13.0 | 12.6 | 12.0 | 13.0 | 13.2 | 12.4 | -6.2% | 0.3% |
| 亚太地区总计 | 382.9 | 381.0 | 381.8 | 388.4 | 384.3 | 402.7 | 395.2 | 400.2 | 393.9 | 396.5 | 400.0 | 383.0 | -4.5% | 8.7% |
| 世界总计 | 3937.5 | 3964.8 | 3953.2 | 3989.6 | 3887.8 | 3976.5 | 4007.9 | 4116.4 | 4125.3 | 4226.2 | 4359.5 | 4382.4 | 0.3% | 100.0% |
| 经合组织 | 926.4 | 904.3 | 889.3 | 857.9 | 853.7 | 856.7 | 857.0 | 902.1 | 953.8 | 1041.9 | 1086.4 | 1060.0 | -2.7% | 24.2% |
| 非经合组织 | 3011.1 | 3060.5 | 3064.0 | 3131.7 | 3034.2 | 3119.9 | 3150.9 | 3214.4 | 3171.5 | 3184.3 | 3273.0 | 3322.4 | 1.2% | 75.8% |
| 欧佩克 | 1690.4 | 1711.9 | 1694.1 | 1747.0 | 1623.6 | 1668.0 | 1707.6 | 1780.0 | 1732.0 | 1730.1 | 1803.2 | 1864.2 | 3.1% | 42.5% |
| 非欧佩克 | 2247.2 | 2252.9 | 2259.1 | 2242.6 | 2264.3 | 2308.6 | 2300.3 | 2336.4 | 2393.3 | 2496.1 | 2556.2 | 2518.2 | -1.8% | 57.5% |
| 欧盟 | 127.2 | 116.1 | 114.2 | 106.6 | 100.0 | 93.6 | 81.7 | 73.0 | 68.5 | 67.3 | 71.9 | 70.8 | -1.8% | 1.6% |
| 独联体 | 580.4 | 604.4 | 628.0 | 630.6 | 649.2 | 662.8 | 664.7 | 668.8 | 676.8 | 677.1 | 682.5 | 694.5 | 1.5% | 15.8% |

资料来源：*BP Statistical Review of World Energy*，2017。

受到无需炼化的生物燃料、天然气凝液和其他不需要精炼的液体(约900万桶/日)等新的供应,全球炼厂原油加工量增长2.3%,即180万桶/日,是近十年平均水平的3倍多。[①] 其中,经合组织国家炼油加工产量增长2.8%,增幅高达100万桶/日,这主要是欧洲炼油加工产量增长5.8%,增幅74万桶/日,这是1968年以来的最高值。[②] 但是,与之相反的是全球炼油产能仅增长0.5%,增幅为45万桶/日,这是23年以来全球炼油产能最小增幅。就地区而言,亚洲炼油产能自1998年以来首次出现下降,这主要是由于中国延迟扩张炼厂和台湾及澳大利亚关闭炼厂造成的。另外,全球炼厂开工率达到82.1%,较2014年增长1%,这是近5年以来最快增速。

预计到2035年,非欧佩克组织供应增长1300万桶/日;欧佩克组织供应增长700万桶/日。非欧佩克组织石油供应的增加(最大增量将来自美国:600万桶/日、加拿大:300万桶/日和巴西:300万桶/日),不仅抵消了墨西哥和北海等成熟油区的产量下滑[③],而且对国际能源供求关系和能源格局带来了深远影响。一方面是石油输出国组织(欧佩克)控制油价的能力有所降低,影响力和话语权减弱且面临较为严峻的未来。欧佩克组织自1960年成立以后一直是国际石油市场的主角,曾掌握了世界石油市场的话语权,但是随着俄罗斯、哈萨克斯坦、西非等国家和地区的市场占有率明显上升(据国际能源机构统计,1973年欧佩克占世界石油产量55.5%,目前只占1/3左右),少数寡头石油市场变得日趋分散化,加上内部利益不协调,

---

① 原油加工增益以及气基和煤基液体燃料供应的增长可能还会另外增加50万桶/日的产品供应。这些供应来源都会与炼油厂形成直接竞争,针对2011年至2030年间1600万桶/日的液体燃料需求增长总量,这将炼油厂原油加工量在未来19年内的增长限制在950万桶/日。但现有的闲置产能可以部分满足炼油厂未来加工量的增长。此外,新产能将继续迅速形成,预计到2015年全球产能净增500万桶/日。——笔者注

② 绝大多数的原油加工增长量来自中国,中国的炼厂扩建计划将影响到全球炼油产品供需平衡。如果中国继续推行所宣布的炼油产品自给战略,中国以外的原油加工量增长将受到严重抑制。——笔者注

③ 新的欧佩克供应中最大增量将来自天然气液体(300万桶/日)和伊拉克原油(2800万桶/日),*BP Energy Outlook* 2035,BP,2015。

欧佩克对油价的整体控制能力已经大大降低。[①] 这从金融危机后欧佩克的能源减产计划并未改变国际油价持续低走态势，反而只能与其他国家或国际组织开展更多的合作来抵御油价暴跌的风险就可见一斑。

另一方面，随着北非、拉美等石油探明储量和产量的增长，以及北美非常规油气资源的开发，石油供应格局多元化趋势日益明显，全球因此可能形成中东、北美和非洲三个石油输出中心。而且随着加拿大的油砂、美国页岩油(致密油)、委内瑞拉的超重油等非常规油气资源产量的快速上升，西半球在全球油气生产中的地位越来越重要(世界油气的生产重心西移)。[②]

从消费的角度考察，2016 年石油消费占全球能源消费的 33.3%，这是自 2014 年微弱增长后连续增长，至 2013 年石油所占份额已连续 14 年出现下滑，其 2013 年 32.63%的份额是 BP 自 1965 年公布统计数据以来的最低值。全球石油消费增长 1.5%，是近期历史平均 1%增幅的 1.5 倍，达到 9655.8 万桶/日，涨幅为 155.5 万桶/日(远高于 2014 年 110 万桶/日)。这使石油成为化石燃料中全球消费涨幅最大的化石能源。经合组织国家石油消费增长是全球石油消费增长强劲的主要原因。2016 年，经合组织国家石油消费增长 0.9%，远高于近 10 年 -1.1% 的涨幅，增长幅度为 43.2 万

---

① 石油作为国际贸易中最重要的原料，一直处于美国霸权再分配体系的中心位置。而欧佩克国家(以及一些非欧佩克产油国家)作为目前国际原油市场的主要供应商，提供了世界 40%的石油，并且拥有世界 70%的已探明石油储量。作为一个终端供应商，欧佩克一般情况下的作用就像企业联合组织，通过保持充裕的石油产量来影响石油的价格(近年来，它的方针已经变成在平衡市场的同时允许石油消费国保持适当水平的原油存货)。非欧佩克成员国的储量和剩余生产能力相对有限，一般只能充当价格的被动接受者。而且，由于世界经济对石油的严重依赖，在石油利益的分配格局当中，石油需求国家往往处于被动和弱势的地位。但由于以美国为代表的石油需求国家同时又是强大的军事、经济集团，他们在与石油生产国的博弈中往往又处于优势地位。虽然在短期内石油价格和产量都会出现一定程度的波动，但是在一个较长的历史时期内，这种相对均衡的博弈造成了石油价格的基本稳定。——笔者注

② 北美地区致密油勘探开发增加了美国的原油产量，提供了全球原油市场上的非欧佩克国家的原油供给，据 EIA 统计，美国 2012 年上半年原油产量已达 860 万桶/日，较 2011 年的 780 万桶/日和 2010 年的 750 万桶/日有较大增幅；使北美地区大幅减少对西亚、中东地区原油进口的依赖，其产能将使等量的欧佩克供给直接转化为剩余产能(根据 2012 年 6 月的报告，目前欧佩克国家有效剩余产能的绝大部分在沙特、科威特、阿联酋和卡塔尔 4 国，其中沙特约占 60%以上，约 250 万桶/日)；而且改变了世界能源供需版图。尤其是致密油和页岩气商业化开采导致的世界油气资源生产重心西移，使得美国在全球油气供应体系中的地位进一步提升，美国因此进一步增强其在石油市场的话语权，经济霸主地位得以进一步巩固。——笔者注

桶/日;其中,美国石油消费增长0.5%,增长幅度为10万桶/日,欧洲石油消费增长1.9%,增幅为34.3万桶/日;而日本石油消费下降2.5%,跌幅为10.2万桶/日。与此同时,在非经合组织国家中,中国石油消费增长3.3%,增幅39.5万桶/日,居全球首位;印度石油消费增长7.8%,增幅32.5万桶/日,消费量达到4489万桶/日,超越日本成为全球第三大石油消费国。虽然非经合组织石油消费总量增长2.3%,增幅达112.3万桶/日,但是依然低于近年历史平均值。就地区而言,亚太和北美是全球石油消费的主要地区,2016年的消费比重分别占到了34.8%,24.7%。①

**表1-6 主要国家和地区石油消费情况**

单位:千桶/日

| 地区 | 2008 | 2009 | 2010 | 2011 | 2012 | 2013 | 2014 | 2015 | 2016 | 2015—2016年变化情况 | 2016年占总量比例 |
|---|---|---|---|---|---|---|---|---|---|---|---|
| 美国 | 19490 | 18771 | 19180 | 18882 | 18490 | 18961 | 19106 | 19531 | 19631 | -0.5% | -20.3% |
| 加拿大 | 2295 | 2173 | 2305 | 2380 | 2340 | 2383 | 2372 | 2299 | 2343 | -1.9% | -2.4% |
| 墨西哥 | 2054 | 1996 | 2014 | 2043 | 2063 | 2020 | 1943 | 1923 | 1869 | 2.8% | -1.9% |
| 巴西 | 2485 | 2502 | 2721 | 2839 | 2901 | 3110 | 3239 | 3170 | 3018 | 4.8% | -3.1% |
| 法国 | 1889 | 1822 | 1763 | 1730 | 1676 | 1664 | 1616 | 1616 | 1602 | 0.9% | -1.7% |
| 德国 | 2502 | 2409 | 2445 | 2369 | 2356 | 2408 | 2348 | 2340 | 2394 | -2.3% | -2.5% |
| 俄罗斯 | 2861 | 2775 | 2878 | 3074 | 3119 | 3135 | 3299 | 3137 | 3203 | -2.1% | -3.3% |
| 英国 | 1720 | 1646 | 1623 | 1590 | 1533 | 1518 | 1511 | 1565 | 1597 | -2.1% | -1.7% |
| 南非 | 511 | 507 | 539 | 542 | 554 | 569 | 564 | 583 | 560 | 3.9% | -0.6% |
| 澳大利亚 | 944 | 950 | 957 | 1006 | 1036 | 1046 | 1045 | 1039 | 1036 | 0.3% | -1.1% |
| 中国 | 7941 | 8278 | 9436 | 9796 | 10230 | 10734 | 11209 | 11986 | 12381 | -3.3% | -12.8% |
| 印度 | 3077 | 3237 | 3319 | 3488 | 3685 | 3727 | 3849 | 4164 | 4489 | -7.8% | -4.6% |
| 日本 | 4846 | 4387 | 4442 | 4442 | 4702 | 4516 | 4303 | 4139 | 4037 | 2.5% | -4.2% |
| 韩国 | 2308 | 2339 | 2370 | 2394 | 2458 | 2455 | 2454 | 2577 | 2763 | -7.2% | -2.9% |
| 经合组织 | 48059 | 46068 | 46596 | 46054 | 45512 | 45583 | 45184 | 45785 | 46217 | -0.9% | -47.9% |

① 数据来源:*BP Statistical Review of World Energy*,2017。

续表

| 地区 | 2008 | 2009 | 2010 | 2011 | 2012 | 2013 | 2014 | 2015 | 2016 | 2015—2016年变化情况 | 2016年占总量比例 |
|---|---|---|---|---|---|---|---|---|---|---|---|
| 非经合组织 | 38519 | 39623 | 42126 | 43676 | 45163 | 46531 | 47840 | 49218 | 50341 | -2.3% | -52.1% |
| 欧盟 | 14737 | 14023 | 13942 | 13499 | 12955 | 12702 | 12500 | 12707 | 12942 | -1.8% | -13.4% |
| 独联体 | 3901 | 3770 | 3835 | 4120 | 4205 | 4177 | 4326 | 4161 | 4223 | -1.5% | -4.4% |

资料来源:*BP Statistical Review of World Energy*,2017。

**表1-7 各地区石油消费所占比重**

单位:千桶/日

| 地区 | 2008 | 2009 | 2010 | 2011 | 2012 | 2013 | 2014 | 2015 | 2016 | 2015—2016年变化情况 | 2016年占总量比例 |
|---|---|---|---|---|---|---|---|---|---|---|---|
| 北美洲总计 | 23840 | 22940 | 23499 | 23305 | 22894 | 23364 | 23421 | 23753 | 23843 | -0.4% | -24.7% |
| 中南美洲总计 | 6100 | 6094 | 6424 | 6666 | 6826 | 7073 | 7171 | 7139 | 6976 | 2.3% | -7.2% |
| 欧洲及欧亚大陆总计 | 20110 | 19300 | 19244 | 19064 | 18594 | 18370 | 18287 | 18450 | 18793 | -1.9% | -19.5% |
| 中东国家总计 | 7418 | 7779 | 8102 | 8382 | 8760 | 8950 | 9180 | 9300 | 9431 | -1.4% | -9.8% |
| 非洲总计 | 3203 | 3316 | 3483 | 3393 | 3571 | 3720 | 3771 | 3866 | 3937 | -1.8% | -4.1% |
| 亚太地区总计 | 25907 | 26262 | 27969 | 28920 | 30031 | 30636 | 31195 | 32494 | 33577 | -3.3% | -34.8% |
| 世界总计 | 86578 | 85691 | 88722 | 89729 | 90675 | 92114 | 93025 | 95003 | 96558 | -1.6% | -100.0% |

资料来源:*BP Statistical Review of World Energy*,2017。

值得注意的是,受价格因素的影响,石油在全球一次能源消费中的比重呈下降的趋势,2015年石油的市场份额降至32.9%,预计到2030年会降至28%。就行业分布来看,石油仍将是交通运输业的主导性燃料,预计尽管其比重将从2011年的94%降至2035年的88%,而受替代燃料使用的影响,石油在发电行业中的比重也呈现明显下降,其份额从 1973 年的 22%下降到 2011 年的 4%,预计到 2030 年会进一步跌落至 2%。在工业和其他行业(包括民用和商用),石油的消费比重也大幅下降,尽管在工业部门的降速相对较为缓慢(今后亦会如此),其原因是石化行业及其他非燃料用途中替换空间有限。

### (三)天然气

天然气是最清洁的化石能源,发出相同的电量所排放的 $CO_2$ 只有煤炭的 50%,比石油也少 30%,与风能、太阳能的不稳定性相比,天然气是提供稳定、必需电量的理想选择。伴随着非常规天然气开发利用技术的日趋成熟,预计未来 10 年或更长时间以后,全球能源行业供应和消费将更多地由天然气主导。天然气时代可能会提前到来并成为从石油时代向新兴能源时代过渡的一个中间阶段。天然气将在未来全球能源市场供需格局中占有越来越重要的地位。

天然气占世界能源消费的比例 2016 年达到 24. 1%,是继石油和煤炭之后的第三大消费能源。[①] 与其他化石燃料相比,天然气是最清洁的化石燃料,而且效率高、成本相对较低。因此,天然气是全球增长最快的化石燃料,但是 2016 年天然气增速为 1. 5%(630 亿立方米),是过去 34 年中除金融危机时期外增长最缓慢的一年。采用天然气作为燃料的发电量在全球发电总量中的比重已经从 1973 年的 13%增长到 2007 年的 20%,而采用天然气作为燃料的产热量则占全球热电联产厂和热力厂产热量的一半。[②] 天然气消费量最大的是美国和罗斯,消费量占世界总消费量的比例分别为 22. 0%和 11. 2%。但是增长最快的国家是中国,近十年年均增长速度高达 15. 1%。据英国 BP 公司预计,2030 年中国的消费量将达到 460 亿立方英尺/日,相当于欧盟 2010 年的天然气消费水平。[③] 天然气在中国一次能源消费中所占的份额将从 4. 0%增加到 9. 5%。从供应来看,常规天然气探明储量主要

---

① 数据来源:*BP Statistical Review of World Energy*,2017。

② 《能源手册》,国际能源署 2007 年,第 64 页。

③ *BP Energy Outlook* 2030,BP,2012,p.31。

存在于中东和欧亚大陆,伊朗最多,占世界总探明储量的 18.0%,其次为俄罗斯 17.3%,以及卡塔尔 13.0%,土库曼斯坦 9.4%,但现实中的天然气产量却主要来源于美国。2016 年美国天然气产量达到 7492 亿立方米,继续成为全球最大的天然气生产国,占世界总产量的 21.1%。其次为俄罗斯,占世界总产量的 16.3%。其他主要产气国为加拿大,占 4.3%;伊朗,占 5.7%;卡塔尔,占 5.1%。由此可见,无论是天然气的消费还是生产,都具有强烈的国别垄断特征。

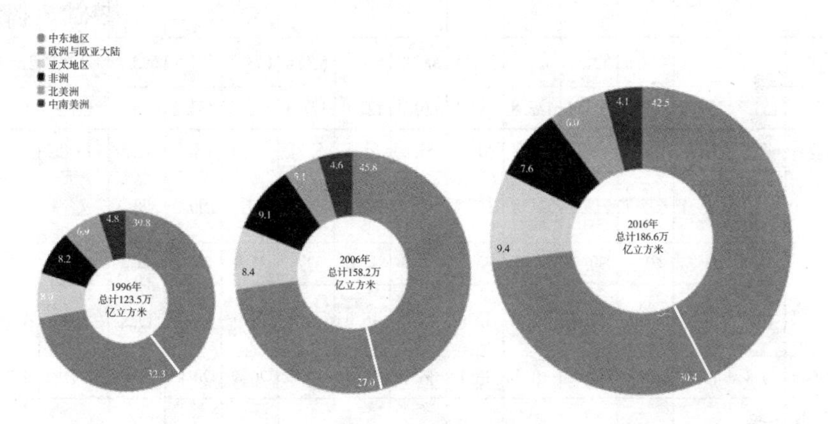


**图 1-1 1996 年、2006 年和 2016 年探明储量的分布(以百分比表示)**

资料来源:*BP Statistical Review of World Energy*,2017。

目前,世界常规天然气生产处于快速上升期,全球能源正从煤炭和石油为主,转向更清洁、更环保、分子中含碳更低的天然气为主的时代,天然气将在未来能源市场中占据越来越重要的地位。2016 年全球天然气产量增长 0.3%。尽管国内天然气价格走低,美国天然气产量高达 7492 亿立方米,继续成为全球最大的天然气生产国;伊朗天然气产量增长 6.6%,澳大利亚天然气增长 25.2%,是全球增幅最大的国家。北美洲、非洲和亚太地区的天然气产量增长均高于全球天然气产量增加的平均值。与此同时,与疲软的消费表现如出一辙,由于老气田产量衰减、设施维修和萎靡的区域消费需求,欧盟天然气产量再次大幅度降低,降幅为 1.6%,低于 10 年平均下降速度;也门以 73.4%的降幅成为全球天然气最大降幅;美国天然气产量下降

2.5%,土库曼斯坦天然气产量下降4.3%,均出现不同程度的下跌。就地区来看,中东地区和亚太地区天然气产量增幅较大,分别较上年增长3.3%和2.9%;而从全球天然气生产比重来看,非经合组织的产量占到了全球产量的63.9%且增幅远高于经合组织(-0.5%)。

**表1-8 主要国家和地区天然气产量情况**

单位:百万吨油当量

| 地区 | 2005 | 2006 | 2007 | 2008 | 2009 | 2010 | 2011 | 2012 | 2013 | 2014 | 2015 | 2016 | 2015—2016年变化情况 | 2016年占总量比例 |
|---|---|---|---|---|---|---|---|---|---|---|---|---|---|---|
| 美国 | 467.6 | 479.3 | 498.6 | 521.7 | 532.7 | 549.5 | 589.8 | 620.2 | 626.4 | 673.3 | 707.1 | 690.8 | -2.6% | 21.5% |
| 加拿大 | 153.7 | 154.5 | 148.9 | 143.4 | 132.8 | 130.1 | 130.0 | 127.0 | 127.3 | 132.4 | 134.2 | 136.8 | 1.7% | 4.3% |
| 墨西哥 | 47.0 | 51.6 | 48.2 | 48.0 | 53.3 | 51.8 | 52.4 | 51.5 | 52.4 | 51.4 | 48.7 | 42.5 | -13.0% | 1.3% |
| 北美洲总计 | 668.3 | 685.4 | 695.7 | 713.2 | 718.9 | 731.4 | 772.2 | 798.7 | 806.1 | 857.1 | 890.0 | 870.1 | -2.5% | 27.1% |
| 阿根廷 | 41.1 | 41.5 | 40.3 | 39.7 | 37.3 | 36.1 | 34.9 | 34.0 | 32.0 | 31.9 | 32.8 | 34.4 | 4.6% | 1.1% |
| 玻利维亚 | 10.8 | 11.6 | 12.4 | 12.9 | 11.1 | 12.8 | 14.0 | 16.0 | 18.3 | 18.9 | 18.2 | 17.8 | -3.0% | 0.6% |
| 巴西 | 9.8 | 10.0 | 10.1 | 12.6 | 10.7 | 13.1 | 15.1 | 17.3 | 19.2 | 20.4 | 20.8 | 21.1 | 1.2% | 0.7% |
| 哥伦比亚 | 6.0 | 6.3 | 6.8 | 8.2 | 9.5 | 10.1 | 9.9 | 10.8 | 11.4 | 10.6 | 10.0 | 9.4 | -6.6% | 0.3% |
| 秘鲁 | 1.4 | 1.6 | 2.4 | 3.1 | 3.2 | 6.5 | 10.2 | 10.7 | 11.0 | 11.6 | 11.2 | 12.6 | 11.7% | 0.4% |
| 特立尼达和多巴哥 | 29.7 | 36.1 | 38.0 | 37.8 | 39.3 | 40.3 | 38.8 | 38.4 | 38.6 | 37.9 | 35.7 | 31.0 | -13.2% | 1.0% |
| 委内瑞拉 | 24.7 | 28.3 | 32.6 | 29.5 | 27.9 | 27.6 | 24.8 | 26.5 | 25.6 | 25.8 | 29.2 | 30.9 | 5.5% | 1.0% |
| 其他中南美洲国家 | 2.9 | 3.2 | 3.3 | 3.1 | 3.1 | 3.1 | 2.5 | 2.4 | 2.2 | 2.1 | 2.2 | 2.1 | -4.6% | 0.1% |
| 中南美洲总计 | 126.5 | 138.7 | 145.9 | 146.7 | 142.0 | 149.6 | 150.2 | 156.1 | 158.1 | 159.2 | 160.2 | 159.3 | -0.8% | 5.0% |
| 阿塞拜疆 | 4.7 | 5.5 | 8.8 | 13.3 | 13.3 | 13.6 | 13.3 | 14.0 | 14.6 | 15.8 | 16.2 | 15.7 | -3.0% | 0.5% |
| 丹麦 | 9.4 | 9.3 | 8.3 | 9.0 | 7.5 | 7.3 | 5.9 | 5.2 | 4.3 | 4.1 | 4.1 | 4.0 | -2.2% | 0.1% |
| 德国 | 14.2 | 14.1 | 12.9 | 11.7 | 11.0 | 9.6 | 9.0 | 8.1 | 7.4 | 7.0 | 6.5 | 6.0 | -8.2% | 0.2% |

续表

| 地区 | 2005 | 2006 | 2007 | 2008 | 2009 | 2010 | 2011 | 2012 | 2013 | 2014 | 2015 | 2016 | 2015—2016年变化情况 | 2016年占总量比例 |
|---|---|---|---|---|---|---|---|---|---|---|---|---|---|---|
| 意大利 | 10.0 | 9.1 | 7.9 | 7.6 | 6.6 | 6.9 | 6.9 | 7.0 | 6.3 | 5.9 | 5.5 | 4.7 | -14.8% | 0.1% |
| 哈萨克斯坦 | 11.5 | 12.0 | 12.4 | 14.4 | 14.9 | 15.8 | 15.6 | 15.5 | 16.6 | 16.9 | 17.1 | 17.9 | 4.5% | 0.6% |
| 荷兰 | 56.2 | 55.4 | 54.4 | 59.9 | 56.4 | 63.4 | 57.7 | 57.4 | 61.8 | 52.1 | 39.0 | 36.1 | -7.6% | 1.1% |
| 挪威 | 77.3 | 79.8 | 81.3 | 90.1 | 93.9 | 96.5 | 91.1 | 103.3 | 97.9 | 97.9 | 105.4 | 105.0 | -0.7% | 3.3% |
| 罗马尼亚 | 9.7 | 9.6 | 9.2 | 9.0 | 8.9 | 8.6 | 8.7 | 9.0 | 8.6 | 8.8 | 8.8 | 8.2 | -6.5% | 0.3% |
| 俄罗斯 | 522.1 | 535.6 | 532.8 | 541.5 | 474.9 | 530.0 | 546.3 | 533.0 | 544.2 | 523.6 | 517.6 | 521.5 | 0.5% | 16.2% |
| 土库曼斯坦 | 51.3 | 54.3 | 58.9 | 59.5 | 32.7 | 38.1 | 53.6 | 56.1 | 56.1 | 60.4 | 62.6 | 60.1 | -4.3% | 1.9% |
| 乌克兰 | 16.7 | 16.9 | 16.9 | 17.1 | 17.3 | 16.7 | 16.9 | 16.7 | 17.3 | 16.4 | 16.1 | 16.0 | -1.1% | 0.5% |
| 英国 | 79.4 | 72.0 | 64.9 | 62.7 | 53.7 | 51.4 | 40.7 | 35.0 | 32.8 | 33.1 | 35.6 | 36.9 | 3.3% | 1.1% |
| 乌兹别克斯坦 | 48.6 | 51.0 | 52.4 | 52.0 | 50.0 | 49.0 | 51.3 | 51.2 | 51.2 | 51.6 | 52.0 | 56.5 | 8.4% | 1.8% |
| 其他欧洲及欧亚大陆国家 | 9.1 | 9.7 | 9.0 | 8.5 | 8.2 | 8.4 | 8.3 | 7.5 | 6.5 | 5.7 | 5.6 | 7.9 | 40.3% | 0.2% |
| 欧洲及欧亚大陆总计 | 924.1 | 938.0 | 934.0 | 960.0 | 853.1 | 919.0 | 929.2 | 923.0 | 929.4 | 902.9 | 895.9 | 900.1 | 0.2% | 28.0% |
| 巴林 | 9.6 | 10.2 | 10.6 | 11.4 | 11.5 | 11.8 | 12.0 | 12.4 | 13.2 | 13.9 | 14.0 | 13.9 | -0.8 | 0.4% |
| 伊朗 | 92.1 | 100.3 | 112.5 | 117.7 | 129.3 | 137.1 | 143.9 | 149.5 | 150.1 | 167.3 | 170.4 | 182.2 | 6.6% | 5.7% |
| 伊拉克 | 1.3 | 1.3 | 1.3 | 1.7 | 1.0 | 1.2 | 0.8 | 0.6 | 1.1 | 0.8 | 0.9 | 1.0 | 12.6% | 0.0% |
| 科威特 | 11.1 | 11.2 | 10.1 | 11.4 | 10.3 | 10.6 | 12.2 | 14.0 | 14.7 | 13.5 | 15.2 | 15.4 | 1.0% | 0.5% |
| 阿曼 | 19.9 | 23.2 | 23.5 | 23.4 | 24.3 | 26.4 | 27.8 | 29.0 | 31.3 | 30.0 | 31.3 | 31.9 | 1.7% | 1.0% |
| 卡塔尔 | 41.2 | 45.6 | 56.9 | 69.3 | 80.4 | 118.0 | 130.7 | 141.3 | 159.8 | 156.7 | 160.6 | 163.1 | 1.3% | 5.1% |
| 沙特阿拉伯 | 64.1 | 66.1 | 67.0 | 72.4 | 70.6 | 78.9 | 83.0 | 89.4 | 90.0 | 92.1 | 94.0 | 98.4 | 4.4% | 3.1% |
| 叙利亚 | 4.9 | 5.1 | 4.9 | 4.8 | 5.3 | 7.2 | 6.4 | 5.2 | 4.3 | 4.0 | 3.7 | 3.2 | -11.6% | 0.1% |
| 阿联酋 | 43.0 | 43.9 | 45.3 | 45.2 | 44.0 | 46.2 | 47.1 | 48.9 | 49.1 | 48.8 | 54.2 | 55.7 | 2.5% | 1.7% |
| 其他中东国家 | 1.7 | 2.3 | 2.7 | 3.3 | 2.6 | 3.1 | 4.0 | 2.4 | 5.9 | 6.9 | 7.6 | 8.5 | 11.9% | 0.3% |

续表

| 地区 | 2005 | 2006 | 2007 | 2008 | 2009 | 2010 | 2011 | 2012 | 2013 | 2014 | 2015 | 2016 | 2015—2016年变化情况 | 2016年占总量比例 |
|---|---|---|---|---|---|---|---|---|---|---|---|---|---|---|
| 中东国家总计 | 289.0 | 309.2 | 334.7 | 360.6 | 380.0 | 445.8 | 475.9 | 499.2 | 528.5 | 542.4 | 554.3 | 574.0 | 3.3% | 17.9% |
| 阿尔及利亚 | 79.4 | 76.0 | 76.3 | 77.2 | 71.6 | 72.4 | 74.4 | 73.4 | 74.2 | 75.0 | 76.1 | 82.2 | 7.6% | 2.6% |
| 埃及 | 38.3 | 49.2 | 50.1 | 53.1 | 56.4 | 55.2 | 55.3 | 54.8 | 50.5 | 43.9 | 39.8 | 37.6 | -5.7% | 1.2% |
| 利比亚 | 10.2 | 11.9 | 13.8 | 14.3 | 14.3 | 15.1 | 7.1 | 10.0 | 10.5 | 10.2 | 10.6 | 9.1 | -14.7% | 0.3% |
| 尼日利亚 | 22.5 | 26.6 | 33.2 | 32.5 | 23.4 | 33.6 | 36.5 | 39.0 | 32.6 | 40.5 | 45.1 | 40.4 | -10.6% | 1.3% |
| 其他非洲国家 | 9.0 | 9.6 | 9.7 | 13.6 | 14.0 | 15.6 | 15.1 | 15.9 | 18.0 | 16.8 | 17.4 | 18.2 | 4.5% | 0.6% |
| 非洲总计 | 159.3 | 173.3 | 183.1 | 190.8 | 179.7 | 191.9 | 188.4 | 192.9 | 185.7 | 186.3 | 189.0 | 187.5 | -1.1% | 5.8% |
| 澳大利亚 | 33.2 | 35.3 | 37.1 | 36.4 | 41.3 | 45.4 | 47.9 | 51.2 | 53.1 | 57.3 | 65.4 | 82.0 | 25.2% | 2.6% |
| 孟加拉国 | 12.4 | 13.4 | 14.3 | 15.3 | 17.5 | 18.0 | 18.3 | 20.0 | 20.5 | 21.5 | 24.2 | 24.8 | 2.2% | 0.8% |
| 文莱 | 10.8 | 11.3 | 11.0 | 10.9 | 10.3 | 11.1 | 11.5 | 11.3 | 11.0 | 10.7 | 10.5 | 10.1 | -3.8% | 0.3% |
| 中国 | 45.9 | 54.5 | 64.5 | 74.8 | 79.4 | 89.2 | 98.1 | 100.7 | 110.0 | 118.4 | 122.5 | 124.6 | 1.4% | 3.9% |
| 印度 | 26.7 | 26.4 | 27.1 | 27.5 | 33.8 | 44.3 | 40.1 | 35.0 | 28.9 | 27.5 | 26.4 | 24.9 | -6.0% | 0.8% |
| 印度尼西亚 | 67.6 | 66.9 | 64.4 | 66.4 | 69.2 | 77.1 | 73.3 | 69.4 | 68.8 | 67.7 | 67.5 | 62.7 | -7.4% | 2.0% |
| 马来西亚 | 57.5 | 56.4 | 55.4 | 57.4 | 55.0 | 50.6 | 56.0 | 55.4 | 60.5 | 61.5 | 64.1 | 66.5 | 3.4% | 2.1% |
| 缅甸 | 11.0 | 11.3 | 12.2 | 11.2 | 10.4 | 11.2 | 11.5 | 11.5 | 11.8 | 15.2 | 17.6 | 17.0 | -3.9% | 0.5% |
| 巴基斯坦 | 35.1 | 35.9 | 36.4 | 37.3 | 37.4 | 38.1 | 38.1 | 39.4 | 38.4 | 37.7 | 37.8 | 37.4 | -1.3% | 1.2% |
| 泰国 | 21.1 | 21.6 | 23.1 | 25.6 | 27.5 | 32.2 | 32.9 | 36.9 | 37.2 | 37.5 | 35.4 | 34.7 | -2.2% | 1.1% |
| 越南 | 5.8 | 6.3 | 6.4 | 6.7 | 7.2 | 8.5 | 7.6 | 8.4 | 8.8 | 9.2 | 9.6 | 9.6 | 0.2% | 0.3% |
| 其他亚太地区国家 | 10.0 | 12.8 | 15.1 | 16.0 | 16.3 | 15.9 | 16.0 | 15.8 | 16.3 | 20.8 | 24.8 | 27.7 | 11.3% | 0.9% |
| 亚太地区总计 | 337.0 | 352.2 | 367.0 | 385.5 | 405.3 | 441.5 | 451.2 | 454.9 | 465.3 | 484.9 | 505.7 | 521.9 | 2.9% | 16.2% |

续表

| 地区 | 2005 | 2006 | 2007 | 2008 | 2009 | 2010 | 2011 | 2012 | 2013 | 2014 | 2015 | 2016 | 2015—2016年变化情况 | 2016年占总量比例 |
|---|---|---|---|---|---|---|---|---|---|---|---|---|---|---|
| 世界总计 | 2504.1 | 2596.8 | 2660.3 | 2756.7 | 2679.1 | 2879.2 | 2967.3 | 3024.7 | 3073.1 | 3132.8 | 3195.0 | 3212.9 | 0.3% | 100.0% |
| 其中：经合组织 | 968.0 | 980.9 | 983.5 | 1011.5 | 1009.8 | 1033.1 | 1052.7 | 1085.1 | 1091.3 | 1136.3 | 1173.5 | 1169.9 | -0.6% | 36.4% |
| 非经合组织 | 1536.2 | 1615.9 | 1676.9 | 1745.2 | 1669.3 | 1846.2 | 1914.7 | 1939.6 | 1981.8 | 1996.5 | 2021.5 | 2043.0 | 0.8% | 63.6% |
| 欧盟 | 190.7 | 181.7 | 169.3 | 170.8 | 155.0 | 158.2 | 139.8 | 132.0 | 130.4 | 119.3 | 107.8 | 106.4 | -1.6% | 3.3% |
| 独联体 | 655.1 | 675.5 | 682.4 | 698.0 | 603.4 | 663.4 | 697.2 | 686.7 | 700.3 | 684.8 | 681.8 | 687.9 | 0.6% | 21.4% |

资料来源：*BP Statistical Review of World Energy*，2017。

2016年，全球天然气消费增长1.5%，相较于2015年1.7%的增长略微下降，仍与前10年2.3%的平均增长值有一定差距。全球天然气消费增长低于经合组织国家天然气消费平均1.7%的增长速度（占全球消费的46.4%），但高于非经合组织国家天然气消费平均1.3%的增长速度（占全球消费的53.6%）。在经合组织国家中，美国天然气消费增长率远低于2015年的3%；英国天然气消费增长了12.2%。在新兴国家中，伊朗天然气消费增长5.0%，中国增长7.7%。与此同时，俄罗斯天然气消费量下跌幅最大，达到3.2%，约下降120亿立方米。就地区而言，中东和亚太地区增幅最大分别为3.5%、2.7%，而天然气消费占全球比重最大的是北美和欧亚地区，分别占全球的27.3%、29.1%。从全球来看，天然气占一次能源消费的24.1%。其中中国的天然气需求将以年均7.6%的增幅迅速增长，预计到2030年，消费量将达到430亿立方英尺/日，接近欧盟当前水平（470亿立方英尺/日）。

天然气在全球能源消费结构中的地位不断提高，将成为转变世界能源发展方式的重要桥梁。过去20年，世界天然气消费年均增长2.4%，为同期石油增速（1.1%）的2倍还多。天然气在一次能源消费结构中的地位稳步上升，其比重由1990年的21.8%增加到2016年的24.1%。预计到2030年天然气的消费量将达到约 4.6 万亿立方米，在一次能源中的份额约占 26%—28%，接近煤炭和石油的比例。实际上，在俄罗斯、英国、荷兰等天然气资源国，天然气消费所占比重较高，接近甚至超过 40%。而且，随着流动性和供应能力的不断增强，天然气消费的地域范围也由资源国向发达国家不断扩大。

天然气需求增长的驱动因素是非经合组织的需求，非经合组织天然气需求增速高于经合组织（分别为每年 2.5%和 1.1%），预计非经合组织在全球天然气消费中的比重将从 2011 年的 52%提高到 2030 年的 59%。到 2030 年，全球天然气需求增长的 76%来自非经合组织市场。仅中国就在增长中占据 25%的比重，中东为 23%。①

**表 1-9 主要国家和地区天然气消费情况**

单位：10 亿立方米

| 地区 | 2008 | 2009 | 2010 | 2011 | 2012 | 2013 | 2014 | 2015 | 2016 | 2015—2016 年变化情况 | 2016 年占总量比例 |
|---|---|---|---|---|---|---|---|---|---|---|---|
| 美国 | 659.1 | 648.7 | 682.1 | 693.1 | 723.2 | 740.6 | 753.0 | 773.2 | 778.6 | 0.4% | 22.0% |
| 加拿大 | 96.1 | 94.9 | 95.0 | 100.9 | 100.2 | 103.9 | 104.2 | 102.5 | 99.9 | -2.8% | 2.8% |
| 墨西哥 | 66.3 | 72.2 | 72.5 | 76.6 | 79.9 | 83.3 | 86.8 | 87.1 | 89.5 | 2.5% | 2.5% |
| 巴西 | 24.9 | 20.1 | 26.8 | 26.7 | 31.7 | 37.3 | 39.5 | 41.7 | 36.6 | -12.5% | 1.0% |
| 法国 | 44.3 | 42.7 | 47.3 | 41.1 | 42.5 | 43.1 | 36.2 | 38.9 | 42.6 | 9.0% | 1.2% |
| 德国 | 85.5 | 80.7 | 84.1 | 77.3 | 77.5 | 81.2 | 70.6 | 73.5 | 80.5 | 9.2% | 2.3% |
| 意大利 | 77.2 | 71.0 | 75.6 | 70.9 | 68.2 | 63.8 | 56.3 | 61.4 | 64.5 | 4.7% | 1.8% |
| 俄罗斯 | 416.0 | 389.6 | 414.1 | 424.6 | 416.2 | 413.5 | 409.7 | 402.8 | 390.9 | -3.2% | 11.0% |
| 英国 | 93.8 | 87.0 | 94.2 | 78.1 | 73.9 | 73.0 | 66.7 | 68.1 | 76.7 | 12.2% | 2.2% |
| 伊朗 | 133.2 | 142.7 | 152.9 | 162.2 | 161.5 | 162.9 | 183.7 | 190.8 | 200.8 | 5.0% | 5.7% |
| 南非 | 3.7 | 3.4 | 3.9 | 4.1 | 4.4 | 4.6 | 5.0 | 5.1 | 5.1 | 1.3% | 0.1% |
| 澳大利亚 | 27.9 | 29.1 | 31.1 | 33.7 | 33.8 | 35.5 | 38.3 | 42.9 | 41.1 | -4.4% | 1.2% |
| 中国 | 84.1 | 92.6 | 111.2 | 137.1 | 150.9 | 171.9 | 188.4 | 194.8 | 210.3 | 7.7% | 5.9% |

① 数据来源：*BP Energy Outlook* 2030，2012，p. 49。

续表

| 地区 | 2008 | 2009 | 2010 | 2011 | 2012 | 2013 | 2014 | 2015 | 2016 | 2015—2016年变化情况 | 2016年占总量比例 |
|---|---|---|---|---|---|---|---|---|---|---|---|
| 印度 | 41.5 | 50.7 | 60.3 | 61.1 | 71.1 | 49.3 | 48.8 | 45.7 | 50.1 | 9.2% | 1.4% |
| 日本 | 93.7 | 87.4 | 94.5 | 105.5 | 116.9 | 116.9 | 118.0 | 113.4 | 111.2 | -2.2% | 3.1% |
| 韩国 | 35.7 | 33.9 | 43.0 | 46.3 | 50.2 | 52.5 | 47.8 | 43.6 | 45.5 | 4.0% | 1.3% |
| 经合组织 | 1503.8 | 1461.8 | 1554.8 | 1545.1 | 1580.9 | 1609.5 | 1580.6 | 1611.4 | 1644.1 | 1.7% | 46.4% |
| 非经合组织 | 1541.1 | 1504.1 | 1632.8 | 1700.8 | 1756.8 | 1774.4 | 1820.2 | 1868.7 | 1898.8 | 1.3% | 53.6% |
| 欧盟 | 494.9 | 462.8 | 497.9 | 449.7 | 438.6 | 431.2 | 383.0 | 399.1 | 428.8 | 7.1% | 12.1% |
| 独联体 | 589.0 | 533.1 | 570.9 | 591.0 | 582.9 | 569.6 | 566.4 | 555.4 | 546.7 | -1.8% | 15.4% |

资料来源：*BP Statistical Review of World Energy*，2017。

**表 1-10　主要地区天然气消费比重情况**

单位：10亿立方米

| 地区 | 2007 | 2008 | 2009 | 2010 | 2011 | 2012 | 2013 | 2014 | 2015 | 2016 | 2015—2016年变化情况 | 2016年占总量比例 |
|---|---|---|---|---|---|---|---|---|---|---|---|---|
| 北美洲总计 | 813.8 | 821.5 | 815.9 | 849.6 | 870.6 | 903.3 | 927.8 | 944.1 | 962.8 | 968.0 | 0.3% | 27.3% |
| 中南美洲总计 | 142.6 | 143.4 | 136.7 | 150.2 | 150.5 | 159.6 | 165.2 | 168.9 | 175.8 | 171.9 | -2.5% | 4.9% |
| 欧洲及欧亚大陆总计 | 1123.8 | 1132.2 | 1041.3 | 1118.4 | 1092.8 | 1074.0 | 1054.4 | 1005.6 | 1010.2 | 1029.9 | 1.7% | 29.1% |
| 中东国家总计 | 321.7 | 347.3 | 359.1 | 396.5 | 403.4 | 415.0 | 440.3 | 460.8 | 493.6 | 512.3 | 3.5% | 14.5% |
| 非洲总计 | 96.7 | 100.7 | 99.5 | 106.4 | 113.3 | 120.6 | 123.2 | 127.0 | 135.8 | 138.2 | 1.4% | 3.9% |
| 亚太地区总计 | 468.7 | 499.8 | 513.3 | 566.4 | 615.4 | 665.1 | 672.9 | 694.4 | 701.8 | 722.5 | 2.7% | 20.4% |
| 世界总计 | 2967.3 | 3044.9 | 2965.9 | 3187.6 | 3245.9 | 3337.7 | 3383.8 | 3400.8 | 3480.1 | 3542.9 | 1.5% | 100.0% |

资料来源：BP Statistical Review of World Energy，2017。

就行业而言，交通运输业的增长最快，但基数很小。大部分增长来自电力行业（每年 2.3%）和工业（每年 1.8%），而工业部门在 2035 年仍将是全球天然气的最大用户。到 2035 年，电力和工业的新增用气量占需求增长总量的 80%以上，电力行业需求 750 亿立方英尺/日，工业则为 610 亿立方英尺/日。

## 二、可再生能源（新能源）的开发加速世界能源格局的变化

### （一）新能源—清洁能源产业的商业前景与现实需求

随着化石燃料价格屡攀新高，人类对未来能源的忧虑也日益增加。地缘政治动荡导致化石能源在短期内剧烈价格波动，环境恶化则让人们开始怀疑未来经济和社会的可持续发展。为了打破对传统化石能源的高度依赖，人类越来越多地将目光投入到更加清洁的新能源领域。新能源又称可再生能源，具有能源永不枯竭的可持续特征，同时具有低排放或不排放的清洁特征，例如太阳能、地热能、风能、海洋能、生物质能和核能（包括裂变和聚变）等，还包括经洁净技术处理过的能源非可再生能源，如清洁煤气、油气、天然气等，与煤炭、石油、天然气以及大中型水电等常规能源相对应。

在过去的十多年间，可再生能源一直是全球新能源增长的主要来源。尽管新能源种类众多，但目前大规模投入商业应用的新能源和清洁能源主要包括：核能（裂变）、水力发电、太阳能、风能和生物质能，以及煤炭和石油的清洁化改造。风能、太阳能、水电与生物燃料等可再生新能源将成为下一轮世界能源消费格局的重要角色。2016 年可再生能源消费量达到 419.6 百万吨油当量，占全球一次能源需求的 3.2%。[①] 为了实现全球 2050 年与能源相关碳排放的总体控制目标，对可再生能源的利用还将大幅度提高。2008 年，全球可再生能源的发电超过 3700TWH，为了实现国际能源署“能

① 数据来源：*BP Statistical Review of World Energy*，2017。

源技术展望2010蓝图”(ETP 2010 Blue Map Scenario),到2020年这一数字将突破7000TWH。

水力发电是可再生能源中贡献最大的能源。为了实现2020年的目标,风力发电和太阳能发电的年增长速度需要分别达到17%和22%。事实上从2005年开始,风能和太阳能发电的年平均增长率分别达到26%和50%。① 关键是,这样高的增长速度能否长期坚持下来。来自可再生能源的发电量在未来20年将成倍增长,达到现在的三倍,占世界总发电量的比例也将从2010年的20%增加到2035年的31%。水力发电还将在可再生能源领域中保持唯一最大份额,但是比例将从16%下降到15.5%。在此期间,发展速度最快的将会是风电。可再生能源在各国的发展还将保持不均衡状态。在欧盟,可再生能源发电量比例在2035年将达到43%,成为可再生能源应用的翘楚。中国和印度作为两个最大的发展中国家,对可再生能源的利用将大规模提高,超过美国成为世界上两个最大的可再生能源应用国。两国新能源的发电量都将超过本国发电总量的25%。②

2015年包括生物燃料在内的新能源在全球一次能源消费中所占比重仅为2.8%,到2030年该比重可达到6%。非经合组织的增长速度高于经合组织(分别为每年10.9%和6.1%),但就增量而言,经合组织仍然领先于非经合组织。③ 根据国际能源署的评估报告,投资清洁能源具备经济效应——每增加1美元的投资,到2050年时可以节省3美元的燃料。到2025年,燃料节约带来的效益将超过投资,2050年燃料节约将超过100万美元。随着全球能源消费需求不断提高,环境污染不断恶化,碳排放不断增加,世界对新能源和清洁能源的需求越来越迫切。所以,新能源和清洁能源具有很好的商业前景和现实需求。

尽管新能源目前在能源生产总量中的比重还比较低,但近年来增长势头异常迅猛。为积极应对能源、环境和气候变化挑战,落实减排承诺,世界主要国家特别是发达国家都不同程度地加快了新能源和可再生能源的发展

① *Clean Energy Progress Report*, IEA, 2011, p.40.

② *World Energy Outlook*, IEA, 2012, p.192.

③ *BP Energy Outlook* 2030, BP, 2012, p.61.

步伐,各国政府在不断出台鼓励政策,为新能源产业未来的发展提供了巨大的推力。这一进程最初由欧洲推动,但美国和中国从2020年开始将成为最大的增长来源。2016年,可再生能源的发展加快。全球生物燃料生产增幅为2.6%,即每日3.9万桶油当量(桶/日油当量)。美国的可再生能源增长速度为16.9%,远远高于2015年的2.9%的增长速度。印度尼西亚生物燃料产量出现大幅度增长(高达84.3%,即增加2.2万桶油当量/日)。与此形成鲜明对比的是,可再生能源发电量增长14.1%,低于十年来平均水平,而风电增长的贡献超过了50%,太阳能增长的贡献超过了1/3。亚太地区取代欧亚地区成为最大可再生能源生产区,中国超过美国成为最大的可再生能源生产国。

以下将近年新能源的发展,分门别类予以说明。

1. 可再生能源——水电(Renewable Consumption - Hydropower electricity)发展现状

水力发电是利用河流、湖泊等位于高处具有位能的水流至低处,将其中所含之势能转换成水轮机之动能,再藉水轮机为原动力,推动发电机产生电能。全球水力发电站在2010年达到3427兆瓦时,占全球发电总量的16%。相对于其他类型的发电,水力发电成本较低,是最具商业竞争力的可再生能源。同时,水力发电也可以通过调节发电机的上下位置来控制发电量,适应需求变化。

全球有150多个国家和地区拥有水电站,2012年全球水力发电达到3645亿千瓦时,预计2012—2040年年均增长率为1.5%,至2040年将达到5571亿千瓦时。[①] 然而,大部分水力发电主要集中在少数几个大国和水资源特别丰富的国家中。中国、巴西、美国、加拿大和俄罗斯是最大的五个水力发电国家,2010年装机总量占到世界水电总装机容量的52%。其中,中国是世界上最大的水力发电国家,拥有最大的装机容量。中国2010年水力发电达到峰值,为163.4亿千瓦时。2011年中国水力发电量略有下降,达

① 数据来源:国际能源署,经计算得出。"Table 5-2.OECD and non-OECD net renewable electricity generation by energy source,2012-40",*World Energy Outlook* 2016,IEA,p.85。

到157亿千瓦时,占世界水力发电总量的19.8%。尽管如此,中国政府依然在制定更加雄心勃勃的水电站发展计划,因此在可预见的未来,中国水力发电还将居于世界领先地位。紧随其后的国家为巴西,2011年水力发电量为97.2亿千瓦时,占世界水电总发电量的12.3%。再次为加拿大,发电量为85.2亿千瓦时,占世界水电总发电量的10.8%。[①] 因为很多经济和开发组织国家的水电项目已经开发了几乎全部潜能,大部分新的水电项目都来自新兴国家,未来也将如此。[②] 截至2008年,阿尔巴尼亚、不丹、莱索托和巴拉圭四个国家所需电力完全来自水力发电,另外还有15个国家的所需电量中超过90%来自水力发电。[③] 鉴于水力发电的清洁、可再生和高效廉价等优势,无论是大型水电站,还是小型输电站,在未来都将拥有较光明的发展前景。由此可见,水力发电已经成为全球范围内广泛应用的可再生能源。

2016年全球水力发电量增长2.8%,接近其十年来年均增长值(3%),中国和美国增长最为显著。葡萄牙成为水电消费增长幅度最大的国家,增幅高达81.9%,北美和亚太地区则是地区水电消费增长最快的,增幅为3.5%。就地区消费格局而言,亚太地区水电消费总量增长3.5%,在全球水电消费格局中的比重占到40.4%;欧洲和欧亚大陆地区位居其次,为22.2%。在水电消费中,非经合组织是主体,其2016年的消费比重占到了65.2%;经合组织2016年为34.8%。目前,中国仍然是世界上最大的水力发电国家,占世界水力发电的28.9%。

**表1-11　主要国家和地区水电消费量**

单位:百万吨油当量

| 地区 | 2005 | 2006 | 2007 | 2008 | 2009 | 2010 | 2011 | 2012 | 2013 | 2014 | 2015 | 2016 | 2015—2016年变化情况 | 2016年占总量比例 |
|---|---|---|---|---|---|---|---|---|---|---|---|---|---|---|
| 美国 | 60.3 | 64.6 | 55.0 | 56.8 | 61.4 | 58.2 | 71.5 | 62.0 | 60.3 | 57.9 | 55.8 | 59.2 | 5.9% | 6.5% |

① 数据来源:*BP Statistical Review of World Energy*,2012,p.35。

② *Clean Energy Progress Report*,IEA,2011,p.49.

③ "Use and Capacity of Global Hydropower Increases", *World Watch Institute* , January 2012,http://en.wikipedia.org/wiki/Hydroelectricity#cite_note-wi2012-1.

续表

| 地区 | 2005 | 2006 | 2007 | 2008 | 2009 | 2010 | 2011 | 2012 | 2013 | 2014 | 2015 | 2016 | 2015—2016年变化情况 | 2016年占总量比例 |
|---|---|---|---|---|---|---|---|---|---|---|---|---|---|---|
| 加拿大 | 81.9 | 79.9 | 83.2 | 85.4 | 83.4 | 79.5 | 85.0 | 86.1 | 88.7 | 86.6 | 85.4 | 87.8 | 2.5% | 9.7% |
| 墨西哥 | 6.2 | 6.9 | 6.1 | 8.9 | 6.1 | 8.4 | 8.2 | 7.2 | 6.3 | 8.8 | 7.0 | 6.8 | -3.3% | 0.7% |
| 巴西 | 76.4 | 78.9 | 84.6 | 83.6 | 88.5 | 91.3 | 96.9 | 94.0 | 88.5 | 84.5 | 81.4 | 86.9 | 6.5% | 9.6% |
| 法国 | 11.6 | 12.9 | 13.3 | 14.6 | 13.1 | 14.4 | 10.4 | 13.5 | 15.9 | 14.1 | 12.3 | 13.5 | 9.2% | 1.5% |
| 德国 | 4.4 | 4.5 | 4.8 | 4.6 | 4.3 | 4.7 | 4.0 | 5.0 | 5.2 | 4.4 | 4.3 | 4.8 | 10.4% | 0.5% |
| 意大利 | 8.2 | 8.4 | 7.4 | 9.4 | 11.1 | 11.6 | 10.4 | 9.5 | 11.9 | 13.2 | 10.3 | 9.3 | -10.3% | 1.0% |
| 俄罗斯 | 39.5 | 39.6 | 40.5 | 37.7 | 39.9 | 38.1 | 37.3 | 37.2 | 40.6 | 39.6 | 38.5 | 42.2 | 9.5% | 4.6% |
| 英国 | 1.1 | 1.0 | 1.1 | 1.2 | 1.2 | 0.8 | 1.3 | 1.2 | 1.1 | 1.3 | 1.4 | 1.2 | -14.9% | 0.1% |
| 伊朗 | 3.0 | 4.2 | 4.1 | 1.7 | 1.5 | 2.2 | 2.4 | 2.7 | 3.4 | 3.4 | 4.1 | 2.9 | -29.3% | 0.3% |
| 南非 | 0.3 | 0.7 | 0.2 | 0.3 | 0.3 | 0.5 | 0.5 | 0.3 | 0.3 | 0.2 | 0.2 | 0.2 | 32.2% | 0.0% |
| 澳大利亚 | 3.5 | 3.4 | 3.0 | 2.7 | 2.9 | 3.1 | 4.4 | 3.9 | 4.3 | 3.3 | 3.2 | 4.0 | 27.7% | 0.4% |
| 中国 | 89.8 | 98.6 | 109.8 | 144.1 | 139.3 | 161.0 | 155.7 | 195.2 | 205.8 | 237.8 | 252.2 | 263.1 | 4.0% | 28.9% |
| 印度 | 22.0 | 25.5 | 27.7 | 26.1 | 24.1 | 24.6 | 29.8 | 26.2 | 29.9 | 31.5 | 30.2 | 29.1 | -3.6% | 3.2% |
| 日本 | 17.4 | 19.9 | 16.9 | 16.8 | 15.6 | 19.7 | 18.3 | 17.2 | 17.7 | 18.1 | 19.0 | 18.1 | -4.9% | 2.0% |
| 经合组织 | 292.5 | 297.0 | 289.0 | 300.5 | 297.7 | 306.4 | 313.1 | 314.3 | 318.8 | 314.2 | 309.9 | 316.8 | 2.0% | 34.8% |
| 非经合组织 | 368.3 | 390.5 | 408.8 | 438.7 | 439.0 | 472.3 | 479.2 | 517.8 | 540.5 | 565.1 | 573.4 | 593.4 | 3.2% | 65.2% |
| 欧盟 | 70.7 | 71.5 | 71.4 | 75.4 | 76.1 | 85.6 | 71.1 | 76.3 | 83.9 | 84.7 | 77.2 | 78.7 | 1.7% | 8.6% |
| 独联体 | 54.2 | 54.3 | 54.2 | 51.6 | 53.1 | 53.0 | 51.9 | 51.9 | 55.8 | 53.6 | 51.7 | 56.2 | 8.3% | 6.2% |

资料来源：*BP Statistical Review of World Energy*，2017。

**表 1-12 主要地区水电消费所占比重**

单位:百万吨油当量

| 地区 | 2005 | 2006 | 2007 | 2008 | 2009 | 2010 | 2011 | 2012 | 2013 | 2014 | 2015 | 2016 | 2015—2016 年变化情况 | 2016 年占总量比例 |
|---|---|---|---|---|---|---|---|---|---|---|---|---|---|---|
| 北美洲总计 | 148.5 | 151.4 | 144.3 | 151.1 | 151.0 | 146.2 | 164.8 | 155.3 | 155.3 | 153.2 | 148.2 | 153.9 | 3.5% | 16.9% |
| 中南美洲总计 | 141.4 | 147.8 | 153.1 | 154.0 | 157.9 | 158.7 | 168.5 | 165.4 | 160.6 | 154.5 | 152.9 | 156.0 | 1.8% | 17.1% |
| 欧洲及欧亚大陆总计 | 181.0 | 178.6 | 179.8 | 183.5 | 184.2 | 197.6 | 178.6 | 191.4 | 202.3 | 197.3 | 194.7 | 201.8 | 3.4% | 22.2% |
| 中东国家总计 | 5.1 | 6.6 | 6.3 | 3.2 | 2.8 | 4.0 | 4.3 | 5.0 | 5.4 | 4.8 | 5.9 | 4.7 | -20.5% | 0.5% |
| 非洲总计 | 20.2 | 21.9 | 21.4 | 21.9 | 22.3 | 24.4 | 23.7 | 25.5 | 26.8 | 28.0 | 26.9 | 25.8 | -4.3% | 2.8% |
| 亚太地区总计 | 164.6 | 181.2 | 192.9 | 225.5 | 218.5 | 247.7 | 252.5 | 289.4 | 308.8 | 341.5 | 354.7 | 368.1 | 3.5% | 40.4% |
| 世界总计 | 660.8 | 687.5 | 697.8 | 739.3 | 736.7 | 778.7 | 792.3 | 832.1 | 859.2 | 879.3 | 883.2 | 910.3 | 2.8% | 100.0% |

资料来源:*BP Statistical Review of World Energy*,2017。

2. 可再生能源——风能(Renewable Consumption - Wind)发展现状

风能是因地球表面大量空气流动所产生的动能,作为一种可利用的能量,属于可再生能源和清洁能源。尽管在古代,人类就已经学会利用风车将收集到的机械能用来磨碎谷物和抽水,但是在现代意义上的风能专指利用涡轮叶片将气流的机械能转为电能,即风力发电。风能发电具有无污染、经济耐用、储量巨大等优势。风力发电发展迅速。风电作为应用最广泛和发展最快的新能源发电技术,已在全球范围内实现大规模开发应用。到 2015 年年底,全球风电累计装机容量 4.32 亿千瓦,遍布 100 多个国家和地区。“十二五”时期,全球风电装机新增 2.38 亿千瓦,年均增长 17%,是装机容量增幅最大的新能源发电技术。①

① 《风电发展“十三五”规划》,国家能源局,2016 年 11 月,第 2 页。

2015年全球风电增长迅速,全球首次超过核电,风能仍是全球可再生能源发电最大来源(52.2%)。美国和中国依然是风力发电增长的主要贡献者。就装机容量来看,2016年全球风能累计装机容量达到468989兆瓦,较2015年增长12%,其中欧洲和欧亚大陆,亚太和北美是风能利用的主要地区,分别占到全球风能装机容量的34.2%、40.4%和20.9%;中国的风能累计装机容量达到148640兆瓦,较2015年增长14.9%,其在全球风能装机容量中所占比重为31.7%。中美两国2016年的风能消费增幅分别达到29.4%和17.4%;其在全球风能消费格局中的比重分别为25.1%和23.8%;而欧洲和欧亚大陆、北美、亚太则是全球风能消费的主要地区;消费比重分别为33.5%、27.8%和32.8%;经合组织国家是风能消费的主体,比重达到了62.7%,非经合组织国家的比重只有37.3%。

3. 可再生能源——太阳能(Renewable Consumption-Solar)发展现状

(1)全球太阳能产业的迅速发展态势。太阳能发电具有无噪声、无污染、不受地区限制、无需消耗燃料等优点,近年来已取得巨大进步与发展。太阳能发电规模快速增长。太阳能光伏在2000年至2015年间可再生能源中增长速度最快,装机容量从2000年的1.5GW快速攀升到2012年的90GW,已经有30多个国家设定了2020年太阳能发电目标。中国超越德国和美国成为世界最大的太阳能发电国。2012年年底,德国、意大利、日本、西班牙、法国、中国的光伏发电装机容量总和占到全球光伏发电装机容量总和的76%以上。[①] 截至2015年年底,全球太阳能发电装机累计达到2.3亿千瓦,当年新增装机超过5300万千瓦,占全球新增发电装机的20%。2006年至2015年光伏发电平均年增长率超过40%,成为全球增长速度最快的能源品种;太阳能热发电5年内新增装机400万千瓦,也已进入初步产业化发展阶段。[②] 2016年,世界太阳能累计装机容量较2015年增长33.2%,其中亚太地区,欧洲和欧亚大陆是太阳能利用的主要地区,分别占到全球太阳能累计装机容量的48.4%和35%;菲律宾的太阳能累计装机容量增幅最大,

---

① *International Energy Outlook*, IEA, 2016, p.86.

② 《太阳能发展"十三五"规划》,国家能源局,2016年12月,第2页。

高达 525. 0%;其次是土耳其,高达 235. 5%;2016 年中国太阳能光伏累计装机容量 78070 兆瓦,较 2015 年增长 79. 3%,其在全球太阳能累计装机容量中所占比重为 25. 9%,居世界第一位。

在世界太阳能消费中,经合组织国家是主体,2016 年的消费比重占到了 71. 0%;非经合组织虽然增速很快,2016 年达到 63. 0%;消费比重占 29. 0%。欧洲主要太阳能市场需求仍呈稳定增长态势。

太阳能市场竞争力迅速提高。太阳能热发电进入初步产业化发展阶段后,发电成本显著降低。欧洲、日本、澳大利亚等多个国家和地区的商业和居民用电领域已实现平价上网。太阳能供暖在欧洲、美洲等地区具备了经济可行性,太阳能热利用市场竞争力进一步提高,太阳能热水器已是成本较低的热水供应方式。

太阳能产业对经济带动作用显著。很多国家都把光伏产业作为重点培育的战略性新兴产业和新的经济增长点,纷纷提出相关产业发展计划,在光伏技术研发和产业化方面不断加大支持力度。2015 年全球光伏市场规模达到 5000 多亿元,创造就业岗位约 300 万个,在促进全球新经济发展方面表现突出。

(2)中国太阳能产业长足发展。"十二五"时期,国务院发布了《关于促进光伏产业健康发展的若干意见》(国发〔2013〕24 号),光伏产业政策体系逐步完善,光伏技术取得显著进步,市场规模快速扩大。太阳能热发电技术和装备实现突破,首座商业化运营的电站投入运行,产业链初步建立。太阳能热利用持续稳定发展,并向供暖、制冷及工农业供热等领域扩展。

光伏发电规模快速扩大,市场应用多元化。全国光伏发电累计装机从 2010 年的 8 万千瓦增长到 2015 年的 4318 万千瓦,2015 年新增装机 1513 万千瓦,累计装机和年度新增装机均居全球首位。光伏发电应用逐渐形成东中西部共同发展、集中式和分布式并举格局。光伏发电与农业、养殖业、生态治理等各种产业融合发展模式不断创新,已进入多元化、规模化发展的新阶段。

光伏制造产业化水平不断提高,国际竞争力继续巩固和增强。"十二五"时期,我国光伏制造规模复合增长率超过 33%,年产值达到 3000 亿元,创造就业岗位近170万个，光伏产业表现出强大的发展新动能。2015年多晶硅产量16.5万吨，占全球市场份额的48%；光伏组件产量4600万千瓦，占全球市场份额的70%。我国光伏产品的国际市场不断拓展，在传统欧美市场与新兴市场均占主导地位。我国光伏制造的大部分关键设备已实现本土化并逐步推行智能制造，在世界上处于领先水平。

光伏发电技术进步迅速，成本和价格不断下降。我国企业已掌握万吨级改良西门子法多晶硅生产工艺，流化床法多晶硅开始产业化生产。先进企业多晶硅生产平均综合电耗已降至80kWh/kg，生产成本降至10美元/kg以下，全面实现四氯化硅闭环工艺和无污染排放。单晶硅和多晶硅电池转换效率平均分别达到19.5%和18.3%，均处于全球领先水平，并以年均0.4个百分点的速度持续提高，多晶硅材料、光伏电池及组件成本均有显著下降，光伏电站系统成本降至7元/瓦左右，光伏发电成本"十二五"期间总体降幅超过60%。

光伏产业政策体系基本建立，发展环境逐步优化。在《可再生能源法》基础上，国务院于2013年发布《关于促进光伏产业健康发展的若干意见》，进一步从价格、补贴、税收、并网等多个层面明确了光伏发电的政策框架，地方政府相继制定了支持光伏发电应用的政策措施。光伏产业领域中相关材料、光伏电池组件、光伏发电系统等标准不断完善，产业检测认证体系逐步建立，具备全产业链检测能力。我国已初步形成光伏产业人才培养体系，光伏领域的技术和经营管理能力显著提高。

太阳能热发电实现较大突破，初步具备产业化发展基础。"十二五"时期，我国太阳能热发电技术和装备实现较大突破。八达岭1兆瓦太阳能热发电技术及系统示范工程于2012年建成，首座商业化运营的1万千瓦塔式太阳能热发电机组于2013年投运。我国在太阳能热发电的理论研究、技术开发、设备研制和工程建设运行方面积累了一定的经验，产业链初步形成，具备一定的产业化能力。

太阳能热利用规模持续扩大，应用范围不断拓展。太阳能热利用行业形成了材料、产品、工艺、装备和制造全产业链，截至2015年年底，全国太阳能集热面积保有量达到4.4亿平方米，年生产能力和应用规模均占全球

70%以上,多年保持全球太阳能热利用产品制造和应用规模最大国家的地位。①

4. 可再生能源——地热、生物质能(Geothermal, Biomass and Other)发展现状

2016 年全球地热能装机容量达到 13438 百万瓦特,较 2015 年增长 3.4%,中国的地热能装机容量为 27 百万瓦特,与往年持平,其在全球地热能装机容量中所占比重仅为 0.2%。

2016 年,全球地热、生物质能消费增长为 4.4%,泰国、日本、中国是消费增长贡献较多的国家,其 2016 年的增幅分别达到 21.8%、12.2%、21.4%;就地区消费而言,欧洲和欧亚大陆地区、亚太、北美地区是地热、生物质能消费的主体,分别占到全球消费比重的 35.8%、31.6%、18.2%。在地热、生物质能的消费格局中,经合组织国家由于技术优势,消费所占比重较高,达到 63.2%,而非经合组织只占 36.8%。

对地热能的利用虽然已经很普遍,但是地热发电技术却主要局限在少数国家。地热发电技术相对来说危险系数较高,因此增长一直较为缓慢。截至 2015 年,全球地热发电装机容量将近 13GW。全球地热发电的领先国家依次为美国、印度尼西亚、新西兰、意大利、墨西哥、冰岛和肯尼亚。此外,纯粹的地热热能则广泛应用于各种取暖、加热、温室和工业用热。

在生物能发电领域,居于领先地位的分别是美国、德国、瑞典、芬兰和英国。在过去的十年中,通过利用生物质能、沼气、人类垃圾和生物燃料来发电的数量稳步增加。生物燃料是近年来迅速增加的能源之一。美国是世界上生产生物燃料最多的国家,2016 年达到 3577.9 万吨油当量,比 2015 年增加 5.4%,占当年世界总产量的 43.5%。其次巴西产量达到 1855.2 万吨油当量,比 2015 年减少了 4.3%,占同期世界总产量的 22.5%。2016 年全球生物燃料增加了 2.6%,远低于十年来 14.1%的平均增长率。亚太地区增长 7.2%,增长幅度最大。生物柴油上升 6.5%,其中印度尼西亚占了一半以上,约 114.9 万吨油当量。生物乙醇的全球产量增长 0.7%,主要是巴

① 《太阳能发展"十三五"规划》,国家能源局,2016 年 12 月,第 3—4 页。

西产量的增长,实现连续4年增长。①

2016年全球生物燃料生产增长2.6%,即每日3.9万桶油当量(桶/日油当量),处于近几年以来的低年增长速度。由于汽油中的乙醇燃料比例已达到"掺混瓶颈",美国的可再生能源发展速度放缓(增速为5.4%,即3.5万桶油当量/日)。印度尼西亚生物燃料产量出现大幅度上升(增长84.3%,即增加2.2万桶油当量/日)。就地区而言,生物燃料消费的增长主要集中在北美和亚太地区,较2015年相比,分别增长5.3%和7.2%。

### (二)非常规能源(油气资源)挑战传统能源格局

全球非常规油气资源是未来常规油气资源的重要补充。② 根据目前测算数据,全球非常规石油技术可采资源量达6000亿吨,是常规石油资源量的1.2倍;非常规天然气资源量达900万亿立方米,是常规天然气资源量的1.9倍。③ 这其中煤层气资源量可能超过260万亿立方米,油页岩折算成页岩油的数量可达4000多亿吨,油砂油的可采资源量为1035.1亿吨(约占世界石油可采资源总量的31.96%),重油资源量约为690亿吨,全球天然气水合物中甲烷资源量为6000多万亿立方米。预计未来世界油气产量增长主要来自液化天然气、油砂、非常规天然气和深水项目这四大领域且主要在中东、西非、中亚俄罗斯这三大地区。

在非常规油气资源的生产与消费进程中,对传统能源格局影响最大的无疑是北美地区(美国的页岩气、加拿大的油砂)的"页岩革命"。首先是页

① 数据来源:*BP Statistical Review of World Energy*,2017。

② 目前,对于非常规油气资源尚无明确定义,人们采用约定俗成的叫法,将其分为非常规石油资源和非常规天然气资源两大类。前者主要指重(稠)油、超重油、深层石油等,后者主要指低渗透气层气、煤层气、天然气水合物、深层天然气及无机成因油气。此外,油页岩通过相应的化学工艺处理后产出的可燃气和石油,也属于非常规油气资源。——笔者注

③ 世界页岩气资源量为457万亿立方米,同常规天然气资源量相当,其中页岩气技术可采资源量为187万亿立方米。全球页岩气技术可采资源量排名前5位的国家依次为:中国(36万亿立方米,约占20%)、美国(24万亿立方米,约占13%)、阿根廷、墨西哥和南非。中国页岩气资源丰富,技术可采资源量为36万亿立方米,是常规天然气的1.6倍。——笔者注

岩气，继而是页岩油。据估计，全球技术上可开采的资源包括2400亿桶致密油[①]和200万亿立方米页岩气。亚洲估计有57万亿立方米的页岩气以及500亿桶致密油，而北美的页岩气和致密油储量则分别为47万亿立方米和700亿桶。2014—2035年美国页岩气生产增长率将达到年均4%，预计到2035年页岩气产量占美国天然气产量的75%左右，占全球天然气产量的20%；与此同时，2014年美国致密油的产量已经超过BP预期美国在2030年的产量，预计2035年美国致密油的产量将达到800万桶/日，占美国石油产量的40%。[②] 页岩气在全球天然气生产量中的比重将从2014年的11%增长至2035年的24%；全球致密油生产量从570万桶/日增长至1000万桶/日。两者到2030年将合力占据全球能源供应增量的近五分之一。[③]

1. 页岩气

目前，页岩气产量预计每年增长5.6%，远远超过天然气总产量的增长速度，在全球天然气生产量中的比重将从2014年的11%增长至2035年的24%。页岩气增长最初集中在北美，占全球页岩气增长量的三分之二。但基于目前的资源评估，该区域的产量增长在2020年后预计将趋缓。

特别值得一提的是，美国的"页岩革命"对全球能源供求结构和机制的重塑。2011年美国页岩气产量已达到1416亿立方米(到2030年有望达到每年3000亿立方米)，页岩气产量占天然气产量比例为29.85%，预计到2035年美国国内天然气消费中页岩气所占比重将达到49%。[④]

作为常规天然气最现实的接替资源，"页岩革命"不仅为处于调整状态

---

① 致密油主要赋存空间分为两种类型，一类是源岩内部的碳酸岩或碎屑岩夹层中，另一类为紧邻源岩的致密层中。美国为目前开采致密油最成功的国家，主要产层包括Bakken页岩、Niobrara页岩、Barnett页岩和Eagle Ford页岩。致密油具有低密度的特点，其开发方式与页岩气类似，多采用水平井压裂技术。——笔者注

② *BP Energy Outlook* 2035，BP，2016.

③ *BP Energy Outlook* 2030，BP，2013.

④ 作为世界第一大天然气生产国，美国将会在未来20年之内成为世界上主要天然气生产者，预计2035年美国的天然气总产量将达到27万兆立方英尺，进口则从11%降到1%。美国到2015年以后将成为世界重要的天然气出口国。——笔者注

的美国经济提供了稳定而价格低廉的能源供应,使美国经济的复苏相比于欧洲、中国和日本具有强劲而持久的能源成本优势;进而为提振该经济活动、增强竞争力,改善其国际收支状况,复苏经济提供了巨大的能量。而且还减少了美国对海外能源的依赖这一美国能源政策的前提条件,降低了美国能源的对外依存度(美国国内的能源消费中需要进口的比重逐年下降),增强了美国的能源自给能力。根据 BP 的预测,2012 年始到 2035 年美国进口能源占消费总量的比率呈现下降趋势,到 2035 年美国的能源进口比例会下降到 36%,相应的美国能源进口的主力主要集中在地理上距离美国更近的美洲和非洲。[①] 此外,“页岩革命”正在重塑美国能源版图,强化了美国的“能源独立”态势,使美国能源独立政策收到成效(页岩气成为支持美国能源独立的牢固基石),[②]使其在复杂相互依赖的世界中具有更为优越的地位和讨价还价能力(意味着美国对发生在中东地区的能源供给危机有了更强的适应能力),增强了其作为霸权国家的权势。[③] 2014 年美国成为全球最

① 从维护能源安全的角度看,对外部油气资源高度依赖长期是美国能源政策的前提。外部的油气资源对美国的能源安全和霸权地位具有重大意义,因而美国的能源政策必然具有全球的性质。美国以维护自身的能源安全和霸权地位为目标,将从海外获得稳定的石油供给作为美国能源政策的重要内容,尽可能地实现一种平衡和稳定的能源供给。因此,通过对能源产地、价格和运输通道的控制就成为美国能源政策和国家政策的重要内容。自美国的能源对外依赖大大增加以后,其能源战略的核心目标的确是很稳定的:不仅要保障国内高额能源消费的供应安全,而且要利用能源来维持美国的经济超级大国地位,对外减少美国及其盟友对存在不稳定因素的能源来源地的依赖。而从 20 世纪 90 年代中期开始,美国逐渐意识到生态问题的重要性,开始重视对能源生态的保护。美国能源政策的重点是维护能源供给数量、供给的稳定性和价格的可接受性,保护石油战略通道的安全。——笔者注

② 以页岩油气为代表的非常规油气的开发使得美国谋求能源独立取得了重大进展,美国的原油进口量将迅速减少,能源自给率大幅提高(从 69%上升到 81%)并向着世界最大能源生产国的方向转变(这并不意味着中东在全球能源业中的角色将被边缘化。中东 90%的原油出口将输往亚洲,从而打造新的贸易轴心);预计到 2020 年美国将超过沙特阿拉伯成为世界最大产油国。这不仅为美国寻找到一条可持续发展的能源安全路径,而且深刻改变着全球能源经济乃至地缘政治版图进而影响到未来的全球安全政策。——笔者注

③ 中国有丰富的页岩气资源,但埋藏条件比美国复杂。根据国家能源局已经公布的《页岩气发展规划(2011—2015 年)》,2015 年产量要达到 65 亿立方米,困难不小。中国也有丰富的页岩气资源,但是地质年代比美国久远,埋藏条件比美国复杂,加上水资源条件不如美国,中国形成一定规模的页岩气产量,至少要十年的努力。近几年,中国页岩气的开采,不会对中国国内的能源结构和世界能源格局产生重要影响,因为十年当中,不可能形成大规模的工业气。在世界天然气供应中,它仍然是个微乎其微的事情。——笔者注

大的成品油生产国。美国能源信息局等多家能源机构预测,美国将在2020年左右超过沙特阿拉伯成为全球最大的原油生产国,到2030年左右美国将使北美地区成为能源净出口地区。[①]

页岩气供应的增长对全球天然气的增长作出了重大贡献。一方面,帮助北美地区实现了能源自给。北美页岩气产量每年增长5.3%,到2030年达到540亿立方英尺/日,超过了常规天然气产量的下降。在页岩气的支持下,北美将在2017年成为净出口地区,净出口量到2030年接近80亿立方英尺/日。

另一方面,页岩气是经合组织能源供应的重要增长点。天然气总产量预计每年增长2%,到2030年达到4590亿立方英尺/日。增长大多来自非经合组织(每年增长2.2%),占全球天然气产量增长的73%。经合组织产量也呈现增长(每年1.5%),因为北美和澳大利亚强劲增长的产量超过欧洲的下滑产量。页岩气将非经合组织天然气产量增长提高了170亿立方英尺/日;到2030年,非经合组织将占供应总量的67%(2011年为64%)。[②]同时,经合组织页岩气供应增量年均增长5%,增加520亿立方英尺/日,超过其天然气需求增量420亿立方英尺/日,到2035年经合组织页岩气约占全球天然气供应的三分之一。[③]

从全球角度而言,页岩气在2020年后将保持增长势头,因为其他区域也将开始开发页岩气,最为显著的是中国。中国的页岩气储藏地质远比美国复杂,开采技术和运营管理经验又远不及美国企业。同时,中国的页岩气开采成本也将远远高于美国。但是,过去几年中国政府对页岩气革命反应快速并表现出前所未有的积极态度,采取了一系列扶植和鼓励政策。早在2009年,中国就同美国签订了《中美关于在页岩气领域开展合作的谅解备

① 董春岭:《美国正在走向"能源独立"吗》,《领导者》2015年第62期。

② 尽管页岩气革命成为关注焦点,从气量来看,非经合组织的常规天然气产量更为庞大(840亿立方英尺/日)。中东的产量最大(310亿立方英尺/日),其次是非洲(150亿立方英尺/日)和俄罗斯(110亿立方英尺/日)。总体而言,非经合组织天然气产量的增长(1040亿立方英尺/日)几乎与其消费的增长(1100亿立方英尺/日)持平。然而,这种基于总量的持平掩盖了推动天然气贸易发展的地区性失衡。——笔者注

③ *BP Energy Outlook* 2035,BP,2016.

忘录》。2013年10月,中国国家能源局发布《页岩气产业政策》,制定了深度开发页岩气资源的具体步骤和程序,规定了页岩气产业的上中下游全面开放;实行市场定价;进一步降低了民营企业的投资门槛;同时鼓励外国和地方投资;开放管网;允许天然气管道等"基础设施对页岩气生产销售企业实行非歧视性准入"。这一系列突破性的规定为页岩气产业发展提供了极为有利的市场环境。中国的"十二五"和"十三五"规划也明确要求,积极推进页岩气等非常规油气资源开发利用。① 预计中国将成为北美外页岩气开发最为成功的国家。到2035年,中国的页岩气产量预计将增至130亿立方英尺/日。然而,鉴于中国天然气消费的迅猛增长(到2030年将超过目前欧盟天然气市场总量),中国仍需迅速增加进口(每年增长11%)。② 预计2035年,中国和美国的页岩气产量将占全球页岩气产量的85%。③

2. 致密油

北美地区致密油(570万桶/日)、油砂(270万桶/日)等非常规油气资源的生产将进一步拉动全球供应增长,到2030年,致密油产量可能增加到750万桶/日,在1610万桶/日的全球供应增量中几乎占据半壁江山。而到2030年,致密油在全球能源供应量中的比重将会达到9%。④ 致密油(页岩油)供应量激增,将明显削弱欧佩克在美国的市场份额。该机构预计,2035年美国石油日进口量将不到200万桶,比当前水平低了近四分之三。欧佩克组织的市场份额在2018年前将呈现下降趋势,⑤但是考虑到全球液体燃料需求(石油、生物燃料和其他液体燃料)可能增长1900万桶/日,到2035

① 王龙林:《页岩气革命及其对全球能源地缘政治的影响》,《中国地质大学学报》(社会科学版)2014年第2期。

② *BP Energy Outlook* 2030,BP,2012,p.47.

③ *BP Energy Outlook* 2035,BP,2015.

④ 凭借强大的油服业及预期出台的新财政激励政策,俄罗斯和中国预计也会开发其致密油资源,到2030年分别达到140万桶/日和50万桶/日的水平。鉴于如哥伦比亚和阿根廷等国家对致密油资源的投资,南美的产量也会提高。——笔者注

⑤ 欧佩克原油产量在2020年前将无法恢复到2013年的3000万桶/日的预期产量水平,因为非欧佩克成员国将主导全球供应增长。然而2020至2030年期间,随着非欧佩克成员国产量增长放缓,欧佩克组织的供应量可能增长510万桶/日。非欧佩克组织供应增速为850万桶/日,欧佩克组织为760万桶/日。——笔者注

年达到1.1亿桶/日(需求增长全部来自发展迅速的非经合组织经济体,其中中国、印度和中东合力贡献几乎所有的全球净增长量)。而满足需求增长的供应增量将主要来自非欧佩克组织的非常规资源(2020年之后也将来自欧佩克组织)。到2035年,预计非欧佩克组织供应增长1300万桶/日,而欧佩克组织供应增长700万桶/日。这其中非欧佩克组织供应的最大增量将来自美国(600万桶/日)(主要是致密油)、加拿大(300万桶/日)(油砂)和巴西(300万桶/日),这将抵消墨西哥和北海等成熟油区的产量下滑。到2030年,非欧佩克组织的供应量预计将增加850万桶/日,而欧佩克组织产量将增加760万桶/日,新的欧佩克供应中最大增量将来自天然气液体(300万桶/日)和伊拉克原油(200万桶/日)。①

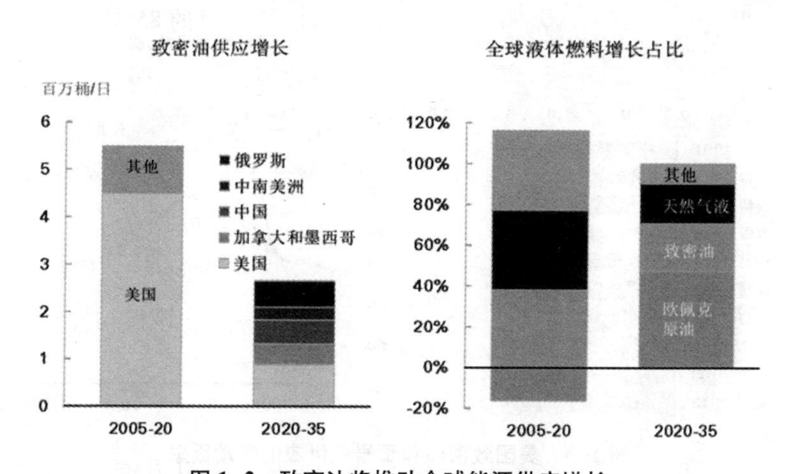


**图1-2 致密油将推动全球能源供应增长**

资料来源:*BP Energy Outlook* 2035,2015。

而且由于致密油和生物燃料产量的增长,以及欧佩克组织的预期减产,2016年美国液化燃料供应量为578.77百万吨油当量(原油和生物燃料),仅次于沙特阿拉伯585.7百万吨油当量的液化燃料供应量,俄罗斯为554.3百万吨油当量。在全球液体燃料供应中,中东欧佩克国家和美国、俄罗斯所占的比重将由2015年的56%上升至2035年的63%。②

① *BP Energy Outlook* 2035,BP,2015.

② *BP Energy Outlook* 2035,BP,2017.

同时,由于美国页岩和其他致密岩石结构中蕴藏的油气资源开发快于预期,其(450万桶/日)将进一步引领着该地区的增长,并将打破此前于1970年创下的产量纪录。预计到2020年左右,美国将超过沙特阿拉伯,成为全球最大的石油生产国。美国石油产量2020年预计将达到每天1110万桶的最高水平,高于2011年的日产量810万桶。

根据全球资源条件和"地上"因素,①北美(美洲)在2030年前将继续主导非常规能源生产,到2030年将占全球供应增长的65%。尽管其他区域也逐渐开始开发自身资源,②但是这些地区的增长显然有限。当然,根据目前了解的资源状况以及维持产量所需成本和钻探活动,北美致密油产量增长预计在2020年后会放缓。③

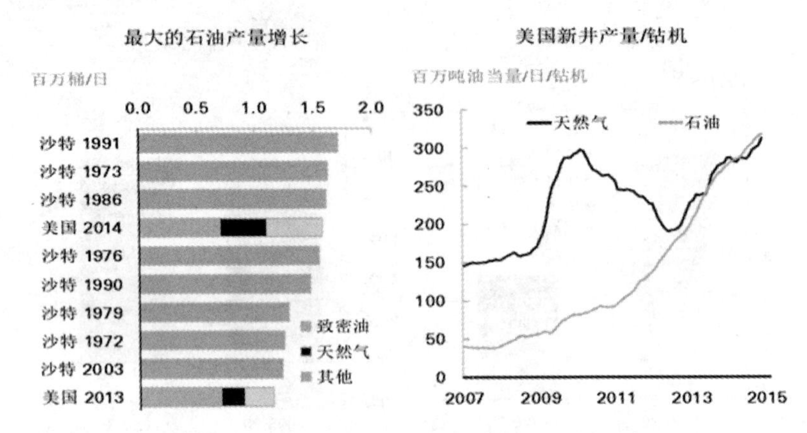


**图 1-3 美国致密油和页岩气供应的驱动因素**

资料来源:*BP Energy Outlook* 2035,2015。

① "地上"因素促成了美国的成功:拥有世界最大钻井平台队的强大油服行业(1800多个钻井平台处于作业状态,其中多数可以水平钻井);竞争激烈的行业推动着持续的技术创新;私人所有制有助于解决所需土地;发达的金融市场;有利的财政和监管条件。例如,巴肯的产量已从五年前的10万桶/日增至当前的100多万桶/日,与哥伦比亚产量大致相等,巴肯作业方的打井数超过了加拿大油井的总数。迄今为止,只有美国和加拿大具备所有这些支持产量快速增长的因素。鉴于页岩气和致密油资源开发需要很多因素予以支持,其他地区的开发速度可能会相对缓慢。——笔者注

② *BP Energy Outlook* 2030,2012,p.23.

③ *BP Energy Outlook* 2030,2012,p.35.

### （三）石油、煤炭等传统能源的清洁化改造

无论世界各国采取哪种节能减排手段，未来20年化石能源在全球能源消费结构当中的比例仍将占据80%左右。① 石油和煤炭还将是最为重要的两个化石能源。因此，出于环境保护、降低工业污染，提高能源资源利用效率和可持续发展的考虑，石油和煤炭的清洁化改造就成为必由之路。

*1. 石油产品的清洁化*

伴随着全球经济的快速发展，世界能源需求也不断攀升，石油首当其冲。由于多年的开采和利用，目前世界上低硫轻质原油的产量越来越少，含硫原油和高硫原油的产量占原油总产量比例不断攀升。总体来看，世界原油消费越来越趋于高硫化、重质化和劣质化。在这种情况下，对石油的消费扩张不断带来严重的环境问题。例如，汽车业在很多国家已经成为支柱性产业，汽车燃料消耗也因此成为世界石油需求的主要动力，导致日益严重的大气污染问题。在这种情况下，石油产品的清洁化已经被负责任的政府提上日程。世界燃料质量标准也因此日趋严格，如何生产低硫、低烯烃和低芳烃的清洁燃料，减少汽车有害气体排放，是各国炼油技术发展的主导方向。然而现实是，随着全球燃料清洁化的需求不断增加，原油不断重质化、劣质化却成为现实，成为炼油企业进一步发展的瓶颈。不得不承认，国内炼油技术，特别是燃料清洁化工作与国外发达国家存在较大的差距。国内现有炼油技术难以满足生产更加严格的清洁燃料和发展重油深加工的需要。

我国炼厂加氢处理仅占30%左右，催化重整只有10%。在美、日和德等国，加氢处理能力都非常高，达到70%—90%，催化重整能力可以达到20%。中国炼厂催化重整比例偏低，加氢处理能力比例与国外相比差距过大。这种不合理的炼制能力限制了汽、柴油质量的提高。同时通过对比中美汽油成分结构，我们看到美国汽油调和组分中催化汽油占34%，重整汽

---

① 按照现行的能源消费模式，国际能源署认为到2030年化石能源占全球一次能源消费的比例将增长到82%，即使采取节能减排的替代方式，该比例依然能够达到76.4%。见 Coal Industry Advisory Board, *Clean Coal Technologies: Accelerating Commercial and Policy Drivers for Deployment*, IEA Publications, Feb.2008, p.16。

油占20%,烷基化油占23%;而中国汽油调和组分中催化汽油占73%左右,重整汽油所占比例16%左右,烷基化油及甲基叔丁基醚(MTBE)占到4%左右。[①] 我国汽油组成中催化汽油比例过高,意味着高硫、高烯烃及高辛烷值组分不足。汽油质量升级的关键在于催化汽油清洁化,即脱硫、降烯烃、保持辛烷值。这也因此成为我国清洁汽油生产技术需要解决的关键问题。因此,中国汽油质量升级任务异常艰巨,迫切需要引进或自主开发清洁汽油生产技术,实现油品质量升级。

2. 煤炭的清洁化

由于储量丰富、分布范围广泛、价格相对稳定低廉,煤炭长久以来一直是发电的主要能源之一。在经济开发与合作组织(OECD)国家中,煤炭发电量占总发电量的比例为40%左右,在亚洲则高达70%。中国是利用煤炭最多的国家,不但数量最多,是世界第一大煤炭消费国,而且是煤炭占能源总消费结构比例最高的国家。按照"十二五"规划,煤炭在一次能源消费结构中的比重应逐步从70%以上下降到65%左右。现实是,2011年我国能源生产和消费结构出现逆调整,煤炭在生产和消费中所占比重不降反升。根据煤炭行业协会统计,2011年我国煤炭产量35.2亿吨,约占一次能源生产总量的78.6%;煤炭消费总量为35.7亿吨,约占一次能源消费总量的72.8%。煤炭生产和消费总量同比分别增加2.1和1.9个百分点。[②] 由此可见,我国富煤缺油少气的能源资源状况决定了我国能源消费格局在短时间内还将无法得到彻底改变。这样的能源消费结构导致了严重的环境问题。从生态环境保护角度分析,中国消费的燃煤是世界的一半,污染物排放也居世界前列。2012年底以来,包括北京在内的全国多数城市出现长时间雾霾天气,空气质量严重恶化,给全国人民带来严重的健康威胁。除机动车尾气排放外,各地区燃煤带来的排放污染物,是促成雾霾污染的重要原因。

---

① 兰玲:《中国石油清洁燃料生产技术进展加快》,《中国石油报》2011年7月18日,转载于中国石化新闻网,http://www.sinopecnews.com.cn/shnews/content/2011-07/18/content_1024723.shtml。

② 《2011年中国煤炭消费比重不降反升》,新浪新闻,2012年2月29日,http://finance.sina.com.cn/money/future/futuresnyzx/20120229/085711478749.shtml。

因此,煤炭清洁利用迫在眉睫。

首先要提高煤炭品质。据国际能源署推断,通过煤炭清洗、烘干和制作煤砖,能够减少最多5%的二氧化碳排放。事实上,这是一项已经在美国、欧洲、日本和澳大利亚得到广泛采用的技术,遗憾的是并未在发展中国家得到应用。其次,提高火电厂能源利用效率。世界煤炭组织(World Coal Institute)指出,如果火电厂的热能利用效率最高提高40%的话,可以最多减少22%的二氧化碳排放,特别是在非经济开发与合作组织国家中效果最为明显。[①] 这一过程将涉及一系列设备升级、技术改造和系统管理等问题。如果火电厂的蒸汽和压强能够大幅度提高,发电效率会得到显著提高。从研究中我们得知,目前褐煤和硬煤的发电效率分别是43%—45%和46%—47%,通过清洗和烘干的褐煤发电效率则提高到47%—49%,如果电厂蒸汽温度达到700摄氏度,那么无论是褐煤还是硬煤,效率都会提高到50%以上。[②] 第三,除煤炭的洗选加工清洁化之外,关键还要提高煤炭燃烧过程中的科技含量,比如,大力发展整体煤气化联合循环发电厂(简称IGCC)。毫无疑问,这种发电厂造价昂贵,初始成本较高,但是鉴于我国燃煤电厂数量居于世界首位,遭受污染也最为严重,与其每年投入大量资金和人力用于治标不治本的空气污染治理,还不如利用IGCC技术在污染前就进行煤炭的清洁低碳化利用。第四,加大对煤层气的利用。煤炭和煤层气往往混生,因此开发煤炭,必然会带来煤层气泄漏。但是煤矿企业只能开发煤炭,不能开发伴生其间的煤层气,因为后者的勘探、开采权另属于油气企业。这样导致的结果是煤层气浪费和污染。因此,要充分利用好煤层气,就需要破解这种两权重叠的矛盾,合理的方式是“气随煤走”,而不是“煤随气走”。第四,改变煤炭的运输方式。如果运输距离过长,就可以变输煤为输电。无论是现在还是未来,西部地区是我国的能源发展重点地区,因此西电东送是必然趋势。利用低损耗的特高压实现能源输送可以大规模提高效率,减少交通运输带来

---

① Coal Industry Advisory Board, *Clean Coal Technologies: Accelerating Commercial and Policy Drivers for Deployment*, IEA Publications, Feb.2008, p.26.

② Coal Industry Advisory Board, *Clean Coal Technologies: Accelerating Commercial and Policy Drivers for Deployment*, IEA Publications, Feb.2008, p.27.

的碳排放,而且可以集中治理污染排放,形成规模效应。第五,开发和利用煤炭转化技术,如煤炭直接液化、加氢气化、煤气化联合燃料电池和煤的热解都是现实中的有效解决办法。这些技术已经比较成熟,在日本得到大力应用。①

当前,中国煤炭产能过剩问题还没有从根本上得到解决,"十三五"乃至更长时期,我国煤炭企业转型发展是大势所趋,势在必行。在未来很长一段时期内,中国"富煤贫油少气"的能源赋存条件,决定了中国的能源结构特别是电力生产,仍然以煤炭为主。因此,彻底抛弃煤炭的粗放开发利用,推进煤炭的转化和清洁高效利用,实现黑色资源的"绿色革命",是当前最现实也是最便捷的政策与技术选择。当前,煤炭高效利用的方向主要是在以下几个方面:

第一,煤炭清洁发电及相关技术。煤电在我国电力供应中仍将长期占据主导地位,因此多年来简单追求煤炭生产、消费的总量控制并非根本解决之道,只有高效清洁低碳转化的利用方式才会使煤炭行业产生革命性变化。近年来,国内煤炭行业持续技术创新,燃煤发电在环保排放方面取得重大技术突破。

超超临界发电技术。目前的主流技术是超超临界发电技术。世界上最先进的超超临界发电机组的主蒸汽温度已经达到600摄氏度,发电效率达到46%,如果将主蒸汽温度进一步提高到700摄氏度以上,那么发电效率将接近甚至超过50%。② 我国研发700摄氏度发电技术与国外几乎同步。

---

① 赵爱国:《日本煤炭清洁利用及对我国的启示》,《中国煤炭》2007年第10期。

② 欧洲于1998年启动"AD700"先进超超临界发电计划,其目标是建立35兆帕、700摄氏度或35兆帕、720摄氏度等级的示范机组,使机组效率达到50%以上。欧洲项目研究的核心材料为"Alloy617",属于固溶强化镍基合金。经过十余年的不懈努力,欧洲基于"Alloy617"等建立了一套较为完备的700摄氏度电站高温镍基合金制造技术体系,完成了700摄氏度机组的可行性研究、风险和经济性评估等。但由于管道焊接借口的裂纹问题一直悬而未决,导致700摄氏度研制计划暂时搁置。美国先进的超超临界压力发电项目(A—USC)的目标是将主蒸汽参数提高到35兆帕、760摄氏度。选择"Inconel740H"为核心材料,"Haynes282"等为辅助验证材料。但迄今尚未进行过任何实炉试验,能否如期进行也受到质疑。日本则于2008年8月正式启动"先进的超超临界压力发电"项目的研究,目标是最终使蒸汽温度达到700摄氏度以上,净热效率达到46%—48%。按计划,日本将于2015年开始部件的实炉挂片试验。整个项目预计于2016年底完成。——笔者注

2010 年,国家能源局组织成立了“国家 700 摄氏度超超临界燃煤发电技术创新联盟”,并依据《“十二五”国家能源发展规划》和《“十二五”能源科技发展规划》,设立了国家能源领域重点项目《国家 700 摄氏度超超临界燃煤发电关键技术与设备研发及应用示范》。该项目于 2011 年 7 月正式启动。2011 年,国家科技部发布《能源技术领域项目征集指南》。其中,洁净煤技术部分专项设立了《700 摄氏度超超临界发电关键技术研究》项目,该技术的研发已经取得阶段性成果。

整体煤气化联合循环(IGCC)发电技术。从大型化和商业化的发展方向来看,IGCC 把高效、清洁、废物利用、多联产和节水等特点有机地结合起来,既提高了发电效率,又提出了解决环境问题的途径,被认为是 21 世纪最有发展前途的洁净煤发电技术。相比其他清洁煤发电技术,IGCC 的优点很多:发电效率高达 45%以上,能实现 98%以上的污染物脱除效率,耗水量小,燃烧前进行碳捕捉的成本低,能与其他先进的发电技术如燃料电池等结合等。目前,美国等发达国家和地区在探索的清洁煤技术主要就是 CCS(碳捕捉与封存)和 IGCC 发电联产技术。但是这一优质技术在中国的推广进展却较为缓慢,其主要原因在于成本控制。IGCC 电站的造价较高,是常规燃煤电站成本的 2 倍左右。相对超临界燃煤电厂,增加 CCS 将使燃煤发电的成本提高 40%—80%,也就是说,IGCC+CCS 虽然能减少 CCS 的成本,却会使发电的总成本增加 40%—60%。就国内商业环境而言,这无疑大大降低了 IGCC 的经济性。因此,这一高端清洁煤技术在中国的推广,有赖于政府优惠政策的鼓励和扶持,从而有可能在 2020 年实现电煤的单位消耗减少到 300 克标准煤以下。

第二,煤制油气技术。煤炭转化、煤制油、煤制气是煤炭清洁利用的重要方向。煤制油气产业经过多年研发探索,目前发展势头良好,不仅可以同时解决煤炭过剩和清洁利用问题,推动优势企业和优势资源为主体强强联合,还可以降低我国石油对外依存度、保障国家能源安全。《煤炭工业“十二五”规划》指出,要稳步推进煤炭深加工示范项目建设,加快煤制油、煤制气等先进技术产业化应用。国家《天然气“十二五”规划》及《大气污染防治行动计划》也提出,要制定煤制气发展规划,加快煤制气产业化和规模化步伐。我国的煤制油气行业发展优势主要是煤炭储量丰富，价格低廉，且经过“十一五”“十二五”期间的首批示范项目建设、运行，积累了经验，验证了自主知识产权技术可行性，培养了一批专业技术人员，形成了一批宝贵的知识资产。①

应当指出的是，中国煤制油产业的发展仍受制于多种因素：其一是受油气、煤价价格波动的影响较大。煤制油成本区间范围为5451—6087元/吨油品，煤制天然气成本为2.32元/立方米，当国际油价高于50美元/桶时才可实现盈利，在低油价条件下，则不具备市场竞争力。其二是受到水资源的束缚。煤制气每生产1吨油当量的煤制天然气，需要消耗6—9吨的水；直接煤制油吨产品耗水量为6.8吨，而间接煤制油的吨产品耗水量高达15.7吨。② 我国富煤资源区域及煤制油、气推广项目地区，均为水资源匮乏地区，矛盾极为突出。其三是技术选择。中国虽已掌握煤制油技术，但仍面临多种技术路线的选择。煤制气的核心技术——合成气完全甲烷化技术，主要为英国DAVY公司和丹麦TOPSOE公司垄断，为确保项目一次成功，中国的煤制气项目均要从国外引进技术和设备，需支付高昂的专利许可费与设备采购费。③ 其四是缺乏独立自主的产品销售渠道与运输通道。中国煤制油气项目很难打破多年来由中石油、中石化等行业老大对成品油销售渠道的垄断，以及对输油、输气管道的垄断。其五是面临严峻的环境保护压力。煤制油气技术的推广，必须面对日益严格的环境污染指标，坚持走绿色低碳发展之路，否则将被淘汰出局。

第三，发展精细煤化工。我国要坚定不移地走煤炭产业链延伸的道路，通过延伸煤炭产业链，实现产能消化和价值增值。我国现代煤化工产业已

---

① 我国首批示范项目包括神华鄂尔多斯108万吨煤炭直接液化制油项目、伊泰16万吨煤炭间接液化制油项目，潞安21万吨煤间接液化制油项目。三个项目均已出油，其中神华项目采用直接液化路线，技术难度高，持续运行能力较弱。后两项目可实现持续稳定运行。自主技术指由中科合成油公司持有的间接液化制油技术，具有完全自主知识产权工艺包和独家催化剂。相对于煤制油项目均采用国内自主产权技术，而煤制气“十一五”期间获批四个煤制气项目，全部采用国外技术。——笔者注

② 陈子瞻：《煤制油气产业竞争力分析》，中国地质大学2016年博士学位论文。

③ 朱琪：《中国煤制气发展利弊分析》，《能源与节能》2014年第5期。

具雏形，煤转化利用已从以焦炭、电石、煤制化肥为主的传统产业，逐步向以清洁油品和化学品为主的现代煤化工转变，以煤制油、煤制烯烃为代表的煤化工示范工程成功运营为显著标志。① 在我国煤化工产业转型过程中，精细化将是未来的发展趋势，它既能解决传统煤化工产品雷同、竞争力差、产能过剩等问题，又能改善煤化工产业能源转换效率和资源综合利用水平偏低的现状。未来发展煤化工的主要技术，集中在延伸产业链、拓宽产品幅度及开发新的煤基化学品等三个方面。为此，国家应尽快发布煤化工规划及产业政策，适度发展煤化工，避免无序和过热发展；出台对煤化工产业的税收优惠政策，扶持煤化工产业发展；加大对煤化工技术的研发投入，使企业能够尽早克服产业技术障碍。同时，企业应科学理性决策，树立风险意识，确保项目成功。

第四，碳捕集、利用与封存（CCUS）技术的应用。未来几十年，廉价的煤炭和天然气仍将是发电的主要燃料，因此 CCUS 将具有十分重要的作用。除此之外，为避免气候变化，人们需要能够从大气中去除二氧化碳的"负碳"技术。当前，碳捕捉与储存取得了一定的进展。

近年来，中国企业积极开展 CCUS 研发与示范活动，在国家相关技术政策引导和政府部门的支持配合下，已建成多个万吨以上级 $CO_2$ 捕集示范装置，最大捕集能力超过 10 万吨/年；开展 $CO_2$ 驱油与封存先导试验，最大单独项目已控制封存 $CO_2$ 约 16.7 万吨；启动 10 万吨/年级陆上咸水层 $CO_2$ 封存示范；建成 4 万吨规模的全流程燃煤电厂 $CO_2$ 捕集与驱油示范。在《中国碳捕集、利用与封存技术发展线路图研究》中，提出了中国的目标：2015 年，突破低能耗捕集关键技术，建立封存安全保障研发体系，开展全流程中试及示范，实现系统规模 30 万吨/年以上、能耗增加 25%以内、成本 350 元人民币/吨；2020 年，建立封存安全保障体系，建成百万吨级全流程 CCUS 技术示范，实现能耗增加 20%以内、成本 300 元人民币/吨；2030 年，具备 CCUS 全流程项目涉及、建设和运营的产业化技术能力，实现系统规模百万吨/年

① 目前，中国现代煤化工产能和产量均居世界第一，煤制液体燃料年产能达 168 万吨，煤制甲醇年产能达 5000 万吨，煤制烯烃（含甲醇制烯烃）年产能达 276 万吨。——笔者注

以上、能耗增加17%以内、成本240元/吨以内。①

## (四)约束新能源发展的诸多瓶颈及中国面临的新问题

### 1. 中国风能发展面临技术与商业瓶颈,将在发展进程中得以解决

风电是新能源中发展迅速的一种能源。特别是中国,已经取代美国成为世界第一风电大国,国家电网成为全球风电接入规模最大、风电增长速度最快的电网。中国用5年半时间走过了美国、欧洲15年的风电发展历程。②

风电成为我国新增电力装机的重要组成部分。"十二五"期间,我国风电新增装机容量连续五年领跑全球,累计新增9800万千瓦,占同期全国新增装机总量的18%,在电源结构中的比重逐年提高。到2016年底,全国风电并网装机达到1.49亿千瓦,占全部装机容量的9%,年发电量2410亿千瓦时,占全国总发电量的4%。风电已成为我国继煤电、水电之后的第三大电源。

产业技术水平显著提升。风电全产业链基本实现国产化,产业集中度不断提高,多家企业跻身全球前10名。风电设备的技术水平和可靠性不断提高,基本达到世界先进水平,在满足国内市场的同时出口到28个国家和地区。风电机组高海拔、低温、冰冻等特殊环境的适应性和并网友好性显著提升,低风速风电开发的技术经济性明显增强,全国风电技术可开发资源量大幅增加。

行业管理和政策体系逐步完善。"十二五"期间,我国基本建立了较为完善的促进风电产业发展的行业管理和政策体系,出台了风电项目开发、建设、并网、运行管理及信息监管等各关键环节的管理规定和技术要求,简化了风电开发建设管理流程,完善了风电技术标准体系,开展了风电设备整机

---

① 魏蔚:《煤炭转型与高效清洁利用的技术支撑》,载中国社会科学院世界经济与政治研究所:《世界能源研究系列研究报告》,2017年9月18日,http://www.iwep.org.cn/xscg/xscg_lwybg/201705/W02017051779332370。

② 《国家电网:中国取代美国成为世界第一风电大国》,国家能源网,2013年6月13日,http://newenergy.in-en.com/html/newenergy-16001600351865295.html。

及关键零部件型式认证，建立了风电产业信息监测和评价体系，基本形成了规范、公平、完善的风电行业政策环境，保障了风电产业的持续健康发展。①

随着风力发电事业的快速推进，中国风力发电也面临越来越多的技术瓶颈与商业瓶颈。

（1）现有电力运行管理机制不适应大规模风电并网的需要。我国大量煤电机组发电计划和开机方式的核定不科学，辅助服务激励政策不到位，省间联络线计划制定和考核机制不合理，跨省区补偿调节能力不能充分发挥，需求侧响应能力受到刚性电价政策的制约，多种因素导致系统消纳风电等新能源的能力未有效挖掘，局部地区风电消纳受限问题突出。

（2）经济性仍是制约风电发展的重要因素。与传统的化石能源电力相比，风电的发电成本仍比较高，补贴需求和政策依赖性较强，行业发展受政策变动影响较大。同时，反映化石能源环境成本的价格和税收机制尚未建立，风电等清洁能源的环境效益无法得到体现。

（3）支持风电发展的政策和市场环境尚需进一步完善。风电开发地方保护问题较为突出，部分地区对风电"重建设、轻利用"，对优先发展可再生能源的政策落实不到位。设备质量管理体系尚不完善，产业优胜劣汰机制尚未建立，产业集中度有待进一步提高，低水平设备仍占较大市场份额。

（4）技术和设备依然是制约我国风电发展的重要障碍。虽然中国风电企业一直在对国外技术进行消化和转化，但是在核心技术上还缺乏足够的自主创新能力。一些必要的核心技术依然掌握在西方少数发达国家手中。另外一个技术问题是设备的可靠性。就世界风电科技的发展而言，风电机组已经朝着大型化、高效率的方向发展。虽然中国已经具备大型风电机组的生产能力，但还未能实现与国外先进水平并驾齐驱，特别是在海上风电机组制造及机组安装、电力传输、机组防腐蚀等技术方面，中国与国外先进水平还存在明显差距。② 此外，由于中国风电发展局部过热，风电设备大量上马，但风电机组批量化生产前缺少必要的检验环节，而且设备也还没有经过

① 《风电发展"十三五"规划》，国家能源局，2016 年 11 月。

② 《突破技术瓶颈 风电开发重心向海上转移》，中国新能源网，http://www.newenergy.org.cn/Html/0125/5171246087.html。

长时间的并网运行。①

以上制约风电发展的瓶颈因素导致的严重后果便是弃风现实严峻。

目前,我国"弃风限电"现象主要集中在东北、西北和华北地区。据中国可再生能源学会风能专业委员会统计,2012 年全国约有 218 亿千瓦时的风电被限发,同比翻了一番,平均限电比例达到 19.98%。风电并网运行和消纳问题依然是制约我国风电健康快速发展的最重要因素。这种情况导致风电场运行经济性下降,2012 年度全国风电因此造成的直接经济损失在 100 亿元以上。② 弃风限电问题已成为影响我国风电持续健康发展的主要矛盾,必须引起高度重视,并采取有效措施加以解决。2015 年,受多种因素的影响,华北、东北和西北地区(以下简称"三北"地区)风电弃风限电问题进一步加剧,弃风电量达到 339 亿千瓦时,全国风电平均年利用小时数下降到 1728 小时,比 2014 年下降 165 小时。2016 年"三北"地区风电消纳的形势依然非常严峻,弃风率在 2015 年的基础上进一步攀升。③

弃风是指在风电发展初期,风机处于正常状况下,由于当地电网接纳能力不足等原因,导致部分风电场风机暂停发电。这是十分令人惋惜的现象,特别是发生在中国大力推进能源转型、应对气候变化的当下,大量的风电资源被白白浪费。

绿色和平组织的研究报告根据 2014 到 2016 年中国的弃风数据,化"无形"为"有形",计算了由燃煤发电取代的这部分弃风电量对生态环境、人体健康和社会经济等各方面的损害,具体包括:(1)对环境和人体健康造成的损害,用货币化的方式呈现;(2)风电企业由于弃风产生的经济损失;(3)排放的大气污染物和温室气体二氧化碳。

2014 至 2016 年,中国部分地区弃风呈攀升趋势,日益恶化,越是风能

---

① 闫岩、徐治国:《中国风电瓶颈:不能承受的电网与昂贵技术》,《科学新闻》2009 年 8 月 18 日,转载于网易新闻,http://news.163.com/09/0818/10/5H0AVQSS000125LI.html。

② 《"弃风现象"频现再现能源通道瓶颈》,中国电力网,2013 年 6 月 7 日,http://www.chinabidding.com/jksb-detail-2。

③ 《国家能源局关于做好 2016 年度风电消纳工作有关要求的通知》(国能新能〔2016〕74 号),国家能源局网,2016 年 3 月 11 日,http://zfxxgk.nea.gov.cn/auto87/201603/t20160317_2208.htm。

装机容量高的地区，弃风率越高：2016 年弃风总量高达 497 亿千瓦时，是 2014 年的 4 倍。甘肃、新疆、内蒙古、吉林和黑龙江五个地区，3 年弃风量就接近 800 亿千瓦时，相当于天津市 2015 年全年的用电量。其中，甘肃省的弃风率更是从 2014 的 11%飙升到 2016 年的 43%。① 国家能源局在《2016 年风电并网运行情况》中指出，中国全年“弃风”电量接近 500 亿千瓦时，大概相当于希腊或保加利亚每年的总用电量，造成的直接经济损失逾百亿元。国家能源局还发布了《2017 年度风电投资监测预警结果的通知》，将内蒙古、黑龙江、吉林、宁夏、甘肃、新疆等 6 省（自治区）列为风电开发建设红色预警区域，要求其在批准新建项目之前要有效解决存量消纳问题。

弃风问题尽管严峻，但并不意味着不再发展风能发电，而是通过提示弃风“红警”，着力解决目前存在的问题，保持中国风电事业的快速可持续发展。中国政府在《风电发展“十三五”规划》中提出“十三五”期间，风电新增装机容量达到 8000 万千瓦以上，其中海上风电新增容量达到 400 万千瓦以上。到 2020 年底，中国风电累计并网装机容量确保达到 2.1 亿千瓦以上，其中海上风电并网装机容量达到 500 万千瓦以上。按照陆上风电投资 7800 元/千瓦、海上风电投资 16000 元/千瓦测算，“十三五”期间风电建设总投资将达到 7000 亿元以上。“十三五”期间，风电带动相关产业发展的能力显著增强，就业规模不断增加，新增就业人数 30 万人左右。到 2020 年，风电产业从业人数达到 80 万人左右。在环境社会效益方面，风电年发电量确保达到 4200 亿千瓦时，约占全国总发电量的 6%，为实现非化石能源占一次能源消费比重达到 15%的目标提供重要支撑。按 2020 年风电发电量测算，相当于每年节约 1.5 亿吨标准煤，减少排放二氧化碳 3.8 亿吨，二氧化硫 130 万吨，氮氧化物 110 万吨，对减轻大气污染和控制温室气体排放起到重要作用。

与此同时，“十三五”期间要重点解决存量风电项目的消纳问题。风电占比较低、运行情况良好的省（区、市），有序新增风电开发和就地消纳规

① 《能源转型加速度：中国风电光伏发电的协同效益》，绿色和平组织，2017 年 4 月，http://www.greenpeace.org.cn/wp-content/uploads/2017/04/；http://www.greenpeace.org.cn/site/climate-energy/2017/china_wind_and_solar_curtailment_map/。

模。到2020年,“三北”地区在基本解决弃风问题的基础上,通过促进就地消纳和利用现有通道外送,新增风电并网装机容量3500万千瓦左右,累计并网容量达到1.35亿千瓦左右。借助“三北”地区已开工建设和已规划的跨省跨区输电通道,统筹优化风、光、火等各类电源配置方案,有效扩大“三北”地区风电开发规模和消纳市场。“十三五”期间,有序推进“三北”地区风电跨省区消纳4000万千瓦(含存量项目)。

国家风电发展的思路是“两条腿”走路,不仅要解决西部现有的存量消纳问题,还要重视中东部和南方地区的风电建设。要加快中东部和南方地区陆上风能资源规模化开发。结合电网布局和农村电网改造升级,考虑资源、土地、交通运输以及施工安装等建设条件,因地制宜推动接入低压配电网的分散式风电开发建设,推动风电与其他分布式能源融合发展。到2020年,中东部和南方地区陆上风电新增并网装机容量4200万千瓦以上,累计并网装机容量达到7000万千瓦以上。重点推动江苏、浙江、福建、广东等省的海上风电建设,到2020年四省海上风电开工建设规模均达到百万千瓦以上。积极推动天津、河北、上海、海南等省市的海上风电建设。探索性推进辽宁、山东、广西等省区的海上风电项目。到2020年,全国海上风电开工建设规模达到1000万瓦,力争累计并网容量达到500万千瓦以上。要充分利用跨省跨区输电通道,通过市场化方式最大限度提高风电外送电量,促进风电跨省跨区消纳。①

2. 太阳能技术的环保评价、价格问题,以及综合解决之道

一般认为太阳能光伏发电清洁环保,是理想的可再生新能源。然而这样的分析只是基于太阳能光伏电池发电的阶段,并没有从该产品的全生命周期来做全面综合分析。

光伏设施的核心是太阳能电池板,是一种暴露在阳光下便会产生直流电的发电装置。目前,太阳能已经在全球形成一个大产业链。晶体硅材料,包括多晶硅和单晶硅(多晶硅也是单晶硅的生产材料),是最主要的光伏材料,其市场占有率在90%以上,而且在今后相当长的一段时期也依然是太

① 《风电发展“十三五”规划》,国家能源局,2016年11月。

阳能电池的主流材料。晶体硅太阳能产业在全球产业链条中分工并不合理,多晶硅的生产技术长期以来掌握在美、日、德等 3 个国家 7 个公司的 10 家工厂手中,形成技术封锁、市场垄断的状况。多晶硅产业提纯核心技术基本掌握在 7 家大厂商手中,包括美国的赫姆洛克半导体集团(Hemlock Semiconductor Group),挪威的再生能源公司(Renewable Energy Corporation),美国的 MEMC 电子材料制造商,德国的瓦克化工(Wacker)、日本的德山化工(Tokuyama)、三菱材料(Mitsubishi Materials)和住友钛金(Sumitomo Titanium)。它们几乎垄断了全球的多晶硅料供应,获得了太阳能发电产业中最丰厚的利润。与此同时,这些国家还是制造生产太阳能机械的国家。中国则承担了太阳能电池和组装环节,需要花费巨资进口大量生产太阳能电池板的核心原料和生产设备。中国的光伏板生产所需多晶硅大多来自欧盟和美国,制造光伏板的机器也主要购自德国和法国。生产出来的光伏板却主要面对欧美。中国的光伏发电市场很小,还有待发展,因此光伏产品中接近 90%用来出口到欧洲和美国市场。① 总体来说,在产业链上游,全球 70%以上的多晶硅材料供给被欧美日掌握;在产业链中游,中国承担电池生产和组装;在产业链下游,欧洲光伏发电装机量占世界的 80%。②

以 2012 年为例,多晶硅的全球产量为 6 万吨,其中有 5 万吨来自节能减排方面做得较好的国家如德国和挪威等。③ 但是不可否认的一点是,还有 1 万吨来自生产技术落后的国家。在这些国家,特别是中国,多晶硅生产是一项高污染、高能耗产业。生产多晶硅是一个提纯过程,金属硅转化成三氯氢硅,再用氢气进行一次性还原,这个过程中约有 25%的三氯氢硅转化为多晶硅,效率非常低,其余大量进入尾气,同时形成副产品——四氯化硅。在这个过程中,如果回收工艺不成熟,三氯氢硅、四氯化硅、氯化氢、氯气等有害物质极有可能外溢,存在重大的安全和污染隐患。用于倾倒或掩埋四

① 张良福:《中国与美欧的光伏之战:新能源,新战场》,《世界知识》2012 年第 24 期。

② 数据来源:凤凰财经,http://finance.ifeng.com/news/special/omguangfu/。

③ 国家发改委能源研究所副所长李俊峰在“2009 清洁能源国际峰会”上的发言,载于李海燕:《国内多晶硅生产过程中的能耗和污染问题》,转载于上海行业情报服务网,2009 年 12 月 28 日,http://www.hyqb.sh.cn/publish/portal0/tab139/info1230.htm。

氯化硅的土地将变成不毛之地。对我国来说,对四氯化硅的无害化处理将成为制约多晶硅发展的瓶颈。目前,我国多晶硅生产厂并不掌握生产多晶硅的核心技术。其次,多晶硅是典型的高耗能产业,项目选址必须兼顾硅、煤炭和氯碱资源。年产1000吨多晶硅项目需要投资10亿元,年耗电10万千瓦时。中国科学院院士简水生曾指出,目前生产多晶硅的企业一般都采用改良西门子法,1千瓦的太阳能电池约需10公斤的多晶硅,需要消耗电能5800—6000度,耗电量十分巨大。即使电池能够稳定使用20年,太阳能电池的电能再生比也不到8,水平较低。这导致多晶硅太阳能的发电成本大约是生物质发电的7—12倍,风能发电的6—10倍,更是传统煤电方式的11—18倍。[①] 举例说明,制造1千瓦发电能力的太阳能电池需要10公斤的多晶硅,在大陆制造这么多的多晶硅需要燃烧超过2吨煤。1千瓦太阳能电池的发电量只够一台冰箱工作一天,然而2吨煤通过最没有效率的火力发电机产生的电能能让一台冰箱工作20年。[②] 此外,太阳能电池板的回收是另外一个棘手问题。尽管太阳能电池板的发电过程是清洁的,但是对于废弃的太阳能板目前还没有彻底的解决办法。虽然有一部分材料可以重新利用,但还是有相当部分只能最终掩埋。电池回收利用是世界性难题。另外,即使将分散的废旧电池集中回收,也仍会带来巨大的耗能——运输消耗。事实上,太阳能光伏产业的发展只是"清洁"了欧美日等发达国家和地区,将高污染、高能耗和温室气体排放留给中国等发展中国家。因此,太阳能光伏发电未来的技术商业和技术瓶颈在于,能否大幅度降低能耗,解决污染和回收问题。美国佐治亚理工学院和普渡大学联合研制了一种环保型太阳能电池,它使用植物性材料,浸泡在水中便会自行降解,从生产到回收整个过程完全没有污染,十分环保。目前它最大的缺点是转换效率太低:最好的时候只有2.7%的转换效率,远远达不到太阳能电池10%转换效率的门槛,比起砷化镓这样30%以上的更是相去甚远。目前研发团队正在对转化效率和生产成本进行攻关,一旦解决了这方面的问题,这种真正意义上的绿

---

① 金名:《多晶硅生产:毒污染高耗能不容忽视》,《中国质量万里行》2008年第5期。

② 《多晶硅:高污染、高耗能 是或否?》,中国能源信息网,2009年,http://solar.nengyuan.net/200911/20-12593.html。

色清洁能源将在未来发挥巨大的作用。①

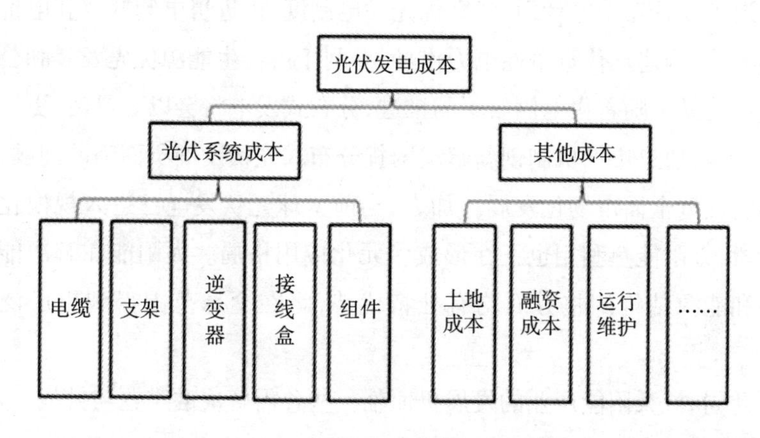


**图 1-4　光伏发电成本构成示意图**

2016 年中国光伏和风电电价调整方案已经获得国家发改委价格司和国家能源局审批。此次全国光伏发电标杆上网电价下调所拟定的价格，将 3 类风资源区的标杆上网电价分别从现行的 0.9 元/度、0.95 元/度和 1 元/度下降到 0.8 元/度、0.88 元/度和 0.98 元/度。政府对光伏电站上网电价的下调符合太阳能等技术进步和成本下降的规律。标杆上网电价下调所带来的压力也可以通过技术、市场和政策等予以消除。在此前短短 5 年时间里，中国光伏装机容量的迅猛增长，一方面受益于中央和各级政府各种利好政策的驱动，另一方面则受益于光伏发电价格的迅速下降。业内普遍预期光伏发电到 2020 年实现用电侧平价上网已无悬念。此外，随着储能电池成本的进一步下降，国内光伏市场将迎来爆发式增长。国际新能源家也同样预估，在未来这一时期，世界光伏发电的成本/价格也将迎来大幅度下降。中国太阳能产业发展面临的新形势与新挑战。

“十三五”是我国推进经济转型、能源革命、体制机制创新的重要时期，也是太阳能产业升级的关键阶段。就发展机遇而言，伴随新型城镇化发展，建设绿色循环低碳的能源体系成为社会发展的必然要求，为太阳能等可再

① 《新型可降解太阳能电池可以溶于水》，中国光伏网，2013 年 3 月 29 日，http://taiyangn.com/xw/201303/9616.html。

生能源的发展提供良好的社会环境和广阔的市场空间。新一轮电力体制改革正在逐步放开发用电计划、建立优先发电制度、推进售电侧开放和电价形成机制改革、构建现代竞争性电力市场,有利于可再生能源优先发展和公平参与市场交易。随着售电侧改革的推进,分布式发电将会以更灵活、更多元的方式发展,通过市场机制创新解决困扰分布式光伏发展所面临的问题,推动太阳能发电全面市场化发展。加之,当前全球光伏发电已进入规模化发展新阶段,太阳能热利用也正在形成多元化应用格局。太阳能在解决能源可及性和能源结构调整方面均有独特优势,将在全球范围得到更广泛的应用。

与此同时,太阳能产业的发展仍面临一些急需解决的难题与挑战。

(1)高成本仍是光伏发电发展的主要障碍。虽然光伏发电价格已大幅下降,但与燃煤发电价格相比仍然偏高,在“十三五”时期对国家补贴依赖程度依然较高,光伏发电的非技术成本有增加趋势,地面光伏电站的土地租金、税费等成本不断上升,屋顶分布式光伏的场地租金也有上涨压力,融资成本降幅有限甚至民营企业融资成本不降反升问题突出。光伏发电技术进步、降低成本和非技术成本降低必须同时发力,才能加速光伏发电成本和电价降低。

(2)并网运行和消纳仍存较多制约。电力系统及电力市场机制不适应光伏发电发展,传统能源发电与光伏发电在争夺电力市场方面矛盾突出。太阳能资源和土地资源均具备优势的西部地区弃光限电严重,就地消纳和外送存在市场机制和电网运行管理方面的制约。

2016 年光伏发电装机集中的省区弃光形势严峻。2016 年,新疆地区弃光率 32. 23%(弃光电量 31. 08/亿千瓦时),甘肃省弃光率 30. 45%(弃光电量 25. 78/亿千瓦时),宁夏地区弃光率 7. 15%(弃光电量 4. 03/亿千瓦时),青海省弃光率 8. 33%(弃光电量 8. 13/亿千瓦时),陕西省弃光率 6. 89%(弃光电量 1. 40/亿千瓦时)。上述西北五省区 2016 年弃光量增加到 2015 年的 1. 5 倍,五省区全年弃光总电量高达 70. 42(亿千瓦时)。同时,中东部地区分布式光伏发电尚不能充分利用,现行市场机制下无法体现分布式发电就近利用的经济价值,限制了分布式光伏在城市中低压配电网大规模发展。

(3)光伏产业面临国际贸易保护压力。随着全球光伏发电市场规模的迅速扩大,很多国家都将光伏产业作为新的经济增长点。一方面各国在上游原材料生产、装备制造、新型电池研发等方面加大技术研发力度,产业国际竞争更加激烈;另一方面,很多国家和地区在市场竞争不利的情况下采取贸易保护措施,对我国具有竞争优势的光伏发电产品在全球范围应用构成阻碍,也使全球合作减缓气候变化的努力弱化。

(4)太阳能热发电产业化能力较弱。我国太阳能热发电尚未大规模应用,在设计、施工、运维等环节缺乏经验,在核心部件和装置方面自主技术能力不强,产业链有待进一步完善。同时,太阳能热发电成本相比其他可再生能源偏高,面临加快提升技术水平和降低成本的较大压力。

(5)太阳能热利用产业升级缓慢。在"十二五"后期,太阳能热利用市场增长放缓,传统的太阳能热水应用发展进入瓶颈期,缺乏新的潜力大的市场领域。太阳能热利用产业在太阳能供暖、工业供热等多元化应用总量较小,相应产品研发、系统设计和集成方面的技术能力较弱,而且在新应用领域的相关标准、检测、认证等产业服务体系尚需完善。

"十三五"时期将是中国太阳能产业发展的关键时期。顺应全球能源转型大趋势,以体制机制改革创新为契机,全面实施创新驱动战略,中国将加速技术进步和产业升级,持续降低开发利用成本,推进市场化条件下的产业化、规模化发展,使太阳能成为推动能源革命的重要力量。

国家能源局制定的《太阳能发展"十三五"规划》提出,到2020年底,太阳能发电装机达到1.1亿千瓦以上,其中,光伏发电装机达到1.05亿千瓦以上,在"十二五"基础上每年保持稳定的发展规模;太阳能热发电装机达到500万千瓦。太阳能热利用集热面积达到8亿平方米。到2020年,太阳能年利用量达到1.4亿吨标准煤以上。光伏发电成本持续降低。到2020年,光伏发电电价水平在2015年基础上下降50%以上,在用电侧实现平价上网目标;太阳能热发电成本低于0.8元/千瓦时;太阳能供暖、工业供热具有市场竞争力。在技术指标方面,到2020年,先进晶体硅光伏电池产业化转换效率达到23%以上,薄膜光伏电池产业化转换效率显著提高,若干新型光伏电池初步产业化。光伏发电系统效率显著提升,实现智能运维。太阳能热发电效率实现较大提高，形成全产业链集成能力。

按照“创新驱动、产业升级、降低成本、扩大市场、完善体系”的总体思路，大力推动光伏发电多元化应用，积极推进太阳能热发电产业化发展，加速普及多元化太阳能热利用。

（1）推动光伏发电多元化利用并加速技术进步。围绕优化建设布局、推进产业进步和提高经济性等发展目标，因地制宜促进光伏多元化应用。结合电力体制改革，全面推进中东部地区分布式光伏发电。结合电力体制改革开展分布式光伏发电市场化交易，鼓励光伏发电项目靠近电力负荷建设，接入中低压配电网实现电力就近消纳。各类配电网企业应为分布式光伏发电接入电网运行提供服务，优先消纳分布式光伏发电量，建设分布式发电并网运行技术支撑系统并组织分布式电力交易。推行分布式光伏发电项目向电力用户市场化售电模式，向电网企业缴纳的输配电价按照促进分布式光伏就近消纳的原则合理确定。

继续开展分布式光伏发电应用示范区建设，到 2020 年建成 100 个分布式光伏应用示范区，园区内 80%的新建建筑屋顶、50%的已有建筑屋顶安装光伏发电。在具备开发条件的工业园区、经济开发区、大型工矿企业以及商场学校医院等公共建筑，采取“政府引导、企业自愿、金融支持、社会参与”的方式，统一规划并组织实施屋顶光伏工程。在太阳能资源优良、电网接入消纳条件好的农村地区和小城镇，推进居民屋顶光伏工程，结合新型城镇化建设、旧城镇改造、新农村建设、易地搬迁等统一规划建设屋顶光伏工程，形成若干光伏小镇、光伏新村。

优化光伏电站布局并创新建设方式，综合土地和电力市场条件，统筹开发布局与市场消纳，有序规范推进集中式光伏电站建设。规范光伏项目分配和市场开发秩序，全面通过竞争机制实现项目优化配置，加速推动光伏技术进步。在弃光限电严重地区，严格控制集中式光伏电站建设规模，加快解决已出现的弃光限电问题，采取本地消纳和扩大外送相结合的方式，提高已建成集中式光伏电站的利用率，降低弃光限电比例。在“三北”地区利用现有和规划建设的特高压电力外送通道，按照优先存量、优化增量的原则，有序建设太阳能发电基地，提高电力外送通道中可再生能源比重，有效扩大

“三北”地区太阳能发电消纳范围。在青海、内蒙古等太阳能资源好、土地资源丰富地区，研究论证并分阶段建设太阳能发电与其他可再生能源互补的发电基地。在金沙江、雅砻江、澜沧江等西南水能资源富集的地区，依托水电基地和电力外送通道研究并分阶段建设大型风光水互补发电基地。

通过竞争分配项目实现资源优化配置，实施“领跑者”计划，加速推进光伏发电技术进步和产业升级，加快淘汰落后产能。建设采用“领跑者”光伏产品的领跑技术基地，为先进技术及产品提供市场支持，引领光伏技术进步和产业升级。结合采煤沉陷区、荒漠化土地治理，在具备送出条件和消纳市场的地区，统一规划有序建设光伏发电领跑技术基地，采取竞争方式优选投资开发企业，按照“领跑者”技术标准统一组织建设。

拓展“光伏+”综合利用工程。鼓励结合荒山荒地和沿海滩涂综合利用、采煤沉陷区等废弃土地治理、设施农业、渔业养殖等方式，因地制宜开展各类“光伏+”应用工程，促进光伏发电与其他产业有机融合，通过光伏发电为土地增值利用开拓新途径。

(2)开展多种方式光伏扶贫。鼓励各地区结合现代农业、特色农业产业发展光伏扶贫。鼓励地方政府按PPP模式，由政府投融资主体与商业化投资企业合资建设光伏农业项目，项目资产归政府投融资主体和商业化投资企业共有，收益按股比分成，政府投融资主体要将所占股份折股量化给符合条件的贫困村、贫困户，代表扶贫对象参与项目投资经营，按月(或季度)向贫困村、贫困户分配资产收益。以主要解决无劳动能力的建档立卡贫困户为目标，因地制宜、分期分批推动多种形式的光伏扶贫工程建设，覆盖已建档立卡280万无劳动能力贫困户，平均每户每年增加3000元的现金收入。光伏农业工程要优先使用建档立卡贫困户劳动力，并在发展地方特色农业中起到引领作用。

大力推进分布式光伏扶贫。在中东部土地资源匮乏地区，优先采用村级电站(含户用系统)的光伏扶贫模式，单个户用系统5千瓦左右，单个村级电站一般不超过300千瓦。村级扶贫电站优先纳入光伏发电建设规模，优先享受国家可再生能源电价附加补贴。做好农村电网改造升级与分布式光伏扶贫工程的衔接，确保光伏扶贫项目所发电量就近接入、全部消纳。建立村级扶贫电站的建设和后期运营监督管理体系，相关信息纳入国家光伏扶贫信息管理系统监测，鼓励各地区建设统一的运行监控和管理平台，确保电站长期可靠运行和贫困户获得稳定收益。

（3）通过示范项目建设推进太阳能热发电产业化。在“十三五”前半期，积极推动150万千瓦左右的太阳能热发电示范项目建设，总结积累建设运行经验，完善管理办法和政策环境，验证国产化设备及材料的可靠性；培育和增强系统集成能力，掌握关键核心技术，形成设备制造产业链，促进产业规模化发展和产品质量提高，带动生产成本降低，初步具备国际市场竞争力。建立健全政策和行业管理体系，完善各项技术标准，推动太阳能热发电产业规模化发展。

发挥太阳能热发电调峰作用。逐步推进太阳能热发电产业化商业化进程，发挥其蓄热储能、出力可控可调等优势，实现网源友好发展，提高电网接纳可再生能源的能力。在青海、新疆等可再生能源富集地区，提前做好太阳能热发电布局，探索以太阳能热发电承担系统调峰方式，研究建立太阳能热发电与光伏发电、风电、抽水蓄能等互补利用、发电可控可调的大型混合式可再生能源发电基地，向电网提供清洁、安全、稳定的电能，促进可再生能源高比例应用。

建立完善太阳能热发电产业服务体系。借鉴国外太阳能热发电工程建设经验，结合我国太阳能热发电示范项目的实施，制定太阳能热发电相关设计、设备、施工、运行标准，建立和完善相关工程设计、检测认证及质量管理等产业服务支撑体系。加快建设太阳能热发电产业政策管理体系，研究制定太阳能热发电项目管理办法，保障太阳能热发电产业健康有序发展。

（4）不断拓展太阳能热利用的应用领域和市场。巩固扩大太阳能热水市场，推动供暖和工农业热水等领域的规模化应用，拓展制冷、季节性储热等新兴市场，形成多元化的市场格局。大幅度提升企业研发、制造和系统集成等方面的创新能力，加强检测和实验公共平台等产业服务体系的建设，形成制造、系统集成、运营服务均衡发展的太阳能热利用产业格局，形成技术水平领先、国际竞争力强的优势产业。

（5）加快太阳能技术创新和产业升级，提升行业管理和产业服务水平。

依托国家重点实验室、国家工程中心等机构，推动建立光伏发电的公共技术创新、产品测试、实证研究三大国家级光伏技术创新平台，形成国际领先、面向全行业的综合性创新支撑平台。公共技术创新平台重点开展新型太阳能电池、新型光伏系统及部件、光伏高渗透率并网等领域的前瞻研究和技术攻关。产品测试平台重点建设光伏产业链各环节产品和系统测试平台。实证研究平台重点开展不同地域、气候、电网条件下的光伏系统及部件实证研究，建立国家光伏发电公共监测和评价中心。

实施太阳能产业升级计划。以推动我国太阳能产业化技术及装备升级为目标，推进全产业链的原辅材、产品制造技术、生产工艺及生产装备国产化水平提升。光伏发电重点支持 PERC 技术、N 型单晶等高效率晶体硅电池、新型薄膜电池的产业化以及关键设备研制；太阳能热发电重点突破高效率大容量高温储热、高能效太阳能聚光集热等关键技术，研发高可靠性、全天发电的太阳能热发电系统集成技术及关键设备。

开展前沿技术创新应用示范工程。结合下游应用需求，国家组织太阳能领域新技术示范应用工程。重点针对各类高效率低成本光伏电池、新型光伏电池、新型光伏系统及控制/逆变器等关键部件在不同地域、气候、电网条件下进行示范应用，以及中高温太阳能集中供热在建筑、供暖等领域的示范应用，满足新能源微电网、现代农业、光伏渔业等新兴市场太阳能技术的需求，建立产学研有机结合、技术与应用相互促进、上下游协同推进的技术创新机制。

加强行业管理和质量监督，提升行业管理和产业服务水平。建立政府制定规则、市场主体竞争的光伏电站项目资源配置方式，建立优胜劣汰、充分有效的市场竞争机制。加强太阳能项目质量监督管理，完善工程建设、运行技术岗位资质管理，建立适应市场、权责明确、措施到位、监督有力的太阳能项目建设质量监督体系，发挥政府在质量监督中的作用。科学、公正、规范地开展太阳能项目主体工程及相关设备质量、安全运行等综合评价，建立透明公开的质量监督管理秩序，提高设备产品可靠性和运行安全性，确保工程建设质量。

提升行业信息监测和服务水平。拓展太阳能行业信息监测管理范围，应用大数据、"互联网+"等现代化信息技术,完善太阳能资源、规划实施、年度规模、前期进展、建设运行等全生命周期信息监测体系建设,及时向社会公开行业发展动态。通过信息化手段,为行业数据查询和补助资金申请提供便利,规范电价附加补助资金管理,提高可再生能源电价附加补贴资金发放效率,提升行业公共服务水平。

(6)深化太阳能国际产业合作。在"一带一路"、中巴经济走廊、孟中印缅经济走廊等重点区域加强太阳能产业国际市场规划研究,引导重大国际项目开发建设,巩固欧洲、北美洲和亚洲部分地区等传统太阳能产业投资市场,重点开发东南亚、西亚、拉丁美洲、非洲等新兴市场。加强先进产能和项目开发国际化合作,构建全产业链战略联盟,持续提升太阳能产业国际市场竞争力,实现太阳能产能"优进优出"。

鼓励企业加强国际研发合作,开展太阳能产业前沿、共性技术联合研发,提高我国产业技术研发能力及核心竞争力,共同促进产业技术进步。建立推动国际化的太阳能技术合作交流平台,与相关国家政府及企业合作建设具有创新性的示范工程。推动我国太阳能设备制造"走出去"发展,鼓励企业在境外设立技术研发机构,实现技术和智力资源跨国流动和优化整合。

加强太阳能产品标准和检测国际互认。逐步完善国内太阳能标准体系,积极参与太阳能行业国际标准制定,加大自主知识产权标准体系海外推广,推动检测认证国际互认。依托重点项目的开发建设,持续跟进 IEC 等太阳能标准化工作,加强国际标准差异化研究和国际标准转化工作。参与 IECRE 体系等多边机制下的产品标准检测认证的国际互认组织工作,掌握标准检测认证规则,提升我国在国际认证、检测等领域的话语权。①

3. 生物质能的生命安全周期评价

生物质能是指能够当作燃料或者工业原料,活着或刚死去的有机物。人类对生物质能的利用多种多样,例如获取热量,但是本书所探讨的生物质能主要是生物柴油、燃料乙醇、生物质能发电、沼气和垃圾发电。2013 年 4 月 24 日,加注中国石化 1 号生物航空煤油的东方航空空客 320 型飞机正式

① 《太阳能发展"十三五"规划》,国家能源局,2016 年 12 月,第 3—4 页。

在上海试飞,并取得圆满成功,说明生物柴油的开发利用几乎不存在技术瓶颈。燃料乙醇也已经在世界范围内得到应用,巴西、美国和中国都在该领域斩获颇丰。沼气也是如此。欧洲是垃圾发电的主要战场,丹麦、德国、荷兰等国走在世界前列,技术非常成熟,基本实现商业化运营。荷兰甚至从炉渣和烟气中回收各种有用物质,包括用于生产石膏板和砖等建筑材料的硫、硫磺和用于解冻路面的氯化钙,甚至各种非铁金属包括铝、不锈钢、锌、铅、铜、银和金。其中每年从垃圾中回收的银,相当于荷兰市场上在售总量的10%。①

目前生物质能利用存在的主要问题如下:第一,生物燃料的大量使用造成人与车争夺粮食,导致粮食价格上涨,威胁贫穷人口的生存。给一辆SUV加满生物燃料所需要的粮食,相当于一个人1年的口粮。即使使用桐油树等不需要施肥、种子不可食用而且可以种植在不适于粮食作物生长的荒地的植物来生产生物燃料,依然会带来问题。一方面,有些第三世界国家的农民,可能会为了赚钱,而把原本用来生产粮食作物的土地,拿来种植能源作物;另一方面,这些作物可能会作为"入侵物种"给当地生态系统带来严重的后果。当世界处于能源和粮食的双重危机时,生物燃料的处境似乎就是一个两难的悖论。国际乐施会曾发表一份报告称,全球粮食价格暴涨,生物燃料所作的"贡献"占到总涨幅的30%,相当于让全球3000万人口陷入贫困。② 第二,生物质能的一个重要问题是生产、收集和运输问题,这个过程将会消耗大量水资源、化肥和能源,这一过程同样会带来污染和大规模碳排放。第三,纤维素乙醇是采用人体无法消化的部位,因此比较不会降低粮食生产,也可以减少新农地的需求,但是由于植物的细胞壁(纤维素主要存在的位置)构造相当复杂,且含有许多不同物质,因此以现在的技术来说,生产成本较高。

---

① 施庆燕、焦学军、周洪权:《欧洲生活垃圾焚烧发电发展现状》,《环境卫生工程》2010年6期。

② 韩小妮:《全球3000万饿肚子 粮价高企让生物燃料再受质疑》,解放网—新闻晨报,转载于中国国家生物安全信息交换所,2008年7月8日,http://www.biosafety.gov.cn/zyswaqxxfb/200807/t20080708_125252.htm。

4. 约束水电发展的技术与社会瓶颈

作为应用最为广泛的一种可再生清洁能源，水力发电的技术障碍主要是建厂期间长、建造费用高，以及建厂后不易增加容量。尽管如此，水电却存在较为严重的环保和移民问题，并因此牵扯出一系列政治问题。修建水坝是水力发电的必要条件和基础，因此必然带来一定程度的生态破坏。

首先，大坝破坏了江河湖泊的复合生态系统，导致生态灾难。江河湖泊的自然水力联系被大坝或涵闸阻断，导致湖泊鱼类、水生植物及底栖动物种类和数量明显减少，中下游洄游性鱼类和半洄游性鱼类等失去直接入湖生长繁殖或溯湖而上至上游水系产卵繁殖的条件，一些珍稀濒危水生物种和多种江湖洄游性鱼类趋于消失。例如北美大西洋和太平洋海岸的水坝减少了需要到上游产卵的鲑鱼种群数量，因为大坝阻止了这些鱼到上游的繁殖地产卵。与此同时，年幼的鲑鱼也在遭受着损害，因为在它们迁移到海里，必须通过发电站的涡轮。如何设计对水生生物破坏较小的涡轮发电机，是一个活跃的研究领域。一些缓解措施，如鱼梯，在美国等一些国家已成为新项目获批和现有项目的评审通过的必需条件。事实上，在大多数发展中国家，受制于资金和技术的限制，修建大坝的时候很少考虑这些生态问题，因此造成的生态影响也最为严重。陆地上，大坝会淹没上游领域的大片森林、湿地或者草原，破坏当地生物栖息地和多样性。对陆生动物而言，水库建成后，可能会造成当地大量的野生动植物被淹没死亡，甚至全部灭绝。

其次，修建大坝将湖泊江河割裂，导致湖泊生态系统发生剧变。失去了与流动江河的天然水力联系，湖泊换水周期延长，湖泊湿地对污染物的净化和水体自净能力下降，加重湖泊水质恶化和富营养化趋势，造成蓝藻水华暴发潜在危害。

再次，大型水坝会对当地地质造成影响，可能诱发地震。2007 年出版的《长江保护与发展报告 2007》曾明确指出："2003 年三峡水库蓄水以来，三峡地区微震活动频度明显增加，主要集中在巫山—秭归—长阳一带，强度仍然维持在较低水平，未突破正常状态，不会对三峡水利枢纽和三峡地区的人民生命财产构成威胁，但岸边松散堆积物塌岸和局部滑移也会危及部分居民点的安全。”[1]2008年汶川地震发生，有观点认为此次地震与紫坪铺水库和三峡大坝可能存在因果关系，但遭到中国主流学术界的反驳。[2] 2010年青海玉树地震、2013年四川雅安地震爆发，再次引发民众对于地震与三峡大坝之间的争论，并再次遭到主流学术界反驳。中国地震局地震研究所研究员付辉清认为三峡修建肯定是对地址结构有影响，三峡作为一个大水库，也有可能引起水库地震，但是雅安地震是否由三峡引起，还需要做进一步研究。中国地震台网中心研究员孙士鋐则坚定认为二者没有关系。[3]

同时，大型水坝修建会造成流域水文上的改变，如下游水位降低或来自上游的泥沙减少等，造成下游地区的水土流失加重和干旱。2006年川渝发生严重干旱，有民众将干旱与三峡大坝联系起来。时任水利部部长汪恕诚否认两者存在必然关系。[4] 水力专家王红旗则认为，三峡大坝是造成川渝高温干旱的主要原因之一，但不是最主要的原因。[5] 2011年，中国最大的淡水湖鄱阳湖遭遇60年以来最严重的干旱。与2010年相比，鄱阳湖水域面积仅为同期的十分之一，再次挑起民间、学术界和媒体对于三峡大坝的争论。[6]

最后，大坝建设带来大量移民，涉及国家、地方、企业、普通移民群众等多

---

① 杨桂山、翁立达、李利锋：《长江保护与发展报告2007》，长江出版社2007年版，转载于水博：《科学的理解水库诱发地震现象》，人民网，2007年6月12日，http://scitech.people.com.cn/GB/5851863.html。

② 《“水库”不可能是雅安地震罪魁祸首》，新华网，2013年5月2日，http://news.xinhuanet.com/energy/2013-05/02/c_124654635.htm；《多数院士称：“水库地震”尚无科学依据》，《中国科学报》，转载于中国教育和科研计算机网，2013年5月7日，http://www.edu.cn/zi_xun_1170/20130507/t20130507_939395.shtml。

③ 《地震专家否认雅安地震与三峡水库有关》，《南方都市报》2013年4月23日，转载于新浪新闻，http://sc.sina.com.cn/news/m/2013-04-23/070484322.html。

④ 《水利部部长汪恕诚：重庆大旱与三峡工程无关》，新华网，转载于北方网，2003年3月7日，http://news.enorth.com.cn/system/2007/03/07/001569240.shtml。

⑤ 《三峡大坝是川渝干旱原因但不是最主要原因》，《东方早报》2006年9月7日，转载于北方网，http://news.enorth.com.cn/system/2006/09/07/001403829.shtml。

⑥ 廉颖婷、邱越：《专家激辩鄱阳湖大旱与三峡蓄水有无关系》，法制网，2011年5月25日，http://www.legaldaily.com.cn/index_article/content/2011-05/25/content_2676738.htm?node=5955。

方面复杂的社会、经济、利益关系处理。大多数大坝移民都是非自愿移民，在全球都是尚未解决好的难题。很多移民在新居住地与当地人发生利益冲突，一直生活在歧视与动荡之中。于是，重新返迁回原居住地成为很多移民的选择，并造成经济进一步贫困化等生活问题和遭遇待遇、人格、就业等歧视带来的政治问题。① 三峡当阳移民中有40%的人口，已经返回原籍巫山。②

事实上，修建大型水坝在很多地方不再被认为是人类意志力的骄傲和进步的象征。随着人们环保意识的不断增强和可持续理念的不断深入人心，人们开始在世界范围内重新审视和反思大坝带来的一系列问题。拆除已经老化的以及有严重问题的水坝，阻止修建新的水坝，以恢复或维持自然的、富有生气的河流，已成为一种新的趋势。美国和加拿大经过论证已经人工拆除多座大坝，恢复原有河流自然生态。③ 世界银行和世界保护联盟在1998年建立了世界水坝委员会（World Commission On Dams），并于2000年发表《水坝与发展——新的决策框架》，宣称："水坝对人类发展贡献重大，效益显著，然而，很多情况下，为确保从水坝获取这些利益而付出了不可接受的、通常是不必要的代价，特别是社会和环境方面的代价。"④2011年缅甸政府宣称根据人民的意愿，搁置兴建伊洛瓦底江密松水电站项目，其中一个重要原因就是遭到当地民众的强烈反对。然而由于对能源的渴求，可以预见未来还将有更多的水电站被修建，特别是在发展中国家，但是围绕水电站的争论将越来越激烈，并引发越来越多的涉及公民政治权利的讨论。

5. 近年来中国新能源产业快速发展带来的新问题

近年来，中国新能源产业获得快速发展，成绩喜人，但是也带来一系列新问题，给新能源的继续发展带来隐患和忧虑。

---

① 刘刚：《三峡移民返乡潮：日子怎么过?》，《中国新闻周刊》2009年第47期；洪明：《落实三峡移民政策 构建稳定和谐社会——我市三峡自主外迁移民安置工作情况调研及对策建议》，赣州市扶贫和移民信息网，http://www.gzsfpym.gov.cn/Article/ShowArticle.asp?ArticleID=121；朱文玉：《试论三峡移民"反迁"问题及对策》，《全国商情：经济理论研究》2010年第23期。

② 《三峡移民陷入生存困境》，《中国人权双周刊》，biweekly.hrichina.org/article/713。

③ 范晓、易水：《世界上形形色色的反水坝运动》，《中国国家地理》2003年第10期。

④ World Commission on Dams, "Dams and Development, a New Framework for Decision-Making", *Earthscan*, November 2000.

第一，新能源未必是清洁能源。近年来，我国新能源获得快速发展的一个重要原因是出于节能减排和环保的考虑。太阳能、风能、核能、生物质能等新能源被广泛认知为清洁能源。鉴于近年来中国环境恶化严重，对清洁能源的渴望促使政府和民众对于投资发展新能源热情高涨，也成为中国新能源快速发展的重要动力。然而事实上，大多数新能源的清洁特性仅仅存在于特定的阶段。如果从全生命周期来看，很多新能源未必是清洁能源。例如，太阳能光伏电池虽然在发电过程中无污染、零排放，符合清洁能源的要求，但是生产太能光伏电池板的过程却是高耗能高污染。而且，对于废弃太阳能板的回收利用、处理依然是世界性难题，需要用一系列化学的方法进行分离、还原、提纯等，同样伴随着高能耗和高污染。核电所需的核燃料开采和处理，也面临同样问题，最终只能深地掩埋。风能，总体来说是清洁能源，但是由于体制和技术原因，目前我国风力发电存在将近20%左右的弃风，造成巨大的浪费。

第二，新能源受制于"两头在外"的产业结构，优势不大。一方面，我国新能源的核心原料或核心技术都来自国外，例如太阳能光伏所需的多晶硅，核电站所需的铀矿，核反应堆核心技术、核心部件和重要核级材料（包括焊材），以及国内风电机组用轴承（特别是主轴轴承）等。另一方面，我国的新能源相关设备生产，例如太阳能光伏电池板等，享受国家巨额财政补贴，消耗国内大量资源，导致一系列环境问题和碳排放问题，却大量出口，服务于国外市场，无法惠及国内。总体来说，整个产业依然处于出口导向型，受制于国外市场，容易遭遇国外反倾销、反补贴调查。自2012年起欧盟和美国先后发起针对中国光伏电池板的反倾销、反补贴的调查。2012年10月美国商务部终裁对中国光伏产品征收反倾销税18.32%—249.96%，反补贴税14.78%—15.97%。2013年6月4日，欧盟委员会宣布，欧盟自6月6日起对产自中国的太阳能电池板及关键器件征收11.8%的临时反倾销税。[①] 欧美对华太阳能光伏"双反"调查和裁决，为未来太阳能产业发展蒙上了阴影，涉及数十万人的就业问题。不过中国应该利用此机会，大力发展本国的太阳能光伏市场，从生产国变为应用国。

---

① 《美欧对华发起光伏"双反"》，网易财经，http://money.163.com/special/guangfufanqingxiao/。

第三,新能源高度依赖国际市场,无法摆脱对国际市场的依赖,无法实现能源完全自给。我国大力发展核电等新能源的一个重要初衷是希望降低或者摆脱石油等化石能源对海外市场的严重依赖,提高能源自给率。然而,无论是核燃料还是多晶硅,抑或风能和核电的关键技术和设备,对国际市场的依赖程度甚至高于石油、天然气、煤炭等传统能源。

第四,既然新能源无法摆脱对国际市场的依赖,那么也就无法摆脱传统的地缘通道困境,例如马六甲困境。只要存在大规模的国际贸易,那么我国的新能源发展就无法摆脱对某些贸易路线和能源通道的依赖,那么就会跟石油、天然气等传统能源一样受制于马六甲等战略海峡。因此,大力发展新能源并不能改变中国能源通道的脆弱性。

总之,尽管新能源无论是发展模式还是运行方式,都与传统能源存在巨大差别,但是不可否认的一点是新能源并没有解决传统能源存在的问题,因此实质并未改变。

### (五)世界能源市场出现新变化

当前,国际能源市场更加复杂多变,世界能源需求进入新的扩张期,①消费与生产因地域造成的失衡局面将进一步加剧。尽管供应方面不存在资源性短缺,但结构性失衡较为突出,世界石油市场在一定程度上由买方市场向卖方市场过渡。能源市场全球化、多元化趋势明显,影响价格的因素增多。一方面,局部地区的政局动荡会加剧国际能源市场动荡和价格波动。②

---

① 自20世纪后半叶,特别是两次石油危机之后,随着西方国家总体上告别高能耗时期,世界能源需求的年均增长率一度出现下降趋势。但自20世纪90年代末起,包括中国、印度、巴西、俄罗斯等在内的发展中大国工业化步伐不断加快,世界能源需求进入新的增长周期。——笔者注

② 从20世纪70年代以来,世界能源的供求结构就基本上由美国、欧盟、日本以及后来需求迅速增加的中国等几个主要的能源进口大国(地区)同波斯湾沿岸国家、俄罗斯、委内瑞拉等几个石油和天然气生产大国之间的关系决定。然而,这种由几个少数国家决定的供求结构天然具有脆弱性的特点。供求两边的任何一个或几个重要成员发生变化都会改变世界能源供求平衡,进而对世界能源的安全、价格等产生影响。世界能源供给机构模式的脆弱性导致各进口国将提升能源自给率和能源来源多元化作为能源安全的重要内容,同时很多国家已经把开发经济性虽然不高,但具有安全性、也更为环保的替代能源和清洁能源作为未来能源发展的重要任务。——笔者注

2011年以来,西亚北非动荡给国际石油市场带来不利影响,而且大规模无序流动对能源市场带来巨大隐患。另一方面,各国对能源市场的追捧兴趣不断提高,许多国家加紧建设自己的原油期货市场,希望取得更多的话语权,银行、对冲基金、养老基金、社会保险基金、各类投资基金也都在大举介入石油期货市场。概括而言,当前世界能源市场的变化与调整主要体现在以下三个方面:

1. 国际能源消费市场重心东移,总体需求不振

2016年,全球一次能源消费量达到13276.3百万吨油当量,仅增长1.0%,与较2015年增长基本持平,远低于过去十年1.9%的平均水平。其中经合组织国家的一次能源消费仅增长0.2%;非经合组织国家的消费增长了1.7%。97%的能源消费增长来源于新兴经济体。

2015年,在人口与收入增长等因素的刺激和驱动下,①世界能源需求仍呈现增长态势;但是各类燃料的全球消费增速均有所放缓,所有地区的能源消费总量增长也出现减速(发达国家能源消费增速低于发展中国家),②全球能源需求整体疲软。预计2014到2035年,世界一次能源消费预计每年增长1.4%,全球消费量到2035年将增加34%;其中一次能源消费增速放慢:2000—2014年期间的每年增速为2.3%,2014—2035年期间的每年增速减缓至1.4%。

值得注意的是,全球一次能源消费的净增长全部来自新兴经济体,而几乎所有(96%)的能源消费增长都来自非经合组织。受美国和欧洲债务危

① 人口和收入增长是能源需求增长的关键驱动因素。世界人口到2030年预计将达到83亿,这意味着有13亿新增人口需要能源。2030年的世界收入按实际价值计算预计约为2011年的两倍。而到2030年,超过90%的人口增长将出现在经合组织外的低、中等收入经济体。由于其工业化、城市化和机动车化发展迅猛,这些经济体还将贡献70%的全球国内生产总值增长以及90%以上的全球能源需求增长。——笔者注

② 过去30多年的时间里,北美、中南美洲、欧洲、中东、非洲及亚太六大地区的能源消费总量均有所增加,但是经济、科技与社会比较发达的北美洲和欧洲两大地区的增长速度非常缓慢,其消费量占世界总消费量的比例也逐年下降。究其原因,一方面,发达国家的经济发展已进入到后工业化阶段,经济向低能耗、高产出的产业结构发展,高能耗的制造业逐步转向发展中国家;另一方面,发达国家高度重视节能与提高能源使用效率,尤其是在新能源的开发与利用方面。——笔者注

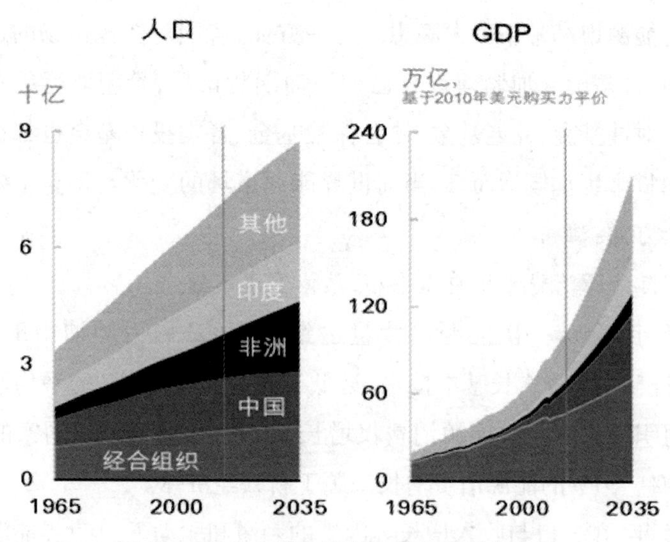


**图 1-5　人口与收入增长推动能源需求增长**

资料来源：*BP Energy Outlook* 2035，2016。

机的影响，欧美国家持续低迷的经济表现，以及开始实行紧缩的财政政策，OECD 国家能源需求（尤其是化石能源消费需求）持续下降。而以中国、印度、俄罗斯、巴西等国为代表的新兴经济体（新兴工业化国家），在工业化、城市化进程中，能源消耗（特别是油气资源的消费）持续增长，国际能源消费市场重心进一步东移（亚太地区已成为全球能源消费增长最快和最主要的区域）。

2016 年全球一次能源消费中，非经合组织所占比重达到 58.4%，较上年提高 0.3%；而经合组织一次能源消费比重占 41.6%，比 2015 年略有下降；亚太、欧洲（欧亚大陆）和北美地区是全球能源主要消费区，消费比重分别占到 42.0%、21.6%、21.0%；其中，印度、印度尼西亚、菲律宾以及马来西亚的一次能源消费增幅较大，分别为 5.4%、5.9%、11.3%、5.7%。其中，中国、印度贡献了全球能源消费增量的 50.1%，中国占全球能源一次消费的 23.0%。而 2015 年乌克兰一次能源消费下降高达 15.8%，2016 年乌克兰一次能源消费回暖，增长 3.4%。预计，2013—2035 年非经合组织的能源消费年均增长率为 2.2%；而经合组织能源消费年均增长率仅为 0.1%，在 2030

年后实际有所下降。①

就能源消费的产业分布来看,电力行业是全球能源增长的关键动力,也是所有类型的一次能源同台竞争的唯一行业。2030 年的电力消费总量将比 2011 年高 61%,每年增长 2.5%(而 2000—2010 年期间每年增长 3.4%,1999—2000 年期间每年增长 2.7%)。电力在最终能源使用中所占比重继续提高,2030 年满足 33%的非交通运输能源需求,而 2011 年为 28%。② 预计用于发电的能源消费在 2011—2030 年期间将增长 49%(每年增长 2.1%),占全球一次能源消费增长的 57%。③

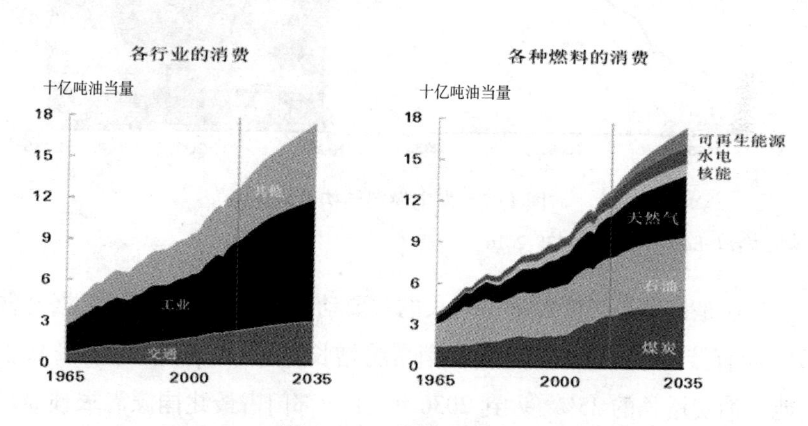


**图 1-6　工业需求增长**

资料来源:*BP Energy Outlook* 2035,2016。

而且电力行业燃料结构多样化趋势日益明显,从 2015 年到 2035 年,煤炭比重下降,天然气和可再生能源的比重将提高,开始大规模进入市场。超过一半的消费增长来自非化石燃料。预计到 2035 年煤炭占发电能源消费的比重将由 2014 年的 43%下降至 33%左右;同时,非化石能源发电占能源发电消费的比重将接近 45%。④ 就市场份额而言,可再生能源占发电量增

① *BP Energy Outlook* 2035,BP,2016.

② *BP Energy Outlook* 2030,BP,2013,p.65.

③ 在发展中国家,随着经济增长和社会进步,电力比重显著上升;而对于发达国家,工业化进程已完成,对电力的需求增长较低,因此电力在终端能源消费中的比重增长缓慢。——笔者注

④ *BP Energy Outlook* 2035,BP,2016.

长超过三分之一，到2035年将占全球发电的16%；其中经合组织国家可再生能源电力2011—2030年增速为5%，非经合组织国家可再生能源电力2011—2030年增速将达到10%。①

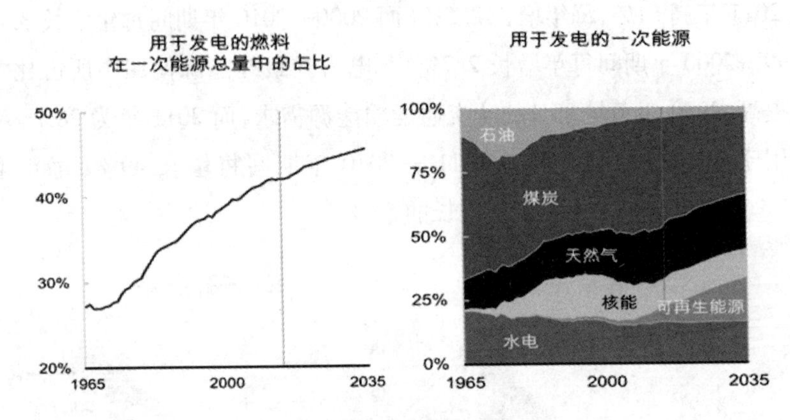


**图1-7 发电燃料结构多样化**

资料来源：*BP Energy Outlook* 2035，2016。

工业是推动最终能源消费增长的主要动力，尤其是迅速发展的经济体。2011年直接用于工业的一次能源消费将增长31%（每年增长1.4%），占一次能源消费增长的25%。② 到2030年，工业部门占最终能源需求预期增长的57%。③ 交通运输业的能源需求增长最为缓慢，经合组织的交通运输行业能源需求预计会减少。该行业开始在一定程度上摆脱对石油的依赖，实现能源供应多元化。交通运输业能源需求增长中天然气占16%的比重，另外13%来自生物燃料，2%来自电力。其他部门的能源需求（主要是民用和商用）增长多为电力，而非电力能源需求几乎全部为天然气。

---

① 可再生能源面临一系列不同的挑战，其中最紧迫的挑战也是限制其发展的关键要素是补贴的可承受能力。需要通过持续快速地降低成本才能在大规模发展可再生能源的同时将补贴压力维持在可接受的水平。欧盟的可再生能源发电增速放缓，因为可再生能源目前的比重已使补贴负担成为难题。然而，可再生能源在欧盟的市场份额继续扩大，因为总体电力增速较低（每年增长0.8%）。对可再生能源而言，在成熟度较低的电力市场，鉴于可再生能源目前比重较低，可以维持更高速度的增长。——笔者注

② *BP Energy Outlook* 2030，BP，2012，p.11.

③ *BP Energy Outlook* 2030，BP，2012，p.13.

在能源品种方面，石油仍是全球主导性燃料，2016年占全球能源消费的33.3%，预计今后20年增长将进一步放缓，①而天然气份额则稳步增长。在中国和印度等新兴经济体快速工业化的推动下，煤炭消费量保持高速增长，并在2025年左右达到峰值。在化石燃料中，天然气增速最快（每年增长1.6%），其次是石油（每年增长0.7%）和煤炭（每年增长0.2%）。增长最快的燃料类型是可再生能源（包括生物燃料），2016—2035年期间的每年年均增幅为7.1%，在能源结构中的比重将从2015年的3%，上升至2035年的10%。核电（每年增长1.8%）和水电（每年增长1.7%）的增速都会超过能源整体增长速度。②

**表1-13　全球一次能源消费量情况**

单位：百万吨油当量

| 国家和地区 | 2005 | 2006 | 2007 | 2008 | 2009 | 2010 | 2011 | 2012 | 2013 | 2014 | 2015 | 2016 | 2015—2016年变化情况 | 2016年占总量比例 |
|---|---|---|---|---|---|---|---|---|---|---|---|---|---|---|
| 美国 | 2348.7 | 2331.6 | 2370.2 | 2318.8 | 2205.1 | 2284.1 | 2264.5 | 2209.3 | 2270.6 | 2296.5 | 2275.9 | 2272.7 | -0.4% | 17.1% |
| 加拿大 | 322.6 | 319.5 | 325.4 | 326.0 | 310.5 | 315.5 | 327.6 | 326.5 | 336.1 | 334.3 | 327.7 | 329.7 | 0.3% | 2.5% |
| 墨西哥 | 167.7 | 172.9 | 170.8 | 174.3 | 174.1 | 178.3 | 186.5 | 188.5 | 189.1 | 190.4 | 188.8 | 186.5 | -1.5% | 1.4% |
| 北美洲总计 | 2839.0 | 2824.1 | 2866.5 | 2819.2 | 2689.7 | 2777.8 | 2778.6 | 2724.3 | 2795.9 | 2821.2 | 2792.4 | 2788.9 | -0.4% | 21.0% |
| 巴西 | 211.3 | 216.8 | 231.8 | 243.9 | 243.0 | 267.6 | 279.7 | 284.8 | 296.8 | 304.9 | 302.6 | 297.8 | -1.8% | 2.2% |
| 委内瑞拉 | 70.4 | 78.5 | 81.2 | 84.4 | 82.9 | 80.7 | 80.3 | 84.1 | 83.3 | 78.1 | 78.8 | 74.6 | -5.5% | 0.6% |
| 中南美洲总计 | 537.2 | 567.8 | 593.9 | 613.2 | 606.0 | 641.7 | 665.4 | 680.9 | 696.7 | 704.1 | 710.4 | 705.3 | -1.0% | 5.3% |
| 法国 | 262.5 | 261.2 | 257.5 | 259.1 | 245.4 | 253.4 | 244.7 | 244.8 | 247.2 | 237.6 | 239.4 | 235.9 | -1.7% | 1.8% |
| 德国 | 332.3 | 341.3 | 327.2 | 330.7 | 310.2 | 323.6 | 312.1 | 316.4 | 325.5 | 312.1 | 317.8 | 322.5 | 1.2% | 2.4% |

① 但全球液体燃料需求（石油、生物燃料和其他液体燃料）可能增长1600万桶/日，到2030年达到1.04亿桶/日。需求增长全部来自发展迅速的非经合组织经济体。中国、印度和中东合力贡献几乎所有的全球净增长量。经合组织的需求已达峰值，消费量预计将减少560万桶/日。——笔者注

② *BP Energy Outlook* 2035，BP，2017.

续表

| 国家和地区 | 2005 | 2006 | 2007 | 2008 | 2009 | 2010 | 2011 | 2012 | 2013 | 2014 | 2015 | 2016 | 2015—2016年变化情况 | 2016年占总量比例 |
|---|---|---|---|---|---|---|---|---|---|---|---|---|---|---|
| 意大利 | 185.6 | 184.9 | 181.0 | 179.2 | 167.1 | 172.2 | 168.5 | 162.2 | 155.7 | 146.9 | 149.9 | 151.3 | 0.7% | 1.1% |
| 哈萨克斯坦 | 44.3 | 47.4 | 52.7 | 55.0 | 49.2 | 53.1 | 58.6 | 59.4 | 60.2 | 66.4 | 62.7 | 63.0 | 0.3% | 0.5% |
| 俄罗斯 | 647.2 | 676.1 | 680.5 | 683.5 | 648.0 | 673.3 | 694.9 | 695.2 | 686.8 | 689.2 | 681.7 | 673.9 | -1.4% | 5.1% |
| 英国 | 228.9 | 226.3 | 219.7 | 216.4 | 205.2 | 210.5 | 198.8 | 202.1 | 200.9 | 188.6 | 190.9 | 188.1 | -1.7% | 1.4% |
| 乌兹别克斯坦 | 46.4 | 45.7 | 48.4 | 52.0 | 43.3 | 43.8 | 49.7 | 49.2 | 48.7 | 50.5 | 51.7 | 52.7 | 1.5% | 0.4% |
| 欧洲及欧亚大陆总计 | 2965.2 | 3023.5 | 3017.7 | 3022.2 | 2839.8 | 2952.6 | 2937.9 | 2936.3 | 2900.6 | 2838.3 | 2846.6 | 2867.1 | 0.4% | 21.6% |
| 伊朗 | 177.5 | 194.2 | 208.2 | 215.9 | 223.5 | 224.6 | 234.6 | 235.2 | 246.0 | 261.9 | 262.8 | 270.7 | 2.7% | 2.0% |
| 沙特阿拉伯 | 158.4 | 164.5 | 171.4 | 186.9 | 196.5 | 216.1 | 222.2 | 235.7 | 237.4 | 252.1 | 260.8 | 266.5 | 1.9% | 2.0% |
| 中东国家总计 | 564.7 | 592.2 | 625.6 | 667.6 | 690.3 | 734.2 | 750.3 | 780.8 | 812.4 | 840.0 | 874.6 | 895.1 | 2.1% | 6.7% |
| 埃及 | 62.1 | 65.4 | 69.6 | 73.6 | 76.5 | 80.7 | 82.1 | 86.5 | 85.7 | 85.4 | 86.7 | 91.0 | 4.7% | 0.7% |
| 南非 | 110.6 | 113.2 | 115.4 | 124.4 | 124.3 | 125.3 | 123.6 | 121.9 | 123.6 | 125.2 | 120.1 | 122.3 | 1.5% | 0.9% |
| 非洲总计 | 327.4 | 334.8 | 347.9 | 369.5 | 373.4 | 388.9 | 388.0 | 402.9 | 415.4 | 427.9 | 433.5 | 440.1 | 1.2% | 3.3% |
| 澳大利亚 | 116.2 | 123.4 | 125.1 | 127.4 | 127.4 | 126.1 | 131.7 | 130.3 | 131.2 | 132.6 | 138.5 | 138.0 | -0.6% | 1.0% |
| 中国 | 1800.4 | 1974.7 | 2147.8 | 2229.0 | 2328.1 | 2491.1 | 2690.3 | 2797.4 | 2905.3 | 2970.6 | 3005.9 | 3053.0 | 1.3% | 23.0% |
| 印度 | 393.6 | 414.0 | 450.2 | 475.7 | 513.2 | 537.1 | 568.7 | 611.6 | 621.5 | 663.6 | 685.1 | 723.9 | 5.4% | 5.5% |
| 日本 | 521.3 | 520.4 | 516.0 | 509.3 | 467.2 | 496.0 | 470.4 | 467.7 | 464.0 | 452.3 | 445.8 | 445.3 | -0.4% | 3.4% |
| 韩国 | 221.0 | 222.9 | 231.9 | 236.4 | 237.3 | 255.0 | 268.9 | 271.8 | 272.2 | 274.9 | 280.2 | 286.2 | 1.9% | 2.2% |
| 亚太地区总计 | 3705.6 | 3924.3 | 4175.0 | 4292.1 | 4402.2 | 4674.7 | 4935.1 | 5108.6 | 5245.0 | 5357.2 | 5447.4 | 5579.7 | 2.1% | 42.0% |
| 世界总计 | 10939.0 | 11266.7 | 11626.6 | 11783.8 | 11601.5 | 12170.0 | 12455.3 | 12633.8 | 12866.0 | 12988.8 | 13105.0 | 13276.3 | 1.0% | 100.0% |
| 其中：经合组织 | 5663.6 | 5677.4 | 5713.2 | 5662.2 | 5391.6 | 5593.8 | 5536.3 | 5481.8 | 5540.4 | 5497.6 | 5505.5 | 5529.1 | 0.2% | 41.6% |

续表

| 国家和地区 | 2005 | 2006 | 2007 | 2008 | 2009 | 2010 | 2011 | 2012 | 2013 | 2014 | 2015 | 2016 | 2015—2016年变化情况 | 2016年占总量比例 |
|---|---|---|---|---|---|---|---|---|---|---|---|---|---|---|
| 非经合组织 | 5275.4 | 5589.3 | 5913.4 | 6121.7 | 6209.9 | 6576.2 | 6919.0 | 7152.0 | 7325.6 | 7491.3 | 7599.5 | 7747.2 | 1.7% | 58.4% |
| 欧盟 | 1819.3 | 1830.2 | 1804.2 | 1796.7 | 1691.3 | 1754.5 | 1695.9 | 1681.2 | 1669.3 | 1605.0 | 1626.7 | 1642.0 | 0.7% | 12.4% |
| 独联体 | 946.8 | 983.6 | 994.6 | 1002.1 | 926.8 | 969.5 | 1010.6 | 1014.6 | 991.9 | 993.2 | 967.4 | 965.6 | -0.5% | 7.3% |

资料来源：*BP Statistical Review of World Energy*，2017。

**表1-14　主要国家和地区能源（按燃料划分）消费量**

单位：百万吨油当量

| 国家和地区 | 2015 | | | | | | | 2016 | | | | | | |
|---|---|---|---|---|---|---|---|---|---|---|---|---|---|---|
| | 石油 | 天然气 | 煤炭 | 核能 | 水电 | 可再生能源 | 总计 | 石油 | 天然气 | 煤炭 | 核能 | 水电 | 可再生能源 | 总计 |
| 美国 | 856.5 | 710.5 | 391.8 | 189.9 | 55.8 | 71.5 | 2275.9 | 863.1 | 716.3 | 358.4 | 191.8 | 59.2 | 83.8 | 2272.7 |
| 加拿大 | 99.1 | 92.2 | 19.6 | 22.8 | 85.4 | 8.5 | 327.7 | 100.9 | 89.9 | 18.7 | 23.2 | 87.8 | 9.2 | 329.7 |
| 墨西哥 | 84.4 | 78.4 | 12.7 | 2.6 | 7.0 | 3.7 | 188.8 | 82.8 | 80.6 | 9.8 | 2.4 | 6.8 | 4.1 | 186.5 |
| 北美洲总计 | 1040.0 | 881.2 | 424.2 | 215.3 | 148.2 | 83.6 | 2792.4 | 1046.9 | 886.8 | 386.9 | 217.4 | 153.9 | 97.1 | 2788.9 |
| 巴西 | 146.6 | 37.5 | 17.7 | 3.3 | 81.4 | 16.0 | 302.6 | 138.8 | 32.9 | 16.5 | 3.6 | 86.9 | 19.0 | 297.8 |
| 委内瑞拉 | 30.2 | 31.1 | 0.2 | — | 17.3 | 0.0 | 78.8 | 28.7 | 32.0 | 0.1 | — | 13.9 | 0.0 | 74.6 |
| 中南美洲总计 | 334.4 | 158.3 | 35.9 | 5.0 | 152.9 | 24.0 | 710.4 | 326.2 | 154.7 | 34.7 | 5.5 | 156.0 | 28.2 | 705.3 |
| 法国 | 76.8 | 35.1 | 8.4 | 99.0 | 12.3 | 7.9 | 239.4 | 76.4 | 38.3 | 8.3 | 91.2 | 13.5 | 8.2 | 235.9 |
| 德国 | 110.0 | 66.2 | 78.5 | 20.8 | 4.3 | 38.1 | 317.8 | 113.0 | 72.4 | 75.3 | 19.1 | 4.8 | 37.9 | 322.5 |
| 意大利 | 57.6 | 55.3 | 12.3 | — | 10.3 | 14.3 | 149.9 | 58.1 | 58.1 | 10.9 | — | 9.3 | 15.0 | 151.3 |
| 俄罗斯 | 144.2 | 362.5 | 92.2 | 44.2 | 38.5 | 0.2 | 681.7 | 148.0 | 351.8 | 87.3 | 44.5 | 42.2 | 0.2 | 673.9 |
| 英国 | 71.8 | 61.3 | 23.0 | 15.9 | 1.4 | 17.5 | 190.9 | 73.1 | 69.0 | 11.0 | 16.2 | 1.2 | 17.5 | 188.1 |
| 欧洲及欧亚大陆总计 | 865.9 | 909.2 | 471.3 | 263.9 | 194.7 | 141.6 | 2846.6 | 884.6 | 926.9 | 451.6 | 258.2 | 201.8 | 144.0 | 2867.1 |
| 伊朗 | 84.5 | 171.7 | 1.6 | 0.8 | 4.1 | 0.1 | 262.8 | 83.8 | 180.7 | 1.7 | 1.4 | 2.9 | 0.1 | 270.7 |
| 中东国家总计 | 412.8 | 444.3 | 10.2 | 0.8 | 5.9 | 0.5 | 874.6 | 417.8 | 461.1 | 9.3 | 1.4 | 4.7 | 0.7 | 895.1 |
| 埃及 | 39.6 | 43.0 | 0.4 | — | 3.2 | 0.4 | 86.7 | 40.6 | 46.1 | 0.4 | — | 3.2 | 0.6 | 91.0 |

续表

| 国家和地区 | 2015 | | | | | | | 2016 | | | | | | |
|---|---|---|---|---|---|---|---|---|---|---|---|---|---|---|
| | 石油 | 天然气 | 煤炭 | 核能 | 水电 | 可再生能源 | 总计 | 石油 | 天然气 | 煤炭 | 核能 | 水电 | 可再生能源 | 总计 |
| 南非 | 27.9 | 4.6 | 83.4 | 2.8 | 0.2 | 1.4 | 120.1 | 26.9 | 4.6 | 85.1 | 3.6 | 0.2 | 1.8 | 122.3 |
| 非洲总计 | 182.1 | 122.2 | 95.3 | 2.8 | 26.9 | 4.2 | 433.5 | 185.4 | 124.3 | 95.9 | 3.6 | 25.8 | 5.0 | 440.1 |
| 中国 | 561.8 | 175.3 | 1913.6 | 38.6 | 252.2 | 64.4 | 3005.9 | 578.7 | 189.3 | 1887.6 | 48.2 | 263.1 | 86.1 | 3053.0 |
| 印度 | 195.8 | 41.2 | 396.6 | 8.7 | 30.2 | 12.7 | 685.1 | 212.7 | 45.1 | 411.9 | 8.6 | 29.1 | 16.5 | 723.9 |
| 日本 | 189.0 | 102.1 | 119.9 | 1.0 | 19.0 | 14.8 | 445.8 | 184.3 | 100.1 | 119.9 | 4.0 | 18.1 | 18.8 | 445.3 |
| 韩国 | 113.8 | 39.3 | 85.5 | 37.3 | 0.5 | 3.9 | 280.2 | 122.1 | 40.9 | 81.6 | 36.7 | 0.6 | 4.3 | 286.2 |
| 亚太地区总计 | 1505.8 | 631.6 | 2747.7 | 95.0 | 354.7 | 112.7 | 5447.4 | 1557.3 | 650.3 | 2753.6 | 105.9 | 368.1 | 144.5 | 5579.7 |
| 世界总计 | 4341.0 | 3146.7 | 3784.7 | 582.7 | 883.2 | 366.7 | 13105.0 | 4418.2 | 3204.1 | 3732.0 | 592.1 | 910.3 | 419.6 | 13276.3 |
| 其中:经合组织 | 2062.4 | 1464.9 | 972.7 | 446.7 | 309.9 | 248.9 | 5505.5 | 2086.8 | 1495.2 | 913.3 | 446.8 | 316.8 | 270.1 | 5529.1 |
| 非经合组织 | 2278.5 | 1681.8 | 2812.0 | 136.0 | 573.4 | 117.8 | 7599.5 | 2331.4 | 1708.9 | 2818.7 | 145.2 | 593.4 | 149.5 | 7747.2 |
| 欧盟 | 600.6 | 359.2 | 261.1 | 194.0 | 77.2 | 134.6 | 1626.7 | 613.3 | 385.9 | 238.4 | 190.0 | 78.7 | 135.6 | 1642.0 |
| 独联体 | 191.6 | 499.8 | 158.9 | 64.7 | 51.7 | 0.6 | 967.4 | 195.5 | 492.0 | 157.9 | 63.3 | 56.2 | 0.7 | 965.6 |

资料来源:*BP Statistical Review of World Energy*,2017。

2. 能源新政纷纷出台,全球能源合作日益加深

当前世界能源格局中,全球能源需求继续增长,传统化石能源在能源市场中占据主导地位,能源使用造成的碳排放量也继续增长,预计 2014 到 2035 年期间将增加 20%(每年 0.9%)。其中美国的石油和天然气产量超常增长,导致全球能源流动发生显著变化。而对世界气候变化,节能减排以及可持续发展等议程的关注使得水电、风能和太阳能等可再生能源替代化石能源、优势能源替代稀缺能源、新能源替代传统能源成为国际能源格局发展的必然趋势,一场以绿色低碳为特征的技术革命和产业革命正在悄然降临。

为了应对世界能源格局的变化,能源消费国和资源输出国纷纷加快制定和调整能源战略,制定能源发展远景规划,大力推动能源科技和能源产业的发展,加强节能和新能源开发,致力于提高能源效率,以期掌握未来低碳经济时代能源发展的主动权。同时,主要国家日益重视能源安全,积极开展能源外交,参与全球气候治理和全球能源安全对话与合作,在多种因素的共

同作用下,世界能源地缘格局正在发生新的分化组合。

(1)能源新政

2008年世界金融危机以来,世界经济低位徘徊,为了应对危机尤其是缓解国际能源价格上涨带来的冲击,保持、维护稳定的能源供应,确保本国能源安全,主要的能源消费国纷纷出台和制定了新的较为灵活的能源政策和法案并将新能源的开发和利用作为应对国际金融危机冲击的重要举措。

美国早在2005年8月就出台了由布什总统签署的《能源政策法案》,旨在促进能源节约,寻找可靠供给,降低海外依赖,增强经济活力,尤其强调通过提高能源效率实现节能目标。如鼓励企业生产可再生能源,并以减税等鼓励性立法措施,刺激企业、家庭及个人更多地使用节能和洁能产品;规定未来10年政府将向全美能源企业提供146亿美元的减税额度,以鼓励企业采取节能、洁能措施并给予相关企业总额不超过50亿美元的补助,以提高能效和开发可再生能源。奥巴马上台后,为了实现缓解经济危机,刺激经济复苏,增强能源安全以及重树美国在国际应对气候变化中的领导形象等目标,政府提出了以"绿"与"新"为主要特点的新能源政策,着重强调提高能源使用效率、发展新能源和可再生能源、引领能源技术发展新潮、推动能源结构转型。政府计划在未来3年内将太阳能、风能和地热能等可再生能源产量增加一倍,使其占美国电力比例由2012年的10%提高到2025年的25%。计划至2020年把美国的碳排放量减少至1990年的水平,到2050年降至1990年水平的20%。① 同时通过设立提高汽车燃料效率政策和全国低碳燃料标准(LCFS),制定国家建筑节能目标来推动节能产业的发展。此外,还鼓励技术创新,尤其是支持发展下一代生物燃料的生产技术工艺。

欧盟则于2006年3月8日发表绿皮书——《欧洲可持续、有竞争力、安全的能源战略》,就欧洲能源可持续发展、保障供应安全等问题提出具体建议和政策选择,重点强调控制欧洲内部能源需求,保持在尖端能源技术方面的领先优势,改善能源安全环境。在2007年欧盟首脑会议上,欧盟27国领

① Barack Obama, "Jobs, Energy Independence, and Climate Change", *Real Clear Politics*, January 26, 2009, http://www.realclearpolitics.com/articles/2009/01/jobs_energy_independence_and_c.html.

导人一致通过了新能源政策的共同行动计划(实行共同体能源政策),即“20—20—20”,目标是到2020年实现温室气体排放量比1990年水平减少20%(如果条件许可减少30%),可再生能源份额提高到20%,能源利用效率在1995年的水平上提高20%。2010年11月,欧盟委员会以系列通报的形式公布了面向2020年的欧盟能源战略,提出在未来10年投资1万亿欧元用于能源基础设施更新、跨国能源网络建设和低碳技术研发等。同时,欧盟各国还在能源供给安全、可再生能源、能源税、能源技术、市场自由化、能源效率和能源战略储备等方面陆续制定了大量的政策、规范。如核电大国法国,其能源政策以加强自主能源和环保为目标,强调要推进节能工作,发展可再生能源。2008年11月,法国环境部公布了一揽子旨在发展可再生能源的计划,涵盖生物能源、风能、地热能、太阳能以及水力发电等多个领域,计划到2020年将可再生能源在其能源消费总量中的比重提高到至少23%。德国政府颁布的最新能源政策规定,新建房屋内每平方米每年用于加热的油量不得超过7升,大约为1973年所建房屋耗油量的三分之一。同时积极鼓励石油化工企业开发石油替代品,对生物柴油的生产、销售企业减免税收,为开发能源新品种提供资金支持。芬兰政府计划到2015年和2025年分别将可再生能源的使用量至少增加25%和40%。葡萄牙政府发布了开发风能、太阳能等清洁能源计划,并将核能的利用列入了政府议事日程。2006年2月,瑞典政府更是提出在15年内全面停用石油产品,力争成为全球第一个完全不使用石油的国家。

日本于2006年5月出台了《国家能源新战略》,计划通过发展节能技术、降低石油依存度(到2030年把石油占一次能源消费的比例由现在的50%左右降至低于40%)、培育海外石油企业、加强核能利用、推进太阳能、风能、核能等新能源开发、实施能源消费多样化等措施,保障能源供应和能源安全。新战略提出,在2030年前将能源效率至少再提高30%,将石油占能源消费的比重降至40%以下,同时到2030年将核电占全部发电量的比重维持在30%—40%甚至更高的水平;而海外份额油占日本石油进口的比例由目前的15%提高到40%。

中国作为全球最大的能源生产国和消费国,是全球能源格局中的最大的利益相关者之一，目前石油的海外依存度已接近60%，天然气对外依存度接近1/3。早在2005年2月28日，我国就通过了《中华人民共和国可再生能源法》，将可再生能源的开发利用列为能源发展的优先领域，并鼓励各种投资主体参与可再生能源的开发利用。我国根据对“十二五”时期经济社会发展趋势的总体判断，按照“十二五”规划纲要总体要求，制定了《能源发展“十二五”规划》，强调要进一步优化能源结构（其中非化石能源消费比重提高到11.4%，非化石能源发电装机比重达到30%；天然气占一次能源消费比重提高到7.5%，煤炭消费比重降低到65%左右）；增强能源生产与供应能力，提高能源安全保障水平（石油对外依存度控制在61%以内），确保能源安全。

此外，俄罗斯、韩国、巴西、印尼、泰国等国也都充实和调整了能源战略，如巴西积极鼓励、支持生物能源的发展，其乙醇汽油已占巴西能源消耗总量的40%以上。巴基斯坦政府鼓励支持私营企业积极参与传统能源和替代能源的开发，其中太阳能和风能等替代能源在未来几年内要至少满足5%的能源需求。韩国政府则积极扶植国内石油公司的海外石油勘探和开发项目并成立了规模达百亿美元的石油基金，用于并购外国石油企业以及直接购买油田等。印度、马来西亚、菲律宾等国家也都提出了重点发展生物能、太阳能、风能等新能源和可再生能源的政策和举措。

相比之下，主要的能源输出国一方面加大了投资和对外开放的力度，如非洲的南非、尼日利亚、安哥拉、利比亚等相继推出免收矿区使用费、提高分成份额及税收优惠等政策吸引外资进入，尼日利亚政府还颁布优惠措施鼓励外资投资其炼油工业。突尼斯政府则宣布允许外国公司在其82%的国土上进行油气勘探，并向参与油气勘探的外国公司发放许可证。中东的沙特阿拉伯为在2015年前成为世界上10个最重要的外商投资国之一，采取了包括放宽签证标准以及准备成立特别法庭来仲裁贸易争端等措施。为吸引外资，沙特还出台了包括：免除投资者15年所得税、为在非工业地区设立项目的外国公司提供软贷款、简化投资者签证手续等一系列优惠政策。

另一方面，主要的能源输出国极力采取措施争取资源利益和价值的最大化并通过开展能源外交，积极拓展本国对国际政治经济的影响。这其中，俄罗斯对油气资源的控制和战略调整力度最大。对内,俄罗斯政府出台诸多措施加强对战略性资源以及能源公司的控制,加强对能源公司的征税管理。尤甘斯克和西伯利亚石油公司相继被政府控股的俄罗斯石油公司和俄罗斯天然气公司收购。目前,俄罗斯已有超过50%的能源生产掌握在政府控股企业手中。对外,俄政府禁止外国公司参与其具有战略意义的油气田开发竞标,只有俄方控股至少51%的俄罗斯公司才有资格参与竞拍。而且俄罗斯还将能源优势作为重振大国地位、拓展政治利益和影响的重要筹码,这从俄乌天然气之争以及八国集团峰会上能源议题的设置就可见一斑。

南美的委内瑞拉通过修改法律、提高出口关税以及对跨国公司进行调查等方式,争取更大的利润份额。查韦斯政府颁布新的法令,提高针对外国石油公司的征税额度。尤其是上调了对外国石油公司的所得税征收比例和矿区使用费,并在修改后的《石油法》中增加了石油开采税和石油出口税两个税种。同时,在时任委内瑞拉总统查韦斯的提议下,13 个加勒比国家领导人与查韦斯签署了关于成立"加勒比石油公司"的能源合作协议。根据协议,"加勒比石油公司"将负责以优惠价格和灵活的付款条件向这 13 国出口委内瑞拉原油。

中东第二大产油国伊朗在内贾德上台后,数次强调伊朗公司在重要的石油业竞标中享有优先权,在油田建设方面,国内企业和从业者享有优先权。而在核问题上强硬立场更突显出其能源输出国战略地位的增强。

其他产油国政治影响力降低。近年来,一些产油国以能源为筹码,通过争夺能源市场份额来扩大影响力,从而实现本国政治和经济利益的最大化。能源的开发需要大量的资金投入,新兴的能源输出国为了获取资金支持纷纷寻求实行外交多元化战略,推出优惠政策,以帮助其实现能源增产计划,抢占能源市场,如南非、尼日利亚、安哥拉、利比亚等相继推出免收矿区使用费、提高分成份额及税收优惠等政策吸引外资进入。

(2)国际能源合作

冷战结束以来,能源因素在国际关系中的作用不断凸显,能源问题的政治化倾向进一步增强;国际能源市场以石油、天然气为主的国际能源竞争进一步加剧。在国际能源新格局下,资源国与消费国之间的共同利益与矛盾分歧相互缠绕，依赖性增强，既竞争又协调将成为国际能源战略格局的主流。有关能源消费国、资源国和过境国间的利益碰撞和冲突，已成为世界地缘政治经济竞争中令人瞩目的重要内容（尤其是以海湾为中心的中东地区还是世界上石油资源最丰富，也是未来油气开采增长潜力最大的地区，自然也成为全球传统化石能源争夺最激烈的地区）；此外在中亚—里海、亚太地区、西非与北非以及委内瑞拉和墨西哥湾一带的中南美等地，形成以美国力求主导，俄罗斯、欧盟和亚太国家多种力量交汇的复杂竞争态势。[①] 就合作方式而言，一方面，能源消费国、生产国，以及消费国内部和生产国内部之间的相互依赖都在加深，国家间的能源关系正从早期的“零和博弈”向“相互依赖与合作”的模式转换；谋求通过多元化的国际合作与协调来实现共同的能源安全，构建全球能源安全体系已成为国际社会的共识；另一方面，国际能源竞争、合作格局中的主导地位在发生变化，国家石油公司（NOC）渐渐成为国际规则的主导方，跨国石油公司的权力空间正在缩减，合作格局正从传统的以资本、技术为主导向以资源为主导的形态转变。[②]

3. 双边及多边能源合作日趋活跃

近年来，国际能源合作范围不断扩大，既有消费国之间或输出国之间的能源合作，也有消费国与输出国之间的合作，还有诸多国际机构、企业及民

---

① 伊拉克战争后，国际能源领域已进入美国全球布局、力求主导的新阶段（尽管这与世界油气市场发展的总趋势背道而驰）。美国争夺油气既要确保国内需求，更有控制战略资源维护其世界霸主地位的意图。由此，美国不仅在地缘战略上成功打通中东与中亚，而且竭力谋求对海湾和里海这两大能源宝库的控制与主导。在美国四面出击、力图掌控全球能源龙头的同时，日本和欧洲等主要油气进口国则在积极寻求石油进口多元化，完善战略石油储备，并进行能源结构调整。俄罗斯凭其拥有世界石油 13% 和天然气 1/3 的资源优势，力求对国际能源战略格局施加更大影响，其将输出油气资源作为维护其政治外交利益的重要砝码。——笔者注

② 随着有限资源向少数资源型 NOC 的集中以及资源型 NOC 凭借资源优势全面增强发展能力和话语权，未来资源型 NOC 在全球竞争合作格局中的主导地位将继续增强。而相比之下，国际石油公司在国际合作中的主导地位开始下降，正在从以前的油气田经营者（产品分成合同）日益变成油气田的服务承包商、技术支持者以及融资提供者（一体化服务合同/总包合同）；同时由于拥有的油气田权益越来越少，以获取和占有资源为主要目标的合作难度越来越大；其经营模式也将更加趋向于服务的提供者，与技术服务公司的角色逐渐靠近。——笔者注

间团体等之间的合作。此外，能源合作继续由以石油为主，向包括石油、煤炭、天然气、新能源和可再生能源在内的“大能源”领域拓展，特别是对天然气、新能源和可再生能源等清洁能源合作的重视程度进一步提高。合作领域逐渐由贸易和勘探开发等延伸至技术、运输和管理以及环保等领域。

在双边层面，中美两个最大的能源消费国政府建立起了高层能源政策对话机制。从2005年中美举行首次战略对话，到2008年在第四次战略经济对话期间签署了《能源和环境合作十年框架协议》，确定了电力、清洁水、清洁交通、清洁大气以及森林与湿地保护等优先合作的五大领域，并针对这些领域陆续制定了分项目和子项目以及分阶段实施的路线图。2010年5月，中美两国发表了《能源安全合作联合声明》，同意加强在稳定国际能源市场、保障能源多元供应、合理有效利用能源等领域的合作。2013年4月，中美特别发表了《中美气候变化联合声明》，阐释了中美在气候安全、气候合作机制以及双赢低碳经济合作等方面的共同立场（反映出气候变化和新能源合作已成为中美关系新的利益汇合点）。在多边层面，区域能源一体化步伐加快。作为经济和能源全球化的重要组成部分，近年来区域能源一体化的发展尤为迅速。除了相对成熟的欧洲和北美能源市场外，其他地区或区域加紧建设能源市场，正在成为国际能源合作的一大亮点。近年来全球能源安全合作不断深化，能源需求的迅速增长和国际油价的大幅度攀升以及全球环境问题的日益恶化等，使能源安全合作进一步超越消费国和输出国的界限，扩大至全球范围，全球能源安全与合作被提上议事日程。

## 三、全球金融视野中的能源问题

综合前述国际战略格局的变化，就地缘经济学的核心而论，[①]在后冷战

① Lester Thurow, *Head to Head: the Coming Ecomomic Battle Among Japan, Europe and America*, Morrow Publishers, 1992, p.246.

世界政治地理背景中，呈现出三条冲突带或者说三条危机弧：a. 巴尔干半岛，b. 包括西亚地区在内的伊斯兰教“新月形”地带；c. 印度次大陆。研究发现，适度保持这些地区的紧张和对峙形态，对于美国保持其世界领导地位和维护美国经济及其他战略利益，均利大于弊。与此相对照的是，在全球化和经济一体化不断深化的国际背景下，世界正在逐步发展成为三个相互竞争的经济板块：a. 日本、中国率领的亚太经济区；b. 美国领导的西半球经济区；c. 以德国为中心的欧洲经济区。地缘经济的这种现实构造，决定了新的实力中心分布格局以及新的地缘政治走向。上述三条冲突带即处于三个经济板块的边缘地带，与中心地带是一种不对称的相互依赖关系，即依附关系。100 多年以来，中东地区的石油一直支撑着全球经济的发展，然而在全球化的今天，这一地区被边缘化了。中东地区位于三大陆要冲地带，又是世界油库，石油与地缘政治的结合，错综复杂的矛盾和冲突，在美国全球霸权战略的“引导”下，制造了一个又一个世界热点。由这些热点滋生的伊斯兰极端主义也成为美国国家安全的头号威胁。几乎每一次地缘政治危机都伴随石油危机，加剧了国际石油市场的震荡，炙烤着人们的神经，并对国际金融市场产生重要影响。

纵观石油和金融发展史，石油和金融是当今世界经济危机的两个主要原因，且相互渗透相互影响，国际能源市场金融化趋势明显。进入 21 世纪以来，全球经济强劲增长、地缘政治因素、投机资本导致石油价格上扬。2008 年国际金融危机爆发后，欧美金融体系遭受重创，油价亦如过山车般下跌。后金融危机时代，美国经济回升缓慢，饱受债务危机困扰的欧洲经济复苏乏力，然而，中国、印度等亚洲新兴经济体和金砖国家经济继续保持高速增长，世界政治经济重心由西向东转移，金融活动亦转向东方。新兴经济体快速发展意味着工业化、城市化和机动化，从而导致能源需求增长强劲，国际能源消费的重心也由欧美经合组织国家转向新兴经济体。中国能源对外依存度日益上升，在国际金融体系和国际能源消费重心均出现“东移”的趋势下，中国的能源格局面临机遇与挑战。构建中国能源金融战略是确保中国能源安全、实现经济可持续发展，进而实现“中国梦”的重要一环。

## （一）国际金融秩序的演变

经济全球化是当今世界经济发展的一个重要特征，其理论基础是新自由主义，包括贸易全球化、生产全球化和金融全球化。金融全球化是推动经济全球化最活跃的因素，将经济全球化推向前所未有的广度和深度。

1. 金融全球化进程

纵观几十年国际金融发展的历史，金融全球化已成为其最重要、最显著的特征。与此同时，金融全球化也是风险最大、危机最频繁、最敏感和最脆弱的经济领域，现代国际金融危机的爆发和传导与金融全球化的背景有着极为密切的关系。金融全球化的过程是货币金融经济与实物经济不断融合，并相互作用、彼此促进的共同发展过程。但金融全球化又具有相对独立性，有其自身规律和丰富内涵。王元龙在《中国金融安全论》中将金融全球化看作是一个综合性概念，认为金融全球化是经济一体化的重要组成部分，是金融业跨国境发展而趋于全球一体化的趋势，是全球金融活动和风险发生机制日益紧密联系的一个客观历史过程①。

金融全球化有多种表现形式，从微观层次来看，主要包括资本流动全球化、金融机构全球化、金融市场全球化。从宏观层次来看，金融全球化表现为金融政策关联化，各国金融相互关联程度日益加深；金融监管全球化，健全有效的国际监管体系是保障金融活动顺利运行和深化不可或缺的重要内容；货币体系全球化，目前的国际货币体系是一种多元化国际储备的浮动汇率体系，美元在国际货币体系中仍将继续占据主导地位；金融风险全球化，在金融风险加剧的同时，金融危机也出现了全球化的趋势。从金融本身的发展规律来看，推动金融全球化的主要动因有三类，一是实体经济因素，主要指信息技术和经济全球化；二是金融创新因素，主要指资产证券化和金融衍生品等；三是制度因素，主要指 20 世纪 70 年代以来的金融自由化浪潮。

① 王元龙：《中国金融安全论》，中国金融出版社 2005 年版，第 35 页。

但是,事实充分证明:所谓经济全球化,实质上就是资本运动的全球化;而作为经济全球化重要组成部分的金融全球化,实际上就是金融资本的全球化,其核心依然是垄断。[①] 20 世纪 90 年代以来,国际垄断资本加强了对国际金融市场的控制,以获得垄断利润。在当前的国际金融体系中,这种情况比任何时期都更加突出。美国学者塞缪尔·亨廷顿在《文明的冲突与世界秩序的重建》一书中,列举了西方文明控制世界的 14 个战略要点,其中有三条与垄断资本有关:一是控制国际银行体系,二是控制全球硬通货,三是掌握国际资本市场。[②]

金融全球化对全球经济产生了重大影响,从整体上有力地推动了世界经济和国际金融的发展,带来了众多利益,主要表现为大大提高了国际金融市场的效率,实现资源的有效配置,促进世界经济发展,有利于全球福利的增进。然而,金融全球化也是一把双刃剑,对世界经济带来了负面影响:加大了金融风险并易于引发金融危机,国际金融波动时有发生;进一步拉大了发达国家和发展中国家之间的差距。20 世纪 80 年代以来,世界上爆发了 10 次较大的金融危机。频繁爆发的金融危机给世界各国经济发展带来巨大危害,债务危机和综合性危机的危害更大,不仅影响危机国的宏观经济稳定和社会稳定,侵害国家信用和经济主权,还对世界经济造成多米诺骨牌效应。2008 年国际金融危机,是美国长期奉行经济新自由主义的产物,宏观经济不平衡、监管缺失和过度杠杆加剧了危机的影响力和破坏力。本次国际金融危机,对美国和欧洲等西方发达国家金融部门造成重创,出现了冰岛债务危机、希腊债务危机等欧洲主权债务危机。发展中国家由于金融创新不足和相对边缘化,金融部门所受冲击相对较小。国际金融危机再次令世人,尤其是发展中国家对美国等西方国家的经济新自由主义提出质疑,马克思主义理论和国家干预理论再度受热捧。

---

① 王元龙:《中国金融安全论》,中国金融出版社 2005 年版,第 6 页。

② [美]塞缪尔·亨廷顿:《文明的冲突与世界秩序的重建》,周琪、刘绯等译,新华出版社 2003 年版。

**表 1-15 20 世纪 80 年代以来世界 10 次较大的金融危机**

| 时间 | 名 称 | 性 质 |
| --- | --- | --- |
| 1982 | 拉美金融危机 | 债务危机 |
| 1992 | 欧洲货币体系危机 | 货币危机 |
| 1994 | 墨西哥金融危机 | 综合性危机 |
| 1997 | 亚洲金融危机 | 综合性危机 |
| 1998 | 俄罗斯金融危机 | 货币危机 |
| 1999 | 巴西金融危机 | 货币危机 |
| 2000 | 土耳其金融危机 | 银行信用危机 |
| 2000 | 美国纳斯达克股市危机 | 股市危机 |
| 2001 | 阿根廷金融危机 | 债务危机 |
| 2008 | 国际金融危机 | 综合性危机 |

资料来源:王国刚主编:《全球金融发展趋势》,社会科学文献出版社 2003 年版,第 40—43 页;李若谷:《全球化中的中国金融》,社会科学文献出版社 2008 年版,第 7—8 页。

2. 后危机时期国际金融格局

后危机时期,国际经济、金融货币环境发生巨大变化。世界经济增长中心正从西方移向亚洲,尤其是向亚洲新兴经济体转移,世界经济格局将由此改变;流动性过剩和低利率环境成为国际金融环境常态化主题;世界主要储备货币的漂移将在中长期内持续,新兴市场国家的货币将逐步发挥更大的作用。[①] 学界普遍认为,金融危机使西方不再占据道德权威高地,预示西方新自由主义神话的终结,国家干预理论再度兴起,金融保护主义蔚然成风;国际经济关系由"北—南、西—东"向"东南、南南"转变,世界经济权力逐渐向东南(新兴市场经济体)转移,金融活动自然也随之向东南倾斜。美国加州大学圣巴巴拉分校全球学与社会学教授让·皮埃特斯指出,危机促使我们寻找一种"新的增长模式"与经济范式,当今世界所发生的是多元资本主义的重新定位,涉及亚洲、拉美、中东与非洲的新兴社会。[②] 随着新兴和发

① 巴曙松:《后危机时期亚洲经济金融发展》,《中国社会科学报》第 137 期。

② [美]让·皮埃特斯:《全球发展再平衡:东南转向》,张凤梅译,《文汇报》,转载于新华网,2010 年 11 月 29 日。此文为演讲者在上海大学全球学研究中心的讲演。

展中国家同发达国家经济实力差距相对缩小,政治影响力也相应提升,有助于进一步打破发达国家长期垄断国际经济格局的局面,提高自身在国际政治事务中的发言权,特别是参与国际规则的制定。发展中国家在世界银行和国际货币基金组织投票权的扩大,①G20集团从危机应对机制向长效经济治理机制的转型,都体现了全球力量的渐趋平衡。但是,总体而言,国际政治经济格局依然是"一超多强、西强东弱、北强南弱"。事实上,长期以来国际金融体系的"游戏规则"主要由发达国家主导,缺乏全球参与的民主性,发展中国家处于被动接受的弱势地位,表现为极强的依附性和边缘性。这也导致现行国际金融体系缺乏公平性、公正性和有效性。金融危机暴露了现行国际货币金融体系的弱点,但同时也为改革不合理的国际金融秩序提供了契机。2008年11月15日,二十国集团领导人国际金融峰会为改革国际金融体系拉开序幕,尽管改革具体方面还存有分歧。美国杜克大学教授高柏表示,历史正在被塑造,一个国际金融秩序被重新设计和构架的进程已经启动。改革计划涉及提高金融市场透明度和完善问责制、加强监管、促进金融市场完整性、强化国际合作以及改革国际金融机构等五个领域,以纠正导致金融危机的制度性缺陷。② 毋庸置疑,新国际金融货币体系的诞生将是世界主要国家之间重复博弈的结果,势必建立在现有美元霸权体系瓦解的基础上,让美国放弃超级大国地位,是他们断难接受的。③ 因此,国际金融体系改革和国际经济新秩序的建立将是一个漫长而又曲折的过程。也有学者认为,"此次金融危机的爆发,并不必然意味着美国乃至西方经济实力的衰落和体制—制度的终结,而只是世界经济结构的一次自我更新……金融产业将有可能再次成为新兴产业群聚合的枢纽,即充当某种强大的经

---

① 2010年4月,在世界银行改革中,发达国家向发展中国家共转移了3.13个百分点的投票权,使发展中国家整体投票权从44.06%提高到47.19%。10月,世界主要经济体就国际货币基金组织改革达成协议:2012年前,该组织将向包括新兴国家在内的代表性不足的国家转移超过6%的份额,欧洲国家还将让出两个执行董事席位。——笔者注

② 卢铮:《经济学家认为国际金融体系改革拉开序幕》,《中国证券报》2008年11月17日。

③ 章玉贵:《中国应积极主导国际金融体系改革》,《上海证券报》,转载于中证网,2008年10月21日。

济聚合力量,西方发达国家将再次居于引领者的战略地位”,“而在应对危机的过程中,现行国际金融体系对美国及其主导的国际金融机制的依赖反而加深了”。①

自近代以来,国际分工把世界按照北/南、中心/边缘、发达/不发达、富裕/贫穷,以及工业/农矿业来划分。以弗兰克和多斯桑托斯为代表提出的依附论首次将发达国家与不发达国家之间的关系格局界定为一种由中心—外围国家组成的不平衡的关系格局。20 世纪 80 年代以来的跨国公司活动和全球化,导致“新的国际劳动分工”出现,不发达国家对发达国家的依附不仅没有因为全球化减弱,其依赖性反而更强。在金融全球化时代,发展中国家金融危机频繁爆发,暴露出经济金融体系更大的脆弱性和波动性,在中心—外围体系中渐行渐远。沃勒斯坦认为,在中心与边缘之间存在一个半边缘地区,这一区域的形成对于中心来说仍属边缘(出口天然商品,采取自己的文化形式),对于边缘来说则属于中心地带(出口成品,设置文化标准,充当地区警察)。半边缘区域的出现使世界体系具有更稳固的结构:它不再是南/北、贫/富两极分化,这一中间的平衡力量赋予整个世界结构以更大的弹性。到 21 世纪,半边缘地区国家已遍布亚洲、非洲、南美洲及中东各个角落,包括中国、印度、巴西、印度尼西亚、墨西哥、沙特和南非,形成了一个“新兴国家群体”。核心与半边缘国家,即旧势力与新势力之间的关系如何转型,是目前世界广泛讨论的问题。让・皮埃特斯认为,一是重整秩序,英美资本主义和西方金融市场重返领导地位,新兴市场加入西方俱乐部,G20 峰会成为国际货币基金组织实际的管理委员会。另一种模式是解放多极化,西方制度也许能笼络一部分新兴社会的精英,但不是全部,也不是大多数普通民众,占世界人口大多数的国家已经走到世界前台。② 危机爆发后,世界各主要经济体围绕国际金融新秩序展开了激烈博弈。但是,现有国际金融秩序很难根本改变,“断定美国经济以及美国主导的西方金融体系已经处于‘衰

① 马小军:《从国际战略视角对当今国际金融体系的再认识》,《现代国际关系》2010 年第 6 期。

② [美]让・皮埃特斯:《全球发展再平衡:东南转向》,张凤梅译,《文汇报》,转载于新华网,2010 年 11 月 29 日。此文为演讲者在上海大学全球学研究中心的讲演。

落’的‘拐点’,不仅不符合实际,在理论上和实践上也是危险的”①。

## (二)国际能源格局转型推动价格暨金融格局的变化

从20世纪初开始,有一种独一无二的商品与美元和军事力量紧密结合在一起,构成了世界经济增长的发动机,这就是石油。“石油,10%是经济,90%是政治。”这是20世纪30年代国际石油界知名人士、剑桥能源研究协会董事长丹尼尔·耶金形容当时欧洲石油市场的名言。至于21世纪的石油市场,则可以说“石油与地缘政治之间的密切关系,是其它任何原材料都无法企及的”②。在中东,石油与民族和宗教问题相互交织渗透,产生了巨大的能量,也造成了巨大的破坏力,成为一把政治“双刃剑”。③ 中国学者张宇燕认为石油具有政治经济学特征,具体概括为:可耗竭性、广泛和高度的被依赖性、生产和需求的高度不平衡性和政治性。④ 石油是一种战略资源,谁拥有石油,谁就可以获得21世纪的生存与发展权,谁控制石油,谁就可以遏制其他国家的经济命脉,从而控制世界经济。为了获取这种权力,世界围绕石油资源展开了各种各样的争夺战,其中不乏诉诸武力。

石油储量分布与消费格局之间呈现极度不对称性,石油储量集中分布在中东、苏联地区以及拉丁美洲,石油消费则主要集中在北美、欧洲和亚太地区。世界石油生产与消费在地域分布上的不平衡客观上使石油市场从一开始就不可避免地成为一个跨越国界和洲界的全球性市场,也导致了各战略大国对石油资源、石油资本、石油技术的激烈角逐。按照地质学的分析,世界上储量最大的石油分布在阿拉伯—波斯湾地区和美索不达米亚平原的“隐没带”(subduction zone)上,中东恰巧处于这一隐没带上。⑤ 中东地区素

---

① 马小军:《从国际战略视角对当今国际金融体系的再认识》,《现代国际关系》2010年第6期。

② 《丹尼尔·耶金访谈录》,《国际政治》第98期,2002—2003年冬季出版,第331页。

③ [法]菲利普·赛比耶—洛佩兹:《石油地缘政治》,潘革平译,社会科学文献出版社2008年版,第6页。

④ 张宇燕、李增刚:《国际政治经济学》,上海人民出版社2008年版,第346—348页。

⑤ [法]菲利普·赛比耶—洛佩兹:《石油地缘政治》,潘革平译,社会科学文献出版社2008年版,第26页。

有“世界油库”之称,当地穆斯林认为石油是安拉对他们的恩赐。从储量上看,中东和北非石油储量约占全球总储量的一半,尽管世界各国都在积极开展能源多元化战略,从长远来看,全球石油需求将越来越依赖于中东地区。中东石油产量约占全球总产量的32.6%,相对于巨额储备,该地区石油产量还有很大的提升空间。① 中东还是世界上最大的石油输出地区,所生产的石油80%用于出口,约占世界总出口量的一半。其中沙特、伊朗和阿联酋是中东地区排名前三的石油输出国,石油出口量占中东地区出口量的60%以上。与石油储量相呼应的是,从1970年以来,国际石油价格从每桶1.8美元上升到2008年7月份的最高147美元,其间几乎所有的重大价格变动,都与中东地区所发生的政治与经济事件密不可分。国际能源署(IEA)的报告指出,全球石油市场面临的“地上风险超过地下风险”。能源需求剧增与油价迅速攀升,加速了全球能源地缘秩序的变化。② 中东地区作为世界油库和“火药桶”,每一次地缘政治危机都会严重影响“工业血液”原油的供应,导致石油价格剧烈波动,冲击世界政治经济版图,从而引发国与国之间更激烈的石油博弈。在这样的背景下,石油问题不再是一个国家的问题,它成了一个世界性的问题,如何驾驭这种新的秩序正迅速成为全球政治的中心问题。③ 正如中共中央党校国际战略所马小军教授所言,全球能源博弈已经在经济全球化与能源政治化的恢宏背景下展开,资源争夺与管线控制成为国际政治博弈的重心。④

从需求来看,世界石油消费市场已经形成了北美、亚太和欧洲的“大三角”格局,2016年这三个地区的石油消费量占世界石油总消费量的78.9%,美国、中国、欧洲和日本石油进口量占全球石油进口量的57.5%,其中亚太地区未来消费增长强劲,是世界石油需求主要增长区域。⑤ 除了地域分布的不平衡,围绕石油资源的经济和政治阵营也呈现不平衡的态势。代表石

① [法]菲利普·赛比耶—洛佩兹:《石油地缘政治》,潘革平译,社会科学文献出版社2008年版,第8页。

② 马小军:《国际政治“E”化的战略张力》,《现代国际关系》2008年第5期。

③ 李洁思、张翀:《国际油价首次破百冲击世界政经版图》,环球网,2008年1月3日。

④ 马小军:《国际政治“E”化的战略张力》,《现代国际关系》2008年第5期。

⑤ 数据来源:*BP Statistical Review of World Energy*,2017。

油资源国的石油输出国组织(OPEC),石油储量约占全球储量的71.5%,产量约占全球总产量的42.5%,独联体国家石油产量约占全球15.8%的份额,是OPEC最重要的竞争对手。① OPEC内部,沙特、伊朗、伊拉克、阿联酋以及科威特是"拥有冻结能力的少数派",权力相当大。其中,沙特以OPEC第一的石油储量、产量和出口量,以及最灵活可靠的石油剩余产能,稳居石油领域"龙头"地位,可谓一言九鼎。值得一提的是,伊朗和卡塔尔的天然气储量在世界排名分别是第二和第三,考虑到2015年天然气在全球能源消费结构中占24.1%的比例,2008年底成立的"天然气欧佩克"②有望在未来国际天然气市场发挥重要作用。

BP世界能源展望指出,从长远来看(未来20年),几乎所有(96%)的能源消费增长都来自非经合组织国家,交通运输业是主要驱动因素。由于原油价格上涨、技术进步以及一系列创新政策,经合组织国家各个行业的能源需求全线下降,美国和欧洲能源消费和能源进口仍将呈下降趋势。由于酝酿时间和资产寿命较长,能源结构变化缓慢,天然气和非化石燃料的份额将提高,煤和石油的份额将相应降低,增长最快的燃料是可再生能源,然而其规模的扩大则受成本因素制约。对广大发展中国家而言,维持经济可持续发展所产生的巨大能源需求只能通过增加各种燃料的消费予以满足,当务之急仍是确保获得可负担的能源以支持经济发展。尽管石油在今后20年内预计增速最慢,但石油需求的增长将全部来自快速发展的非经合组织国家,尤其是亚洲地区,中国、印度以及中东几乎构成了所有的全球净增长。而美国和欧洲的石油需求已在2005年达到峰值,从而出现下降趋势。石油需求的增长部分将主要通过OPEC供应得到满足。非OPEC国家的供应也将继续增加,这主要得益于美洲国家的强劲增长,包括美国和巴西的生物燃料、加拿大油砂、巴西深水石油和美国页岩油。因此,OPEC组织在石油市

① 数据来源:*BP Statistical Review of World Energy*,2017。

② 天然气欧佩克实际上就是天然气出口国论坛,在俄罗斯主导下于2001年成立,2008年底通过成员国政府间协议的形式得到法律地位的巩固,目前主要成员国有俄罗斯、伊朗、阿尔及利亚、阿联酋、卡塔尔、文莱、玻利维亚、印度尼西亚、利比亚、马来西亚、尼日利亚、埃及、委内瑞拉、赤道几内亚等。挪威、荷兰和哈萨克斯坦则是观察员国。该组织成立的主要目的是为了协调成员国在世界市场上的行动,制定符合各方利益的共同政策。——笔者注

场的重要地位将得到进一步加强，成为国际能源市场最稳定的供应者，其市场份额将接近 45%，这是 20 世纪 70 年代以来从未达到的水平。[①] 因此，OPEC 仍将致力于通过控制产量的方式来稳定国际原油市场价格。与此同时，由于钻井技术进步和美国页岩油革命及生物燃料，美洲国家的角色也更加重要。未来 20 年，天然气从煤炭和石油手中抢夺市场份额，天然气需求的增长也集中在非经合组织国家，液化天然气在供应中将发挥更加重要的作用。非常规天然气包括页岩气和煤层气的作用也日益增大，对北美和亚洲尤其如此。页岩气产量的持续增长增加了北美地区 2030 年前出口液化天然气的可能性。因此，从长期来看，国际石油市场正从卖方市场向买方市场转变。

随着全球化进程的不断深化，能源全球化进程正在加速，国际能源市场的价格波动给所有国家带来影响。可再生能源的市场发展随着原油市场的价格波动呈现波动发展态势。全球能源市场的互动更加紧密，某一地区或市场的波动将会更迅速地传导至世界的其他地方，国际能源新格局初露端倪。

国际能源机构（IEA）展望未来全球能源结构发展呈现几大趋势：第一个趋势是美国的石油和天然气产量超常增长，导致全球能源流动发生重大变化。2020 年美国将成为天然气净出口国，2035 年将成为石油净出口国，近 90%的中东石油将出口到亚洲。第二个趋势是全球能源需求将继续增长，化石燃料仍占据主导地位。中国、印度和中东占全球能源增幅的 60%。2020 年后，世界将越来越依赖 OPEC。经合组织国家的能源需求将会相对维持稳定，同时这些国家还将出现明显的能源需求转型过程，将会进一步摆脱对传统化石燃料甚至是核能的需求，转向天然气和其他可再生能源。第三个趋势是可再生能源作用日益凸显，水电、风能和太阳能成为全球能源不可或缺的一部分，使用范围也在不断扩大。第四个趋势是，各国正致力于提高能源效率，从而降低能源需求增长步伐。[②] 市场普遍认为，全球能源供需在中期仍将维持基本平衡。随着能源价格上涨，长期内供需关系也将维持在较为稳定的水平。除此之外，国际能源市场还面临投机资本的冲击，在供

① *BP Energy Outlook* 2030，BP，2012，p.27.

② *World Energy Outlook*，IEA，2012.

需基本平衡的前提下对油价造成影响。在能源市场全球化趋势下，没有任何一个国家能成为能源"孤岛"，各种燃料、市场及价格之间的交互作用正在日益加剧。可以说，国际能源格局转型的波澜，正在搅动国际能源价格暨金融格局的战略博弈。

### （三）国际能源市场金融化

进入21世纪，石油等大宗商品的金融属性不断增强，热钱流动使商品价格的波动幅度明显加大，能源安全中的金融问题日益凸显，国际能源市场金融化趋势明显。

*1. 石油争夺战背后的金融货币战*

亨利·基辛格博士曾说过："如果你控制了石油，你就控制住了所有国家；如果你控制了粮食，你就控制住了所有的人；如果你控制了货币，你就控制住了整个世界。"①这句断言总结了美国的强权哲学和霸权政治，揭示了石油、货币与权力的重要性。石油，又称黑金，是现代工业的血液。由于在军用和民用上的双重价值，石油还是一种独一无二的战略商品。今天如果没有了石油，任何国家必然面临经济灾难。在过去100年里，控制石油和天然气能源，是英美一切行动的核心。为控制石油和石油带来的巨额财富，英美之间展开了激烈的争夺，直到1928年双方签署"红线协议"，给予美国公司在中东油田较大的份额。从此以后，世界石油工业都处在英美石油巨头的垄断和控制之下。到20世纪50年代，西方"七姊妹"跨国石油公司②的地位无人匹敌，它们控制了廉价的中东石油供应，控制了欧洲、亚洲、拉丁美洲和北美洲的市场。同时，人们的日常生活已经离不开石油，石油成为推动

---

① ［美］威廉·恩道尔：《石油战争》，赵刚、旷野等译，知识产权出版社2008年版，第2页。

② "七姊妹"（Seven Sisters）又称"国际石油卡特尔"，是指7家大的国际石油公司，即：埃克森（Exxon）、美孚（Mobil）、雪佛龙（Chevron），德士古（Texaco）、海湾（Gulf），英国石油公司（BP）和英荷皇家壳牌石油公司（Royal Dutch/Shell）。1999年，埃克森和美孚合并。2001年，雪佛龙和德士古合并。此前，海湾石油公司在20世纪80、90年代将其资产售予雪佛龙和英国石油公司。目前，埃克森—美孚，雪佛龙、英国石油、壳牌和法国的Total是世界最大的5个石油公司。"七姊妹"实际上代表着一种利益的联盟，垄断着石油市场。在当时它们是市场规则的制定者，它们控制着石油工业和市场。——笔者注

经济发展的最重要商品,通过把石油销往新的市场,西方石油公司赚进了大把的美元。

石油工业起源于得克萨斯,其发展与美元密不可分。石油供应链、运输路线和期货市场,这一切的核心都是美元。① 直到20世纪50年代早期,美国的石油生产量占全球的一半左右,因此石油和美元的联姻就顺理成章了。石油美元机制在布雷顿森林体系下得到进一步加强。1971年美元和黄金脱钩,布雷顿森林体系崩溃,美元大幅贬值,欧佩克国家曾想过摆脱石油美元计价机制。1973年第一次石油危机后,OPEC国家出现大量收支顺差,其他石油进口国则出现了大量逆差。为吸引OPEC国家的石油美元回流到美国等发达国家,更确切地说是为了保证美元在国际货币体系中的霸权地位,美国和沙特秘密签订了一项“不可动摇的协议”,沙特同意继续将美元作为出口石油唯一的定价货币,沙特由此获得美国提供的安全保障。由于沙特在OPEC成员国中“一言九鼎”的“大哥”地位,其他成员国也接受了这一协定。② 罗伯特·基欧汉曾指出,美国的影响建立在三种主要的利益机制上:稳定的国际货币体系、开放的市场和保持石油价格的稳定。正是石油美元计价机制保证了美元地位和美国霸权的实现,成为20世纪70年代以来美国经济霸权的基础。③ 而美国的盟国正是通过这些以美国为中心的机制来获得收益,并服从美国的领导。国际著名石油地缘政治学家威廉·恩道尔在《石油战争》一书中,生动地描述了国际金融集团、石油寡头以及主要西方国家围绕石油展开的地缘政治斗争的生动场景,揭示了石油和美元之间看似简单实为深奥的内在联系。

21世纪以来,伴随高油价产生了新的全球贸易不平衡问题,然而,这种全球不平衡并非源于石油出口国的巨额石油收入,而是石油美元计价机制所支撑的美元霸权。“石油美元体制为美国实现在中东乃至全球的利益提

① Cóilín Nunan, “*Oil, Currency and the War on Iraq*”, Feasta, 2004, http://www.feasta.org/documents/papers/oil1.htm.

② 该协议无证可查,无据可考,但又人人皆知,并认为确有这么一个协议存在。——笔者注

③ 管清友、张明:《国际石油交易的计价货币为什么是美元?》,《国际经济评论》2006年第7—8期。

供了极为有效的金融支持”①,也有的学者指出“美国经济是全球经济失衡的关键”。② 国外有学者指出石油与美元定价机制以及中东产油国货币盯住美元的汇率机制使得石油美元回流渠道陷入一种“囚徒困境”,即在美元持续贬值的情况下增加对美元资产投资不利于其资产保值,大幅减少对美元资产的投资又会对其海外资产造成冲击。③ 石油美元定价机制以及石油美元回流从根本上来说是由美国主导,并为其国家利益服务的,石油美元中的大部分再以回流方式,流入欧美金融资本市场获取投资收益,形成庞大的离岸美元市场;这反过来加强了美元的国际地位。美国还通过开放金融市场和扩大对中东的技术、军事贸易,吸纳美元最终回流至美国。“9·11”之后,石油美元有东移的趋势,投往亚洲、非洲的比例逐步上升。

据国际金融机构(Institute of International Finance,以下简称 IIF)2007年数据,2002—2006 年 GCC 国家 55%的资本流向美国,其次是欧洲。海湾石油美元在美国多以证券和私人投资的形式,在欧洲则主要以股票和房地产形式投资。

**表 1-16 2006 年 GCC(按地区分)国际资本流向**

(单位:10 亿美元)

| 国家与地区 | 金额 | 比例(%) |
| --- | --- | --- |
| 美国 | 300 | 55.3 |
| 欧洲 | 100 | 18.4 |
| 中东北非 | 60 | 11.1 |
| 亚洲 | 60 | 11.1 |
| 其他 | 22 | 4.1 |
| 总计 | 542 | 100 |

资料来源:Institute of International Finance, *The data combines FDI and portfolio flows, including asset classes such as bank deposits and real estate purchases*, 2007。

① 杨力:《试论“石油美元体制”对美国在中东利益中的作用》,《阿拉伯世界》2005 年第 4 期。

② 钟伟、北京师范大学金融研究中心课题组:《解读石油美元:规模、流向及其趋势》,《国际经济评论》2007 年第 2 期。

③ Eckart Woertz, *A new age of petrodollar recycling*? European University Institute, Rovert Schuman Centre for Advanced Studies Mediterranean Programme, 2007.

石油美元加剧了全球经济失衡，而美元未来走势、流动性过剩下的投机资本盛行又给石油市场的未来增加了不确定性。① 美国开动印钞机就能生产出千万亿美钞，对其他国家而言，石油美元回流使之陷入被动，不得不通过出口实实在在的商品和劳务，部分用来建立巨额美元外汇储备，部分又以回流方式变成美国的股票、国债等有价证券，繁荣了美国证券市场，填补了美国的贸易与财政双赤字，从而支撑美国经济。美国还使用战争和金融手段加强对石油资源的控制，并调控油价，许多石油进口国大受其害。1999年欧元的诞生对石油美元计价机制构成严峻的挑战，伊拉克、伊朗和委内瑞拉甚至公开向石油美元叫板。因此，任何敢于挑战这个基础的国家，均会遭到美国无情的打击。伊拉克战争和对伊朗的制裁，就是对敢于挑战石油美元机制国家的惩罚，其深层目的也是在于敲打欧元和欧盟。进入21世纪以来，"石油美元机制"的根基有所动摇，但美国绝对不会轻易放弃支撑其经济霸权基础的石油美元计价机制。因此，有中国学者指出，石油交易计价货币的选择从根本上而言是个政治问题，但又被国际投机集团所利用来制造石油危机、美元危机和发展中国家货币危机，为改善全球治理机构，一个可行的做法是切断石油美元计价机制，这需要一次深重的美元危机来完成救赎。② 多极化的世界政治经济格局迟早要在货币层面上得以体现，多极化的世界不能建立在单一国际储备货币的基础上，未来将有更多的货币成为美元的替代选择。③ 只不过，这个转换过程将是冗长的，其间的斗争也将异常激烈。

2. 国际能源市场金融化

石油，不但是一个重要的能源产品和战略物资，而且日益成为一个牵动全球经济神经的金融产品。这就要从国际石油价格体系的演变谈起。

世界石油工业诞生已经有150多年的历史。20世纪60年代以前，英美等西方国家的国际石油公司控制了国际石油市场和石油价格，第一次石

---

① 管清友：《流动性过剩与石油市场风险》，《国际石油经济》2007年第10期。

② 管清友、张明：《国际石油交易的计价货币为什么是美元？》，《国际经济评论》2006年第4期。

③ 朱周良：《都是贬值惹的祸，石油美元面临"革命"》，新华网，2009年10月22日。

油危机后,跨国石油公司被迫取消了在 OPEC 国家的原油标价,石油价格变成 OPEC 的官方销售价格,即官价(Official Selling Price),由 OPEC 单方面决定石油价格的机制延续了 10 年,直到 1986 年第三次石油危机(反向石油危机)宣告结束,世界石油市场进入了以市场供需为基础的多元定价阶段,与现货市场价格相挂钩的长期供货合同已成为世界石油市场广泛采用的合同模式。随着跨国石油公司或 OPEC 任何一方单方面控制石油市场格局的逐步瓦解,以及国际石油价格的波动加剧,市场产生了规避价格风险的强烈需求。国际石油期货市场就是在这样的背景下产生的,这也是西方国家削弱 OPEC 国家对石油价格的控制,从而谋取石油定价权的重大战略举措。目前,期货价格已经成为国际石油市场最重要的基准价格,美国西德克萨斯轻质原油期货(West Texas Intermediate,以下简称 WTI)和北海布伦特原油期货(简称 Brent)①是全球石油市场最重要的两个定价标准。中东地区原油主要出口北美、西欧和远东地区。中东产油国原油定价方式分为两类。一类是与其出口目的地基准油挂钩的定价方式,一般来说,出口北美地区的原油参照美国西德克萨斯中质油定价;出口欧洲的原油参照北海布伦特原油定价;对于出口远东地区的原油则参照迪拜/阿曼原油的普氏报价均价。另一类是出口国自己公布价格指数,石油界称为官方销售价格指数,例如阿布扎比国家石油公司公布的价格指数为 ADNOC,官方价格指数每月公布一次,均为追溯性价格。② 2007 年 6 月,迪拜商品交易所(DME)上市了阿曼原油期货,是中东地区第一个也是唯一的一个实物交割的能源期货合约。目前来看,尽管交易量比较小,但毕竟在中东本土已经开始了原油期货交易,有利于提高中东产油国在国际石油定价体系中的影响力。

20 世纪 90 年代以来,石油期货市场发展迅速,起着非常重要的基础定

① 20 世纪 70 年代后期,英国推出了布伦特(Brent)远期合约,1988 年英国国际石油交易所(IPE)推出了以该远期合约为清算基础的布伦特期货合约,2001 年,IPE 被洲际交易所(ICE)收购。1983 年美国纽约商品交易所(NY-MEX)推出了西德克萨斯中质原油(WTI)期货合约。这两个期货合约成为全球原油价格的最重要的风向标和晴雨表。——笔者注

② 张宏民:《石油市场与石油金融》,中国金融出版社 2009 年版,第 39—40 页。

价和风险管理的作用。同时场外市场交易的远期、掉期、期权等石油衍生品也层出不穷,满足个性化风险管理的需要。从市场参与者结构看,石油衍生品市场的参与者可以分为两大类,即拥有石油相关业务的商业机构和没有石油相关业务的金融机构。① 荷兰银行发布的数据显示,各类投资者在石油期货市场中所占比例,生产商为15%、大型石油公司为34%、炼油厂为23%、消费者为6%、基金和机构投资者为22%。② 金融机构实力雄厚,尽管它们只将很小比例的管理资金注入商品市场,但足以对市场价格产生影响。对于基金等机构投资究竟在多大程度上影响石油价格,市场上普遍有正反两个结论,各方都是站在自身利益的角度发表对高油价的看法。大量研究指出,对于一个流动性足够开放的市场,价格主要是由商品供求的基本面决定的,基金的交易虽然有可能在短期内改变价格波动的幅度和频率,并使市场的周期性变得更加显著,但基金交易产生的影响很难长时间持续,因而基金对市场的影响程度有限。③ 无独有偶,2006年12月OPEC和欧盟在维也纳召开对话会议,OPEC在其研究报告④中也表达了相同观点,尽管这个研究结论与OPEC官方一贯的表态完全相反。

石油衍生品市场快速发展,使得石油市场的金融化演变趋势更加突出,归结起来主要表现在以下几个方面:一是银行、基金等金融机构对石油市场的参与日益加深,石油成为它们投资组合的重要组成部分,不仅进入石油衍生品领域,还进入石油实物商品领域;二是石油期货价格成为世界石油贸易的基准价格,但是国家之间围绕石油期货市场和石油定价权的竞争日益加剧;三是石油市场价格日益受到石油衍生品市场和其他金融市场(如石油期货市场、股票市场、货币市场、美元走势等)的影响,反之,这些金融市场

---

① 金融机构包括共同基金、养老基金和保险基金;宏观对冲基金;商品交易顾问和期货投资基金;投资银行和商业银行;私募股票基金。目前国际资本市场已经形成以机构投资者为主的格局。共同基金、养老基金、保险基金、对冲基金以及期货投资基金呈现快速发展势头,前三个基金是其中的绝对主力,但后两者的发展速度要快于前三者。——笔者注

② 张宏民:《石油市场与石油金融》,中国金融出版社2009年版,第54页。

③ 张宏民:《石油市场与石油金融》,中国金融出版社2009年版,第67页。

④ *The Impact of Financial Market on the Price of Oil and Volatility*, OPEC Secretariat, Research Division, Petroleum Market Analysis Department, December 2006.

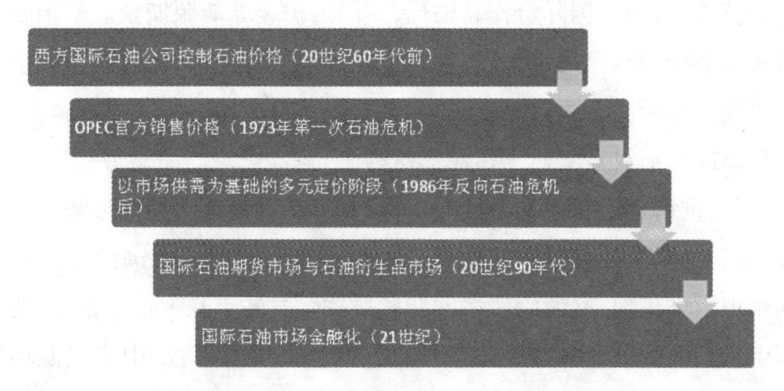


**图 1-8 国际石油价格体系的演变**

也越来越受到石油市场的影响；四是石油衍生品市场不断创新，各种类型的风险管理工具迅速发展。① 因此，无论从时空布局、市场参与者结构、市场功能还是从产品种类、交易规模、交易方式来看，石油衍生品市场不仅成为联结国际石油市场、资本市场和金融市场的重要纽带，而且本身也成为其中不可或缺的一个重要组成部分，在国际经济格局中发挥着越来越大的作用。

## （四）构建中国能源金融战略

能源短缺、能源依赖是中国未来面临的最大风险之一。当前，主要发达国家通过控制资源及能源的开采权、定价权，以及运输信道等方式依然对其全球供应产生重大影响。各国对战略资源的刚性需求和全球能源竞争日趋激烈导致中国能源风险加大。石油作为一种重要的金融工具，加强对全球石油资源的控制，有利于增强中国在国际市场中获取投资收益和参与资源定价权的能力。中国目前已参与到对石油、黄金、铁矿石等大宗资源产品的投资和交易之中，但投资盈利能力不足，在定价方面也长期处于被动接受的地位。

中国政府在《能源发展“十二五”规划》中指出，应坚持互利合作、多元发展、协同保障的新能源安全观，具体包括：深入实施“走出去”战略，提升“引进来”水平，扩大国际贸易、提升运输、金融等配套保障能力；完善国际

① 张宏民：《石油市场与石油金融》，中国金融出版社 2009 年版，第 32—89 页。

合作支持体系，构建国际合作新格局，共同维护全球能源安全。从金融角度以及能源市场金融化趋势来看，就是以能源金融为抓手，促进中国在全球进行能源战略布局。

1. 国际金融视角下的中国能源结构

当前，世情、国情、党情继续发生深刻变化，世界政治经济形势更加复杂严峻，能源发展呈现新的阶段性特征。中国既面临能源大国向能源强国转变的难得历史机遇，又面临诸多问题和挑战。党的十八大报告指出，要推动能源生产和消费革命。这是以往没有过的新提法，折射出中国能源环境处于变化之中，国内经济发展方式不可持续等时代大变革的背景。从国际上来看，全球气候变化、国际金融危机、欧洲主权债务危机、地缘政治等因素对国际能源形势产生重要影响，世界能源市场更加复杂多变，不稳定性和不确定性进一步增加。

从国际上来看，全球正处于能源领域深刻变革当中，一是资源竞争日趋激烈，发展中国家工业化和现代化进程加快，能源需求将不断增加，全球能源供给长期偏紧的矛盾将更加突出。发达国家极力维护全球能源市场主导权，进一步强化对能源和战略运输通道的控制，能源输出国加强对资源的控制，构建战略联盟强化自身利益。能源的战略属性、政治属性更加凸显，能源博弈日趋激烈。二是全球能源格局正经历深刻变革，作为全球油气输出重地的中东地区局势持续动荡，美国、加拿大以页岩气、页岩油为代表的能源领域新技术革命，可能引发新一轮的全球产业革命。能源消费中心东移，能源生产中心西移，由此带来的能源地缘政治日趋复杂，对中国能源安全产生重要影响。三是全球能源市场波动风险加剧。在能源供给长期偏紧的背景下，国际能源价格总体呈现上涨态势。金融资本投机形成“投机溢价”，国际局势动荡形成“安全溢价”，生态环境标准提高形成“环境溢价”，能源价格将长期高位震荡，能源市场波动将主要给发展中国家带来风险和压力。

从国内来看，资源节约型、环境友好型社会建设取得重大进展，但中国能源资源短期，国内能源资源和环境压力不断提升，能源对外依存度尤其是石油对外依存度不断提升，能源安全形势严峻。中国常规化石能源可持续供应能力不足。油气人均剩余可采储量仅为世界平均水平的 6%，石油年产量仅能维持2亿吨左右,常规天然气新增产量仅能满足新增需求的30%左右。煤炭则超强度开采。相较而言,美国、欧盟等传统能源消费大国对外依存度却在降低,能源独立已取得重要进展。2016年,中国石油消费量和进口量占全球石油消费量和进口量的13.1%和14.1%,仅次于美国的19.5%和15.4%。[①] 此外,中国经济可持续发展面临越来越严峻的挑战,粗放式经济发展模式长期面临不平衡、不协调、不可持续的问题,在能源方面体现得尤为突出,还没有找到更好的办法来解决能源和环境对经济社会发展的制约。作为一个产煤大国(2016年中国煤炭产量和消费量占世界总产量的46.1%和50.6%),中国过度依赖煤炭消费,煤炭消费比重占一次能源消费的61.8%,石油和天然气的消费比重为20.0%和6.2%,非化石(核能、水电及可再生能源)能源消费比重为13.3%。[②] “十二五”(2011—2015)期间,我国努力推进节能减排,大力发展可再生能源,发挥价格杠杆调节作用,鼓励以气代油,促进天然气产业发展,目标是实现2015年非化石能源消费占一次能源消费比重达到11.4%,天然气比重上升到7.5%(世界上是23.7%),煤炭比重下降到65%(世界上是30.3%),石油对外依存度控制在61%以内。[③] 两者相比较可知,我国还有待于进一步加快天然气发展。

与此同时,中国油气进口来源相对集中(50%以上来自中东地区),进口通道受制于人,远洋自主运输能力不足,金融支撑体系亟待加强,能源储备应急体系不健全,应对国际市场波动和突发性事件能力不足,能源安全保障压力巨大。因此,推动能源生产和利用方式变革,调整优化能源结构,构建安全、稳定、经济、清洁的现代能源产业体系,对于保障我国经济社会可持续发展具有重要战略意义。

2. 构建中国能源金融战略

能源与金融是现代市场经济最重要的两大领域。能源与金融的结合完全是市场行为,各取所需,尤其是国际能源市场正一点点被金融业渗透并垄断。进入21世纪,伴随能源金融化趋势,能源安全中的金融问题日益凸显。

① 数据来源:*BP Statistical Review of World Energy*,2017。

② 数据来源:*BP Statistical Review of World Energy*,2017。

③ 数据来源:*BP Statistical Review of World Energy*,2017。

这些问题涉及石油开采到石油贸易、石油储备的一系列金融支持,同样涉及石油金融衍生品市场的发展问题,石油买卖价格风险的规避问题,石油储备和外汇储备的关系问题,石油定价权和石油期货交易所建设,等等。

能源金融的概念:能源金融就是政府和市场在配置资源的过程中,所形成的能源产业与金融产业的联结,以及在此基础上达成的能源产品在全产业价值链的各个阶段与金融产品的匹配。能源金融是一种新的金融形态,是国际能源市场与国际金融市场相互渗透与融合的产物,也是西方发达国家尤其是美国能源战略体系不断演变发展的产物。能源金融的核心和基础也是经济学的核心和基础,即资源的最优配置,其中金融是一种配置手段,能源则是一种配置标的。能源金融的核心是能源价格,其焦点是世界各主要国家围绕能源商品尤其是石油定价权的争夺。能源与金融还是当今世界重大经济危机的两种直接根源。目前能源金融在能源战略体系中的作用越来越受到各国重视,已经不仅是服务能源战略的一种工具和手段,而是国家战略的一个重要组成部分。2008 年 11 月 2 日,由中国金融网和中国金融研究院、世界能源金融研究院共同主办的能源与金融世界论坛暨第三届中国金融市场年会,就提出了能源金融战略的构想。但目前我国对这方面的研究仍然滞后。

构建能源金融战略的几点建议如下:

第一,从国家角度,明确能源、金融等资源品的战略意义。从长远考虑,积极开展在全球的战略布局,并加大对能源金融体系的研究。

第二,积极开展能源外交,建立对话机制,确保国家获得持续、稳定、价格合理的资源供应。密切与能源输出国之间的关系,实现能源来源多样化。积极参与全球能源治理,充分利用国际能源多边和双边合作机制,加强能源安全、节能减排、气候变化、清洁能源开发等方面的交流对话,推动建立公平、合理的全球能源新秩序,协同保障能源安全。以合作保障能源安全,这是我们国家提出的能源问题解决之道。

第三,统合各种优势,在海外能源战略布局中形成中国合力。中国多类机构、多家公司应统筹兼顾,信息共享,形成合力。中国各大金融机构应积极配合发展综合性、国际化的石油业务,积极配合能源产业“走出去”的发展战略。目前,中国已经运用“贷款换能源”、“政策基金”、提供开发贷款等方式积极实现金融与能源两种资源的融合。政策银行、证券公司等金融机构更适宜率先成为中国能源企业走出去提供综合服务的金融机构,这方面可以借鉴日本的成功实践。中国大型金融机构应该在能源国建立分支机构,为中国企业“走出去”服务,提供投资和贸易便利。从短期来看,跨国并购是获取海外石油资源最快的方式,但从中长期看,还是应该通过投资与合作相结合的方式。

第四,加强金融支持,促进信贷政策和能源产业政策的衔接配合。创新金融产品和服务,为能源投资多元化提供便利。拓宽企业投融资渠道,提高能源企业直接融资比重。相关能源企业应考虑逐步参与金融衍生品领域,对冲风险,增加定价话语权。目前中国能源企业参与相关能源产品金融衍生品交易的水平较低。当然,金融衍生品是一把双刃剑,应吸取美国次贷危机的教训,大力加强金融监管。

第五,鼓励能源投资多元化。进一步放宽能源投融资准入限制,鼓励民间资本进入法律法规未明确禁入的能源领域,鼓励境外资本依照法律法规和外商投资产业政策参与能源领域投资,推进电网、油气管网等基础设施投资多元化,推动形成竞争性开发机制。

第六,加快现代能源市场体系建设。完善区域性、全国性能源市场,积极发展现货、长期合约、期货等交易形式,积极推出石油价格指数。目前,国内在这方面的建设是非常欠缺的,相关交易所和贴近市场的证券公司可以开展合作,加强这方面的建设。

第七,寻求交易货币多元化,争夺石油价格定价权。国际能源市场只见中国“需求”,不见中国“价格”。因此,要支持货币合约的合作,要寻求石油交易中间的货币多元化,和交易国家之间的货币双边互换合作。然而,要改变当前石油美元计价机制,还是相当困难的。那么,建立一个不受纽约商品交易所、伦敦商品交易所和欧美金融机构左右的亚太石油期货交易所,逐步尝试石油人民币是否可行。当然,这是一个相当漫长而又曲折的过程。

第八,要坚持外汇储备多元化的原则。一定要以多种形式来增持我们国家的外汇储备。也应该进一步发展非官方的外汇储备。在这个储备中间,选择石油储备也不妨是其中一个很重要的措施。

第九,适度引进石油美元,优化投资结构。在石油天然气工业下游领域吸引海合会直接投资,应同时注意以三方合作模式弥补“石油美元”缺乏技术含量和市场效应的劣势;加强对伊斯兰融资方式的研究,探索利用伊斯兰融资的形式,以支持穆斯林聚居区和南亚、中亚穆斯林地区的发展,为西部大开发战略和中国的西进战略服务;注重把建筑工程承包与投资相结合,利用 BOT① 等形式,扩大投资规模;利用石油美元,在我国建立面向海合会的出口农业基地,或与海合会国家合作,在第三方国家的农业等领域开展共同投资。同时,积极利用国外资金和技术,吸引包括西方发达国家在内的国外企业来华开发油气资源。目前共有 32 家外资企业与我国签订 200 多个油气合作合同,区块面积超过 23 万平方公里。②

第十,“一带一路”倡议的提出,可以融合中国的资本、技术与制造能力、市场以及中亚的资源与市场、南亚部分国家的市场与技术需要,以及中东地区的能源、资本与市场,形成世界上一个新的产业——创富地带。这个创富地带,将进一步辐射北非与地中海地区,同时也将进一步推动人民币国际化的进程。

## 四、当代国际能源定价机制

### (一)当前世界能源的国际贸易结构

2016 年底,世界石油探明储量约为 1.7067 万亿桶,足以满足 50 多年的全球生产需求,在过去 10 年全球石油探明储量增加了 24%。中东地区探明储量占世界探明储量的 47.7%,但产量的大幅提升拉低了地区的储产

① BOT 是私人资本参与基础设施建设,向社会提供公共服务的一种特殊的投资方式,包括建设(Build)、经营(Operate)、移交(Transfer)三个过程:建设—经营—转让,英文全称为 build-operate-transfer,简称 BOT。——笔者注

② 《中国石油对外依存度明年将达 60%》,新华网,转载于《人民日报》2012 年 11 月 19 日,http://news.xinhuanet.com/fortune/2012-11/19/c_123967462.htm。

比,目前中南美洲储产比最高为 119.9 年。[1] 2016 年世界石油产量增加了 44.4 万桶/日,新增石油产量仍然几乎全部来自石油输出国组织(OPEC)。而非石油输出国组织国家主要是美国,由于美国页岩气革命,美国石油供应量的增长在非石油输出国组织国家中位列翘首,增长 8.5%。世界石油消费量继续增长,所有净增长均来自亚洲、中南美洲和中东等新兴经济体,超过了欧洲和北美洲石油消费量的下降。[2] 中国仍然是最大石油需求量增长国,印度超越日本成为世界第三大石油消费国。2011 年,全球石油贸易量占全球消费量的 64.4%,而该比例在 2010 年为 58%。美国石油进口量仍位居第一,中国次之,其次是日本、印度和新加坡。约 26.2%的石油贸易量增长源自中国,中国石油净进口量增长 10.8%(819.6 万桶/日)。美国石油净进口量比 2005 年的峰值降低了 61.6%。33.7%的石油出口增量来自中东国家。原油在 2015 年的全球石油贸易量中占 65.7%。[3]

截至 2016 年末,全球天然气探明储量 186.6 万亿立方米,足以保证 50 多年的生产需求。中东地区仍然拥有最大规模的天然气储量(占全球天然气总储量的 42.5%,而欧洲及欧亚大陆则占 30.4%),其储产比为 124.5 年。[4] 2016 年世界天然气产量增长 0.3%。从国别来看,2016 年美国天然气产量占全球的 21.1%,继续成为全球最大的天然气生产国。而在区域层面,中东地区是增量最大的地区(3.3%)。世界天然气消费量增长了 1.5%,远高于 2014 年 0.6%增长率,但小于十年平均 2.3%的增长率。在中东地区之外,天然气消费量增幅最大的是菲律宾(增长 14.3%)、爱尔兰(增长 14.0%)、英国(增长了 12.2%)和瑞士(增长 10.0%)。欧盟天然气消费量在 2014 年大幅下跌后强势反弹(7.1%)。[5] 管道天然气贸易量增长较快,液化天然气贸易增长缓慢,贸易增量增长主要集中在美国、俄罗斯、德国、挪威等国。卡塔尔液化天然气主要出口至亚太和欧洲地区。从区域层

---

① 数据来源:*BP Statistical Review of World Energy*,2017。

② 数据来源:*BP Statistical Review of World Energy*,2017。

③ 数据来源:*BP Statistical Review of World Energy*,2017。

④ 数据来源:*BP Statistical Review of World Energy*,2017。

⑤ 数据来源:*BP Statistical Review of World Energy*,2017。

面看,亚太地区液化天然气进口位居全球第一(日本占了34.9%),其次是欧洲。液化天然气在全球天然气贸易中所占份额现在已达到32.5%。[①] 俄罗斯是管道天然气出口大国,主要出口至欧洲和苏联地区。

2016年世界煤炭探明储量11393.31亿吨,足以满足153年的全球生产需求,是目前为止化石燃料储产比最高的燃料,亚太地区是煤炭储量规模最大的地区,欧洲及欧亚大陆则位居第二。煤炭成为下降最快的化石燃料,全球产量下降了6.2%,约2.31亿吨油当量,是历史上最大下降幅度;中国产量下降了7.9%,约1.4亿吨油当量,是历史最大降幅;美国产量下降了19%,约8500万吨油当量。世界煤炭消费量下降了1.7%,连续两年呈现下降趋势,美国成为煤炭消费最大降幅的国家,下降8.8%,约3300万吨油当量;中国下降1.6%,约2600万吨油当量;英国下降52.5%,约1200万吨油当量。[②]

1. *石油*

作为最国际化的能源,石油的产地和消费市场往往距离遥远。目前世界上三分之二的原油储量位于中东和俄罗斯等地,此外非洲和拉丁美洲也已经快速成长为重要的石油出口地。亚洲地区也有部分石油出口,主要集中于东南亚的印度尼西亚等国。将近90%的石油消费是在世界其他地区,特别是北美、西欧和东北亚地区。因此,石油消费需要从生产地运输到消费地,大规模的石油国际贸易发生。由于石油的形态为液体,同时也是一种紧密的能源形式,因此与其他能源相比,最易于运输,可以通过油轮、管道、铁路和卡车等方式运输。这在石油产地和消费地之间形成了巨大的运输网络。

中东依然是当前世界石油生产重心,但其主导地位正在受到削弱。事实上,最初世界石油生产的重心在北美,1914年美国生产了占全球60%的石油,1917年该数字达到67%,其中四分之一供出口。[③] 在第一次世界大战中,协约国80%的战时石油需求由美国供应,而战时德国则遭受了前所

---

① 数据来源:*BP Statistical Review of World Energy*,2017。

② 数据来源:*BP Statistical Review of World Energy*,2017。

③ [美]丹尼尔·耶金:《石油·金钱·权力》,钟菲译,新华出版社1992年版,第178页。

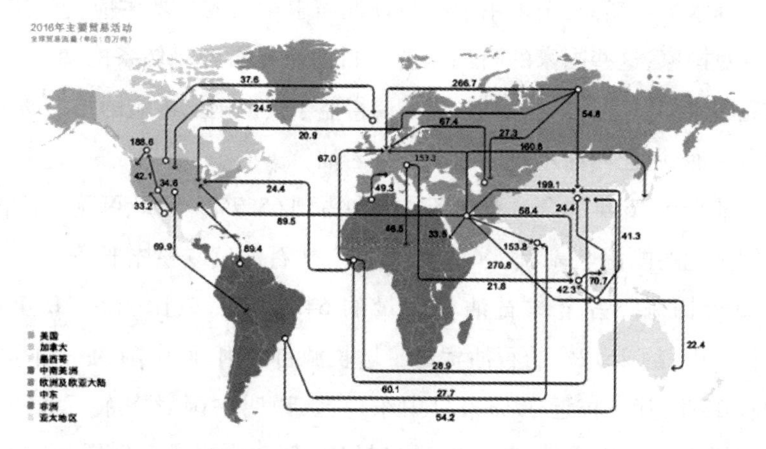


**图 1-9　2016 年世界石油贸易**

资料来源:*BP Statistical Review of World Energy*,2017。

未有的石油禁运。第二次世界大战中,美国生产了全球石油的三分之二,盟军战时每天消耗石油 70 万桶,其中 60 万桶来自美国。① 第二次世界大战之后,世界石油资源的重心逐渐从美国转移到中东地区,并延续至今。在过去的二十年中,中东在世界石油探明储量的份额中一直处于绝对优势地位,但是正在遭遇其他地区的强有力挑战,从 1991 年的 64%下降到 2001 年的 55.1%,进而下降到 2015 年的 47.3%,跌破 50%。上升较快的地区为中南美洲和北美洲。②

2016 年石油产量的净增长几乎全部来自石油输出国组织(OPEC),沙特阿拉伯(增加 36.3 万桶/日)和伊拉克(增加 70.3 万桶/日)的石油产量均创下新高,显示出中东地区巨大的石油供给能力。非石油输出国组织的石油产量大致保持稳定,美国、加拿大、俄罗斯和哥伦比亚的产量增长弥补了英国和挪威等老产油区域产量的持续衰减,以及其他某些国家所出现的意外停产。美国的石油产量的涨幅在非石油输出国组织产油国中雄踞榜首。随着陆上页岩油产量持续强劲增长,美国的石油产量达到了 1998 年以

① 张建新:《美国霸权与国际石油政治》,《上海交通大学学报》(哲学社会科学版)2006 年第 2 期。

② *BP Statistical Review of World Energy*, BP, 2012, p.7.

来的最高水平。然而,未来用于满足预期需求增长的新增供应仍将主要来自欧佩克国家,这些国家的石油储备占目前世界石油总储备的70%。① 非欧佩克国家的供应将继续增加,这主要得益于美洲国家供应的强劲增长,包括加拿大油砂、巴西深水石油和美国页岩油。

原油在2016年的全球石油贸易量中占到65.7%。由此可见,石油作为最为国际化的能源名副其实。2011年,全球石油贸易量增长5.2%,达到6122.3万桶/日,占全球石油消费量的64.4%,而该比例在10年前为58%。其中,约26.2%的石油贸易量增长源自中国,而中国的石油净进口量增长13%,其中将近42%来自中东地区,说明中国对中东石油的依赖在逐年增加。与此同时,美国净进口量比2005年的峰值降低了61.6%。然而,2016年全球石油消费增长1.6%,是近期平均水平的1倍多,这使得石油在全球能源消费结构当中所占的份额自1999年以来再次上涨(33.3%)。中国(增长39.5万桶/日)、印度(增长32.5万桶/日)以及美国(增长10万桶/日)是全球石油消费净增长的主要国家,经合组织国家的需求可能已经达到峰值(2005年),开始持续下滑。石油仍是全球最重要的燃料。②

2. 煤炭

21世纪初,煤炭依然是全球能源需求的主角。2000年以来煤炭是增长最快的化石燃料,年均增长3.8%;同时2001—2011年全球对一次能源需求的增长中有45%来自煤炭。全球对煤炭的剧烈需求动力来自中国、印度和其他发展中国家的发电部门。在这些国家中,发电量在过去10年增长了一倍,其中60%的增加量都是火力发电。③ 2009年中国成为煤炭净进口国,2010年煤炭进口占同期世界煤炭贸易的17%,占当年国内煤炭需求的6%。④ 2010年中国将近80%的电力生产来自煤炭发电。⑤ 2011年中国的

① 数据来源:*World Energy Outlook*,IEA,2012,p.98。

② *BP Statistical Review of World Energy*,BP,2016.

③ 数据来源:*World Energy Outlook*,IEA,2012,p.158。

④ 数据来源:*World Energy Outlook*,IEA,2012,p.171。

⑤ 数据来源:*World Energy Outlook*,IEA,2012,p.160。

发电量超过美国,成为世界上发电量最大的国家。与此同时,经济合作与发展组织(OECD)的煤炭发电却陷入停滞状态,在2001—2011年间比例从38%下降到34%,但依然是最主要的发电能源。①

继2011年首次超过日本成为世界最大煤炭进口国后,中国在2012年以2.9亿吨的煤炭进口量,继续稳居世界第一,其中一半以上来源于印尼和澳大利亚。2015年中国煤炭净进口量1.99亿吨,这也是中国连续第七年成为煤炭净进口国。2015年中国煤炭进口量2.04亿吨,减少8716万吨,同比下降29.9%。英国《BP世界能源展望2035》研究认为中国煤炭消费的快速增长(8%),下降至0.2%,到2030年总需求出现下降,但依然是全球最大的煤炭消费国,在中国一次能源消费的比重将从2015年的63.7%下降到2035年的不足50%。然而煤炭在中国的消费并非一帆风顺,一方面进口数量持续增加,已经出现供过于求的现象。截止到2015年底,中国煤炭社会库存连续49个月处于3亿吨左右的高位。这意味着,持续了近十年的"一煤难求"盛况成为历史。2012年底和2013年初的弥漫全国大部分主要城市的雾霾让整个社会开始反思过度依赖燃煤的能源消费格局。可以预料未来煤炭在很长一段时间内还是中国能源消费结构的主体,但会有越来越多的部分被石油和天然气所取代。

印度是拉动世界煤炭消费的另外一个重要来源,到2030年印度在全球煤炭消费量中的份额将从今天的8%增至14%。到2030年,全球煤炭消费净增长将全部来自印度和中国。中国和印度都面临着加快国内生产以满足需求增长的挑战。中印两国进口需求的扩大推动了全球煤炭贸易的进一步扩大和一体化。② 尽管面临环境和减排压力,但欧洲各国对煤炭的依赖依然在增加。国际能源署官员安妮·苏菲称,欧洲貌似迎来了煤炭新时代。在一些欧洲国家,其燃煤发电比重已经提到了50%。③

2016年,世界煤炭探明储量11393.31亿吨,足以满足153年的全球生

① 数据来源:*World Energy Outlook*,IEA,2012,p.158。

② *BP Energy Outlook* 2035,BP,2017.

③ 《欧洲煤炭消费量为何不减反增》,《中国能源报》,转载于国家能源局网站,2013年1月9日,http://www.nea.gov.cn/2013-01/09/c_132090510.htm。

产需求,是目前为止化石燃料储产比最高的燃料。亚太地区是煤炭储量规模最大的地区,产量占世界的 71.6%;欧洲及欧亚大陆的煤炭储量规模位列全球第二,拥有全球第最高的储产比,约 284 年。尽管世界上的煤炭资源主要集中于四个国家:美国(22.1%)、中国(21.4%)、俄罗斯(14.1%)和澳大利亚(12.7%),[①]但是美国、俄罗斯、澳大利亚、印度尼西亚、蒙古和南非等国则是主要的煤炭出口国。其中,印尼是全球最大的动力煤出口国,近几年印尼煤炭的生产量持续增加,但国内市场的吸收率有所下降。为了长期持续地满足国内需求,印尼官员 2012 年多次在公开场合表示,计划控制其煤炭的出口量,并考虑开始征收煤炭出口税。一些印尼专家还建议政府停止煤炭出口,以最大限度地提高国内市场的吸收率。作为世界经合组织中仅有的 3 个能源输出国之一,澳大利亚是不断增长的亚洲市场的主要能源供应国家,能源支撑了澳大利亚经济的繁荣。[②]

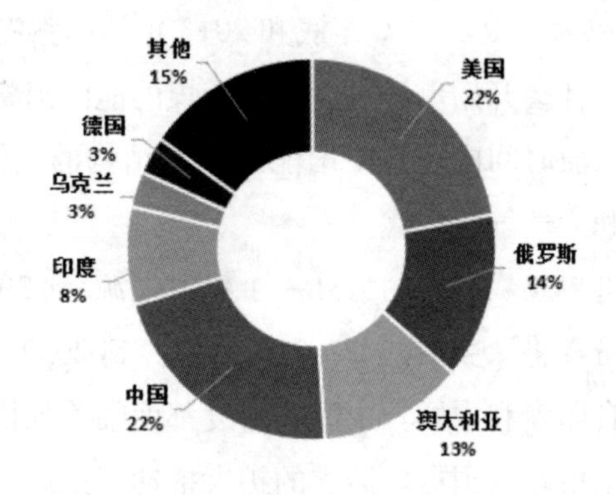


**图 1-10　世界煤炭探明储量(截至 2016 年)**

资料来源:*BP Statistical Review of World Energy*,2017。

3. 天然气

2016 年,世界已探明天然气储量为 6588.8 万亿立方英尺,根据目前生

① 数据来源:*World Energy Outlook*,IEA,2012,p.164。

② 《2012 年中国仍是最大煤炭进口国》,国际煤炭网,2013 年 1 月 15 日,http://coal.in-en.com/html/coal-09560956931698317.html。

产规模可以维持 50 多年的生产。非常规天然气储量仍在全球范围内进行详细评估，但目前的估测表明非常规天然气可能会使天然气储采比翻倍。到 2030 年，页岩气和煤层气将占北美天然气产量的 63%。页岩气产量的持续增长（50 亿立方英尺/日）增加了北美地区 2030 年前出口液化天然气的可能性。在北美以外的地区，非常规天然气行业尚处于萌芽阶段，但长期看来，随着技术以及监管壁垒的减少会发挥更大的作用。中国天然气产量的年均增速预计为 6. 1%，煤层气和页岩气可能在增量中共占 46%的份额，但中国仍需通过液化天然气和天然气管道项目的扩建来增加进口。

天然气输送方式主要有两种：通过天然气管道以气态形式输送和通过液化天然气存储罐以液态形式输送。输送天然气的成本较高，而且难度较大。尽管如此，天然气贸易的发展非常迅速。1971 年天然气贸易占天然气消费总量的 5. 5%，但现在得益于近些年来的技术进步，已经超过四分之一，显示出天然气市场快步走向全球化和国际化，在世界能源市场上扮演越来越重要的角色。根据国际能源署 2012 年报告，天然气的国际贸易还将继续扩大，在 2035 年前有可能增长 80%，从 6750 亿立方米增加到 12000 亿立方米。

在国际贸易中，天然气供应增长的主要区域是中东和苏联地区，在全球的供应增长中分别占 26%和 19%的比重，其中俄罗斯和卡塔尔是最主要的天然气出口商。其中在管道天然气贸易中，俄罗斯占据绝对优势，其出口占世界管道天然气出口总量的 27. 4%，全部输往中东欧国家。乌克兰、德国、意大利、白俄罗斯、土耳其是最主要的买主。其他管道天然气出口国主要是荷兰、挪威和英国，出口对象依然是欧洲国家。中东欧地区是世界管道天然气的主要消费地。加拿大是仅次于俄罗斯和挪威的管道天然气出口国，但是其天然气全部出口到美国。哈萨克斯坦和土库曼斯坦等亚洲国家也是重要的管道天然气出口国。中国获得的管道天然气完全来自土库曼斯坦，正在积极开拓与俄罗斯和哈萨克斯坦的管道建设和合同谈判。卡塔尔则在液化天然气出口方面占据绝对优势，占世界出口总量的 30. 1%。其次为澳大利亚（16. 4%）、马来西亚（9. 3%）、尼日利亚（6. 8%）、印度尼西亚（6. 1%）

等国。亚太地区是液化天然气的主要消费地区，包括中国、日本、印度、韩国，占世界总消费量的 60.4%，其中日本一国就占到 31.3%。欧洲是液化天然气的另外一个主要消费地区，占世界总消费量的 16.3%，主要为英国、西班牙和法国。液化天然气在全球天然气贸易中所占份额现在已达到 32.0%。管道天然气贸易量增长 4.0%，德国、英国、美国和意大利进口量的减少抵消了中国（从土库曼斯坦进口）、乌克兰（从俄罗斯进口）和土耳其（从俄罗斯和伊朗进口）进口量的增长。①

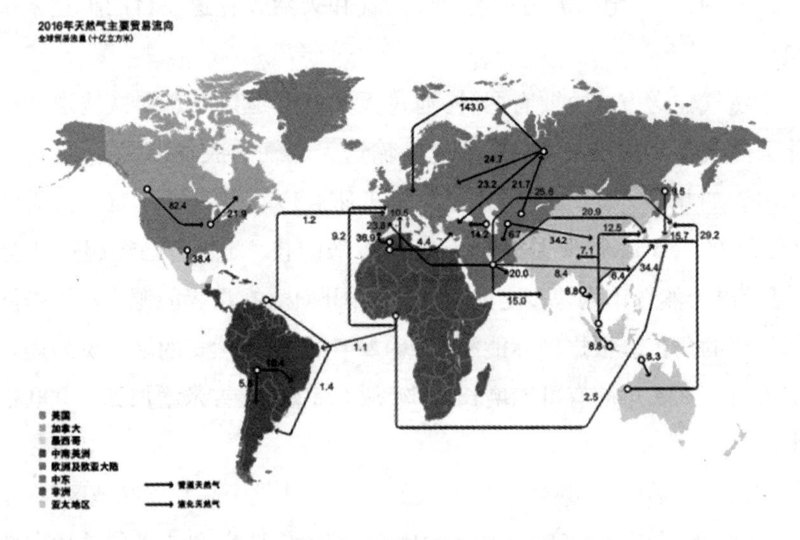


**图 1-11　2016 年世界天然气主要贸易活动**

资料来源：*BP Statistical Review of World Energy*, 2017。

## （二）国际能源定价机制：石油、煤炭、天然气、核电等

1. *石油*

石油的国际定价系统最早源于 20 世纪初。1928 年 9 月，荷兰皇家壳牌石油公司、英伊石油公司和新泽西标准石油公司共同签订了《维持现状协定》，为三个石油公司划分了各自的势力范围，同时规定全球原油价格均与从墨西哥湾出口的同类原油价格（世界最高价）一致。再加上原油运抵

① 根据 *BP Statistical Review of World Energy* 2017 相关数据计算得出。

墨西哥湾港口再转运至买方港口的运费，形成买方最终的购买价格，从此世界原油价格基本按照此协定确定。该协定这一定价机制即为"单一基点价格制"。1948 年，该价格机制发生变动，规定中东原油价格仍与同质的墨西哥湾原油价格一致，但运费仅为从中东直达买方港口的费用，即"双重基点价格制"。第二次世界大战后，西方国家对世界石油定价权的垄断地位受到中东产油国的挑战。1960 年主要的石油出口国组成石油输出国组织（OPEC），逐步获得石油资源国有化和参股西方石油公司的权利。① 这也标志着石油定价权开始转移。1973 年第四次中东战争中，OPEC 成员国对支持以色列的国家实施石油禁运，导致世界油价大幅度飙升。从此，西方跨国石油公司垄断石油定价权的现实逐渐瓦解。但与此同时，美国和 OPEC 中最重要的成员国沙特阿拉伯达成秘密协议，规定石油贸易只能用美元进行定价和决算，同时创造出石油美元。②

第二次世界大战后，中东国家开始对西方国家的油价制定垄断权作出反抗，1960 年 OPEC 的成立标志着石油定价权开始发生转移。成立十余年之后，通过不断的努力和斗争，OPEC 终于取得了石油资源国有化及参股石油公司的权利，维护了自身的石油利益。1973 年第四次中东战争爆发引发第一次石油危机，沙特阿拉伯等 OPEC 成员国为打击支持以色列的国家，对美国实行石油禁运，并拒绝了与石油公司谈判油价的要求，石油价格大涨。自此跨国公司垄断石油定价权的局面开始瓦解。1979 年伊朗爆发伊斯兰革命，该国石油产量骤减，导致第二次石油危机，世界石油价格暴涨。OPEC 获得世界石油价格的控制权。然而时间并没有持续很长时间，随着 20 世纪 80 年代初世界石油价格下降，OPEC 实施"限产保价"政策，导

---

① 1956 年埃及国有化了壳牌石油公司在该国的资产；1958 年叙利亚将卡拉朝克（Karatchok）油田收归国有，1963 年阿拉伯复兴社会党（Ba'ath Party）完全控制了该国的石油行业；1967 年阿尔及利亚也开始将美国在该国的资产国有化，1971 年扩大到法国资产。——笔者注

② 石油美元（Petro-dollar）是指 20 世纪 70 年代中期石油输出国由于石油价格大幅提高后增加的石油收入，在扣除用于发展本国经济和国内其他支出后的盈余资金。由于石油在国际市场上是以美元计价和结算的，也有人把产油国的全部石油收入统称为石油美元。——笔者注

致OPEC出口石油的国际占有率不断下降，对石油定价权的控制也逐渐弱化。1985年，非OPEC国家的石油产量已经超过OPEC国家，OPEC很多国家损失惨重。于是，以沙特阿拉伯为首的OPEC成员国引入“净值回推法”，试图通过增加石油产量来夺回市场份额。结果导致世界石油供给大量过剩，国际油价暴跌。OPEC统领全球石油价格的历史也随之终结，世界石油市场进入以市场供需为基础，涉及金融期货操作、美元汇率、战争等诸多因素的复杂格局。

石油贸易主要有四种方式：长期合同、现货贸易、准现货贸易（易货贸易、回购贸易、以油抵债等）和期货贸易。从近几年的原油价格波动情况看，期货价格已成为国际原油价格变化的预先指标，因此石油期货价格成为石油商场的基准价。纽约商业交易所和伦敦洲际交易所是世界石油期货的两大交易中心，其间交易的美国轻质低硫原油（WTI，西德州中级原油）和北海布伦特石油期货是国际原油价格的风向标。这里的石油成为其他石油定价的参照物，因此被称为基准油。此外，在中东和亚太地区还存在迪拜原油（Dubai）、阿曼原油（Oman）和塔皮斯原油、印度尼西亚米纳斯原油（Minas）和马来西亚塔皮斯原油（Tapis）。目前国际石油贸易定价依照地域来划分，所有北美生产或销往北美的原油都以WTI原油作为基准来作价；苏联、非洲、欧洲生产的原油以及其他地区销往欧洲的原油则以布伦特原油作为基准来作价；中东产油国生产或从中东销往亚洲的原油多以阿联酋迪拜原油为基准油作价；远东市场参照油品主要是马来西亚塔皮斯轻质原油和印度尼西亚的米纳斯原油。销往亚洲的原油价格存在溢价，是指不考虑运费差别的情况下，中东原油的离岸价格，销往亚洲地区比销往欧美地区平均要高出大约1—3美元/桶的现象，又称“亚洲溢价”。原因之一是亚洲目前还未形成具有国际影响力的原油期货市场，销往亚洲的原油与新加坡普氏报价系统的迪拜/阿曼油价联动。但“普氏报价是一个现货评估价格，现货市场参与主体较少、成交量少、较易被操纵”。[①] 因此，WTI和Brent原油期货交

① J.Cunado, F. P. de Gracia, "Do Oil Price Shocks and Real GDP Growth: Empirical Evidence for some OECD Countries," *Applied Economics*, 2005, pp.201-228.

易市场不仅是北美、欧洲的原油定价基准,在全世界范围内也是重要的晴雨表与风向标。俄罗斯和伊朗也分别推出自己的国际石油交易所,但目前效果不佳。

长久以来,国际石油价格波动非常巨大,因此很大程度上已经与生产成本关系不大。相反,石油价格强烈地受到战争、产油国政治动荡、意外事故、国际经济制裁、金融投机和美元贬值等多种因素影响。石油市场之所以复杂,很大程度是因为石油不仅作为商品发挥其作用和性质,更是一种战略资源,与国家能源安全和国家安全紧密关联。历史上的赎罪日战争、两伊战争、海湾战争、伊拉克战争都曾导致油价暴涨。因此从长期来看,战争等重大国际事件是导致油价发生剧烈波动的最主要因素。如果说世界油价在第二次世界大战前波动很大程度上还受制于供求关系影响的话,那么第二次世界大战后很大程度上取决于地缘政治。因此,世界石油价格强烈地受到地缘政治影响。产油国的政治动荡和运输管道或油轮的意外事故时刻挑动着世界石油交易员的心弦。鉴于美元是国际原油计价的唯一货币,[①]石油价格还受制于美元汇率波动。据传言,OPEC 曾统计得出美元每贬值 1%,原油价格将上涨 4 美元。最后,石油金融市场逐步建立、迅速发展和不断完善,使石油定价权逐步从生产者定价转移到金融市场定价。近年来西方大型银行、对冲基金和其它投机资金大量涌入石油期货市场,原油期货已经成为一种金融投机工具,国际石油价格已经严重背离实物形态商品的供求规律。从根本来看,石油价格仍然脱离不了供需基本面;然而,石油金融化加剧了短期内油价剧烈波动风险。由于 OPEC 国家仍然掌握着世界上绝大多数的石油资源,而西方国家则拥有完善的石油金融市场,因此可以认为石油市场进入了双方共同分享定价权的阶段。[②]

---

① 伊拉克萨达姆总统曾经试图改用欧元为本国石油计价,但是政权倒台后,伊拉克重回以美元计价的石油市场。伊朗建立的石油交易所曾经宣称放弃美元计价,但是自成立后并未付诸实施。中俄等国达成货币互换和本币结算协议,但到目前为止涉及的石油交易额尚不清楚。——笔者注

② 管清友:《"石油定价权"可能是个伪命题》,长策智库,http://www.changce.org/gmep/37-gmeppolicy/756-2011-12-18-15-24-33.html。

表 1-17　国际原油现货价格(1975—2016)

| 年　份 | 迪拜原油价格（美元/桶） | 布伦特原油价格（美元/桶） | 尼日利亚福卡多斯原油价格（美元/桶） | 美国西德克萨斯中级原油价格（美元/桶） |
|---|---|---|---|---|
| 1975 | 10. 70 | — | — | — |
| 1976 | 11. 63 | 12. 80 | 12. 87 | 12. 23 |
| 1977 | 12. 38 | 13. 92 | 14. 21 | 14. 22 |
| 1978 | 13. 03 | 14. 02 | 13. 65 | 14. 55 |
| 1979 | 29. 75 | 31. 61 | 29. 25 | 25. 08 |
| 1980 | 35. 69 | 36. 83 | 36. 98 | 37. 96 |
| 1981 | 34. 32 | 35. 93 | 36. 18 | 36. 08 |
| 1982 | 31. 80 | 32. 97 | 33. 29 | 33. 65 |
| 1983 | 28. 78 | 29. 55 | 29. 54 | 30. 30 |
| 1984 | 28. 06 | 28. 78 | 28. 14 | 29. 39 |
| 1985 | 27. 53 | 27. 56 | 27. 75 | 27. 98 |
| 1986 | 13. 10 | 14. 43 | 14. 46 | 15. 10 |
| 1987 | 16. 95 | 18. 44 | 18. 39 | 19. 18 |
| 1988 | 13. 27 | 14. 92 | 15. 00 | 15. 97 |
| 1989 | 15. 62 | 18. 23 | 18. 30 | 19. 68 |
| 1990 | 20. 45 | 23. 73 | 23. 85 | 24. 50 |
| 1991 | 16. 63 | 20. 00 | 20. 11 | 21. 54 |
| 1992 | 17. 17 | 19. 32 | 19. 61 | 20. 57 |
| 1993 | 14. 93 | 16. 97 | 17. 41 | 18. 45 |
| 1994 | 14. 74 | 15. 82 | 16. 25 | 17. 21 |
| 1995 | 16. 10 | 17. 02 | 17. 26 | 18. 42 |
| 1996 | 18. 52 | 20. 67 | 21. 16 | 22. 16 |
| 1997 | 18. 23 | 19. 09 | 19. 33 | 20. 61 |
| 1998 | 12. 21 | 12. 72 | 12. 62 | 14. 39 |
| 1999 | 17. 25 | 17. 97 | 18. 00 | 19. 31 |
| 2000 | 26. 20 | 28. 50 | 28. 42 | 30. 37 |
| 2001 | 22. 81 | 24. 44 | 24. 23 | 25. 93 |
| 2002 | 23. 74 | 25. 02 | 25. 04 | 26. 16 |

续表

| 年　份 | 迪拜原油价格（美元/桶） | 布伦特原油价格（美元/桶） | 尼日利亚福卡多斯原油价格（美元/桶） | 美国西德克萨斯中级原油价格（美元/桶） |
|---|---|---|---|---|
| 2003 | 26.78 | 28.83 | 28.66 | 31.07 |
| 2004 | 33.64 | 38.27 | 38.13 | 41.49 |
| 2005 | 49.35 | 54.52 | 55.69 | 56.59 |
| 2006 | 61.50 | 65.14 | 67.07 | 66.02 |
| 2007 | 68.19 | 72.39 | 74.48 | 72.20 |
| 2008 | 94.34 | 97.26 | 101.43 | 100.06 |
| 2009 | 61.39 | 61.67 | 63.35 | 61.92 |
| 2010 | 78.06 | 79.50 | 81.05 | 79.45 |
| 2011 | 106.18 | 111.26 | 113.65 | 95.04 |
| 2012 | 109.08 | 111.67 | 114.21 | 94.13 |
| 2013 | 105.47 | 108.66 | 111.95 | 97.99 |
| 2014 | 97.07 | 98.95 | 101.35 | 93.28 |
| 2015 | 51.20 | 52.39 | 54.41 | 48.71 |
| 2016 | 41.19 | 43.73 | 44.54 | 43.34 |

资料来源：*BP Statistical Review of World Energy*，2017。

2. 煤炭

目前，国际市场煤炭市场已经形成了包括长期协议、现货交易、期货交易和场外交易的多层次市场体系。亚太、欧洲、北美三个主要煤炭产销区都有各自的煤炭价格指数体系，以体现市场影响力。国际煤炭价格指数是在20世纪80年代产生的，最初是对各类煤炭交易价格的历史记录的原始反映形式。20世纪90年代，许多国际机构开始设计编制国际煤炭价格指数，以反映国际煤炭贸易的价格水平和变化趋势。煤炭价格指数发布机构大致可分为4类：一是专业的煤炭信息、咨询和服务公司；二是直接从事煤炭贸易的贸易商；三是煤炭生产商和用户合资成立的煤炭贸易公司；四是政府部门。①

① 《国际煤炭价格指数发展情况及主要的煤炭价格指数》，东亚煤炭交易中心，http://www.nacec.com.cn/sygj/sywdxz/886316.shtml。

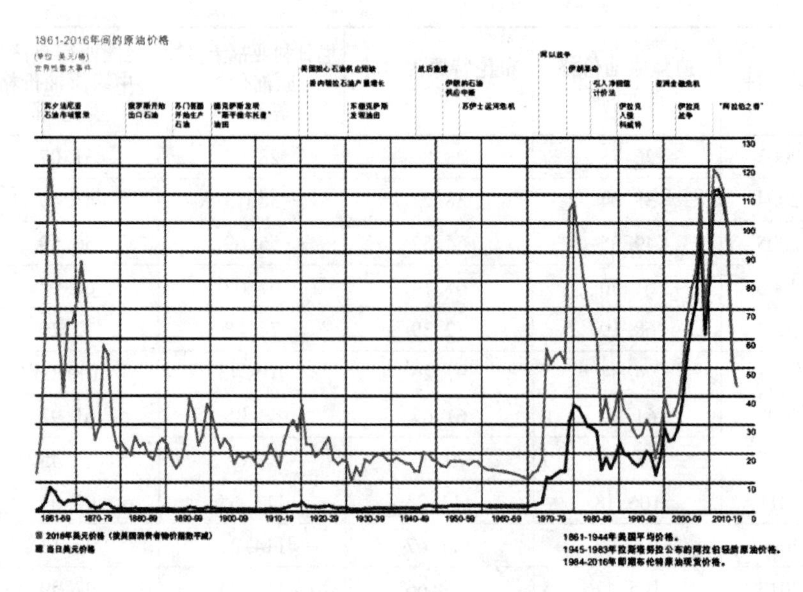


**图 1-12　1861—2016 年间的原油价格**

资料来源：*BP Statistical Review of World Energy*，2017。

国际上主要的煤炭价格指数有：

（1）BJ 指数：作为澳大利亚一家专门从事煤炭研究咨询的公司，巴洛金克公司（BARLOW JONKER）发布的指数是亚洲市场动力煤现货价格指数，反映煤炭买卖双方对现货动力煤的合同价。发货港是澳大利亚纽卡斯特港，目的港不定，每周发布一次。它现在已成为指导日澳煤炭价格谈判和现货谈判的重要参考价格依据。

（2）McCloskey 煤炭价格指数：麦克洛斯基出版集团是英国一家专门从事煤炭研究咨询的公司，定期编辑发布煤炭价格指数。

（3）Globalcoal 煤炭价格指数：环球煤炭公司（Globalcoal）是由几十家世界主要煤炭生产商和贸易商参与建立的煤炭电子交易市场。该公司为澳大利亚等主要煤炭贸易品种设计了标准的煤炭交易合同，以标准煤炭合同和交易价格为计算基础，定期发布煤炭价格指数。

（4）纽约商品交易所煤炭价格指数：纽约商品交易所于 2001 年在世界上率先推出煤炭期货交易，根据期货交易情况形成煤炭价格指数。

(5)PLATTS煤炭价格:普氏公司(PLATTS)是世界著名的专门从事能源信息和咨询的公司。定期发布由专门渠道采集的煤炭价格估价和指数信息,刊物分别有周刊和日报。

(6)Augus煤炭价格:奥古斯能源公司(Augus)《煤炭日报》定期公布美国境内5个主要产煤区有代表性煤种的价格。奥古斯《国际煤炭日报》公布世界主要煤炭出口国和进口国港口一年内交货的煤炭合同价格、指数。

此外还有一些地区性的煤炭价格指数发布机构,例如新南威尔士亚洲煤炭价格指数(NAI)、ACR亚洲煤炭价格指数、南非现货煤炭价格指数(SACR)、欧洲联盟电厂煤炭价格指数、WEFA月度现货煤炭价格、标准欧洲煤炭协议(SECA)、德国联邦经济局煤炭价格指数(BAW)。目前,实际运作的煤炭期货市场只有美国纽交所(NYMEX)和英国洲际交易所(ICE)。

以上这些煤炭价格指数有的是直接反映煤炭价格状况,有的是经过数据整理和处理以指数形式公布,总体上反映了世界煤炭贸易过程中的价格情况,对指导国际煤炭贸易起到重要的指导作用,也逐步受到世界范围的重视。然而,与石油相比,国际煤炭指数对煤炭价格的指导作用相对薄弱。但不管怎样,煤炭的现货价格、期货价格以及以此为基础制定的一些重要价格指数,已经在一些市场中开始充当国际煤炭的基准价格。2013年5月23日中国(太原)煤炭价格指数正式发布,成为国内首个主产地煤炭交易价格指数。该指数的发布,不但完善了我国煤炭价格指数体系,而且大大增强了我国在全球煤炭市场的话语权和影响力。此前,我国具备较大影响力的煤炭价格指数是2010年开始运行的环渤海动力煤价格指数,但该指数以“中转集散地”为特征,主要反映中转地动力煤价格水平及其变化情况,无法满足我国作为主要煤炭生产国的生产与消费需求。该价格指数对我国煤炭的生产和消费企业可以起到风向标的作用,对整个煤炭的生产也具有指导性作用。① 煤炭贸易专家黄腾早在2009就认为中国作为世界最大的煤炭生

---

① 《中国煤炭价格指数体系不断完善 谋求国际煤炭话语权》,新华网山西频道,转载于煤炭网,2013年5月25日,http://ws.cwestc.com/html/ReDianZhuiZong/5717.html。

产国和消费国,实际上掌握着世界煤炭价格的话语权。① 事实上,中国是全球最大的煤炭消费国,已连续4年成为煤炭净进口国,其进口量占全球煤炭贸易量的95%左右。② 据中国海关总署统计,从2008年至2016年,中国煤炭进口量从4040万吨,一跃上升到了2.56亿吨。2016年中国煤炭进口增长25.2%,主要来源国是印尼、澳大利亚、蒙古国、朝鲜、俄罗斯、菲律宾、加拿大。

**表1-18 煤炭价格**

单位:美元/吨

| 年 份 | 西北欧基准价格 | 美国中部阿巴拉契煤炭现货价格指数 | 日本焦煤进口到岸价格 | 日本动力煤进口到岸价格 |
|---|---|---|---|---|
| 1991 | 42.80 | 29.01 | 60.45 | 50.30 |
| 1992 | 38.53 | 28.53 | 57.82 | 48.45 |
| 1993 | 33.68 | 29.85 | 55.26 | 45.71 |
| 1994 | 37.18 | 31.72 | 51.77 | 43.66 |
| 1995 | 44.50 | 27.01 | 54.47 | 47.58 |
| 1996 | 41.25 | 29.86 | 56.68 | 49.54 |
| 1997 | 38.92 | 29.76 | 55.51 | 45.53 |
| 1998 | 32.00 | 31.00 | 50.76 | 40.51 |
| 1999 | 28.79 | 31.29 | 42.83 | 35.74 |
| 2000 | 35.99 | 29.90 | 39.69 | 34.58 |
| 2001 | 39.03 | 50.15 | 41.33 | 37.96 |
| 2002 | 31.65 | 33.20 | 42.01 | 36.90 |
| 2003 | 43.60 | 38.52 | 41.57 | 34.74 |
| 2004 | 72.08 | 64.90 | 60.96 | 51.34 |
| 2005 | 60.54 | 70.12 | 89.33 | 62.91 |
| 2006 | 64.11 | 62.96 | 93.46 | 63.04 |

① 李丹阳:《煤炭贸易专家:中国拥有国际煤炭市场定价权》,《中国证券报》2009年12月4日。

② 《我国煤炭进口量占全球贸易量95%》,《经济参考报》,转载于中国煤炭资源网,2013年6月3日,http://www.sxcoal.com/coal/3235176/articlenew.html。

续表

| 年　份 | 西北欧基准价格 | 美国中部阿巴拉契煤炭现货价格指数 | 日本焦煤进口到岸价格 | 日本动力煤进口到岸价格 |
| --- | --- | --- | --- | --- |
| 2007 | 88.79 | 51.16 | 88.24 | 69.86 |
| 2008 | 147.67 | 118.79 | 179.03 | 122.81 |
| 2009 | 70.66 | 68.08 | 167.82 | 110.11 |
| 2010 | 92.50 | 71.63 | 158.95 | 105.19 |
| 2011 | 121.52 | 87.38 | 229.12 | 136.21 |
| 2012 | 92.50 | 72.06 | 191.46 | 133.61 |
| 2013 | 81.69 | 71.39 | 140.45 | 111.16 |
| 2014 | 75.38 | 69.00 | 114.41 | 97.65 |
| 2015 | 56.79 | 53.59 | 93.85 | 79.47 |
| 2016 | 59.87 | 53.56 | — | — |

资料来源：*BP Statistical Review of World Energy*，2017。

3. 天然气

随着人们环保的需求与意识的增强，越来越多的国家政府开始从能源消费领域来推动环境保护，承担保护大气环境的责任。因此，比石油和煤炭更加清洁的能源——天然气，在全球能源消费中所占的份额迅速提高。弄清天然气的定价系统对于天然气进口国意义重大。

国际气体联盟（International Gas Union，以下简称IGU）确定了八种不同的天然气批发定价机制：（1）基于市场供需状况的气对气竞争（GGC），指天然气定价以供需平衡为基础，主要在北美、英国、欧洲大陆部分国家及其他一些国家采用；（2）随油价浮动（也称为油价挂钩），欧洲、日本、韩国、中国台北和其它一些地区主要采用这种机制，通常是与石油挂钩的长期进口合同的延续；（3）双边机制，即两个国家之间签订双边协议，通常直接由国家元首签订，主要出现在苏联（FSU）国家内部。不过目前，此类合同逐渐被取缔，被油价挂钩天然气合约代替；（4）终端产品的净回值定价，例如根据氨销售价格然后反推算天然气价格；（5）监管——服务成本，即天然气开采再加上监管等服务成本；（6）监管——社会和政治，这种情况下天然气价格将被临时决定;(7)监管——低于成本价格,例如天然气价格补贴;(8)未报价,比如土库曼斯坦,天然气供应免费。

国际气体联盟的调查显示,气对气竞争(GGC)和油价挂钩(OE)是目前国际上两种使用最广泛的定价机制,分别占2010年需求的39%和23%,而三种监管类型的定价机制共占33%的份额。GGC份额持续增长,从2005年需求的30%增至2010年的39%,但油价挂钩在2005年至2010年间未呈现增长趋势,而是介于22%至24%之间浮动。但是,总体进口方面,油价挂钩占有相当大的份额(59%),而GGC仅占29%;其余份额由苏联国家的双边协议占据。最后,液化天然气进口方面,油价挂钩占主导,份额为70%,而GGC份额为30%。①

**表1-19　天然气价格**

单位:美元/百万英热单位

| 年　份 | 液化天然气 | 天　然　气 | | | | 原油 |
|---|---|---|---|---|---|---|
| | 日本到岸价 | 德国平均进口价格* | 英国(全国名义平均点指数) | 美国亨利中心 | 加拿大(阿尔伯塔省) | 经合组织国家到岸价 |
| 1984 | 5.10 | 4.00 | — | — | — | 5.00 |
| 1985 | 5.23 | 4.25 | — | — | — | 4.75 |
| 1986 | 4.10 | 3.93 | — | — | — | 2.57 |
| 1987 | 3.35 | 2.55 | — | — | — | 3.09 |
| 1988 | 3.34 | 2.22 | — | — | — | 2.56 |
| 1989 | 3.28 | 2.00 | — | 1.70 | — | 3.01 |
| 1990 | 3.64 | 2.78 | — | 1.64 | 1.05 | 3.82 |
| 1991 | 3.99 | 3.23 | — | 1.49 | 0.89 | 3.33 |
| 1992 | 3.62 | 2.70 | — | 1.77 | 0.98 | 3.19 |
| 1993 | 3.52 | 2.51 | — | 2.12 | 1.69 | 2.82 |
| 1994 | 3.18 | 2.35 | — | 1.92 | 1.45 | 2.70 |
| 1995 | 3.46 | 2.43 | — | 1.69 | 0.89 | 2.96 |
| 1996 | 3.66 | 2.50 | 1.87 | 2.76 | 1.12 | 3.54 |
| 1997 | 3.91 | 2.66 | 1.96 | 2.53 | 1.36 | 3.29 |
| 1998 | 3.05 | 2.33 | 1.86 | 2.08 | 1.42 | 2.16 |

① Anne-Sophie Corbeau,Dennis Volk,Jonathan Sinton,Julie Jiang,姜萍、滕霄云、李博抒、岳芬:《天然气定价与监管》,国际能源署2012年版,第39页。

续表

| 年　份 | 液化天然气 | 天　然　气 | | | | 原油 |
| --- | --- | --- | --- | --- | --- | --- |
| | 日本到岸价 | 德国平均进口价格* | 英国(全国名义平均点指数) | 美国亨利中心 | 加拿大(阿尔伯塔省) | 经合组织国家到岸价 |
| 1999 | 3.14 | 1.86 | 1.58 | 2.27 | 2.00 | 2.98 |
| 2000 | 4.72 | 2.91 | 2.71 | 4.23 | 3.75 | 4.83 |
| 2001 | 4.64 | 3.67 | 3.17 | 4.07 | 3.61 | 4.08 |
| 2002 | 4.27 | 3.21 | 2.37 | 3.33 | 2.57 | 4.17 |
| 2003 | 4.77 | 4.06 | 3.33 | 5.63 | 4.83 | 4.89 |
| 2004 | 5.18 | 4.30 | 4.46 | 5.85 | 5.03 | 6.27 |
| 2005 | 6.05 | 5.83 | 7.38 | 8.79 | 7.25 | 8.74 |
| 2006 | 7.14 | 7.87 | 7.87 | 6.76 | 5.83 | 10.66 |
| 2007 | 7.73 | 7.99 | 6.01 | 6.95 | 6.17 | 11.95 |
| 2008 | 12.55 | 11.60 | 10.79 | 8.85 | 7.99 | 16.76 |
| 2009 | 9.06 | 8.53 | 4.85 | 3.89 | 3.38 | 10.41 |
| 2010 | 10.91 | 8.03 | 6.56 | 4.39 | 3.69 | 13.47 |
| 2011 | 14.73 | 10.49 | 9.04 | 4.01 | 3.47 | 18.56 |
| 2012 | 16.75 | 10.93 | 9.46 | 2.76 | 2.27 | 18.82 |
| 2013 | 16.17 | 10.72 | 10.64 | 3.71 | 2.93 | 18.25 |
| 2014 | 16.33 | 9.11 | 8.25 | 4.35 | 3.87 | 16.80 |
| 2015 | 10.31 | 6.61 | 6.53 | 2.60 | 2.01 | 8.77 |
| 2016 | 6.94 | 4.93 | 4.69 | 2.46 | 1.55 | 7.04 |

资料来源:*BP Statistical Review of World Energy*,2017。

尽管天然气定价主要基于市场供给关系以及跟油气挂钩,但是既有的天然气贸易模式到目前为止,国际间多半采取“照付不议”的方式,签订长期合同。所谓“照付不议”(Take or Pay),是天然气供应的国际惯例和规则,就是指在市场变化情况下,付费不得变更,用户用气未达到此量,仍须按此量付款;供气方供气未达到此量时,要对用户作相应补偿。天然气作为一种商品虽然可以像其它商品一样进行买卖,但是其开采和运输需要大量的投资,特别是天然气管道具有投资巨大、资金回收周期长、供气安全要求高等特点。因此,天然气贸易在气源、用户和运输手段方面不能自由选择。为了共同的利益,买卖双方需要一种长期供应和购买承诺,以“照付不议”合

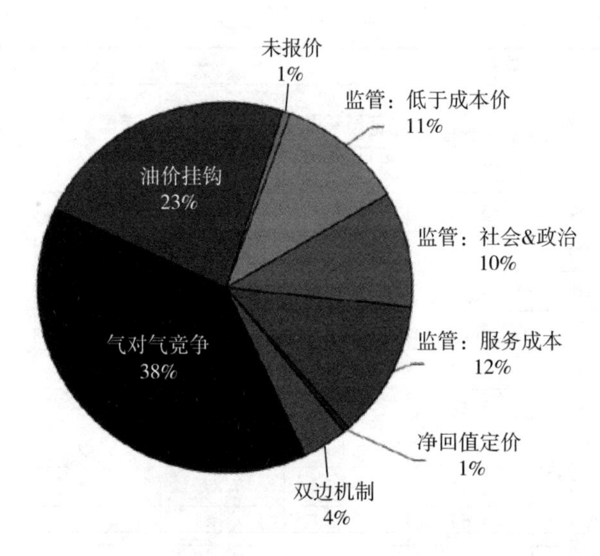


**图 1-13　2010 年全球天然气批发价格构成**

资料来源：国际气体联盟，2012 年。

同的形式表现出来。在合同存续期间，买方按照合同规定的天然气质量和双方约定的数量，不间断地购买卖方的产品，无特殊情况下买方不得随意终止或变更合同，否则将要承担相应的违约责任：无论是否需要合同约定的数量，都要按照合同数量付款。卖方则要按照合同要求不间断提供天然气，风雨无阻，否则就要承担违约责任。通过这种合同安排，买方可以在能源紧张情况下如约得到产品，卖方的大规模开采和运输风险得到规避。其实在冷战最激烈时期，俄罗斯的天然气也顺利输送到西欧国家。

"照付不议"合同是随着天然气工业的发展而产生并逐渐完善的，已经成为目前天然气交易的流行方式。一般而言，天然气"照付不议"的合同期限比较长，一般达二三十年。由此可见，天然气产业链具有长期性和资本密集性，但是跟石油贸易不一样的是，天然气较难组建一个全球价格统一、但在销售渠道上又具有灵活性的市场。天然气市场的四大天然气价格相差较大。2010 年，日本液化天然气到岸价格最高，其次为平均德国进口到岸价格，英国 NBP（National Balancing Point，以下简称 NBP）天然气期货价格，美国亨利中心（HenryHub）天然气现货价格紧随其后。所以到目前为止，由于受到管道建设的地理局限，国际天然气市场主要是地区性市场。尽管不同地区的价格分歧将缩小差距,但是价格的多样性仍将成为天然气市场的一大特色。

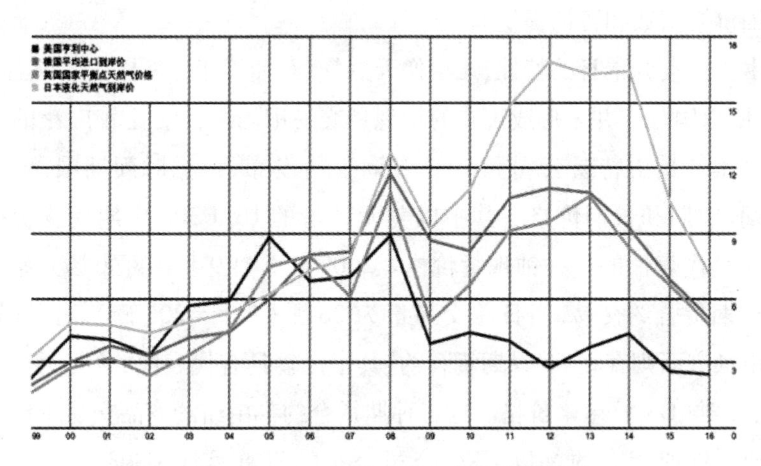


**图 1-14　1990—2016 年天然气价格变动**

资料来源:*BP Statistical Review of World Energy*,2017。

4. 核电

与核电相关的定价权主要是核燃料——铀矿定价权。从历史角度来看,铀矿定价机制经历了三个阶段。1968—1993 年,定价权完全由美国特易公司(TradeTech)独家垄断。美国特易公司(前身是核能交易公司 NUEXCO)自 1968 年以来一直关注铀价格行情报道,通过监管报价、竞价和交易等一些市场活动,研究发布铀现货价格指数,是国际上第一家公布铀价格的机构。市场上发生的铀交易都基本以该公司公布的价格为参考依据。1994 年 3 月,铀交易公司(Uranium Exchange Company,UXC)的子公司 UxC 咨询公司成立,打破特易公司的垄断地位。铀定价权进入持续 13 年的双寡头垄断时期。在这期间,特易和 UxC 咨询公司推出多种铀现货价格指数,并受到广泛认可。美俄政府在高浓缩铀交易谈判中也以此作为参考。尽管同期其它核电巨头也相继建立起自己的现货价格,但实质都是以这两家公司的价格指数为基准。2007 年 5 月纽约商品交易所(NYMEX)推出铀期货合约,期货价格从此诞生,与特易和 UxC 咨询公司形成三足鼎立局面。特别需要指出的是,2007 年以来 UxC 咨询公司在铀定价市场地位显著上升,主要是因为纽交所选取 UxC 咨询公司作为合作伙伴共同推出了铀期货合约,并与之签订了 10 年的合作协议。因此,UxC 咨询公司被认为是全球领先的铀价格指数和咨询提供商。

由于铀资源本身的特性,无法像天然气、石油等能源一样在市场上公开售卖,所以国际上并未形成正式的铀现货交易市场。目前比较广泛的现货价格基本都是由特易公司和 UxC 咨询公司发布,根据时间期限,可以分为即期、中期和长期价格。其中以美元计价的 Ux U308 中期现货价格是目前最具代表性的一种铀现货价格。2007 年 5 月 9 日国际市场开始了第一笔铀期货合约交易,当日总交易量为 26 手(1 手=205 磅)。国际铀矿期货市场方面则存在 60 只期货合约,其中比较具有代表性的有三个:1 类、7 类和 8 类"UXA"未来价格。这三种期货合约都由纽约商品交易所在 2007 年推出。铀期货合约都以 UXC 公司公布的每月月底 U308 的现货价格结算。

具体而言,铀资源存在两大定价方法:规定定价法(Specified Pricing)和市场定价法(Market-Related Pricing)。它们是长期合约中最流行的两种方法。规定定价法是指双方约定在合同交割到期时以一个固定价格、一揽子固定价格或一种基础价格为基准价格,并在此基础上根据合约到期时结算货币的通货膨胀指数做出调整得到最终价格的交割价格。市场定价法是指以交易时间时铀资源市场价格或者当时公布的铀资源市场价格指数(例如美国铀平均进口价格指数)为基准,再在此基础上根据交易时的通货膨胀指数、一个固定价格或者生产成本做出调整得到最终交易价格的方法。市场定价存在很大的不确定性,但能反映市场的真实情况。因此,用此类定价法的价格指数较多。此外,还存在三种定价法:协议定价法(Negotiated Pricing)、混合定价法(Hybrid Pricing)和成本定价法(Cost-related Pricing)。协议法较多应用于日本、加拿大和中国。混合定价法过于复杂,很少使用。成本定价法是根据采矿成本加上边际利润得出的价格,在 20 世纪 70 年代以后就基本不再使用。

总体来看,在现货市场上,铀矿价格波动幅度较大,震荡频率较高,受核电站事故影响巨大,与勘探开发费用、产量和需求之间的关系不大。铀期货价格走势跟现货价格基本一致。2011 年 6 月 14 日是铀期货成立以来交易量最多的一天,为 8101 手。但是从历史趋势来看,2005—2010 年平均日交易量为 39. 37 手,国际铀金融贸易交易并不活跃,并未表现出递增或者递减的趋势,交易量稀少而且随机。此外,特易公司和 UxC 咨询公司是美国注册的私营公司,纽交所是美国的上市公司,因此,美国相对于其它国家对铀矿价格影响力巨大,因此对铀矿定价具有较强的话语权。

太阳能、风能和水电的定价机制一般是公司和当事国政府博弈的结果,相关设备定价和出口基本掌握在欧美日等发达国家手中。目前值得关注的是太阳能光伏电池板贸易问题,欧美纷纷对中国的光伏电池板出口展开双反调查。欧委会贸易委员德古赫特在 2013 年 6 月 4 日宣布,从 6 月 6 日至 8 月 6 日对中国光伏产品征 11. 8%临时反倾销税,此后将升至 47. 6%。欧美对中国光伏产品的双反调查和最终裁定,沉重打击了中国光伏产业,也对光伏产业造成剧烈影响。原材料多晶硅价格骤降,光伏电池产品价格高攀。

### (三)国际能源价格持续波动,能源贸易与投资出现新动向

油价波动反映了国际市场对石油稀缺性的认定和预期。作为最重要的自然资源商品,稀缺性是石油最基本的特点。油价的不稳定根源于市场的波动,更深层次的原因在于世界能源格局的变动。受全球金融危机、地缘政治因素的影响(中东和北非政治动荡,加大了输入型通胀压力,也将影响美欧经济的复苏;伊朗核问题失控、利比亚乱局则进一步推高了油价),国际油价持续走高在高位震荡运行。2011 年,即期布伦特现货均价为每桶 111. 26 美元,首次突破 100 美元关口(按当日美元价格计算),较 2010 年上涨 40%,扣除通胀因素后的价格达到历史第二高度,仅次于 1864 年。尤其是在利比亚石油供应中断后,国际原油价格于 4 月份达到峰值。布伦特原油(Brent)与西德州中质原油(WTI)的价差因此创下历史新高(按照美元/桶的单位计算)。尽管石油输出国组织的其他成员国大幅提高了产量,国际能源署成员国也动用了战略储备,但仍未遏制涨势。

1. 价格垄断与地缘政治

亚太能源战略需求增长对现行国际能源价格体制提出挑战。值得关注的是,全球能源消费重心正在向亚太地区快速转移。当前东亚经济持续高速发展,能源需求总量巨大,成为最重要的能源输入地区之一和最大的能源输入增长地区。据英国石油公司(BP)统计,亚太地区的石油消费从2006年已超过北美地区。[①] 日本能源经济研究所预测,2000—2030年,在世界能源需求增长中,亚洲(不包括日本)将占40%,在世界能源消费的比重将由20%增加到27%。欧佩克预测,发展中亚洲的石油需求占世界的比重将由2005年的16.8%上升到2030年的28.8%,其中中国的比重将由7.8%上升到13.9%,其间全球石油需求增长的58%将来自发展中的亚洲。[②]

从安全角度来看,迄今为止东亚地区内的能源合作框架尚未形成,对中东石油的依赖程度仍居高不下。恰恰是由于东亚缺乏能源战略合作机制,缺乏各国协调一致的国际能源战略,而未能取得与东亚石油消费大国相称的国际能源市场地位,致使区域整体的交易力低下,导致了所谓"亚洲溢价(亚洲升水)"。[③] 表面上看,这似乎是基准价格选取的问题,但本质上,还是由于亚洲国家对中东石油依赖度过高的基本格局,决定了中东国家选取较为有利于自己的定价方式。根据日本能源经济研究所提供的资料,至2001年,日本对中东原油的依存度接近90%,日本、韩国和中国三国加起来,依存度高达80%。而西欧和美国均不到30%。根据日本能源经济研究所的统计,从1991年至2002年7月,亚洲溢价平均是每桶0.97美元。从1997年至2002年7月,亚洲溢价平均是每桶1.16美元。该所估计,亚洲溢价让亚洲国家向产油国每年多支付了100亿美元的账单。因为亚洲溢价问题,中国每年须多支

---

① 2006年两地石油消费分别为2458.9万桶/日和2478.3万桶/日,分别占世界石油消费的29.5%和28.9%。——笔者注

② *Energy Outlook*, OPEC, 2007.

③ 大约10年前,日本能源经济研究所的两位专家首先发现了"亚洲溢价"问题。之后,这个问题被广泛研究。导致亚洲溢价的直接原因,是石油定价体制。中东产油国的定价方式,是在基准价的基础上略作调整。亚洲、欧洲和美国的基准价并不相同。欧洲的基准价是北海布伦特原油(IPE Brent)的价格,美国的参考价是美国西得克萨斯(WTI)的价格。而给亚洲的基准价,即所谓1986年成形的亚洲标准价格公式(Asian Standard Price Formula),则是阿曼与迪拜的月平均价。——笔者注

付10亿美元以上。因此，亚太能源战略需求增长的现实，对以往欧美所主导的世界能源秩序与现行国际能源体制，构成了强烈的质疑与挑战。

2. 国际贸易视角下的油价

国际能源署(IEA)发布的《世界能源展望》年度报告指出，当前国际油价处于长周期当中的高油价时期，短周期当中的油价回落时期。预计2035年的国际原油"名义"价格有望达到每桶215美元(不排除每桶250美元的可能)，相当于2011年达到的每桶125美元的水平；但如果出现可替代能源发展不利等情况，国际原油"名义"价格在2035年有望达到每桶250美元，相当于2008年达到的每桶145美元的水平。

2011年，欧洲和亚洲的天然气价格——包括天然气现货市场价格以及与油价挂钩的天然气市场价格——年内也出现大幅震荡，但与油价涨幅基本相同。由于北美地区天然气产量继续强劲增长(页岩气革命)拉低了美国的天然气价格，北美天然气价格与原油价格和天然气国际市场价格之间的价差创下新高。

相比之下，受旺盛需求的刺激，煤炭产能迅速增加到年产40亿吨，已出现供大于求的局面，煤炭的黄金期结束，已持续十年的煤炭价格开始遭遇挫折。2012年5月份以来，煤炭价格显著下跌，每吨比高峰时下跌了200多元人民币，约合30美元，秦皇岛港煤炭的库存最高时达960多万吨。国际煤炭价格的风向标澳大利亚的纽卡斯尔港价格也下跌了30美元/吨。煤炭供大于求的状态在今后几年还将持续，不容乐观。

如果按实际价值计算，化石燃料价格在过去十年已涨至纪录新高。石油的年均实际价格在2007—2011年的五年间比1997—2001年间高出220%。煤炭价格上涨了141%，天然气价格上涨了95%。这些价格的长期走势不可避免地引发了需求和供应方面的反应。值得注意的是，化石燃料的高价格支持着非化石能源的发展。预计可再生能源供应在2011年至2030年期间将增长3倍以上，占全球能源供应增量的17%。其中水电与核电增量总和也将在增量中占17%①。

---

① *Energy Outlook* 2030, BP, 2012, p.21.

在能源贸易方面,2016 年全球石油贸易量增长 3.9%,即 248.0 万桶/日。石油贸易量达到了 6545.4 万桶/日,占全球石油消费量的 67.8%,而该比例在 10 年前为 58%。2016 年约 15.9%的石油贸易量增长源自中国,而中国的石油净进口量增长 9.9%,总共达 3.78 亿吨。美国净进口量比 2005 年的峰值降低了 60%多。[①] 2016 年,美国石油贸易增长 6.4%,约增加 60.6 万桶/日。2016 年,原油在全球石油贸易中占 64.8%,与 2015 年的全球石油贸易量中的比重基本持平。

在天然气消费增长普遍疲软的影响下,2016 年全球天然气贸易的涨幅相对偏低,增长速度为 4.8%。地区间天然气贸易继续增长(从 2011 年起每年增长 3.7%)。欧洲仍然是最大的净进口地区,在净进口中所占增量最大(180 亿立方英尺/日)。俄罗斯仍是最大的净出口国,主要出口到欧洲。

2016 年全球液化天然气(LNG)在天然气贸易中所占份额继续下降了 0.4%,贸易总量上涨了 211 亿立方米,而贸易增量主要来源于美国、德国,约占增量的 80.6%;目前液化天然气在全球天然气贸易中所占份额现在已达到 32.0%。预计今后液化天然气产量每年增长 4.3%(是全球天然气产量增速的 2 倍),到 2030 年将占全球天然气消费量的 15.5%。在地区层面,非洲将在 2028 年开始超过中东,成为最大的液化天然气净出口地区。在液化天然气进口国中,进口气量增幅最大的是日本和英国。而随着一批大型项目于 2014 年起开始投入运营,澳大利亚的液化天然气供应量将增加 150 亿立方英尺/日,到 2018 年超过卡塔尔成为最大的天然气供应国,到 2030 年在全球天然气产量中占比达到 25%。[②]

随着液化天然气气量的增长,我们看到出口方和进口方的贸易伙伴均呈现多元化趋势。1990 年,每个出口方或进口方平均拥有 2 个贸易伙伴——到 2011 年已分别增至 9 个和 6 个。尼日利亚、卡塔尔与特立尼达和

---

① 北美近年来已是全球非常规油气资源投资的“热土”,其在全球能源贸易领域的互动也发生了重大变化,特别是致密油的开采使美国对进口美洲区域外所产油气的依存度开始降低,其相对较高的原油价格,使大量资金抽离对当地页岩气的投资而直接转向致密油。美国 2012 年 7 月获取致密油的钻井数量约 1400 口,为 2011 年同期的 2 倍,也是同期为获取页岩气钻井数量的 2 倍,与 2010 年前的油气投资趋势恰好相反。——笔者注

② *BP Energy Outlook* 2030,BP,2012,p.53.

多巴哥主导着出口多元化,在2011年平均拥有20个贸易伙伴。多元化提高的另一个指标是最大进口方和最大出口方在液化天然气贸易中所占比重均有下降,两者在1990年的比重分别为68%和39%,在2016年已分别降至31.3%和30.1%。而随着新的出口方和进口方加入液化天然气贸易,多元化趋势预计会得以延续。①

2016年,全球管道天然气贸易量增长4%,德国、乌克兰和西班牙进口量的减少抵消了中国、墨西哥、德国、意大利进口量的增长。预计到2030年,地区间管道天然气贸易将会每年增长3.0%,与天然气贸易相同,在消费中所占比重也将水涨船高。②

**表1-20 全球石油贸易流向**

单位:千桶/日

| 年份 | 2005 | 2006 | 2007 | 2008 | 2009 | 2010 | 2011 | 2012 | 2013 | 2014 | 2015 | 2016 | 2015—2016年变化情况 | 2016年占总量比例 |
|---|---|---|---|---|---|---|---|---|---|---|---|---|---|---|
| 进口量 | | | | | | | | | | | | | | |
| 美国 | 13525 | 13612 | 13632 | 12872 | 11453 | 11689 | 11338 | 10587 | 9859 | 9241 | 9450 | 10056 | 6.4% | 15.4% |
| 欧洲 | 13354 | 13530 | 14034 | 13885 | 12608 | 12201 | 12272 | 12569 | 12815 | 12855 | 13959 | 14188 | 1.6% | 21.7% |
| 中国 | 3427 | 3883 | 4172 | 4494 | 5100 | 5886 | 6295 | 6675 | 6978 | 7398 | 8333 | 9216 | 10.6% | 14.1% |
| 印度 | 2236 | 2613 | 2924 | 3066 | 3491 | 3749 | 3823 | 4168 | 4370 | 4155 | 4357 | 4877 | 11.9% | 7.5% |
| 日本 | 5225 | 5201 | 5032 | 4925 | 4263 | 4567 | 4494 | 4743 | 4637 | 4383 | 4332 | 4179 | -3.5% | 6.4% |
| 世界其他地区 | 15312 | 15739 | 17598 | 17282 | 17332 | 17143 | 17717 | 17862 | 20085 | 21261 | 22543 | 22939 | 1.8% | 35.0% |
| 世界总计 | 53079 | 54578 | 57392 | 56524 | 54247 | 55235 | 55939 | 56604 | 58744 | 59293 | 62974 | 65455 | 3.9% | 100.0% |
| 出口量 | | | | | | | | | | | | | | |
| 美国 | 1129 | 1317 | 1439 | 1967 | 1947 | 2154 | 2495 | 2682 | 3563 | 4033 | 4521 | 4723 | 4.5% | 7.2% |
| 加拿大 | 2201 | 2330 | 2457 | 2498 | 2518 | 2599 | 2798 | 3056 | 3296 | 3536 | 3841 | 3906 | 1.7% | 6.0% |
| 墨西哥 | 2065 | 2102 | 1975 | 1609 | 1449 | 1539 | 1487 | 1366 | 1347 | 1293 | 1326 | 1400 | 5.6% | 2.1% |

① *BP Energy Outlook* 2030, BP, 2012, p.55.

② *BP Energy Outlook* 2030, BP, 2012, p.53.

续表

| 年份 | 2005 | 2006 | 2007 | 2008 | 2009 | 2010 | 2011 | 2012 | 2013 | 2014 | 2015 | 2016 | 2015—2016年变化情况 | 2016年占总量比例 |
|---|---|---|---|---|---|---|---|---|---|---|---|---|---|---|
| 中南美洲 | 3528 | 3681 | 3570 | 3616 | 3748 | 3568 | 3755 | 3830 | 3790 | 3939 | 4117 | 4170 | 1.3% | 6.4% |
| 欧洲 | 2231 | 2241 | 2305 | 2086 | 2074 | 1949 | 2106 | 2193 | 2578 | 2512 | 2990 | 3110 | 4.0% | 4.8% |
| 俄罗斯 | 6878 | 6792 | 7827 | 7540 | 7257 | 7397 | 7448 | 7457 | 7948 | 7792 | 8455 | 8634 | 2.1% | 13.2% |
| 其他独联体 | 1118 | 1312 | 1538 | 1680 | 1790 | 1944 | 2080 | 1848 | 2102 | 2012 | 2024 | 1817 | -10.2% | 2.8% |
| 苏联和中欧 | n/a | n/a | n/a | n/a | n/a | n/a | n/a | n/a | n/a | n/a | n/a | n/a | n/a | n/a |
| 沙特阿拉伯 | 8594 | 8307 | 8101 | 8357 | 7276 | 7595 | 8120 | 8468 | 8365 | 7911 | 8017 | 8526 | 6.3% | 13.0% |
| 中东地区(除沙特) | 11879 | 12527 | 12198 | 12415 | 11744 | 11976 | 12188 | 11742 | 12242 | 12699 | 13446 | 14992 | 11.5% | 22.9% |
| 北非 | 3076 | 3245 | 3341 | 3268 | 2943 | 2878 | 1951 | 2602 | 2127 | 1743 | 1717 | 1683 | -2.0% | 2.6% |
| 西非 | 4408 | 4797 | 4961 | 4712 | 4531 | 4755 | 4759 | 4724 | 4590 | 4849 | 4906 | 4486 | -8.6% | 6.9% |
| 亚太(除日本) | 4429 | 4567 | 6004 | 5392 | 5631 | 6226 | 6088 | 6299 | 6307 | 6450 | 7068 | 7514 | 6.3% | 11.5% |
| 世界其他地区 | 1543 | 1362 | 1675 | 1385 | 1340 | 653 | 663 | 338 | 491 | 524 | 546 | 493 | -9.6% | 0.8% |
| 世界总计 | 53079 | 54579 | 57392 | 56524 | 54247 | 55234 | 55938 | 56604 | 58744 | 59293 | 62974 | 65454 | 3.9% | 100.0% |

资料来源:*BP Statistical Review of World Energy*,2017。

### 表1-21 石油贸易2016年区域间贸易流向

单位:百万吨

| | 流向国 | | | | | | | | | | | | | | |
|---|---|---|---|---|---|---|---|---|---|---|---|---|---|---|---|
| | 美国 | 加拿大 | 墨西哥 | 中南美洲 | 欧洲 | 俄罗斯 | 其他独联体 | 中东 | 非洲 | 大洋洲 | 中国 | 印度 | 日本 | 新加坡 | 其他亚太国家 | 世界总计 |
| 美国 | † | 15.0 | † | 3.3 | 4.0 | † | 0.0 | 0.3 | 0.1 | 0.0 | 0.5 | † | 0.4 | 0.0 | 0.7 | 24.4 |
| 加拿大 | 162.6 | † | † | 0.1 | 1.6 | † | † | 0.0 | 0.0 | 0.0 | 0.2 | † | † | † | † | 164.4 |
| 墨西哥 | 29.1 | 0.7 | † | 1.7 | 13.5 | † | † | 0.1 | † | † | 1.0 | 6.2 | 4.6 | † | 3.8 | 60.8 |

续表

| | 流向国 | | | | | | | | | | | | | | | |
|---|---|---|---|---|---|---|---|---|---|---|---|---|---|---|---|---|
| 中南美洲 | 79.8 | 0.3 | 0.0 | † | 12.7 | 0.0 | † | † | 0.6 | † | 51.0 | 27.7 | 1.7 | 0.3 | 3.4 | 177.4 |
| 欧洲 | 3.2 | 2.1 | † | 1.2 | † | 0.0 | 0.0 | 0.5 | 0.7 | 0.0 | 5.8 | 1.2 | † | 0.0 | 2.9 | 17.6 |
| 俄罗斯 | 1.9 | † | † | 2.9 | 177.4 | † | 18.2 | 0.4 | 0.0 | 0.4 | 52.5 | 0.3 | 10.0 | 0.7 | 9.2 | 274.0 |
| 其他独联体 | 0.5 | 1.1 | † | † | 61.6 | 0.8 | † | 5.3 | 0.7 | † | 4.2 | 1.3 | 0.4 | † | 5.9 | 81.7 |
| 伊拉克 | 20.9 | † | † | 0.4 | 49.7 | 0.0 | † | 3.7 | 1.2 | † | 36.2 | 38.0 | 4.0 | 1.4 | 21.9 | 177.5 |
| 科威特 | 10.4 | 0.0 | † | † | 9.6 | † | † | 0.0 | 2.6 | † | 16.3 | 10.1 | 11.5 | 6.4 | 36.2 | 103.3 |
| 沙特 | 54.8 | 3.1 | † | 3.3 | 43.0 | † | † | 13.4 | 8.0 | 1.0 | 51.0 | 40.3 | 59.0 | 14.4 | 84.1 | 375.3 |
| 阿联酋 | 0.6 | 0.0 | † | 0.0 | 0.7 | 0.0 | † | 0.0 | 0.7 | 4.7 | 12.2 | 17.4 | 39.6 | 12.6 | 34.7 | 123.2 |
| 其他中东国家 | 1.5 | 0.0 | † | 0.0 | 22.2 | † | 0.0 | 0.1 | 0.8 | 1.0 | 68.4 | 30.2 | 30.3 | 7.4 | 41.3 | 203.2 |
| 北非 | 3.6 | 3.4 | † | 1.5 | 38.5 | † | 0.0 | 1.1 | 0.0 | 0.1 | 1.7 | 3.6 | 0.1 | 0.6 | 3.8 | 58.2 |
| 西非 | 22.2 | 3.5 | † | 10.1 | 64.6 | 0.0 | 0.0 | 0.0 | 10.7 | 1.6 | 59.5 | 28.9 | 0.3 | 0.1 | 15.0 | 216.5 |
| 东南非 | † | † | † | † | 0.1 | † | 0.0 | 0.0 | 0.0 | † | 6.7 | 0.0 | 0.0 | 0.0 | 0.0 | 6.9 |
| 大洋洲 | 0.2 | † | † | 0.2 | 0.0 | † | † | 0.0 | 0.0 | † | 3.2 | 0.0 | 0.4 | 0.5 | 4.9 | 9.4 |
| 中国 | † | † | † | 0.0 | 0.0 | † | † | 0.0 | 0.2 | 0.0 | † | † | 1.2 | 0.0 | 1.6 | 2.9 |
| 印度 | † | † | † | 0.0 | 0.0 | † | † | † | 0.0 | 0.0 | † | † | † | † | 0.0 | 0.0 |
| 日本 | † | 0.0 | † | 0.0 | † | † | † | † | † | 0.0 | † | † | † | 0.0 | 0.0 | 0.0 |
| 新加坡 | † | † | † | † | † | † | † | † | † | 0.0 | 0.0 | 0.0 | † | † | 0.1 | 0.1 |
| 其他亚太国家 | 2.1 | 0.0 | 0.0 | 0.0 | 0.0 | 0.0 | † | 0.1 | 0.0 | 11.6 | 12.3 | 7.1 | 4.4 | 3.5 | † | 41.0 |
| 世界总计 | 393.3 | 29.2 | 0.0 | 24.6 | 499.4 | 0.8 | 18.3 | 25.1 | 26.3 | 20.4 | 382.6 | 212.3 | 168.0 | 48.1 | 269.5 | 2117.8 |

资料来源:*BP Statistical Review of World Energy*,2017。

## 表 1-22　2015 年和 2016 年的天然气贸易

单位:10 亿立方米

| | 2015 年 | | | | 2016 年 | | | |
|---|---|---|---|---|---|---|---|---|
| | 管道天然气 | 液化天然气 | 管道天然气 | 液化天然气 | 管道天然气 | 液化天然气 | 管道天然气 | 液化天然气 |
| | 进口 | 进口 | 出口 | 出口 | 进口 | 进口 | 出口 | 出口 |
| 美国 | 74.4 | 2.6 | 49.1 | 0.7 | 82.5 | 2.5 | 60.3 | 4.4 |
| 加拿大 | 19.2 | 0.6 | 74.3 | 0.0 | 21.9 | 0.3 | 82.4 | 0.0 |

续表

| | 2015年 | | | | 2016年 | | | |
|---|---|---|---|---|---|---|---|---|
| | 管道天然气 | 液化天然气 | 管道天然气 | 液化天然气 | 管道天然气 | 液化天然气 | 管道天然气 | 液化天然气 |
| | 进口 | 进口 | 出口 | 出口 | 进口 | 进口 | 出口 | 出口 |
| 墨西哥 | 29.9 | 7.3 | 0.0 | † | 38.4 | 5.9 | 0.0 | † |
| 特立尼达和多巴哥 | † | † | † | 16.9 | † | † | † | 14.3 |
| 其他中南美洲国家 | 19.9 | 19.8 | 19.9 | 5.1 | 16.8 | 15.5 | 16.8 | 6.1 |
| 法国 | 31.8 | 6.8 | † | 0.6 | 32.3 | 9.7 | † | 1.5 |
| 德国 | 102.3 | † | 32.7 | † | 99.3 | † | 19.3 | † |
| 意大利 | 55.7 | 5.4 | 0.2 | † | 59.4 | 5.7 | † | † |
| 荷兰 | 33.6 | 2.1 | 47.1 | 1.3 | 38.0 | 1.5 | 52.3 | 0.7 |
| 挪威 | 0.0 | † | 109.6 | 5.9 | 0.0 | † | 109.8 | 6.3 |
| 西班牙 | 15.2 | 13.1 | 0.5 | 1.8 | 15.0 | 13.2 | 0.6 | 0.2 |
| 土耳其 | 38.4 | 7.7 | 0.6 | † | 37.4 | 7.7 | 0.6 | † |
| 英国 | 29.0 | 13.1 | 13.4 | 0.3 | 34.1 | 10.5 | 10.0 | 0.5 |
| 欧洲其他国家 | 94.7 | 6.9 | 13.8 | 1.5 | 100.2 | 8.2 | 15.0 | 1.3 |
| 俄罗斯 | 21.8 | † | 179.1 | 14.0 | 21.7 | † | 190.8 | 14.0 |
| 乌克兰 | 17.3 | † | † | † | 11.1 | † | † | † |
| 独联体其他国家 | 27.0 | † | 72.3 | † | 27.9 | † | 74.0 | † |
| 卡塔尔 | † | † | 20.0 | 101.8 | † | † | 20.0 | 104.4 |
| 其他中东国家 | 29.6 | 10.2 | 8.4 | 18.8 | 26.9 | 14.2 | 8.4 | 18.1 |
| 阿尔及利亚 | † | † | 26.3 | 16.6 | † | † | 37.1 | 15.9 |
| 其他非洲国家 | 9.0 | 3.7 | 11.0 | 30.0 | 8.8 | 10.2 | 8.5 | 29.6 |
| 澳大利亚 | 6.4 | † | † | 38.1 | 8.3 | 0.1 | † | 56.8 |
| 中国 | 33.6 | 25.8 | † | † | 38.0 | 34.3 | † | † |
| 日本 | † | 110.7 | † | † | † | 108.5 | † | † |
| 印度尼西亚 | † | † | 9.3 | 20.7 | † | † | 8.8 | 21.2 |
| 韩国 | † | 43.8 | † | 0.2 | † | 43.9 | † | 0.1 |

续表

| | 2015 年 | | | | 2016 年 | | | |
|---|---|---|---|---|---|---|---|---|
| | 管道天然气 | 液化天然气 | 管道天然气 | 液化天然气 | 管道天然气 | 液化天然气 | 管道天然气 | 液化天然气 |
| | 进口 | 进口 | 出口 | 出口 | 进口 | 进口 | 出口 | 出口 |
| 其他亚太地区国家 | 20.3 | 46.0 | 21.0 | 51.4 | 19.3 | 54.8 | 22.7 | 51.1 |
| 世界总计 | 709.0 | 325.5 | 709.0 | 325.5 | 737.5 | 346.6 | 737.5 | 346.6 |

资料来源：*BP Statistical Review of World Energy*，2017。

3. 国际投资视角下的油价

在能源投资领域，一方面，石油价格持续攀升的困局绝不仅仅是供与求的暂时震荡，搅动能源领域的还有西方消费国和石油供应国之间权力的持久转移。原来的相互依赖关系正在瓦解，新的秩序正在形成，美国与其盟国以及其他能源消费大国正在从优势转为劣势。从世界范围来看，能源领域正在经历一场重大变动。一些国家分别建立了石油交易所，并改变或者正在准备改变石油贸易结算货币，石油美元机制的地位正面临挑战。伊朗早在 1999 年就宣称准备采用石油欧元（Petroeuro）计价机制。2006 年 3 月，伊朗建立了以欧元作为交易和定价货币的石油交易所，希望借助石油和欧元挑战美元的统治地位。伊朗还向俄罗斯建议成立一个类似于欧佩克的天然气联盟。在查韦斯的领导下，委内瑞拉用石油和 12 个拉美国家（包括古巴）建立了易货贸易机制。俄罗斯设立以卢布作为油气交易定价货币的石油交易所，宣布实行卢布可自由兑换。以美元为中心的国际金融体系正在经历剧变。

同时，伴随着国际石油价格涌动，各国对金融石油市场的追捧兴趣不断提升。左右和操纵石油市场的主力在向投资基金转移，银行、对冲基金、养老基金、社会保险基金、各类投资基金等大肆介入石油期货市场，使石油工业主导的定价权逐步让渡给了投资基金。石油期货、期权已由单纯的套期保值工具发展成为新型的金融投资载体。金融石油市场造成了实物石油贸易与契约石油贸易脱节，这既是石油市场的特点，也可能是弊生之源。

另一方面，随着对石油等能源需求的持续增加和石油价格的不断上涨，资源投资也重新出现增长趋势（能源供需的结构性失衡有望得到缓解），能源控制格局逐步朝着有利于资源国的方向发展①。主要的资源输出国如阿联酋、卡塔尔、科威特、埃及等中东地区国家（包括伊朗和土耳其）以及南美的委内瑞拉、哥伦比亚等国纷纷扩大油气勘探开发和生产投资，加快建设和更新能源基础设施，哈萨克斯坦加快实施《2015年里海大陆架石油开发计划》，计划使其里海石油开采量在2015年达到每年1亿吨，天然气开采量达到每年630亿立方米。为此，未来两个5年，哈萨克斯坦将在这两个领域分别投资70亿—103亿美元和114亿—156亿美元。而俄罗斯的投资重点则向运输领域倾斜。根据俄罗斯《国家社会经济发展中期规划》，2005—2025年，俄罗斯石油生产投资总计将达1400亿美元，而运输投资约为1560亿—1630亿美元。据国际能源机构预测，到2030年，全球范围内对能源的投资平均每年将达5500亿美元，中东国家未来25年对能源的总投资将超过1万亿美元。不过，要说明的是，各大能源公司依然是当今国际能源格局中重要的国际行为体。西方跨国能源公司如埃克森美孚等通过不断重组合并，仍继续控制着全球超过80%的优质油气资源，并在母国政府支持下赚取巨额垄断利润，同时成为母国推行对外能源战略的主要工具，其仍是当前世界能源市场的主要垄断者。而且资产规模和竞争实力的提高使跨国石油公司进入了一个为长期增长而投资的新阶段，如埃克森美孚、道达尔、BP、休斯敦—莱曼兄弟公司等能源巨头纷纷强化上游业务的发展，加大了在全球能源市场的投入和在勘探和生产方面的支出（尤其注重具有长远发展潜力的低成本区域的勘探开发）。此外，还积极开发天然气和新能源及可再生能源，注重向多元化能源公司转变。

---

① 长期以来，跨国石油公司在世界油气勘探开发市场上起着举足轻重的作用，将资源国的油气开采权掌握在自己手中，控制油气资源，操纵石油价格，左右世界石油天然气的市场变化。但是随着国家石油公司（NOC）迅速崛起（其主要标志是控制资源，从而实现资源收益最大化），发展中国家（新兴经济体）在国际竞争中已逐渐由被动转为主动，从规则的接受者变成了政策的制订者，在国际能源秩序构建和运转中的地位不断提升，从而使国际油气市场格局和国际合作的内涵发生了变化。——笔者注

## 五、美国页岩革命对国际能源格局及地缘政治的影响①

近年,由于页岩油气开采技术取得重大突破,美国油气产量呈现高速增长势头。一场以美国为中心,正在从根本上塑造和改变世界能源版图的非传统能源变革——"页岩革命"正席卷全球。包括美国、加拿大、巴西、委内瑞拉、法属圭亚那等国在内的南北美洲,以及东南亚和东地中海地区,又有巨量新油气资源被发现。世界能源生产重心正从中东转向美洲,消费重心将从欧美转向亚洲。"页岩革命"正在重塑世界能源版图,并正在带来地缘政治格局的变动。同时也必然对中国的能源安全和地缘政治环境产生重大影响。

### (一)页岩油气迅猛发展快速推动美国实现能源独立

2011 年美国已超越俄罗斯成为全球头号天然气生产大国,2014 年美国成为全球最大的成品油生产国。美国能源信息局等多家能源机构预测,美国将在 2020 年左右超过沙特阿拉伯成为全球最大的原油生产国,到 2030 年左右美国将使北美地区成为能源净出口地区。② 世界诸多重要智库相继推出报告,一致认为美国"能源独立"态势已非常明显。美国总统奥巴马在 2014 年度国情咨文中自信地宣称:美国如今比过去数十年来任何时候都更接近"能源独立"。自 1973 年的第四次中东战争之后,历届美国政府相继出台了多部法律和政策,推动美国能源独立目标的实现。美国政学两界经过多年争辩对"能源独立"的认知达成共识,包含以下几个方面:其一,强调能源进口来源多元化,避免对单一国家或地区产生依赖;其

---

① 所谓页岩革命,是美国凭借在页岩石油和页岩天然气开采技术方面取得的技术成果,近年在美国国内掀起大规模开采油气热潮,致使能源价格大幅度下降,引致国际能源格局以及地缘政治的大变动。——笔者注

② 董春岭:《美国正在走向能源独立吗》,《领导者》2015 年 2 月。

二,强调能源消费结构的多元化,避免对单一能源种类产生依赖;其三,加大能源生产,降低能源消费,提升能源自给率,降低对能源进口的依赖;其四,发展可再生能源,降低对化石能源的依赖;其五,确保能源的稳定供给,降低对不稳定地区(尤其是中东地区)的进口依赖;其六,打破 OPEC 国家对能源价格的垄断,建立起价格波动管控体系,增强自身对能源市场的调节能力。

从 1985 年至 2008 年金融危机前,美国能源净进口量节节攀升,能源自给率不断下降,实现能源独立并未尽如人意。但是,自 2008 年以来,美国石油生产进入了一轮高速增长周期,增速之快近 30 年少见。

2009 年,美国超越俄罗斯,成为天然气第一大生产国,并从天然气进口国变为净出口国。2010 年,美国已成为西半球最大的产油国(仅次于沙特阿拉伯和俄罗斯)和成品油净出口国。根据美国能源信息局(EIA)的预测,2020 年美国将成为全球第一大产油国。而按照 2014 年 7 月美国银行发布的报告,美国已经成为全球最大的油气生产国。这其中,页岩油气的作用功不可没。从 2005 年至 2010 年的 6 年间,美国页岩气产量年均增长 45%;2012 年,美国页岩油的产量已占到原油总产量的 30%;2013 年,该比例上升至 36%。本土石油开采的大幅增长使美国石油自给率进入一轮快速提升周期,从 2005 年左右的 69%提升至 80%以上。

在本土油气增产的情况下,美国石油进口的数量持续下降,2011 年美国的原油进口量自 1999 年以来首次跌破 900 万桶/天,并呈现逐年递减的趋势。目前,本土油气的开发已达 1980 年以来的最高值,而能源自给率也达到了 30 年来的最高值。美国对外石油依存度和石油进口量不断降低,使"能源独立"的前景变得越来越乐观。

页岩气产量的快速增长,使美国能源消费呈现出天然气消费稳步增长、石油消费波动下降、煤炭消费稳步下降的基本态势。《2016 年世界能源统计年鉴》显示,美国天然气消费占一次性能源消费比重,从 2005 年的 22%增至 2015 年的 31.3%,远超过煤炭(17.4%)居第二位,仅次于石油(37.3%)。天然气在美国能源结构中的占比持续扩大,美国国内天然气价格大幅下跌,从 2008 年至 2014 年,降幅超过了 80%。在价格杠杆的调节

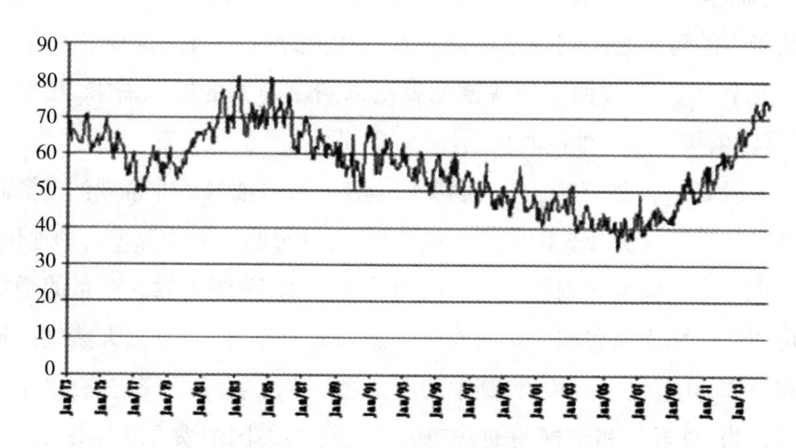


**图 1-15　美国石油自给率(1973—2013)**

数据来源:美国能源信息局(EIA)。

下,天然气开始在电力行业取代煤炭,在石化领域取代石油,用于乙烷和乙烯的生产。2015 年 12 月 18 日,美国国会通过了新财年的拨款法案,并经奥巴马总统签署生效。该法案最吸引外界关注的一条内容是:美国正式解除延续 40 年之久的原油出口禁令。

与此同时,美国的石油进口来源国正逐渐聚焦于西半球,对政治不稳定地区的石油需求持续下降,进口结构持续优化。董春岭的研究(2015)显示①,过去 10 年间,美洲的原油生产总量增加了 9%,接近全球的 25%,达到 1900 万桶/天。美国从美洲国家的石油进口也在快速增加,2003 年至 2008 年,美国从该地区进口原油的平均总量仅占其总进口量的 50%。而 2012 年这一比例已经达到 60%。凭借遥遥领先的炼油能力(占西半球总量的 64%),美国已经成为西半球能源加工的中枢和全球第二大成品油出口国,墨西哥湾沿岸正成为西半球原油的汇集地,而美国的炼油企业和委内瑞拉、墨西哥的国营油气公司也已深度相互依赖。加拿大的原油不仅几乎完全依靠美国提炼,还主要依靠美国的消费市场。过去 10 年间,美国从加拿大的原油进口量增加了 57%,2012 年加拿大已成为美国原油进口第一大国(约

① 董春岭:《美国正在走向能源独立吗》,《领导者》2015 年 2 月。

240万桶/天)。美国能源信息局发表的报告指出:“西半球其他国家对美国炼油能力的需求已经超过了美国对这些国家原油进口的需要。”如果只从供给安全角度讲,仅西半球的原油就足以满足美国的能源需求,几乎可以说,美国依赖中东石油的时代已经一去不返了。

页岩革命有助于进一步巩固美国霸权。页岩油气等非常规油气资源的开发和利用不仅会使美国实现能源独立,而且重回世界能源重心的地位,有助于进一步巩固美国霸权。美国国内普遍认为,美国天然气产量的增加很有可能持续相当长时间。美国能源信息局的数据显示,美国天然气产量可能超过2200万亿立方英尺,其中约四分之一为页岩气。① 甚至有更乐观的估计认为,页岩气和新探明的常规天然气可供美国消费200年以上。② 随着页岩气等非常规天然气的商业开采大规模展开,美国不仅不再需要进口液化天然气,而且用自身液化天然气快速替代柴油。与此同时,在页岩气开发中意外收获的大量页岩油,使美国对进口石油的需求迅速下降。2008年以来,美国国内石油产量增长了20%以上,进口石油占美国石油消费总量的比例从2005年的60%减少到2012年的42%。③ 国际能源署预测,美国预计在2035年成为能源自给国家,同期其他大部分能源进口国的能源需求将会更加依赖进口。毫无疑问,重拾能源重心的美国国际战略影响力将进一步增强。

美国经济也将在这场非常规天然气革命中获益。面对经济危机带来的经济萧条,奥巴马政府提出了“再工业化”政策。非常规天然气革命已经成为这场“再工业化”革命中的重要内容,不但可以大规模提高就业率,而且可以刺激经济增长。拥有致密油和页岩油气产业的州,失业率明显低于其他州。例如在俄克拉荷马和北达科他州,失业率分别只有5%和3%左右,与全国平均超过7%的失业率形成了鲜明对比。④ 技术进步带来的廉价能

① *Annual Energy Outlook*, DOE/EIA-0383, June 2012, Table 19.

② “An Unconventional Bonanza”, *The Economics*, July 14, 2012, p.4.

③ “Point of Light”, *The Economics*, July 14, 2012.

④ 数据逐月变化,本文取相对平均数,数据来源于美国统计局。2013年美国全国失业率半年来从3月份的7.6%下降到8月份的7.3%,同期俄克拉荷马和北达科他州,失业率分别维持在5%—5.3%之间和3%—3.2%之间。参见 Bureau of Labor Statistics, US Department of Labor, http://www.bls.gov/eag/eag.nd.htm。

源不仅仅创造了就业机会，而且大规模提高了石油化工业的经济回报，开启了新一轮的工业化发展，同时也增加了美国产品在国际市场上的竞争力。非常规天然气开发带来的地缘政治变化，不仅仅局限于能源格局的变动，同样涉及整个世界的权力格局和工业格局。

## （二）页岩革命正在重塑世界能源格局

页岩革命加速推动了世界能源格局的转变。页岩革命为分布广泛、开采难度大，被认为是“贫油气矿藏”的非常规油气的开发利用开创了先例，提升了人们对全球能源供给安全的信心。在非常规油气开发潮的推动下，可供商业开采的石油储量“增加的速度远远超过人类消耗的速度”。加之，近年油气勘探与开采技术的大踏步进步，使得页岩资源总量急剧上升，墨西哥—巴西、拉美沿海，东亚近海区域，地中海东岸区域大量油气资源被勘探发现，使得传统能源（常规、非常规）资源峰值预测被大大推后，“石油峰值论”不攻自破。

从国际能源发展的趋势来看，未来二三十年内，世界能源格局仍是化石能源占主导，但是三种化石能源所占比例将会发生变化。无论是石油还是煤炭，它们占全球能源消费量的比例在未来都将下降。天然气将是唯一能够保持需求持续稳步增长的化石能源，2035 年前将比现在增加 50%以上，份额将达到 24%，几乎与煤炭持平。① 非常规天然气，即页岩气的开发是导致这一格局变动的关键因素。在增加的天然气产量中，非常规天然气将占据 48%，占全球天然气总供应量的比例也相应从 2010 年的 14%增加到 2035 年的 26%。如果环保和水力压裂法的安全问题能够解决，未来页岩气的地位还将进一步巩固。② 这将重塑世界能源格局。无论是能源消费结构，还是贸易路线，都会发生意义深远的变化：全球能源消费负荷走向正在出现自西向东的战略转移；所谓东亚—东南亚—南亚能源需求增长弧形带正在形成；中东正在成为“亚太的中东”。

---

① *World Energy Outlook*，IEA，2012，p.53.

② *World Energy Outlook*，IEA，2012，p.65.

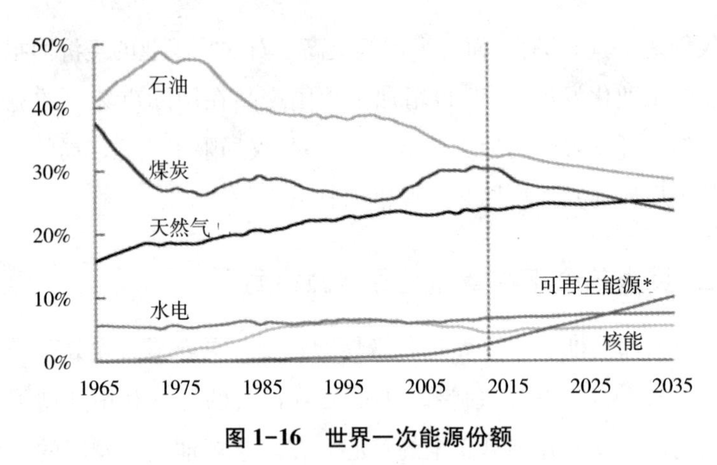


**图 1-16 世界一次能源份额**

资料来源:*BP Energy Outlook* 2035,2017。

目前,全球能源供给主要来源于中东、俄罗斯、非洲和南美等地区,能源消费区则主要集中于西欧、东亚和北美地区。因此全球形成了能源从中东、俄罗斯、非洲和拉美地区流向西欧、东亚和北美的能源供给与消费格局。非常规油气资源的大规模开发和应用,特别是美国的页岩革命,将使北美地区从主要的能源消费地区转变为能源供给地区,至少在可预见的未来将实现能源自给。由于人口老龄化、节能技术进步以及对碳排放的敏感,欧洲未来的能源需求将保持平稳。相比之下,亚太地区将成为世界上最主要的能源消费增长区域,特别是中国和印度。快速的城镇化和对高水平生活标准的渴望,使中国和印度等发展中国家正在成为世界能源消费的巨大"黑洞"。①因此,未来全球能源供给路线也将发生较大调整,北美可能开辟通向东亚和欧洲地区的新能源通道。②

此外,页岩革命不仅以低廉的价格对世界能源市场造成冲击,而且间接减少了能源消费国对其它高价能源的消费,同时影响了世界天然气市场的价格形成机制。页岩革命不但让美国取代俄罗斯成为全球最大的天然气生

① 摩根士丹利在 2007 年就曾撰文将中国的能源需求比作"黑洞",见韦莉(Judith B. Warrick):《中国:(能源)黑洞还是(能源技术)超新星?》,摩根士丹利报告,《能源灼见》2007 年 2 月 2 日。

② 乌克兰危机中,俄罗斯以能源为武器对欧洲施加压力的做法已经加快了美国向欧洲输出液化天然气的步伐。

产国，而且也影响到国际天然气的定价体系。目前天然气定价主要基于市场供给关系以及跟油气挂钩①，国际间多半采取“照付不议”的方式，签订长期合同。由此可见，天然气产业链具有长期性和资本密集性。但是，跟石油贸易不同的是，天然气较难组建一个全球价格统一但在销售渠道上又具有灵活性的市场。天然气市场的四大价格相差较大：日本液化天然气到岸价格最高，其次为平均德国进口到岸价格，英国 NBP 天然气期货价格、美国亨利港（Henry Hub）天然气现货价格紧随其后。目前，亨利港价格基准已经成为美国天然气价格的风向标和晴雨表。未来如果美国天然气能够大规模出口，这种定价机制有可能使天然气价格摆脱对石油价格的依赖，摆脱“照付不议”的束缚。

### （三）国际能源版图变动，引发国际地缘政治变化

石油武器正在从传统产油国家转移到美国手中。美国对能源市场的掌控能力不断增强。石油武器的整体作用快速贬值。坐拥充足油气资源和产量激增的美国，在这一轮能源格局的大变动中掌握着主动权。美国不仅获得了远超以往的能源独立，还可以更为灵活地通过全球能源布局和价格调节，打击传统的地缘政治对手。

美国已在悄然使用能源杠杆推动其全球战略。页岩革命使美国得以调整中东政策，更好地实施重返亚太战略。历史上，美国通过一系列政治、经济、军事安排，将中东地区纳入美国的势力范围，也从此背负上维护中东地区稳定的责任。冷战结束以来，美国在中东及其边缘地带发动了数次战争。频繁的对外军事干预给美国造成了巨大的财政和军事负担。其中，伊拉克

---

① 国际气体联盟的调查显示，气对气竞争（GGC）和油价挂钩（OE）是目前国际上两种使用最广泛的定价机制，分别占2010年需求的39%和23%。此外，三种监管类型的定价机制共占33%的份额。报告调查表明GGC份额持续增长，从2005年需求的30%增至2010年的39%，但油价挂钩在2005年和2010年间未呈现增长趋势，而是介于22%至24%之间浮动。但是，总体进口方面，油价挂钩占有相当大的份额（59%），而GGC仅占29%；其余份额由苏联国家的双边协议占据。最后，液化天然气进口方面，油价挂钩占主导，份额为70%，而GGC份额为30%。参见 Anne-Sophie Corbeau，Dennis Volk，Jonathan Sinton，Julie Jiang，姜萍、滕霄云、李博抒、岳芬：《天然气定价与监管》，国际能源署2012年版，第39页。

和阿富汗的战争持续十年之久，累计花费超过1万亿美元。① 与此同时，美国软实力也受到了削弱。② 毫无疑问，中东地区是美国霸权在二战后得以建立和维持的关键战略要地，但也同样成为消耗美国霸权的战略负担。页岩革命使美国可以在一定程度上摆脱中东问题的牵制，可以更好地为“亚太再平衡”战略服务。据统计，在过去的10年中，美国对中东原油的依赖从2001年的28.6%下降到了2015年的16%左右。同时，美国从中东地区的石油进口量占中东总出口量的比例也从14.6%下降到7.3%，总体依然呈下降趋势。③ 尽管能源不是美国在中东地区的唯一战略利益，因此也不能得出美国会离开中东地区或者抛弃中东的结论，但毋庸置疑的是，美国正在转变其中东政策。在利比亚战争中，英法成为取代美国来实施大规模武力干涉行为的国家。同时，尽管发生了碰触美国外交利益红线的化学武器使用问题，但美国依然在是否动武问题上犹豫不决。这再次让人猜测美国正在“离开”中东，实施战略转向，④以应对一个不断崛起的中国。⑤

### （四）页岩革命对中国能源安全的影响

中国在中东地区的战略利益将显著增加。2016年中国石油对外依存度已经高达65.4%，远超过2015年的60.6%，⑥其中50%以上来自中东地

---

① 数据来源：Amy Belasco，Specialist in U.S.Defense Policy and Budget，*The Cost of Iraq，Afghanistan，and Other Global War on Terror Operations Since* 9/11，CRS Report for Congress：Prepared for Members and Committees of Congress，p. 2，in Congressional Research Service，Federation American Scientist website，http：//www.fas.org/sgp/crs/natsec/RL33110.pdf。

② Joseph S.Nye，Jr.，“The Decline of America´s Soft Power”，*Foreign Affairs*，New York：May/June 2004，Vol.83，Iss.3，p.16.

③ 数据来源：美国统计局和英国BP公司，经计算得出。

④ David Rohdesep，“Does Syria Represent Obama's Final Pivot Away From the Middle East?” *The Atlantic*，Sep. 17，2013，http：//m. theatlantic. com/international/archive/2013/09/does-syria-represent-obamas-final-pivot-away-from-the-middle-east/279750/.

⑤ Robert G.Sutter，Michael E.Brown，and Timothy J.A.Adamson，*Balancing Acts：The U.S. Rebalance and Asia-Pacific Stability*，August 2013，Elliot School of International Affairs and Sigur Center for Asian Studies，http：//www2. gwu. edu/~ sigur/assets/docs/BalancingActs_Compiled1. pdfwith Mike M.Mochizuki and Deepa Ollapally.

⑥ 《国内外油气行业发展报告》，中石油经济技术研究院，2016年1月。

区。按照目前的增长速度,中国的石油需求很可能将在 2030 年达到 1000 万桶/日,届时进口石油的比例将达 80%左右。随着中东能源对美国的重要性正在下降,中国在中东地区的石油进口量和比例却稳步上升。对图 1-17 的分析可以看出,美国在中东地区的石油进口比例呈现下降趋势,而同期中国的比例却呈现出更大角度的上升趋势。2001 年,中国从中东地区进口石油 3420 万吨石油,占当年中东全部石油出口的 3.6%。2016 年该组数字分别增长到 18370 万吨和 18.7%,远超过 2001 年美国的 13800 万吨和 14.60%相当。可以合理推测,在中东石油产量没有发生大规模变化的情况下,美国在中东地区减少的石油进口量大多被中国消费。因此,中东地区的能源对中国的重要性在与日俱增。如果美国对中东地区事务的介入程度减轻,或者保持某种超然态度,那么中东地区的能源供给安全可能将更加脆弱,价格波动将更加剧烈。这将对我国的能源安全造成巨大的潜在破坏性影响。

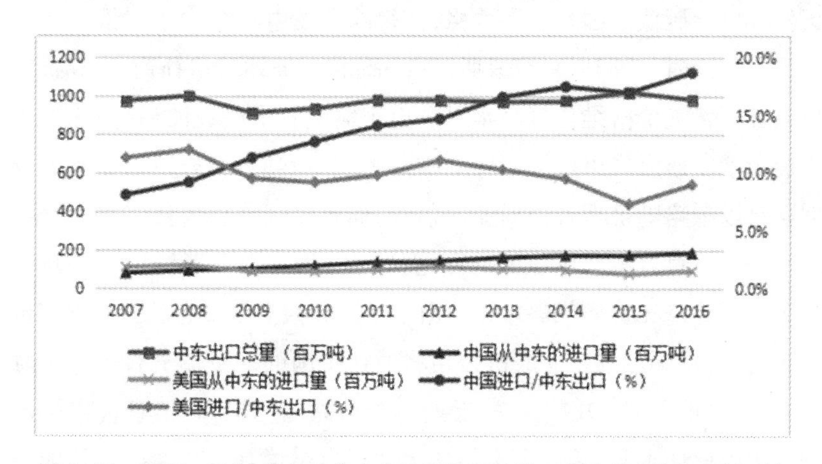


**图 1-17　2007—2016 年中美在中东地区的石油进口量变化(单位:百万吨)**

数据来源:*BP Statistical Review of World Energy*,2008—2017 年间报告中的“Inter-area movements”。

以色列学者欧戴德·伊兰(Oded Eran,前以色列驻约旦大使)和以法莲·阿斯库拉伊(Ephraim Asculai)认为,美国正在离开中东,中国应该也可以在中东问题上发挥更多的作用。① 如果美国真的“离开了”中东,对中国

① 两位学者在访问中共中央党校国际战略研究所期间,与中方会谈中表达了上述观点。——笔者注

来说当然是带来了某种机遇，至少是能源安全方面的战略机遇。但与此同时，与机遇相随的自然也是挑战。中东地区积聚了百年的错综复杂的宗教、民族和战略利益冲突，美国凭借其强大政治、经济和军事力量，尚无法弥合，中国真的有足够的能力来填补美国离开中东带来的战略空间吗？未来中国在中东的能源战略和外交政策正面临挑战。

中俄之间的能源合作受到影响。俄罗斯是世界性能源大国，无论是石油还是天然气，储量和产量均居于世界前列。目前俄罗斯的能源出口对象也正在从传统的欧洲地区扩展到东亚地区。俄罗斯的能源出口主要对象和出口方式，也已经成为中日等国之间的外交博弈对象。美国页岩革命的成功可能对中俄能源合作造成某种负面影响。页岩革命让美国取代俄罗斯成为全球最大的天然气生产国，且价格相对低廉。事实上，不断增多的美国天然气供应已经威胁到俄罗斯天然气原先利润最丰厚的欧洲市场。美国大量的天然气供给压低了国际燃煤价格，使得欧洲发电厂减少了对俄罗斯天然气的需求。同时，长期以来俄罗斯把供气价格与原油价格挂钩，这导致近几年对欧洲天然气价格维持较高水平。由于输气管道建设滞后，液化天然气几乎成为俄罗斯对华出口天然气的唯一方式。然而，页岩革命让美国成为俄罗斯难以忽略的挑战者。据业内估计，如果美国液化天然气出口价格采用2—5美元/百万英热单位的亨利港价格[①]，那么俄罗斯符拉迪沃斯托克液化天然气将毫无价格优势可言。由于中国和俄罗斯没有就天然气定价达成共识，俄罗斯天然气工业股份公司将通往中国的一条输气管道建设时间由2013年底推迟到2014年。[②] 近期由于乌克兰危机，有消息传出中国的谈判能力因此而上升，长达十多年的天然气价格谈判有望突破。目前的分歧在于俄方希望价格为10—11美元/百万英热单位，而中国则希望该价格

---

① 2008年下半年以来，美国亨利港天然气现货价格持续下滑，最低达到1.93美元/百万英热单位（2009年9月4日），随后大多时间在2—5美元/百万英热单位之间浮动。6年来只有两天曾突破8美元/百万英热单位，而且立刻回落。数据来源“Herry Hub Natural Gas Spot Price”，U.S. Energy Information Administration，Data released on April 9，2014，http://www.eia.gov/dnav/ng/hist/rngwhhdd.htm。

② 《俄罗斯推迟中俄天然气管道建设 定价难达共识》，《观察者》，2013年9月5日，http://www.guancha.cn/Neighbors/2013_09_05_170476.shtm。

与从土库曼斯坦进口天然气价格持平,即9美元/百万英热单位。[①] 即便如此,依然与亨利港价格有几美元的差距。一方面,中国必须考虑,在如此巨大的价格差异下与俄罗斯签订长达30年的供气合同是否符合长远利益。另一方面,中国也必须考虑乌克兰危机中涌现出来的天然气争端,特别是俄罗斯以天然气作为敲打乌克兰和制衡欧洲工具的做法,是否会在未来成为制华手段。

日本在未来国家对华天然气贸易中的地缘战略地位上升。鉴于美国和俄罗斯巨大的能源出口潜力,未来大规模增加的输往中国的液化天然气最有可能来自这两个国家。然而从地理上看,无论这些液化天然气是来自美国还是俄罗斯,运输航线都无法轻易绕过日本。前者必然需要穿越宫古水道、大隅海峡或日本诸岛间的其它海峡或水道;后者必然需要穿过对马海峡。随着国际能源市场"西升东降"格局的形成,对中国来说,这些通道的重要性还将继续提升。日本由于其地理位置的优越性,其能源地缘战略地位将会因此提升。日本很可能会成为未来美国天然气在亚洲市场的运输与配送中转站。因为连接北美和亚洲主要能源消费地区的运输航线无法轻易绕开日本,所以日本可以凭借其地缘优势扼守关键的国际水道和海峡,从而获取巨大的地缘战略利益。在中东石油销往亚洲地区的贸易中,新加坡由于其扼马六甲海峡的独特地理位置而具有重要的地缘战略重要性,既是贸易中转站,又是亚洲原油市场的金融中心。因此,日本在未来的美国天然气出口贸易中,具备目前新加坡在石油贸易中的地位。换句话说,日本在位列能源消耗国的同时,未来可能成为东亚液化天然气消费网状组织的中枢。[②] 鉴于中日关系存在现实和潜在的冲突可能性,这对我国实现能源安全形成了巨大挑战。其次,日本不断增强的"离岛防卫"措施,以及在关键海峡或水道周围部署重兵,监控中国军舰、商船及飞机等进出海峡的一举一动,都

① "Russia says long-sought China gas supply deal is close," *Reuters*, Apr 9, 2014, http://www.reuters.com/article/2014/04/09/russia-china-gas-idUSL6N0N11XM20140409.

② Anne-Marie Slaughter, "Toward a better future-Building a sustainable lifestyle and society", Sep.30, 2012, presentation material could be obtained from the forum website, http://www.asahi.com/eco/forum/en/archive/2012/.Speech at Asahi World Environment Forum 2012.

对我国形成潜在威胁。

## (五)几点思考

页岩油气的迅猛开发大大增强了美国霸权的实力,改变着世界能源及地缘政治格局。美国似乎在走向能源独立。美国似乎在悄然离开中东等油气富集的战略区域,而将战略重点转向亚太。美国已经开始舞动能源这柄战略之剑,在继续强化其所主导的、既有的国际能源价格——金融体系的同时,似乎开始采取某种更加超然的政策立场,对中东(叙利亚)、对南中国海、对东中欧(乌克兰、东欧反导系统部署)以及世界其他地区,更加自由地实施所谓有限干涉。另一方面,中国、印度等新兴崛起国家对外能源依赖将持续增加,既要面对彼此间的能源争夺,又要防备能源产地和运输路线中出现的政治动荡,能源安全形势将越来越严峻。

页岩油气产业短期内爆发式增长,引致巨大的经济政治影响,使得人们有理由对它的可持续发展提出质疑。页岩革命爆发,主要是受益于技术突破和能源价格驱动。水力压裂法的技术突破,将页岩气的开采成本降至4—6美元/百万英热,而2006年、2008年两次13美元/百万英热的天然气价格高点,则提供了巨大的盈利空间,推动了中小企业大规模进军页岩气开采领域。接踵而来的页岩气产出激增造成市场供大于求,2010年美国本土天然气价格跌至3美元/百万英热,2012年更是跌至2.5美元/百万英热左右,已明显低于页岩气的开采成本。此外,页岩气产业本身产量衰减快、开采风险高、资金需求量大、受水资源—环境—地质生态约束强烈。但匪夷所思的是,美国页岩气产量却继续逆势增长,致使许多单纯采气的中小企业被挤出市场,美国页岩产业迅速经历了一场挤出泡沫的过程,而页岩革命的锋芒也迅速过渡到了页岩油开采领域。页岩油的开采技术和页岩气相似,开采企业的盈亏平衡点在55至75美元之间,而国际原油价格在2007年一度飙升至140美元/桶左右,金融危机后的2011—2014年也一直在100美元/桶的高位震荡调整。这就给美国许多开采页岩气的中小企业带来了趋利的机会,推动了美国页岩油产量的大幅提升。

页岩油虽然继续推动着美国的页岩革命,但其可持续发展却充满变数。

由于开采方式不同、页岩油气产量衰减迅速，传统油气的储量预测方法并不适用于页岩油气。2014 年 5 月，美国能源信息局将页岩油重要产地加州蒙特利页岩区的可开采储量猛砍 96%。该机构认为，使用现有技术，该地区只有 6 亿桶开采储量，远低于此前预测的 137 亿桶。这一事件在华尔街致使几乎所有的页岩概念股大跌。2014 年 10 月以来，受全球原油整体供大于求趋势影响，国际油价开始持续走低，一度跌破 40 美元/桶，且下跌趋势仍在延续。这一价格已低于多数企业的盈亏平衡点，2020 年页岩油产量预测值最高的 10 家公司都将出现严重亏损。由于 OPEC 坚持不减产，而美国能源信息局预测 2015 年美国原油生产将再创新高，若需求方不出现大的变化，按照这一价格，美国页岩产业将整体亏损，大多数企业将举步维艰。

时至今日，美国页岩革命所挑起的，围绕石油价格展开的这场国际能源战略大博弈，硝烟些许未减。博弈的三方——美国、沙特为首的海湾国家、俄罗斯/伊朗/委内瑞拉，迄今均未减产保价。美国国内出于对美国经济的信心，国际市场对于中国经济及世界经济大势的信心，以及大国出于其他诸多的战略考量，认为美国—中国的经济发展将带动能源消费增长，对能源市场的新增投资不足也将导致未来能源供不应求，价格将会出现反弹。市场预期，在不久的未来，能源价格可能将理性回归到 60 至 90 美元的区间，美国页岩油产业经过这一轮优胜劣汰之后，也将迎来一个稳定的发展局面。值得人们深思的是，根据国际能源署的分析，美国未来能源自给率提高的原因固然与页岩油气等能源产量提高息息相关，但更重要的是联邦政府绿色经济政策的推广和节能技术的提高。节能技术进步带来的能源需求量下降，甚至将超过新能源供给的增长量。① 也就是说，页岩革命是否能继续下去，美国能源自给的趋势都将继续，而这却是我们应当予以充分注意的。

---

① *World Energy Outlook*，IEA，2012，p.77.

# 第二章　中国国家能源安全所面临的挑战及其对策

习近平指出："经过长期发展，我国已成为世界上最大的能源生产国和消费国，形成了煤炭、电力、石油、天然气、新能源、可再生能源全面发展的能源供给体系，技术装备水平明显提高，生产生活用能条件显著改善。尽管我国能源发展取得了巨大成绩，但也面临着能源需求压力巨大、能源供给制约较多、能源生产和消费对生态环境损害严重、能源技术水平总体落后等挑战。我们必须从国家发展和安全的战略高度，审时度势，借势而为，找到顺应能源大势之道。"①

由于能源安全研究涉及的学科不断增加，研究角度日益宽泛，能源安全的内涵与外延不断扩展，因此，迄今为止，并未形成一个统一的能源安全概念与定义。依笔者研究的心得，所谓能源安全是指一个主权国家实际拥有、或可控制并可获得的能源资源，在一个可以预见的时段中，能够充分保障该国经济社会可持续发展的需求。国家能源安全概念至少应包括三个方面的含义：一是国民经济层面的安全，是指一国能源的供应与需求之间战略平衡的维持与维护，即能源供给得以充分和稳定的保障，从而使国家生存的维系与经济社会发展的正常需求得以满足；二是能源应用层面的安全，即能源的消费过程不对人类自身的生存及其发展的环境造成损害，或在一定的历史时段中谋求将这种损害降低到最低程度；三是能源政治层面的安全，即国家建立起了可以确保能源战略安全的法律制度、政治和行政机制以及中长期

① 习近平：《积极推动我国能源生产和消费革命》，《习近平谈治国理政》，外文出版社 2014 年版，第 130—132 页。

的清晰合理的国家能源发展战略，同时，在国际能源体系中，处于可以有效维护和发展本国能源利益的有利战略地位。能源安全通常被视为国家安全的重要组成部分。中国能源安全问题已经成为涉及中国国家安全的重大问题，需要政策的制订者从战略和全局的高度加以把握，特别要重视中国能源安全体系所面临的挑战。

## 一、中国能源的结构性特征

中国能源结构呈现出四大特征：一是以煤为主的能源格局，环境问题与运力紧缺是其致命的掣肘环节；二是油气资源紧缺，石油和天然气资源主要分布在东北、华北和西南地区，并且国产油气生产的增长趋缓，对于国际市场的依赖度进一步增大；三是核电、(天然)气电和新能源起步晚，发展前景尚不明朗；四是能源消费与供给呈现出巨大的区域性不平衡格局，其中：中国水力资源的2/3左右分布在西南地区，集中于云南、西藏、四川等省(自治区)；中国煤炭资源的2/3以上，分布在华北地区，主要集中在山西、陕北—内蒙古西部地区、新疆北部和川、黔、滇交界地区；而能源消耗的2/3集中在京广线以东的经济较发达地区，能源消费的最大负荷中心在东部沿海、京津唐、长三角地区、珠三角地区及京广线以东地区。由此可见，中国的能源资源的地区分布相对集中，一般都远离主要的能源消耗地区。因此，“北煤南运”、“西煤东运”、“西电东送”的不合理格局将长期存在，造成运力紧张、能源输送损失和过大的输送建设投资。长期以来，以煤为主的能源结构引出的环境保护问题，基本未得到解决，并将随着中国经济总量的快速增长而日益加剧。

在中国能源结构中，石油天然气份额虽只占24.5%左右，却具有极为特殊的政治意义和战略意义，是国家现代化必须具备的基本战略条件。在某种意义上，其战略重要性甚至超过了煤炭。其一，石油及天然气是关乎国民经济命脉的战略性能源；其二，石油及天然气是关乎军事国防和民生需求最重要的战略能源；其三，历史上形成了我国石油天然气生产与消费的地缘性不平衡局面，使我国能源安全被天然地赋予了战略脆弱性。

如果换一个视角观察，中国能源的结构性特征还指：中国的能源储备特征、一次能源消费结构、二次能源消费结构以及中国能源利用的环境效应特征。

## （一）中国以煤炭为主体的一次能源消费结构

从中国能源总量和能源的人均年消费量来看，资源相对短缺制约了能源产业发展，中国能源的人均年消费量为1.72吨标煤，只是世界平均水平的74%，但人口众多，这就使能源消费总量居高不下。[①] 随着经济规模进一步扩大，全社会的能源需求还会持续较快地增加，这对能源供给形成很大压力，供求矛盾将长期存在。

煤炭是中国的基础资源，今后一个时期内中国“富煤、少气、贫油”的能源结构较难改变，在中国现有的能源消费结构中，煤炭占61.8%，石油占19.0%，天然气仅占6.2%，一次电力占13.0%。[②] 而美国、欧洲为代表的大多数国家的能源结构是以油气为主，中国能源体系的结构与这些国家的明显不同之处在于以煤炭为主体，并由此派生出环保、生态、交通等诸多问题。

在中国以煤炭为主体的能源结构支撑能源安全体系的前提下，中国能源安全体系的保障很大程度上依赖增加煤炭的供给总量，而当前中国可以大规模开采的煤炭资源主要集中于“三西”地区（山西、陕西、内蒙古自治区西部）。一方面，煤炭的需求量大涨导致该地区的煤炭开采一度无序化运行，同时加大了交通和电力设施的运行压力；另一方面，煤炭开采及相关产业的兴起（以煤化工产业为代表）对于该地区本来已经脆弱的生态环境造成严重的负面影响，特别是加剧了该地区的水资源危机。当然，中国目前正努力通过石油进口的增加维持能源的供给，但是随着石油进口份额的增加，在能源领域的“中国威胁论”应运而生，个别国家和国际组织把国际市场近年来油气价格的上涨归咎于中国在世界能源市场上的巨大需求。

---

① 《中央经济工作会议：2006大力节约能源资源》，《中国有色金属报》2006年1月4日，http://news1.jrj.com.cn/news/2006-01-04/000001398699.html。

② 数据来源：*BP Statistical Review of World Energy*，2017。

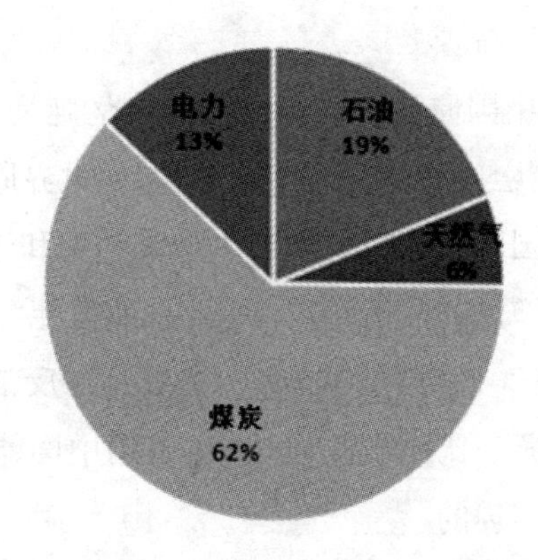


**图 2-1　2016 年中国能源构成比例图解**

数据来源:*BP Statistical Review of World Energy*,2017。

从中国的能源消费结构看,由于以煤炭为主体,而中国在煤炭储存和生产方面基本可以满足自身需要,2012 年上半年,中国矿产勘查中发现多个大型矿床,其中能源勘查成果尤为显著,新增煤炭资源储量超过 600 亿吨,所以当前的中国能源安全警戒级别不高。此外,国内煤层大多瓦斯含量较高,只采煤不采气、单打一的勘查开采,不仅造成煤层气这种宝贵资源严重浪费,而且还造成煤矿瓦斯事故频发。综合勘查、开发利用煤炭煤层气资源有三方面的重要意义:既有利于改善煤矿安全生产条件,又可充分利用煤层气资源,也有利于保护生态环境,是一举三得的好事。

中国 73%的能源用于工业消耗,研究能源与经济发展关系的重要参数之一是能源强度,即生产单位 GDP 所需的能源量,国际上多采用吨标准油(toc)/千美元为其计算单位。按 2011 年 IEA 发布的能源强度数据:世界值为 0. 31,OECD 国家为 0. 18,美国为 0. 19,日本为 0. 10,中国和印度同为 0. 77,巴西为 0. 28。显然,中国的能源强度明显高于世界和 OECD 国家均值,亦高于不少发展中国家。我国 2015 年 GDP 占世界 14. 9%(按汇率计算),而能源消费却占世界的 23. 0%,成为世界第一能源消费大国。这些情况一方面源于我国的经济结构不够合理;另一方面说明我国在节能、提高能源效率上有很大潜力。随着中国的快速发展,特别是应对气候变暖及碳排放方面中国的压力逐步加大，中国对于低碳能源的需求不断上扬，则中国能源安全警戒级别将会升高。①

2001—2015 年间中国原油进口量由 0.603 亿吨增加到 3.826 亿吨，油品进口量由 2800 万吨增加到 7450 万吨。而同期世界原油和油品进口量年增率远低于中国。中国已成为世界第二大原油消费和进口国。与消费量增加导致其占总量比例增加的一般情况不同，石油占能源消费总量份额却由 2000 年的 28.2%降到 2015 年的 18.6%。造成这一反常现象的原因仍在于煤炭消费量及其占能源的比例增长过快，也说明中国能源消费量增长主要由煤炭的高速增长来实现的。

### （二）国内石油消费与供给的结构性矛盾

进入工业化时代后，随着科技的发展，内燃机逐渐取代蒸汽机，由于石油是一种易运输、储藏和燃烧率比较高的能源，所以很快在世界范围内使用开来。从 20 世纪 20 年代，石油需求和贸易迅速扩大。到 20 世纪 30 年代末，美、苏成为主要的石油出口国，石油国际贸易开始在全球能源贸易中占据显要位置，推动了能源国际贸易的迅速增长，并动摇了煤炭在国际能源市场中的主体地位。

20 世纪 50 年代以后，由于石油危机的爆发对世界经济造成巨大影响，国际舆论开始关注起世界“能源危机”问题。许多人甚至预言：世界石油资源将要枯竭，能源危机将是不可避免的。

2016 年年底，我国石油剩余技术可开采储量 35.01 亿吨，2016 年我国石油消费量为 5.79 亿吨，而产量仅为 2.0 亿吨，大量原油需要进口。2016 年我国新增探明石油储量 9.14 亿吨，这是我国 10 年来新增石油储量首次跌破 10 亿吨。

近年来中国对能源进口的依赖性日益突出，以石油进口为例，中国作为主要的能源消费和净进口国，由于每年都有大量的能源进口，尤其是原油和提炼油进口量较大。1993 年中国已经成为一个石油净进口国，石油净进口

① 张抗：《我国能源消费现状影响能源安全》，《中国党政干部论坛》2012 年第 7 期。

量达到988万吨,2000年6974万吨,2002年7183万吨,从1993年到2002年9年间,中国石油净进口量年均增长率达到24.66%,年均增加量688万吨。[①] 2004年全年石油净进口14,373万吨,对外依存度为45.1%;2005年我国原油净进口全年石油净进口13,617万吨,对外依存度略微下降为42.9%;2006年全年,中国原油进口同比增长14.4%,达14,518万吨。而2008年中国石油产品进口大幅增长,全年进口原油17,888万吨,增长9.6%,对外依存度达到49.8%,比2007年提高1.4个百分点,已经接近国际上通行的石油对外依存度50%的警戒线。[②] 2009年7月,由社科文献出版社出版的《2009年中国能源蓝皮书》预测,到2020年,我国的石油对外依存度将上升至64.5%,因此必须对中国未来的能源安全状况保持警醒。2016年我国石油进口量为3.82亿吨,增长13.6%。

2017年3月,中国石油企业协会和中国油气产业发展研究中心发布的《2017中国油气产业发展分析与展望报告蓝皮书》指出,2016年我国石油对外依存度为65.4%,比2015年提高4.6%。《2011年国内外油气行业发展报告》预计,2020年中国石油对外依存度将达到67%,2030年可能升至70%。与中国石油对外依存度逐年上升相反,美国石油对外依存度却在逐年下降。

国内石油消费的几何级增长与供给代数增长存在着结构性矛盾。我国要达到发达国家的水平,即使按照日本的标准(人均年消费石油17桶),再乘以我国现有的人口总数即高达36亿吨。而现在全世界每年的石油贸易量20亿吨,2009年全球石油总产量仅35亿吨。

## 二、金融危机与地缘政治对中国能源安全的影响

### (一)国际金融危机对中国石油安全的冲击与挑战

2007年开始的国际金融危机引起国际石油价格走势波动,抑制了石油

---

① 倪健民主编:《国家能源安全战略报告》,人民出版社2005年版,第57—58页。

② 数据来源:根据历年国家海关快报和行业统计及国家发改委和能源局网站发布的数据核算。

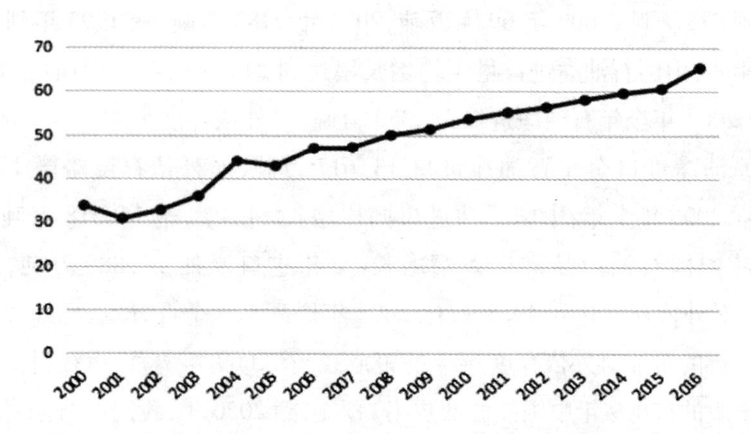


**图 2-2　2000—2016 年我国石油对外依存度变化趋势(%)**

数据来源:中国商务部、《国内外油气行业发展报告》《2017 中国油气产业发展分析与展望报告蓝皮书》等。

需求,造成石油出口国经济下滑,石油进口国经济发展成本上升。同时,国际金融危机对于国际石油生产造成了很大的资金压力。例如,全球上游勘探开发业务,每年的资金投入在 3200 多亿美元左右,2008 年在 3500 亿美元左右。从 2000 年以来,上游的油气开发投资大体上每年增长 21%,而金融危机爆发后,一些国际性重大的石油项目会因为资金的问题将会推迟延缓。最为关键的是国际金融危机会使世界能源市场乃至全球经济中一些弊端进一步显现,并在某种程度上加剧其内部的冲突。

与全球主要经济体经济疲软相反,2008 年以来国际石油价格却反向飞涨,这主要归因于国际金融界主要是包括各类基金的炒作,这对于中国以制造业为支柱的实体经济造成了难以低估的负面影响,削弱中国的实体经济竞争力。2008 年 7 月 7 日,英国《每日电讯报》刊登了安布罗斯·埃文斯-普里查德题为《油价冲击意味着中国存在破产风险》的文章,文中指出:"2008 年的石油冲击对我们来说真是糟糕透顶。它对新兴亚洲的整个经济战略构成了致命威胁。中国及其邻国的制造业革命建立在过去 10 年廉价的交通基础之上。乍看去,这一贸易模式有点古老。亚洲内部的贸易模式是一种李嘉图式的网络,商品被运来运去以赚取比较利润。利润率极低。产品被运往中国进行最后的组装,然后再次被运回西方市场。其中的问题显而易见。自油价上涨以来，一个40英尺的集装箱从上海运到鹿特丹的价格已经上涨3倍。摩根士丹利货币部门负责人史蒂芬·耶恩说：'油价里程碑式的增长将成为亚洲改变棋局的关键因素。'亚洲的贸易模式将经受压力的考验。能源补贴掩饰了这一损失。虽然自2007年初以来全球煤价上涨了3倍，但中国压低了电价。亏损行业正在涌现。麻烦只不过被推迟到来。耶恩说：'随着时间的推移，补贴渐渐难以维持，石油冲击的真正影响便会慢慢显露出来。'上个星期，中国将铁路货运价格提高了17%。据英国石油公司的《统计评论》季刊说，中国单位国内生产总值的能耗是美国的3倍、日本的5倍、英国的8倍。耶恩说，中国工厂在修建时'没有考虑目前的能源水平'。结果是缺乏缓冲。所有散装运输的低技术产品，如家具、鞋子等都将面临日益上涨的运输成本的限制。据加拿大帝国商业银行国际市场部说，亚洲的外包游戏已经结束。该银行首席经济学家杰夫·罗宾说：'不再是劳动力成本的问题：距离需要成本。'中国目前正受到三重因素的打击：商品成本提高、工资水平上涨20%和欧美进口需求减少。批评人士警告说，北京对低利润工厂的投资过度，重复了东京在20世纪80年代所犯的错误。银行体系大量提供低息贷款（实际为负利率）以为当局赢取政治时间。不论公平与否，显而易见的是北京将人民币汇率压低刺激出口的重商主义政策现在遇到了阻碍。外汇储备已经达到1.8万亿美元，加剧了流动性过高的问题。虽然宣布的通货膨胀率只有7.7%，但这其中并未反映出从燃料到化肥等商品价格被人为压低的情况。通货膨胀会降低未来的增长。无论发生什么事情，全球化已经度过其最高潮。钟摆现在将从中国摆回美国。重商主义者将不得不洗心革面。"①文中的观点不尽准确，但换个角度加以审视，其也从侧面提醒人们需要正面世界金融危机给中国能源安全问题以及中国的可持续发展所带来的挑战，现在美国页岩气开发商业成功以及逐步回归"实体经济"，对中国经济发展的影响将会更加剧烈。

此外，国际金融危机对中国石油安全带来的其他影响还有：加剧中国石油对外依存度过高带来的风险，增加经济发展成本，对能源安全构成较大压

---

① 《英报文章：高油价冲击中国的影响日渐显露》，《参考消息》2008年7月9日。

力；中国石油战略储备面临的挑战与机遇；金融危机对中国石化行业出口增速下降，国内需求量降低；金融危机为中国加强海外石油资源收购带来良机。

在国际金融危机形势下，中国建立石油安全战略体制的具体措施，主要包括建立现代石油市场多层次交易体系；争取国际话语权，发挥消费大国应有的定价机制；建立和完善中国石油安全保障体系。

### （二）大国博弈对中国石油进口的影响

大国博弈对中国石油进口有重要影响。石油作为主要战略资源一向是大国博弈的焦点，美国为首的西方国家在全球能源领域一贯奉行强权政治，控制产油国的政治和经济，借以垄断产油区域的油气资源。20世纪末，伊拉克强悍的萨达姆政权倚恃本国丰厚的石油资源，欲以石油为武器谋取地区霸权，最终美国通过两次地区战争彻底使伊拉克成为自己的石油供给“后院”。

除了硬实力维护美国在全球的能源利益外，美国还凭借体制上的优势在国际市场上过度透支信用、过度消费世界资源，特别是石油。美元是国际石油市场的结算货币，因此美国具有消费世界石油资源的特权。当石油市场出现供不应求局面时，美国就会印刷更多的美元用于购买石油，由于石油的供给速度永远也赶不上美元的印刷速度，因此以美元计价的石油价格就会飙涨，进而带动天然气、煤炭价格大幅上涨。当出现这种局面时，油价高企就会极力吸引大量农民改种能源作物，粮食种植面积相对以往就必然会减少，结果最终导致粮食以及其它农产品价格飙升。强势国家在世界能源领域之内的一些私利举动，不但引发了世界能源安全体系的动荡，还会波及其它领域，产生一系列连锁反应，可谓“牵一发而动全身”。

美国是全球能源市场特别是国际石油市场的主要操控力量，目前中国虽然是世界上最大石油买家之一，却无力与美国在全球能源秩序的重构中争锋，只能避其锋芒，有效维护自身能源安全。

中美之间在石油问题上的博弈是一种遏制与反遏制的博弈，主要体现在中东、中亚、里海等资源国的石油输出及海湾、南亚等地区的石油运输通道上。近年来,美国视伊朗为中东实现安全与和平的障碍,全力制裁伊朗,其中重点在于切断伊朗的石油出口,对此中国一直表示反对,因为中国是伊朗最大的石油消费国之一,其石油进口总额的11%和石油总供给的5%来自伊朗,并在伊朗石油产业中拥有广泛的商业利益。根据中国海关数据,2015年1—10月中国从伊朗进口原油,每日53.65万桶。2015年中石化和珠海振戎日均购入伊朗原油50.5万桶,占伊朗出口原油的50%左右。美国总统奥巴马2011年3月30日签署制裁法案,美国政府可在当年6月28日后对仍然与伊朗从事有关石油交易的外国金融系统实施制裁。2011年6月12日,中石化方面表示,该公司在2011年余下时间里没有增加伊朗原油进口的计划,以免与美国对伊朗石油贸易的严厉制裁相冲撞,特别是中石化已经拒绝了伊朗方面的较低报价。此外,中石化对伊朗原油设定的2012年进口目标为每日40万—42万桶,比2011年同比下降16%—20%。2012年美财政部长盖特纳于1月10日、11日访华期间,逼迫中国制裁伊朗未果,随后美国即宣布对中国贸易公司珠海振戎实施经济制裁,虽然只具象征意义,但是反映了中美两国的分歧。

中美两国在国际石油市场上的商业活动表现出极大不对称性,中国无意挑战美国对全球能源的战略控制,也无意破坏现行国际能源秩序,只希望在国际市场上通过正常商业活动,稳定石油供给,保障能源安全,为自身发展和世界经济发展作出贡献。但美国对中国的崛起十分担忧,频频掀起"中国威胁论",意图打压中国。这自然会使中美两国在能源领域存在的潜在矛盾、摩擦日益增大,乃至有酿成冲突与危机的可能性。当然,中美之间几乎所有潜在的能源冲突因素,都可以通过对话、协商和外交途径得到解决。此乃中美实现能源合作最坚实的战略基础。①

中俄之间目前正在全力构建战略协作伙伴关系,其中能源问题是两国战略与经济合作的重中之重。从2011年1月1日起,中俄双方正式履行每年1500万吨原油进口协议,共持续20年,中俄原油管道也正式投入商业运

① 马小军、惠春琳:《美国全球能源战略控制态势评估》,《现代国际关系》2006年第1期。

营,标志着我国东北方向的原油进口战略要道正式贯通。随着中俄石油管道顺利运营两周年,输送原油达3000万吨,俄罗斯逐渐成为中国安全、稳定的石油来源国。实际上,中俄能源合作并非想象的那样一帆风顺。中俄原油管道项目于1994年提出,其间因日本介入经历"安大线"与"安纳线"之争,到2009年两国正式签署建设及石油供应协议,历经15年。

2013年6月24日,中国石油天然气集团公司公布了俄罗斯向中国增供原油长期贸易合同的细节。根据这一我国对外原油贸易最大的单笔合同,未来中石油进口俄罗斯原油量将达到每年4610万吨,接近2012年我国石油消费总量的十分之一。根据合同,俄罗斯将在目前中俄原油管道(东线)1500万吨/年输油量的基础上逐年向中国增供原油,到2018年达到3000万吨/年,增供合同期25年,可延长5年;通过中哈原油管道(西线)于2014年1月1日开始增供原油700万吨/年,合同期5年,可延长5年。中石油同时与俄第二大天然气生产商诺瓦泰克公司签署收购亚马尔液化天然气(LNG)项目20%股份的框架协议。

俄罗斯油气资源丰富,是目前世界上第一大能源出口国,中国是世界上第二大石油消费国,也是世界上第二大石油进口国,石油需求旺盛,这是中俄双方能源合作的基础性条件。其次,中俄互为最大的邻国,政治上安全,加上中国能源市场大,因此也是最稳定的市场。而普京上台后,俄罗斯外交、经贸合作开始向东看,其中的能源出口战略东移也会对中俄能源合作产生积极的影响。

### (三)地区冲突对中国石油进口的影响

石油与地区冲突始终紧密关联。以里海地区为例,主要石油进口国都在种族冲突、政治动荡和伊斯兰极端主义的背景下寻求新的油田和天然气田。鉴于里海地区任何开采出的石油和天然气必须通过管道到达其他地方的港口和市场,这也为恐怖主义分子和叛乱者提供了理想的目标。石油、恐怖主义和国家安全的这种联系也在向其他石油生产地区蔓延。《石油战争》的作者威廉·恩道尔指出,巴尔干和里海地区一直是美欧关注的重要能源产区,而南斯拉夫处于中亚石油生产国的咽喉要道,因此美国一直操纵巴尔干地区的民族主义运动，导致南联盟的解体和民族之间的战乱，而当时的美国政府要完结任何在巴尔干地区与其步调不一致的民族主义残余分子，对南斯拉夫进行了全面的经济禁运甚至军事轰炸。①

中国石油进口的地域分布呈现出畸轻畸重的不平衡现象，使我国极易受到国际政治不稳定因素的影响。中东是中国进口石油最大的来源地，占50%以上，其次重要者为南部非洲、西非和独联体国家。这些地区恰恰是当代国际政治中的最不稳定区域，使我国的能源战略极易受到国际政治因素的影响。在中东北非发生的持续政治动荡即为最新案例，不仅使我近年实施的"走出去"战略面临挑战，而且对中国的能源战略安全构成了直接威胁。此外，由于此种不平衡，导致中国国际石油过度依赖中东—非洲—苏伊士的单一海上运输通道，凸显中国石油进口战略安全的脆弱性。一旦国际政治危机发生，甚至有可能出现所谓"马六甲困局"的危急局面。

中东目前是中国最大的原油来源地，将来也是保障国家原油供应安全的关键。作为世界主要的产油区域，海湾地区的国际形势牵动中国的能源安全，而美国、伊朗、叙利亚关系近年来日益紧张，对于中国的外部能源供给造成了诸多不利影响。2008 年 9 月 23 日，以色列海法大学教授伊扎克·希霍尔在美国詹姆斯顿基金会（智库）主办的《中国简报》发表文章《封锁霍尔木兹海峡——中国的能源困境》，"霍尔木兹对中国来说绝不陌生。中国元朝时的文献提到过它，15 世纪郑和的舰队曾远航到此。今天，中国是霍尔木兹海峡的使用者之一。北京依赖波斯湾原油进口，并与地区各方维持友好关系。尽管中国官方没有对德黑兰的威胁作出反应，但显然在未雨绸缪。中国的石油进口年年月月都不同，但总体趋势是清楚的：波斯湾是中国原油的主要来源地，中国日后可能会更加依赖该地区满足能源需求。据预测，今后二三十年许多石油产地储量将减少，而波斯湾不存在这个问题。不过，尽管中国的国际经济关系迅速扩大，但波斯湾在中国对外贸易中所占比重相当少，不到进口总额的 4%，其中大部分是原油。相比之下，反而是日

---

① ［德］威廉·恩道尔：《石油战争》，赵刚等译，知识产权出版社 2008 年版，第 249—251 页。

本、韩国、印度等其他亚洲国家更加依赖通过霍尔木兹海峡进口波斯湾石油。”“总而言之,对北京来说,关闭霍尔木兹海峡不符合其利益,并且是它要竭力避免的,甚至不惜通过政治和外交途径满足德黑兰的要求以求稳定。不过,如果冲突无法避免,它对中国的冲击将相对有限。在这种情况下,冲突尽可能短暂、尽可能快地结束符合北京的利益。冲突短暂、不深化意味着破坏小,而中国对波斯湾的依赖也会小。更漫长持久的冲突则意味着更大的破坏和动荡,而中国将会愈加依赖波斯湾石油——并且要仰仗美国的保护。”①

非洲是继中东之后中国最大的原油进口地,目前占 2012 年总进口量的四分之一左右。相较全球其他主要的石油基地,西非地区的油气资源拥有无可比拟的优越性,中国营建“安哥拉模式”,是中国有效规避地区冲突的风险,积极布局新兴石油产地的一个成功范例。2002 年,西非国家安哥拉结束长达 27 年的内战,西方援助国纷纷撤出安哥拉,而中国则积极参与到其战后重建中。中国企业参与安哥拉机场、港口等基础设施建设,以及提供房地产建设援助等等。随后几年,西非探明石油储量惊人的增长,中国占得先机。中国油企业标得安哥拉数个油区开采权;中方提供 20 亿美元商业贷款修建炼油厂,以改变非洲出口低价原油却进口高价成品油的被动局面。根据 2017 年数据,安哥拉已探明石油储量 122 亿桶,日产 180.7 万桶,安哥拉绝大部分的原油出口到中国。BP 数据统计显示,2016 年,中国从安哥拉进口石油量达到 47 亿 8000 万吨,占中国石油进口量的 11.4%,仅次于俄罗斯和沙特阿拉伯位居中国石油进口国第三位。

非洲原油供应最大的风险是政局动荡与地区冲突。苏丹曾是中国石油进口第七大来源地。据中国海关的统计数据显示,2011 年中国从苏丹进口的石油约为 26 万桶/日,占该国日产油量的 75%。但经历多年内战后,南苏丹于 2011 年 7 月脱离苏丹独立,其后掌握原苏丹 3/4 的石油资源的南苏丹政府因争夺石油资源及原油运输过境费用等问题,于 2012 年 1 月单方面宣

---

① [美]伊扎克·希霍尔:《封锁霍尔木兹海峡——中国的能源困境》,汪析译,詹姆斯顿基金会(智库)主办:《中国简报》,http://news.xinhuanet.com/mil/2008-09/25/content_10108378.htm。

布停产。中国曾致力于在苏丹复制另一个“安哥拉模式”，因为中国目前拥有苏丹石油业务约40%的权益。而苏丹原油供应的中断，使中国成了最大的受害国。

**表 2-1　2016 年中国原油进口十大来源国**

| 排名 | 国家 | 进口量（百万吨） | 比重 |
|---|---|---|---|
| 1 | 俄罗斯 | 52.5 | 13.7% |
| 2 | 沙特阿拉伯 | 51.0 | 13.3% |
| 3 | 安哥拉 | 43.8 | 11.4% |
| 4 | 伊拉克 | 36.2 | 9.5% |
| 5 | 阿曼 | 35.1 | 9.2% |
| 6 | 委内瑞拉 | 20.2 | 5.3% |
| 7 | 巴西 | 19.1 | 5.0% |
| 8 | 科威特 | 16.3 | 4.3% |
| 9 | 阿联酋 | 12.2 | 3.2% |
| 10 | 哥伦比亚 | 8.8 | 2.3% |

数据来源：*BP Statistical Review of World Energy*，2017。

因此，中国必须实现海外能源供给的多元化，巩固原有的中亚、西伯利亚、非洲、中东等供给地外，特别注意另辟新的海外能源供给地，如拉美、澳大利亚等。此外，中国必须加大自身在能源技术领域里的研发力度，同时加强在国际能源技术领域内的多边合作。

## 三、中国能源需求快速增长对国际格局的影响

2016 年全球一次能源消费总量是 132.76 亿吨油当量，同比增长了 1.0%，与 2015 年基本持平，但是远小于是 10 年平均值（1.9%），其中中国增长了 1.3%，远远高于世界平均水平，继续保持世界最大的能源消费国。

## （一）中国能源需求增长对于全球经济格局的影响

2003 年以来，国际油价开始不断攀升，全球供求失衡是其背后的结构性原因。从 2007 年到 2008 年，一年内几乎翻了一番的原油价格，可以说是混沌、动荡的能源世界的象征和见证。2008 年，国际货币基金组织发出警告，称能源价格高企正在“加剧”全球经济失衡，增加发生危机的风险。从本质上讲，高油价是供求失衡的结果。虽然有观点认为，投机资金才是油价飞涨的元凶，但投机的基础是供求关系，如果没有供不应求的客观现实远景预期，投机资金也就无从炒作。中国因其天量能源需求被称为世界能源消费的“黑洞”。

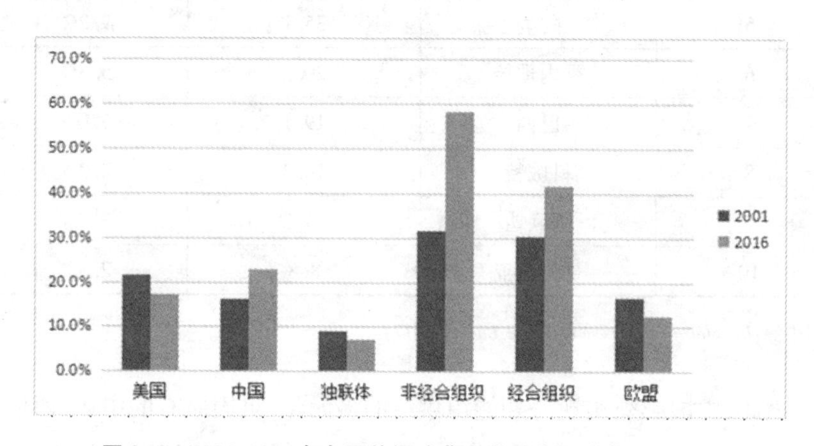


**图 2-3　2001、2016 年各国能源消费占世界能源消费比例（%）**

数据来源：*BP Statistical Review of World Energy*，2017。

美国《国际先驱论坛报》分析认为：“20 世纪 70 年代发生石油危机，是因为中东突然中断原油出口。而现在的油价上涨，则源于发达国家能源需求量上涨，和急于脱贫的中国、印度及其他发展中国家的经济增长。”经济全球化、市场自由化、科技飞速发展都让中国、印度和其他亚洲国家能够达到新的经济和社会发展阶段，带来城镇化多波次浪潮，在城镇化阶段大批人群涌入城市，交通工具乃至取暖等用电激增，进入到一种能源密集型的发展阶段，相应地这些发展中国家总的能耗大量地提高。有专家指出，当前国际市场上出现的油价、粮价暴涨、通货膨胀等现象，从根源上说，都是以石油为代表的不可再生资源满足不了人类发展的需要造成的。以化石燃料为主的能源利用为世界经济发展提供了相对廉价的动力，但也带来严重的环境问题，并引发强烈的社会反对；全球能源市场的收益分配不均，全球仍有 15 亿人口尚无现代化能源可用。因此，意味着世界经济一定程度上已经被“能源”这个瓶颈牢牢制约住了，除非有新技术、新能源的大范围开发和利用，否则世界经济陷入衰退将不可避免。

事实上，中国经济快速发展，新增原油需求扩大，导致进口量大幅攀升，为此，中国付出了很大的经济成本。2004 年中国累计进口原油 1.2 亿吨，增长 34.8%，进口量增速为 4 年来最快，进口价值 339.1 亿美元，增长 71.4%。据 BP 公司预测，2004 年中国占世界石油需求增长量的 30%左右，这与中国在过去 10 年中对全球经济增长 27%的贡献大致相当。也就是说，中国所占世界石油需求增长量与其对全球经济增长贡献大致相当。BP 公司副总裁德开瑞认为，作为日益增长的能源需求的潜在因素，中国的增长和稳定为世界提供了机遇而非挑战。但是，由于国际原油价格屡创新高，平均每吨进口价格比 2003 年上涨 58.9 美元，中国为此多支付外汇 70.68 亿美元。①

2011 年 6 月，时任国际能源署署长的田中伸男在由中国国际经济交流中心主办的“第二届全球智库峰会”上提出：加强中国的能源安全对全球的经济都是有益的。他说，在 2000 年的时候，中国能源的需求是美国的一半，现在中国是世界上最大的能源消费国，到 2035 年的时候，中国能源的消费将会占到 OECD 国家加起来的三分之二，这主要的原因是中国经济强劲的增长和人口缓慢的增加。中国能源的消费也越来越多的依赖于国际市场，中国也更加需要加强自己能源的安全，到 2035 年中国的电力需求将会比 2008 年增加 3 倍，中国对煤炭的进口也会不断地增加，到 2035 年煤炭的市场需求量达到目前在国际市场上进行交易的所有煤炭量总和。田中伸男认为加强中国的能源安全，有助于减少利比亚等国际形势变化对全球市场的影响，在全球石油市场当中一些小的混乱或者是市场上一些小的波

---

① 曹新：《视点：立足国内解决中国能源需求》，《中国经济时报》2005 年 8 月 12 日。

动,都会对其他的国家造成影响,所以中国应该和国际能源署进行密切合作。当然,要在区域层面上进行体制设计,来帮助区域内的一些国家防范能源风险。①

## (二)中国能源需求增长对于全球政治格局的影响

目前,国际能源组织主要是石油输出国组织(OPEC)和国际能源署(IEA)。除此之外,还存在着7国集团会议、能源消费国与生产国之间的全球性定期对话,以及联合国的一系列针对能源的机制等。世界能源理事会等非政府组织在国际能源领域也发挥着重要作用。

全球能源安全体系中最核心的问题是建立能源出口国与进口国之间的对话机制。能源出口国掌握着手中的"石油美元",希望可以一直在高价运行,同时保持产量的恒定,坐拥全世界的财富;能源进口国也十分清楚,相对日益稀贵的石油资源来说,"卖方市场"的现状肯定会延续,因此必须寻找替代能源和发展节能技术,减少对于能源进口的依赖。在供需基本平衡的基础上保持可持续的供应和合理的价格,就需要能源进口国与能源出口国进行积极合作。事实上,任何形式完美的全球治理结构均不能克服其背后结构性的利益分歧,在能源议题上尤其如此。

中国国内经济和社会发展及能源需求日益影响国际政治形势。一些国家和地区性国家组织的有关人士把近年来国际油气价格的上涨归咎为中国需求的推动,在国际能源领域鼓吹"中国威胁论"。2007年,在美国《环球》(*Orbis*)杂志上刊载了《中国与全球的能源市场》一文,指出中国作为全球经济发动机的出现导致全球能源的紧张,由此中国的能源政策的制定成为中国外交路线的重要组成部分;同时,由于与地区利益、社会问题、工业发展及地理问题相交迭,中国能源政策被分割而日益复杂化,中国要应对这些挑战必须与世界和谐共处,倾听其他国家的呼声,特别是处理好中美关系。②

---

① 《国际能源署署长:加强中国能源安全有益全球经济》,新浪财经,2011年6月25日,http://finance.sina.com.cn/g/20110625/193110047685.shtml。

② China and Global Energy Markets,"Peter Cornelius and Jonathan Story",*Orbis*, Volume 51,Issue 1,Winter 2007,pp.5-20.

控制能源对大国来说至关重要，能源是经济发展的动力，也是国家实现经济繁荣的基础，甚至是国际格局中国家之间相互依存的柱石，因此罗伯特·基欧汉说，“石油多年来一直是国际贸易中最重要的原料。美国所寻求的开放、非歧视性的货币和贸易体系，依赖于其他资本主义国家的发展和繁荣，而这些国家的发展和繁荣，必然也依赖于能比较容易的以合理的价格从中东进口石油”。

目前全球能源供需平衡关系脆弱，石油市场波动频繁，各种非经济因素也影响着能源国际合作。国际油价高位振荡，油价在2008年攀升至每桶100美元甚至150美元，随后在一年内下跌至每桶34美元。全球能源市场的话语权掌握在几个发达国家以及其所掌控的主要国际组织手中。中国虽然具有广阔的市场，但中国既没有在国际能源机构中的发言权，也无法直接与欧佩克等能源组织对话。中国虽然对国际能源价格有一定影响，但在国际能源市场上关于价格的谈判能力和议价能力还相当弱小。总的来说，中国参与全球层面能源合作的程度弱于参与区域层面能源合作的程度。在全球层面的能源合作中，中国基本被排斥于主要能源组织之外。中国拥有广阔的市场，但从全球层面的能源组织角度来看，中国还是个小伙伴，属于轻量级角色，缺乏足够的发言权。虽然中国开展区域层面的能源合作较为活跃，但由于缺乏国际组织的合作框架，合作程度还有待进一步加深。因此，在中国缺乏国际能源政治领域话语权的境况下，中国强劲增长的能源需求未必会上升为在国际政治领域纵横捭阖的筹码，反而会成为主要政治大国制衡中国的软肋。

### （三）中国能源需求增长与周边安全及区域安全

美国因素在中国能源引发的周边和区域问题中仍然十分突出。在亚太地区，中美日三国围绕能源问题的博弈日益激烈。之前和当前的中日东海油气资源之争、中日西伯利亚油气资源之争、中美南海问题之争，这些争端都有演变为实质性能源危机的可能性。因此，冷静深入地纵览全局，透彻分析其中的每一个细节，从而发现上述现象绝不是突兀孤立的，彼此之间总是存在着某些必然的联系。比如，表面上看似只是中日两国之间的因东海石油资源归属问题而产生的冲突背后却隐藏着美国的因素,美日联合起来对华打"能源牌"归根结底又有着各自不同的战略思维,此外,美日在中东能源战略上的分歧也必将对中国"能源外交"产生一定的影响。只有洞彻这一切,才能制定出切实有效的突发预案,成功规避地区冲突风险。

中美关系近年来呈现复杂化态势,能源问题在中美关系中的重要性在上升。美国在全球能源安全的格局中处于优势地位,中国在全球能源安全格局中处于上升态势,但是与美国相比明显处于劣势地位。同时,美国在能源领域对中国愈益戒心重重,频频对中国施压,需要中方妥善应对。与中日能源之争相比,中国具有较大的回旋空间可以避免与美国在全球能源领域里的直接对抗,如加大双边磋商力度,以及在非洲、拉美开辟新的油源地等。美国近年来频频介入南海问题,并且对于中国的指责日益增多,其中也在觊觎南海的油气资源开发。

中日关系近年来呈现低迷状态,其中有关能源问题的争端是两国关系紧张的症结之一。中日能源之争表现为两点:第一,两国领土争端涉及能源和资源的归属权问题,如钓鱼岛争端、东海大陆架争端都涉及海底油气资源的归属问题;第二,双方为开辟自身新的油源地而引发诸多矛盾,如中日对于俄罗斯"安纳线"和"安大线"的争执曾经十分激烈。由于中日同时处于东亚能源板块,因此总体上看在中日的能源之争中,中方出于各种考量可以回旋的余地较少。1966 年联合国亚洲及远东经济委员会经过对包括钓鱼岛列岛在内的我国东部海底资源的勘查,得出结论:东海大陆架可能是世界上最丰富的油田之一,钓鱼岛(与台湾岛在地理上共生)附近水域可能成为"第二个中东"。据我国有关科学家 1982 年估计,钓鱼岛周围海域的石油储量约为 30 亿—70 亿吨。还有材料说,该海域海底石油储量约为 800 亿桶,超过 100 亿吨。①

日本 2012 年频频在钓鱼岛问题上挑衅中国,加强与中国争夺钓鱼岛周边海域的石油资源是其固有的战略意图。中日在钓鱼岛海域以及东海大陆

---

① 《新闻背景:日本租借钓鱼岛的背后》,新浪新闻,2003 年 1 月 5 日,http://news.sina.com.cn/c/2003-01-05/0108862556.shtml。

架的争端中牵涉十分敏感的能源问题，特别是在台湾海峡已经成为日本海上能源运输的生命线的情况下。2006年，美国《外交》中《中日的竞争处于即将爆发的边缘》一文，指出中日之间的经济联系在加深，但是外交关系却处于紧张状态，中日之间争吵的问题中比较紧迫的是两国对于能源的迫切需求，两国都主张对于东海油气资源的所有权；美国应在中日之争中扮演一个重要的角色，特别是推动两国合作从而开创东亚历史的新纪元。①

中国东海、南海、钓鱼岛附近海域的油气资源及能源运输通道——台湾海峡、南沙群岛海上航线不仅关系到中国的能源安全，而且事关中国的主权和领土完整，必须运用政治、军事等手段从保障中国国家核心利益的角度加以维护。

南海现在是中国周边安全的焦点，越南和菲律宾与中国南海油气争议最为突出。南海周边国家每年在南沙开采大量石油，但拥有南海主权的中国在过去50年间却连一桶石油都未开采，近年来刚刚有所作为。菲律宾一直不顾中方反对，执意邀请外资勘探南海争议地区油气资源。2012年7月，菲律宾宣布竞标三块油气田时，其中两处油气田位于中国南海海域，中国外交部门发表声明重申中国对南沙群岛及其附近海域拥有无可争辩的主权，中方已多次就菲方部分油气招标区块侵犯中方权益提出交涉。

南海周边国家中，最早对南海进行开发的是越南。据了解，从1974年开始，越南就逐渐拥有了白虎油田、大熊油田、白犀牛油田、青龙油田、东方油田等油田，其中，白虎油田、东方油田、青龙油田和大熊油田是大型油田。1986年开始，越南在南沙打出了第一口出油探井，从此一发不可收拾。近年来，越南还将南沙海域划分为上百个油气招标区，与美国、俄罗斯、法国、英国、德国等不断签订勘探、开采石油与天然气合同。目前每年我国石油资源被周边国家开采，其中越南居首。据悉，越南2011年产油约1750万吨，基本上来自南海，其产值竟占越南全国GDP的30%。

2011年10月12日，印度和越南政府在新德里签署了一项为期3年的

---

① Kent E. Calder, "China and Japan's Simmering Rivalry", *Foreign Affairs*, March/April 2006.

南海海上油气资源开发协议,无视中国一再反对,执意介入南海事务。在美国、日本相继介入南海事务后,越南又将印度拉入南海问题争端,使这一问题复杂化,而各方牵制的目标无一不指向中国。

目前,美国的石油供应正向本土和周边地区收缩。因此,针对中国周边油气资源被掠夺的现状,明确中国的能源安全战略既具有紧迫性,又具有长远性。

## 四、我国自身资源的约束性及海洋石油资源正在遭受极大的损害

中国当前资源约束矛盾突出,其中陆上部分资源开采接近耗竭程度,而海洋资源正在遭受极大的损害。

### (一)中国煤油气的资源储备格局

中国以煤油气为代表的能源储备格局具有以下特点:①

第一,能源资源总量比较丰富。中国拥有较为丰富的化石能源资源。其中,煤炭占主导地位。根据《2016 中国国土资源公报》,2015 年年底,煤炭保有资源量 15663.1 亿吨,新增 400.5 亿吨,增长 2.6%。已探明的石油、天然气资源储量相对不足,油页岩、煤层气等非常规化石能源储量潜力较大。

2016 年 6 月国土资源部向公众发布《全国油气资源动态评价 2015》,评价结果显示全国石油地质资源量 1257 亿吨、可采资源量 301 亿吨,全国天然气地质资源量 90.3 万亿立方米、可采资源量 50.1 万亿立方米。与 2007 年全国油气资源评价结果相比,石油地质与可采资源量分别增加了 64%和 42%,天然气地质与可采资源量分别增加了 158%和 127%。

中国拥有较为丰富的可再生能源资源。水力资源理论蕴藏量折合年发

① 数据来源:《中国的能源状况与政策》,中华人民共和国国务院新闻办公室 2007 年 12 月。

电量为6.19万亿千瓦时,经济可开发年发电量约1.76万亿千瓦时,相当于世界水力资源量的12%,列世界首位。

第二,人均能源资源拥有量较低。中国人口众多,人均能源资源拥有量在世界上处于较低水平。煤炭和水力资源人均拥有量相当于世界平均水平的50%,石油、天然气人均资源量仅为世界平均水平的1/15左右。耕地资源不足世界人均水平的30%,制约了生物质能源的开发。

第三,能源资源赋存分布不均衡。中国能源资源分布广泛但不均衡。煤炭资源主要赋存在华北、西北地区,水力资源主要分布在西南地区,石油、天然气资源主要赋存在东、中、西部地区和海域。中国主要的能源消费地区集中在东南沿海经济发达地区,资源赋存与能源消费地域存在明显差别。大规模、长距离的北煤南运、北油南运、西气东输、西电东送,是中国能源流向的显著特征和能源运输的基本格局。

第四,能源资源开发难度较大。与世界相比,中国煤炭资源地质开采条件较差,大部分储量需要井工开采,极少量可供露天开采。石油天然气资源地质条件复杂,埋藏深,勘探开发技术要求较高,如现有石油资源品质变差,低渗、稠油、深水、深层资源的比重进一步增大,而天然气资源中低渗、深水、深层、含硫化氢的资源占有较大比重。未开发的水力资源多集中在西南部的高山深谷,远离负荷中心,开发难度和成本较大。非常规能源资源勘探程度低,经济性较差,缺乏竞争力。

### (二)国内能源资源的存量及耗竭程度评估

我国能源矿产资源比较丰富,但结构不理想,煤炭资源比重偏大,石油、天然气资源相对较少。煤炭资源的特点是:蕴藏量大,煤种齐全,但肥瘦不均,优质炼焦用煤和无烟煤储量不多;分布广泛,但储量丰度悬殊,东少西多,北丰南贫;露采煤炭不多,且主要为褐煤;煤层中共伴生矿产多。2009年我国已成为一个煤炭净进口国,煤炭产量已经达到近30亿吨的能力,煤炭的开采量已经到达极致。我国的煤炭回采率只有30%,不到国际先进水平的一半,基本上属于采一吨扔两吨,浪费和损耗惊人。

我国油气资源的特点是:石油资源量大,资源的探明程度低,陆上探明石油地质储量仅占全部资源的1/5,近海海域的探明程度更低;分布比较集中,大于10万平方公里的14个盆地的石油资源量占全国的73%,中部和西部地区的天然气资源量超过全国总量的一半。根据《全国油气资源动态评价2015》,评价结果显示全国石油地质资源量1257亿吨、可采资源量301亿吨,是世界可采资源量大于150亿吨的10个国家之一,比"新一轮全国油气资源评价"(2003—2007年)分别增加116亿吨和21亿吨,探明程度34%。评价结果显示,我国石油年产量2亿吨水平可延续到2030年以后。

由于中国的主要河流多发源于青藏高原,落差很大,因此水能资源非常丰富,蕴藏量约6.8亿千瓦,居世界第一位。但中国水能资源的地区分布很不平衡,70%分布在西南地区。按河流统计,以长江水系为最多,占全国的近40%,其次是雅鲁藏布江水系。黄河水系和珠江水系也有较多的水能蕴藏量。中国的潮汐能蕴藏量为1.1亿千瓦,可开发利用量约2100万千瓦,每年可发电580亿度。浙江、福建两省潮差较大,潮汐能占全国沿海的80%。其中浙江省的潮汐能蕴藏量约有1000万千瓦,如钱塘江口潮差达8.9米。

**表2-2 中国水系水能蕴藏量**

| 水系名称 | 水能蕴藏量(亿千瓦) | 比例 |
| --- | --- | --- |
| 全国 | 6.8 | 100% |
| 长江 | 2.7 | 40% |
| 黄河 | 0.4 | 0.6% |
| 珠江 | 0.3 | 0.4% |
| 黑龙江 | 0.1 | 0.1% |
| 雅鲁藏布江及西藏其它河流 | 1.6 | 24% |

中国人均能源资源拥有量在世界上处于较低水平,煤炭、石油和天然气的人均占有量仅为世界平均水平的67%、5.4%和7.5%。虽然近年来中国能源消费增长较快,但目前人均能源消费水平还比较低,仅为发达国家平均水平的三分之一。随着经济社会发展和人民生活水平的提高,未来能源消费还将大幅增长,资源约束不断加剧。

此外,中国产业结构不合理,经济发展方式有待改进。中国单位GDP

能耗不仅远高于发达国家,也高于一些新兴工业化国家。能源密集型产业技术落后,第二产业特别是高耗能工业能源消耗比重过高,钢铁、有色、化工、建材四大高耗能行业用能占到全社会用能的40%左右。能源效率相对较低,单位增加值能耗较高,这些因素对于中国构建资源节约型和环境友好型社会十分不利。

### (三)我国海洋石油开发前景及存在的制约因素

我国海岸线长达1.8万公里,居世界第四。按照国际法和《联合国海洋法公约》的有关规定,我国主张的管辖海域面积达300万平方公里,接近陆地领土面积的1/3。目前,我国海域共发现近30个中新生代沉积盆地,总面积130多万平方千米,其中蕴藏着约有360亿吨石油资源量,石油的潜在资源量分别占全国资源量的26%,还有大量的天然气和天然气水合物资源(即最有希望在21世纪成为替代能源的"可燃冰")。

目前,我国在渤海、南海、东海拥有80余个油气田,油气产量不断攀升。从产量增长幅度看,近10年全国新增石油产量超过一半来自海洋,2010年这一数字更是达到85%。2015年全国石油总产量约2.15亿吨,中海油在国内生产的7970万吨油气产量占了总产量37%左右。海洋油气正成为我国油气产量上升的主要领域之一。

我国海洋油气资源勘查起步相对较晚,多年来只在渤海、东海和南海等近海海域进行油气开发。全部海域油气勘探程度和油气资源探明程度较低,海洋油气勘探主要是在浅水区(水深400米以内),截至2005年年底,我国近海海域石油资源探明率低于30%,天然气探明率更是低于10%,尚有许多新的领域没有突破,比如广阔的深水区、前第三系等。

多年来,渤海油气产量快速上升,成为海上油气主产区。渤海油气产储量一度占国内海上油气产储量的68.5%,但到21世纪初,这一比例降至20.18%。2010年发生的"7·16"大连油污染事件和2011年发生的蓬莱19-3油田溢油事故对渤海海水环境造成的污染损害依然存在。海上溢油这种短期性、大剂量的海水污染对于渤海作为内海的环境影响极大,很难采取有效措施处理,因此中国海上油气开采急需拓展新区。

在我国四大海域中,唯有黄海海域尚无探明储量。而受外部条件影响,东海油气产量仅限于东海陆架盆地西部,2011 年剩余可采储量仅占国内海上油气剩余可采储量的 2.16%,产量仅占国内海上油气产量的 0.18%。因此,寻找新产区、新领域作为油气资源战略接替区显得尤为重要。从 2011 年的数据看,我国海上探明地质储量主要分布在南海北部。

我国南海是世界四大海洋油气资源带之一。南海石油地质储量约在 230 亿—300 亿吨之间,天然气总地质资源量约为 16 万亿立方米,占我国油气总资源量的三分之一,其中 70%蕴藏于 153.7 万平方公里的深海区域,号称全球"第二个波斯湾"。中国工程院院士周守为指出,南海有潜力成为继墨西哥湾、巴西和西非深水油气勘探开发"金三角"之后,世界上第四大深水油气资源勘探海域。南海周边国家每年在南沙开采大量石油,年产原油 5000 万吨,但拥有南海主权的中国在过去 50 年间却基本未开采。在南海海域的勘探开发中,中海油基本上集中在浅海的北部湾海域和珠江口海域,深海涉足很少。中石油和中石化虽然在近几年也分别声称将进军海洋石油领域,但目前在南海均无作为。

2012 年 6 月 25 日,中国海洋石油总公司登出公告,宣布将对南海海域的部分区域进行对外联合油气资源开发,并公开对外招标。对外开放区块 9 个,总面积 160124.38 平方公里,供与外国公司合作勘探开发。这 9 个区块中 7 个区块位于中建南盆地,2 个位于万安盆地东北部和南薇西盆地北部,是中海油时隔 20 年后再次在南海争议海域招标开采油田。

深海石油作业已经被认为是石油工业的一个重要前沿阵地[①],与大陆架和陆上勘探钻井作业相比,深水作业成本昂贵(海上油田的建成成本约为陆上的 3—5 倍),是一项高科技、高难度的系统工程。在墨西哥湾、巴西以及西非等地深海石油开发已经有了极大的发展。

---

① 在油气勘探领域,400 米以下水域为常规水深作业,400 米—1500 米水深为深水作业,大于 1500 米则为超深水作业。随着深度的增加,海洋油气开发难度亦随之骤增。所以,必须使用当代最先进的科学技术,如造船技术、卫星定位与电子计算机技术、现代机械、现代环保和防腐蚀技术等综合科技,解决深海石油开发所遇到的定位、建立海上固定平台或深海浮动式平台的泊位、废水排放和海上油气的储存、运输等一系列难题。——笔者注

由于技术装备落后，目前，我国海洋油气资源开发仍主要集中在200米水深以下的近海海域，尚不具备超过500米深水作业的能力，深海油气的规模开发几乎处于空白状态。海洋油气开发装备是否先进，直接决定海洋油气资源开发水平的高低。尽管我国在一些比较先进的油气工程装备方面已实现国产化，但绝大部分关键技术仍然掌握在别人手里，国内厂商基本停留在钻采平台的制造上，相关配套技术滞后，设备绝大多数由国外建造配套，严重制约了海洋油气的规模开发。2012年5月9日，随着我国首座自主设计、建造的第六代深水半潜式钻井平台“海洋石油981”的钻头在南海荔湾6-1区域1500米深的水下探入地层，我国海洋石油工业“深水战略”迈出了实质性的一步，此次南海首钻是我国石油公司首次独立进行深水油气勘探开发，由此我国成为第一个在南海自营勘探开发深水油气资源的国家。

## 五、建立完善的国家能源安全预警应急体系

国家能源安全体系是一个组织严密的复杂巨系统，近年来在能源领域的突发事件不断增长，因此要着手建立能够有效应对能源供应中断和重大突发事件的预警应急体系。

### （一）中国能源安全领域突发事件的基本类型

近年来国家涉及能源领域的突发事件呈几何级数增长，这些突发事件基本可以概括为以下几种类型：

第一，短缺型。中国在改革开放前的经济基本上是以“短缺”为主要特征，改革开放40年来，中国经济快速增长，物质与精神文化建设取得巨大成就，基本告别“短缺”的时代。但是进入21世纪后，中国能源短缺事件层出不穷，多次遭遇以煤、电、油全面紧张为标志的能源“瓶颈”的阻击，甚至缺煤、缺电、缺油同时在一个地域和时间段出现，某种程度上已经成为事关中国整体国家安全利益的战略性课题。自20世纪80年代以来的几次能源短

缺高潮,均为由于煤炭的短缺引发的,无一例外。2003 年夏天和冬天的电荒,同样给中国的发展敲响了警钟,这种频繁出现的电力短缺,往往和电煤告急密切相关。2007 年,据香港《文汇报》报道,中国大陆成品油批发价持续攀升,珠三角与其他区域同时闹起柴油荒,由于柴油供应紧缺,货车司机每天要花 3 个小时排队等加油,加上油价不断上调,拖累运输成本急增百分之五。而 2008 年燃油、燃煤价格飞涨,特别是冬季严寒持续,导致电力需求不寻常地大幅度增加,中国面临了历史上最严重的缺电状况。2009 年冬季后,南方地区由于天然气供应紧张,导致多个大城市的能源供给告急。能源短缺是中国的现实,也是中国未来的现实,在具体能源政策调整不到位乃至滞后的情况下往往会衍生出一些突发事件。

第二,污染型。目前我国已进入了环境污染事件高发期,平均约两天就发生一起环境污染事件。2007 年原国家环保总局接报处置突发环境事件 110 起,比 2005 年增加 45%。过去 10 年间,全国环境投诉由最初的每年几万件猛增到 2007 年的 71 万多件,因环境问题引发的群体性事件以每年 29%的速度递增。环境问题已明显影响到社会稳定的大局。①

第三,战乱型。现代战争已从过去消灭有生力量为主转变为侧重打击指挥系统和重点经济目标,石油生产设施、石油战略储备仓库、石油运输管线等相关能源设施都会成为敌方袭击的重要目标。海湾战争 42 天,伊拉克炼油设施的 80%、电力设施的 50%遭到炸毁。科索沃战争 78 天,北约空袭摧毁了南联盟炼油能力的 100%、库存油料的 70%、发电能力的 70%,还用石墨炸弹破坏了电网。能源动员是保障战争中石油供应的有效手段。现代战争中石油消耗数量大、补给要求急,正常状态的生产和运输已经无法保障。如果在和平时期按照高技术局部战争的要求,着眼于新时期军事斗争的需要,对能源进行长期、周密、充分的动员准备,做好重要能源的战略储备,同时考虑到能源紧急生产、运输等各个环节的动员措施,一旦有事才能组织快速而有效的能源动员。②

---

① 梁丽萍:《中国环境保护:探索前进、喜中有忧的 30 年——访原国家环保总局副局长王玉庆》,《中国党政干部论坛》2008 年第 9 期。

② 崔艳红:《能源动员——维护国家安全的战略选择》,《学习时报》2008 年 10 月 23 日。

第四,事故型。中国在能源生产和流通乃至消费领域内的各类事故居于全球之首,其中以能源生产领域的事故为主体。煤矿安全生产责任事故频发对于中国总体的能源安全体系的完善形成了诸多的负面影响。2005年全国煤矿事故死亡人数接近6000人,2006年全国煤矿死亡4746人,2007年全国煤矿事故死亡人数达到3786人,煤炭百万吨死亡率由2002年的4.94下降为2007年的1.485,但是绝对数字依然是惊人的。煤矿事故具有突发性、关联性等特征,一人违章,就会祸及全队甚至全矿。

第五,衍生型。能源问题的衍生性很强,乃至于其它领域发生的一些突发事件都与之密切相关。2005年,美国洛杉矶由于一位工人个人操作失误导致的地区停电事故,严重影响了当地经济和社会事业的正常运转,并且在"9·11"事件背景下造成了美国民众的心理恐慌,引起了美国政府高层和全球媒体的关注。我国资源短缺,且分布不均,环境压力较大。由于铁路发展长期滞后于经济发展,一些重大战略物资的跨区域运输依然要靠公路等运输方式,对能源与环境造成更大的压力。2008年年初,中国南方的雨雪冰冻灾害首先导致部分地区能源系统的瘫痪,之后进一步演化为交通系统的梗阻,最后对于居民日常生活及社会稳定产生了巨大的消极影响,需要动员举国之力才得以克服。因此,能源问题往往不可以归结为简单的技术或者经济问题,而是一个全局性和战略性的重大课题。

### (二)预防为主,完善中国能源应急反应机制的建设

《中共中央关于加强党的执政能力建设的决定》中指出:"建立健全社会预警体系,形成统一指挥、功能齐全、反应灵敏、运转高效的应急机制,提高保障公共安全和处置突发事件的能力。"①确立了应急机制建设所应达到的标准和要求。应急管理是指政府及其他公共机构建立必要的应对机制,采取一系列必要措施,针对突发事件的事前预防、事发应对、事中处置和善后管理。国内也有专家称之为危机管理,包括移转或缩减危机的来源、范围和影响;提高危机初试管理的地位;改进危机冲击的反应管理;完善修复管

① 《中共中央关于加强党的执政能力建设的决定》,《人民日报》2004年9月27日。

理,迅速有效减轻危机造成的损害。[①] 涉及针对突发事件方方面面的细微环节。

作为经济安全的重要方面,能源安全直接影响到国家安全和社会稳定,具有举足轻重的重要作用。由于能源结构构成的复杂多样,能源安全本身就是一个相对复杂的体系,因此存在于其架构之内的对于各种能源的安全性建设也是情况各异,存在的问题各不相同。《中国的能源状况与政策》白皮书指出:近年来,煤矿生产安全欠账比较多,电网结构不够合理,石油储备能力不足,有效应对能源供应中断和重大突发事件的预警应急体系有待进一步完善和加强。

在中国能源应急体系中,就其内部的比对而言,电力应急体系相对比较完善。国家已经实行电力统一调度、分级管理、分区运行,统筹安排电网运行;建立了政府部门、监管机构和电力企业分工负责的安全责任体系;同时,电网和发电企业建立应对大规模突发事故的应急预案。而石油和天然气供应应急保障体系正在逐步建立,国家目前按照统一规划、分步实施的原则,建设国家石油储备基地,扩大石油储备能力。

中国能源应急反应机制的建设应以体系预防为首要,以事故应对为关键。根据国家目前制定的《能源法》初稿判断,国家将对能源应急事件实行分级管理,按照能源应急事件实际或者合理预计的可控性、严重程度、影响范围和持续时间,分为特别重大、重大、较大和一般四级。在能源应急期间,各级人民政府应当根据维护能源供给秩序和保护公共利益的需要,按照必要、合理、适度的原则,采取能源生产、运输、供应紧急调度,储备动用,价格干预和法律规定的其他应急措施。各级人民政府在采取能源应急措施的同时,应当确定基本能源供应顺序,维持重要国家机关、国防设施、应急指挥机构、交通通信枢纽、医疗急救等要害部门运转,保障必要的居民生活和生产用能。任何单位和个人应当执行能源应急预案和政府能源应急指令,承担相关应急任务。

---

① 薛澜、张强、钟开斌:《危机管理:转型期中国面临的挑战》,清华大学出版社2003年版,第44页。

当前,中国能源应急反应机制建设的基础性工作在于有效关注国家能源安全领域的各类危机源,完善能源安全应急预案,特别是在能源生产和输送领域近年来事故频发,因此必须通过历次事故认真总结完善预案,从而全面预防与处理中国能源生产领域内的突发事件。

电力领域在国家能源应急管理中处于优先考虑的位置。电力需求侧管理作为一种应急手段而言推行用电负荷错峰、避峰管理,可以有效地转移高峰负荷,特别是缓解电网峰谷差矛盾,从而优化电网运行方式,提高电网运行的经济性。电力需求侧管理包括行政手段、经济手段、技术手段。行政手段主要是调整电力客户的生产班次、错开上下班时间、调整周休息日以及将用电设备检修安排在用电高峰季节或高峰时段。经济手段主要通过峰谷分时电价、季节性电价和避峰电价直接激励电力客户控制和调整负荷需求。技术手段是指采用可以实现移峰填谷、明显提高电能利用效率的生产工艺、材料和设备,以及启动负荷管理系统的控制功能在负荷高峰时段实施可中断用电和短时限电。据专家预测,我国通过加强电力需求侧管理,到 2020 年,可以以 8 亿千瓦的装机支撑同样的国民经济和社会发展速度,并能够节约投资 8000 亿到 10000 亿元。同时,通过加强电力需求侧管理,缩小电网峰谷差,提高电网负荷率,发电侧避免了频繁调整发电出力,能够减少煤、油和水等自然资源的消耗,也同样促进了电力与资源、环境的协调发展。通过电力需求侧管理缓解电力供应紧张的压力,这是中国能源应急管理制度化建设的有益尝试,但是真正贯彻落实需要全社会的大力理解和积极配合。

### (三)理顺价格体制,规避"短缺型"能源突发事件

事实上,短缺类的能源突发事件大部分是在价格错位情况下导致的"人因型"能源短缺。在市场经济社会里,价格只有反映出产品的供求关系,才能实现对于资源的合理配置。

2003 年以来,中国经济运行中资源约束矛盾加剧,煤炭、电力供应紧张,价格矛盾突出。为理顺煤电价格关系,促进煤炭、电力行业全面、协调可持续发展,经国务院批准,初步建立煤电价格联动机制。从长远看,要在坚

持放开煤价的基础上,按照国务院颁布的《电价改革方案》规定,对电力价格实行竞价上网,建立市场化的煤电价格联动机制。改革初期主要根据煤炭价格与电力价格的传导机制,建立上网电价与煤炭价格联动。应该认识到,煤电联动不是一个市场定价制度,因为它不是符合条件就自发联动,只是市场化过程中的一个过渡性措施。最终根本的解决办法是,改革电力定价机制,推进电力市场改革,使电价能充分反映煤电成本和市场供需,提高发电用电效率。

石油是世界各国不可或缺的重要战略资源,目前国际石油市场经过 100 多年的发展,已经形成全球性的市场体系,形成了比较完整的现货市场和期货市场体系。石油市场的这种大环境促使各石油消费国调整价格机制,已与这一比较成熟的市场体系接轨。作为石油消费大国,中国也不可避免地受到国际市场的影响并积极探求适应本国实际情况的对策。

2005 年,我国就已形成相对周全的成品油定价机制方案,目标也预定在与国际接轨,但这套机制并未在现实中真正运作起来,目前成品油价格仍是在市场的基础上由政府统一定价。2008 年 6 月 19 日,我国适当地调高了汽油、柴油和航空煤油的价格。当前,我国成品油的价格由于考虑到各种国内可承受的程度,采取逐渐与国际接轨的办法。[①] 2009 年 1 月以来,我国成品油价格经历了 5 次上涨以及 3 次下调。1 月 15 日零时起,国家发展改革委决定将汽、柴油价格每吨分别降低 140 元和 160 元,这次的降价拉开了 2009 年度油价频繁波动的序幕。两个月后,鉴于国际市场原油价格持续上升的情况,国家发展改革委又决定自 3 月 25 日零时起将汽、柴油价格每吨分别提高 290 元和 180 元,这是自 2009 年的首次上调成品油价格。随后的 6 月份,发改委又连续两次调高成品油价格。几次升降的过程中,油价在波动中一步一步地向上攀升,或许这种趋势还会延续下去。国内相关专家周大地等表示,新的成品油价格形成机制使得中国燃油价格对国际市场的反

① 周大地:《调整能源价格正当时(专家视点)》,人民网—国际金融报,转载于凤凰网财经,2009 年 8 月 5 日,http://finance.ifeng.com/roll/20090805/1040508.shtml。

应更加灵敏，因为中国是石油进口国，目前只能是被动接受国际油价波动，国内油价同国际直接接轨“无法回避”。

相对于国内对于石油价格波动反应比较平顺而言，天然气价格改革则广受争议。由于天然气相对于煤炭和石油而言属于碳排放较低的清洁型能源，因此国内许多城市的供暖甚至交通都开始以天然气替换煤炭和石油。2009 年 11 月，由于受天气影响，全国天然气需求猛增，天然气供应出现短缺状况。据报道，11 月杭州 1/3 的居民用气受影响，11 家企业因缺气关停；而湖北武汉一度所有出租车停止供气，武汉天然气用气缺口曾经达 60 万立方米，南京的天然气日缺量达 40 万立方米。有专家表示，即使中石油将产能扩大到最大化，全国工业用和车用天然气供给仍将是十分紧张的。供给跟不上以及较早到来的寒流导致供给准备不足是出现“气荒”的两大推手。在过去很多年间，中国都没有出现过如此规模的天然气供应缺口。中石油的官方解释说，2009 年中国北部地区遭遇了罕见的大雪和冰冻，由于北方天然气需求量急剧上升，不得不对长江以南部分城市进行减供，但这似乎并不是问题的全部。国内天然气生产企业认为目前价格不合理，要求进行天然气价格体制改革的呼声已经越来越高。事实上，“石油巨头市场在供应紧张的有利时机觊觎更高的市场价格”这一说法已经在市场中广为流传。中国石油大学董秀成教授认为，“缺气的根源在于目前天然气的价格管制。没有利益的驱动，企业就没有动力去勘探更多的油气田。而进口天然气也是因为价格的矛盾迟迟难以进到国内。”在能源专家韩晓平看来，天然气之所以出现供应短缺，并不仅仅是价格问题，“一个重要的原因是我们勘探开发的主体太单一了，没有建立起一个多元化的供应渠道。有竞争企业才有降低成本的内在动力，只有一个企业来经营的话，它永远会说价格不够高。”[1]总之，价格机制的理顺在一定程度上可以规避隐含人为因素的“短缺型”能源突发事件。

---

① 《中石油称天然气供应接近极限专家认为是垄断机制惹的祸》，《都市快报》，转载于凤凰网财经，2009 年 11 月 22 日，http://finance.ifeng.com/news/special/tianranqihuang/20091122/1492960.shtml。

## 六、加快国家石油战略储备体制建设

石油储备是中国能源应急的重要战略措施,当前世界各国对于战略石油储备(Strategic Petroleum Reserve,简称 SPR)高度重视,甚至视为国家整体安全战略的有机组成部分。中国石油战略储备建设起步晚,石油战略储备现状,与中国的现实经济规模,与确保中国能源战略安全的要求,与国际惯例,极不相称,并缺乏必要的石油商业储备体系,缺乏完善健全的能源安全预警应急体系,相关的国家法律法规体系也尚在建设之中。这种情形已成为制约中国石油战略安全的"软肋",到了非解决不可的时候。在进一步加快建设国家战略石油储备体系的同时,法律建设也已是当务之急。因此,我国石油储备建设应走战略储备与立法建设双轨并行之路,在加快进行石油战略储备建设的同时,加快建设相关法律体系。

### (一)国际石油战略储备体制建设的经验

所谓战略石油储备,是应对短期石油供应冲击(大规模减少或中断)的有效途径之一。它本身服务于国家能源安全,以保障原油的不断供给为目的,同时具有平抑国内油价异常波动的功能。根据 IEA 的定义,石油储备是指"某国政府、民间机构或石油企业保有的全部原油和主要的库存总和,包括管线和中转站中的存量"。世界众多发达国家都把石油储备作为一项重要战略加以实施。对石油进口国而言,战略石油储备是对付石油供应短缺而设置的头道防线,其主要经济作用是通过向市场释放储备油来减轻市场心理压力,从而降低石油价格不断上涨的可能,达到减轻石油供应对国家整体经济冲击的程度。①

战略石油储备制度起源于 1973 年中东战争期间。当时,由于欧佩克石油生产国对西方发达国家搞石油禁运,发达国家联手成立了国际能源署机

---

① 《什么是战略石油储备?》,《中外能源》2007 年 6 期。

构。成员国纷纷储备石油,以应对石油危机。国际能源署要求成员国至少要储备60天的石油,主要是原油。20世纪80年代第二次石油危机后,他们又规定增加到90天,主要包括政府储备和企业储备、机构储备三种形式。① 当今世界只有为数不多的国家战略石油储备达到90天以上。目前存在战略储备与平准库存两种石油储备形式:战略石油储备是以在战争或自然灾难时以保障国家石油的不间断供给为目的的;而以平抑油价波动为目的的石油储备则为平准库存。储备方法包括:陆上油罐,海上油罐,地下油罐,地下岩穴、岩洞储存,报废矿井储存。

当前,西方发达国家石油储备制度比较成熟的有美国、日本以及法国。1975年,美国国会通过了《能源政策和储备法》(*Energy Policy and Conservation Act*,简称EPCA),授权能源部建设和管理战略石油储备系统,并明确了战略石油储备的目标、管理和运作机制。美国的石油储备分为政府战略储备和企业商业储备。尽管美国政府战略石油储备规模居世界首位,但企业石油储备远远超过政府储备。目前,全国的石油储备相当于158天进口量,政府储备为53天进口量,仅占1/3。美国战略石油储备的运行机制可以概括为:政府所有和决策,市场化运作。战略石油储备由联邦政府所有,从建设储库、采购石油到日常运行管理费用均由联邦财政支付。联邦财政设有专门的石油储备基金预算和账户,基金的数量由国会批准,只有总统才有权下令启动战略储备。克林顿政府战略石油储备政策发生了一些改变,几次动用储备以调控石油市场和平抑油价。小布什执政时期,特别是"9·11"恐怖袭击后,美国的战略石油储备政策又明显调整。小布什政府认为,作为美国经济命脉的石油供应,一旦由于突发事件发生中断,可能会对美国带来灾难性影响。因此,在2001年11月中旬,布什下令能源部迅速增加战略石油储备,此后,美国的战略石油储备迅速增加。②

日本重视石油储备是与其资源贫乏的国家实际情况紧密联系的。日本的石油储备分三个层次:国家石油储备、法定企业储备和企业商业储备。日

① 中国现代国际关系研究院经济安全研究中心:《全球能源大棋局》,时事出版社2005年版,第109—113页。

② 《美国战略石油储备(二)》,《中外能源》2007年6期。

本加强石油储备的方式多种多样,最初依靠油轮储油,后来建立石油储备基地。1975年日本开始实施《石油储备法》,到1996年,日本相继建成10个国家石油储备基地,结束了油轮储油的时代。日本政府的石油储备基地主要设在九州地区,容量占全国的42%。石油储备的方式主要有海上油罐方式、半地上油罐方式和地下岩洞油库等。除了已经建成的国家石油储备基地之外,日本政府还从民间租借了21个石油储备设施。经过30年的不断完善,日本战略石油储备制度已成为本国石油消费的安全保障,其储备量已达到满足169天的石油消费。① 如今,日本石油储备由经济产业省统一管理,以国家为主,民间为辅。根据《石油储备法》,国家、企业存储的石油必须至少分别供全国消费90天和60天。截至2010年年底,日本石油储备量约为6亿桶,政府和民间的储备量都在标准线之上。作为世界第二大石油储备国的日本却基本上能够实现自我平衡,其做法是:按照市场规律,低进高出,即低价进口原油,精细加工,创造巨大的附加值;另外,适当考虑国际、国内市场的油价波动,定期或经常有计划地拿出一部分作为"活储",供周转经营,以获得一定的经济效益。②

法国是最早建立企业石油储备制度的国家,以法定企业储备为主。1923年起,法国政府要求石油运营商必须保持足够的石油储备。1925年1月10日,法国议会通过法案,成立国家液体燃料署,管理石油储备,初衷是满足军队燃料需求。随着石油储备应用范围不断扩大,储备石油目的随之发生变化,由应付战争变成了避免能源短缺的冲击。20世纪60年代,法国率先实行的石油储备政策,逐渐被欧洲乃至世界其他国家仿效。法国政府1992年12月颁布法律,每个石油经营者都要承担应急石油储备义务,并维持上一年原油和油品消费量26%的储量,相当于96天的储备量。③

德国石油储备机制由三部分组成。第一部分是石油储备联盟(EBV)的储备,拥有并管理着相当于90天份额的德国战略石油储备。第二部分是政府石油战略储备,相当于17天份额的德国石油战略储备,全部是原油。

① 《日本和法国石油储备战略》,《中外能源》2007年6期。

② 冯春萍:《日本石油储备模式研究》,《现代日本经济》2004年1期。

③ 《日本和法国石油储备战略》,《中外能源》2007年第6期。

第三部分是德国企业自身的石油战略储备。EBV 的储备是德国石油战略储备的主力,EBV 的储备主要有三种:汽油、中间馏分油(柴油、轻油等)、重油。德国所有生产这三种油品的公司、向德国进口这三种油品的公司、使用石油发电的电厂,都是 EBV 的义务会员。会员按照储备品种向 EBV 缴纳会费。在储备分布上,EBV 将全德国分成东部、北部、西北部、西南部和南部 5 大供应区,按区设立相应的储油库,每个供应区的储量必须保证该区 15 天以上的供给。德国法律禁止 EBV 从事石油投机买卖活动,但允许其出售超过储备义务标准 105%以上部分,出售收入归己。前提是不能干扰石油市场,可以市场价但不能低于平均进货价格出售。①

### (二)中国石油战略储备体系的现状与未来规划

我国建立石油战略储备的讨论始于 2000 年。当年,我国原油净进口量为 6000 万吨,对外依存度尚不到 30%。但当时 80%的进口原油却来自中东,进口依赖单一而漫长的海路。基于规避原油供应不足或中断风险的考虑,当年,发改委、交通部、海运公司、石油公司等方面组成讨论组,专题研究油源的多元化和建立石油储备问题。

2003 年油价走高后,我国的原油进口量也大幅攀升。2003 年 8000 万吨,2004 年 1.2 亿吨,2007 年更是增长至 1.5 亿吨,2009 年首次突破 2 亿吨,石油对外依存度已多年超过 50%,2016 年 3.82 亿吨,对外依存度高达 65.4%,比 2015 年提高 4.6%,建立石油储备,保障国家能源安全变得越来越紧迫。

2007 年 12 月,国务院新闻办公室发布的《中国的能源状况与政策》白皮书指出:按照统一规划、分步实施的原则,建设国家石油储备基地,扩大石油储备能力。中国的石油储备包括国家战略石油储备、地方石油储备、企业商业储备和中小型公司石油储备等四级石油储备体系,就中国面临的实际国情和国际安全环境而言,以国家战略石油储备为主体,其它储备系统为补充。

---

① 武正弯:《德国特色的“3E”石油安全机制》,《中国能源报》2011 年 11 月 7 日。

2007年12月18日,中国国家石油储备中心正式成立,石油储备中心就设于能源局之下。作为中国石油储备管理体系中的执行层,其中心宗旨是为维护国家经济安全提供石油储备保障,职责是行使出资人权利,负责国家石油储备基地建设和管理,承担战略石油储备收储、轮换和动用任务,监测国内外石油市场供求变化。该中心的成立将对建立和完善中国特色的石油储备管理体系,加快战略石油储备建设,规范石油储备运作,起到不可替代的重要作用。

自2003年起,中国开始在镇海、舟山、黄岛、大连四个沿海地区建设第一批战略石油储备基地,储备能力总计1400万吨。四大石油储备基地建成后,预计相当于10余天原油进口量。其中镇海基地于2006年9月建成并进入试运行阶段,是中国第一个建成投入使用的国家石油储备基地。黄岛、大连和舟山基地分别于2007年12月、2008年11月和2008年12月建成投运。到2008年年底,中国国家石油储备一期项目四个基地已全部建成。根据初步规划,我国建立了30天的石油储备数量,储备总量1640万立方米,约合1400万吨(按照BP统计资料的换算标准,1立方米原油相当于0.8581吨),相当于我国10余天原油进口量,加上国内21天进口量的商用石油储备能力,我国总的石油储备能力可达到30天原油进口量。石油储备基地一期项目主要集中于东部沿海城市,而在二期规划中,内陆地区将扮演重要角色。①

2020年以前,中国将陆续建设国家石油储备第二期、第三期项目,形成相当于100天石油净进口量的储备总规模,进一步增强中国应对石油中断风险的能力,为保障石油供应安全、稳定石油市场,促进国民经济平稳运行发挥积极作用。到2020年三期项目全部完成时,中国的战略石油储备基地总容量将达到5.03亿桶的水平。而日本的战略石油储备总容量高达9亿桶,美国则超过20亿桶。

---

① 据了解,我国石油储备基地的选择需要具备三个基本条件:一是要靠近深水港、铁路线、高速公路网,有优越的交通物流条件;二是要靠近大型炼油厂,在关键时刻储备基地可以就地加工出成品油,以供需要;三是靠近消费市场,尤其是在我国一期建设中,4个基地都分布在东南沿海石油消费量高的地区。当然,石油储备基地的选择还需要考虑与我国石油进口国的地理位置因素,二期工程在新疆的选址就是考虑了这一点。——笔者注

2008 年 12 月 26 日,香港《文汇报》社评指出,中国海军赴亚丁湾、索马里海域护航,对中国石油储备安全意义重大。中国派遣军舰参加护航,既是对中国石油安全的维护,也是对国际安全的维护。由于国际油价大幅下跌,中国大规模买进国际原油作战略储备正当其时。中国石油储备开始提速,国内最大的战略石油储备库新疆鄯善原油储备库,已经开始注入来自哈萨克斯坦的原油。金融海啸对中国是有危有机,既对中国实体经济造成严重影响,也给中国石油战略储备带来机遇。石油作为一种战略资源,只会越来越稀缺,当前国际油价已跌破每桶 35 美元低位,其中的泡沫基本被挤干净,相比国际油价每桶 150 美元的高位,中国大规模买进国际原油作战略储备正当其时。目前全球遭遇金融危机经济十分不景气的情况下,适当购进原油来做战略储备是比较明智的选择,现在的低油价时机如果不抓住,等到油价高了再买就会面临成本过高的问题。

根据 OECD(经济合作发展组织)国家对石油储备的要求,需有相当于该国消耗石油量 90 天的储备量。美、日、德、法的石油储备量分别相当于其 158 天、169 天、117 天和 96 天的石油消费。相较而言,中国在石油储备上还是落后的,有待进一步予以加强。根据计划,中国将开建 8 个二期战略石油储备基地,包括广东湛江和惠州、甘肃兰州、江苏金坛、辽宁锦州及天津等。据悉,中国战略石油储备三期工程正在规划中,全国各省市都在争相竞争储备基地的审批,重庆市万州区、海南省和河北省曹妃甸等都有希望被选为三期工程的储油基地。2020 年整个项目一旦完成,中国的储备总规模将达到 100 天左右的石油净进口量,将国家石油储备能力提升到约 8500 万吨,相当于 90 天的石油净进口量,这也是国际能源署(IEA)规定的战略石油储备能力的“达标线”。

### (三)几点政策建议

今后,中国石油储备的未来布局要基于以下几点进行综合考虑:第一,以法制化为首要原则。当前中国的石油储备主要是根据国际惯例和国家能源安全现状推行的,当然处于初创时期必然会经历一定的探索阶段,但是长远看中国的石油储备必须纳入法制化的发展轨迹,要加快立法,包括尽快制定和颁布《石油法》和《石油储备法》。第二,中国石油储备应该秉承多元化的发展路径。多元化则指中国的石油储备宜"藏油于民",除了政府履行战略储备的义务外,还要推动公司和机构进行储油。此外有关石油储备的资金来源也要多元化,除财政拨款外,根据我国的国情可通过征收石油税筹集储备资金。第三,中国的石油储备要向科学化的方向发展。首先,储备布局要科学化,从安全的角度而言既要使储备点靠近炼化设备集中地或者口岸码头,又要出于战备考虑使储备点在战略纵深上实现分散;其次,储备方式要科学化,要根据中国的国情确定资源储备与实物储备的合理比例,其前提在于对于国内油气资源和社会油气库存的数据进行精细化调查,由此确定储备数量和储备方式的最佳结合点。

总之,强化中国石油储备,增强抵御国际能源危机的应急能力,这是中国能源安全的题中之义。

## 七、中国能源安全问题呼唤能源管理体制的改革

中国能源安全问题的迫在眉睫,揭示出了中国现行的国家能源管理体制,尽管一再进行机构改革,却仍无法适应中国经济社会发展的现实,与中国已经成长为世界最大的能源生产国和消费国的现实极不相称,极不平衡。中国的石油暨能源安全问题凸显,呼唤着中国能源体制的战略性改革。

### (一)中国能源管理体制的演变

中国能源的管理体制经历了多年演变。1949 年,中国组建了燃料工业部。燃料工业部下设煤炭管理总局、电力管理总局、石油管理总局和水力发电建设总局。燃料工业部对我国煤炭工业、石油工业和电力工业实行统一管理。

1955 年 7 月,第一届全国人民代表大会第二次会议通过决议,撤销了燃料工业部,设立了煤炭工业部、电力工业部和石油工业部。

1970 年 6 月,中国将煤炭工业部、石油工业部和化学工业部合并,组建

了燃料化学工业部。

1975 年,中国将燃料化学工业部分设为煤炭工业部和石油化学工业部。

1980 年,中国成立了国家能源委员会,分管煤炭工业部和石油工业部,但是水利电力部单列。

1988 年 4 月 9 日,第七届全国人民代表大会第一次会议批准了国务院机构改革方案,撤销了煤炭工业部、石油工业部、水利电力部和核工业部,成立能源部,分别成立中国统配煤矿总公司、石油天然气总公司、石油工业总公司、海洋石油总公司和核工业总公司,并将上述这五大总公司和水利电力部的电力部分移交给国家能源部管理。

1988 年 5 月 22 日,中国正式成立了能源部,而实际上大多数能源实体是由多个政府机构共同领导的,最核心的有国家计划委员会和国家经济贸易委员会。

1993 年 3 月 22 日,第八届全国人民代表大会第一次会议通过了国务院机构改革方案,决定撤销能源部,分别组建电力工业部和煤炭工业部,同时撤销中国统配煤矿总公司。此后,制定能源政策的责任落在了包括国家计划委员会、国家经济贸易委员会和对外贸易经济合作部等许多行政部门身上。特别是能源部在 20 世纪 90 年代被解散后,国家计划委员会在能源领域的作用增强,成为最重要的能源产业主管部门,负责审批所有重大能源项目投资、制定能源价格。

20 世纪 90 年代末,中国行政管理体制又进行了一次大的调整,特别是在此次重组中,国家计划委员会更名为国家发展计划委员会,它承担了原国家计划委员会的大部分职能。为了加强能源管理,1998 年中国对国有石油和天然气公司进行了大规模重组。

进入 21 世纪,国家经济贸易委员会解散,其剩余部分和国家计划委员会合并组成国家发展和改革委员会。2003 年,我国将国家发展计划委员会改组为国家发展和改革委员会。国家发改委下设能源局,接管了中国的能源产业。与美国能源部相比,中国主管能源的部门只是国家发展和改革委员会下属的能源局,这与中国能源安全的现状极不协调。

自2005年4月起，中国推出了许多加强能源战略管理的措施。首先，成立了部级单位——国家能源办公室，该办公室主任由国家发改委主任兼任，主要职责是为中国的能源政策制定统一计划、监督中国国有石油公司以及建立战略石油储备。

2005年6月2日，我国成立了国家能源领导小组，该机构主管整个能源产业，下设国家能源领导小组办公室。

随着能源问题的日益突出，由于能源问题关乎国家整体利益，所以组建国家能源部的建议已引起高层领导的关注。从2005年到2007年，全国人大常委会委员、全国人大环境与资源保护委员会委员王维城连续三年提出组建国家能源部的建议。

2008年，新一轮国务院机构改革启动，组成部门拟调整至27个，在能源领域设立了高层次议事协调机构国家能源委员会，组建国家能源局，由国家发展和改革委员会管理，不再保留国家能源领导小组及其办事机构。2008年7月30日至31日，国家能源局召开成立大会。根据国务院批准的“三定”方案，国家能源局为国家发展改革委管理的国家局，其主要职责包括划入原国家能源领导小组办公室职责、国家发展和改革委员会的能源行业管理有关职责，以及原国防科学技术工业委员会的核电管理职责等。具体包括：拟订能源发展战略、规划和政策，提出相关体制改革建议；实施对石油、天然气、煤炭、电力等能源的管理；管理国家石油储备；提出发展新能源和能源行业节能的政策措施；开展能源国际合作。

2013年3月10日，在第十二届全国人民代表大会第一次会议上，时任国务委员兼国务院秘书长马凯作了《关于国务院机构改革和职能转变方案的说明》，国务院机构改革将重新组建国家能源局，将国家能源局、电监会的职责整合，不再保留国家电监会。

### （二）中国能源管理体制的改革亟须顶层设计

中国解决能源问题的核心仍是统筹兼顾。党的十八大报告首次提出“推动能源生产和消费革命”。2014年6月13日，习近平总书记主持召开中央财经领导小组第六次会议，研究我国能源安全战略。“能源革命”成为会议的主题词。在此次会议上，习近平指出能源革命包括能源消费革命、供给革命、技术革命、体制革命四个方面。为落实上述要求，国家能源局6月16日召开专题会议，研究部署12项工作。其中包括，结合《国家能源发展战略行动计划（2014—2020）》和《我国能源安全战略》，加快编制“十三五”能源规划，抓紧研究起草2030年能源生产和消费革命战略。同时，贯彻落实国务院《大气污染防治行动计划》，组织实施《能源行业加强大气污染防治工作方案》；调研拟订“新城镇、新能源、新生活”行动计划，结合新能源发展和绿色能源县建设，推动城乡用能方式转变；梳理、修订一批能效标准并组织实施，促进提高能源效率。

能源供给侧革命则强调建立多元供应体系。这包括，大力推进煤炭清洁高效利用，着力发展非煤能源，形成煤、油、气、核、新能源、可再生能源多轮驱动的能源供应体系，同步加强能源输配网络和储备设施建设。为落实供应保障任务，国家能源局积极推进页岩气、海洋油气开发和老油井增产行动计划并组织实施，力争取得重大突破；采用国际最高安全标准、确保安全的前提下，抓紧启动东部沿海地区新的核电项目建设；进一步加强油气储备和能源安全应急能力建设。

长期以来，我国的能源体制存在自然垄断、行政垄断等问题，市场竞争不充分。其中，油气行业、电力行业垄断程度较高，社会资本参与程度偏低。在能源价格管理上，政府对石油、天然气、电力存在一定价格管制，市场在资源配置中的作用丧失，资源产品价格发生扭曲。习近平强调：“坚定不移推进改革，还原能源商品属性，构建有效竞争的市场结构和市场体系，形成主要由市场决定能源价格的机制，转变政府对能源的监管方式，建立健全能源法治体系。”①在能源体制革命的安排中，电力体制改革、油气体制改革进入决策层视野。习近平要求，抓紧制定相关改革方案，并启动能源领域法律法规立、改、废工作。

---

① 习近平：《积极推动我国能源生产和消费革命》，《习近平谈治国理政》，外文出版社2014年版，第130—132页。

从机构层面上分析中国的能源安全体系，可以发现中国能源安全的管理架构经历了几次调整，仍旧存在着一定的随意性，这些调整均与当时的国际和国内形势的演变息息相关。目前国家能源领域的机构调整还仍然处于过渡期，职责不清、层次错置、多头管理等问题依然存在。因此，如何从整体上把握中国能源安全体系的管理架构，对于深化中国的能源安全体制改革具有重大的现实意义，并且是破解中国能源安全问题的关键一环。当前各界人士的普遍共识是：应该以国家能源领导小组办公室和国家发改委能源局为基础，组建国家能源部，将分散在各个政府部门的能源宏观管理职能集中起来，统一移交能源部管理，对煤炭、电力、石化、核能等国有特大型能源企业行使宏观管理职能，同时建立地方各级能源管理部门，并相应建立能源管理机构与相关部门之间的工作协调机制，形成自上而下的“大能源”综合管理体系。

# 第三章　中国能源问题与环境问题的特殊战略关系

气候变化问题与能源问题密不可分。世界对传统化石燃料的依赖仍在不断加深,全球气候和环境面临的压力持续增大。能源问题从来没有像今天这样与气候变化和环境安全如此密切相关。全球气候变暖造成自然灾害频发,能源安全的不可预见性加大。

## 一、中国能源—环境问题与气候问题的理论关联

在农业经济和工业经济此前两个人类生产方式的历史阶段中积累下来的对自然资源的极大透支,在此阶段中随着更加疯狂的资源掠夺更加彰显,迫切要求资本对其进行补偿。也正是由于对自然资源透支的这种资本补偿,自然资源便成了金融套利的良好介质。这就揭示了粮食、石油、矿产、木材等自然资源类产品在现阶段涨价的必然性。石油之所以能够成为良好的金融套利介质,是因为石油的特殊资源属性可以满足机构和投资人高价套利的愿望;其次,从 2003 年开始,油价从 25 美元/桶一路飙升至接近 150 美元/桶,套利冲程不断加大,为短时间、高强度获利提供了极好的条件;投资门槛不断加高,小型机构不断出局,有利于大型机构和对冲基金的操作获利;而石油不同于粮食等其它产品,不受季节等因素限制,成为最佳金融套利产品。专家分析了金融危机爆发前国际石油价格飙涨的原因:首先是国际热钱和游资的金融套利因素;第二是美国近年实行的美元贬值国策;第三

是战争溢价因素，即地缘政治因素；第四是对资源长期透支的市场补偿因素；第五是市场心理溢价因素。其中，国际热钱和游资的金融套利因素最为突出。在油价高企的这段时间里，石油在金融市场的期货虚拟交易量远比现货交易量高出了许多倍。相关数据显示，纽约商业交易所 WTI 原油期货交易量是原油实物日交易量的 5 倍。其中，投资原油期货的至少有一半以上并不是原油的实际需要者或者使用者，而是以营利为目的从中获取差额利润的投机资金。专业人士认为，当原油价格达到 100 美元/桶的水平时，投机资金至少将原油期货的价格抬高了 20 美元，按照当时全球原油供需实际状况，每桶的价格应在 80 美元左右。这样，人们就很容易看清这次金融危机与能源经济之间的关系，也就较为容易理解国际油价如过山车似的剧烈波动的原因了。

有趣的是，以往 1/4 世纪的世界经济增长周期，恰巧与中国改革开放的新时期相吻合，使中国经济的发展获得了一个前所未有的战略机遇期。如图 3-1 所示，从中国经济的视角来看，世界经济呈现出一个奇怪的景象，中国在 21 世纪初期迅速成长为“世界工厂”。图中显示出的这种畸形的经济关系链条，对迄今为止一直由西方国家主导的世界经济秩序［世界银行（W.B）；国际货币基金组织（IMF）；世界贸易组织（WTO）；G8+G24（OECD）；以美元为主的国际金融体制］构成巨大威胁，即对发达国家对世界经济的领导权构成了挑战。无疑，这样的世界经济链条极为脆弱，如同头顶上高悬着达摩克利斯之剑。终于，链条的崩断从美国房地产和金融业开始，掀起了一场史无前例的金融经济海啸，无情吞噬了人类近半个世纪以来创造的巨大财富。

随着经济全球化的深化，中国作为一个制造业大国，深受世界经济结构中所处位置与角色的局限和束缚。当前，中国已经成为世界上污染最严重的国家之一。中国的环境污染总体上仍处于“爬升”阶段，主要污染物排放总量居高不下，远远超过了环境承载能力，环境污染已经成为严重制约中国经济社会可持续发展、严重影响国民健康和生活水平提高的主要因素之一。这使得中国政府对内得长期面对巨大的环境政治压力，对外得长期面对沉重的环境外交压力。

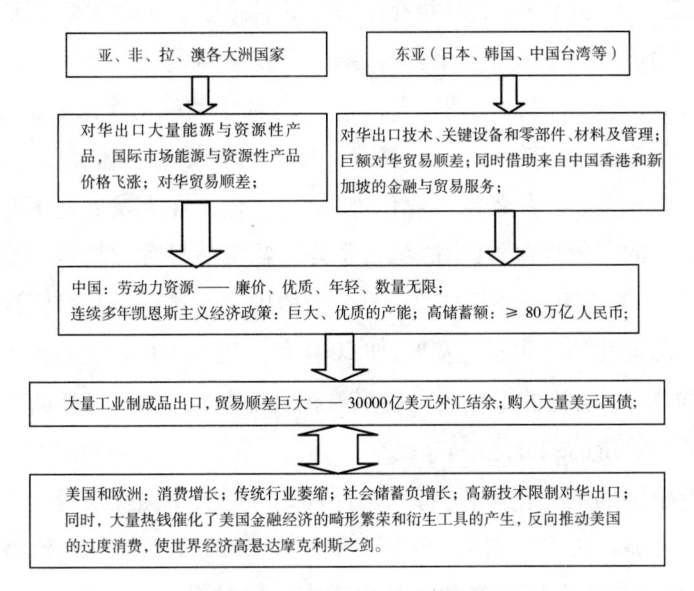


**图 3-1 世界经济的脆弱循环**

## 二、对煤炭的能源战略依赖形成中国独特的能源—环境问题

大约世界上任何国家的能源问题，都不会与环境问题发生如此紧密的联系，具有如此的战略关系。长期以来，中国的能源消费结构以煤炭为主，过多、过度依赖煤炭。这种特殊的能源结构，使得中国的能源问题与环境问题关系殊为紧密，其紧密程度大概超过世界上任何国家。

### （一）中国经济尚未摆脱“煤炭时代”的路径依赖

如前所述，在中国现有的能源消费结构中，煤炭占 61.8%，石油占 19.0%，天然气仅占 6.2%，一次电力占 13.0%。恰恰是中国现有能源储备结构加上中国的不合理的能源消费结构支撑了中国以重化工业为核心的工业大国的崛起。对于当前的中国工业化是否仍处于重化工阶段，各方看法不一,但是全社会出现了能源和资源的大量消耗是显见的事实,工业化使中国迅速成为世界第一大煤炭消耗国、第一大铁矿石消耗国和第二大石油消耗国,中国进入改革开放时期以来,高增长行业中的确是重化工业居多。这样一种增长格局在宏观上表现为消费增长变化不大,而投资增长很快,基本上属于投资拉动型。从各国工业化进程看,重化工业大发展是工业化进入中后期阶段的一般规律,其中能源紧张等问题突然显现,煤、电、油、运供应全面紧张,资源约束"瓶颈"日益凸显。而中国相对贫瘠的自然资源却无法支撑高资源消耗的重化工业发展,如2004年中国消耗的钢铁占世界钢铁消耗总量的27%,消耗的煤炭占世界煤炭消耗总量的30%,消耗的水泥占世界水泥消耗总量的二分之一。

随着中国的工业化进程,特别是进入21世纪,中国煤炭行业伴随着重化工业的发展经历了所谓的"黄金十年",在2012年以前煤炭价格一直不断攀升,煤炭企业大幅增产却不断出现煤炭紧缺现象。一是从2000年开始,中国工业化进程大幅加快,到2008年工业占GDP的比重达到了42.94%,接近了45%的峰值。二是城镇化进程不断推进。从2000年开始,我国城市化进程每年以1.5个百分点的速度推进,到2011年达到51.27%。工业化和城镇化的不断推进,导致全社会的固定资产投资大幅增长,高速公路、房地产、汽车、重化工等高投资、高耗能项目纷纷上马,形成了对煤炭的巨大需求。就行业分析看,煤炭消费主要集中在电力、钢铁和水泥行业,这三大行业的耗煤量在占目前全国煤耗总量的70%;而电力消费又主要集中在建材、冶金和化工三大行业。当前发达国家在能源利用结构上,主要是以油气为主,少数国家已经进入新能源时代,而中国工业化尚未摆脱对煤炭的路径依赖,能源利用领域还停留在具备西方发达国家工业化早期特征的"煤炭时代"。

### (二)煤炭化的工业文明特征造成严重的环境问题

由于中国煤炭清洁利用水平低,煤炭燃烧产生的污染多,这种状况持续下去,必然会给生态环境带来更大压力。2000年,中国一次能源生产量达到10.8亿吨标准煤,原煤仍高达9.98亿吨。2012年,中国一次能源消费总量已达到36.2亿吨标煤,尽管中国太阳能、风能、地热等新能源也都有不同程度的发展,但是煤炭占一次能源消费总量的比重仍达到66.4%。

煤炭污染成为中国环境污染的重要因素。全国电力装机中火电约75%,电力行业年燃煤量约占煤炭生产量的一半,排放二氧化硫约占全国排放总量的40%以上。①

根据《中华人民共和国气候变化初始国家信息通报》,1994年中国温室气体排放总量为40.6亿吨二氧化碳当量(扣除碳汇后的净排放量为36.5亿吨二氧化碳当量),其中二氧化碳排放量为30.7亿吨,甲烷为7.3亿吨二氧化碳当量,氧化亚氮为2.6亿吨二氧化碳当量。据中国有关专家初步估算,2004年中国温室气体排放总量约为61亿吨二氧化碳当量(扣除碳汇后的净排放量约为56亿吨二氧化碳当量),其中二氧化碳排放量约为50.7亿吨,甲烷约为7.2亿吨二氧化碳当量,氧化亚氮约为3.3亿吨二氧化碳当量。从1994年到2004年,中国温室气体排放总量的年均增长率约为4%,二氧化碳排放量在温室气体排放总量中所占的比重由1994年的76%上升到2004年的83%。

燃煤是中国大气污染的最主要原因。全国烟尘排放的70%,二氧化硫排放的85%,氮氧化物的67%,二氧化碳的80%都来自燃煤。我国电力行业的煤炭消费占到全国消费总量的60%以上,是大气污染物的最大排放者。燃煤电厂大气污染物的可扩散范围非常广,可迁移到周围数公里甚至数千公里外。例如含汞颗粒物可扩散到1000公里之外,相当于上海到广州的距离。这意味着,远离污染源的人群并不能完全避免环境污染的影响。京津冀、长三角和珠三角三大城市群占全国6.3%的国土面积,却消耗着全国40%的煤炭。因为大气污染物排放集中,重污染天气在此区域内大范围同时出现,是我国多年来大气污染的重点治理区域。

### (三)煤炭的洁净化改造与清洁能源的大规模利用

由于煤炭作为高碳能源在开采和使用中的高污染性,煤炭产业的洁净

① 陆彩荣:《中国向煤炭污染宣战》,《光明日报》2001年10月16日。

化改造是解决中国能源—环境问题的关键。当前,煤炭生产与消费中的清洁化改造包括:采煤沉陷区治理,建立并完善煤炭开发和生态环境恢复补偿机制,2011 年原煤入选率达到 52%,土地复垦率 40%;建设燃煤电厂脱硫、脱硝设施,2011 年烟气脱硫机组占全国燃煤机组的比重达到 90%左右,燃煤机组除尘设施安装率和废水排放达标率达到 100%;煤层气(煤矿瓦斯)开发利用力度,2011 年全年抽采量达到 114 亿立方米,在全球率先实施了煤层气国家排放标准;淘汰能耗高、污染重的小火电机组,积极应用超临界、超超临界等先进发电技术,建设清洁高效燃煤机组和节能环保电厂;严格控制燃煤电厂污染物排放,新建煤电机组同步安装除尘、脱硫、脱硝设施,加快既有电厂烟气除尘、脱硫、脱硝改造,此外还要鼓励在大中型城市和工业园区等热负荷集中的地区建设热电联产机组。

同时,与大量燃烧煤炭的火电相比,水电是清洁能源,应该大力发展水电。水电与火电相比清洁度高,技术成熟,与新能源相比发电上网既有稳定性,又具备大规模能源供给的基本条件。当前,如何发挥水库大坝水电建设在节能减排及改善气候变化等方面的作用和影响,为国内水电开发寻求新形势下的发展道路,这是一个重大课题。任何能源的开发利用都会或多或少影响生态环境,水电对生态环境既有负面也有正面的影响,既有对自然环境的影响,也有对社会环境(移民)的影响。首先,建设水电,特别是大水电,必然淹没一些耕地,迁移部分居民。中国的耕地非常有限、非常宝贵,所以在开发水电的时候,要千方百计减少耕地的损失。但是另外一方面,也必须看到,水电建设往往对下游的农业生产起到非常好的作用,可以促进稳产、高产、增产。因为水库把洪水控制住了,下游许多荒地、荒滩,本来是不能利用的,它都可以开发成良田,所以它在淹没的同时,对农业、对耕地也有利好的一面。其次,水电开发对地质灾害、滑坡、水库的地震、卫生问题、气候问题、自然景观、文物古迹这些方面都会或多或少造成影响,比如气候,一个水库建成后,雨量增加,气温下降,这是正面影响。所以,水电对生态环境的影响应该重视,尽可能加以解决,但不至于成为影响水电开发的一个致命的因素,如洄游类鱼类的保护和研究正在推进。目前,全国已经建设了很多大型水电站,像新安江的千岛湖、四川的二滩,都是非常良好的生态工程,二滩水电站蓄水后，两岸的山体得以绿化，当地的环境不仅没有破坏，而且得到了改善。未来我国发展水电的过程中，只要坚持“开发中保护、保护中开发”原则，在保护生态环境的基础上有序开发水电，就能够实现二者的和谐发展。这也是中国应对全球气候变化的有力举措。

## 三、快速城市化进程与资源—环境约束的矛盾

城市化是指人口向城市地区集中，或农村地区转变为城市地区的过程，这一过程主要包括两方面的内容，一是人口迁移，使社会结构、经济要素、产业结构发生变化；二是生态环境变化，引起土地类型、自然资源和生态环境状况的改变。工业革命以来，世界城市化水平不断提高，目前约有2%地球陆地表面被城市占据，未来发展中国家将经历快速城市化的阶段。

中国拥有世界上最多的城市人口，目前我国共有657座城市，城区面积达到18.4万平方公里，已经进入城市化的快车道。我国快速城市化最大的矛盾就是资源和环境的约束，按照目前城市化率年均增长1个百分点预测，到2020年我国将新增3.3亿城镇人口，对资源需求将急剧上升，同时也会给环境造成巨大的压力，城市化与资源、环境之间的矛盾日益加剧。

为了更好地衡量城市化所面临的资源环境约束，本部分通过量化分析城市化的环境资源“尾效”大小来反映这个问题。在新经济增长理论中，任何一个国家或地区，经济发展过程中都不可避免地要消耗资源，由于资源的有限性，上一阶段对资源的消耗必然引起下一阶段经济增长的要素持续投入，经济学家将这种现象称之为经济增长的资源消耗“尾效”（Growth Drag）。[①] 而城市化必然离不开自然资源和环境，直接或间接需要自然资源供给能力的维持与提高，城市化进程自然也受到资源的限制。这里将由于资源的限制而使得城市化进程减慢的现象定义为城市化进程中的资源消耗“尾效”。

① D.M.Romer, *Advanced Macroeconomics*, McGraw Hall, New York, 2001.

## (一)城市化资源环境“尾效”的模型构建

1. 经济增长的“尾效”模型

Romer 在 Solow(1956)的经济增长模型的基础上,考虑自然资源和土地对经济增长的影响,他使用柯布—道格拉斯生产函数进行分析,得到如下生产函数:

$$Y(t)=K(t)^{\alpha}R(t)^{\beta}T(t)^{\gamma}[A(t)L(t)]^{1-\alpha-\beta-\gamma} \tag{1}$$

其中,K 表示资本,R 表示可以利用的资源,T 表示土地的数量,A 为索洛余量,表示知识或劳动的有效性,L 表示劳动。为了进一步探讨各种资源和环境对经济增长的“尾效”,需要对 Romer 的模型做扩展,考虑水资源、环境污染对经济增长的影响,得到:

$$Y(t)=K(t)^{\alpha}R(t)^{\beta}T(t)^{\gamma}W(t)^{\theta}P(t)^{-\eta}[A(t)L(t)]^{1-\alpha-\beta-\gamma-\theta+\eta} \tag{2}$$

其中,W 表示水资源,P 表示环境污染,由于环境污染对经济增长的影响是负面,所有参数 $\eta$ 前加负号。对式(2)两边去对数,再对时间求导,得到经济增长方程:

$$g_Y(t)=\alpha g_K(t)+\beta g_R(t)+\gamma g_T(t)+\theta g_W(t)-\eta g_P(t)+(1-\alpha-\beta-\gamma-\theta+\eta)[g_A(t)+g_L(t)] \tag{3}$$

其中,$g_Y(t)$、$g_K(t)$、$g_R(t)$、$g_T(t)$、$g_W(t)$、$g_P(t)$、$g_A(t)$、$g_L(t)$ 分别表示产出、资本、能源、土地、水资源、环境污染、劳动有效性和劳动的增长率。

在经济增长的平衡路径上,$g_Y(t)$ 和 $g_K(t)$ 是相等的,设平衡增长路径上的 $g_A(t)$ 和 $g_L(t)$ 为 g 和 n,$g_R(t)$、$g_T(t)$、$g_W(t)$、$g_P(t)$ 为 $g_R$、$g_T$、$g_W$ 和 $g_P$,根据句式(3)可得平衡路径上的增长方程为:

$$g_Y{}^b=\frac{\beta g_R+\gamma g_T+\theta g_W-\eta g_P+(1-\alpha-\beta-\gamma-\theta+\eta)[g+n]}{1-\alpha} \tag{4}$$

其中,$g_Y{}^b$ 表示在平衡增长路径上的产出的增长率,继续整理可得单位劳动力平均产出增长率为:

$$g_{Y/L}{}^b=g_Y{}^b-g=\frac{\beta g_R+\gamma g_T+\theta g_W-\eta g_P+(1-\alpha-\beta-\gamma-\theta+\eta)g-(\beta+\gamma+\theta)n}{1-\alpha} \tag{5}$$

作为一种简化，假定经济增长中总的尾效等于能源、土地、水资源对经济增长的尾效之和。那么能源对经济增长的尾效，实际上就是能源不受限制与能源受到限制的情况下单位劳动力产出增长率之差，带入式(5)，能源的经济增长尾效 $DRAG_R = \frac{\beta n}{1-\alpha}$。同理可得，水资源的经济增长尾效 $DRAG_w = \frac{\theta n}{1-\alpha}$；土地资源的经济增长尾效 $DRAG_T = \frac{\gamma n}{1-\alpha}$；环境污染的经济增长尾效 $DRAG_P = \frac{-\eta n}{1-\alpha}$。则能源、土地、水资源对经济增长的尾效之和为

$$DRAG_{RWTP} = \frac{(\beta+\gamma+\theta-\eta)n}{1-\alpha} \tag{6}$$

2. 城市化的"尾效"模型

得到经济增长的"尾效"模型之后，需要建立城市化与经济增长之间的联系方程，从而才能得到城市化进程中的资源环境"尾效"。从经济的角度考虑，人口和产出之所以向城市集中，是因为城市化有利于发挥集聚经济和规模经济的作用，经济增长将带来城市化水平的提高，反过来，城市化水平的提高无疑又加速经济增长。因此，城市化与经济发展之间具有非常密切的关系，周一星(1995)指出城市化与经济增长呈现一种半对数曲线关系，同时许多跨国和时间序列数据也证实了这一假设。于是，城市化与经济增长的关系可以写成：

$$u = a + b\ln y + \varepsilon (a < 0, b > 0) \tag{7}$$

其中，u 为城市化水平，y 表示人均产出。把该式经过求导，再与式(1)—(6)联立，可得到能源、土地、水资源、环境污染对城市化进程的"尾效"，分别为：$DRAG_R = \frac{\beta n}{(1-\alpha)\lambda}$；$DRAG_w = \frac{\theta n}{(1-\alpha)\lambda}$；$DRAG_T = \frac{\gamma n}{(1-\alpha)\lambda}$；$DRAG_P = \frac{-\eta n}{(1-\alpha)\lambda}$。同样，将城市化中的总"尾效"简化为能源、土地、水资源、环境污染对城市化进程的"尾效"之和，即

$$DRAG^u{}_{RWTP} = \frac{(\beta+\gamma+\theta-\eta)n}{(1-\alpha)\lambda} \tag{8}$$

## (二)城市化的资源环境“尾效”的实证检验与结果分析

1. 变量说明与数据来源

(1)被解释变量。y(t):中国的人均 GDP,这里采用的是以 2000 年为基期计算的实际人均 GDP,剔除了通货膨胀因素。u(t):中国的城市化率,这里用城镇人口占总人口的比例来表示。

(2)解释变量。R(t):中国能源人均消费量;w(t):中国人均占有的淡水资源;T(t):中国人均土地面积,考虑到城市化是农村土地转变为城市地区的过程,这里采用耕地面积表示土地资源;P(t):中国人均污染量,考虑到数据的获取性,这里采用工业二氧化硫的人均排放量来表示,这种方法也被很多学者采用,具有易操作的特点。

(3)控制变量。K(t):人均资本存量。关于资本存量的估算,国内外已有大量的研究文献,但目前较为通用的方法是 1951 年 Goldsmith 开创的永续盘存法(PIM)。单豪杰(2008)试图在基期资本存量和折旧率的确定上遵循 PIM 方法内在的一致性,并根据近几年国家统计局经济普查及其修正的最新资料和数据估算出具有生产性的资本存量。本文的资本存量数据采用了单豪杰(2008)的计算方法,并折算为以 2000 年为基期的实际值。[①]

A(t):劳动的有效性用全要素生产率来表示。关于全要素生产率的测算主要有两种常见的方法:一种是以“索洛余值”为代表的参数估计方法,其主要特点是需要通过设定具体形式的生产函数,由于生产函数本身的不可知性,该方法所需的理论假设很强,从而经常会出现不同的函数设定导致不同的测算结果;相较于“索洛余值”法,近些年发展起来的以数据包络分析为基础的非参数估计方法——Malmquaist 指数法在测算全要素生产率过程中不依赖于具体的生产函数形式,因而能够有效地避免因模型设定的随意性而导致的测算偏差,进而可以得到较为稳健的测算结果。据此,采用 Malmquaist 指数法来测算中国各地区的全要素生产率。初期的资本存量采

① 参见单豪杰:《中国资本存量 K 的再估算:1952—2006 年》,《数量经济技术经济研究》2008 年第 25 期;张军、吴桂英、张吉鹏:《中国省际物质资本存量估算:1952—2000》,《经济研究》2004 年第 10 期。

用张军等(2004)提供的数据,并且取折旧率为9.6%。①

2. 估计结果

(1)经济增长生产函数的估计结果

不少研究都证明了一个地区的经济发展程度会对一个地区的资本、全要素生产率、环境污染水平产生影响,所以模型可能存在内生性问题,可能导致估计结果发生偏差,对模型进行Hausman检验,观察是否存在内生性解释变量。② 经过Hausman检验,结果显示拒绝原假设,说明存在内生解释变量,需要采用工具变量。虽然使用工具变量的方法能够识别模型估计的内生性问题,修正估计的偏误,但往往很难找到合适的工具变量,就本文而言,工具变量的寻找非常困难,于是本文将采用GMM(Generalized Method of Moment)方法进行估计。

Arellano与Bond(1991)提出差分GMM方法,这种方法首先对初始模型进行一阶差分,再利用因变量和其他内生性解释变量的高阶滞后项作为工具变量,如果回归结果的残差项是独立同分布的,那么这些作为工具变量的滞后项存在自相关,但与误差项是不相关的。即使回归结果的残差是AR(1)过程,也可以采用更高阶的滞后项来构造工具变量。但由于在很多情况下,变量的滞后值并不是一阶差分方程的理想工具变量(Roodman,2006),Blundell与Bond(1998)建议将初始的水平方程添加到方程系统中去,水平方程估计使用内生变量的滞后差分作为相应内生变量的工具变量,修正了差分GMM方法,这种方法称为系统GMM估计。系统GMM估计方法有“一步法”与“两步法”两种类型,但“一步法”估计往往更为有效。动态面板GMM参数估计的有效性可以用两种方法来进行检验。第一种是采用Hansen检验来识别工具变量的有效性,不拒绝零假设意味着工具变量的设定是恰当的;第二种是检验残差项的非自相关假设,即检验GMM回归系统中差分的残差项是否存在二阶序列自相关,同样不拒绝零假设意味着工

① 由于数据的可得性,本文样本涵盖的时间段为1992年至2011年,以上涉及数据来源于《中国统计年鉴(1993—2012)》、中经网统计数据库。

② Hausman检验的原假设是所有解释变量均为外生变量,如果拒绝原假设,则存在内生解释变量。

具变量的设定是恰当的。下面的实证分析采用“一步法”的系统 GMM 进行估计，表 3-1 显示了在不同控制变量下的估计结果。

**表 3-1 基于系统 GMM 的估计结果**

| Lny(t) | LnR(t) | LnW(t) | LnT(t) | LnP(t) | LnK(t) | LnA(t) | AR(2) p 值 | Hansen 检验 p 值 |
|---|---|---|---|---|---|---|---|---|
| | 0. 201*** (5. 75) | 0. 303* (2. 55) | 0. 165** (3. 42) | 0. 235*** (1. 05) | 0. 566** (2. 71) | 0. 445** (4. 11) | 0. 534 | 0. 879 |

说明：AR(2)检验的零假设为差分后的残差项不存在二阶序列相关；Hansen 检验的零假设为过度识别检验是有效的，所以不拒绝原假设说明估计有效。采用“一步法”的系统 GMM 进行估计，估计结果由 stata12 得出。

于是，从估计结果可知，能源生产弹性 $\beta$ 为 0. 0201，水资源生产弹性 $\theta$ 为 0. 0303，土地生产弹性 $\gamma$ 为 0. 0165，环境污染的生产弹性 $\eta$ 为 0. 0235，其余控制变量资本生产弹性 $\alpha$ 为 0. 366。劳动增长率 $n=\sqrt[19]{\frac{L_{2011}}{L_{1992}}}-1$，为 0. 007623。

(2)城市化与经济增长关系的估计结果

这里将人均产出作为因变量，以城镇人口占总人口比重作为城市化水平的指标，利用式(7)进行最小二乘回归，得到拟合方程为：

$$\hat{u} = 34.393 + 10.349\ln\hat{y} \tag{9}$$

[-0. 983]　[0. 634]

(740. 345)　(323. 433)

$R^2 = 0.898$, $DW = 1.547$

经 White 检验，不存在异方差。由此，可得城市化对单位劳动力平均 GDP 产出弹性值 $\lambda$ 为 0. 0966。

(3)城市化的资源环境“尾效”结果分析

将以上估计结果带入式(8)，可以得到能源、水资源、土地和环境污染对经济增长的尾效分别为 0. 0156、0. 0138、0. 0128、0. 00859。这四个方面对经济增长的“尾效”之和为 0. 05079，也就是说，由于能源、水资源、土地消耗和环境污染，中国的经济增长速度要降低 5. 079%，这个影响是非常显著的。

其次,根据计算得到的城市化对人均产出的弹性值 λ 然后利用城市进程中资源环境的“尾效”模型,得到能源、水资源、土地消耗和环境污染对城市进程的“尾效”分别为 0.161、0.143、0.133、0.089,它们对城市化进程的总“尾效”为 0.5256。由此可见,资源环境对中国城市化进程的影响作用是非常大的,由于这种限制,城市化进程每年都要下降 0.53 个百分点。而且在这些“尾效”中,能源对城市化的“尾效”作用是最大的,其次是水资源、土地资源,最后才是环境污染的约束作用。按照我国的城镇化发展的预测,在 2020 年城镇化水平达到 60%,即每年城市化水平年增长率需要达到近 1%,如果按照现有的资源利用方式与技术发展水平,根据本文测算的资源环境的“尾效”存在,到 2020 年我国的城市化率只能达到约 53.48%。①

3. 结论与启示

通过构建城市化的资源环境“尾效”模型,并进行实证检验,结果显示我国能源、水资源、土地和环境污染对城市化进程的“增长阻力”分别为 0.161、0.143、0.133、0.089,总的阻力作用为 0.5256。通过比较可以得知,能源对城市化进程的阻力作用是最大的,其余依次为水资源、土地资源和环境污染,说明能源是中国城市化进程发展面临最大的瓶颈。

由于资源环境对城市化“尾效”效应的存在,如果继续使用原有的生产技术和资源利用方式,即沿着前文所说的平衡经济增长路径,则中国的城市化在 2020 年很难达到既定的 60%城市化发展水平。未来,需要提高资源利用效率,转变经济发展方式,降低资源环境对城市化的“尾效”。

---

① 根据《中国纺织工业发展报告 2011—2012》,2000 年中国的城镇人口占比 36.22%,2010 年达到 49.95%,预计 2020 年达到 60%。本节主要参考文献:陈斐、刘耀彬:《中国城市化进程中的资源消耗“尾效”分析》,《中国工业经济》2007 年第 11 期;崔云:《中国经济增长中土地资源的“尾效”分析》,《经济理论与经济管理》2007 年第 11 期;薛俊波、谢书玲、王铮:《中国经济发展中水土资源的“增长尾效”分析》,《管理世界》2005 年第 7 期;M. Arellano, S. Bond, “Some tests of specification for panel data: Monte Carlo evidence and an application to employment equations”, *The Review of Economic Studies*, 1991, 58(2), pp. 277-297; D. Roodman, “How to do xtabond2: An introduction to difference and system GMM in Stata”, *Center for Global Development working paper*, 2006(103); Blunde ll R., S. Bond, “Initial conditions and moment restrictions in dynamic panel data models”, *Journal of econometrics*, 1998, 87(1), pp.115-143。

首先，改变城市化“摊大饼”的扩张模式，改变过去过分依赖资源高投入、高集中的经济生产方式，转变为“集约型”的城市规划建设方式进行城市化建设，把城市群和城市组团作为优化城市形态的主要抓手，构建科学合理的城市空间格局。

其次，城市化进程的“尾效”大小取决于资本产出的弹性、劳动增长率与城市化对人均产出的弹性，还与能源、土地、水资源的产出弹性成正比，资本弹性的提高依赖于资本利用效率等因素的改善，而自然资源弹性的下降则只有依赖于技术进步。因而，推进科技创新能力，提高资源利用效率，才能缓解快速城市化进程面临的资源环境约束。

最后，能源对城市化的“尾效”最明显，解决能源的制约问题是保证城市化顺利推进的保障。一方面，应加快提高传统能源的利用效率，需要在开采、加工、提炼、使用等每个环节加大技术投入，促进集约化利用。另一方面，推进新能源的利用，因地制宜采用新能源替代传统能源，以更加合理有效的政策推动、鼓励新能源技术的研发与应用。

## 四、现行世界经济结构下的中国“隐含碳”排放

2009 年中国碳排放总量达到世界第一位。据英国学者斯特恩的估算，2010 年中国碳排放量约为 80—90 亿吨。以此速率，到 2030 年中国碳排放量将达到 300—350 亿吨。而按照保持气温升幅控制在 2 摄氏度以内的全球目标要求，全球碳排放量必须低于 350 亿吨。如此计算，中国将会消耗整个世界的预算排量。中国如果实现了政府承诺，到 2020 年将单位 GDP 碳排放量在 2005 年基础上减少 40%—45%，则意味着在保持经济年增长 8%的情况下，到 2020 年碳总排放量将为 114 亿吨。要保证到 2030 年中国碳排放量控制在 140—150 亿吨（占全球预算碳排放总量的 50%），则意味着 2020—2030 年间中国每 5 年要减排 29%，10 年要减排 50%左右的单位 GDP 排放量。否则，全球不可能实现 2050 年的减排目标。尽管如此，从全球范围来看，工业化国家仍是二氧化碳排放的主体，1900—2004 年全球累

计的二氧化碳排放中,西方发达国家约占60%,其中美国累计约占28%,是中国的3.5倍。① 此外,作为一个有着"世界工厂"称誉的国家,在当今世界经济结构中,"中国制造"中的"隐含碳"排放问题,不仅成为学术界的研究热点,而且无疑越来越具有国际政治的重要意义。

"隐含碳"(Embodied Carbon)是指在某种产品的整个生产链中所排放的二氧化碳,包括了直接碳排放和间接碳排放的总和,这个概念是"隐含能"的衍生。国与国之间"隐含碳"的往来,主要是通过国家贸易来完成的,贸易中的各种产品交易,背后隐藏的是"隐含碳"的交易,通过进出口"隐含碳"和"转移排放"的含义比较接近。目前我国在气候变化国际谈判中面临更多减排压力,因此,理清在现行国际贸易中所产生的"隐含碳"交易,中国对外贸易中的"隐含碳"规模和结构,重新审视碳排放责任的界定显得尤为重要。

### (一)国际贸易中的"隐含碳"排放研究综述:理论与经验

1. 国际贸易的环境效应

学术界对国际贸易自由化所产生的环境效益一直存在争议,一种观点认为,在短期和长期中,自由贸易都会使环境污染加剧,并破坏资源的可持续利用,即贸易的环境效应是消极的,其中具有代表性的是"污染避难所"假说,认为贸易所带来国际生产专业化分工,使发达国家将高污染、高耗能的产业转移到发展中国家,使发展中国家的环境污染加剧,成为"污染避难所"。

另一种观点认为,贸易自由化不是环境污染的根本原因,国际专业化分工和贸易能够提高资源配置效率,促进经济发展,为环境改善提供资金,还能促进清洁生产技术和环保技术的国际转移。代表性的假说是"环境库滋涅茨曲线",提出环境质量与经济增长的相关性曲线呈倒U型,在经济发展的初期阶段,随着人均收入的增加,环境污染由低趋高,到达某个临界点后,随着人均收入的进一步增加,环境污染将得到改善和恢复。

---

① 斯特恩:《坎昆可能仍是一个"过程"》,《财经》2010年第24期。

关于国际贸易对中国环境的影响,国内学者对这一问题研究起步较晚,且定性研究多,定量研究少。张连众等(2003)利用中国2000年31个省(市)的二氧化硫排放数据,将贸易自由化对我国的环境效应进行研究,总效应是贸易自由化可以降低我国环境污染水平。① 李秀香和张婷(2004)认为中国的出口增长减少了人均排放量。② 但是也有相反的结论,陈继勇等(2005)利用1990—2003年的相关数据,构建中国环境污染与经济要素关系模型,表明贸易开放度对环境有显著负影响。③ 党玉婷和万能(2007)对中国1994—2003年对外贸易的环境效应进行了考察,发现进出口贸易在总体上恶化了中国的生态环境。④

彭水军和刘安平(2010)采用开放经济系统下的环境投入产出模型,利用中国1997—2005年可比价投入产出表以及环境污染数据,测算出了包含大气污染与水污染在内的四类污染物历年的进出口含污量和污染贸易条件。⑤ 研究结果发现,在这些年份,中国为污染顺差国,而且各类污染物的贸易条件总体上呈现不断恶化的发展态势。李小平和卢现祥(2010)采用中国20个工业行业与OECD发达国家的贸易数据,实证检验了国际贸易是如何影响中国工业行业排放的,他们认为发达国家向中国转移的产业并不仅仅是污染产业,同时也向中国转移了"干净"产业,国际贸易能够减少工业行业的二氧化碳排放总量和单位产出的二氧化碳排放量。⑥

① 张连众、朱坦、李慕菡等:《贸易自由化对我国环境污染的影响分析》,《南开经济研究》2003年第3期。

② 李秀香、张婷:《出口增长对我国环境影响的实证分析——以$CO_2$排放量为例》,《国际贸易问题》2004年第7期。

③ 陈继勇、刘威、胡艺:《论中国对外贸易、环境保护与经济的可持续增长》,《亚太经济》2005年第4期。

④ 党玉婷、万能:《贸易对环境影响的实证分析——以中国制造业为例》,《世界经济研究》2007年第4期。

⑤ 彭水军、刘安平:《中国对外贸易的环境影响效应:基于环境投入—产出模型的经验研究》,《世界经济》2010年第5期。

⑥ 李小平、卢现祥:《国际贸易、污染产业转移和中国工业$CO_2$排放》,《经济研究》2010年第1期。

概括之，关于贸易与环境关系的理论和实证研究，并没有十分明确的结论，而且没有形成相对一致的分析模型和框架，但共识是，贸易自由化对环境效应既有消极效应，也有积极效应，总效应取决于两种效应的加总。

2. 世界范围内的“隐含碳”排放格局

(1)主要发达国家是隐含碳的净进口国

目前，对隐含碳的测算方法，一般采用投入产出法进行计算，这种计算方法一直在不断的改进当中，目前国外学者应用这种方法做了很多关于发达国家的隐含碳贸易的测算，主要的结果反映，主要发达国家目前已经成为隐含碳的净进口国。

Wyckoff 和 Roop(1994)采用各国的投入产出表和双边贸易数据，测算了 6 个 OECD 国家(加拿大、法国、德国、日本、英国和美国)21 种工业品进口中的隐含碳，发现隐含碳进口约占这些国家碳排放总量的 13%。① Kondo 和 Moriguchi(1998)测算了日本进出口贸易中的隐含碳，发现在 1985 年之前，日本的隐含碳出口大于进口，但 1990 年后发生了转变，日本成为隐含碳贸易逆差国。② Ghertner 和 Fripp(2007)用投入产出生命周期法研究了美国的国际贸易对全球环境的影响。结果表明美国对外贸易活动存在着严重的污染泄漏。③ Shui 和 Harriss(2006)测算了 1997—2003 年中美贸易中的隐含碳，发现隐含碳出口中的 7%—14%是由美国消费的。④

此外，Ahmad 和 Wyckoff(2003)通过使用 24 个国家的 17 个部门的投入产出表等数据，发现 1995 年 OECD 国家的二氧化碳消费量比生产量高出

① A. W. Wyckoff, J. M. Roop, “The embodiment of carbon in imports of manufactured products: Implications for international agreements on greenhouse gas emissions”, *Energy Policy*, 1994, 22(3), pp.187-194.

② Y. Kondo, Y. Moriguchi, H. Shimizu, “CO<sub>2 Emissions in Japan: Influences of imports and exports”, *Applied Energy*, 1998, 59(2), pp.163-174.

③ D. A. Ghertner, Fripp M., “Trading away damage: Quantifying environmental leakage through consumption-based, life-cycle analysis”, *Ecological Economics*, 2007, 63(2), pp.563-577.

④ B. Shui, R. C. Harriss, “The role of CO<sub>2 embodiment in US - China trade”, *Energy Policy*, 2006, 34(18), pp.4063-4068.

5%,这种情况主要发生在美国、日本、德国、法国和意大利,而中国和俄罗斯则是主要的二氧化碳净出口国。[①] 而 Nakano 等(2009)的研究发现,2000 年 OECD 国家的消费排放比生产排放高出 16.1%,21 个 OECD 国家都是隐含碳贸易逆差国,若按照消费计算,1995—2000 年全球碳排放增长的一半发生在 OECD 国家。[②] Peters 和 Hertwich(2008)使用 2001 年数据测算了 87 个国家的贸易隐含碳,发现附件国的消费隐含碳比生产隐含碳高出 8.22 亿吨(5.6%)。[③]

(2)发展中国家普遍是隐含碳的净出口国

与发达国家不同的是,在发展中国家一般是隐含碳的净出口国,特别是一些新兴的工业化国家。Schaeffer 和 Lealdesd(1996)采用 SRIO 模型研究了 1970 至 1993 年巴西非能源产品中的隐含能源和隐含碳,发现 20 世纪 70 年代巴西是碳净进口国,碳逆差占其总排放的 19.6%,但是在 80 年代后转为碳净出口国,到 1990 年碳顺差占到其总排放的 11.4%。[④] Machado 等(2001)的研究结果表明,1995 年巴西出口的非能源产品中的能源和碳含量要明显大于进口中的含量,巴西每单位产值出口商品平均要比进口商品多消耗 40%的能源和 56%的碳,进而支持了"污染避难所"假说。

Mukhopadhyay(2006)采用 1980 至 2000 年泰国与 OECD 国家的贸易数据进行研究,结果发现泰国出口产品的含污量大于进口产品的含污量,这一结论支持泰国是"污染避难所"假说。[⑤] Peters 和 Hertwich(2006)验证了进

① N. Ahmad, A. Wyckoff, "Carbon dioxide emissions embodied in international trade of goods", 2003.

② S. Nakano, A. Okamura, N. Sakurai, et. al., "The measurement of $CO_2$ embodiments in international trade: evidence from the harmonised input-output and bilateral trade database", 2009.

③ G.P. Peters, E. G. Hertwich, "$CO_2$ embodied in international trade with implications for global climate policy", *Environmental Science & Technology*, 2008, 42(5), pp.1401-1407.

④ R. Schaeffer, A. de Sá, "The embodiment of carbon associated with Brazilian imports and exports", *Energy Conversion and Management*, 1996, 37(6), pp.955-960.

⑤ K. Mukhopadhyay, "Impact on the Environment of Thailand's Trade with OECD Countries", *Asia-Pacific Trade and Investment Review*, 2006, 2(1), pp.25-46.

口对挪威国内消费碳排放有很大的影响,而且大部分进口隐含碳是来自从发展中国家的进口。[①] 这些研究都说明在研究贸易中的隐含碳问题时应考虑国家之间技术水平的差异,比如中国电力部门的二氧化碳排放强度比挪威高 231 倍。

(3)中国的"隐含碳"贸易

关于国际贸易中"隐含碳"的研究早期主要集中在发达国家,但是目前国内外学者更多的关注中国。Ahmad 和 Wyckoff(2003)采用投入产出表研究中国进出口贸易中"隐含碳"排放发现,1997 年中国的出口含碳量要明显高于进口含碳量。[②] 齐晔等(2008)采用投入产出表估计发现,1997—2006 年中国出口中隐含碳在逐年增加,通过隐含碳的形式,中国实际上为国外排放了大量的碳。[③]

Yan 和 Yang(2010)指出中国出口中隐含碳排放从 1997 年到 2007 年增长了 449%,其中规模效应为 450%,结构效应为 47%,技术效应为 -48%。[④] 张友国(2010)基于非竞争型投入产出表估算了 1987 至 2007 年中国的贸易含碳量及其部门分布和国别(地区)流向,结果表明,2005 年以来中国已成为碳的净输出国。碳出口迅速增加的原因是贸易规模的增长,不断降低的部门能源强度则是抑制其增加的主要因素。Lin 和 Sun(2010)使用中国统计局的投入产出表分别测算了 2005 年中国的消费排放和生产排放,认为中国二氧化碳净出口达 10.24 亿吨。[⑤] 表 3-2 汇总了近年来关于中国隐含碳贸易的实证研究结论。

---

① G.P.Peters, E.G.Hertwich, "Pollution embodied in trade: The Norwegian case", *Global Environmental Change*, 2006, 16(4), pp.379-387.

② N.Ahmad , A.Wyckoff, "Carbon dioxide emissions embodied in international trade of goods", 2003.

③ 齐晔、李惠民、徐明:《中国进出口贸易中的隐含碳估算》,《中国人口、资源与环境》2008 年第 18 期。

④ Y.Yunfeng, Y.Laike, "China's foreign trade and climate change: A case study of CO<sub> 2 emissions", *Energy Policy*, 2010, 38(1), pp.350-356.

⑤ B.Lin , C.Sun, "Evaluating carbon dioxide emissions in international trade of China", *Energy Policy* , 2010, 38(1), pp.613-621.

表 3-2 中国对外贸易中“隐含碳”实证研究结论汇总

| 来 源 | 研究涉及的年份 | 中国出口贸易中的隐含碳数量 | 中国出口贸易中的隐含碳占总排放百分比 | 净出口 | 净出口百分比 |
|---|---|---|---|---|---|
| Weber 等(2008) | 2005 | | 1/3 | | |
| Guan 等(2008) | 1981—2002 | | 43% | | |
| Yan 和 Yang (2010) | 1997—2007 | | 10%—27% | | |
| Lin 和 Sun (2010) | | | | 10.24 亿吨 | |
| Wang 和 Watson (2007) | 2004 | | | | 23% |
| 齐晔等(2008) | 2006 | | | | 10% |
| 陈迎等(2008) | 2002 | | | 1.5 亿吨 | |
| 刘强等(2008) | | | 14.4% | | |
| 孙小羽等(2009) | 2006 | 8.4 亿吨(比 2002 年增长 147.6%) | | | |
| 杜运苏、张为付(2012) | 1997—2007 | 8.21 亿吨增加至 8.26 亿吨 | 由 1997 年的 27.3%上升到 2007 年的 45.75% | | |

资料来源:作者根据相关研究成果整理。

通过对现有文献的梳理,我们发现,近年来中国隐含碳的出口要高于进口,我国不仅是商品贸易的顺差国,也是隐含碳的净输出国,商品贸易不平衡的背后隐藏的是碳排放的不平衡。

## (二)中国对外贸易“隐含碳”的测度

目前,“隐含碳”的测算一般采用投入产出法来计算。投入产出法是一种分析国民经济各部门间产品生产与消耗之间数量依存关系的方法,是联系经济活动与环境污染问题的一种有效的研究方法。基于投入产出技术中的直接消耗系数和完全消耗系数，通过结合各部门的产值，可以得到一国总的“隐含碳”数额。

根据投入产出法，假设一个经济体中有 n 个部门，则总产出 x 可表示为：

$$x = Ax + y \tag{1}$$

其中，x 是一个列向量，表示总产出。Ax 是中间消耗，A 是直接消耗系数矩阵，它的元素 $A_{ij} = \frac{X_{ij}}{X_j}$ 表示 j 部门生产一单位产品需要消耗 i 部门的直接投入，它反映了经济中各部门之间的生产联系，这些联系是通过中间投入或中间消耗发生的。y 是最终使用列向量。(1)式是投入产出中最基本的关系式，它是利用静态投入产出模型进行计算的基础。把总产出作为一组变量，最终使用作为另一组变量，整理后得：

$$x = (I - A)^{-1}y \tag{2}$$

其中，I 是单位矩阵，$(I - A)^{-1}$ 是里昂惕夫逆矩阵，它其中的元素 $A_{ij}$ 表示 j 部门生产一单位产品需要消耗 i 部门的直接和间接投入。将投入产出模型扩展到非经济领域，用来衡量单位产出变化所产生的外部性。本文引入行向量 e，它的元素 $e_j$ 表示 j 部门每单位产出 $x_j$ 的直接 $CO_2$ 排放量，为满足最终使用 y 而产生的 $CO_2$ 排放量可以表示为：

$$E = e(I - A)^{-1}y \tag{3}$$

直接排放系数是指某部门的单位产出所排放的 $CO_2$ 量，而完全排放系数是指各行业一个单位产品在其生产过程中的直接和间接 $CO_2$ 排放。上式中 A 相当于直接消耗系数，而 $e(I - A)^{-1}$ 相当于完全消耗系数。

由于目前的投入产出表只公布到 2007 年，为了得出中国国际贸易中隐含碳排放的最新数据，这里假设技术进步导致碳排放的完全消耗系数的降低，而全要素生产率代表的技术进步率为常数，即各部门的完全消耗系数按照固定的是速率递减，根据闫云凤(2011)测算的 1995 至 2008 年各部门的完全消耗系数，可以推导出 2012 年的完全消耗系数，结果如表 3-3 所示：

**表 3-3 中国各部门的碳排放完全消耗系数**

（单位：吨/美元）

| 部门＼年份 | 2008 | 2009 | 2010 | 2011 | 2012 |
| --- | --- | --- | --- | --- | --- |
| 农林牧副渔业 | 0.91 | 0.871684 | 0.834982 | 0.799825 | 0.766148 |
| 采矿业 | 2.54 | 2.434566 | 2.333509 | 2.236646 | 2.143804 |
| 食品加工业 | 1.08 | 1.032212 | 0.986539 | 0.942887 | 0.901166 |
| 纺织业 | 1.23 | 1.181953 | 1.135783 | 1.091417 | 1.048783 |
| 木材加工业 | 1.66 | 1.592832 | 1.528383 | 1.46654 | 1.407201 |
| 造纸、印刷、出版和文教业 | 1.93 | 1.853184 | 1.779426 | 1.708603 | 1.640599 |
| 化学工业 | 2.97 | 2.85466 | 2.7438 | 2.637244 | 2.534827 |
| 钢铁及其它非金属矿物制品 | 4.84 | 4.647937 | 4.463495 | 4.286372 | 4.116278 |
| 金属制品和机械设备 | 1.92 | 1.8432 | 1.769472 | 1.698693 | 1.630745 |
| 运输设备 | 1.88 | 1.803265 | 1.729663 | 1.659064 | 1.591347 |
| 橡胶塑料产品制造业 | 2.43 | 2.324764 | 2.224085 | 2.127766 | 2.035619 |
| 电力、燃气及水的生产和供应业 | 12.6 | 12.11908 | 11.65652 | 11.21162 | 10.78369 |
| 建筑业 | 1.92 | 1.8432 | 1.769472 | 1.698693 | 1.630745 |
| 运输仓储业 | 1.36 | 1.302535 | 1.247499 | 1.194787 | 1.144303 |
| 其它服务业 | 1.01 | 0.971524 | 0.934513 | 0.898913 | 0.864669 |

资料来源：2008 年数据来源，闫云凤：《中国对外贸易的隐含碳研究》，华东师范大学 2011 年博士学位论文；其余各年份由作者推导得来。

按照前文所述，各部门碳排放的完全消耗系数与各部门产值的乘积可得各部门的隐含碳，将 ISIC 两位编码贸易数据与各部门一一匹配，可以得到各部门对外贸易中的隐含碳排放。其中，ISIC 第三版的两位编码贸易数据来源于联合国贸易数据库 UNCOMTRADE。2012 年中国对外贸易中的隐含碳如图 3-2 所示：

中国 2012 年的出口贸易中隐含碳排放为 8.83 亿吨，按照中国的碳排放技术，进口贸易中的隐含碳排放为 3.76 亿吨，但是由于中国主要贸易伙伴国为发达国家，其碳排放技术要优于中国，所以预计进口贸易中的隐含碳

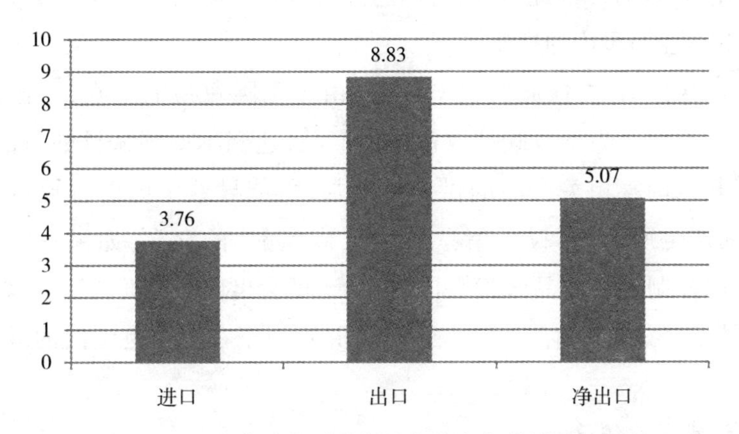


**图 3-2　2012 年中国对外贸易中的隐含碳(单位:亿吨)**

资料来源:作者根据前文介绍方法计算得来。

应该小于这一数值。最后,本书测算的中国净出口隐含碳为 5.07 亿吨,实际数值应该更大。

## (三)“隐含碳”与碳排放的责任界定

由温室气体排放所引起的气候变化已经成为全球共同关注的问题,而二氧化碳是温室气体的主要来源。而中国超过美国成为全球第一大二氧化碳排放国,面临来自世界的减排压力日益增加。《联合国气候变化框架公约》(UNFCCC)是以“地域”为标准核算一个国家的二氧化碳排放量,即“生产排放”,指一国国内生产过程中所排放的二氧化碳。

1. 生产者责任原则

“生产者责任原则”与“污染者责任原则”一致,自 1972 年经济合作和发展组织(OECD)提出“污染者负担原则”以来,污染者付费已成为国内外在治理环境问题上的一个基本原则。目前,所公布的国家碳排放数据是依据基于领土责任的“污染者负责原则”计算的,即要求污染者为其造成的污染支付费用。

按照生产者责任原则计算各国的温室气体排放有优点:一是便于估计和监测;二是符合国际合作中国家主权的原则;三是与 OECD 提出的“污染

付费原则”相吻合。因此,目前各国的排放清单是按照生产者责任原则计算的一国领土范围内的排放。

但是,生产者责任原则也有缺陷:由于国际贸易的存在,一国可以通过进口能源密集型或碳排放密集型产品,达到本国碳减排的目的,但是由于其他国家相关产品的供应量增加,可能导致全球碳排放量的增长,从而产生所谓的“碳泄漏”。由于“碳泄漏”的存在,如果一国只通过进口国外制造的商品来代替国内生产,就会出现高标准的生活水平与低污染排放水平同时存在的矛盾情况,并不利于在全球范围内的减少碳排放。

2. 消费者责任原则

“消费者责任原则”与生态足迹法具有相同的原理,含义是消费者应该为产品生产过程中的相关的全部温室气体排放负责。在这种方法下,发展中国家将负担较低的排放责任,而发达国家负担较高的排放责任,这样就可以避免发达国家向发展中国家进行“碳泄漏”。

按照消费者责任原则计算各国的温室气体排放有以下优点:一是有助于减少“碳泄漏”,对发展中国家更加公平;二是有助于消费者树立环保意识,使其选择购买碳排放密度较小的产品。

但是消费者责任原则也有自身的缺陷,主要表现在:一是计算复杂,需要大量各国排放技术数据和国际贸易数据;二是生产者可能不会主动去减少排放,可能会降低发展中国家创造更加清洁生产过程的积极性;三是消费者可能不会有对产品环境影响的充分认识,从而制约了他们选择低排放的产品。

对比生产者责任原则与消费者责任原则不同点为:首先,从定义来看,生产者责任原则是指一国只对其“国家领土和该国拥有司法管辖权的近海海区”发生的二氧化碳排放负责;“消费者责任原则”是指一国对其本国居民消费的产品和服务所产生的二氧化碳负责。其次,从涉及范围来看,前者包括本国领土,后者包括本国消费者和为本国消费提高产品的贸易伙伴国。最后,从原则来看,前者奉行“污染者付费原则”,后者奉行“受益者付费原则”。

3. 共同责任原则

针对前两种责任承担机制的缺陷，有的研究者开始强调“共同负责”的责任承担机制，就是由生产者和消费者共同为贸易中的二氧化碳排放负责。Bastianoni 等（2004）在对比分析生产者责任和消费者责任的基础上，提出了一个折中方案，即“附加碳排放方法”，即消费者和生产者共同为某一产品从最初生产到最终消费过程中的碳排放负责。①

Lenzen 等（2007）从生态足迹的视角出发，利用生命周期评估方法，提出了一种定量计算贸易污染中“共同责任”的数学方法。② 不过，该方法中消费者的责任主要指消费环节产生的污染，如汽车尾气、生活废水等。利用上述方法对新西兰的研究表明，新西兰国内温室气体排放的 44%是国内生产者的责任；在消费者责任中，其国内消费者负有 28%的责任，另外 27%的排放是由出口引起，为国外消费者的责任。其研究认为“共同负责”的分配方法能够体现公平性，与单纯的生产者或消费者负责的方法相比也更容易被接受。Andrew 和 Forgie（2008）利用这一方法对新西兰进行研究后发现，新西兰国内温室气体排放的 44%是国内生产者的责任，他们指出“共同分担责任”的分配方法能够体现公平性，与单纯的生产者或消费者责任原则相比也更容易被接受。③

## （四）结论与政策含义

1. 主要结论

（1）中国出口贸易隐含碳排放数量巨大，2012 年中国出口贸易隐含碳排放达到 8.83 亿吨。虽然中国出口的商品被其他国家消费，但按照生产者责任原则，所产生的碳排放全部归中国。显然，在开放经济条件下，目前国

---

① S. Bastianoni, F. M. Pulselli, E. Tiezzi, “The problem of assigning responsibility for greenhouse gas emissions”, *Ecological Economics*, 2004, 49(3), pp.253–257.

② M.Lenzen, J.Murray, F.Sack, et al., “Shared producer and consumer responsibility—theory and practice”, *Ecological Economics*, 2007, 61(1), pp.27–42.

③ 参见 A. W. Wyckoff, J. M. Roop, “The embodiment of carbon in imports of manufactured products: Implications for international agreements on greenhouse gas emissions”, *Energy Policy*, 1994, 22(3), pp.187–194.

际上碳排放核算方法有失公平。

(2)由于中国的能源利用效率及技术水平落后,中国的出口产品在中国生产的碳排放远远高于在国外的碳排放,因此,出口增加了中国和世界的碳排放,进口减少了中国和世界的碳排放。

(3)国际贸易至少目前还是对中国谈判显著有利的指标。由于相对低的生产效率和较高的碳密集度,伴随着对外贸易的快速持续增长,中国事实上替国外净排放了显著数量的二氧化碳等温室气体。中国不是其碳排放的唯一责任方。国外消费者,尤其是发达国家的消费者,也应该为中国日益增长的温室气体排放负责。

2. 政策含义

(1)积极推进建立生产和消费共担责任的核算标准。各国实际消费所产生的碳排放,以及通过国际贸易产生的碳排放转移问题有更加清醒的认识,有利于对各国的碳减排责任重新进行考察。中国正受到越来越大的国际碳减排压力。对我国这样一个出口低端产品,却有巨大贸易顺差的国家来说,通过国际贸易,为其他国家转移排放的二氧化碳量相当可观,这也为我国在国际气候变化谈判中提供论据支撑。因此,我国应积极主张建立基于生产和消费共同承担碳排放责任的核算标准,真正体现“共同但有区别责任”的原则。

(2)转变贸易增长方式,加大出口产品结构调整。一方面,中国高速增长的出口贸易,除了带来外汇增长外,还带来了严重的生产外部性污染,而且中国出口的产品多为高碳密集型产品,这阻碍了中国可持续发展进程。另一方面,未来国际上可能征收碳关税,这就意味着中国会面临可能加剧的国际贸易保护主义,这也影响到中国经济的平稳发展。在这种压力下,调整出口商品结构,降低出口隐含碳,既是应对国际环境变化的必要举措,又是解决自身发展瓶颈的客观要求。

(3)选择适合的减排机制,充分节能减排。中国应该根据国际环境和自身情况来制定低碳经济发展战略,选择合适的减排机制。从短期看,可以考虑对高排放产业实施碳税,促进碳排放技术转变;从长期看,加强国内碳交易市场的研究、建设,在适当时机推动我国配额交易制度,推动我国碳交易市场的发展。

## 五、中国正在迎来能源革命，发展与挑战并存

### （一）从战略与政策层面加强顶层设计

党的十八大以来，习近平同志高瞻远瞩，运筹帷幄，面对能源供需格局新变化、国际能源发展新趋势，提出了“能源革命”的战略思想。5 年来，随着能源供给侧结构性改革的推进和绿色低碳发展战略的实施，能源生产和消费都发生了巨大变革。能源发展方式由粗放型向集约型转变，能源结构由煤炭为主向多元化转变，能源发展动力由传统能源增长向新能源增长转变，清洁低碳化进程加快，能源消费得到有效控制，能源利用效率进一步提高，节能降耗取得新成效。

“十二五”时期，面对错综复杂的国际环境和艰巨繁重的国内改革发展稳定任务，中国政府适应经济发展新常态，不断创新宏观调控方式，妥善应对国际金融危机持续影响等一系列重大风险挑战。中国经济总量稳居世界第二位，十三亿多人口的人均国内生产总值增至 7800 美元左右。2016 年初，中国政府出台了国民经济和社会发展第十三个五年规划纲要，围绕全面建成小康社会奋斗目标，针对发展不平衡、不协调、不可持续等突出问题，强调要牢固树立和坚决贯彻创新、协调、绿色、开放、共享的五大发展理念。在全面分析了国际国内形势之后，中国经济发展不平衡、不协调、不可持续问题仍然突出。发展方式粗放，资源约束趋紧，生态环境恶化趋势尚未得到根本扭转。要毫不动摇实施可持续发展战略，坚持绿色低碳循环发展，坚持节约资源和保护环境。

在能源—环境领域，推动低碳循环发展、推进能源革命。加快能源技术创新，建设清洁低碳、安全高效的现代能源体系。提高非化石能源比重，推动煤炭等化石能源清洁高效利用。加快发展风能、太阳能、生物质能、水能、地热能，安全高效发展核电。加强储能和智能电网建设，发展分布式能源，推行节能低碳电力调度。有序开放开采权，积极开发天然气、煤层气、页岩

气。改革能源体制,形成有效竞争的市场机制。加大环境治理力度。以提高环境质量为核心,实行最严格的环境保护制度,形成政府、企业、公众共治的环境治理体系。推进交通运输低碳发展;主动控制碳排放,加强高能耗行业能耗管控;实施循环发展引领计划,推行企业循环式生产、产业循环式组合、园区循环式改造,减少单位产出物质消耗。建立健全用能权、用水权、排污权、碳排放权初始分配制度,创新有偿使用、预算管理、投融资机制,培育和发展交易市场。积极参与应对全球气候变化谈判,积极承担国际责任和义务。坚持共同但有区别的责任原则、公平原则、各自能力原则,落实减排承诺。①

## (二)中国能源转型提速

当前,我国能源发展处于战略转型期,正在经历一场深刻的能源生产与消费革命。引领经济新常态、落实发展新理念,对能源发展提出了新要求。经过多年的努力,中国能源实现了令世界瞩目的快速转型。

在2016年初召开的全国能源工作会议上,明确了"十三五"能源发展总的目标要求:增强能源供给能力,满足经济社会发展需要,保障国家能源安全;关键技术装备研发取得新突破,科技创新能力进一步增强;大幅度增加非化石能源消费比重,逐步提高天然气消费比重,绿色低碳发展取得新进展;化石能源清洁利用取得新突破,煤炭深加工和综合利用水平进一步提高;能源发展更加开放,国际合作更加广泛深入;用能条件大幅改善,普遍服务能力显著提高;重点领域改革深入推进,适应新常态的体制机制更加完善。到2020年,非化石能源占一次能源消费总量的比重达到15%左右,单位国内生产总值二氧化碳排放量比2005年下降40%至45%。

在非化石能源领域,会议提出大力发展非化石能源。加快发展风电和太阳能,推动第一批100万千瓦左右规模的光热发电示范项目建设,2016年力争风电新增装机2000万千瓦以上,光伏发电新增装机1500万千瓦以

① 《中共中央关于制定国民经济和社会发展第十三个五年规划的建议》,新华社2015年11月3日电讯稿。

上。积极发展水电,加快推进西南水电基地建设。安全高效发展核电,稳妥推进一批新的沿海核电项目核准建设,开工建设 CAP1400 示范工程,推动“华龙一号”技术进一步融合。积极推动地热能、生物质能的发展。①

1. 传统能源生产下降,新能源生产快速增长,清洁能源比重不断提高

2016 年,全国能源生产总量 34.6 亿吨标准煤,比 2012 年下降 1.4%,年均下降 0.4%,比 2005 年至 2012 年年均增幅低 6.7 个百分点。煤炭、原油等传统能源生产明显下降,原煤生产在 2013 年达到 39.7 亿吨之后,连续三年下降,2014 年、2015 年和 2016 年分别降至 38.7 亿吨、37.5 亿吨和 34.1 亿吨,分别比上年下降 2.5%、3.3%和 9.0%,降幅逐年加大。2016 年原油生产 19969 万吨,比 2012 年下降 3.8%;天然气生产 1369 亿立方米,比 2012 年增长 23.8%;电力生产 61425 亿千瓦时,增长 23.2%;新型能源(核电、风电以及其他新型能源)发电快速增长达 5120.5 亿千瓦时,增长 1.3 倍,其中核电增长 1.2 倍,风电增长 1.5 倍。

在一次能源生产构成中,2016 年原煤占 69.6%,比 2012 年下降 6.6 个百分点;原油占 8.2%,下降 0.3 个百分点;天然气占 5.3%,提高 1.2 个百分点;一次电力及其他能源占 16.9%,提高 5.7 个百分点。煤炭生产比重的持续降低和清洁能源比重的不断提高,表明我国能源生产结构正朝着多元化的目标快速前进。

随着能源供给侧结构性改革的积极推进,非化石能源发展进程加快。截至 2016 年年底,全国发电装机容量 16.5 亿千瓦,比 2012 年增长 43.5%,其中,核电 3364 万千瓦,增长 167.6%;并网风力发电 14864 万千瓦,增长 142.0%;并网太阳能发电 7742 万千瓦,增长 21.7 倍,这三项非化石能源发电装机容量增幅分别比火力发电高 139.0、113.4 和 2241.4 个百分点。

2. 能源进口结构不断优化,能源供应稳定、充足、多元

党的十八大以来,随着“一带一路”建设的深入实施,我国能源领域的国际合作不断取得新的突破,油气进口能力稳步提高,初步形成了西北、东

① 《2016 年全国能源工作会议在京召开》,能源局网站,转载于中国政府网,2015 年 12 月 30 日,http://www.gov.cn/xinwen/2015-12/30/content_5029432.htm。

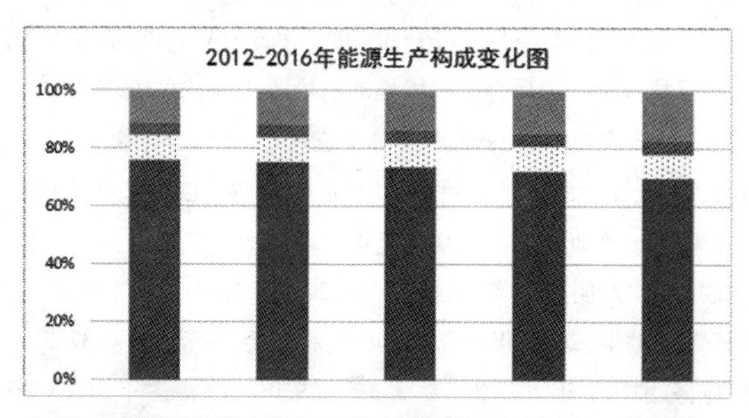


| | 2012年 | 2013年 | 2014年 | 2015年 | 2016年 |
|---|---|---|---|---|---|
| 煤炭 | 76.2 | | 73.6 | | 69.6 |
| 原油 | 8.5 | | 8.4 | | 8.2 |
| 天然气 | 4.1 | | 4.7 | | 5.3 |
| 一次电力及其他能源 | 11.2 | | 13.3 | | 16.9 |

**图 3-3　2012—2016 年能源生产构成变化图**

北、西南以及海上四大油气进口战略通道,火电、水电、核电、新能源、电网、煤炭等领域国际合作全面拓展。能源进口较快增长,品种不断优化、多元化,保障了能源的稳定供应。

2016 年,全国能源进口(净进口,下同)8 亿吨标准煤,比 2012 年增长 30. 4%,年均增长 6. 9%。其中,煤炭进口总量在 2013 年达到 3. 2 亿吨之后明显下降,至 2016 年已经下降到 2. 5 亿吨,下降 21. 9%;油、气保持了较快增长,2016 年原油进口 3. 8 亿吨,比 2012 年增长 40. 8%;天然气进口 717 亿立方米,增长 82. 9%。

2016 年,全国能源供应量(生产量+净进口)42. 6 亿吨标准煤,比 2012 年增长 3. 3%,年均增长 0. 8%。各种能源进口占能源供应总量的比重为 18. 8%,比 2012 年提高 3. 9 个百分点。其中,原油进口量占原油供应总量的比重为 65%,提高 9 个百分点;天然气进口量占天然气供应总量的比重为 34%,提高 8 个百分点。

3. 能源消费得到有效控制,煤炭消费显著下降,消费结构明显优化

党的十八大以来,能源消费革命进程不断加快,用能方式不断变革,能

源清洁高效利用成效显著。通过加快电源和电网建设、实施热电联产改造、增加非化石能源投入、扩大天然气供应等措施，能源利用效率高、污染小的清洁能源消费的比重进一步提高，能源消费品种结构不断优化。

2016年，全国能源消费总量为43.6亿吨标准煤，比2012年增长8.4%，年均增幅为2.0%，比2005年至2012年的年均增幅低4.3个百分点，其中，煤炭消费自2013年之后连续三年下降，从2013年的42.4亿吨降至2016年的37.9亿吨，分别比上年下降3.0%、3.5%和4.7%。2016年，石油消费约5.7亿吨，比2012年增长19.3%；天然气消费2086亿立方米，增长39.3%；全社会用电5.9万亿千瓦时，增长19.4%。

从能源消费构成来看，2016年煤炭消费占62.0%，比2012年下降6.5个百分点；石油消费占18.3%，提高1.3个百分点；天然气消费占6.4%，提高1.6个百分点；一次电力及其他能源消费占13.3%，提高3.6个百分点；清洁能源消费比重为19.7%，提高5.2个百分点。

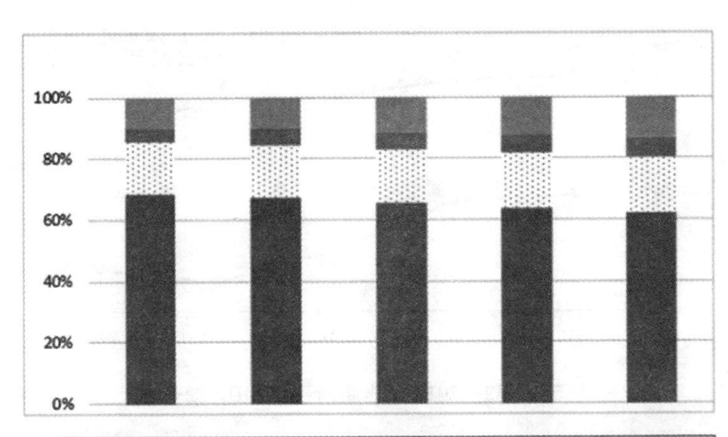


| | 2012年 | 2013年 | 2014年 | 2015年 | 2016年 |
|---|---|---|---|---|---|
| 煤　炭 | 68.5 | 67.4 | 65.6 | 63.7 | 62.0 |
| 石　油 | 17.0 | 17.1 | 17.4 | 18.3 | 18.3 |
| 天然气 | 4.8 | 5.3 | 5.7 | 5.9 | 6.4 |
| 一次电力及其他能源 | 9.7 | 10.2 | 11.3 | 12.1 | 13.3 |

**图3-4　2012—2016年能源消费构成变化图**

供给侧结构性改革成效明显，高耗能行业生产回落、投资比重下降，有效抑制了能源消费的增长。2016 年，占全部能源消费 65%的全国规模以上工业能源消费仅增长 0.2%，增速比 2012 年回落 1.4 个百分点；规模以上工业六大高耗能行业增加值比上年增长 5.2%，低于全部规模以上工业 0.8 个百分点，增速比 2012 年回落 4.3 个百分点；六大高耗能行业投资比上年增长 3.1%，占全部投资比重比 2012 年回落 2.1 个百分点。高耗能行业投资回落，将对今后几年能源消费需求形成有效抑制。

经济结构不断优化升级，能源消费弹性显著降低。2016 年，第三产业增加值比重为 51.6%，比 2012 年提高 6.3 个百分点；第二产业增加值比重为 39.8%，下降 5.5 个百分点。低能耗产业的快速发展保证了我国以较低的能源消费增长支撑经济的中高速增长。2016 年，我国能源消费弹性系数为 0.21，比 2012 年降低 0.28；2013—2016 年平均能源消费弹性系数为 0.29，比 2005—2012 年降低 0.13。

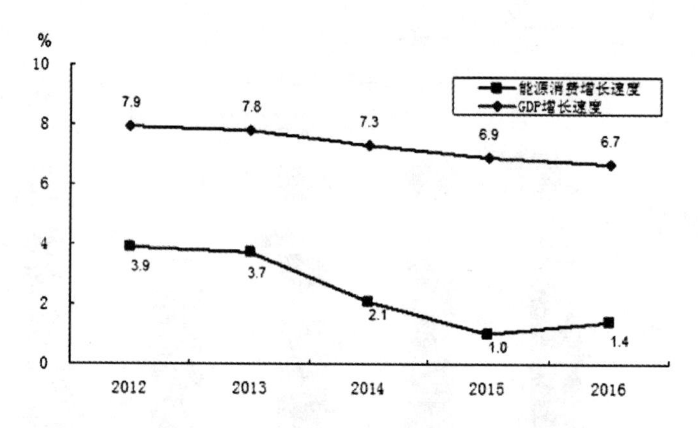


**图 3-5　2012—2016 年能源消费和 GDP 增长速度**

4. 能源利用效率进一步提高

淘汰落后产能成效显著。2012—2015 年，全国在电力、煤炭、炼铁、炼钢等 16 个行业大力淘汰落后和过剩产能，共淘汰电力产能 2108.4 万千瓦，煤炭 5.2 亿吨，炼铁 5897 万吨，炼钢 6640 万吨，水泥 5 亿吨，平板玻璃 1.4 亿重量箱，焦炭 7694 万亿吨，铁合金 925 万吨，电石 454 万吨，电解铝 141.2 万吨，铜冶炼 245.7 万吨，铅冶炼 315.3 万吨，造纸 2602 万吨。

单位产品能耗明显降低。改进工艺技术,更新改造用能设备,淘汰落后产能和加快技术进步使能源利用效率稳步提高。2016 年与 2012 年相比,在统计的年耗能 1 万吨标准煤及以上的重点耗能工业企业中,吨钢综合能耗下降 4. 5%,机制纸及纸板综合能耗下降 11. 1%,烧碱生产综合能耗下降 11. 2%,电石生产综合能耗下降 4. 5%,合成氨生产综合能耗下降 5. 0%,水泥综合能耗下降 5. 7%,平板玻璃综合能耗下降 9. 6%,电厂火力发电标准煤耗下降 3. 3%。按照统计的 25 个重点耗能产品、108 项单耗指标测算,四年来形成直接节能 8500 万吨标准煤,约占全部节能的 10%。

能源加工转换效率普遍提高。2016 年与 2012 年相比,规模以上工业企业能源加工转换效率提高 2. 2 个百分点,其中火力发电提高 1. 2 个百分点,供热提高 3. 4 个百分点,煤制品加工提高 4. 8 个百分点,原煤洗选提高 1. 8 个百分点,炼焦与制气提高 0. 3 个百分点,天然气液化提高 1. 8 个百分点,炼油提高 0. 1 个百分点。

余热余能的利用成效显著。重点行业和重点领域能源回收利用水平进一步提高,余热、余压及放散气等能量回收利用成效显著。2016 年,规模以上工业企业能源回收利用率为 2. 5%,比 2012 年提高 0. 2 个百分点,4 年累计回收利用量 6. 0 亿吨标准煤,其中黑色金属冶炼及压延加工业回收利用率达到 16. 5%,提高 2. 6 个百分点,回收利用量达到 5. 3 亿吨标准煤。

5. 节能降耗取得新成效

党的十八大以来,各地区各部门认真落实党中央、国务院有关节能减排工作部署,完善节能降耗各项政策,加强节能减排体制、机制、法制和能力建设,综合运用经济、法律等手段,切实推进工业、建筑、交通等重点领域节能减排。通过加快产业调整、优化能源结构和推进节能型社会建设促进了节能降耗目标的实现,节能降耗不断取得新成效。

单位 GDP 能耗显著下降。2016 年,全国单位 GDP 能耗比 2012 年累计降低 17. 9%,节约和少用能源 8. 6 亿吨标准煤。按照三次产业和各产业内部结构变化初步核算,2016 年比 2012 年形成间接(结构)节能 1. 7 亿吨标准煤,占全部节能的 20%以上,经济结构变化带来明显节能成效。

工业节能对整个社会节能的推动作用十分明显。2016 年,全国规模以

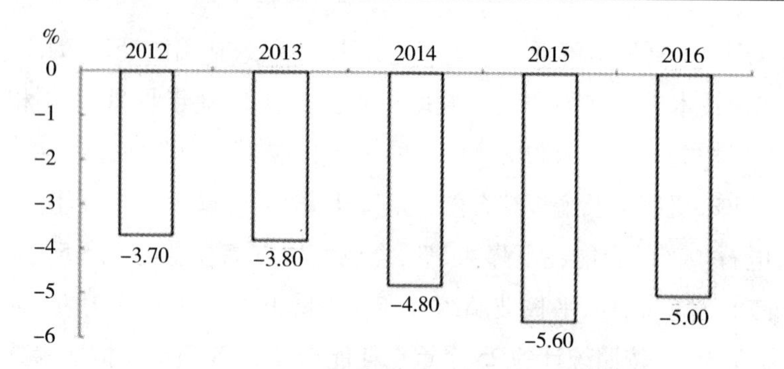


**图 3-6　2012—2016 年单位 GDP 能耗增长率**

上工业单位增加值能耗比 2012 年累计降低 24%，高于单位 GDP 能耗降低幅度 6.1 个百分点，年均下降 6.6%。按照单位工业增加值能耗计算，规模以上工业累计节能约 7.9 亿吨标准煤，占全社会节能量绝大部分（90%以上），全国单位 GDP 能耗的降低主要是由工业贡献的。

工业内部结构优化带来明显的节能成效。近年来，国家严格控制高耗能行业过快增长，高耗能行业在国民经济中的比重有所下降。2016 年，全国规模以上工业六大高耗能行业增加值占全部工业的 28.1%，比 2012 年下降 1.5 个百分点，六大高耗能行业四年累计节能 5.9 亿吨标准煤，约占全部节能量的 69%。六大高耗能行业单位增加值能耗累计降低 22.2%，年均下降 6.1%，其中，石油加工、炼焦和核燃料加工业累计降低 14.1%，年均下降 3.7%；化学原料和化学制品制造业累计降低 20.8%，年均下降 5.7%；非金属矿物制品业累计降低 30.7%，年均下降 8.8%；黑色金属冶炼和压延加工业累计降低 17%，年均下降 4.6%；有色金属冶炼和压延加工业累计降低 13.2%，年均下降 3.5%；电力、热力生产和供应业累计降低 15.5%，年均下降 4.1%。①

## （三）中国能源转型仍面临挑战

“十三五”时期是全面建成小康社会的决胜阶段，也是能源革命发力提

① 《能源发展呈现新格局　节能降耗取得新成效》，国家统计局网站，2017 年 7 月 7 日，http://www.stats.gov.cn/tjsj/sjjd/201707/t20170707_1510973.html。

速的关键期。我们必须牢固树立和贯彻落实创新、协调、绿色、开放、共享的新发展理念,深入推进能源革命,着力推动能源生产利用方式变革,坚持节约优先,抑制不合理能源消费,提升能源消费清洁化水平,加快建设能源节约型社会,促进生态文明建设,推进绿色发展。

党的十九大提出推进绿色发展,着力解决突出的环境问题,加快生态文明体制改革,建设美丽中国,并提出建设新时代中国特色社会主义的十四大方略。建设生态文明是中华民族永续发展的千年大计。必须树立和践行绿水青山就是金山银山的理念,坚持节约资源和保护环境的基本国策,像对待生命一样对待生态环境,统筹山水林田湖草系统治理,实行最严格的生态环境保护制度,形成绿色发展方式和生活方式,坚定走生产发展、生活富裕、生态良好的文明发展道路,建设美丽中国,为人民创造良好生产生活环境,为全球生态安全作出贡献。这就为中国的能源转型,协调能源生产消费与环境的良性循环关系,提出了更高的战略要求。从发展趋势看,随着我国经济发展进入新常态,能源发展步入新阶段,传统能源产能结构性过剩问题仍较突出,能源清洁替代任务艰巨,节能降耗仍面临很大压力,能源转型变革任重道远。要实现能源资源开发利用效率的提高,有效控制能源消耗总量和完成“十三五”单位国内生产总值能耗降低的目标任务,仍需付出巨大努力。

# 第四章　中国在全球能源—气候问题上的国际战略选择

在全球应对金融危机的国际背景下，气候变化问题已成为当今最引人注目的国际政治问题。每当一个新的重大国际战略议题的提出，往往都会在短时间内引起国际社会的普遍关注，并迅速发酵成为国际政治舞台上各利益攸关方瞩目的焦点。气候政治问题也概莫能外，气候变化议题正在改变整个世界，也对国际政治和国际关系产生长远而深刻的影响。围绕于此，气候政治也已堂皇走进国际战略博弈的中心。

2008 年金融危机前后，全球即开始酝酿新一轮的产业结构调整，以低碳、绿色为特点的新经济模式逐渐形成。眼下，能源—气候因素正成为全球产业结构调整和能源革命的最主要推动力。对于人类的可持续发展而言，应对气候变化有可能引出人类历史的又一场产业革命。值得人们深思的是，后危机时代世界经济格局的调整仍然紧扣能源和气候的主题不放，并催生出了一些新兴的产业。因此，只有从国际战略的高度和视角着眼，审视气候变化问题，才能获得更为客观、清醒、深刻的认识，从而使中国应对气候变化的战略目标设计与国家的总体战略相协调，使中国的国家利益得以维护与延伸。

## 一、环境—气候问题提升到全球安全的高度

在日益发展的国际政治舞台上，由于气候问题的全球性破坏力，这一问

题已悄然上升为重大的国家暨国际安全问题，从而由一般性政治、经济、科学问题上升至战略安全层面。随着非传统安全问题的升温，传统安全与非传统安全之间的界线日渐模糊，这主要表现在边界争端、生态移民、能源供应、其他资源短缺、社会压力和人道主义危机等方面。气候变化作为一个人类社会的全球问题，也早已超出环境问题的范畴，对国际经济和政治关系具有深远影响。事实上，国际社会所有成员都面临一个两难的困境：如果不能发展经济以满足人民需求，世界将面临冲突和不安全的风险；而发展经济就不得不消耗化石能源，加剧气候变化，也将带来对国际和平与安全的威胁。的确，能源—环境/气候变化问题已与国家和国际安全紧密相连。

近年来，西方国家在积极推进气候变化议题的同时，试图推动以安全为核心的气候外交新战略。2007 年，美国 10 余名退役高级将领集体撰写了题为《国家安全与气候变化威胁》的报告，警告全球变暖对美国国家安全构成严重威胁，美国可能被拖入因水和其他资源短缺引发的战争。报告呼吁美国总统采取有力措施减少温室气体排放，否则“美国将付出军事代价和人员伤亡”。美国国家情报委员会早在 2008 年 6 月的报告中就综合了美国 16 个情报机构及若干学术组织的调研结果，认为全球气候变化可能在未来 20 年间接威胁到美国国家安全。因此，美国军事及外交政策的制定应考虑气候变化的因素。无独有偶，德国全球变化咨询委员会（WBGU）也推出了气候变化与安全的专题报告《转型中的世界：气候变化的安全风险》。报告强调，如果没有全球重大的应对措施，气候变化带来的影响将超过人类社会的适应能力，将在世界许多地区造成国家之间的冲突，并导致整个国际体系的不稳定。传统的安全政策不足以应对气候变化对国际安全的新威胁。气候变化政策和战略应该作为一个重要组成部分纳入国际维护安全的政策体系。如果国际社会能充分认识到气候变化是对全人类的严重威胁，并切实采取措施来避免气候变化的不利影响，气候变化的挑战将有利于促进国际社会的团结。否则气候变化必将加深国际关系的对立和冲突。相比较而言，美国军方的报告仅着眼于美国自身的安全，而欧盟国家则更多关注国际安全。

早在 2007 年，联合国安理会就首次将气候变化与国家和国际安全挂钩,使气候变化问题的政治化达到了新高度。联合国的相关文件还建议安理会就上述问题展开讨论,提高国际社会对未来所面临的一系列重大安全威胁的认识,并寻求解决的途径,尤其是安理会在防止相关冲突和促进政策协调方面可能发挥的作用。《华盛顿邮报》刊载了联合国秘书长潘基文关于苏丹达尔富尔问题的一篇文章,将达尔富尔冲突归因于气候变化造成的食物和水资源缺乏等生态危机。文章还警告,不仅达尔富尔问题如此,索马里、科特迪瓦和布基纳法索等地的冲突都源自对水源和食物安全的担心,而且类似的问题还将在世界各地出现。因此,应当认识到,气候变化问题的重要性早已超越了科学和经济范畴,成为未来可能威胁国家和国际安全的新隐患,成为国家安全领域的一个新课题和新挑战。全球变暖的直接后果,还将会导致地缘政治紧张加剧,这将极大地决定 21 世纪的冲突模式。

## 二、新兴的气候经济—气候产业正在形成

从人类历史看,每一次技术革命不仅可以创造巨大的经济财富,而且对这些财富的善用可以转化为政治和军事优势,直接引发国际政治格局的改变。金融危机之后,国际社会一直在寻找新一代科技及产业经济的突破口,以挽救日益疲弱的经济。全球正在酝酿新一轮的产业结构调整,以低碳、绿色为特点的新经济模式正在逐渐形成。眼下,气候因素正成为全球产业结构调整和能源革命的最主要推动力。

特别引人关注的是,人类应对气候变化举措的提速,迅速催生了与此相对的新能源产业、环境产业、气候产业等新的经济领域和产业群。这一新兴产业从一开始即表现出了对于 IT、新能源、生物、金融等诸多产业的强大整合力量。在新世纪的未来十年或者更长的时间里,气候产业或气候经济将有可能成长为战略引导型产业。这一产业每年将生长出几十万亿美元的 GDP,在这个新产业的上游、下游和周边,将集合起一个巨大的产业群。尽管一些新产业的发展路径尚不清晰,但是围绕新兴产业,世界经济结构调整再深化的趋势已显端倪。全球范围内的资源重新配置,各主要国家所扮演

的战略角色之位移，也同时在调整和变化。围绕气候产业—低碳经济，将建立起新的全球贸易规则、新的能源产业格局、新的经济发展模式，这一领域很有可能成为搭建国际经济新秩序的舞台。发达国家正积极构建新时代的“绿色意识形态”或称“气候意识形态”，以此占据新世纪的道德高地，以此构筑新的气候政治经济制度的主导权，以此打造一个新的气候产业领域并希冀在这新的产业结构中天然地位居制高点。对于人类的可持续发展而言，应对气候变化将引出人类历史的又一场产业革命。

值得注意的是，全球化推动了环境问题政治化趋向的加速。环境问题正在衍生为发达国家主导世界政治经济秩序的新工具和发展中国家面临的新“壁垒”，环境安全成了国际政治视野中新的非传统安全，环境外交进入了大国外交政策范畴。

## 三、环境—气候问题的国际战略博弈

气候变化作为一个人类社会的全球问题，早已超出环境问题的范畴，对国际经济和政治关系具有深远影响。在日益发展的国际政治舞台上，由于气候问题的全球性破坏力，这一问题已悄然上升为了重大的国家暨国际安全问题，从而由一般性政治、经济、科学问题上升至战略安全层面。气候变化带来的影响将超过人类社会的适应能力，在世界许多地区造成国家之间的冲突，并导致整个国际体系的不稳定，甚至可能间接引起战争。传统的安全政策不足以应对气候变化对国际安全的新威胁。近年来，西方国家在积极推进气候变化议题的同时，试图推动以安全为核心的气候外交新战略。气候变化正在演变成一个涉及全球环境、国际政治、世界经济、国际贸易问题的复杂议题，并正在成为环境外交的焦点，而且这一特征将在经济全球化和环境问题全球化的双重背景下继续得以强化。全球气候变化集中体现了全球化背景下环境问题政治化的特征。大国围绕争夺国际环境政治主导权展开博弈。因此，应当认识到，气候变化问题的重要性早已超越了科学和经济范畴，成为未来可能威胁国家和国际安全的新隐患，成为国家安全领域的新课题和新挑战。气候变化政策和战略应该作为一个重要组成部分纳入国家安全政策体系。

气候变化深刻影响着当今世界的国际格局。在国际气候政治舞台上，代表不同利益诉求的国际行为体及其联盟已经形成了不同的立场集团，其复杂的内部关系已经超越了 20 世纪所谓“东西南北”的简单划分。其中，最引人注目的博弈焦点是以美、欧为代表的传统大国与以中、印为代表的新兴大国之间，有关减排承诺——碳排放权问题的交锋与博弈。大国之间的协商有助于国际协议的达成，但国际气候制度不应该排除大多数国家而演变为“大国气候俱乐部”。气候变化问题的根本还是能源与环境问题，而其本质则是发展问题。

围绕新能源、碳排放和“气候主权”，发达国家意图主导建立起新的“集体安全机制”、新的全球贸易规则、新的能源产业格局、新的经济发展模式，构建新时代的“绿色意识形态”或称“气候意识形态”，以此占据新世纪的道德高地，以此构筑新的能源—气候政治经济制度的主导权，打造一个新的能源—气候产业体系并在其中天然地位居战略制高点。

气候变化是人类共同面临的威胁，它与其它全球性环境问题一样，具有“公共物品”的属性。由于气候—环境问题的全球性影响力，任何一个主权国家或国际组织都无法独立、有效地应对这一空前危机。欧盟、美国等西方国家多年来已经出台了一系列有关气候问题的国内和国际法律、规章、制度，构建中的新的国际政治制度和国际法体系也正是以此为基础的。现行气候变化国际制度的基础与核心是《联合国气候变化框架公约》和《联合国气候变化框架公约京都议定书》。公约确立的共同但有区别的责任的原则，反映了各国经济发展水平、历史责任、当前人均碳排放上的差异，凝聚了国际社会共识，奠定了应对气候变化国际合作的法律基础，是最具权威性、普遍性、全面性的国际框架。联合国在气候变化问题上的主导地位不容动摇。任何联合国框架之外的多边机制只能起补充作用。

今天，气候政治正在一套新的国际话语背景下塑型。气候变化已经成为全球性的“政治正确”标准，成为一种新的国际政治的强势话语，大有顺之者昌，逆之者亡的架势。能源—气候议题的激烈争辩，不仅呈现出各国参与国际政治博弈的技巧与成效，而且表现出各自在新的国际制度构建过程中将自身战略利益投射其中的能力，以及对新的国际气候政治话语权和外交主导权的掌控能力。正是在此意义上，全球的安全与繁荣比以往任何时候都依赖国际合作的实现，中国也不可能独善其身，而必须承担起一定的大国责任。中国无疑应把握这一历史机遇，彻底改变被西方丑化为“经济怪兽”的负面形象，既要推动国内经济发展观念的更新和可持续发展体系的建立，又要在全球气候—环境博弈中有理有利有节地表达出合理的利益诉求，不仅以批判者更以建设者的姿态，积极参与这场国际话语权的博弈，参与构建一个公平合理的国际能源—气候政治秩序，积极实现从受惠于国际体制的分享者向新国际制度的创建者和贡献者的转型，力所能及地向国际社会提供有益的公共产品。

应对气候变化问题，需要主权国家跨越主权国家的地理边界，超越意识形态和主权意识的藩篱，协调与平衡主权利益与人类共同利益的关系，健全与完善气候变化国际制度，推进公正有效的气候变化国际合作，共同应对这一挑战。面对这种形势，中国除了应坚决反对任何国家将本国的法律凌驾于国际法之上，坚持在国际政治中捍卫国际法基本原则之外，当务之急便是建立和完善中国的相关法律法规体系，积极参与国际制度体系的建设，争取在未来国际谈判中成为法律规则和技术标准的制定者，发挥中国在气候问题上对国际社会的领导力。应始终把实现中国国家利益和国家发展战略的最大化，与解决人类共同问题的国际责任之间的协调与平衡，作为中国国际战略的目标设计。中国不仅要占据一席之地，而且应将人与自然和谐相处等中国哲学与智慧贡献于国际社会，体现中国文化的人文关怀精神，藉以建立中国在国际气候政治博弈中的道德优势。

## 四、奥巴马政府的绿色新政

“岩上之屋”一词出自奥巴马 2009 年 4 月的一次演讲。他引述《圣经》中的比喻说，建在沙上的房子会倒掉，建在岩石上的房子则会屹立不倒。他解释说,美国经济就像着火的房子,要重振经济,除了尽快灭火之外,还需要重建经济基础,从而打造一个"岩上之屋"。也就是说,美国必须进行全面改革,其中一个重要方面就是要建立新的经济增长点,那就是绿色经济。

2009 年 2 月 12 日,美国国家情报总监丹尼斯·布莱尔向国会发表年度安全威胁评估报告称,全球经济危机以及它所引发的不稳定,已超过恐怖主义成为美国面临的头号安全威胁。报告认为,这场源于美国市场的危机,"加剧了人们对美国管理全球经济能力的质疑"。报告指出,其它不断增强的威胁,包括全球变暖以及世界范围内的食物、水源和能源短缺。

美国奥巴马政府上台后,立即着手制定并启动了推进新能源产业革命的国家发展战略。自奥巴马签署以发展新能源为重要内容的经济刺激计划以来,美国政府在短短半年内动作频繁:加大对新能源领域的投入,制定严格汽车尾气排放标准,出台《美国清洁能源安全法案》——外界将此视作奥巴马的"绿色新政"。

美国政府大力度调整政策意在争夺气候变化问题战略主导权。奥巴马总统将能源作为执政的核心和经济结构的基轴,他在《无畏的希望》一书中说:"一个控制不了自己能源的国家也控制不了自己的未来。""美国准备在新能源和环保问题上重新领导世界。"奥巴马准备将其作为美国新外交或新国际战略的核心。"我们在做好我们的工作的同时也要确保中国和印度等国尽到他们的责任。"奥巴马完全摒弃了布什政府忽视气候变化问题的能源政策,同时,能源、环境政策也成为奥巴马经济刺激计划中的核心内容之一,并希望将其作为摆脱经济衰退、抢占新能源制高点、巩固美国霸主地位的战略途径。绿色经济将成为美国经济的主力引擎。

美国发展绿色经济有着多重考虑。首先,这有助于增加就业。奥巴马曾强调,新能源的开发可能孕育一个全新的能源产业,为美国创造数百万就业岗位。全新的能源产业有望成为可以引领美国经济发展的新领域。其次,发展绿色经济有助于确保美国能源安全。石油、煤炭等传统能源不可再生,其中石油大部分产于地缘政治敏感的区域,减少对石油的依赖是美国朝野的一致主张。

新能源的开发则是奥巴马“绿色新政”的核心。奥巴马的“绿色新政”可细分为节能增效、开发新能源、应对气候变化等多个方面。在被认为是其“新政”标志的7870亿美元刺激经济计划中，与开发新能源相关的投资总额超过400亿美元。按计划，三年内美国可再生能源的产量将翻一番；10年内美国在可替代能源上的投入将达到1500亿美元。仅在汽车节能方面，按照新标准，到2016年美国境内新生产的客车和轻卡每百公里油耗不超过6.62升。奥巴马指出，美国因此减少的石油消耗量将与美国从沙特等四大石油出口国一年的石油进口量相当。此外，美国将大力促进绿色建筑等的开发，通过设定建筑能耗标准，对节能产品提供优惠政策，为低收入家庭提供节能补贴，鼓励建筑商发展节能建筑。另外，美国还在制定全新的智能电网计划，以减少电力运输过程中的浪费。

此外，随着全球变暖加剧，各国都认识到减少温室气体排放的紧迫性，这也使得对传统能源的进一步使用受到限制。美国政府在应对气候变暖问题上大做文章，很大程度上是美国运用“巧实力”，通过一系列节能环保措施大力发展低碳经济，在全球应对气候变暖问题上掌控主导权。

## 五、中国将长期面对能源安全与环境外交的双重压力

气候变暖问题凸显，气候变暖与能源消费密不可分。在今后相当长的时期，经济增长仍是中国主要的优先任务。随着经济活动的全球化，在中国日益成为“世界工厂”的背景下，环境和资源问题已不再是中国一个国家的问题了。中国政府对内所面临的环境政治压力，对外所面临的环境外交压力，也将急剧增长，也到了需要以新的战略思维重新加以审视和应对的历史时刻。

中国政府和社会所面临的巨大矛盾是：随着经济全球化的深化，中国作为一个制造业大国，深受世界经济结构中所处位置与角色的局限和束缚，在

全世界分享中国制造的物美价廉的工业产品的同时，自身却付出了沉重的资源与环境代价，并同时承受着“转移排放”带来的越来越大的国际政治压力；中国有可能在很短的时间内成为世界上污染最严重的国家之一，同时又必须为减少污染和能源消费作出最大的努力；在国内，它既要保证经济发展，同时又要保持政治的稳定。这就使得中国政府对内得长期面对巨大的环境政治压力，对外得长期面对沉重的环境外交压力。这一点，也已到了需要我们以新的战略思维重新加以审视和应对的历史时刻。此外，矛盾的深刻之处还在于，中国在当今世界经济结构中所处的位置，即所扮演的角色和必须付出的代价，并非可以在短期内得到改变。还应当认识到，全球应对气候变化的国际政治博弈将是一个长期的进程，环境问题政治化对中国经济社会可持续发展以及中国的国际形象，将构成长期的国际政治和外交压力。同时，与环境和气候相关的国际合作也绝不是一蹴而就的事。这些都迫使我们作出长远的战略考量，并制定出相应的战略谋划与规划。

## 六、能源—环境与气候问题成为中美关系新的战略交集点

应对能源问题与全球气候变化，已成为中美关系新的战略交集点。在这一战略问题上的合作是事关中美关系的政治问题，卓有成效的合作将有助于两国关系发展。

### （一）中美关系面临能源—环境与气候层面的战略抉择

中美是世界上位居前两位的能源进口国和消费国，同时也是温室气体排放最多的两个国家。中美两国在能源、环境领域以及应对气候变化方面具有广泛的合作空间且两国合作的历史由来已久，但是受到“意识形态”“冷战思维”“霸权思维”等政治因素的制约（尤其是美国对中国的崛起始终怀有防范和遏制的心理，将中国能源需求视为对美国及世界能源市场的

一种威胁)以及“技术管制”“碳关税”“产业补贴政策”等技术壁垒和障碍,中美双方在温室气体减排问题上仍存在很大分歧,中美两国在能源、环境、气候领域的合作进展仍相对缓慢。奥巴马政府一改布什政府在气候问题上的政策,有可能使中国承受更大的环境政治与气候外交的压力。因此,如何有效地公平合理地应对气候变化问题,这是摆在中美两国面前的巨大新挑战。

2009 年,美国亚洲协会美中关系中心与皮尤全球气候变化中心联合发布了题为《共同的挑战,协作应对:中美能源与气候变化合作路线图》(以下简称《合作路线图》)的报告。报告集中反映了美国政、商、学界对中美关系的展望,是指导美国未来对华政策的重要文件。《合作路线图》中很显眼地提出了“第二次战略转型”的概念。报告认为,40 年前,中美邦交正常化促成了第二次世界大战后第一次国际政治经济大转变。显然,中美两国都是这一重大战略转型的受益者。因此,现在中美有可能再次携手创造以“发展低碳的全球经济”为目标的第二次国际经济和政治秩序转型。这一“战略转型”将在各个层面产生深远影响:首先,在国际谈判中,中美两国可以变被动为主动,相互协调,发挥领导作用。其次,就中美双边关系而言,能源和环境领域的新型伙伴关系是应对目前诸多挑战的有效办法。再次,中美两国的国内经济都面临严峻的考验。以此为背景,如果两国在应对气候变化和能源安全方面能够通力合作,就有希望为建立低碳的新经济繁荣奠定基础,并加快带动经济复苏的速度。最后,报告提出了一个能源与气候问题的新双边合作范式。

尽管《合作路线图》提出的中美在这个领域的合作是必要的、可能的和互惠的,但中美合作到底能否做到互惠,就要看双方领导人和参与者是否有足够的智慧和勇气了。在这一历史进程中,中美两国都将成为这一重大战略转型的受益者。因此,中美有可能再次携手创造这种新型的“战略转型”促成者关系,将在各个层面产生深远影响。

目前,中美两国在面对能源—环境与气候问题的战略合作时遇到的基本形势如下。

第一,美国对全球能源的战略控制态势。毫无疑问,作为当今世界唯一超级大国的美国,对全球能源格局具有巨大的战略控制能力。美国是世界最大的石油生产国之一,也是全球最大的石油消费国;它既是世界最大的石油进口国,也是全球最大的战略石油储备国,具有操控世界市场的能力;更为具有战略意义的是,美国是世界石油产业最大的资本运营国家,管控着全球石油美元的源与流。①

第二,中美在能源层面存在的潜在与现实战略冲突。如上所述,中国与美国在经济层面暨市场层面的利益交集与冲突,已现实存在;在石油地缘战略层面,由于美国对世界主要石油储产区域实施的战略控制,中美两国存在潜在与现实的冲突;美国控制着全球最重要的能源战略运输通道,对我国能源战略通道构成长期的、现实的与潜在的战略威胁;能源通道安全、文明冲突、区域政治动荡诸多不稳定因素,若处置不当,有可能成为诱发中美能源冲突的导火索。几年来经历的事实一再告诫中国政府和企业,石油并非一般性商品。国际石油贸易将受到来自市场自身因素、能源通道安全、文明冲突、区域政治动荡等一系列经济的,更多是非经济的不稳定因素的影响和干扰。一旦处置不当,有可能诱发围绕能源展开的外交冲突乃至危机。

第三,中美两国进行能源战略合作的可能性与现实性。从上述的分析中即可看出,美国是直接或间接控制着世界油气资源的超级大国,而中国只是在国家经济发展、产业结构升级引发的能源结构升级的需要下,增加了对国际市场油气资源的需求,是在西方国家和西方石油巨头操控的世界油气市场中,从有限空间中寻求油气资源。中美两国在国际石油市场上的商业活动表现出极大的不对称性。中国无意挑战美国对全球能源的战略控制,也无意破坏现行国际能源秩序,只希望在国际市场上通过正常商业活动,稳定石油供给,保障能源安全,为自身发展和世界经济发展做出贡献。但美国对中国的崛起十分担忧,频频掀起"中国威胁论",意图打压中国。这自然会使中美两国在能源领域存在的潜在矛盾、摩擦日益增大,乃至于有酿成冲

① 马小军、惠春琳:《美国对全球能源战略控制态势评估》,《现代国际关系》2006 年第 1 期。

突与危机的可能性。笔者认为，所谓潜在冲突之说，取决于美国的全球能源安全战略是否含有对中国加以能源战略遏制的意图。如果此种意图确实存在并付诸实施，那么未来两国间围绕能源的潜在冲突就有可能演变为现实，从而不利于中美关系大局，并将极大地损害亚太乃至全球的和平与稳定。作为当今世界两个最大的能源消费国，中美间的合作对于维持世界能源市场稳定，促使能源市场按照市场规律和原则运行等起着重要作用，同时也符合两国的共同利益。竞争与合作关系仍将是基本的双边关系，但“竞争”多些，还是“合作”多些，显然将受制于国际政治格局的变化，受制于国际石油市场的变化。其中，中美关系大局的走向，将起到最大的制约作用。笔者相信，中美之间几乎所有潜在的能源冲突因素，都是可以通过对话、协商和外交途径得到解决。此乃中美实现能源合作最坚实的战略基础。

第四，中美合作的新进展。2009 年 1 月，奥巴马政府就职后，改变了小布什政府较为拖沓的气候政策，将能源政策、气候变化作为美国内外政策中仅次于推动经济尽快复苏的优先议程，并将其与国家安全综合起来加以考虑，大力推进能源新政，积极实施绿色能源政治，给中美关系发展带来了新的机遇和挑战。尽管双边关系中仍存在误解性的认知、互信不足以及能源问题政治化等倾向，但能源（新能源、清洁能源）、气候合作已逐渐成为中美关系中仅有的少数几个全球性议题之一，并对双边关系产生了越来越重要的影响。它不仅拓宽了中美关系的边界，增加了中美之间的共同利益和“身份”认同，而且重塑了两国在环境、气候变化问题上“负责任”的大国形象；换言之，能源—环境与气候问题已经成为中美关系中新的战略交集点。

中美在能源、气候变化等领域的合作不仅事关两国关系的发展，也将对国际能源乃至政治、经济格局产生重要影响，有利于推动国际体系朝着全球治理方向转型。鉴于此，本书在回顾、梳理中美能源、气候合作、环境治理的历史脉络，分析奥巴马政府能源新政的基础上，从国际政治的角度，对中美在能源和应对气候变化以及全球环境治理等方面所开展合作的现状、特点以及面临的挑战进行阐释，并提出相应的政策、建议。

### (二)中美能源—环境与气候合作的动因与基础

能源议题属于国际政治领域中的"低政治议题",中美在能源—环境与气候领域的沟通与合作由来已久,随着经济全球化的深入发展和中美在贸易、投资等诸多领域的相互依赖日益加深,进一步深化中美在能源—环境与气候领域的合作不仅是必要的,也是可行的。

一方面,中美能源需求的迅速增长和对外依存度的大幅增加使两国能源安全问题日益突出,两国都面临着较强的国际能源运输风险和国际油价波动(高油价)带来的巨大冲击,能源安全已被提升到国家安全和外交战略的高度;同时,作为世界上最重要的能源生产者和消费者(中美是世界能源消耗总量最多的两个国家,也是世界上最大的两个燃煤消费国和二氧化碳排放大国),两国对维护国际能源市场的稳定有着不可推卸的责任和义务,在温室气体减排方面均面临着国际社会的巨大压力。①

另一方面,中美两国在能源、气候领域存在诸多共同利益,两国已成为命运共同体。中美两国都是海上能源运输大国,都需要稳定而可靠的能源供应和相对稳定、低廉的国际能源价格(石油价格)以确保国内经济的持续、稳定增长,双方在海上反恐、反海盗等方面(尤其是确保海上能源运输线的安全)有着共同的利益诉求;同时,美国在开发新能源和可再生能源、节能、提高能效以及环保技术等方面具有比较优势,而中国在新能源,可再生能源以及提高能效和环保等方面有着巨大的市场需求。双方在能源、气候领域存在很大的互补性,具有广阔的合作空间。

---

① 随着经济的快速增长,中国作为温室气体排放大国的形象日益突出,发达国家以此为由向中国施压的行为几乎贯穿于所有国际气候谈判。近些年,由于受气候变化的不利影响较大和各自利益诉求的多样化,部分小岛国家和最不发达国家也开始强烈呼吁中国等发展中大国承担量化减排义务,中国面临的国际压力越来越大。而美国自 2001 年退出《京都议定书》后,便一直承受着来自国际社会的巨大压力,不仅发展中国家对美国的举动提出了严厉批评,发达国家内部也对美国表示强烈不满。事实上,作为世界上最大的两个温室气体排放国,两国未来的减排潜力都很大,在减排的过程中,两国完全可以发挥各自优势,通过互通有无实现优势互补;而全球减排行动的成效如何,在很大程度上取决于两国如何作为,这(来自国际社会的共同外部压力)从客观上促进了中美在气候变化领域的合作。——笔者注

事实上,早在中美建立正式外交关系之前,能源领域便成为中美两国政府共同推动的重要合作领域之一。1978 年 10 月,美国第一届能源部长施莱辛格率领 16 名技术专家访华,探讨了中美两国建交后在水电站建设、可再生能源利用和核能领域合作的可能性,但由于当时中美未能建交,未签署任何的官方协议。① 经过三十多年的发展,中美能源—环境与气候合作已经取得了积极的进展和丰硕的成果,概括而言,主要体现在以下三个层面:

双方能源合作不断深入,领域逐渐扩大。1979 年 1 月 31 日邓小平副总理访美,与卡特总统在白宫签署了《中美科学技术合作协定》,这是中美建交后两国签署的首批政府间协定之一,该协定每五年续签一次(有效期已延长至 2006 年 4 月 30 日)。根据该协定,两国政府部门先后签署了 34 个双边环境和能源合作议定书或谅解备忘录,涉及高能物理、空间利用、气候变化、环境保护、核安全、能源效率、可再生能源技术、能源信息交流发展等 30 多个领域(中美科技合作与两国商务、经济合作并列为中美两国经济关系的三大支柱)。为了规划和协调两国政府间的科技合作活动,双方建立了科技合作联合委员会(联委会的中方主席为科技部部长,美方主席为总统科技顾问兼白宫科技政策办公室主任)。该机制每两年举行一次,轮流在中美两国举行。首届科技联委会于 1980 年 1 月在北京召开,至今,联委会会议已召开了 11 次。

以《中美科学技术合作协定》为起点,中美两国在 30 多年间共签署了 20 多个与能源—环境相关的双边协议,内容包括核能技术开发、转让与和平利用、水电开发、生物能利用、清洁能源技术研发、提高能源效率、建立绿色伙伴关系等(具体参见表 4-1)。尽管这些合作协议、声明、意向书的制度性约束力有限,但是与之相关的一系列原则、规则、规范的达成无疑为中美两国在能源—环境以及气候领域内的合作奠定了重要的基础,也为双方合作的开展扫清了障碍。

---

① "US. and PRC Officials Develop Agenda for Energy Cooperation", *U. S. Department of Energy press release # N-78-041*, Peking, 4 November 1978, 1.

**表 4-1　1979—2010 年中美能源—环境与气候合作达成的双边协议**

| 协议名称 | 签署时间 |
| --- | --- |
| 《中美科学技术合作协定》 | 1979 年 1 月,每 5 年续签 |
| 《中美水资源利用合作议定书》 | 1982 年 |
| 《中美化石能源合作协定》 | 1985 年,2000 年 4 月续签 |
| 《中美关于和平利用核能合作协定》 | 1985 年签订,1998 年生效 |
| 《中美能源效率和可再生能源技术开发和利用领域合作议定书》 | 1995 年首签,2000 年续签,2005 年修订,2006 年重签 |
| 《中美能源和环境合作倡议书》 | 1997 年 10 月 |
| 《中美和平利用核能协议》 | 1998 年 1 月 |
| 《中美和平利用核技术合作协定》 | 1998 年 6 月 |
| 《中美能源效率和可再生能源合作协定》 | 2000 年 |
| 《中美核技术转让政府担保的意向性声明》 | 2003 年 9 月 |
| 《2008 年北京夏季奥运会清洁能源技术合作议定书》 | 2004 年 1 月 |
| 《关于在和平利用核能、核不扩散和反恐领域合作的意向性声明》 | 2004 年 1 月 |
| 《关于开展能源政策对话的谅解备忘录》 | 2004 年 5 月 |
| 《关于在中国合作建设先进压水堆核电项目及相关技术转让的谅解备忘录》 | 2006 年 12 月 |
| 《中美两国加强发展生物质资源转化燃料领域合作的谅解备忘录》 | 2007 年 12 月 |
| 《中美能源和环境十年合作框架协议》 | 2008 年 6 月 |
| 《中美能源和环境十年合作框架下的绿色合作伙伴计划框架》 | 2008 年 12 月 |

能源合作渠道不断拓展,机制不断完善。与中美能源—环境与气候合作不断深化相伴的是中美两国政府高层之间逐渐建立起的一些高端、常规、定期的会晤机制,这其中既有双边机制,也有多边机制(具体参见表 4-2)。而对中美能源—环境与气候合作影响最大的无疑是中美能源政策对话机制(EPD)和中美战略经济对话(SED)机制。

**表 4-2 中美能源—环境与气候合作机制**

| 双边合作机制 | | 多边合作机制 | |
| --- | --- | --- | --- |
| 1998 年 | 美中石油和天然气行业论坛 | 1986 年 | 太平洋经济合作委员会矿产与能源合作论坛 |
| 2004 年 | 中美能源政策对话 | 1989 年 | 亚太经合组织能源工作小组 |
| 2004 年 | 2008 绿色奥运合作 | 2006 年 | 亚太清洁发展与气候伙伴计划① |
| 2006 年 | 中美战略经济对话机制 | 2010 年 | 国际能源论坛联合石油数据方案② |

“中美能源政策对话”机制创立于 2004 年 5 月,中国国家发改委与美国能源部共同签署了《关于开展能源政策对话的谅解备忘录》,希望以此促进彼此在能源领域的信息交流,增进两国在能源政策和能源问题上的相互了解,并推动两国在提高能源效率、能源供给多元化、拓展清洁能源利用等方面的合作。该机制由中国国家能源局和美国能源部主办,每年举行一次,首次对话于 2005 年 6 月底在美国首都华盛顿举行,到目前为止已经成功举行了四次。从历次“中美能源政策对话”的主要议题和内容来看,与清洁能源相关的内容较多,并呈现出攀升态势。

---

① 亚太清洁发展与气候伙伴参与国有澳大利亚、中国、印度、日本、韩国和美国,主要致力于减少国家污染、确保国家能源安全及关注气候变化。亚太清洁发展与气候伙伴的任务就是制定解决以上问题的行动计划。在具体行业设立公私参与的任务小组:炼铝、建筑和电器、水泥、化石能源的更清洁利用、煤炭开发、发电和输电、可再生能源和分散式发电、钢铁等。2006 年 10 月 13 日,该伙伴计划成员国在朝鲜济州岛签署了涵盖近 100 个企业项目和活动的计划。——笔者注

② 该方案由 96 个国家共同创建,其宗旨是通过提供适时的和覆盖广泛的石油数据来创立一个更加透明的全球石油市场。各国通过由 6 个国际组织(亚太经合组织、欧盟、国际能源署、石油输出国家组织、拉丁美洲能源组织和联合国)共同创建的联合石油数据方案向国际能源论坛秘书处上报月度报告。当联合石油数据方案在国际互联网上创建时,国际能源论坛秘书处 2005 年接管了联合石油数据方案。中美之间最新的活动倾向于在中美能源机构之间建立有关能源效率、能源安全和环境影响的长远联系机制。美国正将双边能源关系置于亚太等多边能源和环境机制之中,也运用双边协议机制来提升国内能源和环境改革。——笔者注

表 4-3 “中美能源政策对话”主要成果(Energy Policy Dialogue,EPD)

| 届次 | 时间 | 地点 | 主要成果 |
| --- | --- | --- | --- |
| 第一次 | 2005 年 6 月 | 华盛顿 | 美在华设立能源政策对话办公室;加强两国在清洁能源、石油天然气、核电、节能和提高能源使用效率等领域的合作。 |
| 第二次 | 2006 年 9 月 | 杭州 | 将提高能源效率和发展新能源与可再生能源作为未来一段时间两国能源合作的重要领域;EPD 机制在真正意义上成为两国在能源领域开展交流与合作的平台。 |
| 第三次 | 2007 年 12 月 | 北京 | 中美双方共同制定一项关于环境可持续发展和能源安全的十年计划。 |
| 第四次 | 2009 年 9 月 | 青岛 | 双方签署了《中美化石能源技术领域开发和利用合作协议》《中国石油天然气集团公司与美国康菲公司合作开发中国页岩气意向书》《神华集团和美国西弗吉尼亚大学关于开展煤炭直接液化二氧化碳捕获和封存技术合作的协议》等三个合作协议。 |

中美战略经济对话是 2006 年 9 月由中国国家主席胡锦涛和美国总统布什发起设立的,作为世界上最大的发展中国家和最大的发达国家之间在经济领域的战略性对话,中美战略经济对话是中美现有 20 多个磋商机制中级别最高的一个,也是历史上规格最高的中美经济主管官员的交流活动。该对话每年两次,轮流在两国首都举行。该机制的启动表明中美两国在能源、经贸领域的互动已经从战术层面进入战略层面。

表 4-4 中美战略经济对话机制主要成果(Strategic and Economic Dialogue,SED)

| 届次 | 时间 | 地点 | 主要成果 |
| --- | --- | --- | --- |
| 第一届 | 2006 年 12 月 | 北京 | 双方围绕“中国的发展道路和中国经济发展战略”主题,就城乡均衡发展、中国经济的可持续增长、促进贸易和投资、能源、环境和可持续发展等 5 个专题、11 个分议题进行了深入讨论。 |
| 第二届 | 2007 年 5 月 | 华盛顿 | 中美争取在中国合作开发 15 个大型煤层气项目,以推进清洁煤技术。 |
| 第三届 | 2007 年 12 月 | 北京 | 在环保领域签署一项新的协议——加强发展生物质资源转化燃料领域合作的谅解备忘录;同意建立工作组,研究两国能源和环境领域的 10 年合作规划。 |

续表

| 届次 | 时间 | 地点 | 主要成果 |
| --- | --- | --- | --- |
| 第四届 | 2008 年 6 月 | 印第安纳波利斯 | 会议签署了《中美能源环境十年合作框架》,确定了十年合作优先考虑的五大领域:电力、清洁水、清洁交通、清洁大气以及森林与湿地保护。 |
| 第五届 | 2008 年 12 月 | 北京 | 中美两国同意在应对环境可持续性、气候变化、能源安全的挑战方面继续密切沟通和广泛合作。中美双方宣布,就十年合作框架下五大目标的行动计划达成一致,并计划于下次十年合作指导委员会会议之前完成该目标的行动计划。 |

能源合作模式与合作路径日益多样化。经过三十多年的发展,中美能源—环境与气候合作无论是在主体层面还是在客体层面都发生显著变化。一方面,合作的主体不仅包括政府层面,也包括相关领域的能源研究机构和企业。官方合作与民间合作联结、互动,官方推动下的民间及跨国企业合作成为中美能源—环境合作的主要形式。换句话说,中美之间的能源合作模式可谓是“政府搭台,学届支持,企业唱戏”。[①] 如在美中石油和天然气行业论坛机制中企业代表在组织会议议程和会议探讨方面也扮演了非常积极的角色。另一方面,传统的能源—环境与气候合作框架融入了新的元素,即新能源(清洁能源)合作,双边合作的内容进一步拓展。这从中美双方签署的能源合作协议中就可以看出,如《中美化石能源研究与发展合作议定书》的 5 个附件中就包含“清洁燃料”等。1998 年 7 月,中国科学技术部和美国能源部就在北京合作建设一座用作节能技术示范场地的商用楼签署了工作声明,这是在《联合国气候变化框架公约》规定的义务下中美之间第一次实质性的合作。

① 这些合作的基本模式是:从中美两国科学家和学者的个人层次交流开始,在条件成熟时上升到这些个人所在的研究或管理机构,再由这些机构推动各自政府提供政府间合作协议或协定的政策支持。政府间达成的协议或协定又反过来推动更广泛的机构和人员之间的合作与交流。——笔者注

## （三）奥巴马的能源新政与中美能源—环境、气候合作面临的新机遇

2009年1月，奥巴马政府上台后，为了减少对国外石油特别是中东和委内瑞拉等地的依赖，实现能源供给多元化战略，提升美国能源安全；同时通过能源政策变革减少温室气体排放，缓解国内外因美国温室气体排放所面临的压力，创造绿色工作机会，促进国内经济回升。新政府一改小布什政府时期美国相对消极、摇摆、被动的能源、气候政策，①大力实施绿色能源政治，将能源安全（energy security）、经济复兴（economic recovery）与气候变化关注（climate change concern）视为紧密相连、互相影响的有机整体。概括而言，奥巴马的能源新政主要包括以下三个层面的内容：

加大对能源的投资力度，积极发展清洁能源。能源产业的转型和发展是奥巴马经济复兴计划的核心，上台之初，新政府就发布了《复兴计划进度报告》，2009年2月17日，总额为7870亿美元的《2009年美国复苏与再投资法案》（American Recovery and Reinvestment Act of 2009）经国会批准后生效，这其中约500亿美元投资于能源领域，而投资的重点则集中在智能电网、节能增

---

① 小布什执政后，面对国际市场油价暴涨引起的美国国内各种能源价格急剧上扬以及国内部分地区的能源短缺，相继出台了《国家能源政策报告》《2025年前能源部战略计划》以及《2005年国家能源政策法案》（National Energy Policy Act-2005），初步描绘了21世纪的美国国家能源安全蓝图，概括而言，其能源政策主要有三个要点：一是强调能源基础设施的基础性地位，加强基础设施建设；二是多管齐下，坚持走能源多元化道路，保障能源安全；三是进一步加强同能源生产国的对话，寻求多方面的支持与合作，积极构筑全球能源战略联盟，但是布什政府并未将刺激经济发展作为能源政策的主要目标。在气候政策方面，小布什在执政伊始显得相对消极，尤其是以对美国经济发展带来过重负担为由宣布退出《京都协议书》（2001年3月28日），给国际气候合作带来了严重的负面影响。但在国内层面，政府并未漠视温室气体减排问题，相反积极推行一系列减排措施（实行一种有科学根据且蕴含着以市场为基础的灵活控制机制），如2001年6月，布什政府提出了“探讨气候变化成因研究行动”，强调要推进气候变化的相关研究；2002年2月，政府宣布实行“洁净天空行动计划”和“全球气候变化行动”；2003年2月，提出了“气候愿景伙伴计划”；2005年提出了“再生能源、油电混合和燃料电池汽车计划”“气候变化研究行动”“联邦政府能源及碳封存计划”等。到了布什政府后期，美国气候政策受到国际压力和卡特丽娜飓风等严重自然灾害的影响而发生了微调，这从联邦政府推出的《气候安全法》（2007年）、《能源独立和安全法》（2007年）和《巴厘岛路线图》的达成，八国集团首脑会议上就温室气体长期减排目标达成一致就可见一斑。——笔者注

效和可再生能源的开发利用方面,占其能源投资总额的60%;①其中272亿美元用于提高能源效率和可再生能源研究,215亿美元用于能源基础设施建设;另外计划划拨约213.22亿美元用于气候—能源税收刺激。② 另一方面,奥巴马政府以发展清洁能源作为刺激经济、恢复美国经济活力的主要政策手段,致力于推动美国向"清洁能源经济"(Clean Energy Economy)转型,使清洁能源在美国成为盈利能源。奥巴马政府同时还宣布每年投资150亿美元,用于对太阳能、风能、生物能等各种形式的清洁能源和可再生能源的开发。

开发新能源,实行能源供应多元化,注重提高能源使用效率,降低能耗。奥巴马认为,过分依赖进口石油对美国经济、国家安全和全球战略均构成了严重威胁,而且使美国政府和纳税人不堪重负。因而,要大幅度减少美国对中东和委内瑞拉进口石油的依赖,节省用于支付进口石油的巨额开支。同时增加国内能源生产,通过负责任地开发国内可再生能源、矿物燃料、先进生物燃料和核能源,增加太阳能、风能、水电、地热、生物能源等在美国能源消耗当中的比例,逐步减少对石油的依赖,改善美国的能源供应,确保美国能源安全;另一方面,积极采用新能源技术,提高能效标准,引导绿色消费,降低能源消耗,提高能源效率。③ 包括建立"清洁能源融资计划",由金融当局对清洁能源项目提供低利率贷款或贷款担保及其他财政手段支持;鼓励公私资本投资风能、新型沙漠太阳能阵列和永远有效的绝缘材料及核能等绿色能源产业;鼓励可再生能源发电、输电;推动发展新一代汽车和卡车及其所用燃料,采取抵税优惠政策鼓励消费者购买节能型汽车;提高燃油使用效率和家用电器的能效标准;对联邦政府办公场所和全国公共建筑进行大

① 在奥巴马的能源新政中,智能电网是最大的一笔投资,智能电网的建设和改造不仅能够极大地节约电力成本、推动能源替代和兼容利用,而且由于其融合了配电网技术及网络、通信和储能技术等,可能引发全球电力、电信、信息及相关产业的深刻变革,从而使美国再次走到全球科技、经济发展的前列。——笔者注

② *Key Provisions: American Recovery and Reinvestment Act*, Pew Center on Global Climate Change, http://www.pew climate.org/docUploads/Pew-Summary-ARRA-Key-Provisions.pdf.

③ 2009年6月美国众议院通过的2009年美国清洁能源与安全法案将向新能源技术和能源效率技术领域投资约1900亿美元。2010年(财年),美国能源部用于支持新能源计划的预算为264亿美元。——笔者注

规模节能改造等一揽子计划和举措。

积极应对全球气候变化，推动温室气体减排。奥巴马上任后，显著强化了小布什政府时期的"安全化"逻辑并从人类安全和人类发展水平的角度看待气候变化，奥巴马认为气候变化不仅仅是环境问题，也不仅仅是经济发展问题，而且是重大的安全问题，是人类面临的最大威胁，如果不采取有效措施，美国国家安全会面临威胁；①奥巴马向国际社会发出明确的信号，表达美国重返全球环境保护领袖位置的意愿，强调："应对气候变化本身就是超越国界的(transnational)，美国应该发挥领导作用，重新划分各国的责任。"②这不仅可以恢复美国被损害的全球领导者形象，还可以应对金融危机、重振美国核心竞争力，进而重塑美国霸权③。为此，新政府一方面积极推动温室气体减排立法。2009 年 6 月 26 日，美国众议院通过了首个以限制污染与全球气候变暖为目标的《美国清洁能源与安全法案》(又名《瓦克斯曼—马基法案》，The Waxman-Markey Bill)，④该法案规定：美国的温室气体排放量以 2005 年为基量，到 2012 年减少 3%，到 2020 年减少 17%，到 2030 年减少 42%，到 2050 年减少 83%。⑤ 同时奥巴马还签署了两份备忘录，一份指示交通部要求汽车制造商在 2011 年以后所产汽车确定更高的油效标准，另一份要求环保署重新考虑加州关于在汽车排放方面制定高于联

① 张海滨：《气候变化与中国国家安全》，时事出版社 2009 年版，第 19 页。

② Kenneth G.Lieberthal, "Changes Since 2009", *U.S.China Clean Energy Cooperation: The Road Ahead*, Brookings: Energy Security Initiative, September 2009, p.4.

③ 赵行姝：《美国气候政策转向的政治经济学解释》，《当代亚太》2008 年第 6 期。

④ 该法案核心是规定一种温室气体的上限和交易程序，它分配 85%碳许可给公用事业、重工业、炼油厂等，以及包括规定从能源价格上涨中保护消费者的利益，其主要条款如下：要求到 2020 年前，电力公司通过利用可再生能源和提高能源效率提供占总需求 20%的电力供给；到 2025 年，在新清洁能源技术和提高能源效率，包括可再生能源领域的新增投资达到 900 亿美元，碳捕获和封存技术投资 600 亿美元，电动和其他先进技术交通工具投资 200 亿美元，以及基础科学研究与开发 200 亿美元；建立建筑和设备使用的能源节约新标准，促进工业领域能源利用效率的提高；使美国各种主要来源的碳排放量在 2005 年水平上，到 2020 年减少 17%，到 2050 年减少 80%以上。该法案提出了许多附加措施，如投资保护热带森林采伐等方面，将实现大量额外二氧化碳($CO_2$)排放量的减少；从能源的价格上涨中保护消费者的利益。见 *IEO 2009 report*, EIA.Waxman-Markey Bill, HR2454 American Clean Energy and Security Act of 2009。

⑤ *American Clean Energy and Security Act of* 2009, The House of Representative of the United States of America, http://www.rules.house.gov/111/LegText/111_hr2454_sub.pdf.

邦标准的申请。另一方面,明确气候议题在政策议程中的核心定位,重返国际气候变化谈判,重新回归全球气候多边治理。早在2009年12月丹麦哥本哈根全球气候大会之前,美国国内就开始推行与联合国气候变化框架公约(United Nations Framework Conventionon Climate Change,简称UNFCCC)相关目标一致的政策,为气候公约的实施做准备。同时新政府积极学习欧盟的法律和制度,尝试引入总量排放权交易体系,即所谓的"碳排放配额和交易制度",以限制大工业企业的二氧化碳排放。① 此外,奥巴马更加注重大国外交(尤其是同中国、印度等发展中大国),如在哥本哈根会议期间还亲自与基础四国商谈"哥本哈根协议"的文本落实。

奥巴马的能源新政对中美关系的发展产生了积极的影响,它不仅为中美能源合作提供了新的契机,注入了新的活力,而且使中美关系在原来的基础上朝着更加积极、健康的方向迈进。具体来看主要有以下几个层面:

丰富了中美能源合作的内容,拓宽了中美间的利益边界。奥巴马就职后,将能源问题放在更加重要的位置并尤为关注清洁能源和气候变化议程,这极大地影响了中美能源合作的内容。一方面,由于奥巴马政府高度重视新能源(清洁能源)的开发与利用,这也促进了中美清洁能源领域的合作。2009年7月,中美两国政府成立了中美清洁能源联合研究中心,以促进中美两国的科学家和工程师在清洁能源技术领域开展联合研究(根据协议,两国将"集中大量专家和工程师优先研究'提高能效'、'清洁煤'和'清洁车'技术")。另一方面,应对气候问题的紧迫性成为中美新能源合作的主要动力(有利于节能减排的新能源技术研发成为中美新能源合作的新亮点),国务卿希拉里甚至将气候变化、能源与环境合作列为中美之间第二次序的合作内容。② 2009年12月,美国环境保护机构(EPI)与中国签署了一项技术援助协议,帮助中国监控温室气体排放;③

---

① Jane A. Leggett, *A. U. S. - centric Chronology of the International Climate Change Negotiations*, Washington, DC: Congressional Research Service, March 30, 2010: 9.

② H.R.Clinton, T.A.Geithner, "New Strategic and Economic Dialogue with China", *The Wall Street Journal*, July 27, 2009.

③ *Memorandum of Cooperation Between The National Development And Reform Commission of The People's Republic of China and The Environmental Protection Agency of the United States of America to Build Capacity to Address Climate Change*, Environmental Protection Agency, November 2009.

而中国华能集团与美国杜克能源也签署备忘录，共同开发可再生能源和清洁能源技术，以提高应对气候变化的能力。

能源合作的地位进一步提升，机制保障进一步完善。奥巴马政府非常重视与中国的能源合作，将中美能源合作视为中美关系中的核心议题之一，并确定能源、气候合作将成为中美双边关系的支柱；而伴随中美能源合作在中美关系中地位提升的是不同层次、不同领域能源对话，互动机制的日益完善，①这不仅使中美能源合作更具有计划性，也使中美能源合作的前景更具预见性（具体参见表4-5）。

**表4-5 奥巴马能源新政背景下中美能源合作（2009—2011）**

| 合作机制 | 合作协议 | 合作领域 |
| --- | --- | --- |
| 首脑层面：亚太经合组织峰会、八国首脑会议、二十国集团峰会、中美战略与经济对话双边机制、美中能源效率论坛<br>官方层面：中美清洁能源联合研究中心、"油气论坛"、亚太清洁发展伙伴关系、甲烷市场化机制、中美商贸联委会会议<br>学术层面：中国全球环境研究院和美国卡内基基金会发起的非正式对话、中科院和哈佛大学对清洁煤政策的合作研究 | 《中美清洁能源联合研究中心合作议定书》（2009.7）、《中美关于加强气候变化、能源和环境合作的谅解备忘录》（2009.7）、《能效行动计划》（2009.10）、《促进建设中美能源合作项目谅解备忘录》（2009.10）、《中美联合声明》（2009.11）、《中国科技部、国家能源局与美国能源部关于中美清洁能源联合研究中心合作议定书》（2009.11）、《中国国家发展改革委与美国国务院关于绿色合作伙伴计划框架实施的谅解备忘录》（2010.5）、《绿色合作伙伴计划实施方案》（2010.5）、《中美两国加强在气候变化、能源和环境方面合作的谅解备忘录》（2010.7）、《中美联合声明》（2011.1） | 碳捕集和碳封存（CCS）、光伏发电、非常规天然气开采、风力涡旋机、新能源汽车制造、电力运输、森林湿地保护、新能源行业标准制定等 |

① 从中美能源合作的历程来看，双方的合作关系一直在向前发展，尽管前进的步伐有所不同，但与中美之间的军事、安全和经济合作相比，具有更好的稳定性和连续性；而且与不断扩展的双边关系相一致，参与中美能源合作的政府部门和研究机构的种类和数量都不断增加；同时，气候、环境等议题作为中美能源合作中的重要性也在不断增长。——笔者注

2009年中美战略与经济对话（S&ED）机制建立，成为中美能源气候合作的一个分水岭。能源与气候合作被单列为具有战略重要性的合作领域。从历届中美战略和经济对话成果看，两国能源气候合作共识不断深化，对话涉及话题范围由少到多、由浅入深，合作形式越来越规范和机制化。作为中美两国在双边性、区域性和全球范围等广泛领域内，对近期和长期战略性和经济利益方面的挑战和机遇进行磋商的一个现行加强化机制，该会议每年将轮流在华盛顿和北京进行一次。美国的各内阁和次内阁官员和中国多个部、局官员将根据不同议题参与该磋商：

（1）搭建了规范性的合作框架。双方签署了多个政府/部门间合作协议，创建了中美油气论坛、中美能源政策对话和中美可再生能源工业论坛三个双边机制，五国能源部长会议、全球核能合作伙伴计划GNEP部长级会议和国际先进生物燃料大会三个多边机制，以及一个研究中心——中美清洁能源联合研究中心和一个企业平台——ECP，即中美能源合作项目。

（2）成立可再生能源相关工作组，具体推进合作工作。2009年的首轮S&ED对话将可再生能源合作列为两国战略与经济对话的重要议题。中美国双方签署了建立中美可再生能源伙伴关系和核安全合作的合作备忘录及中美页岩气资源工作组工作计划等重要文件，发表了《中美能源安全合作联合声明》，启动了"中美可再生能源伙伴关系"进程，明确双方将在再生能源路线图（规划）、政策和融资、可再生能源技术、生物燃料、可再生能源标准、检测和认证等方面加强合作，并成立了政策规划、风能、太阳能、并网、标准认证等五个工作组，具体推进相关合作。

（3）成立产学研联盟，推动科技合作。从原先主要的美国能源公司对华能源资源的勘探、开采投资和销售升级到传统能源新技术应用及清洁能源技术和能效技术的联合研讨，并建立了中美清洁煤产学研联盟、建筑能效产学研联盟和清洁能源汽车产学研联盟。在2012年第三届中美能效论坛上，中美双方又签署了四份新的能效合作协议。

（4）成立气候变化工作组，在共同应对气候变化方面传递积极信号。首轮S&ED对话确认建立双边气候变化政策对话与合作机制，并拟定了七个对话与合作的具体领域，掀开了中美在气候变化、环保、能源等领域既博弈又合作的新篇章。2012 年两国签订《中美气候变化联合声明》,宣布在中美 S&ED 框架下成立气候变化工作组,负责确定双方在推进技术、研究、节能以及替代能源和可再生能源等领域合作的方式。这是中美双方第一次在对话当中给能源与气候这两个重要议题专设了专题的工作组。这一声明表明世界上最大的两个温室气体排放国都认识到双方的有力合作和进一步的行动对于控制气候变化至关重要,也有利于提高应对气候变化领域的标准。①

**表 4-6 中美战略与经济对话机制关于能源议题的主要成果**

| 届次 | 时间 | 地点 | 主要成果 |
| --- | --- | --- | --- |
| 第一届 | 2009 年 7 月 | 华盛顿 | 中美双方草签了《关于中美两国加强在气候变化、能源和环境方面合作的谅解备忘录》,同意承诺实施 2008 年 6 月第四次中美战略经济对话签署的《中美能源环境十年合作框架》,实施现有的五个优先合作的领域,包括发电与传输节能、交通运输节能与减排、水污染治理、大气污染治理和森林湿地自然资源保护等 |
| 第二届 | 2010 年 5 月 | 北京 | 发表了《中美能源安全合作联合声明》,签署了《关于进一步加强西屋 AP1000 核反应堆核安全合作备忘录》《中美页岩气资源工作组工作计划》《关于绿色合作伙伴计划框架实施的谅解备忘录》,宣布成立绿色合作伙伴计划联合秘书处,同意加强在气候变化、能源、环境等领域的务实合作;致力于开展清洁水、清洁大气、清洁高效电力、清洁高效交通、保护区和湿地保护、能效六大优先领域的具体合作 |
| 第三届 | 2011 年 5 月 | 华盛顿 | 签署了 6 对新的绿色合作伙伴关系文件,加强制定温室气体排放清单的能力建设,在电力特别是电力管理系统和电力项目决策等领域开展合作,就两国能源监管经验和实践共享信息,加强大规模风电项目研究的规划与部署及风电项目并网等方面的合作,加强联合研究,开发双方准确、可靠观测和理解大气中温室气体活动的能力,加强保护和管理海洋生物资源,推动第二代生物燃料发展等 |

① 田慧芳:《从务虚逐渐走向实打实的中美能源气候合作》,《全球发展展望》(Global Development Perspective,July 20,2015),中国社会科学院世界经济与政治研究所经济发展研究中心国际经济与战略研究中心。

续表

| 届次 | 时间 | 地点 | 主要成果 |
| --- | --- | --- | --- |
| 第四届 | 2012 年 5 月 | 北京 | 双方决定继续加强十年合作框架下清洁水、清洁大气、清洁高效交通、清洁高效电力、保护区和湿地、能效等行动计划下的合作，并进一步实施绿色合作伙伴关系；开展气候变化政策对话与务实合作；深化航空生物燃料、民航节能减排以及机动车污染防治合作；促进中美页岩气评价研究与合作，促进亚太地区能源监管、政策实践和经验的信息共享；推动双方在减少大气污染物，发展清洁能源领域的合作；中方宣布加入全球清洁炉灶联盟 |

2013 年第五次中美战略与经济对话将合作具体落实到载重汽车等五大领域。美国承诺在出口管制体系改革过程中给予中国公平待遇，并在碳捕集、碳减排等方面决定开展务实合作，为美国有可能放宽对华民用高科技出口管制释放了信号。2014 年第六轮中美战略与经济对话，中美达成的 100 多项共识中，涉及气候变化、能源、环境议题的几乎占了一半。气候变化工作组在之前达成的合作领域基础上，进一步扩展到林业和工业锅炉能效、“绿色”港口以及制定和实施非道路移动车辆及配套柴油发动机清洁计划等新的合作领域。

此外，2014 年 11 月中美再度联手重拳推出新的《中美气候变化联合声明》，公布双方富有雄心的减排计划。美国提出要在全经济范围减排到 2025 年在 2005 年基础上减排 26%—28%的目标。中国则提出于 2030 年左右达到 $CO_2$ 排放峰值，并计划到 2030 年非化石能源占一次能源消费比重提高到 20%左右。这一声明是两国最高决策层站在战略高度，在考虑各种制约和现实可行性基础上，正式表明两国共同推进全球气候治理，实现低碳转型的决心和信心，对增强全球互信、重塑联合国多边机制、助推 2015 年巴黎协议达成产生积极影响。它不仅是两国气候政策的变化，也带来了全球气候治理的新气象。

2015 年，第七轮中美战略与经济对话在《中美气候变化联合声明》基础上，专门召开“气候变化问题特别联合会议”，就年底巴黎气候变化大会的谈判技术问题，包括国家自主决定的减排贡献（Intended Nationally Determined

Contributions,简称 INDC)、气候基金的出资和减排目标的测量报告核查等进行沟通,承诺紧密合作并与其它国家一道解决妨碍巴黎大会达成的障碍。并在强化政策对话机制下建立新的国内政策对话机制,加强国内政策目标规划挑战和成功的信息分享,以期实现两国的减排目标。本轮对话也开辟了零汽车排放等新合作领域。

奥巴马的能源新政已使中美关系产生了积极的"外溢效应"。一方面,在能源领域,中美两国之间利益攸关的观念已逐步成为两国间能源合作的主导性观念,而且两国政府对相互关系及能源合作关系的密切性和互惠性认识、界定的比以往更为清晰,两国都认为:"通过在气候变化等全球性问题上的合作,中美两国就可以增加在战略意图上的相互信任,减少至少未来10—20 年的相互对抗。"①相应的中美关系从传统的能源安全、能源地缘战略竞争者转化为新能源推广、应用,进而应对全球气候变暖的战略伙伴。另一方面,在奥巴马能源新政背景下,能源合作已成为中美两国政府、政府与非政府组织、企业和个人积极参与的重要领域,两国在国际上不再将对方作为本国降低减排的主要原因,而专注于降低国内的温室气体排放;这种信任度的增强有效建构了中美能源合作领域的"集体身份",即所谓的"能源伙伴关系",而这种能源合作层面"集体身份"的确立也进一步丰富了中美关系的内涵。

2015 年 12 月 12 日,人类共同应对气候变化的《巴黎协定》,在气候变化巴黎大会上通过。会议期间,中美两国为推动文件的成功通过,作出了巨大的政治努力。2016 年 4 月 22 日,中美两国同时签署《巴黎协定》。气候变化的威胁是人类面临的越来越严重的挑战。应对气候变化问题需要国际社会共同努力。中美两国为推动国际合作、促成《巴黎协定》共同发挥了重要作用。

2016 年 9 月 3 日,中国杭州的 G20 峰会期间,国家主席习近平同美国总统奥巴马、联合国秘书长潘基文在杭州共同出席气候变化《巴黎协定》批

---

① Kenneth Lieberthal, David Sandalow, *Overcoming Obstacles to U.S.-China Cooperation on Climate Change*, January 2009.

准文书交存仪式。中美两个全球最大的能源消费国和二氧化碳排放国，率先批准气候变化《巴黎协定》，为全球应对气候变化的努力献上了一份大礼，一份最优质的公共成品。中国是最大的发展中国家，美国是最大的发达国家，两国在气候变化领域开展了卓有成效的对话和合作。两国共同交存参加《巴黎协定》法律文书，展示了共同应对全球性问题的雄心和决心。国际社会应该以落实《巴黎协定》为契机，加倍努力，不断加强和完善全球治理体系，创新应对气候变化路径，推动《巴黎协定》早日生效和全面落实。气候变化关乎人民福祉和人类未来。《巴黎协定》为2020年后的全球合作应对气候变化明确了方向，标志着合作共赢、公正合理的全球气候治理体系正在形成。中国为应对气候变化作出了重要贡献。

### （四）中美能源—环境与气候合作面临的挑战（制约因素）

尽管中美能源合作取得了较快发展，尤其是双边能源合作机制得到了进一步的提升，但是中美两国在开展能源合作的过程中，仍存在诸多分歧和障碍，而且这些制约因素主要分为战略和战术（技术）两个层面。

*1. 战略层面*

（1）能源安全理念存在差异

尽管中美两国都存在能源供需矛盾，都强调能源技术研发与应用的重要性，主张通过互利合作以及多元化的能源发展战略（尤其是发展新能源）来维护自身和全球能源安全；但是在能源安全观上仍存在明显差异，相比之下，美国更强调能源的市场化运作，倾向于通过提高能源市场的透明度和运作效率来保证能源市场稳定和能源安全；而中国则更为重视影响能源安全的地缘政治环境因素，主张通过建立相对稳定的政治保障的方式来维护能源安全。而这种能源安全理念上的差异往往导致美国不能客观评价中国在全球能源市场的作用和地位，美国方面认为："未来世界能源需求增长主要来源于新兴市场国家，特别是中国和印度。而中国确保其能源供应的方式与过去20年与所有大的工业能源国的标准途径不同，它较少依赖于商业利益，而是直接与生产国通过直接的双边交易来锁定能源供应，这是对占统治地位的以市场为基础的能源安全途径的背离（美国部分舆论认为中国政府为确保长期能源供应,经常支付大大高于市场水平的价格来达成交易,从而扭曲了市场价格),这将使国际能源市场很难运转,并危及所有国家的能源安全。"①而大量中国国有能源公司不断增加在全球的存在以及中国在世界石油消费增长中的比重的增加,又进一步强化了关于中国影响世界能源市场的误解,这些误解已经对中美关系产生了负面的影响。

(2)政治、意识形态等领域的负面影响仍然存在

一方面,冷战思维、议会政治等政治因素则影响和制约着中美能源合作的深入进展。尤其是一些研究机构和学者将中国能源需求特别是石油、天然气消费视为美国和全球能源市场的一种威胁。认为"中国日益增长的能源需求,特别是对石油进口的依赖,对美国构成经济、环境和地缘战略等方面的挑战",②中美能源合作是一种"零和游戏"(零和博弈),对能源的竞争,特别是对石油的竞争将可能成为中美关系未来冲突的头号动因(中美之间将会在化石燃料丰富的中东和其他富有石油资源而缺乏稳定模式或不是代议制政府的国家发生冲突)。③ 如出于对共产主义的敌视,《美国对外援助法》等法律将社会主义中国排除在官方发展援助范围之外,从而阻碍了美国国际开发署在中国的运作。④ 同时,由于美国国内议会政治的相互

① David G. Victor, Linda Yueh, "The new energy order: managing insecurities in the twenty-first century", *Foreign Affairs*, 2010 January-February, p.61.

② 美国国会美中经济与安全评估委员会认为,这种挑战主要表现在:1. 中国为了实现使其石油进口来源多元化的目标和增强经济安全,已经与若干石油供应国签订了能源协定,这些国家中包括被美国国务院列为支持恐怖主义的国家——伊朗、苏丹等。中国为了保证这些国家的石油来源,向它们转让武器和军事技术,甚至向它们提供导弹、大规模杀伤性武器部件和技术。这极大损害了美国的全球武器不扩散政策。2. 现在世界上的主要石油进口国都是国际能源组织(IEA)的成员国,而中国是还未参加该组织的国家中消耗石油最多的国家。这使它成为影响世界能源市场的主要因素之一。中国总是采用单边的方法来获取更多的石油资源。这对欧佩克成员国的石油定价产生了额外的影响。3. 当前煤在中国能源消费中占主导地位(达到65%),而且其中许多是没有洗过的煤,导致严重的空气污染和温室效应。这对中国和世界环境构成巨大的挑战。此外,美国还担心随着中国经济的迅速增长,中国从国外进口的石油大量增加,会增大中美之间在中亚和南中国海竞争的可能性。——笔者注

③ D.Blumenthal, J.Lin, "Oil obsession", *Armed Forces Journal*, June 2006, pp.49-50.

④ 美国是发达国家中在环境与能源领域唯一没有向中国提供官方发展援助的国家,其国内机构推动中美能源与环境合作的资金全部来自国内机构预算,这与美国对日本和欧盟的态度形成强烈反差。——笔者注

掣肘,尤其是国会中的保守主义势力对中国的敌对态度使中美能源合作缺乏相应的支持(尤其是财政支持),充满了不确定性。这从《能源和气候法案》的被否决以及民主党国会议员对奥巴马能源新政的抵制和阻挠中美在新能源领域的合作就可见一斑。①

另一方面,美国不时将能源问题政治化,将能源视为中国挑战美国霸权地位的一个重要方面(尤其是一些美国学者将中国在主要能源输出国的战略性投资等视为别有目的)。这从迄今中美两国政府推动的能源合作集中在中国的能源下游领域就可见一斑。在上游层面,美国时常基于地缘政治战略考虑对中国获得稳定的海外能源供应施加压力。反映在传统能源领域,其最显著的案例便是美国国会以国家安全为由压倒性多数否决了中海油以 185 亿美元竞购优尼科石油公司②(美国还积极限制中国能源公司在中亚、拉美等地区的能源竞购,以阻止中国获取能源开采权)。反映在新能源领域最突出的表现是美方出于国家安全的考虑在中美和平利用核能方面的合作中一直犹豫不决(尽管中美之间已经签署了和平利用核能合作协定),美国政府仍以防止核扩散为由,动辄对出口设备和技术实行人为控制,如封杀西屋公司对华出口核电设备等。

(3)战略互信与沟通有待进一步加强

中美两国在能源领域的互信交流机制始终处于不稳固、不健全甚至某些时期处于非常脆弱的状态,这常常导致双方对能源合作的相对收益非常关注。一方面,中国通过与能源输出国(产油国)加强双边合作来获

---

① Joshua W.Busby, *After Copenhagen Climate Governance and the Road Ahead*, U.S.: Council on Foreign Relations, August 2010, p. 13; Kenneth G. Lieberthal, "U. S. - China Cooperation on Climate Change: The U. S. Political Context", *U. S. - China Clean Energy Cooperation: The Road Ahead*, September 2009, pp.9-10; Kenneth G.Lieberthal, "Memo to the Presidents of United States and China", *U.S.-China Clean Energy Cooperation: The Road Ahead*, September 2009, p.69.

② 不可否认,国家控股、对两国企业文化整合缺乏信心等是影响优尼科公司股东选择的重要因素,但美国国会的反对和甚嚣尘上的"中国能源威胁论"无疑是中海油竞购失败的主因。同时,在中海油收购优尼科受阻之际,科罗拉多州一家天然气开采公司有意引进中国钻探机和开采人员,也引起一些美国国会议员的反对。优尼科事件以及美国对中国在南美洲和非洲等进行油气勘探开发合作的担忧,从一个侧面折射了地缘政治思维在美国关注中国石油企业开拓国际市场过程中的广泛影响。——笔者注

得相对稳定的能源来源的方式使美国颇为不满(特别是中国与伊朗、苏丹等一些政治上受到美国孤立的政权进行能源合作,被认为是对美国全球战略利益和主导地位的挑战),反映了"中国政府对石油市场不信任",①而中国对美国维护全球能源通道稳定畅通的持续关注也心存疑虑(美国借助强大的军事和经济力量,控制了世界主要海陆能源通道,对全球能源形成了控制态势),因为"中国有一种担心,如果将来中美关系恶化,在发生冲突时,美国会使用军事力量来阻截中国的石油供应"。② 另一方面,许多美国人认为:"中国发展新能源主要是为了自己的能源安全,其核心目的仍然是通过经济方式转型促进经济发展,增强本国企业的竞争力,而非彻底的旨在减少温室气体排放。"③而不少中国学者也对美国政府前后矛盾的减排动机表示怀疑,认为:"美国正在通过各种途径(气候变化责任)阻碍中国的和平发展,降低中国的经济发展速度和国际影响力。"④在《美国的限额与交易法案》(*Cap and Trade Legislation*)审议的过程中,反对者们将潜在对手——中国的行动作为他们通过该法案的条件,而中国同时也将美国是否通过该法案作为其减少二氧化碳排放承诺的重要检验。⑤

2. 战术(技术)层面

(1)能源技术转让与贸易壁垒

日益增多的技术转让纠纷(新能源核心技术)和相关知识产权保护问题已经成为中美之间在能源领域(新能源)合作的重要障碍。由于中国能源领域的自主创新能力不足,许多高技术材料和设备依赖进口,一些核心、

① Mikkal E. Herberg, *China's Energy Consumption and Opportunities for U. S. - China Cooperation to Address the Effects of China's Energy Use*, 2007 June, p.14.

② T.S. Gopi Rethinaraj, "China's Energy and Regional Security Perspectives", *Defense & Security Analysis*, 2003 December, pp.377-385.

③ Joshua W.Busby, "After Copenhagen Climate Governance and the Road Ahead", U.S.: Council on Foreign Relations, August 2010, p.14.

④ Kenneth G. Lieberthal, "U.S. - China Cooperation on Climate Change: The U.S Political Context", *U.S.-China Clean Energy Cooperation: The Road Ahead*, September 2009, p.38.

⑤ Kenneth G. Lieberthal, "Executive Summary", *U.S. China Clean Energy Cooperation: The Road Ahead*, Brookings: Energy SecurityInitiative, September 2009, p.v.

关键、前沿技术尚未突破；因此，为承担排放的历史责任，中国主张美方应考虑中国作为发展中国家的实际情况，以优惠的条件或者无偿方式向中国转让相关能源技术。[①] 然而，美国技术出口管制体系在一定程度上阻碍双方合作。美国的新能源技术以“保护知识产权”的名义限制向中国转让，尤其是禁止对华出口带有“敏感技术”的产品，而且美国认为清洁技术（及与之相应的知识产权）归私人企业所有，极力推动技术转让的完全商业化并高价向中国出售设备谋取超额利润。[②]

在能源贸易方面，美国对中国因奥巴马能源新政所带来的贸易顺差颇有微词，认为这种能源红利不应带到中国去，而且美国还在中美能源合作中执行双重标准。这从 2010 年 10 月 15 日美国贸易代表罗恩·柯克表示将应美国钢铁工人联合会申请，启动对中国政府因本国清洁能源行业不公平支持的“301 调查”就可见一斑。[③] 在数轮中美 S&ED 对话中，始终有几项关键议题无法取得实质性进展，比如新能源投资的市场准入、知识产权保护、贸易壁垒等方面，影响到双边合作的成效。

（2）减排原则、标准、目标的不一

在减排原则、机制方面，中美对《联合国气候变化框架条约》和《京都议定书》中所述的“共同但有区别的责任”原则存在不同的理解和诠释。在中国看来，“共同但有区别的责任”原则包含着对发展中国家在全球排放史上

① 根据 IPCC 的建议，要将气温上升控制在 2 摄氏度内，就需要发达国家拿出 GDP 的 0.5%—1%（大约一年 3000 亿美元）来支持发展中国家。而且从《联合国气候变化框架条约》创建伊始到随后举行的多轮谈判中，由发达国家向发展中国家提供资金援助以推动发展中国家减排似乎已成惯例。然而，在美国自身经济不景气的情况下，要令国会决议批准拨出巨款帮助中国实现向低碳经济转型是不现实的。——笔者注

② 大部分美国企业都支持清洁能源技术相关交易遵循市场化原则，把中国本土创新认证系统看作对外国公司不利的消极因素，认为中国在知识产权保护上存在的不足是影响中美相关技术转移主要障碍。——笔者注

③ 2010 年 9 月，美国钢铁工人联合会（USW）向美国贸易代表办公室提交了一份长达 5800 页的申诉书，指责中国政府通过控制关键原材料、大规模政府补贴、歧视性法律法规、技术转让条件等行为为清洁能源企业提供高额补贴以提高其产品的价格优势，严重威胁了美国清洁能源产业的就业机会和国际竞争力，也公然违反了世贸组织的规则。10 月 15 日，美国贸易代表办公室宣布，应美国钢铁工人联合会申请，启动对华清洁能源有关政策和措施的 301 调查，使中美新能源合作蒙上了阴影。——笔者注

所处特殊地位的特殊考虑,是国际社会进行气候变化合作的基础,①相应的中国等发展中国家在后京都时代将继续实行双轨制。美国则认为该原则使发展中国家无需付出额外代价便能获得温室气体的排放权,而仅限制少数国家的排放而置大多数国家的排放于不管,只会加快全球变暖的速度,所有国家都必须参与到全球温室气体的减排中来,②美国希望《京都议定书》到期后实施单轨制,达成一个把发展中国家也纳入其中的新协议(这一举动不仅抛弃了多年全球达成的共识,而且严重违背了“共同但有区别的责任”原则,遭到以中国为代表的发展中国家的强烈反对)。另一方面,在减排的基准、目标上,中国采用基于庞大人口基数的排放强度标准,美国采用排放总量标准并坚持认为中国也应该采用该标准;中国提出,美国尽管承诺到2020年将在2005年基础上减排17%,但如果以1990年为基准,实际只减排3%—4%,这一承诺远远低于联合国政府间气候变化专门委员会(Intergovernmental Panel on Climate Change,简称IPCC)要求发达国家在1990年的基础上减排25%—40%的目标。而美国认为,IPCC要求到2020年主要发展中国家的碳排量比“未采取任何减排措施的正常水平”降低20%—30%,中国所做的到2020年使单位国内生产总值的二氧化碳排放量比2005年下降40%—45%的温室气体减排目标也远未达到这个标准。

(3)碳关税

“碳关税”是指对高耗能进口产品如铝、钢铁、水泥和一些化工产品征收特别的二氧化碳排放关税。美国众议院2009年6月26日通过的《美国清洁能源与安全法案》中对所谓的“碳关税”给予了明确界定,即从2020年起,如果美国没有加入相关的国际多边协议,美国总统将有权对不接受污染物减排标准的国家实行贸易制裁,对其含碳产品征收惩罚性关税。尽管在

① 按上述国际条约规定,中国和其他发展中国家须努力维持目前的排放水平,而美国等发达国家应担负起历史的责任,在减少温室气体排放的问题上发挥带头作用。——笔者注

② Testimony of Timothy E. Wirth, *Under Secretary of State for Global Affairs*, Department of State, senate Foreign Relations, International Economic Policy, Export and Trade Promotion, Global Climate Change, reported in *Federal Document Clearing House Congressional Testimony*, October 9, 1997.

碳交易方面,美国有发育完善的市场经济体制,能够顺利实现温室气体的减排交易,而且奥巴马政府已表示,贸易制裁不是其目的,但是中国认为,征收“碳关税”违反世界贸易组织的基本规则,扰乱国际贸易秩序,只会加重中美在能源领域的贸易摩擦,影响两国能源合作进程,严重损害发展中国家的利益,所以坚决予以反对。①

### (五)提升中美能源—环境与气候合作效能的现实举措(对策分析)

中美两国作为世界上能源消耗和温室气体排放大国,同时也是最大的发展中国家和发达国家,在战略层面,中美能源—环境与气候合作受到意识形态,议会政治以及战略互信不足等因素的制约;在战术(技术)层面,中美在能源技术转让,能源贸易,气候减排原则、标准以及“碳关税”等方面存在分歧与矛盾;但是从根本上讲,中美两国的能源战略并非水火不容。从“大能源”和“大安全”的角度看,中美之间在维护国际能源市场稳定、开发新能源、节能提效、环境治理以及气候减排等领域有着广阔的合作前景和巨大的合作潜力,应进一步凝聚共识、增强互信、消除分歧、共迎挑战、谋求双赢。这不仅可以减少中美两国对世界化石能源的依赖,增强各自的能源安全和经济安全,降低中美两国在以“能源”为轴心的地缘政治博弈中的强度,重塑两国在国际气候变化中“负责任”的大国形象,促进中美关系的良性发展;而且中美两国以“合作者”的身份在后金融危机时代通过新能源合作重新划分国际政治权力,有助于优化国际能源地缘政治结构,加速以气候变化为中心的国际秩序重组的进程,促进国际体系朝着更加公正、合理的方向变革。具体而言,应从以下四个方面着手:

---

① 实际上,中美在应对气候变化和温室气体减排的大方向上并无异议,矛盾主要集中在对治理原则和规则的理解以及谁应当做出更具体更多的减排承诺上,主要表现形态便是美国刻意强调和大肆渲染中国在气候变化领域的行动过少,承担的责任不够,千方百计让中国承担更多的减排义务。较为流行的“中国气候威胁论”和“碳大国责任论”正是这一思想的产物。其实,基于当前时代背景的角度分析可以发现,这些论调只不过是美国近些年来大力倡导的“中国责任论”在气候变化领域的具体表现。——笔者注

1. 进一步丰富完善中美能源—气候合作机制，着力提升能源—环境与气候合作层次

机制建设是破解中美能源、气候合作瓶颈，增强合作效能的重要路径。虽然当前中美能源—环境与气候合作的框架已经形成，而且现存的中美能源双边合作机制已经使中美能源合作中的行为更透明，更有预见性，也更有合法性，尤其是中美战略与经济对话机制已经将中美能源合作提升至战略层面；但就中美关系发展的全局来看，双边能源、气候合作仍有很大的提升空间。一方面，应进一步加强顶层制度设计，将中美两国在能源、气候领域的合作纳入中美"积极全面伙伴关系"发展的全局，使之成为推动中美关系进一步健康发展的重要积极因素（将能源问题列为中美两国在国际和地区事务以及全球性问题上沟通和协调，不断充实两国关系战略内涵的重要领域）。同时，重视发挥官方渠道（如部长级会晤、磋商，首脑会晤等）在中美能源、气候合作中的作用，尤其是要积极促进第二轨道的对话机制向正式的、官方的对话机制转化，如进一步推动中美学者间规划的能源合作路线图官方化，①进而不断提升和引导合作层次与水平。

另一方面，虽然中国在全球能源体系中的重要性日益增加，但现有的国际机制并未充分体现出来，中美两国还需通过创建完善合作机制来承担维护彼此和全球能源安全的责任和义务。因此要在巩固和强化中美双边能源、气候合作的基础上，建立一种能将能源安全、环境保护与气候变化结合起来的新的协调机制（包括各种专业的委员会）或者组建并发展世界范围内更具代表性和更加有效协调的能源合作组织，②以便进一步规范国际能源市场，制定统一的贸易规则和投资标准，促使中美能源合作更加规范化、

① The first step in launching this new partnership should be a leaders summit early in the new U.S. administration's term. The partnership should then be implemented through a two-tiered structure: a high-level governing council to provide ongoing direction; and a set of task forces focused on each of the priority areas identified in the previous section. "Getting Started", Collaborative Response: A Roadmap for U.S.-China Cooperation on Energy and Climate Change, Asia Society Center on U.S.-China Relations and Pew Center on Global Climate Change, January 2009, p.45.

② 该新组织应该把利益相关者（包括私营企业、政府、国内团体）的重要利益考虑在内，它的范围应该比现在的国际能源署广泛得多，并且这个组织必须提供对能源获取和供应制定具有约束力的规则以及对能源危机进行反应的更好的机制。——笔者注

更具落实力。

2. 深入挖掘合作潜力，积极拓宽合作领域，着力增强中美能源、气候合作“外溢效应”

中美既是利益攸关方又是建设性合作者，中美能源合作潜力巨大，尤其是奥巴马政府实施能源新政后，中美在能源环境领域利益交汇点更多，双边互补性更强，合作前景更加宽广。[①] 因此要积极创造新条件，创造推动中美能源、气候合作发展的新因素。一方面，有必要通过多层次的对话，主动寻求与美国在有争议的课题上进行沟通，寻求减少摩擦的可能，致力于将目前所面临的挑战变成机遇，并走向基于双方共同利益的合作。要积极推动中美能源、气候从理论探讨转移至建构实际行动，将双边对话内容从战略层面转移至技术层面，如能源技术、能源效率等，并落实至企业间的合作层次；同时，积极扩大合作范围，将其拓展至包括减少环境污染以及建立有关能源效率、能源安全和环境影响的长远联系机制上。

另一方面，要按照量力而行、逐步推进的原则，在巩固、夯实中美下游能源合作机制的基础上，着重关注那些彼此较易达成共识的领域（例如研发清洁高效的可再生的能源）。着力增强现有机制的“外溢效应”，积极推进中美之间的能源合作向中游和上游领域开展，尤其是在能源技术转让、知识产权保护等领域，这不仅有利于减少我国对美国能源技术的“脆弱性”依赖，也有助于增强我国的能源安全。

3. 进一步加强在能源、气候领域的互动与沟通（积极开展多轨道外交），着力化解误解和分歧

针对中美能源领域中存在的分歧和误解，要进一步促进双方的沟通和了解，寻求增信释疑的办法。一方面，对于双方在能源、气候领域关注的议题，中美两国应加强研讨，积极磋商，通过双边对话的方式明晰彼此的攸关

---

① 2009 年 7 月 28 日，中美两国在华盛顿签署《关于中美两国加强在气候变化、能源和环境合作的谅解备忘录》，确定中美能源、气候和环境合作领域的 10 项发展内容，包括：能源节约与能源效率；可再生能源；洗煤、碳捕捉与储存；可持续运输，包括电动车辆；电网现代化；清洁能源技术的联合调研与发展；清洁空气；清洁水；自然资源保护，如湿地保护和自然保护区；应对气候变化和促进低碳经济增长。——笔者注

利益和意图,凝聚共识,进而确立合作的原则、规则、规范和决策程序,要强化政府层面的沟通(尤其是与美国国会等机构的交流),减少议会政治对中美能源、气候合作的干扰;同时积极开展第二轨道包括非政府之间、学术界的、科学界的、商业和金融之间的外交,通过必要的学术研究和政策沟通增强美国对中国能源、气候政策的认知和了解,扩大两国的民间共识,积极消除中美两国彼此之间的误解,并推动中美能源领域间的共识上升到美国政府、国会等层面。以便继续强化中美新能源合作的积极因素,提高双方的合作水平。

另一方面,中美还可以通过多边协调来进一步加强沟通,明确彼此的责任与义务,增信释疑。要积极加强中美两国在世界多边能源机构尤其是国际能源署框架下的协调与合作(尽管中国已经开始以观察国的身份参加国际能源署的会议),注重要在国际舞台上积极宣传中国的能源、气候变化政策和主张,让美国了解中国近年来在国内和国际两个层面为全球温室气体减排采取的措施和作出的贡献,了解中国积极应对气候变化的决心和态度(中美越了解对方的目标和政策,就越能从双边合作中获益),这不仅能够提高中美双方能源信息交流的质量和速度,增强国际气候变化合作中中国的话语权,也可增加双方能源市场的透明度,积极营造宽松的国际能源合作和竞争环境。

4. 积极与国际接轨,建构"负责任的大国形象",着力增强中美之间的战略互信

战略互信是合作的双方对彼此的一种心理上的认同。中美两国在能源、气候领域战略互信的缺失,其最根本的原因在于美国的地缘战略思维("冷战思维"和"霸权思维"),即一个更加强大的中国将被理解成对美国在国际经济和政治地位的挑战,主要表现在"中国能源威胁论""能源危机论"等一系列重要的理论样式,它给中美两国能源—环境与气候合作最有可能带来的是美国的相关能源政策走向更广泛的限制。事实上,中美在具体能源技术领域无根本性矛盾和分歧,摩擦和冲突主要集中于政治和外交层面,而后者在很大程度上又源于彼此的不理解甚至误解;所以,除了加强相互了解和理解,增进释疑工作之外,中国需要提升对能效和新能源的重视

程度,进一步推进能源等领域的市场化,加快与国际市场的接轨,进一步加强国内机构调整、新能源企业的资源整合和新能源产业的政策立法,推动中美的相互依存,并为彼此关注的重点和预期达成的目标共同努力。

另一方面,中国应当按照"权利与义务、利益与责任对等"和平等互惠的原则,在认真揣摩和评估应对气候变化在美国国家战略中的地位的基础上,积极履行双边能源合作以及全球碳减排中应当承担的责任,使其关于"中国在气候变化问题上承担的责任过少"的错误言论不攻自破,积极建构一种"负责任的大国形象",积极推动全球各国在双边能源、气候合作中放弃零和思维,淡化地缘政治和意识形态因素,尤其是要推动美国在可再生能源、核能等相关能源技术方面减少对华限制,避免动辄对出口设备和技术实行人为控制和制裁,以便为中美两国企业参与能源、气候合作创造更多更有利条件,进而为中国融入国际能源贸易体系和国际能源合作机制以及中美双边能源、气候合作奠定坚实的基础。

## 七、特朗普政府能源和气候政策突变①

2017年,美国特朗普政府上台伊始,即将其在竞选期间推出的一系列带有新孤立主义色彩的政策主张付诸实施。特朗普政府在一系列涉及全球性问题上,从此前奥巴马政府的立场上后退,表明美国不愿再独自承担全球安全责任,在解决全球问题上的执行力也被大大削弱。这将极大地影响其全球领导力,从而冲击到国际格局/秩序的转型。特朗普政府极为保守的能源政策,将使美国已经取得的新能源领域的成果陷于停顿、倒退与损毁。

2017年6月1日,美国总统特朗普在白宫玫瑰园宣布退出《巴黎协定》,声明即刻生效,美国将会停止行使一切巴黎协议有关的内容,包括结

① 上述有关中美能源战略关系的章节写作,完稿于2017年之前。这一段落是新近追加补写的。这一段落的写作主要参考了魏蔚的研究报告《特朗普政府退出〈巴黎协定〉能否重振美国能源产业》,部分数据也转引自该报告,特此说明并鸣谢。见《中国发展观察》2017年第13期。

束美国自主的排放标准,停止向绿色气候基金支付款项等。声明表示将开始新的谈判,暗示有可能在建立对美国相对公平的标准之后,重新进入《巴黎协定》。这一幕与2001年新上任的小布什总统曾以"减少温室气体排放会影响美国经济发展"和"发展中国家也应该承担减排义务"为由,宣布单方面退出《京都议定书》几乎如出一辙,使本已取得巨大成就的国际社会应对气候变化的努力,遭受重大挫折,这样就将使中美两国此前在此领域取得的所有合作成果面临巨大不确定性,中美战略关系也徒增挑战。

### (一)特朗普政府能源政策的核心是"美国优先能源战略"

"美国优先能源战略"的关键是废除不必要的规制,最大限度开发美国本土化石能源。通过页岩油和页岩气革命及发展清洁煤为数百万美国人带来就业和繁荣,并将能源开采收益用于道路、桥梁、学校等基础设施建设,减少对国外石油依赖,实现所谓美国能源独立。①

2017年3月28日,特朗普总统签署"促进能源独立和经济增长"的行政命令,主要内容有两点:第一,重新评估清洁电力计划相关法律。要求环境保护署即刻开始评估清洁电力计划相关法律,内务部重新审核联邦土地煤矿租赁、联邦或印第安土地上石油天然气水力压裂的规制、非联邦油气权管理、废弃物保护生产权限和资源保护等与国土油气开发相关的法律和规制,最终确定是否将这些法律悬置、修改或取消,并在180天之内拿出最终方案。

第二,取消奥巴马政府的多项政策。取消奥巴马政府关于"美国为气候变化的影响而准备"的行政法令,2013年的"电力领域的碳污染标准"和"气候变化和国家安全"的总统备忘录。废除"总统气候行动计划"和"减少甲烷排放的总统气候行动计划战略"两本报告。解散温室气体排放的社会成本联合工作组,其有关碳排放的社会成本规制影响分析等系列技术支持文件被取消,不再被作为政府政策的代表。

先前,特朗普还命令重新评估清洁水法是否妨碍经济发展和就业;签署水域保护条例,减轻煤炭产业发展的负担;签署总统备忘录,重新开启基石

① *An America First Energy Plan*, https://www.whitehouse.gov/america-first-energy.

XL 和达科他准入两条输油管道建设,这两条管道曾因空气和水源环境问题而被奥巴马政府搁置。

这些行政命令清晰表明,美国有意逐步退出清洁电力计划,而清洁电力计划恰恰是奥巴马政府完成《巴黎协定》承诺的核心,这也意味着退出《巴黎协定》的行动此时已经开始。

## (二)特朗普政府的新能源政策对美国利益忧喜参半

美国煤炭产业持续萎缩的趋势并不会因此缓解。现实是无情的。尽管特朗普政府承诺未来煤炭将要使用最清洁的环境友好技术,同时废除对煤炭的相关管制措施,以重振美国煤炭行业活力,但煤炭面临的窘境并未稍有缓解。美国的煤炭消费已经从 2005 年的 10. 2 亿吨下降到 2016 年的 7. 39 亿吨,是近四十年的最低。同期煤电占电力的比重从 50%降到 25%。美国煤炭从业人员数量 1924 年为最高峰达 86. 25 万人,到 2016 年 9 月降至只有 7. 6 万人。美国煤炭产业的消费群越来越小,融资困难,大多数企业面临破产。全球性的能源结构清洁化大趋势,导致国外需求不振,美国煤炭出口疲软。与此同时,成本劣势使得清洁煤应用饱受争议,毫无市场竞争力。2017 年年初,美国南方公司宣布位于坎帕县的清洁煤电厂,耗资 71 亿美元历时 7 年建成运行。如果建一座同等规模的天然气发电厂,成本只有 7 亿美元,仅为清洁煤电厂的 1/10。美国联邦数据显示,从 2013 年 5 月开始,美国已经关闭了 246 个燃煤电厂。同期,由于天然气价格较低,有 305 个燃气电厂开始运营。连美国从事煤炭行业的人士也开始认为,天然气和可再生能源发电是大势所趋,而且对煤电行业的压力是长期性的。

特朗普颁布的行政命令意在废除对水力压裂的限制,放宽排放标准,会进一步刺激美国页岩油和页岩气等非常规油气产量的增加,也会增加油气等化石能源的产量。页岩气革命的成果仍在发酵,美国的天然气产量自 2005 年以来一直保持稳步增长,但这一增长势头在 2016 年戛然而止,由于低价和管制的加强,使得天然气产量自 2005 年以来首次下跌。但特朗普的新政策有可能使石油天然气行业重现光明。许多分析认为管道建设、页岩气开发和非常规油气将受益最多。尤其是作为相对清洁能源的页岩气开发会带来大量的机会,其下游的化工产业也会相对受益;天然气在发电领域的比重会继续增加;液化天然气出口可凭借较低的价格满足亚洲市场巨大的需求,在欧洲市场也可以和俄罗斯天然气竞争。

随着石油出口禁令解除和液化天然气出口设施建设加强,美国能源信息署预测到 2026 年美国将成为能源净出口国,天然气和石油的出口会不断增加,煤炭的出口则会逐步减少。行业数据显示,到 2020 年,美国原油日产量将比不解禁前多 130 万桶至 290 万桶,年均带动美国新增就业岗位 20 万个。液化天然净出口量 2020 年达到近 700 亿立方米,2030 年达到 1400 亿立方米。

### (三)特朗普政府的政策无法阻挡美国可再生能源的平稳发展

尽管退出了《巴黎协定》,但美国政府仍表示将会继续保持其在可再生等清洁能源领域的领先地位。这是因为:第一,可再生能源可以提供大量就业。奥巴马政府对可再生能源发展的重视,创造了大量的就业机会。到 2016 年 11 月,美国太阳能光伏领域创造了 26 万个就业岗位(另有 11 万左右的兼职人员),同比增长 25%,连续 4 年以超过 20%的比例增长,而同期美国劳动力市场只增长了 1.45%。美国劳工部的预测显示,从 2014 年到 2024 年,风电涡轮技术人员就业岗位将增加 108%,太阳能光伏安装就业岗位将增加 24%,远高于 7%的平均工作岗位增加比例。特朗普政府不太可能阻碍太阳能和风电这些相对成熟的产业的发展。但如果特朗普把公司税减到 15%,太阳能税收减免政策可能会受到冲击。

第二,大型公司极力支持可再生能源。美国可再生能源的发展得到了苹果、谷歌、亚马逊、道氏化学和 3M 等大型跨国公司的支持,纷纷购买风电和太阳能光伏发电,这已经成为当下一个时髦的新现象。2009 年企业购买风电数量只有 100 兆瓦,2015 年超过 2000 兆瓦,2016 年达到 3440 兆瓦。谷歌在全球购买了 2548 兆瓦的风电合同和 141 兆瓦的太阳能光伏合同,并有望在 2017 年实现其 100%可再生能源的目标。

第三，商业模式不断创新。微软已经做到利用现有的风电和太阳能光伏系统比让电力公司增加其电网电量的投资要便宜。预计大商场等商业连锁公司太阳能光伏的装机容量到 2020 年将会增加近 3 倍，达到 38 亿美元的规模。此外，社区太阳能也是发展迅猛的新模式。谷歌、苹果、Patagonia 等公司通过申请获得联邦售电许可，他们与太阳能公司合作，出资在居民屋顶铺设太阳能板或建造小型太阳能光伏电场为周边的社区服务。居民可以购买这些项目的股份或者签订长期的协议购买太阳能电力，多余的电量通过当地电网销售。未来社区太阳能会增加数倍，原因在于越来越多的州开始颁布法律，允许这种做法。许多著名公司也都在进行谈判，共同开发这一领域。

第四，各州对发展可再生能源兴趣大增。美国对于可再生能源的兴趣更多的是基于对经济发展的诉求，甚至超过了对气候变化的要求。因此，包括伊利诺伊州、密歇根州、俄亥俄州、佛蒙特州的共和党政府正在考虑刺激可再生能源发展而创造更多的就业机会。目前美国共有 29 个州及哥伦比亚特区拥有可再生能源组合目标，还有 8 个州有自愿计划。尽管共和党有支持化石能源发展的传统，但资料显示，在美国可再生能源装机容量大增的州，多数都是属于共和党执政。这尤其适应于那些特朗普特别关注的衰退地区，有些煤炭采掘业的失业人员在太阳能光伏的制造、零售和安装领域重新找到了工作，那些对生产和安装优惠幅度大和刺激程度大的州就业机会更多。

有趣的是，特朗普上台后，尽管其“美国优先”的能源计划强调传统化石能源的重要性，但并没有全面否定发展可再生能源。相反，美国可再生能源发展呈现强劲势头。据统计，2016 年美国累计光伏发电装机量达到 40300 兆瓦，比 2015 年增加 57.6%，占全球的比例为 13.4%；累计风电装机量为 82453 兆瓦，比 2015 年增加 11.0%，占全球总装机容量的 17.6%；累计地热装机容量 3595.5 兆瓦，比 2015 年增长 3.4%，占全球总装机容量的 26.8%。①

① 张庭婷：《能源合作将成中美关系新亮点》，《文汇报》2017 年 11 月 8 日。

### （四）中国应冷静观察研究美国政府的政策变化，积极应对、调整中美能源战略的合作

特朗普政府能源和气候政策突变，无疑使中美在此领域的合作徒增不确定性，如若处置不当，有可能使奥巴马政府时期中美能源领域的战略合作成果付诸东流。应密切关注特朗普政府能源政策调整对中国能源供应和结构调整的影响，积极采取应对措施，趋利避害，保障能源安全。首先，要稳步推进中国能源清洁化进程。发展清洁能源是世界潮流，不以美国总统的意志为转移。中国能源政策还是以自我需求为主，立足调整能源结构，减少环境污染。我国清洁能源发展迅猛，风电、太阳能光伏、水电的装机容量列世界前茅，积累了大量技术和管理经验，在全球清洁能源发展中起着举足轻重的作用。美国退出《巴黎协定》，欧盟表态加强和中国合作共同致力于清洁能源的发展。这将增加中国在清洁能源领域的话语权，增强中国在与美国政府进行能源合作时的话语权。

其次，要通过政策引导，保持油气行业健康稳定发展。提高油气勘探、生产及加工的技术创新能力，对我国能源安全及能源结构调整仍然具有重要的意义。引导我国石油企业在做好项目评估和风险防范的前提下，加强与美国石油公司在页岩气和液化天然气领域的投资与贸易合作，积极拓宽油气的进口渠道。

最后，要加强与美国政府及各州政府在能源合作领域的沟通与对话。要理性分析美国政府的政策调整，去伪存真，梳理出进一步合作的领域，开拓出新的合作空间，抓住特朗普政府急于实现所谓“美国优先能源战略”的机会，迎风而上，化不利因素为有利因素，推进中美两国在能源领域的新的合作。

2017 年 11 月 8 日，美国总统特朗普率团对中国进行国事访问。此访随行的重量级商贸代表团成员，大部分来自能源和大宗商品企业。中美能源合作迈上了一个新台阶。随着解除石油禁令及技术进步，美国原油产量大幅增加，并且具备了价格竞争优势。作为石油需求大国的中国，无疑成为美国原油出口的首选市场。2017 年前 7 个月，中国从美国进口的原油和石

油产品为 8187.5 万桶，已达 2016 年全年进口量的 110%。2017 年美国对中国的原油出口总额，有望从上年的 1.5 亿美元激增至突破 10 亿美元。据商务部数据显示，2017 年上半年中国从美国进口的原油和液化天然气金额达 14 亿美元，是上年全年的 6 倍。据悉，中美两国在特朗普此访中签署了从美国进口天然气的大单，此协议无疑将改写国内液化天然气进口格局。据有关专业机构预测，到 2030 年，美国对中国的天然气出口可能达到每年 260 亿美元。中国还将参与投资建设美国阿拉斯加天然气管道的工程。与此同时，就在特朗普出访前 10 月份举行的第八届中美能效论坛上，中美双方还共同发布了 9 个能效领域合作示范项目，签约了 10 个合作项目。①

总之，中美能源合作是必然选择，不仅将成为两国经贸合作的新亮点，也必将成为中美关系的推进器，并为全球能源安全与可持续发展作出重大贡献。

## 八、台湾海峡两岸在能源领域的合作②

近年，台湾海峡两岸已悄然展开能源领域的合作，发展势头良好。目前，两岸合作开发能源都仅是个案，两岸的石油企业都是国营事业，若在政治上有稳定的政策支持，则两岸的能源合作将具有更大的弹性和空间。笔者认为，海峡两岸的能源合作，还有可能成为推动国家统一大业的战略牵引力量。

第一，台湾岛内能源形势日趋紧张。由于台湾岛内的能源储备格局与能源供给现状，台湾岛内能源形势一直趋紧，供需差额只能依赖于大量进口来弥补，台湾 98%的初级能源依靠进口，其中石油进口依赖 99.9%，天然气进口依赖 90%。就石油消费而言，台湾岛内闹“油荒”已多年，2008 年 3 月，一度传出岛内石油存量已不到 20 天。长期以来，“中油”是台湾石油产业

① 张庭婷：《能源合作将成中美关系新亮点》，《文汇报》2017 年 11 月 8 日。

② 本节写作完稿于马英九政府期间。2016 年蔡英文政府上台以来，实行一整套倒行逆施的两岸政策，两岸在能源与气候领域的合作处于全面停止的冷冻期。

的主导公司,业务范围涵盖石油勘探、炼制、储存、运输和销售,现有高雄、桃园和大林三座炼油厂,合计原油日炼量达72万桶,但由于岛内石油资源匮乏,原油日产量约1000桶,而台湾原油消费量为每天87.6万桶,所以全部依赖进口。2007年,台湾地区进口原油69%来自中东,其余则来自东南亚、非洲、澳洲及中亚等地。除石油外,台湾地区天然气90%也靠进口,其中马来西亚、印度尼西亚是台湾天然气的两大供应国。近年来,随着国际石油供应紧张和国际政治格局的变化,台湾当局高度重视岛内能源安全问题。岛内民进党执政时,为拓展石油进口渠道,一方面,积极以中东国家为重点来源补给地,以期获得稳固的石油供应。从2004年开始,台湾当局每年都派官员"访问"中东供油国,前台"国安会副秘书长"张旭成曾两次"造访"阿联酋,其他官员也常到沙特、科威特等国"走动"。另一方面,台湾也积极拓展石油进口渠道,2007年6月,台湾"台湾—俄罗斯协会会长"就专程到俄罗斯,希望从俄罗斯进口原油。此前,台湾也曾通过特定"管道",希望从委内瑞拉、美国进口石油。

在天然气、煤炭进口方面,台湾也遇到了不少困难。由于台湾"核四"迟迟不能投入发电,"台电"本来设计以天然气为燃料的发电机组,因缺少天然气源,已改为燃煤发电。然而,在全球能源价格大涨背景下,煤炭的价格近年每吨飞涨一倍,"台电"原本主要靠进口大陆、澳大利亚、印度尼西亚煤炭,现在都供货紧张,只能到处寻找渠道进口煤炭。

2008年5月,马英九上台后,尽管采取了一系列措施,但在能源价格上涨的背景下,一时也无法平息岛内油价攀升局面。2012年,马英九当局为了破解岛内能源困局及推广社会节能,启动"油电双涨",岛内民怨一片沸腾,马当局的支持率也急剧下滑。当前,岛内民众节能意识得以增强,台湾近来自行车的生意变好,越来越多的民众选择不开汽车转为骑自行车上班。日前,桃园县还建立了太阳能光电研发中心,该中心耗资300万美元,专门研究如何更好地利用太阳能资源。

第二,两岸能源合作的现状。在国际油价高居不下、油源日益紧张的情况下,台湾当局决定加快台海周围的油源勘探步伐,特别是开展两岸的能源合作。从20世纪90年代起,两岸就展开了能源领域的合作,双方在1996

年签署了《台南盆地和潮汕凹陷部分海域物探协议书》。当时专家认为，该地区尚有进一步开发的潜力，台湾中油与大陆中海油总公司于2002年又签署了《台南盆地和潮汕凹陷部分海域合同区石油合同》（也称“台潮合约”），经有关部门批准，该合同延长至2008年年底，当初预估台潮凹地有3亿桶油气藏量。按照当时台湾中油公司设想，两岸扩大合作油气勘探主要为三部分，首先是台潮合约续约，其次是完成南日岛盆地签约，最后是两岸共同寻找海外勘探合作的时机。2005年，两家公司曾在台湾海峡南部一处盆地钻探了一口试采井，但未发现石油。此后，由于两岸关系恶化，双方都未能钻探第二口试采井。2009年9月，中国海洋石油总公司与台湾中油在北京共同签署“合作意向书”，包括四项协议，“延长台潮石油合作探勘期限、南日岛盆地共同研究协议以及肯尼亚共同探勘合作案”，并扩大天然气市场开发、原油代炼、原油和成品油贸易等领域。协议的签署，标志着两岸在石油领域里的合作由大陆沿海拓展到海外，特别是台湾中油与大陆中海油签订探勘合作的台潮石油合约重新启动。此外，台湾希望与大陆合作勘探的南日岛，东濒台湾海峡，是福建省第三大岛。由于目前两岸关系缓和，两岸未来合作探油，前景比较乐观，而且以肯尼亚共同勘探合作案为基础，未来两岸海外探油已经起步。

第三，台湾海峡两岸开展能源合作的前景与路径。大陆和台湾在台湾海峡开发油气资源是个长远的趋势。根据联合国亚洲及远东经济委员会的结论，东海大陆架可能是世界上蕴藏量最丰富的油田之一，钓鱼岛附近可能成为第二个“中东”。目前已经勘测的数据表明，东海的油气储量达77亿吨，至少够我国使用80年，还有可燃冰资源。而钓鱼岛附近海域则有大约几十亿吨的石油地质储量。

未来两岸合作采油首先要从台湾海峡油气的勘探与开采开始。广州海洋地质调查局在20世纪80年代对台湾海峡进行过近万公里的反射地震调查，认为台湾海峡西部有可能具有形成中小型油气田的条件，估算其资源量可达到2.75亿吨，约为全国常规油气资源总量的2%。根据1989—1990年中国科学院南海海洋研究所与福建海洋研究所合作开展的台湾海峡西部石油地质地球物理及地球化学调查研究结果表明，台湾海峡石油天然气资源丰富，紧邻福建省的海峡西部有两个东北向的沉积凹陷和海峡中部的观音隆起、澎北隆起以及海峡东部的新竹凹陷共同构建成规模可观的台西盆地，用生油岩体积法预测台西盆地3个生油凹陷形成的石油资源量为33.2亿吨。可以预见，两岸合作采油后，从台湾海峡海域到北部的东海海域将是“主攻方向”。

2009年5月，国务院出台的关于支持福建省加快建设海峡西岸经济区的若干意见中就明确要求，加强台湾海峡油气资源的合作勘探和联合开发。两岸共同开发台湾海峡石油天然气资源，是在“一个中国”的前提下分享国家资源的具体体现，有利于共同捍卫东海和南海油气资源，为此双方需要进一步加深两岸政治互信和军事互信，以及为两岸达成和平协议创造有利条件。在讨论大陆与台湾石油开发合作时，不应忽视钓鱼岛和南沙群岛的主权问题，特别是在对待钓鱼岛资源方面，大陆和台湾应该有一个共同应对方案，其中台湾地区领导人对维护钓鱼岛主权的态度十分关键。

大陆和台湾加强石油合作，有利于未来双方共同开发其他地区的石油资源，而且随着双方合作的深入，还有望走向世界。由于台湾和大陆未实现统一，台湾“中油”在海外找油包括在非洲遇到重重阻力，如果台湾跟大陆石油业者携手合作，未来在整个国际原油市场上，台湾要取得油源，或者是开发新的油源，都会有一定的优势。

除了石油勘探方面的合作外，两岸还开展新能源技术合作，2010年6月29日，两岸顺利签署“海峡两岸经济合作框架协议”，两岸在新能源领域中的合作不断加深，预计将在福建或高雄，建立新能源科技园区，加强风能、太阳能、生物燃料、煤转油技术的研制开发。两岸可在风电领域设立海上风电示范项目，推进海上风电大规模开发。在太阳能光伏产业上，两岸有望在技术人才、市场开发引用、标准制定和认证方面建立合作平台；建立新能源交易所，促进新技术与信息的交换，此外还可以加强双方在节能环保技术方面的合作。

总之，通过两岸的能源合作，来扩大两岸能源的储量和生产量，稳定能源的供应，降低国际市场能源价格波动的影响。两岸进行能源领域的合作，是构建海峡经济区的重要内容，可以降低能源开发成本，造福于两岸人民，有利于两岸经济的融合以及未来政治上实现统一。

# 第五章　气候问题国际制度与机制研究①

## 一、应对气候变化的国际制度框架

气候变化问题是一个极其复杂而长期的全球性问题,关系到世界各国的根本利益和长远利益。为了有效地应对气候变化问题,国际社会通过一系列的公约和协定确定了应对气候变化的国际制度和机制框架。

### (一)气候问题国际制度体系

1.《联合国气候变化框架公约》

1898 年,瑞典科学家斯万(Ahrrenius)警告说,二氧化碳排放可能会导致全球变暖。然而,直到 20 世纪 70 年代,随着科学家们逐渐深入了解地球大气系统,该警告才引起了大众的广泛关注。

为了让决策者和公众更好地理解这些科研成果,联合国环境规划署和世界气象组织于 1988 年成立了政府间气候变化专门委员会(Intergovernmental Panel on Climate Change,以下简称 IPCC)。IPCC 在 1990 年发布了第一份评估报告,经过数百名科学家和专家的评议,该报告确定了气候变化的科学依据,它对政策制定者和广大公众都产生了深远的影响,也影响了后续的气候变化公约的谈判。

---

① 本章节写作时间截至 2016 年年底,不包括美国特朗普政府上台以来在气候问题上的政策倒退。特朗普政府的相关政策效应也还需时间来观察。

1990年,第二次世界气候大会呼吁建立一个气候变化框架条约。本次会议由137个国家加上欧洲共同体进行部长级谈判,在最后宣言中并没有指定任何国际减排目标,然而,它确定的一些原则为以后的气候变化公约奠定了基础。这些原则包括:气候变化是人类共同关注的,公平原则,不同发展水平国家“共同但有区别的责任”,可持续发展和预防原则。[①] 1990年12月,联合国批准了气候变化公约的谈判。政府间气候变化框架公约谈判委员会在1991年2月至1992年5月期间进行了5次会议,参加谈判的150个国家的代表最终确定于1992年6月在巴西里约举行的联合国环境与发展大会签署公约。最终,154个国家和地区的代表签订了第一份关于气候变化的国际性公约《联合国气候变化框架公约》(*United Nations Framework Convention on Climate Change*,以下简称《公约》)。《公约》于1994年3月生效,奠定了应对气候变化国际合作的法律基础,是具有权威性、普遍性、全面性的国际框架。

里约公约为应对未来数十年的气候变化设定了减排进程。特别是,它建立了一个长效机制,使政府间报告各自的温室气体排放和气候变化情况。此信息将定期监督以追踪公约的执行力度。此外,发达国家同意推动资金和技术转让,帮助发展中国家应对气候变化。他们还承诺采取措施,争取2000年温室气体排放量维持在1990年的水平。该公约于1994年3月21日生效。

2.《京都议定书》

《京都议定书》全称为《联合国气候变化框架公约的京都议定书》,是《联合国气候变化框架公约》的补充条款,1997年12月在日本京都由《联合国气候变化框架公约》参加国三次会议制定的。其目标是“将大气中的温室气体含量稳定在一个适当的水平,进而防止剧烈的气候改变对人类造成伤害”。

议定书需要占1990年全球温室气体排放量55%以上的至少55个国家和地区批准之后,才能成为具有法律约束力的国际公约。中国于1998年5月签署并于2002年8月核准了该协议书。欧盟及其成员国于2002年5月

① The Working Group (WG) Reports and Synthesis Report completed in 1990, IPCC, http://www.ipcc-nggip.iges.or.jp/.

31日正式批准了《京都议定书》。议定书于2005年2月生效。截至2009年12月,已有184个缔约方签署,但美国布什政府于2001年3月宣布退出,美国也是目前唯一游离于议定书之外的发达国家。

议定书建立了三个灵活合作机制——国际排放贸易机制、联合履行机制和清洁发展机制。允许采取以下四种减排方式:

(1)两个发达国家之间可以进行排放额度买卖的"排放权交易",即难以完成消减任务的国家,可以花钱从超额完成任务的国家买进超出的额度。

(2)以"净排放量"计算温室气体排放量,即从本国实际排放量中扣除森林所吸收的二氧化碳的数量。

(3)可以采取绿色开发机制,促使发达国家和发展中国家共同减少温室气体排放。

(4)可以采取"集团方式",即欧盟内部的许多国家可视为一个整体,采取有的国家消减、有的国家增加的方法,在总体上完成减排任务。

议定书一共规定了6种温室气体,分别是二氧化碳、甲烷、氧化亚氮、六氟化硫、氢氟碳化物和全氟化碳。①

议定书最核心和最有价值的主张是倡导了"共同但有区别的责任"的原则。

"共同但有区别的责任"原则(common but differentiated reponsibility)并不是一个只适用于《联合国气候变化框架公约》,或者只适用于《京都议定书》的法律规则,而是由《人类环境宣言》《里约环境与发展宣言》《保护臭氧层维也纳公约》及《蒙特利尔议定书》《生物多样性公约》《卡塔赫纳生物安全议定书》等各类国际法律文件明示或默示承认的国际法规范,是国际环境法中公认的一项基本原则。②

3. 巴厘路线图

2007年12月3—15日,"《联合国气候变化框架公约》缔约方13次会

① Kyoto Protocol under the United Nations Framework Convention on Climate Change (UNFCCC),http://www.ipcc-nggip.iges.or.jp/.

② 万霞:《"后京都时代"与"共同而有区别的责任"原则》,《外交评论(外交学院学报)》2006年第4期。

议暨《京都议定书》缔约方第3次会议”在印度尼西亚巴厘岛举行。会议的主要成果是制定了“巴厘路线图”(Bail Roadmap)。

“巴厘路线图”主要包括三项决定或结论:一是旨在加强落实气候公约的决定,即《巴厘行动计划》;二是《议定书》下发达国家第二承诺期谈判特设工作组关于未来谈判时间表的结论;三是关于《议定书》第9条下的审评结论,确定了审评的目的、范围和内容,推动《议定书》发达国家缔约方在第一承诺期(2008—2012年)切实履行其减排温室气体承诺。[①]“巴厘路线图”在2005年蒙特利尔缔约方会议的基础上,进一步确定了气候公约和《议定书》下的“双轨”谈判进程,并决定于2009年在丹麦哥本哈根最终完成谈判,加强应对气候变化国际合作,促进对气候公约以及《议定书》的履行。

“巴厘路线图”中的重中之重是《巴厘行动计划》,主要包括4个方面的内容,即减缓、适应、技术和资金。其中,减缓主要包括发达国家的减排承诺与发展中国家的国内减排行动。

《巴厘行动计划》要求加强国际合作执行气候变化适应行动,包括气候变化影响和脆弱性评估,帮助发展中国家加强适应气候变化能力建设,为发展中国家提供技术和资金,灾害和风险分析、管理,以及减灾行动等。要求加强减缓温室气体排放和适应气候变化的技术研发和转让,包括消除技术转让的障碍、建立有效的技术研发和转让机制,加强技术推广应用的途径、合作研发新的技术等。要求为减排温室气体、适应气候变化即技术转让提供资金和融资。要求发达国家提供充足的、可预测的、可持续的新的和额外的资金资源,帮助发展中国家参与应对气候变化的行动。

4.《哥本哈根协议》

2009年12月7日至19日,《联合国气候变化框架公约》缔约方15次会议暨《京都议定书》缔约方第5次会议在丹麦哥本哈根举行。来自193个缔约方大约4万名各界代表出席,119名国家领导人和国际机构负责人

---

① Regulation(EU) No. 994/2010 of the European Parliament and of the Council of 20 October 2010 concerning measures to safeguard security of gas supply and repealing Council Directive 2007/67/EC, OJL 295/1, 12.11.2010.

出席。

2009 年 12 月 19 日，会议以决定附加文件方式通过了《哥本哈根协议》。尽管这一协议不具约束力，但它第一次明确认可 2 摄氏度升温上限，而且明确了可以预期的资金额度。显然，哥本哈根会议的这一成果，将成为全球气候合作的坚实基础和新的起点。

尽管《哥本哈根协议》是一项不具法律约束力的政治协议，但它表达了各方共同应对气候变化的政治意愿，锁定了已经达成的共识和谈判取得的成果，推动谈判向正确方向迈出了第一步。[①] 其积极意义表现在三个方面：

（1）坚定维护了《联合国气候变化框架公约》及其《京都议定书》，坚持"共同但有区别的责任"原则维护了"巴厘路线图"授权。会议主办方丹麦一度联合主要发达国家起草《丹麦法案》，试图"两轨并一轨"，抛弃《京都议定书》，为发展中国家强加减排义务。经过缔约方尤其是发展中国家缔约方的不懈努力，坚持了"巴厘路线图"的方向。

（2）在发达国家实行了强制减排和发展中国家采取自主减缓行动方面迈出了新的坚实步伐。截至目前，所有发达国家都提出了中期减排目标，主要发展中国家也提出了自己减缓行动的目标。尽管一些发达国家的目标在利用森林碳汇和海外减排等方面还不清晰，有些还有附加条件，但这些目标是推动后续谈判的重要基础。

（3）在全球长期目标、资金和技术支持、透明度等焦点问题上达成广泛共识。《哥本哈根协议》中认可有关控制全球升温不超过 2 摄氏度的科学结论作为全球合作行动的长期目标；初步形成了发达国家 2010—2012 年快速启动阶段提供 300 亿美元，2020 年增加到每年 1000 亿美元的短期和长期资金援助计划；两大阵营之间就发达国家履行减排义务和发展中国家采取减缓行动的透明性问题也达成了共识。

5.《坎昆协议》

2010 年 11 月 29 日至 12 月 11 日，《联合国气候变化框架公约》缔约方

① 《联合国开发署：中国减排目标宏伟　助推哥本哈根气候大会》，新华网，2009 年 11 月 28 日，http://news.xinhuanet.com/politics/2009/12/28/content_12557007。

16 次会议暨《京都议定书》缔约方第 6 次会议在墨西哥城市坎昆举行。会议通过了两项应对气候变化决议，推动气候谈判进程继续向前，向国际社会发出了积极信号。

决议对棘手问题"《京都议定书》第二承诺期"采用了较为模糊的措辞：《议定书》特设组应"及时确保第一承诺期与第二承诺期之间不会出现空当"。这一说法虽然认可存在第二承诺期，但并未给出落实第二承诺期的时间表。决议还敦促《议定书》附件一国家（大部分是发达国家）提高减排决心。

决议认为，在应对气候变化方面，"适应"和"减缓"同处于优先解决地位，《联合国气候变化框架公约》各缔约方应该合作，促使全球和各自的温室气体排放尽快达到峰值。决议认可发展中国家达到峰值的时间稍长，经济和社会发展以及减贫是发展中国家最重要的优先事务。发达国家根据自己的历史责任必须带头应对气候变化及其负面影响，并向发展中国家提供长期、可预测的资金和技术以及能力建设支持。决议还决定设立绿色气候基金，帮助发展中国家适应气候变化。

决议坚持了《联合国气候变化框架公约》《京都议定书》和"巴厘路线图"，坚持了"共同但有区别的责任"原则，确保了第二年的谈判继续按照"巴厘路线图"确定的双轨方式进行。不过，坎昆会议未能完成"巴厘路线图"的谈判，但与会的绝大多数代表都认为，决议可以接受。

目前来看，气候谈判推进速度缓慢，全球气候改善趋势受阻，各国也可能坐失挽救气候危机和可持续发展的最后时机。因此，当前应对气候变化谈判的最重要的是尽快确定全球治理框架，并按照"巴厘路线图"的要求，围绕尚未解决的问题抓紧谈判。各国还是应本着求同存异的原则，站在全球共同利益的角度下，实际行动起来。

6.《巴黎协定》

2015 年 11 月 30 日至 12 月 11 日，《联合国气候变化框架公约》第 21 次缔约方会议暨《京都议定书》第 11 次缔约方大会，即巴黎气候大会在法国巴黎召开，出席此次会议的有 138 位国家领导人、195 个国家代表团以及约 2000 个非政府团体等。此次会议的议题主要有四个：各个国家达成关于

2020 年后加强应对全球气候变化的行动协作；发达国家在 2020 年前，碳排放量在 1990 年的基础上至少减少 25%—40%；发达国家承诺，在 2020 年前发达国家每年为发展中国家提供 1000 亿美元的资金支持，并建立技术转让机制；关于落实《联合国气候变化框架公约》基本原则以及加强全球联合行动的结果，各国在大会期间针对以上议题展开激烈讨论。

2015 年 12 月 12 日，巴黎气候大会主席、法国外长法比尤斯正式宣布通过《巴黎协定》。《巴黎协定》总共 29 条，包括目标、减缓、适应、损失损害、资金、技术、能力建设、透明度、全球盘点等，主要表现在以下三个方面：

（1）各国将加强对气候变化威胁的全球应对，把全球平均气温较工业化前水平升高控制在 2 摄氏度之内，并为把升温控制在 1.5 摄氏度之内而努力。全球将尽快实现温室气体排放达峰值，21 世纪下半叶实现温室气体净零排放。

（2）根据协定，各国将以“自主贡献”的方式参与全球应对气候变化行动。发达国家将继续带头减排，并加强对发展中国家的资金、技术和能力建设支持，帮助后者减缓和适应气候变化。

（3）从 2023 年开始，每 5 年将对全球行动总体进展进行一次盘点，以帮助各国提高力度、加强国际合作，实现全球应对气候变化长期目标。①

《联合国气候变化框架公约》196 个缔约方中 187 个提交了本国 2020 年生效的抗击气候变化的承诺方案，将每 5 年上调一次。其余国家必须提交承诺方案才能成为协定的缔约方。针对各国承诺的调整机制，《巴黎协定》是具有法律约束力的，从而能够保证协定得到履行。《巴黎协定》标志着 2020 年以后的全球气候治理进入新阶段，具有里程碑式的意义。

### （二）环境非政府组织

除了政府间气候变化专门委员会的努力，在公众参与方面，环境非政府组织（Environment NGO）一直发挥着独特的作用。目前主要分三类：

① 《巴黎气候变化大会通过全球气候新协定》，新华网，2015 年 12 月 13 日，http://news.xinhuanet.com/world/2015-12/13/c_128524201.htm。

1. 专门性民间国际环境组织

这些组织以保护全球自然资源和生态环境为目的，在世界范围内开展环保活动，规模和影响最大的国际自然保护同盟(International Union for Conservation of Nature，简称 IUCN)、世界自然基金会(World Wide Fund for Nature or World Wildlife Fund，简称 WWF)和绿色和平组织(Greenpeace)。

国际自然保护同盟于 1948 年 10 月 5 日成立于法国，作为世界上最早成立的环境组织，它由政府机构、非政府组织和 140 个国家等 980 个成员组成。其宗旨是采用科学措施促进合理利用自然资源，特别是保护可再生自然资源，维持生态平衡，以便为人类目前和未来服务。由会员代表大会、理事会、秘书处组成，并有遍布全球的 1 万多名专家志愿者。组织成立以来，编写并发表了《世界自然资源保护大纲》(*World Conservation Strategy*)，参与重要环境条约的起草并促成某些国家签署；帮助发展中国家进行国内环境立法；创立环境法中心，编辑出版《环境政策与法》杂志并向全球发行；与联合国环境规划署、世界自然基金会共同发起成立国际野生生物保护学会，后来又共同发表著名的《保护地球——可持续生存战略》(*Caring for the Earth*:*A Strategy for Sustainable Living*)。

世界自然基金会于 1961 年 9 月 11 日成立于瑞士，原名“世界野生生物基金会”(World Wildlife Fund)，1988 年改为现名，主要从事全球生物多样性的保护以及援救野生生物及其生存环境的保护。其宗旨是致力于保护大自然，保护地球上生物生存必不可少的自然环境和生态系统，防止珍稀物种的灭绝。为了保护野生生物资源和环境，通过各种渠道筹集资金，资助各种自然保护事业，涉及热带森林、湿地、草原、海洋和沙漠。在开展自然保护工作中，十分注意发展环境法，致力于促进现有规则的实施，尤其关注 1973 年《涉危野生动植物物种国际贸易公约》(Convertion on International Trade in Endangered Species of Wild Fauna and Flora)、1979 年《保护野生迁徙动物物种公约》(Convention on the Conservation of Depositary's Offical Version Migratory Species of Wild Animals)和 1971 年《保护国际重要湿地公约》(Convertion on Wetlands of International Importance

Especially as Waterfowl Habitat)的有效实施。作为国际自然保护同盟的永久伙伴,两个组织每年制定共同的战略、对某些规划作出共同的决定,先后合作编制《世界自然资源保护大纲》《保护地球》等指导性文件,影响各国环境立法,推动5个北极圈国家保护北极熊的协定,推动欧洲有关国家签订酸雨条约,参与制定《生物多样性公约》(Convention on Biological Diversity)等。

绿色和平组织于1971年成立,主要致力于阻止气候变化、保护原始森林、可持续贸易等。该组织活动遍及欧洲,在全球的成员达350万名,在41个国家和地区设有办事处,美洲、亚洲和太平洋地区的每年会费就高达1亿美元。而且为了保持组织的独立性,它从不接受来自政府或公司的任何捐助。该组织十分务实、肯干,以自己的勇敢行动去唤起人们的环境保护意识,监督各国政府的活动。因此,它是一个为保护环境而斗争的国际民间监督机构。1992年2月,绿色和平组织向世界核大会发出公开信,要求它们"放弃代价高昂的威慑政策,建立一种有利于而非有害于解决人类目前面临的危机的完全体制"。①

2. 国际环境法学团体

这些团体是学术性机构,主要从事国际环境法的研究、解释和制定。其中,国际法研究院(Institute de Droit International)和国际法协会(International Law Association)最负盛名。国际法研究院前名为国际法学会,是1873年成立的世界性的、非官方的、由国际法学上有高深造诣各国学者组成的历史悠久的纯学术性团体。其宗旨是通过其成员的集体研究对国际法的发展作出贡献。1911年,国际法研究院通过《国际水道非航行用途的国际规则》(Law of Non-Navigational Uses of International Watercourses)。研究院专门成立委员会,就"跨越国界的空气污染问题"进行研究,并于1987年通过《关于跨越国界的空气污染的决议》。虽然这些规则和决议从国际法渊源的角度来说不具有法律约束力,但由于其权威性,促进了国际环境法原则、规则和制度的确定和生成。

① 见 www.greenpeace.org/hk/GPS location:89.364,-63.397.Reported。

国际法协会是1873年在布鲁塞尔创立的国际法团体，其成员包括法学者及“一切关心改善国际关系的人士”，该组织的工作扩及国际公法、国际私法的几乎全部领域。早在1924年该协会就提出制定国际法规解决油污污染航道、危害水生生物和沿岸地区问题的建议。1966年通过了《关于国际河流利用的规则》即著名的《赫尔辛基规则》，受到各国普遍重视，在国际上产生了积极影响。1982年协会通过了《适用于境外污染的国际规则》，即《蒙特利尔规则》，并提交给联合国秘书长和联合国国际法委员会。此外，协会于1986年通过的《关于逐渐发展有关国际经济新秩序的国际法原则宣言》等文件也包含了许多确立国际环境法原则和规则的内容。

3. 其他环境非政府组织①

除了上述两种环境非政府组织以外，其他环境非政府组织也从各自的角度关心并从事全球环保活动，促进环境国际合作的发展。其中影响较大的有地球理事会(the United Earth Directorate)、我们共同的未来中心(Centre for Our Common Future)和国际标准化组织(International Organization for Standardization)等。

当然，ENGO与其他NGO一样，虽然在国际舞台上所起的作用越发重要，但目前来看仍然具备一些不足和问题，制约着它们的能力发挥。

**表5-1 政府间组织与非政府组织的优劣对照表**

| NGO的优势 | NGO的不足 |
| --- | --- |
| 强大的草根力量支持 | 活动随意性强，缺乏制度规则 |
| 拥有重要的专家学者 | 自我维持能力差 |
| 参与活动的灵活性和使用工具的多样 | 小规模干预 |
| 具有长期使命感并以可持续发展为目标 | 发展极不平衡 |
| 成本效益高 | 缺乏在经济社会背景下对全局的认识 |

资料来源：笔者根据相关资料归纳整理而成。

① 详见附录。

其不足在于:大部分NGO都有活动随意性强、缺乏制度的特征,需要在组织建构和制度制订上进行完善。由于NGO的费用来源主要以拨款和捐款为主,费用来源极不稳定,由此造成自我维持能力较差。另外,NGO在发达国家和发展中国家的发展极不平衡,就ENGO而言,其目标是保护环境,他们认为发展中国家应该早早地加入与发达国家共同减排的行列中来,而欠缺了对发展中国家现状的考虑。

因此,各国政府应建立起与NGO之间的合作关系,解决发展中国家NGO能力建设问题,应通过减免税收、给予一定政府拨款、加强与发达国家NGO间的交流和学习等方式来鼓励NGO的发展,并鼓励他们积极参与到国际合作中去,起到政府和市场难以起到的作用。

## 二、气候问题国际机制评析

气候变暖越来越为世界所瞩目,气候变化问题已成为全球共同面临的挑战,世界各国正努力采取各种措施,以减少全球气候变化对人类生存发展的威胁,推动低碳经济转型和可持续发展。

由于一直以来气候变化议题都具有“全球性、政治性、长期性、不确定性”等显著特点,这使得应对气候变化的国际协调格局复杂而多变。作为应对气候变化全球机制的重要平台,气候变化谈判不仅事关全人类的命运,而且还与谈判各方的经济政治利益密切相关。分清造成现在环境问题的主次责任者,并赋以相应的义务,是正确解读气候问题的前提,也是推进解决全球环境问题的根本。发达国家以“高消耗、高投入、高污染、高消费带动经济高速增长”的发展模式实现了工业化和现代化,不惜以牺牲环境为代价盲目发展经济,他们是世界资源的主要消耗者和世界环境的主要污染者。发展中国家必须坚持生存权与发展权,增强自己的经济实力和综合国力,才能在当前现实的国际环境中,反对环境霸权主义,捍卫自己的环境权,加强本国的环境保护,平等参与全球合作。面对日益严重的生态危机和不公正的全球环境旧秩序,必须建立新的全球环境秩序。

### (一)西方发达国家的"环境债务"

资本主义消费能力集中在中心国家(美国、欧洲和日本),在那里同时也产生数百万吨废物。穷国是北方富国消费产生废物的接收者。"当代全球环境危机是帝国主义和资本主义生产方式造成的。"①发达国家以"高消耗、高投入、高污染、高消费带动经济高速增长"的发展模式实现了工业化和现代化,不惜以牺牲环境为代价盲目发展经济,他们是世界资源的主要消耗者和世界环境的主要污染者。以臭氧空洞的形成为例。对于臭氧层被破坏,主要是排放氯氟烃类物质造成的。全球排放氯氟烃类的国家,主要是美国、日本、欧共体和苏联。臭氧层被破坏主要是这些国家长期排放氯氟烃类化合物造成的,这些国家现在的排放量仍占全球总排放量的85%。美国的排放量最多,占全球总排放量的28.6%。因此,他们应当承担臭氧层被破坏的主要法律责任。

对于资源消耗,也有类似情况。只占全球人口1/5的工业发达国家目前消费着世界原料和能源产量的4/5,一个美国人消耗的能源和产生的有害废物分别是一个印度人的500倍和1500倍。发达国家的这种资源消耗主要来自进口,这就导致世界能源消费与生产的不平衡。

从上面的事实可以看出:发达国家占有与其人口不相称的资源、环境容量份额,是世界环境资源危机产生的一个重要原因。环境威胁主要来自发达国家,他们应对环境问题负主要责任。一方面,他们不能再以不能持久的生产消费方式过度地消耗地球的自然资源,从而对全球的生态环境造成危害。只有这样,在环境问题上,才能达到各国之间的平等,也才能在平等的基础上促进全球环境保护。另一方面,他们必须为他们欠下的"环境债务"

---

① 雷南·坎托尔:《当代全球环境危机是帝国主义和资本主义生产方式造成的》,摘译自2006年6月9日西班牙《起义报》,原题为《生态帝国主义不断掠夺南方国家的自然资源和穷人》。

埋单。乐施会中国部总监廖洪涛博士表示:"发达国家大量排放二氧化碳,造成气候变化,这一成本不应由发展中国家来支付:西方七大工业国有责任立即减少二氧化碳排放,将全球暖化限制于两摄氏度之下,同时,发达国家应动用500亿美元来帮助贫穷国家应对有关气候变化引起的不良影响。"①乐施会报告《资助贫国适应气候变化》中提到,报告按各国从1992年至2003年的二氧化碳排放量及有关国家的人道发展指数而计算出该国可以作出资金援助的数量,排名及百分比如下:"美国需要负责接近44%,日本接近13%,德国超过7%,英国超过5%,意大利、法国及加拿大占4%—5%,西班牙、澳洲及韩国占3%。"②

但是,在"环境债务"问题上,西方少数发达国家极不负责任。2002年8月,世界最大的民间环保组织之一"地球之友"在可持续发展世界首脑会议上发表新闻公告,批评了以美国为首的少数发达国家在环境问题上极不负责任的态度。公告说,发达国家正在通过各种方式破坏发展中国家的环境,但他们不可能承认他们对发展中国家欠下了"环境债务"。美国等少数国家没有实现10年前在里约联合国环境与发展大会上的承诺,他们在延缓全球变暖、防止全球化破坏环境等领域态度暧昧,目前甚至阻止可持续发展世界首脑会议达成协议让他们承担应承担的义务。"地球之友"主席里卡多·纳瓦罗在接受新华社记者采访时指出,美国试图阻止可持续发展世界首脑会议实质性地讨论气候变化问题,在其他一些领域,美国拒绝设定实施承诺的时间表,美国总统布什甚至不来参加大会。与此同时,美国通过全球化等多种手段加紧对发展中国家的"环境掠夺",阻碍了全世界的可持续发展。

### (二)《京都议定书》对发达国家和发展中国家的不同要求

《京都议定书》是人类历史上第一个限制有关国家排放二氧化碳等

① 《乐施会环境报告:发达国家应为环境问题埋单》,新华社2007年5月30日。
② 《乐施会环境报告:发达国家应为环境问题埋单》,新华社2007年5月30日。

温室气体具有法律效力的实施计划，具体规定了各国减少温室气体排放量和进度。规定各发达国家从2008年到2012年（第一个承诺期），二氧化碳等6种温室气体的排放量要比1990年减少5.2%。具体来说，欧盟削减8%、美国削减7%、日本削减6%、加拿大削减6%、东欧各国削减5%—8%。新西兰、俄罗斯和乌克兰可将排放量稳定在1990年水平上。议定书同时允许爱尔兰、澳大利亚和挪威的排放量比1990年分别增加10%、8%和1%。2007年12月，澳大利亚签署《京都议定书》，至此世界主要工业发达国家中只有美国没有签署《京都议定书》。

《京都议定书》并不要求每个国家必须在国内完成规定的减排指标，而是规定了"联合履行（JI）"、"排放贸易（ET）"和"清洁发展机制（CDM）"等灵活的履行义务方式，充分考虑了市场机制和效率原则。"联合履行"即允许承担减排义务的国家在成本较低的另一承担减排义务的国家投资旨在减少二氧化碳排放的项目，并将因此减下来的减排额度返还给投资国，冲抵减排义务。"排放贸易"是指如果一国的排放量低于条约规定的标准，则可将其剩余的额度直接出售给完不成规定义务的国家，冲抵后者的减排义务，表现出了更为直接的金钱交易。在美国的坚持下，《京都议定书》还写入了"清洁发展机制"，允许发达国家与发展中国家"联合履行"。具体来说，就是发达国家缔约方通过提供资金和技术的方式，与发展中国家缔约方开展项目合作，向发展中国家进行项目投资，而项目必须既符合可持续发展要求，又产生温室气体减排效果。由此换取投资项目所产生的全部或部分减排额度，作为其履行减排义务的组成部分。

议定书生效之后，首先需要解决的是议定书本身的实施问题。从国际层面看需要召开公约缔约方大会暨第一次议定书缔约方会议（COP/MOP1），以完成相关法律程序、预算、启动报告及评审制度等。从各国国内层面看，主要是承担减排义务的附件Ⅰ国家制定和实施本国减排政策措施，力争完成议定书规定减排目标。

**表 5-2　《京都议定书》附件 1 国家减排目标**

| | 国家 | 规定减排目标（%） | 1990—2002 实际减排量（%） |
|---|---|---|---|
| 议定书缔约方 | 欧盟 | -8 | -2.5 |
| | 德国 | -21 | -18.6 |
| | 英国 | -12.5 | -14.5 |
| | 意大利 | -6.5 | +8.8 |
| | 法国 | 0 | -1.9 |
| | 西班牙 | +15 | +40.5 |
| | 希腊 | +25 | +26 |
| | 葡萄牙 | +27 | +40.5 |
| | 日本 | -6 | +12.1 |
| | 俄罗斯 | 0 | -38.5 |
| | 乌克兰 | 0 | -47.4 |
| | 加拿大 | -6 | +20.1 |
| 非议定书缔约方 | 美国 | -7 | +13.1 |
| | 澳大利亚 | +8 | +22.2 |

从表 5-2 数据可见，欧盟减排目标是 8%，经欧盟内部的分担协议，德国、英国承担了主要的减排任务，减排目标由 8% 分别增加到 21% 和 12.5%，而对一些经济发展水平相对较低的成员国，如西班牙、希腊和葡萄牙，则允许其排放量有较大幅度的上升。但 1990—2002 年间，欧盟排放实际仅下降 2.5%，距 8%的目标尚远。其中英、法超目标完成减排任务，德国接近完成指标，而意大利未减反增，一些被允许排放增长的国家如西班牙、葡萄牙实际排放增长幅度大大超过了规定限度。可见，即使是推动国际气候谈判中立场最坚定的欧盟，在 2003 年的第二次《欧洲气候变化计划》（ECCP）进展报告中也承认，现有的减排措施对完成减排目标是不够的，未来需要制定和实施新的减排措施。欧盟内部排放贸易体系（ETS）自 2005 年 1 月起已经投入运行，当月就有 600 万吨的 $CO_2$ 排放额度成功交易。同时，欧盟各成员国也纷纷引入新的政策措施，促进减排。①

让以美国为首的少数发达国家对"环境债务"埋单是发展中国家和其

① 李明：《共同但有区别责任原则下的中国之选》，山东大学 2010 年硕士学位论文。

他发达国家的共同意愿,是一个需要努力斗争的过程。2002 年 8 月,在可持续发展世界首脑会议上,发达国家和 77 国集团在保护环境经济援助问题上长期争执不下。实施《21 世纪议程》最基本的是资金问题。

根据里约热内卢预备会议达成的协议,发达国家每年要向发展中国家提供 1250 亿美元有关保护环境经济援助。以 77 国集团为代表的发展中国家,自始至终强调发达国家是世界环境恶化的元凶,一致坚决要求发达国家增加对他们的援助。而发达国家代表则认为,这对他们是一个“灾难”,也是不现实的。发达国家在发展中国家的压力下,也作了一些姿态。2002 年世界上 7 个主要发达国家在原来基础上,答应每年增加援助约 20 亿美元。尽管如此,这与《21 世纪议程》中要求发达国家每年提供的 1250 亿美元的援助目标,相距仍很遥远。①

2007 年 12 月,联合国气候变化大会已接近尾声,但各方在 2012 年后发达国家如何减排温室气体这一问题上仍然存在分歧,这已阻碍到大会的进程。《京都议定书》第一承诺期于 2012 年结束,本次会议重点就是讨论 2012 年后应对气候变化的措施安排,特别是发达国家应进一步承担的温室气体减排指标。大会此前发布的一份决议草案要求发达国家 2020 年前将温室气体排放量在 1990 年水平上减少 25%至 40%。美国、日本和加拿大等反对这一目标。欧盟赞成这一目标,并表示如有必要这个目标还可以“更高”。欧盟认为,美国已经成为本次大会的主要障碍。广大发展中国家也认为,发达国家应在 2012 年后继续减排。各方在这一问题上互不让步,使大会曾暂时陷入僵局。

美国是至今没有批准《京都议定书》的唯一的发达国家。由于美国的拒绝,使现有的应对气候变化的全球治理框架和模式陷入了一种类似“囚徒困境”的境地,应对气候变化迫切需要新的治理机制。

### (三)后京都议定书时代的国际气候治理博弈

作为发展中国家减排温室气体排放量在 2012 年的豁免期结束,“后京都时代”国际气候制度谈判的焦点将不可避免地转向发展中国家的实质性

① 李新:《论我国能源立法的完善》,湖南师范大学 2006 年硕士学位论文。

义务的承诺。在后京都时代,发展中国家确立与该国的经济发展和表现能力相适应的法律义务提上议事日程,这是从学者到从业者必须研究和面对的一个问题。发展中国家应积极倡导和坚持的原则"共同但有区别的责任",同时维护国家利益最大化,保持南北平衡的国际环境义务,承担全球气候治理的不可推卸的责任。

国际舆论认为,《京都议定书》是在国际立法实践中坚持"共同但有区别的责任"原则的典型代表。但近年来,《京都议定书》已经进入了一个难以生效的过程,发达国家集团仍然不能采取令人满意的统一行动的承诺和履行义务。世界上最大的温室气体排放国游离于京都系统,承诺在《联合国气候变化框架公约》下发达国家对发展中国家气候变化的财政和技术援助也大大降低(例如,按照原计划,美国应承担30%左右的援助)。① 另外一个敏感的话题,是新兴发展中国家,即中国、印度、巴西和其他发展中国家的义务豁免问题。这也是美国宣布退出和不接受《京都议定书》的原因之一。事实上,如果我们观察一下就会发现,认为按照《京都议定书》的有关规定,发展中国家没有承担任何特定的法律义务是不客观的。《京都议定书》中明确指出2012年发展中国家不承担强制减排目标,但同时还提出在这个过渡时期的发展中国家有其他更重要的事情要做。《京都议定书》第10条对发展中国家规定了一些实质性方面的法律义务,包括国家规划、编制和定期更新所有的温室气体排放数据的国家清单,向缔约国进行国家信息(温室气体减排)通报,进行气候治理的人力及机构设置和培训、公众教育和参与,等等。这些其实都是发展中国家准备实施下一阶段的减排目标的有效措施。据一位美国学者的调查,墨西哥、阿根廷10%的车辆以压缩天然气为动力,印度大部分的公共交通系统以天然气为动力,泰国和其他国家的发展中国家制定国家目标,增加可再生能源和提高能源利用效率。1997至1999年,中国的温室气体绝对排放量减少17%,超过同期15%的经济增长速度,这是前所未有的。②

随着后京都时代的制度安排开始,各利益群体和他们可能的谈判诉求

① 陈迎:《后京都时代国际气候制度的发展趋势》,《国际技术经济研究》2005年第7期。

② Cosbey, Aaron(2008), *Border Tax Adjustment, Presentation for Trade and Climate Change Seminar in Copenhagen*, Demanmark, June 18-20, 2008.

浮出水面:(1)欧盟主张在联合国的框架下合作继续,严格限制温室气体排放,并将发展中国家纳入减排框架。以灵活的方式,结合先进的环保技术,促进工业化国家和发展中国家的减排合作。(2)美国主张取消所有强制性减排目标,在自由市场模式下,推广环保新技术的使用,以减少污染。(3)发展缓慢的发展中国家和不发达国家,这一类国家温室气体排放量小,没有削减排放的压力,主张全面推进减排工作。(4)发展中大国和快速发展的发展中国家,温室气体排放量逐年增加,发展所带来的排放需求强大,面临的环境保护的压力最重。(5)以欧佩克为代表的能源出口国则担心紧缩所造成的全球减排能源市场,影响本国经济。

在后京都时代,快速发展的发展中国家的压力是最重的。事实上,在这样的国家中,关键点不是要不要承担后京都议定书的减排义务,而是要承担什么样的减排义务,这种义务应按照何种原则所使用的标准,如何保证合理计算?这些问题的解答涉及各个方面,必须在整个国际气候法律机制内解决,符合相关的国际法律原则和规则,并且不脱离《联合国气候变化公约》及其体系所确立的轨道。在这个轨道上,最核心和最有价值的主张是倡导"共同但有区别的责任"的原则。

后京都时代是国际社会采取实质性的行动应对气候变化的关键阶段,但这个阶段是《联合国气候变化框架公约》体系的延续。无论国际形势的如何变化,《联合国气候变化框架公约》和《柏林授权》、《京都议定书》、《波恩协定》、《马拉喀什协定》等一系列法律文件所形成的金字塔形的结构、原则和规则,仍然是指导国际社会减排工作开展的基础和框架。

欧盟在框架内推动公约的谈判过程,实际上是延续了总量控制加排放贸易的京都排放交易模式。欧盟首脑会议在2007年已经明确表示,到2020年温室气体排放比1990年下降25%到40%的目标。《京都议定书》后,美国至今没有返回到《京都议定书》机制的任何迹象。出于其国际利益的考虑,美国另行联盟,走"第三条道路"。[①] 发展中大国在工业化和城市化

① 区别于《联合国气候变化框架公约》和《京都议定书》之外的国际气候变化协议框架。见万霞:《后"京都时代"与"共同而有区别的责任"原则》,《外交评论(外交学院学报)》2006年第4期。

的过程中,明确反对任何有约束力的减排限额。三方博弈中的发展中大国、美国和欧盟,微妙地影响着后京都国际气候进程。

按照《京都议定书》的有关规定,第二阶段的减排承诺的谈判焦点将转向建立更严格的国际气候制度。“第三条道路”实际上是《京都议定书》缔约方会议的补充和促进,它不会取代前两个原则,反而可以融入前两个原则,催生《公约》框架下国际气候一揽子协议。因此,后《京都议定书》谈判的目标是达成一揽子协议,包括减缓、适应、技术发展和其他单项协议,类似于整合了一批框架内协议的关贸总协定。不可否认的是,要实现这一目标,将是一个非常曲折的谈判过程,最终的结果取决于大国的国际博弈。

## 三、气候问题催生世界低碳经济发展

伴随着国际气候治理的深入,一场以低碳经济为特征的新科技革命悄然降临。这股国际新浪潮无论是对当前世界经济与政治转型,还是迎接第四次科技革命均具有不可低估的现实意义和深远影响。不同国家集团在全球气候治理问题上的折冲樽俎,昭示着国际各方正为低碳经济时代全球竞争体系谋篇布局、抢占先机。

低碳经济为大国间合作的增长点,这些合作包括政治合作与经济合作,具体有立场协调,即在多边场合同协调立场相互配合;经济援助以及技术援助,即一国向另外一国提供资金或减排科技支持等。2005 年《京都议定书》生效后,全球低碳经济发展逐步进入轨道。同时,随着应对气候变化国际行动不断深入,特别是 2008 年金融危机以来,各国纷纷围绕发展低碳经济制定相应的法规政策体系,探索经济转型之路。由于气候变化具有全球性和相互依赖的特征,世界上任何一国都无力单独应对气候变化的恶果,气候变化逐渐处于全球政治经济权力分配与再分配的中心位置,各国在国际规则、技术进步以及经济进步方面抢占优势地位。在此背景下,全球低碳经济大幕已经徐徐拉开,低碳经济成为国际合作的增长点,各国之间的竞争并存。

### （一）低碳经济是规制世界发展格局的新规则

历史经验表明，危机中呼唤变革，变革中成就发展。20世纪30年代发生的大萧条，使美国等发达国家放弃西方经济政策界一贯奉行的“看不见的手”的自由市场经济理论，取而代之的是实施凯恩斯干预主义的经济理论，由此成功渡过了危机。但在70年代发生的全球经济滞涨和石油危机面前，美国等发达国家的政府干预政策却失灵了。20世纪90年代亚洲爆发危机后，美国经济通过互联网业的发展支撑了新一轮的经济增长。可是进入21世纪，互联网的“泡沫”破灭了，世纪亟需一个新的增长点。在当前美国金融危机引发的全球性经济危机面前，众多的发达国家不约而同提出了低碳转型的发展战略，既为全球应对气候变化做出回应，又为构建世纪政治经济新秩序提供了契机。

任何一种全球发展规则的确立，背后都是各个国家经济利益的角力与平衡。从这个角度看，低碳经济发展将推动构建全球政治经济新秩序。下面从4个维度来观察可能带来的影响：

1. 低碳经济影响了国际竞争的规则

冷战结束以来，国家间竞争已经逐渐从依靠军事力量在战争中取胜，转变为依靠经济实力，通过利用国际规则和机制获取对于他国的优势。应对气候变化问题涉及节能减排、经济模式转型、国际贸易以及国际金融等诸多方面，实施上限制了国家的经济活动，进而对其国际竞争力造成影响。各国在应对气候变化问题纷争实质上是对未来国际竞争规则制定权的竞争。

应对气候变化议题的兴起在一定程度上改变传统意义上军事、安全等“高级政治”议题主导国际政治的局面。传统意义上，国际政治由大国主导，权力由军事实力作为支撑，国际政治就是大国政治。但在应对气候变化问题上，欧盟以及北欧国家乃至一些南太平洋岛国在气候变化问题上的异军突起，影响力之大，国际政治的格局发生变化。例如哥本哈根峰会上南太平洋岛国的外交表现就值得关注。环保组织等非政府组织异军突起，改变了国际政治的谱系。绿色政治在西方发达国家国内政治中成为一支不可忽视的力量。环保组织对政府的影响力加大,在部分国家绿色政党直接执政,国际政治呈现出新的变化。

2. 低碳经济影响了国家安全

一是气候变化将引起很多国家边界的模糊和重新划分。比如前文提到的基里巴斯、马尔代夫以及图瓦卢等小岛屿国家,和孟加拉国等低海平面国家将是受气候变化影响最为直接的国家,根据 IPCC 第三次评估报告,2010 年海平面将上涨 9—88 厘米。海平面的上升将带来新的领土边界。如果这些国家未来在海平面上消失,那么如何定义其主权地位? 同时,海平面上升还会导致一些国家边界模糊,以至于不得不重新划分。气候变暖引起的北冰洋边界模糊,将会使北极的通航和大量石油资源的开发成为可能,全球地缘政治的北移,引起重大战略变局。二是由于气候变化,非洲、中东、南亚等赤道附近的贫困国家可能因为基本生活资源的匮乏而导致政治冲突以及大量的气候难民。美欧等国的国家安全报告中,都担心气候变化可能造成非洲气候难民的大量涌入,并且进一步造成水源争端、领土争端升级。三是由于各个国家对减排责任、资金与技术的争论成为气候变化谈判的核心,各国不同利益诉求的碰撞将形成新的气候变化的地缘政治,从而关系到国内的经济安全。

3. 低碳技术将成为全球产业结构升级和发展经贸关系的门槛

IPCC 第四次评估报告指出,稳定大气温室气体浓度水平需要通过启用一揽子技术组合而实现,无论是现有技术,还是预计在未来几十年可实现商业化的技术,若没有持续的投资流量和有效的技术转让,很难实现大规模减排。

低碳技术是实现低碳转型的基础,国际合作进行低碳技术的研发对全球共同减缓气候变化意义重大。欧盟多年来一直推动全球气候合作,很大程度上也是由于其在清洁发展技术上的领先地位。2009 年欧盟委员会建议在未来 10 年内增加 500 亿欧元的投资发展低碳技术,其中包括风能、太阳能、生物能源、二氧化碳的捕获和储存等 6 个具有发展潜力的领域。① 中

① 陈柳钦:《低碳经济发展的国际动向》,《中国环保产业》2010 年 6 期。

国在2007年发布的《中国应对气候变化国家方案》,也提到加大对低碳技术研究和开发的支持工作。

与发达国家相比,发展中国家的技术研发能力较为落后。而低碳技术要求的高标准研发和运营环境将是各国发挥所长和创造竞争力的重点。如何推动低碳技术的研发和推广,促进发达国家的先进低碳技术转移到发展中国家,都是新一轮全球低碳技术竞争的必攻之地。其中,碳足迹认证和碳标签从一个公益性的标志变成一个商品的国际通行证,成为国际贸易的新门槛。发达国家有可能率先建立碳标签准入制度,要求所有出售的商品都贴上标签,披露其碳足迹,其中包括本国商品和进口商品。潜在的可能是,发达国家可以基于碳足迹对高碳排放的进口产品抬高门槛,要求进入本国的产品碳足迹不得高于规定值,否则将采取罚款或者征收高额关税。并且目前碳足迹测算标准都是掌握在发达国家手中。因此,在渐行渐近的碳标签压力面前,发展中国家应当有清醒的认识。

4. 碳排放交易市场将推动世界货币体系改革与重塑

随着全球碳排放交易市场的放大,碳交易计价结算货币绑定权,以及由此衍生出来的货币职能,将对打破美元霸权地位促进货币格局多元化产生影响,碳交易市场将成为助推国际货币多元化的绝好契机。

在这个领域,欧元已经抢得了先机。无论是全球碳交易的配额市场,还是项目市场,欧元都占据相当大的比例使用空间。这与欧盟在应对气候变化问题上的领导力密不可分。伴随着各国在碳交易市场的参与度提高,将有越来越多的国家搭乘碳交易快车,提升本币在国际货币体系中的地位,加速走向世界主导国际货币的行列。日元已经在发力,澳元、加元等都具备提升空间。中国CDM(清洁能源发展机制)项目产生的CER(核证减排量)成交量,已占世界总成交量的84%。① 中国应当抓住机会,争取碳项目市场定价权。打造中国的碳金融中心和加强本土碳资产定价权,是人民币国际化的必要途径。同时,在长期的时间维度来看,在全球统一碳市场运行成熟,

---

① 庄贵阳:《后京都时代国际气候治理与中国的战略选择》,《世界经济与政治》2008年第8期。

减排技术高度发达,碳减排权价值趋于稳定之后,各个国家和地区的超额减排量,通过碳货币间体系建构,有可能成为不同种类的碳货币,形成全新的"碳本位"国际货币体系,碳货币本位所内涵的一些特质可能会对未来国际货币体系长远的改革方案有所启示。

### (二)低碳经济引领世界经济发展方向

当前,发展低碳经济已成为国际社会主流的战略选择,低碳经济时代正向我们走来。低碳的最基本含义是较低(更低)的温室气体排放。因此,为维持生物圈的碳平衡、抑制全球气候变暖,需要降低生态系统碳循环中的人为碳通量,通过减排,减少碳源,增加碳汇,改善生态系统的自我调节能力。低碳经济为世界经济提供了新的机遇和挑战,成为世界经济发展的方向,会从以下方面对世界经济产生重大影响。

1. 发展低碳经济已成为世界各国的一个重要战略选择

世界上的主要国家都在积极发展低碳经济,并将其作为一个新的经济增长突破点,引领世界经济在未来的发展。英国在2003年确定的"低碳经济"的战略,在2008年正式通过气候变化法案,提出一个明确的战略和发展目标进行政策促进和立法保护,还宣布英国低碳转型计划的细节。2007年,日本正式提出建设"低碳社会"战略,制定了《低碳社会行动计划》和《21世纪环境立国战略》。美国希望通过推广低碳经济谋求国家的战略转型,2007年美国参议院通过《低碳经济法案》后不久,奥巴马政府还推出了绿色经济的战略和新能源战略,开发氢燃料发电和生物能源的发展计划。

2. 低碳经济已成为世界产业结构调整的重要推动力

低碳产业将降低对化石燃料的依赖,走有机、生态和高效的新道路。高碳行业,如化石工业原料,高能耗的非化石能源,黑色金属冶炼行业的发展将受到打压,新兴的可再生能源行业、能源产业和节能产业将相应的更大的发展。[①] 从社会生活看,低碳城市建设将更受重视,燃气普及率、城市绿化率和废弃物处理率将得以提高;在家居与建筑方面,节能家电、保温住宅和

① 王可达:《我国发展低碳经济的路径探讨》,《岭南学刊》2010年第5期。

住宅区能源管理系统的研发将受重视，并向公众提供碳排放信息；在交通运输方面，将更加注重发展公共交通、轻轨交通，提高公交出行比率，严格规定私人汽车碳排放标准；而企业减排的社会责任也将受到更多关注。

3. 低碳经济将推动世界竞争新规则的产生

如果说《联合国宪章》是基于土地资源利用的农业文明的游戏规则，世界贸易组织的《关贸总协定》是关于市场利用的工业文明的游戏规则，那么《联合国气候变化框架公约》则是基于气候变化的未来生态文明的游戏规则。[①] 低碳经济将引导全球经济的未来发展。

《联合国气候变化框架公约》的核心是瓜分世界和更少的化石能源资源的途径和方法，在本质上是使用化石能源的使用权原则和法律法规的重建，要成为世界共同遵守的法律规定，将需要旷日持久的谈判。

4. 低碳经济将导致国际经济形势的新变化

人类的每一次能源利用转型都引起世界格局的重大变化。低碳经济将为世界经济和能源的使用带来新的机遇，人类将面临能源转型的主要挑战，世界经济和政治结构将出现重大变化。发达国家已经完成工业化，碳排放量呈下降趋势，节能技术具有绝对领先的优势，必将进一步巩固其在全球气候变化谈判中的领导地位。

碳市场和碳金融市场不断扩大，使发达国家增加一个领先世界格局的新的平台。发展中国家有巨大的经济发展要求，需要承接发达国家的大型基础设施制造业和高碳产业转移。发展中国家的碳排放量快速增长，使其在碳交易市场体系和新的世界分工中处于劣势。

低碳经济本质上是一个碳中性的经济，要求经济活动的低碳化。由于低碳经济的特点是全球性的，所以低碳经济的发展方向是全球碳中性。低碳经济涉及广泛的行业和领域，几乎涵盖了所有行业，包括低碳，低碳技术，低碳能源的开发和利用。在技术上，低碳经济涉及电力、交通、建筑、冶金、化工、石化等行业，以及有效地利用可再生能源和新能源，清洁使用煤炭和

① 李俊峰、马玲娟：《低碳经济是规制世界发展格局的新规则》，《世界环境》2008 年第 2 期。

天然气资源，页岩气勘探开发，二氧化碳捕捉和封存和其他新技术领域。有人称之为“第五次全球产业浪潮”[①]，并进一步拓展低碳内涵：低碳社会，低碳生产和低碳消费，低碳生活，低碳城市，低碳社区，低碳家庭，低碳旅游，低碳文化，低碳哲学，低碳艺术，低碳音乐，低碳生存。低碳经济将推动人类社会进入继原始文明，农业文明，工业文明后的另一个文明形态——生态文明。

### （三）低碳经济影响国际地缘政治新变化

地缘政治是一个常讲常新的话题。从瑞典学者契伦到美国学者索尔·科恩，从麦金德到斯皮克曼再到布热津斯基等名家，其解释各有不同，也各有偏颇。[②] 笔者更认同英国地缘政治学者杰弗里帕克的观点，即认为地缘政治是“从空间的或地理中心论的观点对国际局势的背景进行分析”，而对国际局势及其背景进行“整体性认识”，则是地缘政治研究的“最终目标和辩白”。[③]

地缘政治学又称“地理政治学”，是政治地理学中的重要流派。基本观点是全球或地区政治格局的形成和发展受地理条件的影响甚至制约。它根据各种地理要素和政治格局的地域形势，分析、预测世界或地区范围的战略形势和有关国家的政治行为。地缘政治学源于19世纪后期。20世纪以来，由于全球的政治、经济和军事的发展，出现了各种地缘政治理论。美国历史学家马汉提出“海权论”，认为谁能控制海洋，谁就能成为世界强国；而控制海洋的关键在于对世界重要海道和海峡的控制。麦金德则提出“陆权论”，认为随着陆上交通工具的发展，欧亚大陆的“心脏地带”成为最重要的战略地区。[④] “陆权论”对世界政治产生了深远的影响。40年代，美国国际

---

① 谢军安：《我国发展低碳经济的思路与对策》，载《生态文明与环境资源法——2009年全国环境资源法学研讨会（年会）论文集》2009年，第83页。

② 成光中：《地缘战略论》，国防大学出版社1999年1月版，第13—17页。

③ ［英］杰弗里·帕克：《二十世纪的西方地理政治思想》，李一鸣、徐小杰译，解放军文艺出版社1992年版，第2—3页。

④ ［英］安格斯·麦迪逊：《世界千年体系》，伍晓鹰译，北京大学出版社2009年版，第150—154页。

关系学者斯皮克曼强调“边缘地带”的重要性，提出“陆缘说”，被称为“陆权论”的另一派理论。50年代，美国战略学家塞维尔斯基提出北极地区对美国争夺制空权十分重要的理论，即“空权论”。1973年，美国地理学家科恩提出地缘政治战略区模式，将世界分为海洋贸易区和欧亚大陆区两个地缘战略区。两区之间夹有南亚、中东和东南亚3个区，其中南亚是潜在的地缘战略区，中东和东南亚被称为破碎带。[①] 1982年，科恩对模式提出修改，指出西欧国家、日本、中国已发展为世界大国，印度、巴西、尼日利亚的作用和地位上升，撒哈拉以南到南非地区则转变为第三个破碎带。[②]

传统地缘政治将地理因素和国家的发展规划、发展目标紧紧相连，甚至直接影响大国的总体战略。进入21世纪，国际文献对环境的关注反映了学者和决策者共同关心的问题，包括资源稀缺和冲突、人口增长、地理因素和政治权力的关系，以及地缘政治和地缘经济概念的重要性。可以看出，全球化和信息化的发展使地缘政治变得复杂化，地缘政治内涵得以扩大。一方面，传统地缘政治所体现的冲突性和权力政治依然存在；另一方面，地缘政治分析更多地涉及环境恶化、恐怖主义等全球性问题。地缘政治权力出现多元化形态，传统的领土扩展和势力范围争夺已经不再是地缘政治的唯一形式，资源、经济竞争和国际规则话语权主导地缘政治的趋势尤其明显。

在此背景下，低碳经济作为涉及自然资源利用、发展空间与发展模式、国际竞争力等关乎国家社会经济发展和国家安全的重大问题，无疑上升为国际关系的焦点，越来越进入大国的地缘战略视野。

1. 气候变化进一步加剧了资源的有限性，增大了国家间因竞争自然资源而引发冲突的可能性

例如，由于北极地区蕴藏大量天然气和石油，近几年一些国家已经开始加紧争夺北极地区的主权。2008年北约罗马尼亚峰会声明指出：斯匹次卑尔根群岛蕴藏大量天然气和石油，这些资源现在冰封于冰冻大陆架之下，如

① Kaen Baker, “Still being on Asia growth”, *Newsweek*, March 8, 1975, p.8.

② Kaen Baker, “The balance of economic power: South of Africa”, *The Economist*, Februbary 27, 2000, p.71.

果全球气候变暖这些资源可以利用,俄罗斯和挪威之间可能发生严重冲突。这一潜在危机有可能把美国、加拿大和丹麦引入对大量资源的争夺之中。①碳排放导致生态环境恶化,不仅威胁到人们的日常生活,还会引发人口大规模迁徙,造成生存空间争夺和战乱。有研究表明,达尔富尔问题是一次凸显气候变化背景下的区域生态危机,由于环境难以承载本地居民与外来生态移民的共同需求而引发双方对生存资源的争夺。②

2. 由低碳技术进步形成的新的国际分工和国际经济竞争将是地缘政治的另一重要内容

技术、地理和国际政治之间存在极其密切的关系。世界历史表明,经济和技术变革推动国家之间的权力平衡。低碳能源技术及其产品和服务将对国家竞争格局和分工体系产生重要影响。

在能源和气候变化领域,中国逐渐崛起为世界上能源消耗量和温室气体排放量仅次于美国的工业化国家。包括光伏、风能在内的新能源产业之争,已在中美之间初露端倪。2012 年 5 月 18 日,美国商务部裁定对中国光伏产品征收税率为 31.14%—249.96%的反倾销税,这是中国能源产品在国外遭受的第一起贸易经济调查。2012 年 9 月 28 日,美国总统奥巴马以危及国家安全为由,宣布禁止中资企业购买俄勒冈州的 4 座风能发电厂。这是 20 年来美国总统第一次以国家安全为由禁止中国在美投资新能源项目。③

清洁能源技术开发与转让是"后京都时代"的热点问题,也是《京都议定书》第二承诺期和长期合作行动的重要议题。美对中国光伏电池征收反倾销税,意味着中国光伏产品特别是太阳能电池将被完全排斥在美国市场之外;不仅如此,这还将导致中国自美进口相关产品的减少,势必会影响美国的利益。在这样的囚徒困境下,国际社会在节能减排领域的博弈,最终结果必然重演哈丁的"全球公地"悲剧。④

---

① 沈鹏:《美国的极地资源开发政策考察》,《国际政治研究》2012 年第 1 期。

② 李岩:《从达尔富尔危机透视气候变化下的生态冲突》,《西亚非洲》2008 年第 6 期。

③ 姜姝、李庆四:《从光伏拉锯到风能之争》,《国际论坛》2013 年第 2 期。

④ 张维迎:《博弈论与信息经济学》,上海人民出版社 1996 年版,第 82 页。

3. 低碳经济的关键是改变能源利用方式，必将导致国际能源市场发生深刻变化，引起全球地缘政治格局的改变

目前一场以美国为中心，号称可以从根本上塑造和改变世界能源版图的非传统能源变革——“页岩气革命”正席卷全球，包括美国、加拿大、巴西、委内瑞拉、法属圭亚那等国在内的南北美洲又有巨量油气资源新发现。据此，一些人认为世界油气中心将由大中东地区“西移”至南、北美洲。这一新情况必将对全球地缘政治格局产生极大的冲击，同时也必然对中国的能源安全和地缘政治环境产生重大影响。

第一，美国将大大降低在中东地区的外交和军事介入。对于美国而言，新的世界油气版图将使美国的油气供应系统更富有弹性，也更加安全。一旦美国从中东地区全面收缩力量甚至撤出，势必造成中东地区出现“权力真空”，如何保持稳定的石油生产与出口，将给世界地缘政治格局带来许多挑战。

第二，美国国内油气产量的增加将对俄罗斯产生不小的冲击。俄罗斯的地缘政治实力与战略以其庞大的油气资源生产和出口为主要基础，目前俄年产原油量超过5亿吨，居世界首位，天然气产量也超过5亿吨油当量。美国非常规油气资源的广泛开发和出口，是俄罗斯在欧洲的强硬定价权以及市场份额将被削弱。詹姆斯·贝克研究报告指出，美国页岩气开发将使俄罗斯在西欧天然气市场所占份额从2009年的27%降至2040年的约13%。[①] 这在一定程度上使欧盟市场对俄罗斯的油气进口依赖逐步降低，俄罗斯在欧洲的地缘政治地位也将受到大幅削弱。

第三，美国在清洁能源投资领域的领先地位有利于其维持全球霸权地位。奥巴马政府希望通过新能源政策促进美国的产业转型和升级，并使美国重获国际竞争力。如果美国能在下一代生物燃料技术、智能电网、节能汽车、天然气水合物、清洁煤、碳储存、高效电池等领域实现技术突破的话，将意味着美国在兴起的“第三次工业革命”浪潮中继续保持全球领先地位。

---

① Kenneth B.Medlock III Ph.D., Amy Myers Jaffe, Peter R.Hartley Ph.D., *Shale gas and U.S National Security*, James A Baker III institute for Public Policy · Rice University, July 2011, p.13, http://www.bakerinstitute.org/pubications/ef-pup-DOEshalegas -07192011.pdf.

此外，清洁能源的发展将帮助美国减少化石能源的消费，从而降低温室气体排放量，实现绿色、可持续发展，并使美国改善其在国际气候问题上的消极印象，重获气候谈判的主动权和领导地位。

## 四、气候问题的世界新格局及中国应对策略

一直以来，全球气候变化主要是围绕两个问题：首先，发达国家减少温室气体排放，二是如何帮助发展中国家解决环境与发展之间的矛盾。其中贯穿始终的模式是基于《联合国气候变化框架公约》和《柏林授权》的承诺，发达国家和发展中国家谈判形成了所谓的“南北格局”。《京都议定书》规定下的发达国家和发展中国家在气候变化问题上承担“共同但有区别的责任”，其主要模式是2005年《蒙特利尔公约》的“双轨制”。2007年的巴厘岛会议及2009年的哥本哈根会议，直至2010年的坎昆会议上，“南北谈判”模式是始终的主线。然而，从2011年底德班会议到2015年12月的巴黎气候大会，由于中国与美国这两个世界最大的能源消费国和$CO_2$排放国，在气候变化议题上各自立场的重大调整，特别是彼此之间在此领域政策与战略协调的加强，使上述格局发生了根本的变化，促成了《巴黎协定》重大成果的取得。中美率先在各自国内通过了《巴黎协定》，并在G20杭州峰会上举行了提交联合国的仪式，具有重要象征意义，标志着人类应对气候变化进程取得了历史性进展。

### （一）气候问题国际格局的新变化

金融危机后，世界格局正面临冷战结束以来最大的转型。目前，全球战略重点已经逐渐向经济、金融、能源、环境等非政治问题领域转移，各种力量也在随之折冲樽俎，这一趋势必然反映在气候问题上。在发达国家和发展中国家内部分化加剧的同时也出现了跨阵营的力量重组甚至结盟。例如，在多哈气候会议上，小岛屿国家利用其话语权与欧盟联手，是“损失损害”问题达成了决议，将在2013年的气候变化大会上启动建立相关国际机制的

谈判。另外,近年来还出现了成员不固定的“立场相近的发展中国家(LMDC)”集团。在《公约》内气候谈判未能取得有效气候治理效果的情况下,《公约》外的全球治理行动日益活跃,围绕着市场、资金、技术、贸易等不同议题,多元化的治理主体的权力争夺越发激烈。

第一,欧洲债务危机和全球经济复苏乏力的影响下,发达国家的财政支持是有限的。2011 年以来,欧债危机持续发酵,系统中的危机因素在短期内难以消除,世界经济下行风险增大,欧元区和发达国家的经济形势尤为严重。这将使主要发达国家用于减少温室气体排放的财政补贴有限,从而不利于国家减排绿色低碳技术的研究和开发投资以及新能源市场的发展。德班会议闭幕后仅一天,加拿大正式退出《京都议定书》,并称该协议不能帮助解决气候危机。俄罗斯、日本等国也表示反对《京都议定书》第二承诺期。因此,《京都议定书》第二承诺期量化减排责任的范围将不到全球总排放量的 13%,低于发达国家的排放总量的 40%。此外,欧盟国家愿意履行《京都议定书》的第二承诺期,但提出自愿承诺,不接受过去的量化目标。

此外,新兴经济体保持较快增长,但增速有所放缓,这势必抑制世界能源消费,从而减少工业部门,以及交通运输,建筑,和居民生活等领域的碳排放。同时,从长期的趋势看,主要发达国家的温室气体排放量迅速、大幅增长的可能性减少。因此,在应对气候变化谈判的过程中,如果继续施加压力,要求资金支持,将使发达国家很难承受。

第二,“共同但有区别的责任”原则松动。正如前面提到的,这一原则强调了发达国家应为他们的历史排放和当前高人均排放负责,应率先减少温室气体排放,并向发展中国家提供资金和技术支持,以帮助他们采取措施,减缓气候变化。这一气候变化谈判的原则,一直被坚持了下来。坎昆会议呼吁发达国家承诺减少温室气体排放量到 2020 年减少 25%—40%,而发展中国家承担自愿减排义务。

然而,这个原则在德班会议上出现了松动。德班会议谈判过程中,推出了一个新的平台——德班增强行动平台。它将在 2020 年后适用于《京都议定书》所有缔约方。主张建立单一的全球减排系统,涵盖了美国,中国和印度所有主要排放国参加的“具有法律约束力”的机制,该机制将在 2015 年生效。在单一的减排责任系统下,发达国家和发展中国家的界限将变得模糊,发达国家减排义务将可能减弱。印度学者认为,德班会议放弃了"共同但有区别的责任"原则,是以牺牲发展中国家公民的福祉为代价的。①

第三,"双轨制"谈判模式将被取代。"双轨制"是指在《京都议定书》规制下发达国家履行后续承诺期的减排义务,与在《联合国气候变化框架公约》规制下发展中国家促进国际应对气候变化长期合作行动并行进行。在"双轨制"模式下,参与《京都议定书》的发达国家需要在 2012 年以后确定其量化的减排目标,美国要承担与其他发达国家可比的量化义务,发展中国家在发达国家的资金和技术支持下,采取积极应对全球气候变化的行动。"双轨"制度,保证了发达国家和发展中国家"有区别的责任"。

德班增强行动平台确定 2012 年年底结束原来的"双轨制"谈判,在 2013—2015 年,所有的谈判将集中在德班平台上。因此,在不久的将来,发展中国家,特别是大的发展中国家和发达国家在德班增强行动平台共同履行减排义务。从法律效力和规定义务范围的角度讲,双轨制将合二为一。

第四,排放大国和小国的排放量之间的区别被凸显。第一排放大国美国退出《京都议定书》,布什政府提出所谓的亚太清洁发展与气候变化合作伙伴关系(APP),强调"大国减排"的想法,继 2003 年 G20 峰会后继续推进"大国减排"和 2005 年八国集团首脑会议的概念。美国进步协会(CAP)主席帕斯塔提出美国、中国两个主要的排放大国对气候危机共同治理的主张。在哥本哈根会议上,欧盟开始把美国和发展中大国定位需要量化减排的国家,即所谓的"排放三大国(美国,中国和印度)"的排放量问题。欧盟认为,印度和中国的人均排放量将出现大幅增长。丹麦首相则提出,中国和印度的发展中排放国也需要作出到 2020 年降低 15%—30%的承诺。②

由此可见,在德班平台达成新的全球气候协议之前,《公约》下气候谈判中的权力博弈将越发激烈,《公约》外的气候治理中的权力消长和争夺也将不断发展全球气候治理,更多地取决于《公约》内外各治理议题中治理主

---

① 于宏源:《试析全球气候变化谈判格局的新变化》,《现代国际关系》2012 年第 6 期。

② 于宏源:《试析全球气候变化谈判格局的新变化》,《现代国际关系》2012 年第 6 期。

体的权力形式、权力运用意愿的变化和格局发展。

一是发达国家的手段性权力增强，但态度大多趋于消极保守。2011年，美国人均碳排放量17.3吨，仍旧是人均碳排放居全球第一位，美国在气候治理问题上具有不可推卸的责任；同时作为世界最大的经济体，美国在气候治理上具有其他国家无法比拟的资源优势，因此美国在气候谈判中拥有强大的手段性权力和结构性权力。然而美国长期游离于气候治理的国际制度之外，至今并未在气候谈判中积极、妥善、合理的使用其权力。在多哈会议上，不仅没有明确资金承诺，还联合25个国家发出了致力于减少烟尘、甲烷、臭氧等短周期气体排放的声明，试图转移矛盾焦点，回避减排义务。其行动反映出美国对国际社会共同关注的重点问题缺乏治理意愿，也说明美国脱离前期谈判成果框架、“另起炉灶”的意图。

欧盟作为发起和推动国际气候进程的主要力量，也是发达国家中既有手段性权力，又有意愿加以运用的国家联盟。在德班会议上，欧盟较好地实现了设定的谈判目标，以延续《京都议定书》第二承诺期换取启动单轨的德班平台谈判，在一定程度上修复了“领头羊”的地位。不过，欧盟限于经济形势和诸多内部矛盾的困扰，并没有充分发挥全部潜在力量，在一些问题上立场也趋于保守。例如欧盟坚持2020年相比1990年减排20%目标，并没有因《京都议定书》二期提高减排力度，重申只有当“条件合适时”才会提高到30%。在资金问题上，欧盟相对积极。多哈会议上，德国、英国、法国、荷兰、瑞典、丹麦以及欧盟委员会承诺未来2年将提供超过68.5亿欧元的气候基金，其中，英国率先承诺将在未来3年单方面拿出18亿英镑资助非洲等最不发达地区的减排行动。但是，这不能遮掩内部的反对之声。① 另外，在面对美国、加拿大等传统外交战略同盟伙伴的问题上，欧盟不但没有反对美国提出的减少短寿命周期气体的倡议，而且表现出向美国靠拢的姿态，有屈从于对方的权力运用的迹象。

加拿大、日本、新西兰及俄罗斯等国家对气候变化态度也不积极。除加

① 杨丹辉：《全球应对气候变化的新动向与我国气候谈判策略》，《中国地质大学学报（社会科学版）》2012年第7期。

拿大在德班会议后宣布退出《京都议定书》,日本、俄罗斯、新西兰已明确表示不参加《京都议定书》第二承诺期。这些国家的退出,使得《京都议定书》的气候治理效果大大削弱。目前,参与第二承诺期的附件1缔约方只有欧盟、挪威、瑞士、澳大利亚和其他若干经济转型国家(共计37个缔约方),其排放量占2010年附件1缔约方排放量的38.5%,整体减排承诺比1990年降低18%,远低于联合国政府间气候变化专门委员会(IPCC)所提出的25%—40%的目标。①

二是发展中国家的力量和话语权均呈上升趋势,但权力领域有限,权力意愿分散化。气候变化的全球性特征决定了气候治理协议如果没有发展中国家的参与,将无法达到预期目标。由于发展中国家经济的快速发展以及碳排放持续增长,发展中国家特别是"基础四国"(指中国、印度、巴西和南非)在减排问题上已经拥有了强大的结构性权力。

2009年,哥本哈根谈判的最后时刻,"基础四国"运用了手段性权力,避免了会议无果而终,"基础四国"成为气候谈判的中坚力量。在多哈气候会议上,"基础四国"再次发挥了重要作用,从法律上确保《京都议定书》第二承诺期,将"公平、共同但有区别的责任、各自能力"等基本原则确立为德班平台谈判原则。然而,由于各自国情的差异,"基础四国"作为权力同盟的结构尚未稳定,在一些具体细节上还存在分歧。比如在减排责任分配问题上,巴西、南非提倡基于历史责任分配减排义务的方法,强调国家的排放总量和污染者要为历史排放负责,而中国、印度退出的全球碳排放预算以碳排放权分配为基础,强调人均排放、发展阶段和未来需求。这些分歧影响"基础四国"在谈判中作为一个整体合力效果的发挥。

巴西和印度尼西亚由于拥有丰富的雨林资源而具有强大的结构性权力,在谈判中成功引入了减少发展中国家毁林及森林退化排放(REDD)机制。随后的厄瓜多尔、圭亚那也建立了国家信托基金,并获得了数目可观的资金援助。

---

① Lockwood, Ben and John Whalley, "Climate Change-Related Border Tax Adjustments", *Policy Brief from The Center for International Governance Innovation*, No.4, June 2012.

由于最不发达国家和小岛屿联盟国家温室气体排放量很小,同时,作为气候变化的"最大受害者",他们拥有强大的道德性话语权,同样在气候谈判中发挥了很大作用。在多哈气候会议上小岛屿国家联盟再次要求将全球升温控制在1.5摄氏度范围内,同时将温室气体浓度控制在350,并力促启动损失与损害国际补偿机制。

三是气候谈判阵营的权力分化重组和《公约》内外权力的消长。欧盟国家除与美国在诸多问题上存在较大分歧,其内部形成一致立场的难度加大。一些经济发展水平相对较低的成员国,如波兰、罗马尼亚等国,要求更多的排放权,对气候变化问题的关注度明显降低。

在伞形集团内部,也出现了不同声音。澳大利亚在多哈会议上改变不承诺加入《京都议定书》的消极立场,澳气候变化和能源效率部长格雷格·康贝特(Greg Combet)明确做出支持第二承诺期的表态,以便顺利进入国际碳排放交易市场。

发展中国家在维护"七十七国集团+中国"模式参与气候谈判的同时,由于发展水平和各国国情差异,分裂为两个阵营:一个阵营是中国、印度、阿拉伯国家以及几个拉美国家,它们遵循"公平"原则,坚持发达国家承担历史责任;另一阵营由小岛屿联盟、贫困国家、智利、秘鲁、哥斯达黎加和巴拿马等国组成,要求发达国家以及发展中国家加大减排力度,并且要求建立针对所有国家的激励机制。

作为世界上最大的碳排放交易市场,欧盟碳排放交易体系具有主导和示范作用。多哈气候会议通过了执行《京都议定书》第二承诺期的法律文件,期限设定为八年,三个机制得以延续。这一成果会进一步促进欧盟碳排放交易市场的发展,为欧盟赢得更多的碳交易市场权力。除了欧盟外,美国加利福尼亚州和加拿大魁北克正在探讨打通双方的碳排放交易机制,这一举措增加了美国和加拿大在全球碳市场建立过程中的权力。

在2008年八国集团环境部长大会上,美国、日本、英国联合世界银行宣布出资55亿美元,成立气候投资基金,帮助贫困国家发展清洁技术;2012年6月18日,挪威发起的、由部分发达国家和部分最不发达国家参与的"国家能源与气候伙伴"项目成立,项目中的发达国家作为资金援助国向不丹、埃塞俄比亚、肯尼亚、利比里亚、马尔代夫、摩洛哥、尼泊尔、塞内加尔、坦桑尼亚等国提供资金、技术等，挪威首先承诺每年向该项目资助3亿美元。[①]

另外，国际货物和知识产权贸易中的“低碳”问题也成为新型的贸易壁垒，引发了国际贸易领域的新一轮争端。例如，2010年日本诉“加拿大影响可再生能源产业部门某些措施”案、2010年美国诉中国“风力发电设备的措施”案、2011年欧盟诉“加拿大可再生能源产业措施”案、2011年中国商务部诉美国可再生能源扶持政策及补贴措施启动了贸易壁垒调查等。可见，国际贸易已经成为气候治理权力争夺和博弈的重要战场。

综上所述，应对气候变化谈判面临主要发达国家温室气体排放总量下降和全球经济复苏放缓的新形势，一方面，发达国家减排资金投入缩减，不利于发展中国家获得更多减排资金和技术支持；另一方面，也将使全球应对气候变化的总体氛围趋于理性，有助于学术界和政府部门对相关问题展开更为深入系统的研究，做出更加科学、客观的判断。同时，发达国家对气候变化问题关注度下降还将在一定程度上改善我国所处的国际舆论环境。为此中国抓住这一缓冲期，适时调整应对气候变化的谈判策略及相应对策，进一步完善适应气候变化的国家战略，为构建更加公平、合理、有效的应对气候变化全球机制发挥积极作用。

### （二）中国应对气候变化问题的立场与策略

从20世纪80年代末到现在，中国与国际社会在气候变化领域已经进行了二十多年的互动。中国作为最大的发展中国家，在全球气候治理中特别是在应对气候变化中具有举足轻重的地位。中国目前的经济总量居世界第二位，整体国力的提高大大加强了在全球气候治理中的手段性力量。中国已经成为世界上二氧化碳排放量最多的国家，2010年的排放份额已经占到世界总量的22%左右。这种排放的趋势还会继续快速增长。2020年的排放量预计会占到世界总量的25%—28%之间。这决定了全球气候治理不

---

① Lockwood, Ben and John Whalley, “Climate Change-Related Border Tax Adjustments”, *Policy Brief from The Center for International Governance Innovation*, No.4, June 2012.

能缺少中国的积极参与。因此,中国参与气候谈判的意愿会更加强烈,从而对合作行为会产生积极的影响。中国在气候谈判中积极维护发展中国家权益,坚持"共同但有区别的责任,各自能力原则和公平原则"立场,坚持《京都议定书》第二承诺期的规则制定,同时采取灵活务实和建设性的态度,使德班平台得以搭建,赢得了各国的赞赏,在气候谈判中的话语权大大提高。国内采取转变经济发展方式的战略,加大节能减排力度,加大低碳技术和新能源利用投资,创建碳交易市场和低碳城市试点。这些行动使中国在气候谈判治理活动中的各个议题和领域中的影响大大提升。由此可见,中国在全球气候治理中的权力形式是多样的,并且权力领域在不断扩展、权力作用意愿在不断增强,中国在全球气候治理中的硬实力和软实力都有所增长。

同时,中国在全球气候治理中与发达国家的权力依旧存在较大差距。在气候谈判中发达国家在减排、资金、技术问题上具有明显优势。美国是掌握碳捕获和碳封存技术的国家之一,在减缓气候变化议题上具有绝对的结构性权力。同时,在奥巴马政府"提高能源自给率"的政策下,依靠大量的致密油和页岩气能源,美国的能源自给率不断提高。自 2000 年以来,美国的页岩气产量增长 14 倍。过去 3 年,美国的致密油产量增加了两倍,达到每日近 90 万桶。根据预测,未来 20 年,美国可能会在油气领域实现自给自足,由此美国在气候谈判中的话语权大大增强,将对未来全球气候治理带来决定性影响。伞形国家也具有一定的结构性权力,但它们唯美国马首是瞻,所以美国的立场和行动使左右它们气候谈判立场的决定性因素。欧盟由于碳排放下降且减排空间减少,既不是排放大国,也不是减排大国,因此欧盟在气候谈判中的结构性权力将有所下降。但是,由于在低碳技术和可再生能源方面仍然处于领先地位,且具有雄厚的资金,欧盟在气候谈判中仍然具有强大的手段性权力和话语权。俄罗斯也有较强的结构性权力,但是由于其经济增长和能源出口需求增大,俄罗斯将在谈判中更多地使用否决权。

在气候谈判之外,中国参与全球气候治理的领域和权力比较有限。在节能减排领域,中国的碳排放强度下降速度很快,但与发达国家相比依旧很高。在新能源开发和利用领域,中国企业的发展很快,但在技术水平和产品上还无法与欧美发达国家抗衡；在碳交易市场、国际贸易领域也缺乏必要的话语权。

因此，中国必须全面认识全球气候治理的现状和发展态势，正确看待气候谈判和谈判外气候治理间的辩证互动关系，研究应对气候变化问题对中国经济社会的影响，明晰中国在应对气候变化问题上的国家利益，不断扩展气候治理权力作用领域，不断增强并善于运用各种形式的权力，选择正确的战略和对策，应对气候变化谈判，为逐步走上"绿色强国"的可持续发展道路开辟广阔的国际空间。以国家间互动的模型为基础，寻求最大限度地确保推动国际社会应对气候变化的同时，维护中国的国家利益。

第一，在明确利益的基础上，采取更灵活的谈判策略，坚持排放量减少的立场的同时，避免强强对话，促进利益分配结构向有利于中国的方向发展。2012 年，欧盟的主权债务危机和内部矛盾取代气候变化和碳排放问题，成为欧盟最突出的问题。美国停止气候变化立法，加拿大政府以无力支付交易为由，宣布退出《京都议定书》的减排目标计划承诺名单，日本则因核事故放弃原来的减排目标。上述现象会降低发达国家，小岛屿国家和最不发达国家对气候变化问题的道德诉求，从而削弱欧盟的气候变化问题上的领导作用。为此，我们应该进行全面的情况分析，要充分重视国内形势改变对谈判变化的影响，维护国家核心利益，坚持独立自主，同时讲究谈判策略，以更广阔的视野，采取灵活的、合理的谈判策略，应对各种情况。

例如，从欧洲和美国的差异寻找一个突破。目前，欧盟是《京都议定书》的主要推动者，美国是其坚定的反对者。由于欧盟和"七十七国集团+中国"在全球温室气体排放量中的份额占多数，因此，发展中的大国可与欧洲联盟共同推动《京都议定书》第二承诺期的议程，坚持"共同但有区别的责任"原则。同时，美国难以同意欧洲在德班会议上强调的自上而下的强制性的全球气候框架，认为减少废气排放，应提倡自下而上的自愿减排。发展中的大国，也力求回避绝对量的减排时间表。这些共性使这些国家的政策协调可以成为我们关注的焦点，在未来的国际气候制度设计中可以更好地考虑到排放大户的利益和需要。最新的例子是从 2012 年开始，欧盟计划将中国、美国、印度、俄罗斯和其他主要排放国纳入航空业的碳排放交易体系,实施单方面的航空业碳排放税,欧盟外其他所有国家则签署《莫斯科宣言》,共同抵制欧盟的单边措施。

第二,适时推进部门的国际合作,寻求与发展中国家合作的基础,争取更大的发展空间。由于在“十二五”期间,落实能源节约排放减少的目标“硬约束”,通过不断淘汰落后产能,中国的电力、铁、钢、水泥,及高能源耗费的行业显著加快转型的步伐,先进产能的各项技术指标都接近或超过发达国家。虽然进一步节能的困难,但总体而言,目前的电力、钢铁和有色金属等其他六个行业的碳排放量仍占50%以上的在中国的碳排放总量,减排重点行业的潜力大,政策效果将是明显的,这为推进部门的国际谈判形成有利的空间。

在德班会议上,由于全球应对气候变化公众舆论的压力减弱,形成了有利于发展中的大国的国际环境。2012年4月的新德里会议上的“基础四国”(中国,印度,巴西和南非)反思在德班会议上反映出的不同立场,强调“维护共同利益的基础”的重要性。这一基础,就是必须维持发展中国家的经济快速发展的排放空间。如果设置1990年为基准年,根据联合国的预测,该年全球温室气体排放月394亿吨二氧化碳当量,发达国家排放182亿吨,发展中国家排放212亿吨,那么到2050年若要实现全球排放50%的目标,全球的排放空间则为200亿吨,其中发达国家36亿吨,比1990年减排80%,发展中国家164亿吨,比1990年降低22.6%。如果考虑到届时发展中国家人口将比1990年增长一倍,则发展中国家的人均排放量就会比1990年减少61.5%。[①] 除了推动发达国家履行在坎昆会议的结果,实现气候变化的绿色基金,也是“基础四国”继续合作的重要基础。

为此,应正视中国在工业化中后期,城市化加快发展的基本国情,坚持自主减排,加强自主创新,转变发展方式,加快转型升级,减少温室气体排放。同时,加强行业的减排目标和技术路线,加快国际谈判相关产业的发展,扩大与发展中国家合作的基础,力争主导产业的减排过程中,以纾缓困境的总峰值谈判。技术创新为动力,以推动国内高排放行业的转型升级,淘

① 于宏源:《试析全球气候变化谈判格局的新变化》,《现代国际关系》2012年第6期。

汰落后产能,更多的空间,追求主导产业的发展。值得高兴的是,自2012年起,“基础四国”联手推出的“公平获得可持续发展空间”的主题,以加强“共同但有区别的责任”的原则,更有效地融入和参与全球气候变化的治理进程。

第三,抓住气候治理整体意愿的低潮期机遇,增强气候治理权力,推动有约束的国际机制的建立。全球经济衰退迫使全球气候治理的整体意愿大幅下降。纵观全球经济,由2008年美国次贷危机引发全球金融危机,给世界经济带来重创,之后欧债危机接踵而至,世界经济复苏乏力。在这种情况下,政府、企业将促进增长作为主要目标,对气候变化的重视程度今不如昔。

政治形势的变化也对各国应对气候变化的态度形成冲击波。2012年美国总统选举中,奥巴马一改四年前关注气候问题的态度,对气候政策只字未提。欧债危机导致欧盟各国政府权力更迭,新领导人在气候问题上立场存在很大的不确定性。加拿大、新西兰基本上是保守党执政,对气候变化议题从不热心。日本福岛核危机后,国内弃核声浪迭起,核电停产对日本能源供应产生了巨大冲击,日本将会大幅度调低减排目标。俄罗斯经过大选之后,把经济发展作为主要目标,加之能源出口继续大幅度地增长,对气候治理依旧采取保守态度。北非地区国家经过前一时期的动荡后形势现在基本稳定下来,因此在气候变化问题上,它们会要求发展中国家要有更多的排放空间。中东的动乱形势使这一地区的经济增长减缓,政治集团分化组合,其气候治理的意愿仍旧存在不确定性。

气候谈判进入低潮期,引发治理平台多元化的趋势。各种治理主体开始搭建新的平台,以求在新的平台上运用和彰显权力,并且不同议题上的合纵连横、分化组合已经形成。中国一方面要坚持气候公约谈判在全球气候治理中的核心地位,防止“碎片化”带来的问题,抵制那些妄图抛弃多边谈判、另起“小炉灶”的图谋,以多边气候谈判为核心提供良好的平台;另一方面,积极扩展气候谈判外的治理领域,平衡多边谈判和其他气候治理领域的关系,增强气候治理权力。未来将是气候谈判与其他气候治理领域的互动、重构直至重新稳定的过程,保证“气候正义”至关重要。中国要坚持发展中国家立场,团结发展中国家合作建立气候治理基金,提升发展中国家气候治理的自主性,增强发展中国家的凝聚力和话语权,抵御发达国家的压力,在互动中提高中国气候治理的话语权。

第四,加强气候谈判格局分析,加大人才培养力度,提高应对气候变化研究的质量和针对性。全球气候变化谈判格局是一个长期过程,源于全球排放格局一直处于动态变化中。全球排放格局的这种变化趋势使传统发达国家不断调整谈判策略。美国实行“抓大”策略,即是将所有排放大国包括发展中大国都纳入同一个减排框架,从而否定《京都议定书》模式的谈判框架,最终落实发展中国家量化减排目标。另外,美国页岩气开采技术日渐成熟,是美国温室气体减排压力下降的重要原因。2010 年,美国页岩气产量达 1379 亿立方米,超过俄罗斯成为全球第一大天然气生产国。[①] 天然气价格持续走低使美国能源消费结构发生变化,不仅在一定程度上缓解美国的减排压力,进而影响美国气候谈判的策略。欧盟则采取“联小”战略,就是试图通过把中国和印度等新兴国家定义为“发达的”发展中国家,联合其他发展中国家和最不发达国家要求新兴国家承担量化减排责任。在德班会议后期,南非不顾多个发展中国家对议程的反对,全力推进欧盟的减排路线图,这必定与英国等发达国家的利诱分化有关。

为此,应把人力资源保障作为应对气候变化的重要措施,积极培养和引进具备战略思维和世界眼光的决策人才、掌握高端技术的研发人才和具有国际视野的谈判人才等。紧密结合国际气候政治变化进程,加大研究力度,为气候变化博弈提供有力的支持。

总之,在国际气候政治博弈中,“知己知彼”方能从容应对。一方面必须采取积极应对措施,增强研究能力,加大投入力度,加强与国外相关领域研究机构、大学和学者的交流,开阔研究思路。另一方面,应把人力资源保障作为应对气候变化的重要举措,“走出去”与“请进来”相结合,积极参与制定公平、协调的国际规则,防止因规则变化带来的风险和损失。组建具有全球视野的开放性的研究团队,逐步建立应对气候变化的人才培养长效机

---

① 元简:《页岩气革命给美国气候政策带来的挑战》,《中国国际问题研究》2012 年第 6 期。

制和紧缺人才引进机制,增强相关人员的专业知识、政策水平、英语表达和处置突发情况的能力,全面提升官员和技术专家的综合素质,准确传递我国的立场,赢得主动。提高国家应对气候变化重大科研项目设置的针对性和成果质量,增强应急研究能力,更好地为参与全球气候治理服务。

第五,碳排放与相关国际机制的建设问题。建立统一能源供给与消费的国际机制一直是人类孜孜以求的目标或者梦想之一,然而却一直未能实现。石油是所有能源中最富于机制化的能源,石油输出国组织在其中最具影响力,也曾在 70 年代中后期获得石油领域的定价、贸易等控制权。但是,进入 80 年代以来,石油输出国组织的影响力大大受到削弱,以纽约交易所和伦敦交易所为代表的金融力量逐渐掌控了相关权力。事实上,几乎所有涉及国际大规模贸易的能源,都会受到纽交所等金融机构的影响。这样的国际机制是一种基于市场运行规律,受制于多种地缘政治、技术、意外等因素影响的市场化机制。铀矿贸易有点例外,它不但在纽交所上市交易,而且受到国际原子能机构等国际组织的监管。

碳排放交易(简称碳交易)是当前学术界、政界和媒体热议的一个国际机制建设问题,是为促进全球温室气体减排,减少全球二氧化碳排放所采用的市场机制。联合国政府间气候变化专门委员会通过艰难谈判,于 1992 年 5 月 9 日通过《联合国气候变化框架公约》(UNFCCC)。1997 年 12 月于日本京都通过了《公约》的第一个附加协议,即《京都议定书》,把市场机制作为解决二氧化碳为代表的温室气体减排问题的新路径,即把二氧化碳排放权作为一种商品,从而形成了二氧化碳排放权的交易,简称碳交易。

碳交易成立之初曾被人类寄予厚望,认为能够改变人类的能源消费模式,促进节能减排。经济学家普遍赞赏这套交易计划,称其为减少二氧化碳($CO_2$)排放的、一个近乎完美的解决方案。然而,随着时间流逝,碳交易的发展却与人们的预期出现较大偏差。欧洲是碳交易最早制度化和严格的地区,这里的情况也最具模范意义。在过去的一年半中,碳排放权的价格持续下滑,贬值将近一半,跌至每吨 8 欧元(约合 67 元人民币)左右。2011 年日本福岛核电站事故发生后,德国宣布核电站停运,牵动煤炭发电需求上涨。然而,即使这样也没能扭转碳价下跌的趋势。这种市场干预暴露出该体系重大设计缺陷:由政府部门来规定未来几年内,欧洲工业可排放的$CO_2$总量,完全没有考虑其间的经济走势,抑或碳配额的市场需求变化。金融危机和债务危机之前,欧洲处于经济繁荣时期,欧盟向企业发放的第一交易期免费配额数额巨大,企业需要额外购买的碳排放额很少。金融危机和债务危机之后,很多企业被迫缩减生产,所需碳排放权进一步减少。很多谈判放大户,例如钢铁行业,却出现大量排放权盈余,向外出售。碳配额交易不仅没有抑制企业的碳排放,反而成了一些公司牟利的手段。配额发放过剩,不仅压低了排放权的交易价格,也抑制了投资新能源技术的动机。既然碳排放权这么便宜,用污染燃料发电反而更加划算,又使煤炭竞争力大增,而煤炭是导致气候变化的主要元凶。换句话说,碳排放交易不仅没有阻止气候变化,反而加快了这一进程。与此同时,当初讨论的另一种方案,即引入二氧化碳税,似乎更加可行和有效。根据欧盟规定,从 2012 年 1 月 1 日开始,航空公司的飞机只要在欧洲机场起降,都必须为超过免费配额的碳排放支付一笔费用。对拒不执行的航空公司将施以超出规定部分每吨 100 欧元的罚款,以及欧盟境内禁飞的制裁措施。① 目前,各国航空业依然就此展开一系列争论、抗议甚至诉诸诉讼。不管怎么样,这在欧盟已经成为一种现实,而且很可能会形成一种国际机制。那样的话,这种机制很有可能会扩展到其它商品领域,例如汽车、鞋子、衣服等。任何不符合或不满足碳排放要求的商品都会被征收碳税。毫无疑问,这将有效促进节能减排的实施,然而会给技术落后的发展中国家带来沉重的税负,削弱来自这些国家商品的竞争力。目前,全球各个区域都在积极进行各种形式的自由贸易区谈判,可见未来普通关税壁垒将越来越难以在国际贸易中立足。碳关税的发明则独辟蹊径,即给陷入债务危机的欧洲国家开辟税源,又能让不断丧失竞争力的欧洲产品重获新生。

---

① Alexander Jung, "Hot Air: The EU's Emissions Trading System Isn't Working", *in Special Online International*, translated from the German by Ella Ornstein, Feb.15, 2012, http://www.spiegel.de/international/business/hot-air-the-eu-s-emissions-trading-system-isn-t-working-a-815225.html.

## 五、从利马气候大会到《巴黎气候协定》

2014年12月1日,《联合国气候变化框架公约》第20次缔约方会议暨《京都议定书》第10次缔约方会议在利马开幕,共有190多个国家和地区的官员、专家学者和非政府组织代表参加,被称为利马气候大会。此次大会的主要目标之一是为预计2015年年底达成的新协议确定若干要素,这些要素涉及减缓和适应气候变化、资金支持、技术转让、能力建设等方面。此次大会将力争就碳排放量达成一个全球性的协议,继而于2015年在巴黎正式签署,并将于2020年正式生效。经过了30多个小时的加时,当地时间14日凌晨,利马气候大会终于宣告闭幕。190多个成员就2015年巴黎大会协议草案的要素基本达成了一致。尽管大会通过的最终决议力度与各方预期尚有差距,但这仍为2015年巴黎气候大会产生一份2020年后应对全球气候变化的新协议提供了重要基础。根据计划,各方在利马气候大会上确定了新协议的要素内容后,将在次年5月之前形成谈判案文,最终在2015年年底举行的巴黎气候大会上讨论和通过新协议,并于2020年生效。

利马大会结束了,但多个难题仍待解。此次大会围绕气候谈判主要议题的实质性争议并未得到解决。最终决议文本一再被弱化,关于巴黎协议的核心议题——国家自主决定贡献的表述比较模糊。包括中国在内的发展中国家主张,按2011年德班大会的要求,巴黎协议应包括减缓、适应、资金、技术、能力建设等多个要素,而发达国家始终侧重减缓,并试图弱化其他要素。

利马大会上,气候资金问题获得了一定进展,在出现新的捐资承诺后,绿色气候基金获得的捐资承诺已超过100亿美元。但根据之前的决议,发达国家应在2010年至2012年每年出资300亿美元作为绿色气候基金的启动资金,2013至2020年每年出资1000亿美元帮助发展中国家应对气候变化。目前的捐资承诺离1000亿美元的目标还很遥远,并且依然没有一个清晰的路线图和实现路径。

此外，各方对共同但有区别的责任原则、公平原则和各自能力原则如何体现在巴黎协议中还存在较大争议。在减排问题上，发展中国家所坚持的这三项原则继续受到发达国家挑战。一些发达国家企图曲解这些原则，意图在新协议中将发展中国家纳入强制减排国家行列，让发展中国家承担超出自身能力和发展阶段的责任，从而帮助其逃避历史责任。

巴黎气候大会，全称《联合国气候变化框架公约》第21次缔约方大会暨《京都议定书》第11次缔约方大会，大会于2015年11月30日至12月11日在巴黎北郊的布尔歇展览中心举行。超过150个国家元首和政府首脑参加了本次气候大会的开幕式。184个国家提交了应对气候变化"国家自主贡献"文件，涵盖全球碳排放量的97.9%。大会目的是促使196个缔约方(195个国家+欧盟)形成统一意见，达成一项普遍适用的协议，并于2020年开始付诸实施。2015年12月12日当晚，《联合国气候变化框架公约》(以下简称《公约》)近200个缔约方一致同意通过《巴黎协定》。协定共29条，包括目标、减缓、适应、损失损害、资金、技术、能力建设、透明度、全球盘点等内容。

《巴黎协定》指出，各方将加强对气候变化威胁的全球应对，把全球平均气温较工业化前水平升高控制在2摄氏度之内，并为把升温控制在1.5摄氏度之内而努力。全球将尽快实现温室气体排放达峰，21世纪下半叶实现温室气体净零排放。根据协定，各方将以"自主贡献"的方式参与全球应对气候变化行动。发达国家将继续带头减排，并加强对发展中国家的资金、技术和能力建设支持，帮助后者减缓和适应气候变化。从2023年开始，每5年将对全球行动总体进展进行一次盘点，以帮助各国提高力度、加强国际合作，实现全球应对气候变化长期目标。

《巴黎协定》是全球应对气候变化的"转折点"。《巴黎协定》是国际社会第一次为应对气候变化达成的共识。《巴黎协定》是一个公平合理、全面平衡、富有雄心、持久有效、具有法律约束力的协定，传递出了全球将实现绿色低碳、气候适应型和可持续发展的强有力积极信号。作为一个全球性的、具有法律约束力的协议，《巴黎协定》具有重要的里程碑意义。它努力使全球工作重心再次聚焦于人类生存面临的最大挑战之一：气候变化。

值得强调指出的是，中国在推动全球减排举措的国际合作中扮演了重要角色。中国政府一直积极推动巴黎谈判取得成功。从2015年9月开始，习主席和美国总统奥巴马共同发表了气候变化的联合声明，之后中国又与欧盟、法国以及很多主要发展中国家联合行动，宣布了一系列应对气候变化的行动和声明，为巴黎气候谈判内容和过程奠定了良好的基础。习近平主席还就此多次与有关国家领导人发表联合声明，并出席巴黎大会开幕式，系统阐述加强合作应对气候变化的主张，为谈判提供了重要政治指导。同时，中国积极推进南南合作，从资金到能力建设，自愿为其它发展中国家提供支持，也为目前尴尬的国际气候资金池提供补充。中方与会团队本着合作精神和建设性态度参与谈判，为促成巴黎大会达成协议作出了重要贡献。在大会期间，中国代表团积极与双边和多边代表团进行会谈与沟通，包括与美国、欧盟、同时与"基础四国"和"立场相近发展中国家"保持密切的沟通，并充分维护发展中国家立场关切，充分展现了中国在应对气候变化问题上负责任的大国担当。

中国政府呼吁各方积极落实巴黎会议成果，为《巴黎协定》的生效实施做好准备，并强调中方将主动承担与自身国情、发展阶段和实际能力相符的国际义务，继续兑现2020年前应对气候变化行动目标，积极落实自主贡献，努力争取尽早达峰，并与各方一道努力，按照《公约》的各项原则，推动《巴黎协定》的实施，推动建立合作共赢的全球气候治理体系。正如习近平主席在出席巴黎气候变化大会开幕式的致辞中所说的，巴黎协议不是终点，而是新起点。巴黎协定传递出了全球将实现绿色低碳、气候适应型和可持续发展的强有力积极信号。对中国而言，协定对中国今后的绿色、低碳、循环发展起到很大的推动作用。通过落实巴黎协定，进一步推动国内的可持续发展，要把应对气候变化这种挑战作为中国可持续发展的一种机遇和动力。

但是，不少国家在履行减排承诺问题上面临来自国内的不小阻力。以美国为例，总统奥巴马为削减碳排放已经几乎用尽行政权力，付出更多减排努力似乎要依赖于共和党控制的国会。现实情况是，共和党对气候变化是严重问题的说法并不买账，无意投票表决是否批准援助发展中国家向"绿色经济"转变。2017年特朗普政府的上台伊始，即宣称要退出《巴黎协定》,更是为国际社会多年来应对气候变化努力取得的这一巨大政治成果,平添了诸多不确定性。作为发展中国家的印度在推动清洁能源方面也阻力重重。印度总理莫迪决心推动解决边远地区通电难问题,而依据现有条件看,通电的解决方案只有依靠大规模燃煤发电解决,这对减排前景带来难度。

毋庸讳言,《巴黎协定》也并非尽善尽美。突出的问题在于,即使各国完成各自目前提出的国家自主贡献目标,全球温升还是会达到3℃,并不能完成既定目标。因此,全球升温是否可能按照预定目标,控制在工业化前水平以上2℃乃至1.5℃之内,仍存疑问。尽管《巴黎协定》提出了雄心勃勃远期目标,但是目前缔约方在中短期层面上的承诺,却无法保证远期目标的实现。此外,目前一个可以确保各国不断提高在气候减缓适应和气候融资方面的雄心和努力的保障机制尚付缺失;发达国家也仍然没有提出兑现在2020年前每年提供1000亿美元气候资金承诺的机制;在技术上,一个可以明确指引实现2050年碳净零排放目标的技术路线图也未制定。

2016年11月7日,《联合国气候变化框架公约》第22次缔约方会议暨《京都议定书》第12次缔约方会议,在摩洛哥南部城市马拉喀什开幕。这是《巴黎协定》正式生效后的第一次联合国气候大会,共有190多个国家和地区的官员、专家学者和非政府组织代表参加。会议的主要任务是探讨如何落实《巴黎协定》,并制定出发达国家履行资金支持承诺的路线图。基于COP21(第21届联合国气候变化大会)的成就基础,COP22(第21届联合国气候变化大会)通过了《马拉喀什行动宣言》,重申支持《巴黎协定》,标志着全球进入“落实和行动”的新时代。截止至18日,111个国家已经正式签署了《巴黎协定》,该协定已于11月4日提前正式生效。虽然第22届联合国气候变化大会的进程一波三折,但仍然达成了预期目标:在《巴黎协定》承诺的基础上,进一步增加了可供落实的实质性内容。各国对《巴黎协定》所做的承诺通过了美国总统大选这一压力测试,他们明确重申了共同应对全球气候变化这一长期立场,许多国家也开始提交去碳化的长期路线图。

各国同意在今后两年对落实《巴黎协定》的进程进行盘点,尽所有努力在2020年之前形成更具雄心的目标与计划。这是本届气候大会一项决定性的成果,将进一步加强和稳固《巴黎协定》。马拉喀什的工作得到了"气候脆弱性论坛"的支持。该组织的50个成员国承诺在2018年评估并加强现有的碳减排目标,并于2050年甚至之前实现100%可再生能源的转型。该组织的成员国基本来自岛屿、沿海、内陆和最不发达地区。这些国家受气候变化影响比较严重,而且没有太多经济实力应对。

## 中国参加的国际环境组织及在中国境内成立的非政府间国际组织

1. 政府间国际环境组织

(1)联合国针对气候变化问题的机构有两个:一是《联合国气候变化框架公约》秘书处;二是IPCC,由世界气象组织和联合国环境署于1988年联合成立。

(2)参与气候变化的其他政府间国际组织:

世界银行

国际货币基金组织

联合国开发计划署

粮农组织

工业组织

国际海事组织

世界旅游组织

联合国教科文组织

联合国人类居住区规划署

联合国贸易和发展会议

联合国经济和社会事务部

2. 国际非政府间环境组织:(International Environmental Non-government Organizations,IENGO)

国际自然和自然资源保护同盟(IUCN)

世界自然基金会(WWF)

绿色和平组织(Greenpeace)

国际地球之友(FOE)

中国国际民间组织合作促进会(China Association for NGO Cooperation),1993年在国家民政部正式登记注册,其前身是中国国际经济技术交流中心;

全球环境研究所(GEI),于2004年3月在北京注册成立。等等。

3. 在中国境内成立的国际组织(民政部注册)

比尔·盖茨基金会(美国)北京代表处

威廉·杰斐逊·克林顿总统基金会北京代表处

唐仲英基金会(美国)江苏办事处

应善良基金会(香港)上海办事处

中国-默沙东艾滋病基金会(美国)北京代表处

中华孤残儿童基金会(美国)北京办事处

世界健康基金会(美国)北京代表处

中华爱心基金会(香港)北京代表处

世界自然基金会(瑞士)北京代表处

李嘉诚基金会(香港)北京办事处

世界经济论坛北京代表处

慈济慈善事业基金会

威盛信望爱公益基金会

华阳慈善基金会

华润慈善基金会

余彭年慈善基金会

黄奕聪慈善基金会

顶新公益基金会

半边天基金会(美国)北京办事处

梅里埃基金会(法国)北京办事处

香港顺龙仁泽基金会顺德代表处

能源基金会(美国)北京办事处

中华浩德国际基金会北京代表处
保护国际基金会(美国)北京代表处
新希望基金会(香港)北京代表处
美国中华医学基金会北京代表处

# 案例研究一:石油美元投资模式

石油美元(Petro-dollar)是指20世纪70年代中期石油输出国由于石油价格大幅提高后增加的石油收入,在扣除用于发展本国经济和国内其他支出后的盈余资金。由于石油在国际市场上是以美元计价和结算的,也有人把产油国的全部石油收入统称为石油美元。石油美元是石油生产国为维护本国权益进行斗争的结果,也是石油提价后出现的一种金融力量。全球著名咨询公司麦肯锡研究院估算,石油出口国在2006年成为世界上全球资本流量的最大源泉,从20世纪70年代以来第一次超过亚洲。石油美元投资者(包括政府和个人)拥有的海外金融资产总额在3.4万亿美元至3.8万亿美元,根据2007年至2010年75美元/桶的平均油价推算,2010年国际资本市场上的石油美元资产应在5.6万—6万亿美元左右,中东海湾国家(GCC)的石油美元资产约在2.0万—2.4万亿美元。①

石油美元是一种流动性的资金,其投资模式即是通常所说的石油美元回流途径。石油美元回流,指石油输出国的石油收入重新流回石油进口国的现象。石油美元的巨额增加始于1973年的第四次中东战争,20世纪70—80年代的石油美元回流,主要是流向国际收支赤字国家,一是通过投资或贷款实现石油美元从石油出口国到石油消费国的资金回流,二是通过金融市场(如欧洲货币市场)或国际金融机构(如国际货币基金组织)在各个逆差国家之间进行适当的再分配,使逆差国所获得的贷款与它们的国际收支赤字大体相等,也就是按各国的需要回流。①石油美元大量投放在欧洲

① Diana Farrell and Susan Lund, "the new role of oil wealth in the world economy," *The McKinsey on Finance*, No.26, Winter 2008.

货币市场,成为欧洲美元的组成部分,在美国纽约市场上也十分活跃。经过20世纪90年代的油价低迷,1999年油价开始反弹,并随着世界经济飞速发展和石油需求大幅上升,石油美元迅速增加。20世纪90年代以来,除了投向美国和欧洲的货币市场和债券市场,石油美元还流入东京市场和新加坡亚洲美元市场进行各种存放和投资。目前石油美元是国际金融市场上一支举足轻重的力量,对当前国际经济、国际金融市场的影响不容小觑。投资的安全性、流动性、收益率和对资产的可控性,决定了石油美元的投资模式。

## 一、20世纪70—80年代石油美元回流

20世纪70年代,两次石油危机使石油价格涨了10倍还多。① 据统计,欧佩克成员国1973—1981年的石油收入总额为12748.2亿美元,其中石油美元占36.76%,为4686.4亿美元。主要集中在沙特阿拉伯、科威特、伊拉克和阿联酋等少数海湾产油国。到1980年底,上述四国拥有OPEC石油美元总额的80%,其中沙特占38.6%(1406.9亿美元)、科威特占18.9%(690亿美元)、伊拉克占11.3%(412.5亿美元),阿联酋占10.7%(391.5亿美元)。② 这20年里,OPEC国家积累了巨额石油美元,尽管石油输出国实施了规模庞大的经济发展计划,大幅提高商品和劳务进口,由于国内市场狭小,吸收资金有限,一些主要阿拉伯石油输出国石油出口收入的增加与国内资金吸收能力之间的矛盾开始出现,表现为国际收支经常项目盈余快速增长。这些石油美元在石油输出国内无法发挥效益,只能通过国际金融市场渠道寻找出路,生息获利,也就是回流到那些资金吸收能力较强,投资效益较高的市场上去。与此同时,由于进口石油支出大幅增加,石油进口国出现了巨额国际收支逆差,其中发展中国家需要借入大量资金以弥补逆差、发展经济;西方发达国家陷入严重经济危机,同样渴求石油输出国的石油美元能

① Venugopal K. Rajuk, *Petrodollar and its Impact on the World Economy*, Publishing Company, New Delhi 1990, p.303.

② 马秀卿:《石油·发展·挑战》,石油工业出版社1995年版。

够回流到当地货币市场。① 这种张力和引力的相互作用,构成了石油美元回流机制,这段时期也是石油美元回流的高峰期。主要通过以下四个渠道:

第一,通过进口商品和劳务,回到石油消费国(主要是发达国家)。1982 年 OPEC 进口支出达到顶峰,为 1624.57 亿美元,是 1973 年的 8 倍。而石油出口收入同比增长仅为 5.56 倍。1973—1987 年 OPEC 进口支出占石油出口收入的比例为 68%,1986 和 1987 年进口支出一度超过石油出口收入。②

第二,对非洲和亚洲发展中友好国家的援助。伴随石油收入滚滚而来,阿拉伯国家(主要是海合会国家)的对外援助也日益增多,并随着油价的波动而起伏。就援助方式来看,分为赠予和贷款两种方式,1970—1990 年是以赠予为主,占对外援助的 67%。2000—2008 年正好相反,贷款占对外援助的 64%。③

第三,通过欧洲货币市场和美国货币市场在发达国家进行投资。1973—1987 年,OPEC 对外投资总额 4732 亿美元,主要流入工业发达国家的金融市场,达到 3601 亿美元,其中投入美国、英国的石油美元约为 651 亿美元和 677 亿美元,投入其它发达国家的约为 1804 亿美元。④ 从投资组合来看,传统货币市场投资以银行存款和政府短期债券为主,产权投资则以世界证券市场、房地产市场和贵金属投资为主。美国和欧洲银行把石油美元借给第三世界国家或其他工业国家借款人,用于这些国家偿还债务本息和弥补经常项目逆差。银行存款占 OPEC 对外投资的比例从 1973 年的 66.2%(90 亿美元)下降到 1987 年的 39.6%(1826 亿美元)。⑤ 与此同时,

① Venugopal K. Rajuk, *Petrodollar and its Impact on the World Economy*, Publishing Company, New Delhi 1990, p.370.

② Venugopal K. Rajuk, *Petrodollar and its Impact on the World Economy*, Publishing Company, New Delhi 1990, pp.395-398.

③ *Arab Development Assistance*, World Bank, 2010, p.11.

④ Venugopal K. Rajuk, *Petrodollar and its Impact on the World Economy*, Publishing Company, New Delhi 1990, pp.318-319.

⑤ Venugopal K. Rajuk, *Petrodollar and its Impact on the World Economy*, Publishing Company, New Delhi 1990, p.320.

OPEC 对英国和美国的投资比例逐年下降,分别从 1973 年的 64%和 30. 7%下降到 1987 年的 19%和 18%,对其它发达国家的投资则从 5. 2%上升到 63%。OPEC 对 LDC 国家的投资一直比较稳定,从 1974 年的 114 亿美元(12. 4%)上升到 1987 年的 595 亿美元(14. 1%)。① 这一方面反映了新兴发达国家对资金的强劲需求,另一方面也说明 20 世纪 70 年代后期,OPEC 国家尤其是阿拉伯国家银行迅速发展,已经有能力绕开欧美货币市场和资本市场对其他国家进行直接贷款。1974—1981 年间,在 2198 亿美元的欧洲长期信贷总额中有 15%是阿拉伯银行牵头的国际辛迪加贷款。②

第四,在国际货币和金融中心的存款,以规避汇率变动和通货膨胀损失。OPEC 对 IMF 和世界银行的存款(包括 IBRD 债券)从 1973 年的 22 亿美元,逐年上升到 1987 的 409 亿美元,占 OPEC 对外投资比例的 8. 8%。③

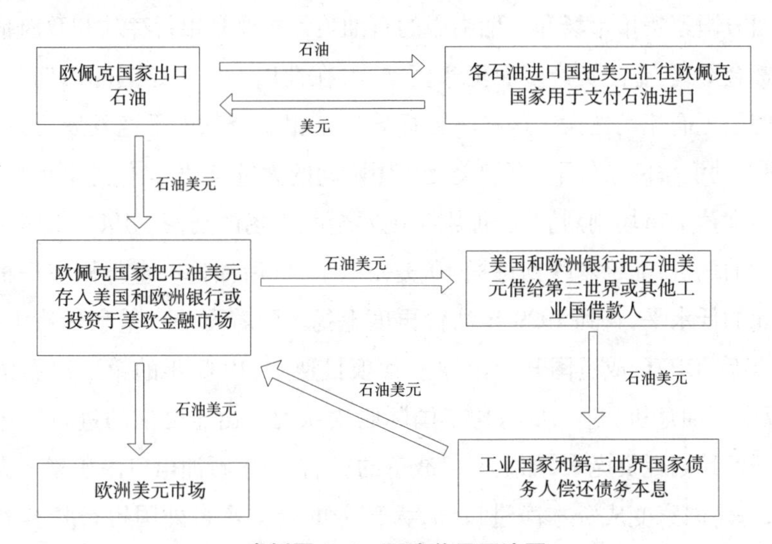


**案例图 1-1 石油美元回流图**

① Venugopal K. Rajuk, *Petrodollar and its Impact on the World Economy*, Publishing Company, New Delhi 1990, pp.318-319.

② 黄银柱:《石油美元倒流是暂时的》,《世界经济》1983 年第 12 期。

③ Venugopal K. Rajuk, *Petrodollar and its Impact on the World Economy*, Publishing Company, New Delhi 1990, p.320.

从全球视野来看,20 世纪 70 年代,西方发达国家经济出现“滞涨”局面,以凯恩斯主义为主要内容的国家干预政策失灵,新保守主义取而代之,并在经济上倡导新自由主义,主张资本国际化,并将其作为复苏经济的重要战略。因此,70 年代和 80 年代初的石油美元回流并不是一个单纯的经济现象,是与当时西方发达国家新自由主义的国际战略相吻合的。石油资金的绝大部分都通过各种渠道用于国外投资和贷款,这不仅使石油输出国避免了大量积压外汇资金,为本国带来利息和利润收入,而且对于稳定国际经济联系和国际金融秩序起着重要作用:国际金融市场可贷资金增加,国际资本流动也随之兴旺。可以说,国际资本大规模流向发展中国家就始于 20 世纪 70 年代石油危机之后,客观上解决了借款国的进口和偿债需求,并因此降低了石油价格上涨造成的全球紧缩性影响。然而,新自由主义资本国际化的一个重要后果就是全球债务的增加,加大了借款国的债务风险。而且,由于西方国家货币市场和金融中心的石油美元主要是银行存款和政府债券短期资金形式,金融资产多而生产资本少,在性质上大多是国际短期资金,借贷期限短而流动性大。这在一方面导致了银团贷款的迅速发展,另一方面,在浮动汇率的条件下,石油美元在国际间的大量流动,又使外汇市场、信贷市场和黄金市场剧烈波动,加剧了国际金融市场的动荡。1986 年爆发第三次石油危机,油价暴跌到每桶 10 美元以下,此后油价一直徘徊在每桶十几美元的低水平,直到 1999 年油价再度上扬。随着石油产量和价格下跌,1982 年后,OPEC 成员国开始出现经常项目逆差,1985 年的第三次石油危机(反向石油危机)进一步恶化了国际收支状况。由于之前的进口支出和经济开发计划耗资庞大,加上两伊战争的影响,中东石油出口国积累了大量赤字,海湾国家变成资本净进口国,大部分的资本来自外国银行贷款和借债,由于债券市场不发达,尚没有发行国际债券。因此,石油输出口国的石油美元累计过程被迫中断,石油美元回流的规模和速度也大打折扣。由于发达国家私人商业银行向非产油发展中国家发放贷款的资金来源无以为继,发展中国家获得国际贷款的条件急剧恶化。一些发展中国家的偿债率远远超过国际公认的 25%的安全警戒线,渐渐陷入以债养债的困境中。1985 年欠发达国家超过 80%的国外借款中用来为旧债还本付息。大量外债积累,以及借债国内部管理不善、腐败等原因导致债务成本上升,拉美国家终于在 20 世纪 80 年代初爆发了债务危机,与此同时,国际石油市场形成供大于求的买方市场,石油输出国之间为获取市场份额展开了激烈竞争。OPEC 国家在 1982 年也出现了经常项目逆差,并在第三次石油危机、西方发达国家经济危机的冲击下,和拉美国家一样陷入严重的经济衰退——“失去的十年”。

## 二、高油价与全球经济不平衡

从 1999 年起,OPEC 国家的石油出口收入随着油价攀升再次呈现强烈的增势,到 2005 年,OPEC 国家的年石油收入突破了 5000 亿美元,2008 年更是高达 1 万亿美元,2009 年受国际金融危机和油价下跌的影响,缩减到 5753 亿美元。[①] 2008 年 OPEC 国家的经常项目盈余高达 4518 亿美元,与此同时,世界上除了发展中亚洲、中东、俄罗斯独联体国家外,经常账户均出现逆差,尤以美国、欧盟为甚。自 2003 年以来,拥有最大经常账目盈余的国家,已经不是亚洲,而是石油出口国(OPEC 加上俄罗斯、挪威等其它非 OPEC 石油出口国),高企的油价让他们大发横财。

根据全球著名咨询公司麦肯锡研究院 2007 年的报告,全球资本市场正在发生深刻变化,一直集中在发达经济体的金融权力正在分散,石油美元、亚洲中央银行、对冲基金和私募股权基金发展迅速,成为新的世界金融权力经济。这四大投资集团的资产自 2000 年以来几乎增长了两倍,在 2006 年底达到约 8.5 万亿美元。这大约相当于 2006 年底全球金融资产(167 万亿美元)的 5%,然而,世纪之初,这四大力量还处在全球金融市场边缘。[②] 石油出口国在 2006 年成为世界上全球资本流量的最大源泉,从 20 世纪 70 年代以来第一次超过亚洲,石油美元投资者(包括政府和个人)拥有的海外金

① *Annual Statistical Bulletin*, OPEC, 2009.

② Diana Farrell and Susan Lund, “The world's new financial power brokers”, *The McKinsey Quarterly*, 2007(12).

融资产总额在3.4万亿美元至3.8万亿美元,位列四大权力经济之首。麦肯锡研究院估计,如果石油价格稳定在每桶70美元左右,每年将有6280亿石油美元流入全球金融市场。根据2007年至2010年75美元/桶的平均油价推算,目前国际资本市场上的石油美元资产应在6万亿美元左右。① 海湾合作委员会(GCC)各国是最大的石油输出国。截止到2006年底,GCC海外资产达到了1.6—2万亿美元,预计2010年将达到2.0—2.4万亿美元。其中政府拥有的石油美元资产(央行和主权财富基金)占65%,其余石油美元资产由政府投资公司、高资产净值的个人、国有企业和私营企业拥有。②

中央银行持有的石油美元进行海外投资是为了避免国际收支平衡波动的冲击,强调资产稳定而不是利润最大化,主要以银行存款和长期政府债券(主要是美国国债)的形式持有外汇储备。沙特货币局(央行)基金最大,2009年底的估值为4360亿美元。大多数石油出口国建立了主权财富基金,通常依靠外部全球资产管理人来进行管理,很少在海外企业中拥有控股权。主权财富基金投资组合多元化,包括股票、固定收益工具、房地产、银行存款和其它替代型投资。阿布扎比投资局(Abu Dhabi Investment Authority,简称ADIA)是全球最大主权财富基金,总资产高达6270亿美元。近年来,石油出口国建立了一些规模较小的政府投资基金,如迪拜国际资本(Dubai International Capital,简称DIC)和Istithmar,其运营方式接近私募股权基金,独资或与其它财团一起直接投资国内外企业。石油出口国的一些国有企业直接或间接从政府获得资金,然后投资于海外企业,在国内市场狭小的中东地区尤为明显,例如2007年沙特基础工业公司(Saudi Basic Industrial Company,简称SBIC)出资116亿美元收购GE塑料部门。石油出口国的私营企业,例如科威特移动电信公司,使用留存收益和资本增长为海外投资提供资金。大多数石油出口国的私人财富高度集中在少数几个超级富豪手中,例如沙特首富瓦利德王子。他们的大部分资产投资海外,通常使用伦

① Diana Farrell and Susan Lund, "The new role of oil wealth in the world economy", *The McKinsey on Finance*, 2008(26).

② Kito de Boer, Diana Farrell, Susan Lund, "Investing the Gulf's oil profits windfall", *The McKinsey Quarterly*, 2008(05).

敦、瑞士和其它金融中心的金融媒介,资产分布高度多样化,但又偏好于股票和替代型投资。

20世纪70年代,高油价引起石油美元剧增,商业银行把这些石油美元变成向新兴经济体(主要在拉美)提供的贷款。20世纪80年代初通货膨胀和利率大幅度上升的时候,借款人无力还债的状况使国际金融系统陷入崩溃的边缘。进入21世纪,新石油美元再度在国际金融市场呼风唤雨。历史会重演吗?学界普遍认为,时过境迁,石油进口国的外贸结构发生了很大改变,由于进口石油而造成的逆差逐渐减少。1974年OPEC国家的贸易顺差占全球GDP的1.2%,2008年只占0.1%。[①] 这说明,当前石油美元的构成中,有很大部分是投机资本,来自石油收入的石油美元比重在下降。同时,国际资本市场上的富裕流动性高达167万亿美元,且由养老金基金、共同基金和保险资产唱主角(35.6%),占比约为2%的石油美元对区域内和西方市场上金融资产的需求会抬高资产价格,但也不太可能像20世纪70年代末那样造成全球金融体系的失衡。[②] 为了缓解贸易不平衡,也为了改变单一的经济结构,促进本国经济的多元化发展,中东石油出口国正在积极地消费石油美元。从1993年以来,海湾合作委员会成员国的平均投资率约为GDP的20%,与欧洲和美国的水平相当,但却比巴西、中国、印度和俄罗斯组合在一起的投资率低几乎1/4。目前的趋势表明,为了刺激本地区发展,石油美元对本地金融市场的投资日益增加,海合会国家富有的私人投资者所持有的本地金融产品组合已经从2002年的15%增加到大约25%。[③] 世界银行和IMF报告都指出,当前石油输出国正在逐渐将石油美元花费到必需的项目上,而且花费要比过去少,2000—2005年,中东产油国支出占石油收入的比例为25%,20世纪70年代这一比例为60%。[④] 石油美元被用来

① 根据当年OPEC贸易顺差和全球GDP相除计算而成。

② Diana Farrell and Susan Lund,"Tthe world's new financial power brokers",*The McKinsey Quarterly*,2007(12).

③ Kito de Boer,Diana Farrell,Susan Lund,"Investing the Gulf's oil profits windfall",*The McKinsey Quarterly*,2008(05).

④ *Middle East and North Africa Region-Economic Developments and Prospects*,World Bank,2005.

保留大量盈余,用以偿付债务,增持资产,为潜在的劳动力增长提供就业机会,或者增加储蓄。中东主要石油出口国 GCC 国家的官方储备从 2002 年的 719 亿美元增加到 2008 年的 5146 亿美元,增长了 7 倍;政府债务占 GDP 比例从 65.8%下降到 12.4%。①

## 三、新石油美元回流渠道及投资结构

2000 年以来的高油价给石油输出国带来巨额石油收入,其中的大部分又循环流入全球金融市场,使石油美元投资者成为越来越强大的参与者。然而,即使是 IMF 和国际清算银行(BIS)的专家也很难追踪中东石油美元的流向,因为大量盈余不是作为官方储备持有的,而表现为政府的石油稳定与投资基金和国家石油公司的对外投资。在油价达到顶峰的 2008 年,GCC 官方储备增加了大约 921 亿美元,仅仅是其经常账户盈余的 35.8%。② 据国际清算银行称,其无法掌握石油出口国自 1999 年以来积累起来的 70%石油美元的去向,1978—1982 年这一比例是 51%。③ 世界上所有产油国积累的石油美元中,60%的资金不明去向,俄罗斯石油美元流向相对明确,仅有 13%的石油美元难以追踪。④ 那么这些“失踪”的石油美元躲在世界的哪个角落? 产油国本身不希望被统计机构跟踪调查,而且产油国国内管理石油美元的机构发展壮大,海合会国家发达的银行体系和主权财富基金已经熟悉国际金融市场规则,有能力直接参与石油美元投资,从而绕过欧洲和美国货币市场和国际金融机构。这也说明银行存款在石油美元投资结构的比重逐步下降,从 2001 年的 46.0%降到 2005 年的 22.5%,而是更多地流向了对

① *Impact of the Global Financial Crisis on the Gulf Cooperation Council Countries and Challenges Ahead*, IMF-Middle East and Central Asia Department, 2010.

② *Regional Economic Outlook-Middle East and Central Asia*, IMF, 2010-10.

③ *Quarterly Review*, BIS, 2005-12.

④ Adam Hanieh, *Khaleeji Capital: Class Formation and the Gulf Cooperation Council*, Graduate Program in Political Science York University, Toronto, Ontario, Library and Archives Canada, Published Heritage Branch, (201).

冲基金、私募股权基金等离岸金融机构,或被用于偿还债务,以及投资房地产和对外投资。[①] 2005 年中东北非地区对外投资总额 7250 亿美元,其中当年外汇储备变动 1500 亿美元,占总储蓄的 20.7%。其它资产包括:银行资产(34.5%)、投资组合(48.3%)和其它投资(17.2%),美元资产的比例高达 70%。(见案例表 1-1)也有大量的石油美元变成了海外私人资产,世界主要石油出口国私人资本流出占 GDP 比例为 20%,其中沙特私人资本流出占 GDP 比例高达 36%,科威特 30%,卡塔尔 40%。[②] 对于产油国来说,尽管美元持续贬值,美元资产仍是石油美元的最佳选择,不仅是其收入获利途径,更有利于其在政治上密切与美国的联系,为此中东各国均持有 500—800 亿美元的美国国债。

**案例表 1-1 2005 年中东北非对外投资结构**

单位:10 亿美元

| | 金额 | % | 美元比例 |
|---|---|---|---|
| 中东北非公共和私人净储蓄 | 725 | 100% | 74% |
| 外汇储备变动 | 150 | 20.7% | 70% |
| 其它资产 | 575 | 79.3% | 75% |
| 银行资产 | 250 | 34.5% | 71% |
| 银行存款(BIS) | 163 | 22.5% | 72% |
| 其它银行存款(离岸) | 87 | 12.0% | 70% |
| 投资组合 | 350 | 48.3% | 80% |
| 美国国库券(美国国内) | 67 | 9.2% | 100% |
| 其它 | 283 | 39.0% | 75% |
| 其它投资 | 125 | 17.2% | 70% |
| FDI | 40 | 5.5% | 70% |

① 受获取资料的限制,该部分的数据较旧,但从一个长期的发展进程看,基本能反映出中东产油国石油美元回流渠道和结构。——笔者注

② Adam Hanieh, *Khaleeji Capital*: *Class Formation and the Gulf Cooperation Council*, Graduate Program in Political Science York University, Toronto, Ontario, Library and Archives Canada, Published Heritage Branch, (203).

续表

| | 金额 | % | 美元比例 |
|---|---|---|---|
| 对冲基金 | 40 | 5.5% | 70% |
| 私募股权基金 | 45 | 6.2% | 70% |

资料来源:APICORP,"Oil Producers High Net Savings:Riding the Mobius Strip Once Again?" *Economic Commentary*,Volume 1,No. 7-8,July—August 2006.

据国际金融机构(Institute of International Finance,简称 IIF)2007 年数据,2002—2006 年 GCC 国家 55%的资本流向美国,其次是欧洲。海湾石油美元在美国多数以证券和私人投资的形式,在欧洲则主要以股票和房地产形式投资。值得注意的是,"9·11"事件是石油资本流向的一个重要转折点,中东投资者意识到,需要将投资更加多元化。石油美元有东移的趋势,投往亚洲、非洲的比例逐步上升。(见案例表 1-2)GCC 地处中东北非地区,与其他国家有着宗教、民族等千丝万缕的联系。2001 年以来,GCC 区域内投资迅速上升,累计达到 41.8 亿美元,主要投向黎巴嫩、埃及和突尼斯,并集中在服务业(66%)和工业(32%)。沙特、阿联酋和科威特三国的投资占区域内投资总额的 69%。① 此外,亚洲经济增长迅速,地缘上与中东更为接近;新一代的基金经理对在新兴市场投资更有经验,他们善于在尚未充分发展的亚洲市场发现机会。因此,亚洲逐渐成为中东投资的选择之一。从地域来划分的话,海湾地区的公司及主权投资基金是中国股市中增长最快的一个投资者群体。

**案例表 1-2 2006 年 GCC 国际资本流向(按地区分)**

单位:10 亿美元

| 国家与地区 | 金额 | % |
|---|---|---|
| 美国 | 300 | 55.3 |
| 欧洲 | 100 | 18.4 |
| 中东北非 | 60 | 11.1 |

① John Nugee and Paola Subacchi, *The Gulf Region-A new Hub of Global Financial Power*, Chatham House, Great Britain.2008(72).

续表

| 国家与地区 | 金额 | % |
| --- | --- | --- |
| 亚洲 | 60 | 11.1 |
| 其它 | 22 | 4.1 |
| 总计 | 542 | 100 |

资料来源:*The data combine FDI and portfolio flows, including asset classes such as bank deposits and real estate purchases.* Institute of International Finance, 2007.

## 四、石油美元回流的实质

如此多的石油收入和因此带来的全球贸易不平衡问题不能不引起世界各国的关注。以美元为计价机制的石油美元加剧了全球经济失衡,而美元未来走势、流动性过剩下的投机资本盛行又给石油市场的未来增加了不确定性。① 新石油美元出现之后,对世界经济和国际金融产生了巨大影响:② 第一,确立了对世界石油产业的综合支配力,为产油国提供了丰富的资金,改变了长期存在的单一经济结构,逐步建立起独立、自主的国民经济体系。第二,使不同类型国家的国际收支发生了新的不平衡,国际储备力量的对比发生了结构性变化。比如中东、俄罗斯由于油价上涨,赚到了更多的石油美元,中东欧、美国、欧盟等发达经济体的经常项目逆差进一步加大。第三,提高金融市场流动性,巨大的石油美元使利率保持低水平并支持了金融资产,新的流动性正在对资产价格产生通胀效应,助长泡沫的产生,例如在股票市场和房地产市场,从而加剧国际金融市场震荡。第四,石油美元和其它三大金融权力经济正重构全球资本市场格局,欧洲和美国以外的投资者越来越多地决定着金融市场中的趋势,因此全球经济失衡不单是贸易顺逆差关系,隐含其后的是现存的金融秩序和手段。第五,石油美元所带来的全球失衡

① 管清友:《流动性过剩与石油市场风险》,《国际石油经济》2007 年第 10 期。

② 刘华、卢孔标:《石油美元对全球国际收支平衡的影响》,《银行家》2006 年第 6 期;覃东海:《新石油美元与全球收支失衡》,《中国外汇》2006 年第 9 期。

问题深刻改变了国际货币体系，未来欧元、美元和亚洲货币将共同构建世界货币体系的新格局。值得注意的是，这种新的全球不平衡并非源于石油出口国的巨额石油收入，而是石油美元计价机制所支撑的美元霸权，“石油美元体制为美国实现在中东乃至全球的利益提供了极为有效的金融支持”。①也有的学者指出“美国经济是全球经济失衡的关键”。② 石油美元定价机制以及石油美元回流从根本上来说是由美国主导，并为其国家利益服务的，美国开动印钞机就能生产出千万亿美钞。

20 世纪 70 年代的石油美元极大地推动了欧洲美元市场发展，美国还通过开放金融市场和扩大对中东的技术、军事贸易，吸纳美元最终回流至美国。对其他国家而言，石油美元环流使之陷入被动，不得不通过出口实实在在的商品和劳务，部分用来建立巨额美元外汇储备，部分又以回流方式变成美国的股票、国债等有价证券，繁荣了美国证券市场，填补了美国的贸易与财政双赤字，从而支撑美国经济。美国还使用战争和金融手段加强对石油资源的控制，并调控油价，许多石油进口国大受其害。建立和维持牢不可破的石油美元联姻，确保石油美元体制带来的巨大政治经济利益，这是实现美国石油霸权和货币霸权，维护其国际领导地位的基础。

进入 21 世纪以来，美元走弱伴随欧元走强，“石油美元机制”的根基有所动摇，③但是，美国绝对不会轻易放弃支撑其经济霸权基础的石油美元计价机制。因此，有的中国学者指出，石油交易计价货币的选择从根本上而言是个政治问题，但又被国际投机集团所利用来制造石油危机、美元危机和发展中国家货币危机，为改善全球治理机构，一个可行的做法是切断石油美元计价机制，这需要一次深重的美元危机来完成救赎。④

---

① 杨力：《试论“石油美元体制”对美国在中东利益中的作用》，《阿拉伯世界》2005 年第 4 期。

② 钟伟，北京师范大学金融研究中心课题组：《解读石油美元：规模、流向及其趋势》，《国际经济评论》2007 年第 2 期。

③ 杨力：《试论“石油美元体制”对美国在中东利益中的作用》，《阿拉伯世界》2005 年第 4 期。

④ 管清友、张明：《国际石油交易的计价货币为什么是美元?》，《国际经济评论》2006 年第 4 期。

# 五、主权财富基金的多元化投资策略

2007年夏天开始的美国次贷危机,将主权财富基金推到风口浪尖上。在欧美国家深陷次贷危机紧缩之际,来自中东、亚洲和其他地区的主权财富基金频频出击,正在重塑全球金融业版图。近年来,主权财富基金数量、规模急剧扩大,投资活动日益广泛,引起国际社会高度关注。

## (一)主权财富基金概况

美国财政部负责国际事务的助理部长楼瑞(Clay Lowery)根据资金来源的不同,将主权财富基金分为资源型商品基金(commodity funds)和非资源型商品基金(non-commodity funds)两大类。资源型商品基金(石油、天然气、铜和钻石)的资金来源是资源出口收入或者资源出口税的上缴,主要以中东、拉美地区、俄罗斯、挪威国家为代表。而非资源型商品基金主要来源于一国的预算或外国盈余以及私有化收入,以亚洲地区中国、新加坡、马来西亚、韩国、中国台湾、中国香港等6个国家和地区为代表。① IFSL和美国主权财富基金研究所也采取这一种划分方法。根据美国SWFs研究所2012年底的评级报告,目前全球范围内共有47个国家和地区设立了67个主权财富基金,总额达到5.2万亿美元,其中石油、天然气等资源型基金占58%,外汇储备盈余型基金占42%。② 就地域分布来看,全球主权财富基金资产高度集中,亚洲和中东(资源型)控制的主权财富基金资产比例都接近40%,欧洲(主要是挪威和俄罗斯)掌握了剩下的大部分资产。就单个国家来说,中国所占比例最高,接近30%,其次是阿联酋占16%、挪威12%、沙特

① Clay Lowery,"Sovereign Wealth Funds and the International Financial System",*Remarks at the Federal Reserve Bank of San Francisco's Conference on the Asian Financial Crisis Revisited*, US Treasury, June 21, 2007.

② USA, *Sovereign Wealth Funds Institute*, Dec 2012, http://www.swfinstitute.org/fund-rankings/

10%、新加坡8%,科威特和俄罗斯分别占6%和2%。[①] 由于全球油气资源需求扩张带动世界石油天然气贸易量持续增加,进一步推动石油美元资产规模增长。2007—2011年资源型主权财富基金资产增长率高达25%,2012年底资产额达到2.9万亿美元,增长部分主要来自石油增产的沙特、加拿大和委内瑞拉。[②] 2012年底,全球最大的15个主权财富基金中,石油出口国主权财富基金就占了8个,分别是挪威政府养老金基金、阿布扎比投资局、沙特货币局控股公司、科威特投资局、俄罗斯国家福利基金、卡塔尔投资局、阿尔及利亚收入管理基金、迪拜投资公司。(见案例表1-3)

**案例表1-3 全球领先的15个主权财富基金**

| 国家和地区 | 基金名称 | 资产(10亿美元) | 成立日期 | 类别 | 透明度指数 |
|---|---|---|---|---|---|
| 挪威 | 政府养老金基金 | 715.9 | 1990 | 石油 | 10 |
| 阿联酋 | 阿布扎比投资局 | 627 | 1976 | 石油 | 5 |
| 中国 | 安华投资公司 | 567.9 | 1997 | 非商品 | 4 |
| 沙特 | 沙特货币局控股公司 | 532.8 | n/a | 石油 | 4 |
| 中国 | 中国投资公司 | 482 | 2007 | 非商品 | 7 |
| 科威特 | 科威特投资局 | 342 | 1953 | 石油 | 6 |
| 中国香港 | 香港货币局投资组合 | 298.7 | 1993 | 非商品 | 8 |
| 新加坡 | 新加坡政府投资公司 | 247.5 | 1981 | 非商品 | 6 |
| 俄罗斯 | 国家福利基金 | 175.5 | 2008 | 石油 | 5 |
| 中国 | 国家社保基金 | 160.6 | 2000 | 非商品 | 5 |
| 新加坡 | 淡马锡控股 | 157.5 | 1974 | 非商品 | 10 |
| 卡塔尔 | 卡塔尔投资局 | 115 | 2005 | 石油 | 5 |
| 澳大利亚 | 澳大利亚未来基金 | 88.7 | 2006 | 非商品 | 10 |
| 阿尔及利亚 | 收入管理基金 | 77.2 | 2000 | 石油天然气 | 1 |
| 阿联酋 | 迪拜投资公司 | 70 | 2006 | 石油 | 4 |

资料来源:USA, Sovereign Wealth Funds Institute, Dec 2012, http://www.swfinstitute.org/fund-rankings/。

① The City UK, *Sovereign Wealth Funds*, Feb 2012, p.3.www.thecityuk.com.

② The City UK, *Sovereign Wealth Funds*, Feb 2012, p.4.www.thecityuk.com.

主权财富基金管理的基本目标都是要获取较高投资回报,以保证国家盈余财富稳定的购买力。一般来说,主权财富基金大都投资于低风险、低收益的资产,如美国短期国债。近年来,随着油价飙升和新兴市场国家外汇储备的激增,主权财富基金投资策略也在发生变化。从资产组合看,各国主权财富基金逐步从传统的政府债券投资转为兼做股票投资、房地产投资、股权投资等。从投资地区看,主权财富基金进行海外投资比重达80%。中东国家政府海外投资居全球首位,占世界各国政府海外投资的2/3,主要投向债券、硬通货、储蓄、房地产等领域。1995—2009年,总额高达1870亿美元的主权财富基金并购交易中,30%流向欧盟地区(其中英国占49%),其次是亚洲33%、美国20%,中东地区仅占4%,其它地区5%。按主权财富基金来源地看,亚洲基金占43%,中东基金占29%,其它地区占28%。① 从投资行业看,对金融行业的投资比例最大,占主权财富基金投资总额的42%。其次是能源工业、基础设施电信等服务业和房地产等领域。信贷危机期间,欧美主要金融机构流动性严重不足,为主权财富基金大规模注资提供了良好契机。但随着信贷危机演变成国际金融危机,美国和欧盟股票市场迅速下滑,尤其是银行类股损失惨重。主权财富基金的注资并未使这些公司免于灾难,还为其投资者招来巨额损失。2009年主权财富基金管理的资产下降3%,降至3.8万亿美元,其中主要是资源型主权财富基金的资产损失。因此,2009年后,主权财富基金逐渐减少对金融领域的投资,2011年金融投资额降到140亿美元,2010年为200亿美元,2008年时高达800亿美元。在抛弃金融行业的同时,各大主权基金积极寻求投资组合多元化。他们继续对股票和固定收益类资产进行投资的同时,致力于扩大其对房地产、食品和能源等大宗商品等实体经济的投资,同时也加大了对风险较高的对冲基金的投资力度。在具体投资目标上,石油国主权财富似乎更青睐制造业,非石油国主权财富基金则更倾向于新兴产业。与此同时,主权财富基金的投资方向正从发达国家转向新兴市场国家,亚洲地区成为主权财富基金投资增

① Steffen Kern, *Deutsche Bank Research*, July 2009.

长领域最快的地区。①

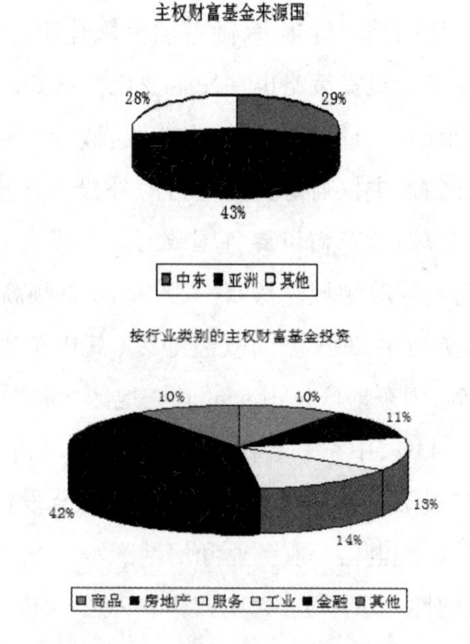


**案例图 1–2 主权财富基金投资来源国和投资类别**

资料来源：Steffen Kern, *Deutsche Bank Research*, July 2009。

英国伦敦金融服务局认为，资源型的主权财富基金更倾向于股票投资和替代型投资（alternative investments），80%投往海外市场，其中股票投资占了一半，其次是固定收益投资占 1/3，银行存款占 15%。② 在国际金融危机期间，政府债券投资比例有所上升。非资源型投资是国际资本市场上重要的流动性来源，倾向于购买美国资产，尤其是美国国债，近 2/3 资产是美元资产。

## （二）中东海湾国家主权财富基金多元化投资策略

中东海湾国家主权财富基金占全球资源型主权财富基金的 60%左右。因此，对其投资策略的分析有助于了解全球主权财富基金的投资动向。

---

① The City UK, *Sovereign Wealth Funds*, Feb 2012, p.7.www.thecityuk.com.

② The City UK, *Sovereign Wealth Funds*, Feb 2012, p.6.www.thecityuk.com.

1953年,科威特在英国伦敦开设科威特投资局,就此揭开了主权财富基金序幕。此后几十年中,尤其是70年代的石油危机以后,石油美元源源不断地涌入中东国家,使这些国家的经济实力和政治影响力不断提高,也给它们的长期发展埋下了隐患。中东国家经济发展与石油价格相关性过高,而且除了石油工业之外没有建立起成套的工业体系,现代服务业也非常薄弱,是一种畸形的发展模式。1985年的"反向石油危机"以及非OPEC产油国的迅速发展使以中东产油国为主的OPEC遭到严重冲击。为了降低对石油资源的依赖,这些国家纷纷成立了主权财富基金,一方面大举收购海外资产,另一方面对本地的基础设施、工业及服务业进行投资,以加强经济体系的稳定性。过去几十年的时间,中东地区以石油美元作为资本,通过在欧美市场上购买股票和债券,已经积累出超出石油收入的财富。2000年以来,石油价格飙升带来滚滚石油美元,再次令产油国"钱袋鼓了起来",主权财富基金也随着石油收入增加而水涨船高。2007年,开始的美国次贷危机使它们在国际金融市场上崭露头角。一向低调的中东产油国主权财富基金也因"财大气粗"、纷纷向欧美金融机构出击而受世人瞩目。

根据美国主权财富基金研究所估计,2010年底全球主权财富基金资产4.1万亿美元,近一半在中东地区,其中90%来自阿联酋、沙特和科威特等海合会国家,其资产高达1.4万亿美元,占全球主权财富基金的34.6%。①海合会6个成员国均根据自身石油美元和经济发展程度设立了不同规模的主权财富基金,阿联酋、沙特、科威特主权财富基金位列前三甲,这三国主权财富基金占全球主权财富基金总额的比例分别为18%、11%和5%,排名分别为第二、第四和第六位。海合会国家主权财富基金在本质上也是专业化的商业机构,为实现良好投资回报率的核心使命,尽量避免行政机关的管理模式。中东国家主权财富基金都属于资源型(石油)。这些国家设置主权财富基金的目的是在非再生资源(石油)枯竭之前,为国家和民族可持续发展思考,实现财富在代际之间的转换。因此它们往往是资本市场上的长期投资者,投资于收益率较高的外国资产,为下一代的生存和发展积累财富。

---

① *Sovereign Wealth Funds Rankings*, USA Sovereign Wealth Funds Institute, 2010(12).

阿联酋是中东重要的港口国家和金融中心，主权财富基金为全球之首，通过投资国外战略行业如银行来实现其国家战略，因而具有新型“国家资本主义”的特征。[①] 除了海合会国家，中东地区其它产油国也建立了自己的主权财富基金，例如，1999 年伊朗建立石油稳定基金，资产 230 亿美元；2000 年阿尔及利亚建立财富管理基金，资产 567 亿美元；利比亚于 2006 年成立利比亚投资局，现有资产 700 亿美元。这些主权财富基金在促进国内经济建设、积累海外资产等方面发挥了应有的作用，尽管它们在国际金融市场上的“风头”远不如 GCC 国家。

**案例表 1-4　2010 年 12 月 31 日中东产油国主权财富基金**

| 国　别 | 资产（亿美元） |
| --- | --- |
| 阿联酋 | 6,739 |
| 沙特 | 4,444 |
| 科威特 | 2,028 |
| 卡塔尔 | 850 |
| 巴林 | 91 |
| 阿曼 | 82 |
| GCC 总计 | 14,246 |
| 其它中东国家 | |
| 利比亚 | 700 |
| 阿尔及利亚 | 567 |
| 伊朗 | 230 |

资料来源：USA，Sovereign Wealth Funds Institute，Dec 2010。

一直以来，全球主权财富基金投资策略都比较保守，主要投向欧美地区的国债和指数基金（以美国为主）。近年来，随着美元贬值、欧元、日元以及其它新兴国家经济快速发展，主权财富基金投资日益多元化，欧美次贷危机和国际金融危机加速了这一进程。海合会国家主权财富基金也不例外，呈

① 宋玉华、李锋：《主权财富基金的新型“国家资本主义”性质探析》，《世界经济研究》2009 年第 4 期。

现多元化的投资策略。设立主权财富基金进行海外投资是海湾国家石油美元回流的一个重要途径。海合会国家85%的主权财富基金用于海外投资,每年约2000亿美元。投资于股票、债券、生产或金融类企业、房地产等。据摩根士丹利首席经济学家任永力预测,到2015年海合会国家主权财富基金将增加到5—6万亿美元,接近全球主权财富基金的一半。① IFSL报告也显示,未来海湾国家主权财富基金的全球份额将超过40%。② 除了欧美发达国家,以海合会为主的中东主权财富基金也在非洲、亚洲等地四处“开花”。埃及开罗大学经济系教授萨希尔对《环球时报》记者说,中东国家在改变全球投资格局,推动世界经济发展上发挥了重要作用,已成为世界资本市场的新生力量。③ 总体来看,沙特、科威特主权财富基金属于相对“保守派”的投资者,主要投资于固定收益类金融资产,达到其资产总额的50%—70%,现金资产占比为20%—30%。阿布扎比投资局则相对激进一些,与挪威和新加坡主权财富基金类似,他们将大部分资产投资在权益上,占比高达50%—60%,其余资产则分别配置于固定收益类资产和一些高风险资产,例如对冲基金和房地产。

第一,由被动型投资转向主动型投资。投资对象从低风险低收益的资产(如债券和指数基金)转向兼顾营利性的目标,如通过提高股权资产的投资比例、外商直接投资、跨境购并、对冲基金、衍生产品、杠杆收购等方式成为主动积极型的投资者。阿布扎比投资局、科威特投资局和卡塔尔投资局变化最为明显,投资对象从低风险低收益的资产转向高风险、高收益的资产,加大了股票、基础设施、私募股权、房地产、商品和对冲基金等领域的投资力度。例如,阿布扎比投资局75亿美元注资花旗银行、科威特投资局购买戴姆勒—奔驰公司的股份、卡塔尔投资局购得巴克莱银行7%的股份。海合会国家新设立的主权财富基金投资战略更为多样化,如迪拜国际资本

① Stephen Jen, “How Big Cloud Sovereign Wealth Funds Be by 2015?” *Morgan Stanley Research Global*, 2007-05-03.

② *Sovereign Wealth Funds 2009*, International Financial Services London-IFSL, 2009-03.

③ 《主权基金 全球经济新力量》,《环球时报》,2008年2月5日,http://news.zwsky.com/n/200802/04/203819.shtml。

购得汇丰控股10亿美元股份，迪拜投资（Istithmar）将其60%的资产投资于世界各主要城市的地产。而这也是迪拜债务危机爆发的诱因之一，这说明新的投资方式在带来高收益的同时，也带来高风险。

第二，海合会主权财富基金投资领域由金融和房地产转向高科技企业。例如阿布扎比主权财富基金购买奥地利石油天然气公司（OMV AG Group），收购挪威的北欧化工（Borealis），以满足国内化工企业博禄公司（Borouge Co.）的技术需要；巴林主权财富基金收购英国迈坎伦集团（MClaren Group）30%的股份来促进本国铝业发展，并借助该公司的专业技术发展本国汽车配件制造业。这进一步提高了海湾各国自身的生产和管理技术水平，有利于发展本国经济并改变本国单一、脆弱的资源经济。①

第三，货币构成多元化。为稳定收益，海合会国家中央银行储备资产仍将以美元为主，美元资产比例至少达到70%，阿联酋的比例最高，超过95%。2004年以来，卡塔尔投资局和科威特投资局美元资产比例逐年下降，现在约为40%。2006年以来，阿布扎比投资局也开始"向东看（主要是亚洲新兴市场国家）"，但是，其管理的资产中仍有一半属于美元资产。沙特货币局持有的美元资产比例最高，约70%—80%，这和它一贯保守的管理方式以及其坚决维持盯住美元的汇率政策是分不开的。

**案例表1-5 海合会国家主权财富基金资产构成**

单位：10亿美元

| | 美元资产 | 非美元资产 | 总计 |
|---|---|---|---|
| SWFs资产构成（不含沙特） | | | |
| 股票 | 241 | 295 | 536 |
| 债券 | 111 | 91 | 202 |
| 房地产 | 25 | 46 | 71 |
| 可替代投资 | 111 | 91 | 202 |
| 小计 | 488 | 523 | 1011 |

① 张瑾：《海合会国家主权财富基金的发展及其影响》，《阿拉伯世界研究》2010年第1期。

续表

| | 美元资产 | 非美元资产 | 总计 |
|---|---|---|---|
| 比例 | 48.3% | 51.7% | |
| 央行储备资产—债券(不含沙特) | 90 | 7 | 97 |
| 沙特 SAMA | | | |
| 股票 | 65 | 22 | 87 |
| 债券 | 194 | 65 | 259 |
| 沙特小计 | 259 | 87 | 346 |
| 沙特比例 | 75% | 25% | |
| GCC 总计 | 837 | 617 | 1454 |

资料来源:Brad Setser, Rachel Ziemba, *Understanding the New Financial Superpower-the Management of GCC Official Foreign Assets*, Council on Foreign Relations, RGE Monitor, December 2007。

第四,投资区域多元化。海合会主权财富基金一直是投资亚洲股市大户,尤其是印度尼西亚、马来西亚和中国股市。此外还投资房地产、基础建设,尤其是石油和天然气领域。海合会国家纷纷将其原先集中于西方市场的投资向亚洲地区分流,一方面是因为亚洲地区经济依然保持强劲增长势头,另一方面是因为在亚洲会受到更加热烈的欢迎。与海合会国家有着宗教和政治联系的巴基斯坦、马来西亚和印尼等国经济深度和广度难以消化他们希望投资出去的资金,这意味着主权财富基金将转向中国、印度和韩国等亚洲新兴市场国家。美国马萨诸塞州的咨询公司摩立特集团(RGE Monitor Group)估计海合会国家在亚洲(中国、日本、印度)的投资比例将由目前的10%增加到15%—30%,而在欧美地区的比例将由现在的75%降到50%左右。① 中国已经成为海合会主权财富基金的重要投资区域,已经购得四川久大盐业、工商银行、农业银行等中国企业股份,迪拜投资(Istithmar)收购了汉思能源有限公司9.91%的股份,并在上海设立代表处,这是Istithmar首次在阿联酋以外的地区设立海外代表处,中国市场影响力可见一斑。

---

① Brad Setser, Rachel Ziemba, *Understanding the New Financial Superpower-the Management of GCC Official Foreign Assets*, Council on Foreign Relations, RGE Monitor, 2007(12).

为改变本国石油经济发展模式，海合会各国主权财富基金发挥了重要作用，实现了从石油资本到金融资本的“华丽转身”，海合会各国已经成为资本净输出国家。然而，与海合会70万亿美元的“地下”石油财富相比，1.5万亿美元的主权财富基金仅仅是九牛一毛。因此，海合会国家从石油财富演变到金融财富还有很长的路要走。然而，主权财富基金的政府背景，以及其在信贷危机期间的频频出击令西方国家疑虑重重，认为其投资隐含政治目的，危害西方国家经济安全。许多国家修改了外资监管法律制度，对海合会国家主权财富基金的发展造成负面影响。为抑制西方国家的金融保护主义，海合会国家在对外投资方面更加低调谨慎，积极参与国际货币基金组织主权财富基金工作组有关主权财富基金指导原则的研究和制定。一些主权财富基金就投资事宜与资本接受国政府进行会谈以打消其疑虑，或者提升本国基金透明度。例如，阿联酋的穆巴达拉开发公司开始接受信用评级，阿布扎比投资局发布30多年以来首份年度报告，尽管该报告并没有公布外界最感兴趣的资产规模和具体的资产配置情况。因此，海合会国家主权财富基金在基金管理、信息披露和风险控制上还有待提高，然而，多年积累的专业化管理、投资途径、投资区域、投资战略多元化方面的经验和教训使得这一地区的基金运作日益成熟。主权财富基金管理正逐渐从传统的以规避风险为目的的流动性管理模式向更加多元化和具有更强风险承受能力的资产管理模式转变。这种转变，使主权财富基金能够积极拓展储备资产的投资渠道，在有效风险控制的条件下构造更加有效的投资组合，进而获取更高的投资回报。而且这种管理模式的转变，也为经济和货币政策制定者们提供了一种全新的、更加有效的政策工具。

### （三）从石油资本到金融资本

不断高涨的石油价格已经使海湾合作委员会（GCC）成员国——巴林、科威特、阿曼、卡塔尔、沙特阿拉伯和阿联酋——成为金融资本的输出地，1990年至2006年以来海合会国家海外资产发展趋势基本与油价波动趋势保持一致。但是，中东地区金融服务机构正在改变中东地区以石油作为唯一财富来源的格局。

一般认为,第三次石油危机后,石油出口国的石油美元随着经常收支和财政收支的恶化而终结。实际上,通过石油美元在国外的再投资实现自我增值,获得的投资收益超过了流量方面的减少部分。在这个过程中,石油美元作为资产和纯资产,在储备方面增加了。英格兰银行发表的季度报告表明,1981 年产油国的对外纯资产是 2420 亿美元,1990 年增加到 5280 亿美元。① 过去几十年的时间,中东地区以石油美元作为资本,通过在欧美市场上购买股票和债券,已经积累出超出石油收入的财富。与此同时,中东各产油国政府愈来愈深刻地认识到,完全依赖石油收入的国民经济是极其脆弱的,经不起国际石油市场任何价格波动或石油资源逐渐枯竭带来的打击。各国政府除不断增加海外投资外,也在充分利用已有石油财富发展多种经济,促使国家财政收入来源多样化。这一努力目前已初见成效。受美国次贷危机影响,2007 年以来国际主要金融市场私人投资锐减,而这一现状却为中东海湾产油国提供了良好机遇,像美国花旗银行、英国巴克莱银行这样的老牌国际金融机构,都要向海湾国家“讨钱”度日。自 20 世纪 70 年代石油美元激增以来,一个大的变化就是现在大多数中东投资者都接受过金融方面的教育,更加专业老练,对他们所要投资的行业也有更清晰的想法,投资结构由组合证券投资转向股权投资。现在,熟悉国际金融市场规则的投资机构开始了新的国际金融冒险,直接参与国际金融投资,利用主权财富基金通过各种投资机构进入国际金融市场,收购海外金融机构、大型能源公司以及跨国公司的资产。目前,海湾投资商已成为国际金融市场的投资主力军。

## 六、石油美元在中国的投资模式

目前,海湾石油美元对华投资,无论是与该地区国家实际对外投资能力还是与中国吸引外资的总量都不成比例,海湾资本进军中国市场才刚开始。

① [日]岸本建夫:《石油美元的动向》,《世界经济评论》3 月号。

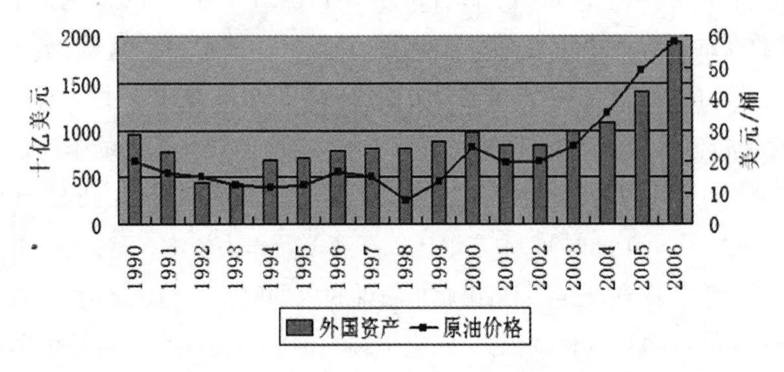


**案例图 1-3 油价与海合会国家金融资产**

资料来源:Kito de Boer, Diana Farrell and Susan Lund, "Investing the Gulf's oil profits windfall", *The McKinsey Quarterly*, Corporate Finance, May 2008, p.1。

2006 年是中国与海合会国家金融合作的一个里程碑,当年中国银行和中国工商银行首次公开募股,海湾资本高调竞购,此后,中国建设银行和中国农业银行 IPO,科威特投资局和卡塔尔控股公司均购得相当数量股票。这一年正值海湾股市大跳水。股市的不稳定性,使得海湾投资者意识到改变投资策略,分散投资的重要性。许多人将目光投向了中国和印度这样的国家。国际金融危机后,中东石油美元投资西方市场意愿降低,选择将更多资金投入到亚洲新兴市场或非洲去。卡塔尔控股公司、科威特主权基金先后获得在中国证券股票市场全额经营(10 亿美元)的投资额度,目前中国股市上仅有 6 家满额经营的外国投资机构。《英国经济学家情报部》报告称,从全球范围看,目前流向中国的资本在中东资本的全球投资组合中还比较小,但成长很快。"据估计,海湾主权财富基金只把资产中的 5%配置到亚洲新兴市场,但从增长预期的角度看,亚洲是一块很深的投资洼地。"①近几年,海湾国家的对华投资规模在迅速上扬,投资领域也从原先的基础设施建设扩展到金融、地产、酒店等,能源领域的合作进一步加强。中国逐渐成为海湾国家在合适时机的合适市场。与此同时,中国金融机构也开始进军中东海湾国家,中国工商银行分别在阿

① 西梅昂·克尔:《中东投资者看向亚洲》,英国《金融时报》,http://www.ftchinese.com/story/001044556。

布扎比、迪拜、卡塔尔建设分行,中国银行中东(迪拜)有限公司也于2013年2月份开业,经营业务辐射整个中东北非地区,为中国企业"走出去"服务。

中国吸引海湾石油美元仍存在以下问题:石油美元回流中国继续增长,但投资量依然有待大幅提升;石油美元在中国主要流向石油石化行业及服务业如金融、房地产及基本建设等方面,几乎没有农业投资,投资结构有待优化。因此,未来中国应适度引进"石油美元":第一,在石油天然气工业下游领域吸引海合会直接投资,同时注意以三方合作模式弥补"石油美元"缺乏技术含量和市场效应的劣势。第二,加强对伊斯兰融资方式的研究,探索利用伊斯兰融资的形式,以支持穆斯林聚居地区的发展,为西部大开发战略服务。第三,考虑到海合会国家自然资源禀赋结构单一、市场比较狭小、不适合发展劳动密集型产业、石油美元偏好金融投资等问题,应注重把建筑工程承包与投资相结合,利用BOT等形式,扩大投资规模。第四,利用石油美元,在我国建立面向海合会的出口农业基地,或与海合会国家合作,在第三方国家的农业等领域开展共同投资。第五,积极利用国外资金和技术,吸引包括西方发达国家在内的国外企业来华开发油气资源,目前共有32家外资企业与我国签订200多个油气合作合同,区块面积超过23万平方公里。[①]第六,中国出于经济安全考虑,股市、楼市和房地产市场以及国际收支资本项目基本尚未对外开放,中东石油美元投资的主要偏好还不能得到满足。对此,国家发展和改革委员会学术委员会秘书长张燕生指出,我国可对"石油美元"定额定向开放资本项目。所谓定额,是指在不同时期对流入的石油美元的总额度和数量进行控制,如在初期允许海湾国家按一定比例将石油美元收入部分留存在中国进行金融资产投资,随着条件的成熟和监管能力的提升再逐步提高留存的额度直到实现完全留存;所谓定向开放,是指仅允许留存下来的石油美元流入西部地区和流入我国鼓励发展的行业。第七,中国已是仅次于美国的能源消费大国,石油对外依存度接近60%,应充

---

① 唐榕:《中国明年石油对外依存度将达60%》,人民网,2012年11月19日,http://politics.people.com.cn/n/2012/1119/c1001-19616544.html。

分考虑中国能源安全中的石油美元因素，在国际能源合作中加强海外油气投资和进口与金融之间的整体协作战略，逐步扩大石油人民币试点、支持国内企业“走出去”开展能源上下游合作，从而带动工程技术服务和设备出口，降低因持续增长的能源进口贸易带来的石油美元净输出现象。然而，这些问题的解决单靠企业是很难的，需要从国家战略的角度来整体考虑。

# 案例研究二：世界核电产业背景下的中国核电发展战略评估

核能是新能源中最重要的一环，也被广泛认为是清洁能源。核电在人类能源消费结构中已经占据重要地位，是仅次于石油、煤炭和天然气等化石能源和水电的第五大能源。迄今，已有超过60年的发展历史。目前人类掌握的核能技术主要有两种，一种是核裂变，一种是核聚变。前者依靠铀等放射性物质裂变产生能量，是制造原子弹的基本理论；后者依靠氢的同位素氘氚等物质聚变产生能量，是制造氢弹的基本原理。到目前为止，人类掌握了将裂变可控化的技术，尚未掌握将聚变可控化的技术。因此，当人们谈论到核能或者核电时，目前特指裂变核能。2016年核能发电量达到2476.2TWh，与1990年相比，核电发电量总量增加了29.8%，但是占同期世界总发电量的比例却从17%下降到12%。[①] 由于科技发展程度等原因，核电的利用具有主要集中于个别技术先进的国家和地区。2016年，美国核电量占当年全世界核电量的32.5%，法国占到15.6%，其次为中国8.0%和俄罗斯7.4%。[②] 北美、欧洲及欧亚大陆、亚太地区是利用核电最主要的地区。

日本“福岛核事故”发生之前，全球核电发展势头强劲，以中国为代表的新兴国家核电建设明显加速，中国有28个反应堆开工建设，全世界有60多个反应堆在建设中，许多国家表示了要发展核电的愿望，日本、韩国等国家甚至提出了核电立国的目标，把核电作为继船舶、钢铁、电子之后又一个新的经济增长点。“3·11”福岛核事件之后，世界的能源局势出现了显著

① 数据来源：国际原子能机构（International Atomic Energy Agency），经计算得出。

② 数据来源：国际原子能机构（International Atomic Energy Agency），经计算得出。

变化,此前正在复苏的核电事业受到沉重打击,至今仍徘徊不前,德国已明确绝对弃核,日本政府迫于民众的压力,宣布将最终弃核电。即便是中国,在福岛核事故以后,也没有批准兴建新的核电站,预计核电的复苏将是一个缓慢的过程。2013 年 4 月 10 日,国际原子能机构一位专家说,两年前日本福岛核电站事故对核电产业的影响余波仍在,核电需求预测近两年不断下调,这一事件可能使世界核电发展延后 10 年。尽管如此,核电产业在未来并不会收缩,而将继续增长。① 2012 年,美国、俄罗斯、法国以及欧盟分别公布了本国或本区域核电站安全评估报告,确认了核电站运行的安全性,明确并实施了进一步加强核安全的一系列措施;在停止新建核电机组 20 多年之后,美国和英国在恢复新核电机组建设的道路上均取得了里程碑式进展;韩国、俄罗斯和阿联酋分别启动了新核电机组的建设工作;即使日本,也已有 2 台核电机组恢复运行。

总的来看,核电的发展最终仍取决于它相对于其他能源是否具有成本优势,尤其在环境问题、气候问题凸显的今天,环保压力将进一步限制高污染能源的消费,而在各种清洁能源中,核电优势明显,专家认为,随着核电技术逐步由二代半升级为三代,其安全性将得到提高,核电发展有望加速前行,世界核电产业面临着更多的机遇。然而核电产业的发展并非一路坦途,挑战与机遇同在。

## 一、机遇与挑战:世界核电产业现状与发展路向

### (一)世界核电产业现状

1960 年,世界只有 5 个国家建成 20 座核电站,装机容量 1279MW,基本上都为实验示范性核电站。到 2012 年 2 月,全球共有 429 台现役核电机组,净装机容量为 367.231GW;有 60 台在建机组,总装机容量为 59.194GW。

---

① 国际原子能机构协调员艾伦·麦克唐纳在新加坡举行的世界核燃料循环大会上说了这番话。——笔者注

拟建和提议要建的机组为488个,总共装机容量为527.5GW。到2016年12月,全球在运核电机组448台,总装机容量39.17万兆瓦,发电量占总发电量的12%左右。其中,美国、法国、中国、俄罗斯以及韩国核电发电量占比均约占全球核电发电量的69.3%。中国在运机组35台,发电量占总发电量的3.56%,发展潜力巨大。世界正在建设的核电机组58台,其中,中国20台在建。

国际原子能机构(IAEA)在2012年9月公布的《直至2050年的能源、电力与核电估计》的年度报告中表示,预计全球核电装机容量将从2011年的370GWe增加至2030年的456—740GWe。国际能源机构(IEA)于2012年11月12日公布的2012年版《世界能源展望》报告预测,主要由于中国、韩国、印度和俄罗斯的作用,世界核电装机容量将保持增长。该报告预计,全球核电总装机容量到2035年将达到约580GWe。① 2013年6月底,国际原子能机构高级别部长级会议判断,到2030年,核能发电量占全球总发电量的百分比至少将增长23%,最乐观的预测是将会翻番。

**案例表2-1 世界核电机组装机容量(截至2016年12月)**

| 国家 | 核能发电 | | 在运反应堆 | | 在建反应堆 | | 拟建反应堆 | | 计划中的反应堆 | | 2016年铀需求量 |
|---|---|---|---|---|---|---|---|---|---|---|---|
| | TWh | % | 数量(座) | 净装机容量(MWe) | 数量(座) | 净装机容量(MWe) | 数量(座) | 净装机容量(MWe) | 数量(座) | 净装机容量(MWe) | tU |
| 法国 | 386.5 | 72.3 | 58 | 63130 | 1 | 1750 | 0 | 0 | 1 | 1750 | 9211 |
| 斯洛伐克 | 13.7 | 54.1 | 4 | 1816 | 2 | 942 | 0 | 0 | 1 | 1200 | 917 |
| 匈牙利 | 15.2 | 51.3 | 4 | 1889 | 0 | 0 | 2 | 2400 | 0 | 0 | 356 |
| 乌克兰 | 76.1 | 52.3 | 15 | 13107 | 0 | 0 | 2 | 1900 | 11 | 12000 | 2251 |
| 比利时 | 41.4 | 51.7 | 7 | 5943 | 0 | 0 | 0 | 0 | 0 | 0 | 1015 |
| 瑞典 | 60.6 | 40.0 | 9 | 8849 | 0 | 0 | 0 | 0 | 0 | 0 | 1471 |

① 伍浩松、郭志锋、丁其华:《2012年世界核电工业发展回顾》,《国外核新闻》2013年2月。

续表

| 国家 | 核能发电 | | 在运反应堆 | | 在建反应堆 | | 拟建反应堆 | | 计划中的反应堆 | | 2016年铀需求量 |
|---|---|---|---|---|---|---|---|---|---|---|---|
| | TWh | % | 数量（座） | 净装机容量（MWe） | 数量（座） | 净装机容量（MWe） | 数量（座） | 净装机容量（MWe） | 数量（座） | 净装机容量（MWe） | tU |
| 瑞士 | 20.3 | 34.4 | 5 | 3333 | 0 | 0 | 0 | 0 | 3 | 4000 | 521 |
| 斯洛文尼亚 | 5.4 | 35.2 | 1 | 696 | 0 | 0 | 0 | 0 | 1 | 1000 | 137 |
| 捷克 | 22.7 | 29.4 | 6 | 3904 | 0 | 0 | 2 | 2400 | 1 | 1200 | 565 |
| 芬兰 | 22.3 | 33.7 | 4 | 2741 | 1 | 1700 | 1 | 1200 | 1 | 1500 | 1126 |
| 保加利亚 | 15.1 | 35.0 | 2 | 1926 | 0 | 0 | 1 | 950 | 0 | 0 | 327 |
| 亚美尼亚 | 2.2 | 31.4 | 1 | 376 | 0 | 0 | 1 | 1060 | | | 88 |
| 韩国 | 154.3 | 30.3 | 25 | 23017 | 3 | 4200 | 8 | 11600 | 0 | 0 | 5013 |
| 西班牙 | 56.1 | 21.4 | 7 | 7121 | 0 | 0 | 0 | 0 | 0 | 0 | 1271 |
| 美国 | 804.9 | 19.7 | 99 | 99535 | 4 | 5000 | 18 | 8312 | 24 | 26000 | 18161 |
| 俄罗斯 | 184.1 | 17.1 | 36 | 27167 | 7 | 5904 | 25 | 27755 | 23 | 22800 | 6264 |
| 罗马尼亚 | 10.4 | 17.1 | 2 | 1310 | 0 | 0 | 2 | 1440 | 1 | 655 | 179 |
| 英国 | 65.1 | 20.4 | 15 | 8883 | 0 | 0 | 4 | 6100 | 9 | 11800 | 1734 |
| 加拿大 | 95.7 | 15.6 | 19 | 13553 | 0 | 0 | 2 | 1500 | 3 | 3800 | 1630 |
| 德国 | 80.1 | 13.1 | 8 | 10728 | 0 | 0 | 0 | 0 | 0 | 0 | 1689 |
| 南非 | 15.2 | 6.6 | 2 | 1830 | 0 | 0 | 0 | 0 | 8 | 9600 | 304 |
| 墨西哥 | 10.3 | 6.2 | 2 | 1600 | 0 | 0 | 0 | 0 | 2 | 2000 | 282 |
| 巴基斯坦 | 5.4 | 4.4 | 4 | 1040 | 2 | 1501 | 1 | 1161 | 0 | 0 | 270 |
| 荷兰 | 3.7 | 3.4 | 1 | 485 | 0 | 0 | 0 | 0 | 1 | 1000 | 102 |
| 阿根廷 | 7.7 | 5.6 | 3 | 1627 | 1 | 27 | 2 | 1950 | 2 | 1300 | 215 |
| 印度 | 35.0 | 3.4 | 22 | 6219 | 5 | 3300 | 20 | 18600 | 44 | 51000 | 997 |
| 巴西 | 15.0 | 2.9 | 2 | 1901 | 1 | 1405 | 0 | 0 | 4 | 4000 | 329 |
| 中国 | 197.8 | 3.6 | 35 | 31617 | 20 | 22596 | 41 | 46850 | 136 | 156000 | 5338 |

续表

| 国家 | 核能发电 | | 在运反应堆 | | 在建反应堆 | | 拟建反应堆 | | 计划中的反应堆 | | 2016年铀需求量 |
|---|---|---|---|---|---|---|---|---|---|---|---|
| | TWh | % | 数量（座） | 净装机容量（MWe） | 数量（座） | 净装机容量（MWe） | 数量（座） | 净装机容量（MWe） | 数量（座） | 净装机容量（MWe） | tU |
| 伊朗 | 5.9 | 2.1 | 1 | 915 | 0 | 0 | 2 | 2000 | 7 | 6300 | 178 |
| 孟加拉国 | 0 | 0 | 0 | 0 | 0 | 0 | 2 | 2400 | 0 | 0 | 0 |
| 白俄罗斯 | 0 | 0 | 0 | 0 | 2 | 2388 | 0 | 0 | 2 | 2400 | 0 |
| 智利 | 0 | 0 | 0 | 0 | 0 | 0 | 0 | 0 | 4 | 4400 | 0 |
| 埃及 | 0 | 0 | 0 | 0 | 0 | 0 | 2 | 2400 | 2 | 2400 | 0 |
| 印度尼西亚 | 0 | 0 | 0 | 0 | 0 | 0 | 1 | 30 | 4 | 4000 | 0 |
| 以色列 | 0 | 0 | 0 | 0 | 0 | 0 | 0 | 0 | 1 | 1200 | 0 |
| 意大利 | 0 | 0 | 0 | 0 | 0 | 0 | 0 | 0 | 0 | 0 | 0 |
| 日本 | 17.5 | 2.2 | 43 | 40480 | 3 | 3036 | 9 | 12947 | 3 | 4145 | 680 |
| 约旦 | 0 | 0 | 0 | 0 | 0 | 0 | 2 | 2000 | | | 0 |
| 哈萨克斯坦 | 0 | 0 | 0 | 0 | 0 | 0 | 2 | 600 | 2 | 600 | 0 |
| 朝鲜 | 0 | 0 | 0 | 0 | 0 | 0 | 0 | 0 | 1 | 950 | 0 |
| 立陶宛 | 0 | 0 | 0 | 0 | 0 | 0 | 1 | 1350 | 0 | 0 | 0 |
| 马来西亚 | 0 | 0 | 0 | 0 | 0 | 0 | | 0 | 2 | 2000 | 0 |
| 波兰 | 0 | 0 | 0 | 0 | 0 | 0 | 6 | 6000 | 0 | 0 | 0 |
| 沙特阿拉伯 | 0 | 0 | 0 | 0 | 0 | 0 | 0 | 0 | 16 | 17000 | 0 |
| 土耳其 | 0 | 0 | 0 | 0 | 0 | 0 | 4 | 4800 | 4 | 4500 | 0 |
| 泰国 | 0 | 0 | 0 | 0 | 0 | 0 | 0 | 0 | 5 | 5000 | 0 |
| 阿联酋 | 0 | 0 | 0 | 0 | 4 | 5600 | 0 | 0 | 10 | 1440 | 0 |
| 越南 | 0 | 0 | 0 | 0 | 0 | 0 | 4 | 4800 | 6 | 6700 | 0 |
| 世界总计 | 2476.2 | | 448 | 391665 | 58 | 62049 | 167 | 174505 | 345 | 388600 | 63404 |

续表

| 国家 | 核能发电 | | 在运反应堆 | | 在建反应堆 | | 拟建反应堆 | | 计划中的反应堆 | | 2016年铀需求量 |
|---|---|---|---|---|---|---|---|---|---|---|---|
| | TWh | % | 数量(座) | 净装机容量(MWe) | 数量(座) | 净装机容量(MWe) | 数量(座) | 净装机容量(MWe) | 数量(座) | 净装机容量(MWe) | tU |
| 五国总和 | 1625.5 | | 237 | 226402 | 15 | 16854 | 53 | 49167 | 51 | 54350 | 40279 |
| 五国占世界的比重 | 65.6% | | 52.9% | 57.8% | 25.9% | 27.2% | 31.7% | 28.2% | 14.8% | 14.0% | 63.5% |

数据来源:世界核能协会,World Nuclear Association,以下简称WNA。

从案例表2-1中,我们可以看出,世界在运行的反应堆主要集中在美国、法国和日本、俄罗斯以及韩国(总数为237),占全球在运行反应堆数量的52.9%,占总装机容量的57.4%。据BP统计,世界核电消费主要集中于美国、法国和俄罗斯。这三个国家核电消费占全球核电消费的57.5%。其中,美国核电消费量最大,为798.6Twh。尽管核电在一次能源消费中所占比重一直不高,2001年的顶峰时也只有6.35%,但是核电的消费量在不断增加。据EIA统计,世界核电量快速上涨,从1980年的684.4Twh将增加2035年的4900Twh。其中,亚洲核发电量增速最大,年增长率将达9.2%。

2016年,全球核能消费592.1百万吨油当量,比2015年上升了1.3%,日本核能消费量仅4.0百万吨油当量,占世界核能消费的0.7%,但是相比于2015年增长289.7%。中国、伊朗、比利时核能消费增幅比较大,消费量较2015年分别增长了24.5%、75.3%、66.3%。欧洲和北美仍是核电消费的主要地区,分别占到全球核能消费比重的43.6%、36.7%。

在全球核能消费中,经合组织消费量为446.8百万吨油当量,较2015年上涨1.3%,占全球核能消费的75.5%;非经合组织消费量为145.2百万吨油当量,与2015年基本持平,占全球核能消费的24.5%。预计未来核电消费增长主要依赖于非经合组织国家(主要是中国)。尽管受福岛核事故影响,中国核电发展计划有所放慢(其核电发展目标到2020年调低到5800

万千瓦），但中国并未停止核电站建设。“在确保安全的前提下高效发展核电”的发展思路没有改变。中国现在运行 30 个反应堆，在建 24 个反应堆，约占全世界在建 66 个机组规模的 36.4%，成为仅次于美国、法国和俄罗斯的世界第四核电国家。

**案例表 2-2 主要国家和地区核能消费量**

单位：百万吨油当量

| 国家和区域 | 2005 | 2006 | 2007 | 2008 | 2009 | 2010 | 2011 | 2012 | 2013 | 2014 | 2015 | 2016 | 2015—2016 年变化情况 | 2016 年占总量比例 |
|---|---|---|---|---|---|---|---|---|---|---|---|---|---|---|
| 美国 | 186.3 | 187.5 | 192.1 | 192.0 | 190.3 | 192.2 | 188.2 | 183.2 | 187.9 | 189.9 | 189.9 | 191.8 | 0.7% | 32.4% |
| 加拿大 | 20.7 | 22.0 | 21.0 | 21.6 | 20.2 | 20.4 | 21.0 | 21.3 | 23.2 | 24.1 | 22.8 | 23.2 | 1.6% | 3.9% |
| 墨西哥 | 2.4 | 2.5 | 2.4 | 2.2 | 2.4 | 1.3 | 2.3 | 2.0 | 2.7 | 2.2 | 2.6 | 2.4 | -9.0% | 0.4% |
| 阿根廷 | 1.6 | 1.7 | 1.6 | 1.7 | 1.9 | 1.6 | 1.4 | 1.4 | 1.4 | 1.3 | 1.6 | 1.9 | 17.5% | 0.3% |
| 巴西 | 2.2 | 3.1 | 2.8 | 3.2 | 2.9 | 3.3 | 3.5 | 3.6 | 3.5 | 3.5 | 3.3 | 3.6 | 7.5% | 0.6% |
| 法国 | 102.2 | 101.9 | 99.5 | 99.4 | 92.7 | 96.9 | 100.0 | 96.3 | 95.9 | 98.8 | 99.0 | 91.2 | -8.1% | 15.4% |
| 德国 | 36.9 | 37.9 | 31.8 | 33.7 | 30.5 | 31.8 | 24.4 | 22.5 | 22.0 | 22.0 | 20.8 | 19.1 | -8.0% | 3.2% |
| 俄罗斯 | 33.4 | 35.4 | 36.2 | 36.9 | 37.0 | 38.5 | 39.2 | 40.2 | 39.1 | 40.9 | 44.2 | 44.5 | 0.3% | 7.5% |
| 英国 | 18.5 | 17.1 | 14.3 | 11.9 | 15.6 | 14.1 | 15.6 | 15.9 | 16.0 | 14.4 | 15.9 | 16.2 | 1.7% | 2.7% |
| 南非 | 2.6 | 2.7 | 2.6 | 2.9 | 2.9 | 2.7 | 3.1 | 2.7 | 3.2 | 3.1 | 2.8 | 3.6 | 29.7% | 0.6% |
| 中国 | 12.0 | 12.4 | 14.1 | 15.5 | 15.9 | 16.7 | 19.5 | 22.0 | 25.3 | 30.0 | 38.6 | 48.2 | 24.5% | 8.1% |
| 印度 | 4.0 | 4.0 | 4.0 | 3.4 | 3.8 | 5.2 | 7.3 | 7.5 | 7.5 | 7.8 | 8.7 | 8.6 | -1.3% | 1.4% |
| 日本 | 66.3 | 69.0 | 63.1 | 57.0 | 65.0 | 66.2 | 36.9 | 4.1 | 3.3 | ^ | 1.0 | 4.0 | 289.7% | 0.7% |
| 韩国 | 33.2 | 33.7 | 32.3 | 34.2 | 33.4 | 33.6 | 35.0 | 34.0 | 31.4 | 35.4 | 37.3 | 36.7 | -1.8% | 6.2% |
| 经合组织 | 532.2 | 537.3 | 521.6 | 517.0 | 511.4 | 521.0 | 488.3 | 444.0 | 447.1 | 449.9 | 446.7 | 446.8 | -0.2% | 75.5% |
| 非经合组织 | 93.9 | 97.6 | 99.9 | 102.5 | 102.3 | 104.9 | 111.8 | 115.3 | 116.8 | 125.1 | 136.0 | 145.2 | 6.5% | 24.5% |
| 欧盟 | 225.8 | 224.1 | 211.7 | 212.2 | 202.4 | 207.4 | 205.2 | 199.7 | 198.5 | 198.3 | 194.0 | 190.0 | -2.3% | 32.1% |
| 独联体 | 54.1 | 56.4 | 57.7 | 57.8 | 56.3 | 59.3 | 60.2 | 61.1 | 58.5 | 61.5 | 64.7 | 63.3 | -2.3% | 10.7% |

资料来源：*BP Statistical Review of World Energy*，2017。

**案例表 2-3 主要地区核能消费所占比重**

单位：百万吨油当量

| 地位 | 2005 | 2006 | 2007 | 2008 | 2009 | 2010 | 2011 | 2012 | 2013 | 2014 | 2015 | 2016 | 2015—2016 年变化情况 | 2016 年占总量比例 |
|---|---|---|---|---|---|---|---|---|---|---|---|---|---|---|
| 北美洲总计 | 209.4 | 212.0 | 215.4 | 215.8 | 212.9 | 213.9 | 211.5 | 206.5 | 213.8 | 216.2 | 215.3 | 217.4 | 0.7% | 36.7% |
| 中南美洲总计 | 3.8 | 4.9 | 4.4 | 4.8 | 4.8 | 4.9 | 5.0 | 5.1 | 4.9 | 4.8 | 5.0 | 5.5 | 10.7% | 0.9% |
| 欧洲及欧亚大陆总计 | 285.2 | 286.7 | 275.7 | 276.2 | 264.9 | 272.7 | 271.4 | 266.6 | 262.9 | 266.1 | 263.9 | 258.2 | - | 43.6% |
| 中东国家总计 | — | — | — | — | — | — | 0.0 | 0.3 | 0.9 | 1.0 | 0.8 | 1.4 | 75.3% | 0.2% |
| 非洲总计 | 2.6 | 2.7 | 2.6 | 2.9 | 2.9 | 2.7 | 3.1 | 2.7 | 3.2 | 3.1 | 2.8 | 3.6 | 29.7% | 0.6% |
| 亚太地区总计 | 125.2 | 128.7 | 123.3 | 119.7 | 128.2 | 131.7 | 109.1 | 78.0 | 78.1 | 83.9 | 95.0 | 105.9 | 11.3% | 17.9% |
| 世界总计 | 626.2 | 635.0 | 621.4 | 619.4 | 613.7 | 625.9 | 600.1 | 559.2 | 563.8 | 575.1 | 582.8 | 592.0 | 1.3% | 100.0% |

资料来源：*BP Statistical Review of World Energy*，2017。

## （二）世界核电产业发展新趋势

当前国际核电市场发展的新趋势呈现出“政府推动+企业竞争”的竞争模式。老牌和新兴核电强国都制定或强化核电出口战略，加强核电出口的外交干预、政策支持和国家信誉担保（尤其以俄罗斯、韩国、法国政府力度大）。在确保核电安全性和技术先进性的基础上，经济性日益成为全球核电市场竞争的新关键因素。

市场需求的模式，以韩国向阿联酋出口 APR1400 为标志，开始从“交钥匙工程”，向“提供全产业链、全寿期服务”（科研、设计、装机、调试、运行、核燃料处理）转变，向提供项目投资融资服务延伸，而全球核电市场主体也由以前的美、俄、法、日等传统核电强国垄断，不断向韩国、中国等新兴核电国家拓展。

同时,全球核电产业也进入了大整合时代,包括内部整合和外部整合。内部整合指的是组建国家联队,如法国电力与阿海珐,日本九家核电/电力企业组建日本国际核能开发公司等。外部整合指的是组建国际企业联盟,如法国阿海珐与日本三菱的合作,美国 GE 与日本日立的合作,俄罗斯原子能公司与德国西门子的合作,以及韩国电力和美国西屋的合作等。

## (三)核电与铀矿国际贸易

目前核电的主要原料是铀,然而世界铀矿分布非常不平均。根据国际原子能组织(IAEA)数据,世界铀矿分布高度集中,其中拥有储备量超过 10 万吨的国家一共有 13 个,占全球已探明铀储备总量的 93%。其中,澳大利亚一国就拥有 27% 的世界已探明铀储量。产量方面,根据世界核能协会(WNA)数据,2010 年世界铀产量集中在 18 个国家,其中前 12 个国家产量之和就占据了世界总产量的 97. 3%。

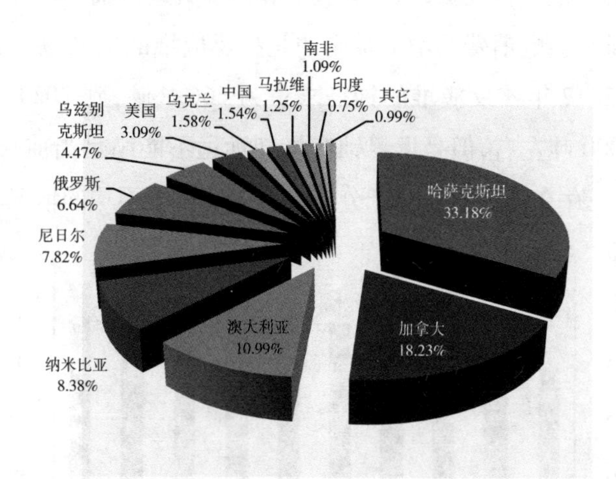


**案例图 2-1 世界铀产量**

资料来源:WNA 和申万研究,其它国家包括马拉维、南非、印度、捷克、巴西、罗马尼亚、巴基斯坦和法国。

铀资源出口对象主要是美日欧发达国家和地区以及中国。日本的铀矿进口主要来源于美国、英国和法国,接近其全部铀矿进口的 95%。美国的铀矿进口来源则集中于加拿大、澳大利亚、纳米比亚、俄罗斯、哈萨克斯坦、马拉维、尼日尔、乌兹别克斯坦和南非。2011 年,美国从这 9 个国家共进口铀 18775 吨,占美国当年全部铀矿进口量的 98.4%。其中,来自前五个国家进口量明显超过其它国家,占总进口量的比例高达 86.6%。欧盟的铀矿进口与美国类似,也集中于 9 个国家,只不过乌克兰取代了马拉维。2011 年,欧盟从这九个国家进口铀矿 16377 吨,占总进口量的 91.8%。其中占据主导地位的 5 个国家是加拿大、澳大利亚、尼日尔、俄罗斯和哈萨克斯坦,占总进口量的 78.5%。中国是目前世界上发展核电最为积极的国家,尽管中国是世界第 11 大铀矿储备国,但是铀产量增长有限。随着核电装机容量大幅度增加,供需缺口会迅速扩大。申万研究推断,中国的铀矿供需缺口将从 2010 年的 1153 吨上升到 2015 年的 6350 吨,乃至 2035 年的 43800 吨。供需缺口比例将从 2010 年的 58.2%上升到 2015 年的 88.2%和 2035 年的 97.3%。① 因此中国积极扩展海外铀矿获取途径。中国在尼日尔和哈萨克斯坦的铀矿都有开采权益,并正在乌兹别克斯坦、蒙古、纳米比亚、阿尔及利亚和津巴布韦等地进行投资,从澳大利亚和加拿大进口铀。

核发电量和核电消费的增加带来的是核反应堆的增加,从而将引起铀需求的增加,2012 年核反应堆的铀需求量为 66699 吨,到 2020 年,铀需求量将达到 90000 吨左右,但是世界铀产量却远远不能满足当前与未来的铀需求量,同时还存在铀资源和生产分布在地域上严重不均的情况。

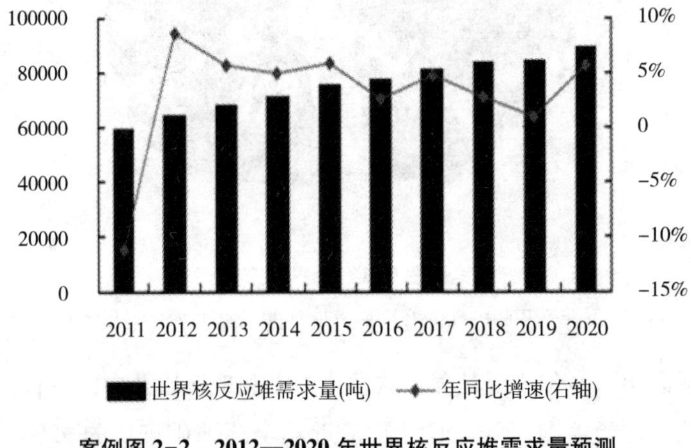


**案例图 2-2 2012—2020 年世界核反应堆需求量预测**

① 《基于全球型本土化的中国资源全周期战略布局研究专题报告》,申万研究,第 6 页。

根据经合组织核能机构(OECD/NEA)与国际原子能机构(IAEA)于2011年7月正式发布的2009年版铀红皮书《2009年铀:资源、产量和需求》,截至2009年1月1日,全球已探明铀储备总量为630.6万吨。其分布高度集中,其中拥有储备量超过10万吨的国家共有13个,占全球已探明铀储备总量的93%。其中,澳大利亚一国就拥有27%的世界已探明铀储量。在这13个国家中,除约旦外都在进行铀的生产;根据WNA的数据,2010年世界铀产量集中在18个国家,而储量最大的12个国家——澳大利亚、哈萨克斯坦、俄罗斯、加拿大、美国、南非、纳米比亚、巴西、尼日尔、乌克兰、中国、乌兹别克斯坦——的产量之和占据了世界总产量的97.3%。

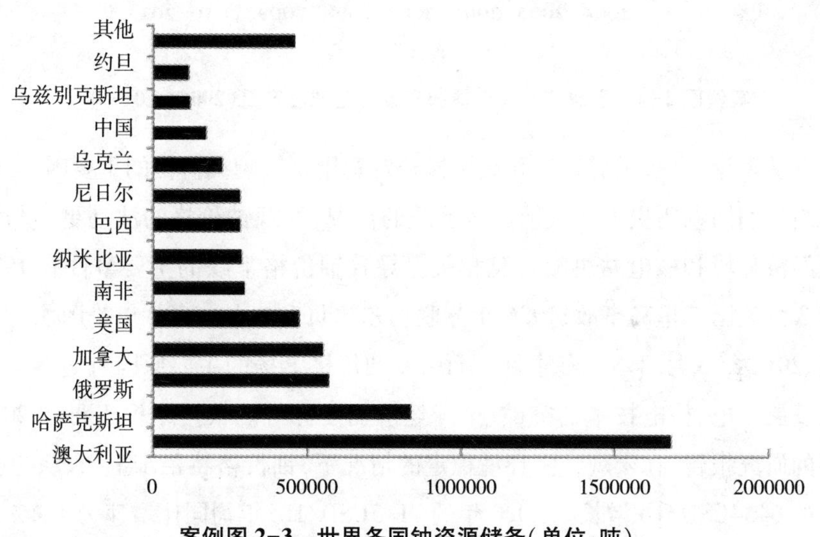


**案例图 2-3 世界各国铀资源储备(单位:吨)**

自2003年以来,加拿大、澳大利亚和哈萨克斯坦的铀矿产量一直稳居世界前三位。2011年仍保持这一趋势,全球前三大天然铀生产国的总产量占全球总产量的约67%。2011年,在全球前三大产铀国中,哈萨克斯坦的产量出现较大幅度的增长,加拿大的产量出现下降,澳大利亚的产量略有增加。

摩根士丹利对世界铀总供应量与总需求量进行了预测,从2014年开始,全球铀供给与铀需求出现缺口。2020年的供需缺口为7580吨,比2014年的供需缺口大1710吨。

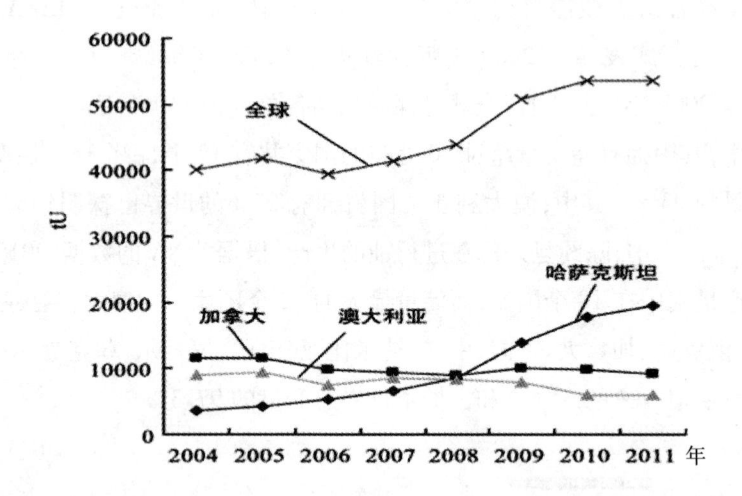


**案例图 2-4　全球前三大产铀国产量与全球总产量(2004—2011 年)**

从理论上说,供需缺口和铀勘探开发费用是影响铀价格的重要因素,但是当我们回顾历史上几次铀价格下跌的情况,发现铀价格的波动更多与宏观经济环境和核电站事故息息相关。导致铀价格下跌的主要事件有 1979 年 3 月美国三里岛事故、1986 年苏联切尔诺贝利事故、2008 年美国次贷危机、2011 年 3 月日本福岛事件。而引发铀价格上扬的主要原因有更多的国家发展核电、核电技术的突破、全球经济的复苏等。根据摩根士丹利 2011 年的研究报告,在宏观经济环境稳定的情况下,铀价格将稳步上涨,从 2012 年的 64. 4USD/1b 增长到 2020 年的 71. 5USD/1b,年均同比增速为 1. 4%。

**案例表 2-4　铀现货即期价格与长期价格(2012—2020)**

| | 铀现货即期价格(USD/lb) | | | 铀现货长期价格(USD/lb) | | |
|---|---|---|---|---|---|---|
| | 牛市 | 正常 | 熊市 | 牛市 | 正常 | 熊市 |
| 2012 | 59. 8 | 52 | 42. 9 | 71. 16 | 64. 4 | 51. 48 |
| 2013 | 61. 67 | 53. 63 | 45. 58 | 67. 84 | 58. 99 | 50. 14 |
| 2014 | 66. 3 | 55. 25 | 44. 2 | 72. 93 | 60. 78 | 48. 62 |
| 2015 | 68. 25 | 56. 88 | 45. 5 | 75. 08 | 62. 56 | 50. 05 |
| 2016 | 73. 13 | 58. 5 | 46. 8 | 80. 44 | 64. 35 | 51. 48 |
| 2017 | 75. 16 | 60. 13 | 48. 1 | 82. 67 | 66. 14 | 52. 91 |

续表

| | 铀现货即期价格(USD/lb) | | | 铀现货长期价格(USD/lb) | | |
|---|---|---|---|---|---|---|
| | 牛市 | 正常 | 熊市 | 牛市 | 正常 | 熊市 |
| 2018 | 77.19 | 61.75 | 49.4 | 84.91 | 67.93 | 54.34 |
| 2019 | 79.22 | 63.38 | 50.7 | 87.14 | 69.71 | 55.77 |
| 2020 | 81.25 | 65 | 52 | 89.38 | 71.5 | 57.2 |

资料来源:UxC,摩根士丹利,申万研究。

铀是国家战略资源,由于国家安全和保密原则,许多国家都不会公开透露自身铀贸易情况。但从NEA和IAEA在2009版红皮书中统计的国家铀产量与核反应堆铀需求缺口排名前十位和后十位的国家可以推断出,世界各国之间存在铀实物贸易行为。哈萨克斯坦、澳大利亚、加拿大、纳米比亚、尼日尔和乌兹别克斯坦等是主要的铀出口国,法国、美国、日本、韩国、德国和中国等,是主要的铀进口国。

后福岛时代,世界再次掀起建设核电站的热潮。核电产业的快速发展将带来部分国家对铀的需求旺盛,铀勘探开发技术的提升和需求的增长也将激起铀矿生产大国的开采热潮,各国之间越来越需要通过进出口来缓冲铀供需缺口。于是,国际间进行铀实物贸易的欲望将愈强烈。随着核安全和法律法规的进一步确立,特别是铀实物贸易限制的放松,世界铀实物贸易空间巨大,同时也为核电发展的技术与安全问题提出新的挑战。

### (四)世界核电产业发展的技术,新一代核反应堆的研制

将核能民用化,始于20世纪50年代。引领此项技术的是苏联和美国。1954年,苏联建成电功率为5000千瓦的实验性核电站。1957年,美国建成电功率为9万千瓦的希平港(Shipping Port)原型核电站。国际上把上述实验性和原型核电机组称为第一代核电机组,是一种轻水堆核电站,现在已经全部退役。在此后的几十年间,核电技术不断发展,分别建成了第二代、第三代核电机组。第二代核电站是20世纪60年代开始建设,80年代推广,以压水堆、沸水堆、重水堆、气冷堆和石墨水堆为主,全球在运行的437台商运机组,除日本的2台先进沸水堆外,均为二代。第三代核电站的研发开始

于 1986 年的苏联切尔诺贝利核事故后，第三代先进轻水堆具有更好的安全性、具有预防和缓减严重事故的能力、具有更好的经济型。

目前，三代核电技术分两大流派，一是非能动型，二是能动型。非能动安全技术成为全球核电技术发展的主流方向。非能动型的核电技术主要有 AP1000（美国西屋）、CAP1400（中国）、ESBWR（美国 GE）和 VVER（俄罗斯）；能动型核电技术主要有 EPR（法国阿海珐）、ABWR（美国 GE）、APR1400（韩国电力）和 APWR（日本三菱）。

1999 年 6 月美国能源部核能科学与技术办公室首次提出第四代核电的概念。第四代核电站可供选择的堆型都是闭式核燃料循环技术，而且至少有四种以上的堆型是快中子增殖反应堆，技术原理与第二代、第三代核电站已有根本性的区别，是属于与它们不同技术范式的新的核电技术。

第四代核电技术由美国能源部发起，并联合法国、英国、日本等 9 个国家共同组成"第四代国际核能论坛"（GIF），研究的下一代核电技术，试图在 2030 年前后，创新地开发出新一代核能系统（G-IV），使其安全性、经济性、在节省铀资源和废物量最少化两方面的可持续发展性、防核扩散、防恐怖袭击等方面都有显著提高。

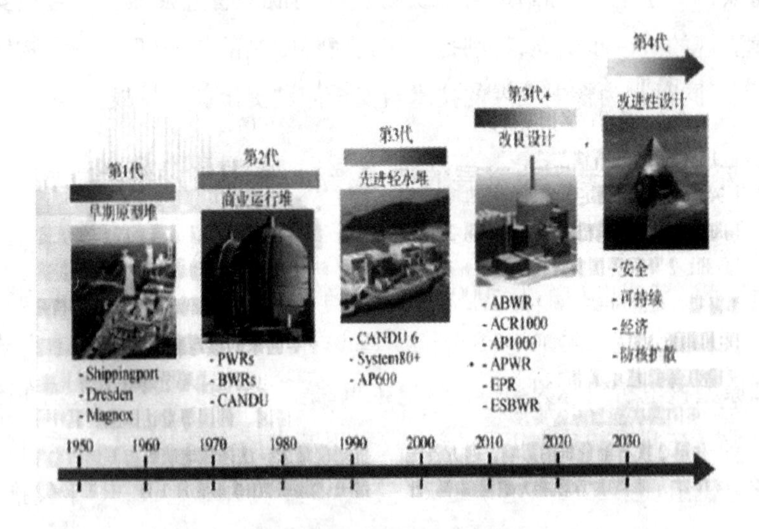


案例图 2-5　核电技术发展的四个阶段

核能的开发利用是一个循序渐进的长期进程,按其技术难度和实现产业化的前景展望,核电大致可分为热中子堆→快中子堆→核聚变堆三个战略阶段的路径逐步发展,并且三个阶段将互相衔接和交叉,逐步实现产业化。其中,前两个阶段是核裂变发电技术阶段,第三个阶段则是核聚变发电技术阶段。目前世界核电的产业化利用还处于第一阶段。提高安全性、改善经济性、防止核扩散和减少核废物是今后核电技术发展的主要趋向。

核聚变技术是人类和平利用核能的最高级技术形式,也是最终解决人类能源问题的希望所在,世界各发达国家都一直在致力于可控核聚变技术的研究,由于技术难度,目前仍处于基础研究阶段。因此,可控核聚变技术的成长期非常漫长,乐观估计,也要到2050年前后才有可能进入商用阶段。核聚变技术是核能利用方式的根本改变,与此前的核裂变能相比,是重大的技术范式变革。

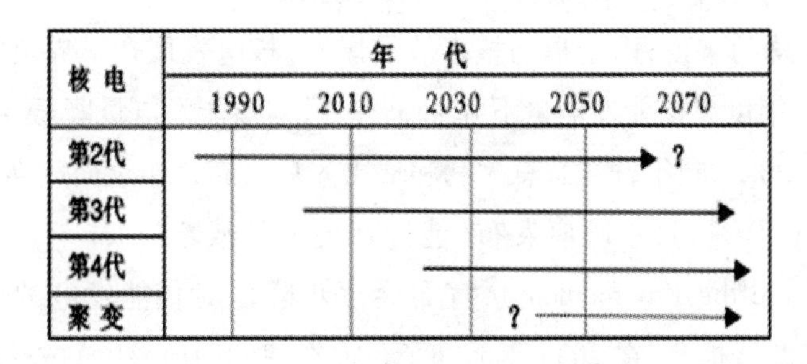


**案例图 2-6　世界核电技术发展趋势预测**

目前的核电站均是利用核裂变产生的能量,核裂变虽然能产生巨大的能量,但远远比不上核聚变。目前人类已经可以实现不受控制的核聚变,如氢弹的爆炸;但仍无法实现用核裂变产生的能量发电。不过,欧盟、美国、俄罗斯、中国、日本、印度、韩国等政府正在积极从事这方面的研究,比尔·盖茨等个人和机构也在这一领域投入大量资金。可以想象一旦在这方面取得突破,铀资源的生产能力和价值都将会出现几倍甚至几十倍的增长。

## （五）福岛危机的影响及其对中国的启示

2011年3月11日，日本福岛核电站因遭遇九级强烈地震和随后的巨大海啸而发生七级核泄漏事故，与历史上最为严重的苏联切尔诺贝利核电站泄漏事故处于同一等级。福岛第一核电站是沸水堆核电设施，其反应设备和安全系统仍然处于"第二代"，以今天的标准看，电源和输气管道存在许多漏洞。该事故现在已经对日本生态环境造成了极为严重的污染，并对世界其它地区产生了不同程度的环境辐射污染。

这起事故导致全球12座反应堆（8座德国反应堆和4座日本反应堆）在2011年第二季度被永久性关闭，并对2011年的核发电量产生显著影响，致使核发电量较2010年降低超过3%。但是福岛事故发生后，美国（奥巴马）、俄罗斯（普京）、法国（菲永）、英国（卡梅伦）均在第一时间表明坚持发展核电的态度。2012年年初，美国先后批准两个项目4台AP1000建造许可证，标志着美国34年来重启新一轮核电建设。

但是，总的来说，由于福岛核事故的爆发，核电发展在世界范围内受到影响，2011年世界核能发电量下降4.3%。日本核能发电量降低44.3%，德国降低23.2%。同年，德国、意大利和瑞士先后宣布逐步全面放弃核电。

2012年9月，日本政府发布《能源环境革新战略》（Innovative Strategy for Energy and the Environment），宣布会逐步降低对核能发电的依赖。因此，国际能源署推测，在2035年前除了目前在建的两所核电站外，不会再兴建新的核电站，而且目前已经投入运营的核电站使用寿命也将减少：兴建于1990年前的减少为40年，之后的减少为50年，而不是原来的全部60年。因此日本的核电能力将大规模下降，2035年比2011年下降比例有可能达到63%。①

对此次日本核电危机反应最剧烈的是德国。危机发生后不久，德国总理默克尔宣布，暂停2010年通过的延长核电站运营期限计划3个月。这是日本大地震引发福岛第一核电站发生爆炸和放射物泄漏事故后，德国政府

① *World Energy Outlook*, IEA, 2012, p.190.

在延长核电站运营期问题上作出了重大政策转向，具体而言就是加快退出核电步伐，加快可再生能源开发。法国也已誓言要逐步将法国对核能的依赖减少1/3。在美国，总统奥巴马发展核能的承诺也同样遭遇了经济障碍，福岛核事故后新出台的安全法规使得核能成本上升。在日本，核电产业的发展几乎停滞，事故前在运行的54座反应堆现仅有两座仍在运行。

有趣的是，2011年的核发电量较2010年相比，除日本、德国和美国有所下降外，大多数核电国家的核发电量均未受福岛事故太大的影响。国际能源署（IEA）的报告预测，到2015年，全球核电装机容量将达到444GW，2020年将达到512GW。目前有17个国家正在进行新的核电站建设。[①] 俄罗斯原子能集团公司（Rosatom）在日本福岛事故后并没有损失一张订单。2011年年底，该公司的未交付国际订单增至21座反应堆，较前一年的11座有所增加；韩国目前在役核电机组21座，为韩国国内提供31%的电量。而按照韩国政府的核电规划，到2030年，机组将增加至40座，为韩国提供59%的电力；中国在日本福岛核泄漏事故发生后，决定全面审查在建核电站，暂停审批核电项目。但在"十二五"规划中，中国政府将继续积极大力扶植核电产业发展，按照《核电中长期发展规划》，中国计划2020年全国核电装机总量达到4000万千瓦，核电占发电总量的比例从现在的不足2%提高到4%以上，年发电总量达到2600—2800亿千瓦。中国未来几年核电产业仍将继续维持高增长的态势。中国已经帮助邻国巴基斯坦建了两座反应堆，并已签署合约再建两座。中国还将在罗马尼亚的切尔纳沃德核电厂投资建造两座价值超过50亿美元的反应堆，并将与法国电力联合竞标南非的合约。

能源咨询公司IHSCera称，在2020年之前计划建造的各类发电站（不光是核电站）中，约53%都在亚太地区，其中中国就占了38%。尽管中国目前只有三座核电站正在运营，但是2011年中国无论是在建的核电装机容量还是核电站数量均居于绝对首要地位，占全部在建核电站的三分之一强。中国目前在建的核电站系统是CPR-1000，未来将采用更加安全的AP-1000。根据中国的核电发展计划，未来中国还将建设30座核电站，显示出

① *Clean Energy Progress Report*, IEA, 2011, p.37.

中国对核电的旺盛需求。韩国计划在现在正在建设的5座核电站之外，未来至少再增加4座。俄罗斯则计划在2020年前每年增加两座新核电站，尽管其间会有老旧核电站退役，但该计划依然非常宏伟。印度过去由于只能依靠自身核技术和原料，所以核电发展一直滞后。但是自从和美国等其它国家达成相关协议后，印度同意将本国核计划置于国际监管之下，于是可以更加容易地进口核技术。英国的核电站严重老化，在未来将全部关停。英国政府正在鼓励电力公司投资兴建新的核电站。① 由此可见，核能发电无论是现实需求，还是商业前景都非常可观。全球大部分技术发达国家和经济体都在努力发展核电，只有欧洲个别国家出现弃核现象，新兴经济体，如韩国、印度、南非、巴西、捷克、波兰、土耳其、越南和印尼等，未来核电市场存在很大的增长空间，所以未来核电还将在人类能源消费格局中占据重要的地位。

**案例表 2-5 福岛核事故后世界各国核电发展政策**

| 国家 | 核电发展政策 |
| --- | --- |
| 比利时 | 参与欧盟的严格测试 |
| 加拿大 | 监管要求安全监测并从日本地震中学习 |
| 捷克 | 政府继续建设核电站 |
| 芬兰 | 检测紧急防御措施 |
| 法国 | 对核电依赖大，保持核电政策，参与欧盟的严格测试 |
| 德国 | 停止加速发展核电，8个核电站立即关闭，剩下9个到2022年关闭 |
| 瑞士 | 瑞士政府2011年5月25日发布公报称，瑞士现有5座核电站将于2019年至2034年陆续达到最高使用年限之后，瑞士将不在重建或者更新新核电站 |
| 印度 | 拥护核电，政府计划2030年和2050年目标核电占比分别达到13%、25%；对核危机进行评估，政策上没变化 |
| 日本 | 2011年10月颁布能源白皮书确认，中长期将尽可能降低对核电的依赖；2015年5月5日，日本关闭最后一座核电站，“暂时”进入无核时期；长期来看不会放弃发展核电，核电站项目等待重新开始的批准 |

① *Clean Energy Progress Report*, IEA, 2011, pp.38-39.

续表

| 国家 | 核电发展政策 |
| --- | --- |
| 韩国 | 在2011年5月30日完成安全评估，政策没有变化，仍将大力发展核电；2020年核电装机容量达到27.3GW，2030年达到43GW |
| 俄罗斯 | 计划到2010年核电占比70%—80% |
| 西班牙 | 没有政策变化，参与欧盟的严格测试 |
| 瑞典 | 允许新的核电站代替现有的核电站 |
| 英国 | 政府支持核电发展，福岛事件后立即提出新建8个核电站16台机组 |
| 美国 | 当前政府支持核电，正式公布批准另外3个发电站延寿；2012年2月9日，重启核电审批并批准了南方电力公司的两台AP1000机组 |
| 其他 | 11个国家正在制定核电发展政策 |

从以上分析我们可以看出，后福岛时代，核电产业依然发展迅速，且其发展重心已经开始向发展中国家和亚太地区转移，同时中国在整个核电产业发展中的角色举足轻重。

但是福岛危机带给我们的并不只是政策的转变，更多的是促使各国对核电安全进行重新评估，并从这起事故中总结经验教训。

一直以来困扰核电发展的主要因素是其安全问题。随着三代技术的不断成熟，核安全系数将越来越高。目前国内在建项目主要是二代半技术，以CPR1000为主，未来以AP1000为代表的三代技术将逐步替代，成为国内核电发展的主流技术。根据规划，2020年前建成的机组中AP1000将达2000万千瓦，预计新批项目也将以AP1000为主，并且三代核电技术有望在2020年后实现商业化。AP1000作为最先进的三代压水堆技术，在安全性方面有显著的提高，其最大的优势是可以不需借助外力的非能动设计，在事故发生后无外界电源的情况下，可以依靠重力等物理方法，保证反应堆72小时的安全冷却。与此同时，AP1000通过简化系统，大大减少了非关键设备的数量，因而降低了故障发生概率。

福岛核事故是由大地震引发的海啸导致。未来防范自然灾害，我们必须从两个方面着手：一方面是要增加防御自然灾害的能力。既然目前人们对自然灾害的规律认识不足，那么安全保险系数就要考虑得大一些，同时在选址时要特别认真慎重。我国有很大的疆土,和日本不一样,选址的空间很大,但一定要认真对待,在反应堆机型的选择上应该把预防和缓解堆芯熔化的性能作为核电站设计的一个重要指标来要求,如采用非能动的控制系统等。

另一方面,加强安全管理。日本福岛核事故的应急系统、应急措施存在着很大的问题。首先核事故的应急系统应该是由国家政府直接领导,代表国家和全体人民的利益,但是这次福岛核事故是由东京电力公司负责处理。由于公司担心核电机组报废,未及时向反应堆注海水错失了遏制反应堆芯熔化的黄金时刻,导致了事态的恶化。福岛核事故的经验教训告诉我们,从核电站设计选址、建设、运行直至事故的处理都必须始终贯彻核安全第一的原则。专家建议,首先要加强专业技术人员的培养和储备,提高设备质量,保证操作人员的素质,提高他们的安全意识;另外,进一步健全和加强监管体制,完善和修订应急预案,强化监管机制,尽快出台《原子能法》;同时也加强公众宣传,令国民了解核能、认识核能,进而支持国家的核电发展。

### (六)技术与政治间的矛盾是核能发展难于走出的悖论

人类对核能的利用需要一系列能量转换:核能→水和水蒸气的内能→发电机转子的机械能→电能。目前人们开发核能的途径有两条:一是重元素的裂变,如铀的裂变;二是轻元素的聚变,如氘、氚、锂等。核能是人类最具希望的新能源之一,也被广泛认为是清洁能源。重元素的裂变技术,目前已经在现实中得以应用。全球核电站的基本原理都是重元素铀 235 裂变。轻元素聚变技术,虽然一直在各国科学家的积极研制之中,但除了军事上应用于氢弹,尚未突破可控化的技术瓶颈,无法在人类日常生活中发挥作用。因此,本文涉及的核能主要探讨重元素铀 235 裂变带来的能源。

一般认为核能相对于其它能源具有多种优势。首先,核燃料能量密度比起化石燃料高上几百万倍,1 千克铀可供利用的能量相当于燃烧 2050 吨优质煤。因此,核电厂所使用的燃料体积小,运输与储存都很方便,一座

1000 百万瓦的核能电厂一年只需 30 公吨的铀燃料,一航次的飞机就可以完成运送。其次,核能发电的成本中,燃料费用所占的比例较低,因此相对于石油、天然气等常规能源,不易受到国际经济情势影响,发电成本较为稳定。最后,但也是备受推崇的,核能发电不会像化石燃料发电那样向空气中排放污染物质,也不会产生温室气体二氧化碳,因此被认为是清洁环保能源。然而,事实上这样的认知仅限于核能发电的过程。如果从全生命周期来看核能未必像人们广泛认为的那样"清洁"。

核电站的燃料主要是铀 235,铀矿的开采过程不可避免地伴随着污染和环境破坏。铀矿开采方法主要有露天开采、地下开采和原地浸出采铀三种方法。由于铀本身存在放射性,无论哪种方式都存在污染问题。可能存在的污染主要有气态、液态和废渣三种。铀衰变过程中会产生放射性氡气,污染空气;采矿过程中产生含铀、镭等放射性物质和其它对环境有害物质的污水,污染地下和地表水和土壤;矿渣也同样带有放射性,会污染土壤。特别是原地浸出采铀,需要通过地表钻孔将化学反应剂注入矿带,通过化学反应选择性地溶解矿石中的有用成分——铀,并将浸出液提取出地表,而不使矿石绕围岩产生位移。这种采铀方法与常规采矿相比,生产成本低,劳动强度小,对地质和水纹条件要求较高,但是污染也最严重。一方面,存在于其它采铀方法一样的放射性污染问题,另一方面大规模地向地下注入化学制剂,非常容易污染地下水。即便开采公司严格遵循环保要求,最终对废矿进行清洁处理,但是该过程依然会消耗大量的水资源。

开采出来的铀,在运输过程中依然存在泄漏的危险。因为铀矿主要集中于有限几个国家,所以大多数拥有核电站的国家都需要从海外进口铀燃料。运输路程越遥远,泄漏的可能性越大。

最后核电站本身存在运营风险。核电发展到今天已经半个多世纪,但是已经发生三次严重的泄漏事故。第一次是 1979 年发生在美国三哩岛核电站堆芯融毁事故。尽管没有造成人畜伤亡及公共危害,但是大大降低了人们对于建设核电站的信心。第二次是 1986 年的苏联切尔诺贝利核事故,也是人类历史上到目前为止最为严重的一次核事故。这次灾难所释放出的辐射线剂量是广岛原子弹的400倍以上,①散发出大量高辐射物质到大气层中,涵盖了大面积区域,包括苏联西部的部分地区、西欧、东欧、斯堪的那维亚半岛、不列颠群岛和北美东部部分地区。此外,乌克兰、白俄罗斯及俄罗斯境内均受到严重的核污染,超过336,000名的居民被迫撤离,数千名居民因为受到辐射而引发癌症死去。第三次是日本福岛核事故,是切尔诺贝利核事故之后第二个被评为国际核事件分级表中最高的第七级事故,②被认为"可能会造成严重的健康影响及环境后果"的特大事故。日本政府估计释入大气层的总共辐射剂量大约是切尔诺贝利核电厂事故的十分之一。③ 大量放射性物质也被释入土地与大海。福岛核事故对几年来正在复兴的核能造成了很大的冲击。部分国家,例如马来西亚和泰国等,放弃了它们的核计划,德国和瑞士也制定了最终弃核的计划。然而尽管一些国家已经宣布它们的计划正在进行重新评估,但是却几乎没有表现出打算改变道路的迹象,例如中国。此外,核能发电厂热效率较低,因而比一般化石燃料电厂排放更多废热到环境中,故核能电厂的热污染较严重。

最后,核燃料燃烧后会产生废料,尽管从技术上可以进行二次回收,但是最终还是有部分废料无法完全回收。这部分废料依然具备高度放射性,且短时间内无法消除,目前的办法只能是深埋。无论是深埋在哪里,依然会出现运输风险和掩埋带来的污染问题,成为各国核电发展的难题。

这带来一系列政治、道德和伦理问题。全世界都出现反对兴建核电站和要求废弃现有核电站的公民政治运动。即使在理解和支持核电站的人群中,依然存在"邻避"思想。邻避译自英文NIMBY,是"别建在我家后院"(Not In My Back Yard)的英文简称,是指居民反对在社区周边兴建垃圾场、

---

① Richard Stone, "The Long Shadow of Chernobyl", in *National Geography*, April 2006, http://ngm.nationalgeographic.com/2006/04/inside-chernobyl/stone-text.

② "Japan: Nuclear crisis raised to Chernobyl level", BBC News, 12 April 2011.

③ Frank N. von Hippel, "The radiological and psychological consequences of the Fukushima Daiichi accident", *Bulletin of the Atomic Scientists*, September/October 2011 vol.67 no.5, pp.27 - 36.

核电厂等对身体健康、环境质量和资产价值等带来诸多负面影响的公共设施。尽管这些设施的兴建会给社区带来好处,当地居民也认识到这一点,但是依然会激发嫌恶情结,滋生“不要建在我家后院”的心理,并采取强烈和坚决的、有时高度情绪化的集体反对甚至抗争行为。尽管越来越多的人认识到核电站的必要性,但是考虑到它的安全问题,特别是切尔诺贝利事故和福岛核事故后,人们更倾向于反对核电站兴建在自己的社区周边。这样一个地区的理性选择就与整个国家的理性选择发生了冲突,民众与政府的对抗成为一种可能。因此,核电站的存在不仅仅是一个经济问题,因为从全生命周期来看,核电站并不像人们想象的那样“清洁”和安全,因此越来越多表现为政治问题。

未来问题的彻底解决,可能依然蕴藏在技术进步上,特别是核聚变的可行性研究上。从安全性能上来说,首先,聚变的发生条件非常苛刻,一旦条件不满足,聚变立刻自动终止,因此不会出现裂变那样的链式反应,安全性能大大提高。其次,聚变的燃料主要是氢的同位素氘和氚,尽管它们也存在放射性,但是半衰期非常短。例如氚的半衰期只有 12.26 年,即使泄露到自然界中,很快也会自己消失湮灭,不会带来长久的辐射污染。1991 年 11 月 9 日,由 14 个欧洲国家合资,在欧洲联合环型核裂变装置上,成功地进行了首次氘—氚受控核聚变试验,发出了 1.8 兆瓦电力的聚变能量,持续时间为 2 秒,温度高达 3 亿度,比太阳内部的温度还高 20 倍。核聚变比核裂变产生的能量效应要高 600 倍,比煤高 1000 万倍。因此,科学家们认为,氘—氚受控核聚变的试验成功,是人类开发新能源的一座里程碑。如果核聚变技术和海洋氘、氚提取技术在未来能够有重大突破,将对人类社会的进步产生重大的影响。

### (七)日本核危机引出的哲学思考

其一,就灾难概念本身来说,自然界并不存在灾难,只有变化,地震、海啸就是某种变化,只有在社会和文明中发生的变化才会变成灾难。

其二,核电设施的建造选择在可能发生地震的区域,这个决策并不是大自然作出的,而是出自政治家之手。提出风险的概念,是要对可能出现的灾难做出预期,而人类则要试图控制和处理它。日本预计到了地震可能带来的风险,但是这次地震的能量比预计大得多。显然,日本东北部的这场大地震,已经演化成一场复合型的全球风险。除了自然意义的扩散,一种对于核辐射可能带来影响的担忧心理也随之蔓延开来。“技术设计完全安全”的神话因此而破灭了。诸如“万无一失”,“一万年一遇”之类的说法,在此灾害面前显得既苍白而又可笑。

其三,有位德国政客在1986年曾说过,共产主义国家的核反应堆爆炸了,而技术先进的资本主义国家则用不着担心,因为我们有安全的核能设施。但是对今天的日本,却不能这样说了,因为日本是最先进的高科技和工业化国家,对地震和海啸也都有相应准备,一切似乎都在掌握之中。但是,这种自以为是、“一切都在掌控之中”的想法轰然倒塌了。

其四,日本的这场核灾难,也同时发生在全球家庭客厅的电视里,这也同切尔诺贝利核事故非常不同,全世界都通过电视目睹了核泄漏,每个国家和社会的观念与信心都就会随之改变。这是一种全新的政治维度。这不仅事关国家利益,而且事关全人类的利益。以往,每个国家都认为凭一己之力可以解决问题,但是在全球风险社会,没有一个国家可以独自解决那些问题。事实上,只是基于本国利益做出的选择最终都会失败,因为它们可能带来的长期风险反过来会损害国家的主权利益。

## 二、处于成长期的中国核电发展

### (一)中国能源格局中的核电产业

我国是一个拥有13多亿人口的世界上最大的发展中国家,正在经历着人类有史以来前所未有的工业化和城市化过程,对资源能源的需求非常大。根据国际能源署(IEA)的数据,中国在2009年超过美国成为世界上最大的能源消费国。IEA称:“中国超过美国成为全球最大的能源消费国,标志着能源史上新时代的开始。”

BP的数据显示:2000年,中国在世界一次能源消费中所占的比重仅为

11.1%;而在2010年,这一数字已经提高到20.3%;2016年该数字已经提高到23.0%,已经超过整个北美地区(21.0%)。

根据BP在2016年世界能源展望中的预测,在2035年之前:世界一次能源消费增长将主要来自新兴经济体国家;中国的一次能源消费将会继续增加至近40亿吨油当量的水平,并始终保持世界第一大能源消费国的地位;印度将占全球能源需求增长的比重超过25%。

从一次能源消费结构上看,在新世纪的前10年,中国并没有发生显著的改变。石化能源,特别是煤炭消费在一次能源消费中一直居于主导地位,所占的比重达到七成;而非石化能源在一次能源消费中所占的比重一直不足一成;且非石化能源消费,如水能、核能和可再生能源,在一次能源消费中所占的比重几乎可以忽略不计。石油消费所占比重由2001年的21.3%下降至2015年的18.6%,天然气消费所占比重由2001年的2.3%上升至2015年的5.9%。

不过,中国的能源消费仍将会以煤炭为主,2008—2035年,中国一次能源消费增长主要来自对煤炭的消费。2008—2035年,中国一次能源消费增加18.4亿吨油当量,其中34.2%来自对煤炭消费的增加。

尽管中国一次能源消费居世界之首,但由于中国人口基数大,人均能源消费2008年仅为1.6吨油当量,相当于世界的87%、美国的21%、欧盟的46%、日本的41%。即使考虑到经济发展阶段存在的差异,中国目前的人均能源消费水平仍然低于发达国家同期水平。根据摩根士坦利的研究,在人均GDP方面,中国、日本、韩国分别于21世纪初、20世纪60年代末、20世纪80年代末达到了7000美元的水平;目前(2007年左右)中国经济正面临类似于40年前(1969年左右)日本经济,以及20年前(1988年左右)韩国经济的情况。而中国2007年人均能源消费量仅为1.49吨油当量,日本在1969年人均能源消费量为2.19吨油当量,韩国在1988年人均能源消费量为1.7吨油当量。按照IEA在2010年世界能源展望中的预测,2035年前,中国人均能源消费量将呈现上升态势。

与世界平均能源结构相比,我国能源结构比较特殊。首先是煤多,石油和天然气少。世界平均能源结构中,石油和天然气之和占65%,我国仅占

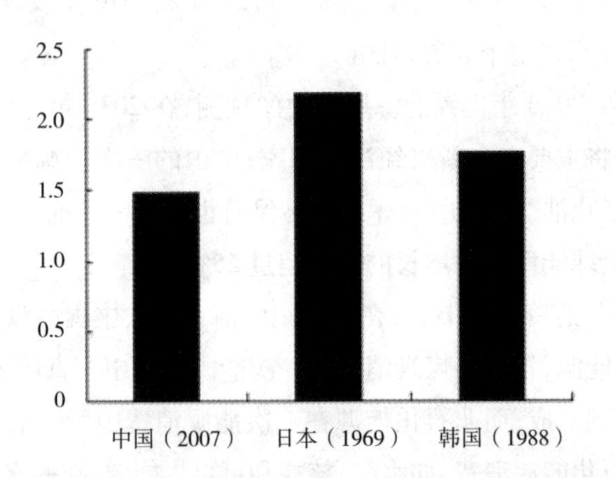


**案例图 2-7 中日韩三国人均能源消费水平(吨油当量)**

25%;恰恰相反,煤在能源结构中的比率世界平均值为 25%,我国却高达 65%。2010 年我国煤炭消费量已达到 32 亿吨,占全世界消费量的 46%,在"十一五"期间的五年,煤炭消费量共增加了 8 亿吨。

中国目前的能源格局令中国未来能源供应面临几大挑战,能源供需矛盾极为尖锐。在 2035 年前,中国在石化能源方面将面临以下供需情况。第一,煤炭供需基本平衡,从长期来看不存在供需缺口过大的问题。第二,石油供需缺口最大,并将进一步上升:2010 年石油供需缺口为 2. 26 亿吨,供需缺口与消费之比为 52. 6%;2035 年石油供需缺口上升至 6. 09 亿吨,供需缺口与消费之比上升至 83. 5%。第三,天然气供需缺口目前较小,但未来会迅速上升:2010 年天然气供需缺口为 112. 8 亿立方米,供需缺口与消费之比为 11. 3%;2035 年天然气供需缺口上升至 2100 亿立方米,供需缺口与消费之比上升至 53. 2%。再者,以煤炭为主的能源结构不合理,大量燃煤造成严重环境污染,能源替代的任务很重。因此,新能源消费占比提升是未来能源结构发展的大趋势。

从全球能源发展的趋势看,希望在短期内迅速提高非化石能源的比重,甚至完全替代传统化石能源是不可能实现的,非化石能源仍将处于从属地位。非化石能源产业的意义在于,其贡献的能源增量有利于在一定程度上平衡国际油价,有利于保障能源安全,有利于减排和环境改善,也有利于全

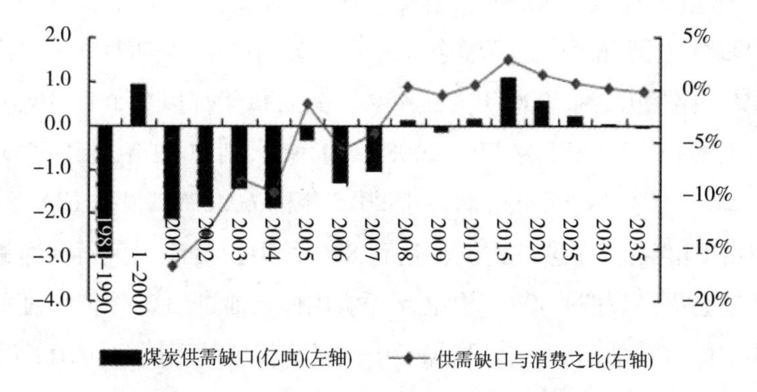


案例图 2-8 1981—2035 年中国煤炭供需基本情况

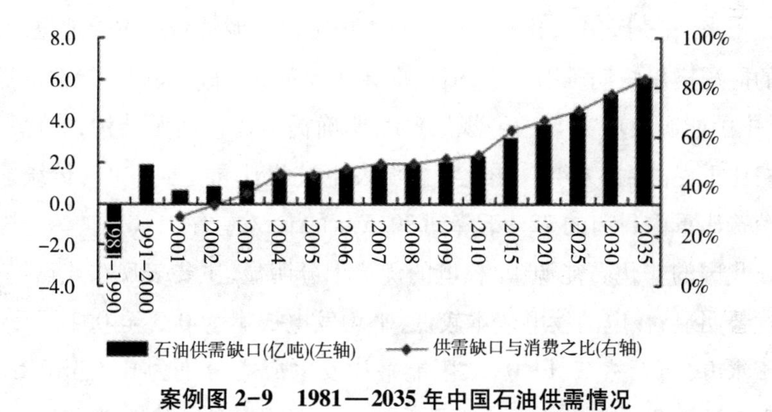


案例图 2-9 1981—2035 年中国石油供需情况

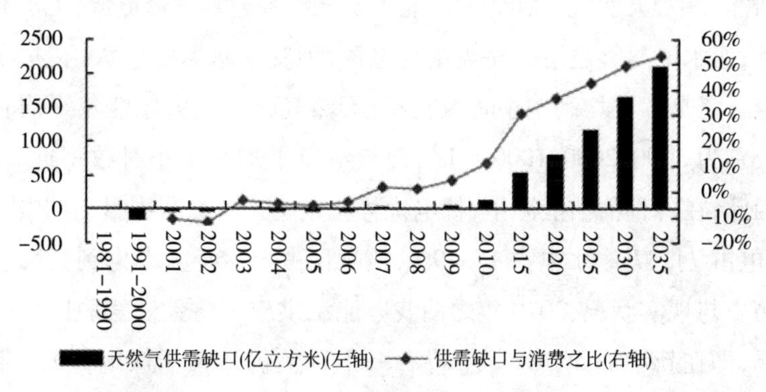


案例图 2-10 1981—2035 年中国天然气供需情况

球和中国经济复苏。长期来看,非化石能源的发展对保障能源安全至关重要。1993年中国首度成为石油净进口国以来,中国的原油对外依存度由当年的6%一路攀升,到2006年突破45%。其后每年都以2个百分点左右的速度向上攀升。2007年为47%,2008年为49%,到2009年突破50%,达到50.3%,2016年高达65.4%,远高于2015年的60.6%。根据IEA预测,到2030年中国的石油净进口比例将达到82%。中国沿海地区石油净进口比率可能还会更高,超过90%。供需矛盾加剧,原油进口对外依存度的提高增强了中国对产油国的依赖,增加了中国经济发展的不确定性,压缩了中国外交政策的空间。因此,维持甚至降低原油对外依存度已经刻不容缓,大力发展非化石能源是大势所趋。

在未来二三十年内,化石能源仍将占据中国能源消费的主导地位,以煤为主的能源格局短期难以改变,但比率会逐步减少,并应大力发展清洁煤技术。《中国能源发展“十二五”规划》中,明确提出优化能源结构,非化石能源消费比重提高到11.4%,非化石能源发电装机比重达到30%,传统能源煤炭消费比重由目前的72%下降到2015年的65%左右。

在我国的非化石能源中,核电的优势十分明显,主要表现在几点:一是成本优势明显;核电的发电成本较低,平均发电成本为0.3至0.4元/kwh,仅次于水电,而天然气、风电、太阳能平均发电成本分别为0.4至0.5元/kwh、0.4至0.6元/kwh、1至1.4元/kwh。二是可替代火电充当基荷电源;在清洁能源中,天然气、风电、太阳能主要充当补充和调峰电源,无法充当基荷电源;而水电尽管也可以充当基荷电源,但受来水影响较大,在枯水期不太稳定。三是年平均利用小时数较高;天然气、风电、太阳能年平均利用小时数分别为5000、2000、1000小时,而核电年平均利用小时数将近8000小时。因此,在各种清洁能源中,核电优势比较明显。而我国目前的电力生产中,火电占74.37%,水电占17.79%,核电仅占3.56%。考虑到我国能源结构的历史与现实状况,2020年之前我国能源供应仍将无法摆脱以煤炭为主的格局,即在新增加560GWe中将有一半以上仍依赖于煤电,2020年水电装机容量即使新增160GWe左右,电力需求仍存在较大缺口,这个缺口将主要由核电来填补,即2020年我国核电装机容量应达到4000万千瓦左右(届时约占全国总装机容量的 4%)。

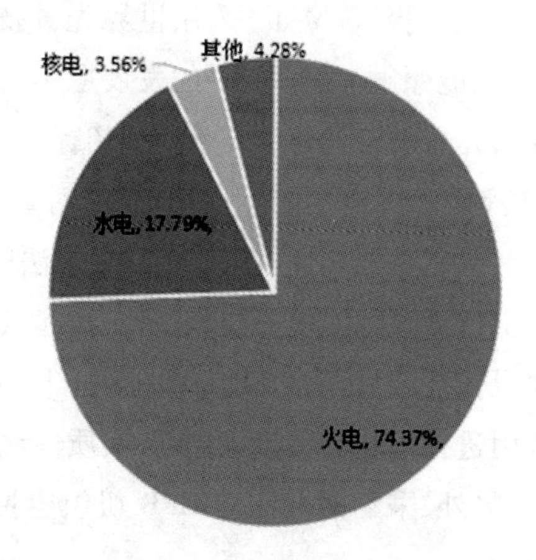


**案例图 2-11 发电总量中各能源占比(2016 年)**

尽管我们在大力开展节能措施和调整经济结构,但随着人民生活水平的提高,既使人均年能源消费量达到世界平均水平,能源消费总量仍会增加。如果按“十一五”时期的增长速度,“十二五”末全国煤炭年消费量将达到 40 亿吨,占到全世界煤炭消费的 50%以上。“十一五”期间,我国大力发展风能、太阳能等可再生能源,增速世界第一,但在能源消费总量中占的比重仍然很小,尚难以替代化石能源需求的增长,所以从实际角度来看,中国不发展核电不行。

## (二)中国核电发展现状

我国对核电站的最初试验研究始于 20 世纪 70 年代。1991 年,我国自主研发出了第一座商业性核电站——秦山一期核电站,发电功率为 30 万千瓦,成为世界第七个能够完全依靠自己力量自行设计、建造核电站的国家。1982 年,我国从法国引进 2 台 98 万千瓦的压水堆核电机组建设大亚湾核电站,并于 1994 年建成投入商业运行。这一阶段建成了 2 个核电站共 3 台机组,结束了我国大陆无核电的历史。

2002 年年底,原国家计委根据国民经济发展和应对气候变化的需要,针对我国核电产业存在的问题,上报国务院《关于适度发展核电,开展核电自主化工作的请示》,得到了国务院领导的肯定。2003 年 1 月,国务院召开常务会议,听取核电工作汇报,确立了"采用世界先进技术,要统一技术路线,不敢再错走一步,不能照顾各种关系"的发展原则,决定成立国家核电自主化工作领导小组,并启动三代核电技术国际招标。

2006 年,我国进行了三代技术国际招标评标,对 AP1000 和 EPR 技术进行了技术经济分析,确定美国西屋 AP1000 方案比法国阿海珐 EPR 方案具有明显优势,决定引进 AP1000,统一技术路线,高起点实现我国核电自主化发展,中美合作建设依托项目四台 AP1000 机组。同时,成立国家核电技术公司,在消化吸收引进技术基础上自主创新,实质性地突破了美国对我国高技术出口的限制。另外,采购两台法国 EPR 机组容量,由中广核在台山建设。

国家在部署三代核电自主化战略决策的同时,加快了核电建设步伐。2006 年 3 月,国家"十一五"规划调整了"适度发展核电"的方针,提出了"积极推进核电建设"的方针。2007 年 11 月,国务院批准《国家核电中长期发展规划(2005—2020)》。从 2005 到 2011 年 3 月,我国批准开工了 6 台三代核电机组(包括 4 台 AP1000)、28 台二代改进型核电机组。在全球核电基本不再新建二代机组的背景下,我国二代机组上马过多、过快,也引起了国内外对我国核电长期安全性的担忧,也引发了国内核电发展的二代与三代之争。针对上述情况,国家"十二五"规划提出了"在确保安全的基础上高效发展核电"的方针,并将"新一代核电装备"纳入"战略性新兴产业创新发展工程"。

2003 年到 2011 年 3 月,我国核电装机 1200 万千瓦;在建装机 29 座 3000 万千瓦,位居世界首位,12 个在建的核电站,25 个筹建中的核电站。2011 年 3 月福岛核事故发生后,国务院出台了"国四条"(立即组织对我国核设施进行全面安全检查、切实加强正在运行核设施的安全管理、全面审查在建核电站、严格审批新上核电项目),用最先进标准对所有在建设的核电站进行安全评估。"国四条"迅速稳定了国内外对中国核电安全的信心,并确立了最先进标准的发展原则。

在安全检查和研究论证的一年多内,国务院分别审议通过了《核设施安全检查报告》《核电安全规划(2011—2012)》和《核电中长期发展规划(2011—2020)》等四个文件,明确要求:“稳妥恢复正常建设,2020年规划,装机5800万千瓦,在建3000万千瓦;科学布局项目,确立了‘先沿海、后内陆’的发展布局和‘稳步有序’的建设节奏”;提高准入门槛,按照全球最高安全标准要求新建核电项目,新建核电机组必须满足三代安全标准;明确技术路线,新建核电项目的技术路线以AP1000及其再创新为主。

在政策推动之下,中国核电进入快速、安全、稳定的发展时期。根据WNA的统计,2012—2017年,世界在建的核反应堆中有81个将投入商业运营,净装机容量总和为78.63GW。中国、俄罗斯、韩国、印度和日本等5个国家的净装机容量占总装机容量的78.9%。其中,中国投入商业运营的核反应堆最多,为33个,净装机容量共33.4GW,占总量的42.5%,在建或准备筹建的核电站项目规模位列世界第一。

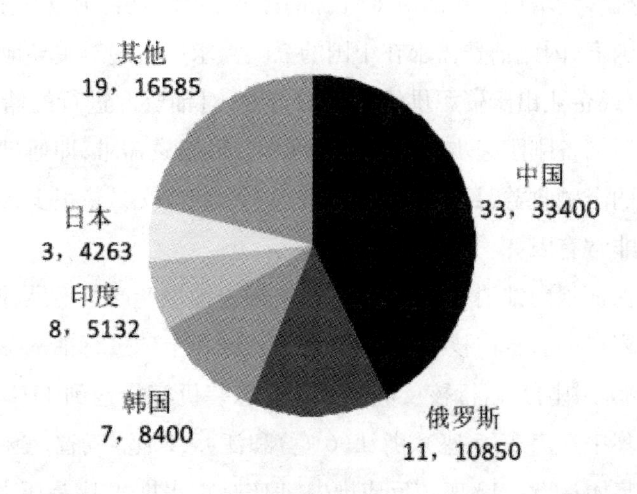


**案例图2-12 2012—2017年各国投入商业运营的核反应堆个数和净装机容量(MW)**

核电装机容量的大幅增加,对铀资源的需求相应也会增加,而我国铀储备不丰富,因此未来铀产量增长将非常有限,这将会导致中国铀供需缺口将由2010年的1153吨上升至2015年的6350吨和2035年的42800吨,而供需缺口与消费之比则将由2010年的58.2%上升至2015年的88.2%和2035年的97.3%,而自给率则将由2010年的40%下降至2015年的10%和2035年的3%。

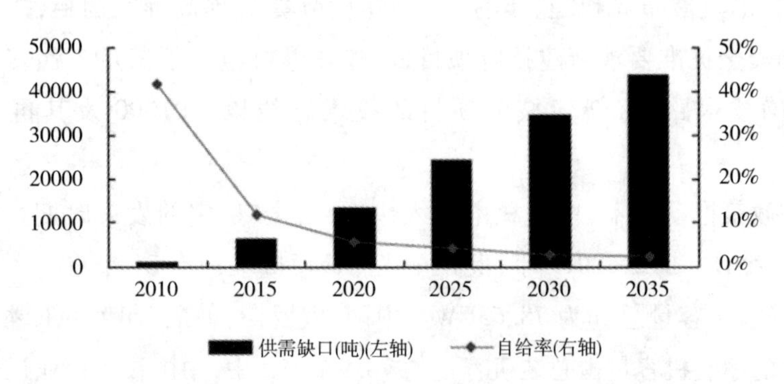


**案例图 2-13 2010—2035年中国供需情况**

资料来源:申万研究。

铀资源的需求包括三种,即消费需求、储备需求、投资需求。消费需求,即核电装机容量增加引致的对铀资源的需求,中国是目前世界上发展核电最积极的国家,因此消费需求在中国的三类需求中占绝对主导地位;储备需求,即国家或企业出于资源供给安全的角度,对铀资源进行的储备,目前中国的铀资源储备刚刚起步,未来会有小幅增加;投资需求,即通过资本市场,获取投资的金融收益,目前国际金融市场上铀期货交易量很少,中国在这方面的需求非常有限。

为了保证国内铀消费供给充足、解决国内铀生产产量不足、抓住铀资源全球布局窗口期和抢占核技术突破先机,我国在全球进行铀资源战略布局。2010年年底,中国共运行核反应堆13座,总装机容量达到11GW。已运营核电机组集中在广东(5座)、浙江(6座)和江苏(2座)三省,全由中广核集团和中核集团运营。13座核反应堆中,4座是重水堆,9座是压水堆;4座是引用法国技术,2座引用加拿大技术,2座引用俄罗斯技术,剩下5座是中国在消化吸收法国技术后自主研发的二代及二代加技术。

2010年,中国的装机容量占全球的2.8%,仅次于美国、法国、日本、德国、韩国、加拿大、俄罗斯、乌克兰等少数几个国家。

**案例表 2-6 中国核电装机容量**

| 核电机组 | 省份 | 总装机容量 | 堆型 | 运营商 | 商运时间 |
|---|---|---|---|---|---|
| 大亚湾核电站机组 1-2 | 广东 | 2x984 | 压水堆(French M310) | 中广核 | 1994 |
| 秦山核电站一期 | 浙江 | 300 | 压水堆(CNP-300) | 中核 | 1994 |
| 秦山核电站二期机组 1-3 | 浙江 | 3x650 | 压水堆(CNP-600) | 中核 | 2002、2004、2010 |
| 秦山核电站三期机组 1-2 | 浙江 | 2x728 | 重水堆(Candu 6) | 中核 | 2002、2003 |
| 岭澳核电站一期机组 1-2 | 广东 | 2x990 | 重水堆(French M310) | 中广核 | 2002、2003 |
| 田湾核电站一期机组 1-2 | 江苏 | 2x1060 | 压水堆(VVER-1000) | 中核 | 2007、2007 |
| 岭澳核电站二期机组 1 | 广东 | 1080 | 压水堆(CPR-1000) | 中广核 | 2010 |
| 总计 13 座 | - | 10854 | - | - | - |

资料来源:申万研究。

**案例表 2-7 全球各国核电装机容量(2010 年)**

| 国家 | 反应堆个数 | 总装机容量(GW) | 全球占比 |
|---|---|---|---|
| 美国 | 104 | 106 | 26.97% |
| 法国 | 58 | 66 | 16.79% |
| 日本 | 54 | 49 | 12.47% |
| 德国 | 17 | 21 | 5.34% |
| 韩国 | 21 | 19 | 4.83% |
| 加拿大 | 18 | 13 | 3.31% |
| 英国 | 19 | 11 | 2.80% |
| 俄罗斯 | 32 | 24 | 6.11% |
| 乌克兰 | 15 | 14 | 3.56% |
| 中国 | 13 | 11 | 2.80% |
| 印度 | 19 | 5 | 1.27% |
| 世界 | 441 | 393 | 100.00% |

资料来源:IEA,申万研究。

2011 年,岭澳核电站新增一台装机容量 1080MW 的核反应堆。此外,中国目前有大批在建和筹建核反应堆,总装机容量超过 90GW。这些核反应堆主要以二代加技术 CPR-1000 和三代技术 AP1000 为主,只有少量引入俄罗斯和法国的技术。在建与筹建的反应堆主要由中核和中广核运营,另外中国电力投资集团、中国国电集团、华能集团、中国大唐集团等电力巨头也参与到核电站项目当中。

截至 2016 年 12 月,中国在运核电机组 35 台,装机容量达到

33632MW,在建20台,位居世界首位。中国无疑是目前世界上核电发展最快的国家,根据国际能源署(IEA)的预测,2011—2035年,世界净增核电装机容量239GW,其中114GW来自中国,也就是说,中国净新增的核电装机容量占到了世界的一半。按此计算,在2035年世界核电装机容量将达到632GW;中国核电装机容量达到125GW,超越美国的124GW,成为世界第一核电大国。

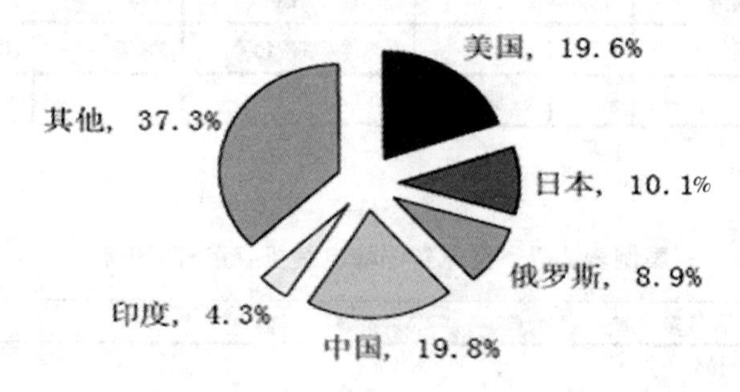


**案例图 2-14 世界各国核电占比情况**

资料来源:IEA,申万研究。

相对于IEA,我们在现有政策情境下对中国未来核电装机容量的预测更加乐观;我们预计,中国核电装机容量将由2010年的11GW上升至2035年的250GW。根据世界原子能机构(IAEA)的低端情境推算,由此引致的铀消费量将由目前的0.2万吨上升至2035年的4.5万吨。

与高企的需求相比,中国铀产量一直不高,根据世界核能理事会(WNA)的统计,2010年中国铀产量只有827吨,远远无法满足中国发展核电的需求,再加上由于日本福岛危机之后,德国、瑞典、瑞士等欧盟国家放弃了发展核电的计划,而其他一些核电大国比原来变得更加激进,在这些国家放弃灵活谨慎发展核电之际,正为中国在全球进行铀资源布局提供了难得的战略"窗口期"。中国希望通过全球战略布局,来解决国内铀产量不足的问题,满足快速增长的需求,同时抢占核技术突破先机。

### (三)中国核电产业"走出去"战略

根据WNA的数据,2015年世界铀产量集中在19个国家。美欧发达国家铀资源进口主要集中在10个国家:澳大利亚、加拿大、哈萨克斯坦、马拉维、纳米比亚、尼日尔、俄罗斯、乌兹别克斯坦、南非、乌克兰。

我国对用铀和产铀国分析研究后,认为铀资源供给国应该同时满足以下三个标准:铀资源储量丰富、铀净产出量(产出量减去消费量)较大、铀储产比较大。

根据这三个标准,我们挑选出8个国家作为我国主要铀资源供给国:澳大利亚、哈萨克斯坦、加拿大、南非、纳米比亚、尼日尔、乌兹别克斯坦、马拉维,这8个国家我们称为第一类国家。此外,我们认为,还有必要加入其他6类国家共25个:第二类国家包括俄罗斯、巴西、乌克兰、罗马尼亚4个国家,这类国家目前有生产,但净产出为负;不过,这些国家铀储量较大,未来生产能力有望超出消费,特别是俄罗斯和乌克兰还拥有大量二次供给。第三类国家包括阿根廷1个国家,阿根廷目前没有生产,但有消费,因此净产出为负。不过,其铀储量较大,且未来生产能力有望超过消费。第四类国家包括约旦、蒙古2个国家,这类国家目前没有生产和消费,但铀储量较大,且未来生产能力有望超过消费。第五类国家包括丹麦、坦桑尼亚、阿尔及利亚、中非、索马里、葡萄牙、希腊、加蓬、刚果、秘鲁、智利、津巴布韦12个国家,这类国家目前没有生产和消费,未来也没有生产消费计划,但铀储量较大。第六类国家包括土耳其、越南、意大利、印尼、埃及5个国家,这类国家目前没有生产和消费,未来有消费计划但没有生产计划,不过,这些国家铀储量较大。第七类国家包括伊朗1个国家,伊朗目前没有生产和消费,未来有消费计划和生产计划,不过消费大过生产,但其铀储量较大。最终我们选定的目标国共有33个。

**案例表2-8 2010—2014年世界各国铀产量**

| 国 家 | 产量(吨) | | | | | 2014年占世界的比重 |
|---|---|---|---|---|---|---|
| | 2010 | 2011 | 2012 | 2013 | 2014 | |
| 哈萨克斯坦 | 17803 | 19451 | 21317 | 22451 | 23217 | 41.3% |
| 加拿大 | 9783 | 9145 | 8999 | 9331 | 9134 | 16.3% |
| 澳大利亚 | 5900 | 5983 | 6991 | 6350 | 5001 | 8.9% |

续表

| 国家 | 产量(吨) | | | | | 2014年占世界的比重 |
|---|---|---|---|---|---|---|
| | 2010 | 2011 | 2012 | 2013 | 2014 | |
| 尼日尔 | 4198 | 4351 | 4667 | 4518 | 4057 | 7.2% |
| 纳米比亚 | 4496 | 3258 | 4495 | 4323 | 3255 | 5.8% |
| 俄罗斯 | 3562 | 2993 | 2872 | 3135 | 2990 | 5.3% |
| 乌兹别克斯坦 | 2400 | 2500 | 2400 | 2400 | 2400 | 4.3% |
| 美国 | 1660 | 1537 | 1596 | 1792 | 1919 | 3.4% |
| 中国 | 827 | 885 | 1500 | 1500 | 1500 | 2.7% |
| 乌克兰 | 850 | 890 | 960 | 922 | 926 | 1.7% |
| 马拉维 | 670 | 846 | 1101 | 1132 | | |
| 南非 | 583 | 582 | 465 | 531 | | |
| 印度 | 400 | 400 | 385 | 385 | | |
| 捷克 | 254 | 229 | 228 | 215 | | |
| 巴西 | 148 | 265 | 231 | 231 | | |
| 罗马尼亚 | 77 | 77 | 90 | 77 | | |
| 巴基斯坦 | 45 | 45 | 45 | 45 | | |
| 法国 | 7 | 6 | 3 | 5 | | |
| 德国 | 8 | 51 | 50 | 27 | | |
| 世界 | 53671 | 53493 | 58394 | 59370 | 56217 | 100.0% |

资料来源:根据 WNA 数据整理。

以上我们主要是从自然资源的角度,基于各国的铀资源和供需水平提出了可供中国获取的目标国。在实际操作中,我们还需综合考虑其他诸多风险,我们将这些风险主要分为四类,即政治风险、经济风险、社会风险、技术风险。其中,政治风险、经济风险、社会风险是从宏观层面考虑的风险,反映了获取的可行性;而技术风险则从微观层面分析了,获取者的盈利能力。我们在这里的分析主要集中在可行性分析上。除此之外,我们还需要考虑该国与中国的关系(两国关系越融洽,中国获取的风险越小)、中国是否已经在该国进行国际铀资源合作(这反映了中国进入该国的门槛难度)以及该国与美日欧的关系(中国获取海外资源一直遭遇美日欧的强烈反对,该国与美日欧的关系越紧密,中国获取的风险越大)等因素。

**案例表 2-9 中国介入各国铀资源的风险因素**

<table>
<tr><td rowspan="21">介入海外铀资源的风险因素</td><td rowspan="20">宏观风险</td><td rowspan="2">自然风险</td><td>铀资源禀赋</td></tr>
<tr><td>自身供需缺口</td></tr>
<tr><td rowspan="6">政治风险</td><td>国内外争端</td></tr>
<tr><td>国际关系</td></tr>
<tr><td>恐怖袭击</td></tr>
<tr><td>人权状况</td></tr>
<tr><td>政治、社会稳定</td></tr>
<tr><td>政府腐败程度</td></tr>
<tr><td rowspan="5">经济风险</td><td>富裕程度</td></tr>
<tr><td>受教育程度</td></tr>
<tr><td>对外开放程度</td></tr>
<tr><td>技术水平</td></tr>
<tr><td>基础设施</td></tr>
<tr><td rowspan="5">社会风险</td><td>宗教</td></tr>
<tr><td>文化</td></tr>
<tr><td>价值观</td></tr>
<tr><td>社会包容性和对外的接受程度</td></tr>
<tr><td>法律</td></tr>
<tr><td>微观风险</td><td>技术风险</td><td>在考虑市场、技术、环保、税费、汇率、融资等多项条件下的盈利情况</td></tr>
</table>

资料来源:申万研究。

据此,我们将中国获取海外铀资源的风险划分为三个等级:第一等级,风险指数为1—2,用绿色表示,我们认为,中国可以积极获取这些国家的铀资源;第二等级,风险指数为2—3,用黄色表示,我们认为,中国可以获取这些国家的铀资源,但风险较大,获取前需谨慎考虑;第三等级,风险指数为3以上,用深色表示,除有确定把握时,我们不鼓励中国获取这类国家的铀资源。

**案例表 2-10 中国介入各国铀资源的风险指数**

| 国　　家 | 风险指数 |
|---|---|
| 哈萨克斯坦 | 1.672 |
| 乌兹别克斯坦 | 1.889 |
| 纳米比亚 | 1.937 |
| 加拿大 | 2.030 |

续表

| 国　家 | 风险指数 |
| --- | --- |
| 澳大利亚 | 2.048 |
| 蒙古 | 2.056 |
| 罗马尼亚 | 2.087 |
| 秘鲁 | 2.119 |
| 南非 | 2.140 |
| 约旦 | 2.147 |
| 乌克兰 | 2.212 |
| 阿根廷 | 2.227 |
| 俄罗斯 | 2.269 |
| 阿尔及利亚 | 2.370 |
| 智利 | 2.435 |
| 越南 | 2.443 |
| 印度尼西亚 | 2.474 |
| 土耳其 | 2.479 |
| 加蓬 | 2.528 |
| 埃及 | 2.538 |
| 巴西 | 2.604 |
| 尼日尔 | 2.697 |
| 伊朗 | 2.908 |
| 葡萄牙 | 2.975 |

资料来源:CEIC,WIND,经济和平研究所,世界银行,申万研究。

在目前中国大力发展核电产业且铀资源供给不足的情况下,中国核工业集团和中国广东核电集团正积极采取“走出去”战略获取海外铀资源。经过一段时间的运作,我国的“走出去”战略已经获得了一定成果。

**案例表 2-11　中国获取海外铀资源的情况(2007 年—2016 年)**

| 时　间 | 公司 | 项　　目 | 股份 | 金　额 |
| --- | --- | --- | --- | --- |
| 2007 年 11 月 | 中广核 | 与乌兹别克斯坦国家地质与矿产资源委员会建立合资企业,持股 50%开发 Navol 地区的铀矿 | 50% | |

续表

| 时　间 | 公司 | 项　　目 | 股份 | 金　额 |
|---|---|---|---|---|
| 2008年 | 中核 | 与哈萨克斯坦原子能公司(Kazatomprom)建立合资企业 | | |
| 2008年10月 | 中广核 | 收购了阿海珐矿业集团49%的股份 | 49% | |
| 2009年 | 中核 | 与尼日尔政府合资成立了阿泽里克矿业股份公司(SOMINA) | | |
| 2009年4月 | 中核 | 现金收购加拿大西屋公司(western prospecter group ltd)100%的股份 | 100% | 3100万加元 |
| 2009年5月 | 中广核 | 与哈萨克斯坦原子能公司(Kazatomprom)合资在哈萨克斯坦阿拉木图建立谢米兹拜伊铀有限责任合伙企业,开发伊尔科利铀矿 | | |
| 2009年7月 | 中核与中广核 | 与澳大利亚的 Pepinini 共同开发该国南部的 Crocker Well 铀矿 | | |
| 2009年9月 | 中广核 | 以每股1.02澳元收购澳大利亚能源金融有限公司(EM)70%的股份,并按9∶1的比例以每股0.9澳元购买该公司配售股票 | 70% | 1.19亿美元 |
| 2011年12月 | 中广核 | 收购澳大利亚 Kalahari Minerals 100%的股份 | 100% | 9.91亿美元 |
| 2012年5月 | 中广核 | 完成了对纳米比亚湖山铀矿项目100%股权的收购,项目建成后将成为中广核天然铀产品供应的基地 | 100% | |
| 2014年1月 | 中核 | 与澳大利亚帕拉丁能源有限公司达成价值1.9亿美元的交易,中核集团收购其位于纳米比亚的兰杰—海因里希铀矿25%的股权 | 25% | 7.6亿美元 |
| 2014年7月 | 中核 | 在蒙古国的首个铀矿项目已经通过了由蒙古国方面对其经济技术可行性研究报告进行的评审,为它在该国开发铀矿奠定了基础 | | |
| 2015年12月 | 中广核 | 与哈萨克斯坦国家原子能工业公司在京签署了《关于在哈萨克斯坦设计和建设燃料组件制造厂和在哈萨克斯坦共同开发铀矿的商业协议》,为在哈境内合作开发铀矿奠定基础 | | |
| 2016年5月 | 中广核 | 与加拿大最大的铀矿商 Cameco 公司签订了《关于进一步扩大与深化联合铀资源开发合作的协议》,根据该协议,双方后续将加强绿地铀资源勘探项目上的合作 | | |

资料来源:根据申万研究、北极星电力网等整理。

在"走出去"战略的实际操作过程中,中国应遵循三淡化、三突出的6大原则,即淡化国家色彩、淡化控制目的、淡化短期收益、突出属地性质、突出迂回方式、突出联合方式。同时我们将获取海外铀资源方式归纳为四种运作模式:生产与贸易模式、财务模式、产融结合模式、全产业价值链模式。

**案例表 2-12　中国“走出去”战略情况**

| 实施机构 | 海外铀资源获取原则 | 具体介绍 | 获取海外铀资源方式 | 具体介绍 |
| --- | --- | --- | --- | --- |
| 中国核工业集团 | 淡化国家色彩 | 与国外公司联合获取目标公司。 | 生产与贸易模式 | 主要涉及产业资本,是长期获取海外铀资源的根本模式 |
| | 淡化控制目的 | 小额收购目标公司权益 | 财务模式 | 将成为今后发展最快的模式,这种模式主要适用的中国机构是专业投资基金 |
| | 淡化短期盈利 | 从长期、战略的角度综合考虑获取海外油气资源的经济、政治收益。 | 产融结合模式 | 是最适销对路的模式,也是获取海外油气资源最为快捷的方式。这种模式主要适用的中国机构是核能企业、矿业企业和电力集团 |
| 中国广东核电集团 | 突出属地性质 | 在获取过程中全程使用目标公司所在地人员,或已在目标公司控股的股东所属地的人员 | | |
| | 突出迂回方式 | 获取目标公司母公司或控股公司;<br>在国内或国外注册成立公司或基金,以该公司或基金的名义获取目标公司;<br>使用中介机构获取目标公司,中国机构再获取中介机构;<br>以提供资金、技术等手段换取获取目标公司的许可;<br>通过资源交易所间接获取目标公司的业务或产品 | 全产业价值链模式 | 从整条产业链、创造价值的各项活动全方位介入海外铀资源。这种模式以拥有铀资源的国家或公司为核心,涉及内容非常广泛,包括上中下游产业、贸易、运输、技术、交易所等多个领域。是各种机构在各个时期,获取海外铀资源的有效途径。<br>在这一模式中,资源禀赋是全产业价值链的基础但并非唯一,所有与之相关的产业构成了整条产业价值链,在产业价值链上的每一家机构都可能是中国获取海外铀资源的目标。除去资源禀赋之外,我们将其他相关的产业分为4类:定价类、物流类、技术类、其他类 |
| | 突出联合方式 | 多家中国机构联合获取同一家目标公司 | | |

除此之外,中国核电产业“走出去”战略还体现在技术出口方面。世界核电新一轮复兴正带动着这个产业走向更多新兴市场,而各个核电强国之间的技术出口竞争也会日趋激烈。近日,日本在中东地区进行的核电出口

备受关注,而技术的安全可靠性及政府主导成为外界讨论的焦点。日本和法国合作,形成强强联手,加大了竞标胜算的砝码。此次在土耳其第二核电站项目上,中国虽未中标,但是却独立参与了核电出口竞争的尝试。可以看得出,中国核电“走出去”的战略呈加快之势。

“核电技术出口以及相关产业核心能力是国家综合实力的重要表现之一,同时也说明了一个国家是不是核电强国。未来的世界核电市场,机遇与挑战并存。”相关数据显示,目前全球共有六个国家具备完整的大型核电技术输出能力,分别为美国、法国、俄罗斯、加拿大、日本及韩国。输出技术在全球在运机组的占有率上,俄罗斯、美国、法国位列前三。尤其是俄罗斯的三代技术,由于是在成熟的二代技术上进行持续创新改进形成的,兼具先进性、成熟性和经济性特点,竞争优势更明显。而韩国核电虽然起步晚,但也因 2009 年阿联酋核电项目中标而显示出实力。①

因此,在核电“走出去”战略中,技术领先、自主创新是前提。二十多年“引进、消化、吸收和再创新”的经历让中国核电逐渐成熟,在运营管理、自主创新方面,也逐渐形成一套自己的体系。据了解,我国已形成了具有自主品牌的二代改进型压水堆核电技术,目前正在开展 AP1000 和 EPR 三代技术引消吸和再创新工作,并组织开发具有完全自主知识产权的 ACP1000②、ACPR1000+③和 CAP1400④ 的三代核电技术。在“走出去”方面,除了援建巴基斯坦 30 万千瓦核电机组外,目前符合世界潮流和水平的先进三代核电技术自主品牌 ACP1000、ACPR1000+和 CAP1400 还未实现“出海”,但正在一步步接近目标。⑤ 这些技术方面的进步为中国核电“走出去”奠定了技术基础。

2013 年 4 月,法国电力公司在巴黎举行了一年一度的国际核电同类机组安全业绩挑战赛,中广核所属大亚湾核电运营公司再次摘取“能力因子/短循环”与“核安全/自动停堆”两个项目的第一名。截至 2013 年,大亚

① 朱学蕊:《核电“走出去”步伐正加快》,《中国能源报》2012 年 5 月 13 日。

② ACP1000 是中核集团核电“走出去”的技术:“A”代表先进,“C”代表中国,“P”代表堆型为压水堆,“1000”代表机组容量为百万千瓦级。——笔者注

③ ACPR1000 是中广核集团核电“走出去”的主推技术。——笔者注

④ CAP1400 是国家核电技术公司核电“走出去”的主推技术。——笔者注

⑤ 朱学蕊:《核电“走出去”步伐正加快》,《中国能源报》2012 年 5 月 13 日。

湾核电运营公司已在这一赛事中累计获得29项次第一名，如此出色的业绩，为中国核电“走出去”奠定了品质基础。在日本福岛核泄漏事故后，国际上的核安全标准随之提高，中国的核电业紧跟国际标准，坚持与国际同行对标和经验共享，加强了检查力度和应急措施，在设计方面也提高了安全标准。中国核电企业已经具备“走出去”所需的能力和技术，与一些国家商讨参与国外项目建设的可行性，并直接参与国外核电建设项目的投标活动。

在技术和能力都已具备的情况下，国家战略支持成为核电产业“走出去”战略的关键。业内专家认为，要将推动核电出口纳入国家战略高度，以政府为主导，明确核电“走出去”的战略定位并理顺战略结构，同时整合资源，集中力量办大事。之前我国三家主要核电集团在开发海外市场时，力量没有得到整合，各自为战，出现低效的经营现象。不能将核电集团看成是单个公司的产业，要在政府的积极协调下，形成全产业链的国际竞争力，以国家行为去争取更多的海外项目。2013年巴基斯坦斥资130亿美元从中国购买三座大型核电站核电项目，这是中国具有自主知识产权的三代核电技术第一次走出国门；同年11月，中国国家能源局公布《服务核电企业科学发展协调工作机制实施方案》，正式将服务核电“走出去”战略作为一个主要任务，提出要为核电自主化和“走出去”战略提供保障并引导核电企业积极“走出去”，核电“走出去”正式上升为国家战略。

随着对核电“走出去”战略的认识不断加深，国家大力开展核电外交推动我国核电产业“走出去”。2014年10月，中广核成为罗马尼亚切尔纳沃德核电站3、4号机组项目的“最终投资者”；同年10月，中国成功投资英国欣克利角核电站项目，中国核工业集团和中国广东核电集团有限公司共同持股约30%至40%，这也是我国首次参与发达国家核电项目建设；11月24日，国家核电技术公司、美国西屋公司与土耳其国有发电公司正式签署合作备忘录，以“2+2”①的形式启动关于土耳其4台核电机组建设的协商合作，开启我国自主三代技术出海的新模式。

① 所谓“2+2”形式，即国核技与西屋公司在进行核电出口合作中的合作模式，也可以称为“拼船出海”；具体内容为：土耳其4台核电机组，2台采用美国西屋公司AP1000核电技术，2台采用具有国核技自主技术的CAP1400核电技术。——笔者注

2015年是我国核电“走出去”快速发展的一年。2015年1月,中国与巴基斯坦签署了340亿美元投资协议,就在巴基斯坦建设大规模核电厂等相关事宜达成共识。2月4日,中国与阿根廷政府签订《关于在阿根廷合作建设压水堆核电站的协议》,中国将对采用中国核电技术的阿根廷核电站提供资金支持,如果阿根廷确定引进中国自主知识产权的核电技术“华龙一号”①,那么中核集团将在核电站的设计、设备、建设、资金、服务,以及核燃料处理等产业各个环节参与阿根廷核电项目,对中国核电以全产业链的形式“走出去”具有重要的意义;2015年5月7日,中国具有自主知识产权三代核电技术“华龙一号”示范工程——福清5号核电机组正式开工建设;9月16日,中国广核集团与肯尼亚核电局签署核电合作备忘录,就共同加强肯尼亚核电开发事宜达成共识,标志着我国核电“走出去”进军非洲市场取得重要突破。10月21日,中国广核集团和法国电力集团(EDF)在伦敦正式签订了英国欣克利角核电项目的投资协议,标志着我国核电正式进军英国市场,进入欧美发达国家的核电市场。11月15日,中国核工业集团与阿根廷核电公司正式签署了阿根廷重水堆核电站商务合同,以及压水堆核电站框架合同,标志着我国自主知识产权的“华龙一号”核电技术将落地阿根廷。12月2日,国家电投旗下国家核电技术有限公司②与南非核能集团签署《CAP1400项目管理合作协议》;根据协议,南非核能集团将组织南非核电项目管理人员到国家电投CAP1400示范工程现场进行培训,国家电投将为南非培养CAP1400技术的高级项目管理人才,这对我国自主知识产权的CAP1400技术开拓南非核电市场具有重要意义。③ 2015年12月22日,“华龙一号”示范工程第二台机组——福清核电6号机组正式开工建设。

---

① “华龙一号”是由中核集团和中广核集团联合研制的具有自主知识产权的三代核电技术,是中核和中广核“核电走出去”的主推技术。——笔者注

② 2015年5月29日,国家核电技术有限公司和中国电力投资集团公司正式合并为国家电力投资集团公司,国家核电技术有限公司作为其子公司,负责核电部分。——笔者注

③ 《习近平主席和南非总统祖马共同见证CAP1400项目管理合作签约并参观国家电投展台》,国家电力投资集团新闻中心,2015年12月7日,http://www.cpicorp.com.cn/ttxw/201512/t20151205_256942.htm。

## 三、中国核电发展的瓶颈

核能是一种有别于其他能源的能源，它关系到国家甚至国际政治安全和诸多社会影响。我国核电从20世纪70年代初开始启动，历经四十年左右，经过了初步发展、适度发展、积极推进、安全高效等几个发展阶段，但依然无法摆脱“万国牌”的标签，相比几乎同时起步的法国、日本、韩国，未能有效形成自主化、批量化发展核电的能力。我国的核电发展主要受到政策因素、安全因素、技术因素、经济因素和社会因素等因素的掣肘。

### （一）政策与法律法规因素

中国核电产业是政策驱动型产业，整个链条的运作由国家监控，因此政府对核能使用的态度或战略规划直接决定核电产业发展的进度。2012年3月6日，温家宝总理在十一届全国人大五次会议上强调，2012年我国将安全高效发展核电。根据国家发改委2007年发布的《核电中长期发展规划(2005—2020)》，我国核电发展战略目标为2020年核电运行装机容量争取达到4000万千瓦。2012年有关部门对核电中长期发展规划进行了调整，目前尚待审批，市场普遍预计到2020年全国核电装机容量目标将上调至7000—8000万千瓦。从更长时期来看，2011年2月28日，中国工程院发布《中国能源中长期(2030、2050)发展战略研究》指出，我国加速发展核电是必要的、迫切的。2020年核电总装机规模达到7000万千瓦的目标是可能实现的；2050年，核电总装机容量达到4亿千瓦，核电成为电力工业的主流之一。核电发电量占总发电量的比重为24%，核电装机容量占总装机容量的16%。

中国核电产业的发展不仅受到国内核电政策的影响，国际政策环境对中国的核电的发展也影响深远。福岛核泄漏事故发生后，中国暂停了核电站建设的审批。但是后福岛时代，国际核电发展形势依然向好，大部分国家表示支持和拥护核电发展。在这样的背景下，中国发展核电的舆论阻力更小,核电发展也会更高效。

除此之外,核能作为一种清洁能源,在节能减排方面将成为有力武器。据国际原子能协会(IAEA)统计,核能在整个核电生产的生命周期中生成的二氧化碳排放量最低。天然气和煤的排放量分别比核能高15倍和30倍。在气候问题和环境问题凸显的形势下,中国制定了一些节能减排的环保政策,强调对清洁能源(特别是核能)的利用。

国际、国内政策的利好消息,推动了核电的快速发展。2011年的全国能源工作会议提出,2020年全国核电运行装机容量要达到8600万千瓦。有关资料显示,目前全国各地准备新上的核电项目总规模已达2.26亿千瓦,三倍于上述计划。庞大的核电计划,核电投资热潮。出于拉动GDP和税收增长考虑,地方政府希望核电快速上马,有些省份由省领导签字“挂帅”抓核电项目。相关央企的投资冲动也不容小觑。“核电是个大蛋糕,谁都想来分一块”。

日本福岛核电事故发生后,国家要求全面审查在建核电站,要求暂停审批核电项目。这一叫停计划,暴露了中国许多在建和待审批核电项目的不合理性。一些缺乏油气资源的内陆省份看好核电发展的前景,纷纷开始筹建核电站。核电产业因为其特殊性,在建核电站时,要考虑的因素不仅包括地震、洪水、极端气象条件、飞机坠毁、化学爆炸等外部条件,也包括自然环境、水文环境、人口密度、人口分布等环境人文因素。① 一些内陆省份在建的核电站有的接近人口分布稠密区,安全隐患高。再者,不合格的核电站在开发和利用铀资源时,对有限的铀资源形成极大的浪费。同时,核电产业的“区域分散化”会导致各个核电公司、核电省各自为政,不能形成合力,无法实现全产业链生产,这将不利于技术的创新和研发,也不利于提高对外的竞争力。

我们在这里需要深思的问题的是:这些省份如何能够获得审批?甚至有些省份在没有任何审批的情况居然也开始建核电站?这不得不让我们深思此类现象背后的政策与法律法规。

① 李维娜、王奇华、张旻:《中国核电余震》,《财经》2011年3月28日。

核电的特殊性决定了其发展始终离不开政府的管理和积极政策的引导，纵观各个核电产业发展迅速的国家，政府都无一例外地积极支持核电产业的发展。而我国由于发展核电的技术路线长期摇摆不定，对重大的基本技术政策问题长期争论不休，我国核电机组建设速度相当缓慢，从第一座反应堆建成到核电站投入运行的周期为25年，美国为12年，苏联只有2年。

20世纪60年代，当我国已经成功爆炸原子弹的时候，韩国尚没有原子能工业，而如今韩国已运转21个核电反应堆，日本运行54个，我国至今只有14个。韩国自主开发了140万千瓦的核电技术，并获得了阿联酋的订单，而我国核电至今尚未摆脱万国牌的阴影。为什么会出现这一现象？究其原因是在决策发展核电问题上政策摇摆，没有形成国家意志，影响了人才培养和装备制造业升级。

除此之外，法律法规的缺失也是影响我国核电发展的一个掣肘因素。美国在1954年颁布了第一部核能开发利用基本法，即《1954原子能法》。随后，又颁布了《1974能源重组法》《1982核废料（管理）政策法规》《1985低放射性废料（管理）政策修正案》《1978铀水冶尾矿辐射控制法》《普莱斯—安德森核工业补偿法》等。这些立法与《行政程序法》《国家环境政策法》相配套，形成了美国完整的核电安全法律规则体系。

而在我国，核能领域基本法《原子能法》的立法工作，从启动之初的1984年到日本福岛核事故事件，长达27年。由于牵涉部门较多，法律条款面广，部门之间、参加人员之间意见分歧较大，一直无法形成共识，而国家核安全局的影响力以及协调能力也难胜此任，几年后只能搁浅。随着机构的不断改革，这项立法就处于半荒废状态。《原子能法》《核安全法》的长期缺失，为我国核电发展埋下了很大的隐患。

### （二）安全因素

从人类开始利用核能到现在，世界核电产业的发展受到三次大的制约，1979年三里岛核事故、1986年切尔诺贝利核事故和2011年福岛核事故。三次事故对社会造成了一定的危害。分析其原因，无外乎工作人员操作失误、机械故障、制度缺陷、不可抗拒力、事故后的麻痹态度等。

核电站一旦发生泄漏,产生的政治和社会影响是无可估量的。但是,核电站正常运行时,其安全系数却比较高。据 WNA 统计,1975—2010 年,与能源有关的人员死亡事故有 64 起,共死亡 24.23 万人,其中核电事故只有 1 起,共死亡 47 人。同时,核电站正常运行时核辐射也低于日常活动的辐射水平。

**案例表 2-13 辐射来源及辐射量**

| 辐射来源 | 辐射量 |
|---|---|
| 医学 CT | 8 毫希沃特/次 |
| 砖房 | 0.75 毫希沃特/年 |
| 水果、粮食、蔬菜和空气 | 0.25 毫希沃特/年 |
| 胸肺 X 光透视 | 0.2—1 毫希沃特/次 |
| 土壤 | 0.15 毫希沃特/年 |
| 北京至欧洲乘飞机往返一次 | 0.04 毫希沃特/年 |
| 生活在核电站附近 | 0.01 毫希沃特/年 |

我国已运行的压水堆核电站有三重保障:第一道屏障:燃料芯块和包壳,防止燃料裂变产物和放射性物质进入回路水中;第二道屏障:压力容器;第三道屏障:安全壳。另外,我国核电厂拥有三级纵深防御体系:第一,预防措施;第二,监督措施;第三,应急措施。通过三道屏障和三级防御体系,大亚湾核电站工业事故率接近于零,我国核电站安全状况达到国际先进水平。我国大量在建或筹建的核电站以 AP1000 为主,而 AP1000 是目前国际上最安全的技术之一。

关于安全问题,2010 年 9 月,在中国核工业创建 55 周年座谈会上,时任国务院副总理张德江明确表示:没有核安全,一切无从谈起。同样在 2010 年 9 月,岭澳核电站二期 3 号机组投入商业运营。时任中国环境保护部副部长兼国家核安全局局长李干杰在演讲中表示,中国核电“势头不错,隐患不少,务必保持清醒头脑”。

比如说,大亚湾核电 2 号机组燃料棒包壳出现微裂纹,导致放射性水平升高,虽然低于正常运行限值的十分之一,满足技术规范要求,放射性物质没有进入到环境,也未对公众和工作人员造成影响和损害。但这一事件仍引起境内外媒体的高度关注,产生了很大影响,香港居民曾上街游行表示抗议。之后,大亚湾核电站的1号机组又出现了一次“运行事件”。国家核安全局在通报中认为,这一事件的国际核事件分级为1级。尽管两次事件的级别不高,却也表明“大亚湾核电站工业事故率接近于零”,但并不是无,依然存在安全隐患,这都需要引起我们的注意。

核电产业的安全除技术的支持外,还需要管理体制的保障。美国核电安全管理体制主要由美国核安全管理委员会(Nuclear Regulatory Commission,以下简称NRC)和核电运营协会(Institute of Nuclear Power Operations,以下简称INPO)组成。NRC于1974年成立,是全权管理美国核工业的独立政府机构。NRC要求每个核电站每月向其报告安全情况,同时NRC对每一核电站实施定期(每年)检查评估,并用19项指标统计数据向公众公开核电站的运营情况,包括14项核电站安全指标(包括设备、事故预防措施、应急预案等)、2项核辐射安全指标(公共核辐射、职业核辐射)和3项核电保护指标(安全、保卫和执勤等)。INPO成立于1979年,主要负责制定核电站运营规范,并定期对每座核电站进行核电安全情况评估。

同时,在紧急情况时,美国的核电站须不断将其应急计划告知地方政府和州政府以及核管理委员会。必要时,核管理委员会、国土安全部应急管理部门、能源部、环境保护局和其他的联邦机构也会加入协调危机处理。美国已经形成了完整的核电安全管理体制。① 而中国,2010年国家才批示开展核安全规划的编制工作,参与过前两稿讨论的专家告诉《财经》记者,由于此前能源局从未编制过类似规划,没有经验,初稿内容存在很大缺陷,没有抓住要点。同时该专家还指出,前两稿缺少安全目标,包括行业总体目标、技术目标、管理目标的设定,也没有涉及和工业界所崇尚的安全文化建设内容。

由此可见,中国核电安全,无论从技术层面,还是从管理层面还有很长的路要走。

---

① 李维娜、王奇华、张旻:《中国核电余震》,《财经》2011年3月28日。

## (三)技术因素

据 WNA 统计,全球核电技术已实现了从第一代核电技术向第四代核电技术的转变,目前采用第三代核电技术的核电站已经实现了商业运营。第四代核电技术在安全性、经济性和环保性等方面都是最好的,目前正在研发中。"十二五"期间,中国核电技术发展以先进压水堆(AP1000)三代核电技术为主流,CAP1400 自主化研发逐步推进。

中国核电中长期发展规划已明确了我国核电中长期发展"三步走"的战略路线和到 2020 年的发展目标。近期以热堆核电站为主;同时,为了充分利用铀资源,采用铀钚循环的技术路线,开展快中子增殖堆核电站的研究开发,条件成熟时,中期形成快堆、热堆协调发展的核电体系;开发核聚变技术,远期发展聚变堆核电站,为最终解决人类的能源问题创造条件。立足长远,采取"热堆—快堆—聚变堆"三步走战略。未来 20—30 年内我国核电产业技术跨越可以按照分阶段逐步过渡的路径,大致以 2020 年与 2035 年为界,分为三个发展阶段(如案例图 2-15 所示)。

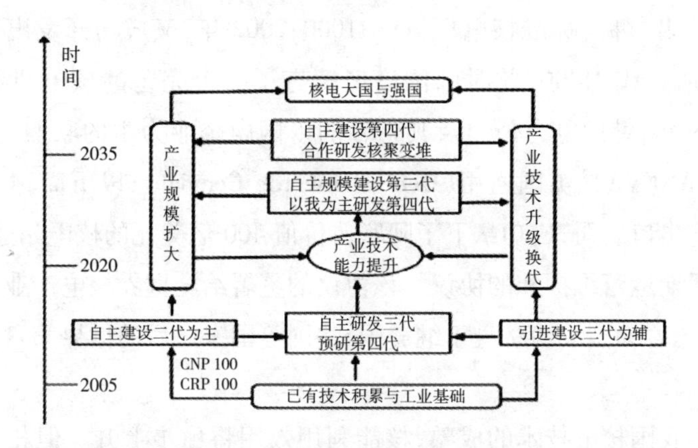


**案例图 2-15　2005—2035 年我国核电产业发展技术路径图**

而核电产业具有技术含量高和涉及面广的特点,由此决定了核电建设是一项系统工程,必须统筹兼顾产业链上各相关环节的协调发展。从核电产业强国的组织模式上可以看出,他们的产业链条都比较完整。比如,法国在核电站的设计、制造和管理等方面建立了合理高效的核电产业体系;俄罗斯也具有完整的核电产业体系、完备的核燃料循环设施与完整研究、设计、制造、建造和运营的单位体系。另外,各核电强国都倾向于将研发设计、工程管理、电站运营纳入一个企业集团,促进核电产业的一体化。这是因为一体化的组织模式集中度高、关联度高,有利于在资金有限的情况下实现产业价值链的效用最大化,韩国核电产业在短期内实现快速的发展就是佐证。

韩国核电起步虽晚,但也一直致力于不断地引进吸收和再创新核电技术,在短短不到30年的时间里完全掌握了核电的核心技术,实现了从技术引进到自主研发的跨越,成为核电产业的一匹“黑马”。韩国政府早在1958年就制定了《原子能法》,以促进核电的发展。直到20世纪70年代初,韩国从购买美国西屋公司和加拿大原子能公司3台商用机组开始,才开启了真正意义上的核电站大门。1982年,韩国电力有限公司转化为国有公司并正式更名为韩国电力公司(Korea Electric Power Corporation,以下简称KEPC),全国核电都由该公司下属的韩国水电和核电有限公司(Korea Hydro and Nuclear Power Co. Ltd.,以下简称KHNP)管理。20世纪90年代,韩国设计出“韩国标准核电厂”OPR1000;2002年,又成功开发出新一代核反应堆项目APR1400,此时韩国已经拥有了一个完善的核电机组设计体系。2009年,韩国电力公司及其带领的以国内企业为主的联盟,力克法国阿海珐(AREVA)、美国通用(General Electric Company,以下简称GE)两大老牌核电出口公司,成功拿下了阿联酋价值400亿美元的核电站建设、提供燃料及后期运营维护和的协议。该协议的签署给全世界核电产业带来了震惊,也标志着韩国成功跻身于继美国、法国等国家之后的世界第六大核电出口国。

随着我国核电技术的成熟,核能利用效用将稳步上升。但相比较韩国的核电发展模式,我国核电技术方面的发展存在很大的瓶颈,主要体现在以下几个方面:一是核心部件、部分核电站设备以及全数字化仪控系统主要还是依靠进口。核岛是核电设备的关键部分,而核反应堆压力容器等又是核岛的关键部分,我国很多企业不能自己设计制造这些关键部分,大多是通过其他一些边缘技术的自主化带动整体国产化率的提高。同时,中国目前的核电技术处于“三代加”阶段,自主研发的 CAP1400 正在设计中,距离第四代核电技术还很遥远,而美国、韩国和日本等核电技术已开始第四代核电技术的自主研发。中国核电站技术的相对落后,造成核电站设备的大量进口。中国核电产业的发展仍未摆脱受制于人的境况,未来核电发展仍将面临较大的国外竞争压力;二是核电装备制造水平不高、核燃料供应与后处理能力不足将制约核电快速发展;三是开发和研制停留在对某一技术的攻破之上,而不是对核岛、电机、工程和管理进行整体研发,没有形成全产业链的研发工作;四是三大核电巨头使用的核电技术,一个是从美国进口、一个是从法国进口、一个是自主品牌,并行存在三种技术体系,主流技术路线长期不统一,因此在技术的开发和研制方面无法形成合力,各自为政,很难做到互通有无,实现核电产业体系的一体化建设。

### (四)经济因素

核电的发展在很大程度上是政策主导的,而政策的制定则要考虑经济、政治、社会等诸多因素。从经济角度分析,近年来,中国经济的快速增长推动了核电产业的成长。同时,人是核电的直接消费者,人口的增长直接引起电力需求的增加从而提高国民核电需求总量,推动核电产业的发展。因而,核电产业的发展与产出和人口增长存在一定的正相关关系。此外,人均核电消费强度也会影响未来核电的消费需求。中国 2010 年人均核电消费量仅为 55.1 千瓦时,显著低于同期世界人均核电消费量 404.4 千瓦时。而同期美国、德国、日本人均核电消费量分别高达 2748.5 千瓦时、1719.7 千瓦时和 2293.9 千瓦时,分别是中国的 49.9 倍、31.2 倍和 41.6 倍。不考虑其他因素,如果中国人均核电消费量达到世界水平,中国的核电消费将在目前的基础上增加七倍以上。

经济因素除了产出和人口外,投资也与核电消费量存在正相关关系。2007 年,我国核产业仅在核电设备招标、技术合作等少数领域对外资开放,在投资、共同管理运营及参股中国核能企业方面一直有较多限制。哈萨克斯坦国家原子能公司、法国电力公司与中国核能企业的合作,标志着中国核产业投资领域开始对外资破冰。

乐观估计,在2020年核电总装机容量达8000万千瓦,未来10年核电市场总投资额将达到9800亿元,年平均投资额接近1000亿元,这样将会给核电产业带来巨大的投资机会。如此巨量的投资规模,仅靠国家自筹资金,远远不能满足国家核电规划所设计的核电站进程进度要求,应该积极吸收各部门、各地区和国外资金,促进资金投入的多元化。

而我国现有的投资主体结构比较单一,垄断现象严重,这不符合当下核电发展的趋势。

**案例表2-14　我国在建核电企业投资主体结构**

| 地　域 | 装机容量 | 股本金/总投资 | 投资主体结构 |
| --- | --- | --- | --- |
| 辽宁红沿河 | 4×108万千瓦 | 500亿元 | 中广核集团　45%<br>中电投　45%<br>大连市建设投资公司　10% |
| 福建宁德 | 4×108万千瓦 | 900亿元 | 中广核集团　46%<br>大唐　44%<br>福建煤炭工业集团　10% |
| 阳江核电站 | 6×108万千瓦 | 700亿元 | 中广核集团　100% |
| 山东石岛湾 | 20万千瓦 | 1500亿元 | 中国华能集团公司　47.5%<br>中国核工业建设集团公司　32.5%<br>清华控股有限公司　20% |

资金投入的多元化是核电投资的发展趋势,但同时也会引发业主权属谁等问题。这些问题从国家放开核电投资到现在,依然存在。

## (五)中国核电发展与公民社会关系的不确定性

时任中国环境保护部副部长兼国家核安全局局长李干杰在2010年9月的一次演讲中提道:"尽管中国核电发展面临着前所未有的历史机遇,但这种发展的社会基础还很脆弱,特别是公众对核电的信心和信任还不十分坚定,一有风吹草动就会引起轩然大波,严重影响(公众)对核电的接受度。"①

① 李维娜、王奇华、张旻:《中国核电余震》,《财经》2011年3月28日。

核电技术的应用是科技发展的重大进步,极大地缓解了资源的供给压力,但是核电的开发却也引发了其与公民环境权的冲突。所谓公民的环境权,是指公民在良好环境中享受一定环境品质的基本权利。由于核电产业的特殊性,一旦出现事故,其对环境污染和公民身体将带来无可估量的、长期的破坏。1986 年切尔诺贝利核事故如此,2011 年日本福岛核事故也如此。因此在审批和核准建立核电站的时候,除了由行政机关批准外,还应该将核电的开发政策置于宪法的高度,尽早出台核能基本大法《原子能法》,依据法律程序进行审批和核准。同时在居民迁移过程中充分尊重公民的意愿,重视公民基本权利。

再者,由于公众对核技术感到陌生和神秘,因而对核技术存在异乎寻常的恐惧,尤其是居住在核电站周边的民众。针对这样的情况,我们应该开展核电科普,使公众了解、接受核电,建立信息发布机制,增强公众对核电的信任感,及时应对不良炒作,避免简单问题复杂化。同时实行严格高效的监管政策与透明公开的建设管理政策,消除民众“核阴影”,确保核电顺利发展。[①] 而我国在这些方面做得还远远不够。这也会在一定程度上制约核电的发展。

## 四、中国核电战略发展理想情景描述

中国核电现在处于快速发展期,截至 2016 年初,我国核电装机 26849MW,在建装机容量 26885MW,居世界首位。目前,中国在运核电机组 30 个,在建 24 个,拟建 40 个。预计到 2020 年,我国核电总装机量达到 7000 万千瓦的目标是可实现的;2050 年,核电总装机容量达到 4 亿千瓦,核电将成为电力工业主流之一。核电发电量占总发电量的比重为 24%,核电装机容量占总装机容量的 16%。

---

① 李维娜、王奇华、张旻:《中国核电余震》,《财经》2011 年 3 月 28 日;叶芬:《核电开发与公民基本权利的保障——从全球反核浪潮谈起》,《韶关学院学报》(社会科学版)2012 年第 7 期。

在这样快速发展的背景下，中国核电发展的总战略是什么？将会走什么样的发展路线？发展路径是什么？从本书第二部分的分析，我们可以看到中国核电存在起步晚，在全国能源结构中所占比例很小，发展地区不平衡，核能利用低效，核能企业一体化能力弱，核电投入大，建设周期长，成本居高不下，核电缺乏竞争力，核电技术发展模式“三国鼎立”，各自为政，核电技术对外依赖度大，缺乏高效的政策与法律法规支持等问题。

**案例表 2-15　世界主要核电国家的发展模式**

| 国别 | 产业组织模式 | 核电产业技术创新模式 | 核电技术路径 | 国家核电政策 |
|---|---|---|---|---|
| 美国 | 小业主性 | 独立自主创新型：<br>自主—自主与合作相结合—合作 | 轻水堆—先进轻水堆、模式高温气冷堆—聚变堆 | 美国最先将支持核电正式列入其的能源政策 |
| 法国 | 大业主型 | 引进消化吸收再创新型：<br>引进—消化吸收，与供方合作—自主—合作 | 压水堆—EPR—快中子增殖堆—聚变堆 | 法国一直积极坚持发展核电产业，政策明确并保持持续性 |
| 日本 | 供应商型 | 引进消化吸收再创新型：<br>引进—模仿—引进—模仿—合作 | 轻水堆—先进性轻水堆—快中子增殖堆—聚变堆 | 日本整个社会倡导“不顾一切发展核电” |
| 韩国 | 一体化型 | 引进消化吸收再创新型：<br>引进—合作—引进转让技术—自主 | 压水堆、重水堆—先进性压水堆—模块化先进堆 | 在韩国能源政策中，核电一直居于重要地位 |
| 俄罗斯 | 以业主为核心的合作型 | 独立自主创新型：<br>自主—以自主为主，合作为辅—合作 | 压水堆、气冷堆—先进轻水堆、快中子堆—聚变堆 | 俄罗斯视核电产业为国家的支柱性产业 |

纵观世界主要核电国家的发展模式，我们在发展中国的核电事业中，需要注意以下几个方面。

第一，将核电的发展提高到国家战略高度，明确国家的政策支持。纵观各核电强国的发展，国家无不将核电的发展作为国家重点支持的能源产业。美国、俄罗斯、法国、日本、韩国都视核电产业为国家的支柱性产业，都有持续的、全产业链的发展模式。法国目前的核电模式始建于 20 世纪七八十年代,几十年间未做过大的调整,这依赖的不仅仅是技术,更多的是法国核电的全球战略高度。众所周知,全球核电市场的竞争,表面上是产业之间的竞争,实质上是国家之间的竞争。核电出口国家都制定明确的核电出口战略,每一个核电出口项目都离不开政府的强有力推动。因此,我国应该明确将核电发展定位到国家战略的高度,国家重点项目向核电产业倾斜,给予核电发展持续的、坚定的、强有力的政策支持。

第二,始终坚持以技术创新引领我国核电发展,坚持以重大专项为支撑,加强核电基础研究,加快开发第四代核电机型,加强技术前沿研究,加快发展小型一体化反应堆、舰船用动力堆。由于核电产业是复杂的高技术产业,核电技术的创新进度决定了核电产业的发展速度。技术的研发和创新需要从勘探、开采铀资源、铀矿的生产、核岛的设备、装机容量标准体系的设计、核电站乏燃料处理技术,到从非常规铀资源(如磷矿、钍资源和海水中)中提取铀的技术等等,进行全方位、全产业链的研发和创新,形成引进—消化吸收—再创新型的核电产业技术创新模式,摆脱核电发展从上游到下游都受制于人的现状。

第三,大力构建核安全管理体系。我国除了在核电安全技术上加大投资、研发和创新外,还大力构建核安全管理体系。1984 年 10 月,我国成立了国家核安全局,后又并入国家环保总局,负责全国的核安全、辐射安全、辐射环境管理等有关安全方面的监管工作。同时我国应该进一步加强核电法律法规的建设,尽快实现《原子能法》立法,形成一套完整的核安全法律法规体系,为我国核电的安全发展铺平道路。

第四,科学规划产业布局。目前全球运行核电机组中 50.1% 建在内陆,法国内陆机组占 70%,美国占 63%,俄罗斯占 58%。中国目前在役的核电站没有建在内陆的。而我国现在采用的 AP1000 技术采用二次循环冷却方式,补给水量每台机组 5400$m^3$/h,比沿海厂址机组低 40 倍以上,冷却水源有保障。并且 AP1000“近零排放”,不会影响水生态系统质量。再加上我国很多内陆省份严重缺煤、运输困难、环境污染严重,急需清洁能源的补充,所以我们应该尽早准备在内陆建造核电站。

第五,保持稳健、高效的建设节奏。核电产业发展需要保持连续性和稳定性，对技术创新和产业发展的最大伤害，就是走走停停、忽起忽落。福岛事故后，我国核电暂停审批新项目两年时间，政策方向不明确，科技投入不稳定，建设节奏被完全打乱，在一定程度上，造成了我国核电发展的滞后。与此同时，我们还应保持核电人才队伍的稳定和产业可持续发展。

第六，积极建设战略铀储备。为保证核电发展所需铀资源的充足供应，我们应该形成国内生产、海外开发、国际贸易等多渠道并举的保障体系，积极建设战略铀储备。美国、俄罗斯和日本三国的战略铀储备已初具规模。中国早期的天然铀储是中核集团的自发行为，工业储备先于公共储备。而我国应该采取的是公共储备为主，工业储备为辅的模式。因此我国应该从国家层面加快海外布局，积极参与到全球的铀资源争夺战中，打破垄断，引入竞争机制，并成立专门管理战略铀储备的高级别机构，加快完善相关领域的立法工作，加快建设我国的铀战略储备工作。

第七，确保铀资源安全运输。天然铀运输存在特殊性和复杂性，其特殊性表现在铀资源关系到国家安全，容易成为国际舆论关注、操纵政治影响的工具；复杂性表现在核物质本身具有的性质，如核辐射带来的复杂性。根据铀资源运输的特殊性和复杂性，我们在保障铀资源运输安全方面，需要考虑以下几点：一，我国铀资源运输主要通过海运完成，路线主要有三条：（亚洲路线）马六甲海峡/龙目海峡—南海—中国；（美洲路线）太平洋航线—中国；（非洲路线）地中海—直布罗陀海峡—好望角—马六甲海峡—中国。所以我们首先要与相关国家建立良好的国际关系，加强合作，互利共赢；二，要积极与国际原子能机构、相关国家建立涉核领域的沟通对话机制，提升我国在国际铀资源运输中的话语权。三，严格遵守《联合国海洋法公约》，加强法律法规的执行力和约束力；四，加强国际合作，从政治、外交及法律保护角度，确保我国核材料运输的合法合规；五，建立天然铀市场交换互换制度，减少实物运送距离，减少运输风险。

第八，加快推进核电体制改革。我国对核电的管理与监督的政府部门有：国家发改委、能源局、核安全局、国防科工局（国家原子能机构）。龙头核电企业有：中核集团、中广核、国家核电，各家核电企业各有优势，但是产业集中度不高，核电企业承担的任务与配备的资源不匹配，容易形成分散开发、多头对外、重复建设的局面。针对这些情况,我们应该深化核电体制改革,将优化发展目标、转变发展方式与调整产业结构、理顺利益格局结合起来,实现核电企业重组,形成企业合力,增强我国核电的对外竞争力。在政府管理体制方面,政府管理与监督部门职能划分不清晰,容易造成一旦有事故便相互推诿的现象。我们应该在监管的权威性、专业性、独立性方面进一步加强;在行业管理、安全监管、应急处理、对外交流的职能分工协作上,进一步理顺。这将有利于形成分工合理、优势互补、有效集中、有序竞争的产业格局,发挥好政府调控和市场竞争两个积极性,同时也有利于推进国家三代核电战略决策与部署的落实,加快自主化和"走出去"。

第九,实施三代核电"走出去"国家战略。长期以来,我国一直是核电站进口国,除因政治关系向巴基斯坦出口核电站外,没有真正进入全球核电商业市场。三代核电"走出去"是核电自主化战略的延伸和建设世界核电强国的重要标志,当前我国三代核电已经具备"走出去"的技术条件与市场机遇。以 CAP1400 作为核电"走出去"的国家品牌和主推机型,英国、南非等一些国家政府和核电业主企业对 CAP1400 技术本身的先进性、安全性、经济性表现出了浓厚的兴趣。

第十,积极建设跨国电网。美洲和欧洲建立了庞大的跨国电网系统,虽然出现过一国电网故障,导致整个电网无法正常运作的现象,但是建立跨国电网仍然是核电发展的大趋势。跨国电网的建立有助于提高电力使用效率,同时可以辅助中国在全球进行能源布局的战略行为。

第十一,尊重公民意愿,重视公民基本权利。营造有利于核电发展的公共环境,构建政府、产业界、利益相关方、公众的良性互动机制,开展核电科普,使公众了解、接受核电,建立信息发布机制,增加核电发展的透明度,增强公众对核电的信心和信任感。

第十二,完善核法律法规体系。应尽快研究出台《原子能法》,作为核能发展基本法;建立核损害赔偿法律制度,并考虑加入国际公约;尽快出台核电管理条例,梳理其他涉核法律法规,以便适应我国核能发展目标及现实需求。

通过以上几个方面的建设,我国的核电发展将呈现出国家战略指导下的全产业链，即从勘探、开采、核岛、电机、工程、运输、贸易，到铀资源储备、管理等方面的全方位发展，推动我国核电不仅发展成为世界最大核电国家，更成为世界核电强国。

## 附录：

中国有关核安全方面的法律、法规和导则（截至2000年12月31日）

Ⅰ. 国家法律

1. 中华人民共和国宪法（1982年12月4日　中华人民共和国第五届全国人民代表大会第五次会议通过）

2. 中华人民共和国环境保护法（1989年12月26日　全国人民代表大会常务委员会发布）

Ⅱ. 国务院行政法规

1. 中华人民共和国民用核设施安全监督管理条例（1986年10月29日　国务院发布）

2. 中华人民共和国核材料管制条例（1987年6月15日　国务院发布）

3. 核电厂核事故应急管理条例（1993年8月4日　国务院发布）

4.《放射性污染防治法》

Ⅲ. 部门规章

1. 中华人民共和国民用核设施安全监督管理条例实施细则之一　—核电厂安全许可证件的申请和颁发（HAF001/01）（1993年12月31日　国家核安全局发布）

2. 中华人民共和国民用核设施安全监督管理条例实施细则之一附件一　—核电厂操纵人员执照的颁发和管理程序（HAF001/01/01）（1993年12月31日　国家核安全局发布）

3. 中华人民共和国民用核设施安全监督管理条例实施细则之二　—核设施的安全监督（HAF001/02）（1995年6月14日　国家核安全局发布）

4. 中华人民共和国民用核设施安全监督管理条例实施细则之二附件一　—核电厂营运单位的报告制度（HAF001/02/01）（1995年6月14日　国家核安全局批准发布）

5. 核电厂核事故应急管理条例实施细则之一——核电厂营运单位的应急准备和应急响应(HAF002/01)(1998 年 5 月 12 日 国家核安全局批准发布)

6. 核电厂质量保证安全规定(HAF003)(1991 年 7 月 27 日 国家核安全局令第 1 号发布)

7. 核电厂厂址选择安全规定(HAF101)(1991 年 7 月 27 日 国家核安全局令第 1 号发布)

8. 核电厂设计安全规定(HAF102)(1991 年 7 月 27 日 国家核安全局令第 1 号发布)

9. 核电厂运行安全规定(HAF103)(1991 年 7 月 27 日 国家核安全局令第 1 号发布)

10. 核电厂运行安全规定附件一——核电厂换料、修改和事故停堆管理(HAF103/01)(1994 年 3 月 2 日 国家核安全局批准发布)

11. 民用核燃料循环设施安全规定(HAF301)(1993 年 6 月 17 日 国家核安全局第 3 号令发布)

12. 放射性废物安全监督管理规定(HAF401)(1997 年 11 月 5 日 国家核安全局批准发布)

13. 中华人民共和国核材料管制条例实施细则(HAF501/01)(1990 年 9 月 25 日 国家核安全局、能源部、国防科学技术工业委员会发布)

14. 民用核承压设备安全监督管理规定(HAF601)(1992 年 3 月 4 日 国家核安全局、机械电子工业部、能源部批准发布)

15. 民用核承压设备安全监督管理规定实施细则(HAF601/01)(1993 年 3 月 5 日 国家核安全局、机械电子工业部、能源部批准发布)

16. 民用核承压设备无损检验人员培训、考核和取证管理办法(HAF602)(1995 年 6 月 6 日 国家核安全局批准发布)

17. 民用核承压设备焊工及焊接操作工培训、考核和取证管理办法(HAF603)(1995 年 6 月 6 日 国家核安全局批准发布)

18. 核电厂操纵人员执照考核管理办法(试行)(1999 年 9 月 6 日 国家原子能机构发布)

19. 核产品转运及过境运输审批管理办法(试行)(2000年1月27日　国家原子能机构发布)

20. 核电厂环境辐射防护规定(GB6249-86)(1986年4月23日　国家环境保护局发布)

21. 放射性环境管理办法(1990年6月22日　国家环境保护局发布)

22. 辐射防护规定(GB8703-88)(1988年3月11日　国家环境保护局发布)

23. 放射卫生防护基本规定(GB4792-84)(1984年12月1日　卫生部发布)

24. 核设施放射卫生防护管理规定(25号部长令卫生部1992年发布)

25. 核事故医学应急管理规定(38号部长令卫生部1994年发布)

26. 放射工作人员健康管理规定(52号部长令卫生部1988年发布,1997年修订发布)

27. 并网核电厂电力生产安全管理规定(1997年4月28日　电力工业部发布)

28. 核电厂环境影响报告书格式和内容(NEPA RG-1)(1997年　国家环保局发布)

29. 核电站环境放射卫生监测及公众健康调查规范(1985年　卫生部发布)

30. 核设施正常运行和事故期间公众剂量监测与评价规范(1992年　卫生部发布)

31. 核事故或辐射应急时公众防护的干预和导出干预水平(1995年　卫生部发布)

32. 核电厂安全级电力系统准则(GB12788-91)

指导性文件(安全导则)

Ⅰ.通用系列

1. 核动力厂营运单位的应急准备(HAD002/01)(1989年8月12日　国家核安全局批准发布)

2. 地方政府对核动力厂的应急准备(HAD002/02)(1990年5月24日

国家核安全局、国家环境保护局、卫生部批准发布)

3. 核事故辐射应急时对公众防护的干预原则和水平(HAD002/03)(1991 年 4 月 19 日　国家核安全局、国家环境保护局批准发布)

4. 核事故辐射应急时对公众防护的导出干预水平(HAD002/04)(1991 年 4 月 19 日　国家核安全局、国家环境保护局批准发布)

5. 核事故医学应急准备和响应(HAD002/05)(1992 年 6 月 24 日　卫生部、国家核安全局批准发布)

6. 核电厂质量保证大纲的制定(HAD003/01)(1988 年 10 月 6 日　国家核安全局批准发布)

7. 核电厂质量保证组织(HAD003/02)(1989 年 4 月 13 日　国家核安全局批准发布)

8. 核电厂物项和服务采购中的质量保证(HAD003/03)(1986 年 10 月 30 日　国家核安全局批准发布)

9. 核电厂质量保证记录(HAD003/04)(1986 年 10 月 30 日　国家核安全局批准发布)

10. 核电厂质量保证监查(HAD003/05)(1988 年 1 月 28 日　国家核安全局批准发布)

11. 核电厂设计中的质量保证(HAD003/06)(1986 年 10 月 30 日　国家核安全局批准发布)

12. 核电厂建造期间的质量保证(HAD003/07)(1987 年 4 月 17 日　国家核安全局批准发布)

13. 核电厂物项制造中的质量保证(HAD003/08)(1986 年 10 月 30 日　国家核安全局批准发布)

14. 核电厂调试和运行期间的质量保证(HAD003/09)(1988 年 1 月 28 日　国家核安全局批准发布)

15. 核燃料组件采购、设计和制造中的质量保证(HAD003/10)(1989 年 4 月 13 日　国家核安全局批准发布)

16. 核应急导则—严重事故应急后期的防护措施和恢复工作决策(2000 年 9 月 28 日　国家原子能机构发布)

17. 核应急管理技术文件—放射性物质运输事故应急准备与响应(2000 年 9 月 28 日　国家原子能机构发布)

Ⅱ. 核动力厂系列

18. 核电厂厂址选择中的地震问题(HAD101/01)(1994 年 4 月 6 日　国家核安全局、国家地震局批准发布)

19. 核电厂厂址选择的大气弥散问题(HAD101/02)(1987 年 11 月 20 日　国家核安全局批准发布)

20. 核电厂厂址选择及评价的人口分布问题(HAD101/03)(1987 年 11 月 20 日　国家核安全局批准发布)

21. 核电厂厂址选择的外部人为事件(HAD101/04)(1989 年 11 月 28 日　国家核安全局批准发布)

22. 核电厂厂址选择的放射性物质水力弥散问题(HAD101/05)(1991 年 4 月 26 日　国家核安全局批准发布)

23. 核电厂厂址选择与水文地质的关系(HAD101/06)(1991 年 4 月 26 日　国家核安全局批准发布)

24. 核电厂厂址查勘(HAD101/07)(1989 年 11 月 28 日　国家核安全局批准发布)

25. 滨河核电厂厂址设计基准洪水的确定(HAD101/08)(1989 年 7 月 12 日　国家核安全局批准发布)

26. 滨海核电厂厂址设计基准洪水的确定(HAD101/09)(1990 年 5 月 19 日　国家核安全局批准发布)

# 案例研究三:俄罗斯的能源战略与国际能源合作

俄罗斯是世界上最大的出口石油和天然气的国家,“是唯一一个可以站在欧佩克一边,也可以站在它的对立面,扮演‘石油裁判员’角色的国家。”[①]俄罗斯是世界第一大天然气出口国,2003 年又取代沙特阿拉伯成为第一大石油出口国。近年来,由于中东频发伊拉克战争、巴以冲突、阿拉伯之春、叙利亚局势动荡等事件,造成中东这个世界重要石油产区局势不稳定,引起世界主要能源需求国对能源安全的担忧,在这一背景下,地处欧亚大陆俄罗斯的能源地位突显,因为对于欧洲和亚洲国家的能源进口国来讲,从俄罗斯进口能源是最便利和最安全的。俄罗斯充分利用了能源这一手段在世界上发挥影响。

## 一、俄罗斯在世界能源市场上的地位

20 世纪随着石油生产中心逐渐向中东地区转移,欧佩克国家成为世界主要的石油生产国,世界石油市场被欧美国家和欧佩克国家所控制。进入 21 世纪以来,随着俄罗斯石油生产的恢复、里海地区和西非地区石油的开采,美国页岩气开采量的增加,世界油气市场的格局逐步多元化,形成了美国、欧佩克、俄罗斯、里海、北非几方争雄的局面。在石油消费方面,美国仍然是最大的消费国;日本和欧盟石油消费的对外依存度越来越高;中国和印

---

① *Морозов С.С.* Дипломатия В.В.Путина СПБ.2004.с.207.

度经济迅速发展,对石油的需求也逐年攀升,亚太地区成为新的能源需求增长中心。

俄罗斯是大国中唯一不需要进口能源并拥有丰富能源的大国,俄罗斯的石油、天然气、煤、铀的储量分别占世界总储量的13%、34%、19%和14%。在对外贸易中,俄石油、天然气和煤的出口额分别占全球石油、天然气和煤贸易总额的12%、25%、12%。① 国际社会的估计高于俄罗斯自己的估计,一般认为俄罗斯的石油和天然气储量分别占世界总储量的13%和35%。石油和天然气的开采和出口对俄经济发展起着举足轻重的作用。

从2000年开始俄罗斯的原油生产大幅度增加,1996年俄罗斯每天生产原油603万桶,2002年每天则生产844万桶,2002年俄罗斯生产了4.2亿吨石油和凝析油,俄罗斯提供的石油占世界市场的11%。② 2005年俄罗斯原油日产量约为950万桶,占世界原油日产量的11%,与沙特阿拉伯不相上下。2005年俄石油总产量达到4.7亿吨,石油出口量为2.51亿吨,俄天然气产量为6406亿立方米,出口天然气1525亿立方米,较2004年增长8%。③ 此后,俄罗斯的石油和天然气产量仍持续增长,到2011年俄罗斯石油产量5.11亿吨,较2010年增长1.23%,超越沙特阿拉伯成为世界上最大的石油生产国。2012年俄罗斯石油产量达5.18亿吨,同比增长1.3%。石油加工量2.66亿吨,增长3.5%。从出口总量上看,2013年俄石油出口总量为2.3486亿吨,同比下降了2.1%;俄天然气出口总量达到2049.11亿立方米,同比上涨了10%。④ 2016年俄罗斯原油加工量570.9万桶/日,石油出口2.74亿吨,天然气出口总量达到2048亿立方米。

在世界能源市场上,许多国家严重依赖俄罗斯的能源,拉脱维亚、立陶宛、斯洛伐克、波兰、乌克兰从俄罗斯进口的石油占其需求量的90%以上,匈牙利、芬兰、捷克从俄罗斯进口的石油也占其消费量的60%以上,哈萨克

① 《2030年俄罗斯能源发展战略》,http://www.worldenergy.ru/pdf/ES2030.pdf;http://loft36.de/analitika/3203-neftegazovyy-eksport-blago-ili-zlo-dlya-rossii.html。

② *Морозов С.С.* Дипломатия В.В.Путина СПБ.2004.с.207.

③ 俄罗斯工业和能源部2006年1月10日公布的数据,见《中国石化报》2006年1月23日。

④ http://www.oilru.com/news/394638/.

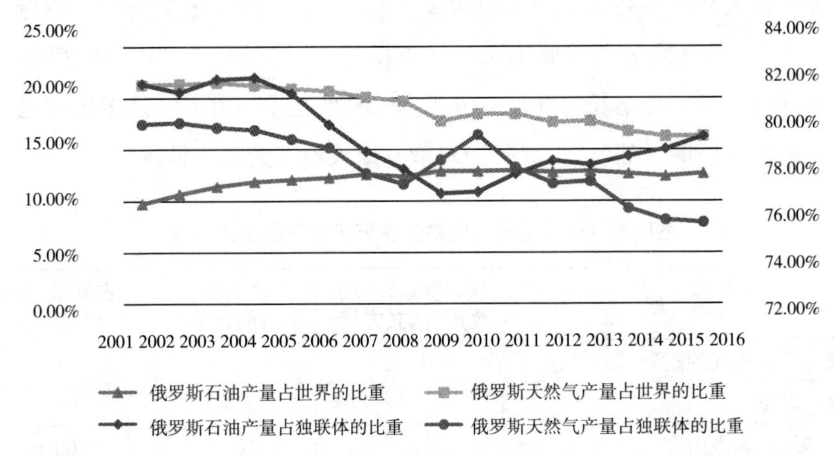


**案例图 3-1 2001—2016 年俄罗斯石油、天然气产量在世界和独联体中的比重(%)**

数据来源:*BP Statistical Review of world Energy*,2017。

斯坦、保加利亚、克罗地亚、瑞典、罗马尼亚、德国、奥地利、荷兰从俄罗斯进口的石油也占其消费量的 20%以上。① 苏联地区、中东欧国家和西欧国家基本上都严重依赖俄罗斯的石油。2016 年俄罗斯向欧洲出口了 1.774 亿吨原油,占俄罗斯原油出口总量的 64.7%,1661 亿立方米天然气,占俄罗斯天然气出口总量的 87.1%;其中,俄罗斯天然气进口国土耳其(232 亿立方米),意大利(227 亿立方米),荷兰(147 亿立方米),法国(105 亿立方米)波兰(102 亿立方米)。另外,2016 年独联体国家从俄罗斯进口原油 1820 万吨,约占其进口总量的 99.5%。② 可以说,欧洲国家对俄罗斯能源的依赖程度未发生变化。中国、印度这些新兴的能源需求大国目前与俄罗斯的能源贸易额不高,是俄罗斯需要开发的新市场。

俄罗斯是世界上最大的天然气出口国,目前俄罗斯出口的天然气占世界天然气市场总量的 4%,2014 年 4 月 23 日俄罗斯能源部副部长基里尔·

① Источники: BP Statistical Review of World Energy, 2005, данные Росстата, ОАО "Газпром", МЭА "Oil information 2004", МЭА "Energy Statistics of Non-OECD countries 2002 - 2003", Таможенная статистика РФ, 2003 г. Рейтинг подготовлен совместно с Институтом проблем естественных монополий и Институтом энергетики и финансов,转引自:www.ng.ru/economics/2005-12-16.

② 数据来源:*BP Statistical Review of world Energy*,2017。

莫罗德佐夫在联邦委员会经济政策委员会会议上表示，俄罗斯应该创造条件在2025年前控制全球液化天然气市场的10%—13%。2016年，俄罗斯天然气出口量同比增长100亿立方米，达2023亿立方米。① 许多国家也严重依赖俄罗斯的天然气，世界各国对俄罗斯天然气的需求情况见下表：②

**案例表3-1　世界各国对俄罗斯天然气的需求情况**

| 国　家 | 从俄罗斯进口的数量（亿立方米） | 占其国内消费的比重（%） | 占其进口的比重（%） |
|---|---|---|---|
| 俄罗斯天然气的附庸国 | | | |
| 摩尔多瓦 | 27 | 24.5 | 100.0 |
| 塞尔维亚和黑山 | 23 | 100.0 | 100.0 |
| 爱沙尼亚 | 9 | 100.0 | 100.0 |
| 保加利亚 | 31 | 99.6 | 100.0 |
| 芬兰 | 43 | 99.2 | 100.0 |
| 拉脱维亚 | 15 | 93.8 | 93.8 |
| 立陶宛 | 29 | 93.2 | 93.5 |
| 希腊 | 22 | 90.0 | 80.0 |
| 斯洛伐克 | 58 | 85.6 | 78.5 |
| 捷克 | 68 | 76.5 | 69.4 |
| 匈牙利 | 93 | 71.5 | 84.9 |
| 土耳其 | 145 | 65.3 | 65.3 |
| 奥地利 | 60 | 63.5 | 76.9 |
| 白俄罗斯 | 102 | 55.3 | 51.5 |
| 对俄罗斯天然气高度依赖的国家 | | | |
| 乌克兰 | 343 | 48.5 | 58.4 |
| 波兰 | 63 | 47.6 | 69.2 |

① 《2016年俄罗斯石油和天然气产量增长》，东北网，转载于绥芬河网，2016年12月23日，http://www.suifenhe.gov.cn/contents/20/65626.html。

② Источники: BP Statistical Review of World Energy, 2005, данные Росстата, ОАО "Газпром", МЭА "Oil information 2004", МЭА "Energy Statistics of Non-OECD countries 2002 - 2003", Таможенная статистика РФ, 2003 г. Рейтинг подготовлен совместно с Институтом проблем естественных монополий и Институтом энергетики и финансов，转引自：www.ng.ru/economics/2005-12-16。

续表

| 国　家 | 从俄罗斯进口的数量(亿立方米) | 占其国内消费的比重(%) | 占其进口的比重(%) |
| --- | --- | --- | --- |
| 德国 | 373 | 43.4 | 40.6 |
| 法国 | 133 | 29.8 | 29.8 |
| 意大利 | 216 | 29.5 | 35.2 |
| 对俄罗斯天然气依赖程度中等的国家 | | | |
| 罗马尼亚 | 41 | 21.8 | 69.5 |
| 瑞典 | 3 | 10.0 | 10.3 |

从案例表3-1中可以看出,有20个国家对俄罗斯天然气的依赖程度超过其国内消费比重的1/5,这里不仅有苏联的加盟共和国,也有德国、法国、意大利等欧洲国家,随着欧洲各国对清洁能源需求的增加,俄罗斯的天然气生产国的地位会更加重要。

但是,世界市场变化很快,2009年以来,俄罗斯天然气在欧盟市场的份额正在逐步减小。

与10年前俄罗斯、挪威和阿尔及利亚垄断欧盟天然气进口市场不同,来自卡塔尔等中东国家的廉价液化气正在冲击俄罗斯的市场份额。这是美国"页岩气革命"的后果之一,因为卡塔尔液化气本来的目标市场是北美。从更长远看,美国页岩气甚至也可能参与到欧洲市场的竞争中。与液化气和页岩气相比,同油价挂钩的俄罗斯管道天然气并没有价格竞争力,乌克兰危机发生后,美国不止一次威胁俄罗斯要增加对欧洲的天然气供应。未来俄罗斯在世界油气市场上的地位将如何变化,还有待观察。就目前而言,俄罗斯的油气地位还是十分重要的。

## 二、俄罗斯的能源战略目标

俄罗斯国家财政收入的一半、国内生产总值的25%和工业产值的50%都来自能源部门,能源对俄罗斯有重要的作用。根据俄联邦统计局的信息,

2016 年俄罗斯出口总额为 2818 亿美元,约占国际贸易出口总额的 1.8%,而矿产能源产品出口额却高达 1690 亿美元(占贸易出口总额的 59.2%),从出口结构看,2016 年俄机电设备出口仅占 4.5%。[①] 俄联邦财政超过 50%的收入来自能源外汇。苏联解体后,俄罗斯的实力下降,国际地位也在下降,其保持大国地位的主要武器有两个:一个是丰富的能源;另一个是先进的武器。普京重视能源作为政治武器的作用,把它当成影响国际政治的主要手段。俄罗斯外交部新闻司司长卡梅宁曾指出:"能源因素在国际事务中的重要性大大提高了。问题甚至并不在于俄罗斯石油和天然气的稳定供应是整个地区,首先是全欧洲保持经济稳定发展的重要因素。在世界上其他许多能源产地的军事政治形势处于不稳定状态的情况下,俄罗斯这个最大的可靠能源供应者的作用将会越来越大。这里涉及的实际上是全球经济稳定问题。我们充分认识到自己在这方面的责任。"[②]

世界金融危机爆发前,国际石油价格持续走高,既为俄罗斯经济的恢复和发展提供了有利条件,也提高了俄罗斯在世界能源市场上的地位。俄罗斯把能源产品作为对世界发挥影响、增强国际地位的手段,俄罗斯对外能源政策的目标是:巩固俄罗斯在世界能源市场的地位、在能源对外贸易领域中建立非歧视性制度;在合理规模内,并在互利条件下促进吸引外国投资进入俄罗斯能源领域。"俄罗斯与世界能源市场一体化,在燃料动力资源的开采方面与外国投资者进行合作,提高燃料动力资源的使用效益及开发新的能源市场,不仅是国家能源政策中的最重要部分,也是俄罗斯为解决 21 世纪前几十年全人类面临的全球能源问题所做的重要贡献。""国家能源政策应致力于使国家由能源资源主供国转向世界能源市场中的独立主体,成为世界能源领域中的国际经济一体化在日益加强这一客观趋势,也取决于俄罗斯将从其在世界能源贸易中角色的根本转变中获得实在的利益。"[③]俄罗

---

① 数据来源:俄罗斯联邦统计局,http://www.gks.ru/wps/wcm/connect/rosstat_main/rosstat/en/figures/activities/。

② [俄]《国际生活》2005 年第 12 期,第 6 页。

③ 《2020 年前俄罗斯能源战略》,载《俄罗斯经济发展规划文件汇编》,世界知识出版社 2005 年版,第 227 页。

斯能源政策更多是从地缘政治与安全出发的。

用俄罗斯学者的话说,"俄罗斯能源战略提出的任务是,在双边和多边基础上积极开展国际能源合作,提高俄罗斯在国际能源市场上的地位和作用。"①俄罗斯的"一项具有战略意义的任务是,加强俄罗斯在世界能源市场和邻国天然气市场的地位。这样做的目的是,在未来20年内最大限度地实现国内能源动力综合体出口的潜力,既为保障国家经济安全做出贡献,又使俄罗斯最终成为欧洲和国际社会稳定和可靠的合作伙伴。在2020年前一个新出现的因素是,俄罗斯将会作为强大的能源供应国参与保障国际能源安全。"②在2006年筹备G8峰会期间,俄罗斯利用担任主办国的机会,凭借俄罗斯在能源市场上的影响,在峰会上阐述了俄罗斯的"能源安全"概念,主张通过供需国之间的长期合同来保障能源供需稳定。

2009年8月,俄罗斯政府批准了《俄罗斯联邦2030年前能源战略》,根据这一战略,俄罗斯石油天然气储备和出口量均将提高,非燃料型能源(风能、水能、地热能、核能等)在能源结构中所占份额也将增加,为此,俄罗斯国家向燃料能源综合体的投资也将达60万亿卢布。新的能源战略还规定,在2030年前石油产量提高到年产5.3亿吨至5.35亿吨,天然气产量提升到8800亿立方米至9400亿立方米,电力提升到1.8万亿千瓦时至2.2万亿千瓦时。2030年前石油和石油产品出口将达到3.29亿吨,天然气出口达3490亿立方米至3680亿立方米。在2008年爆发的世界金融危机中,俄罗斯经济受打击最大,2009年俄罗斯经济下降了7.9%,主要原因是国际能源需求减少和能源价格下跌,暴露了俄罗斯经济存在的弱点。

俄罗斯的能源行业遇到了许多发展瓶颈和挑战,从国内看,金融危机之后,俄经济发展放缓;基础设施和生产设施老化;燃料能源综合体的技术水平落后于发达国家;在各能源行业上的投资比例不均;对国内用户来说,能

① [俄]斯·日兹宁:《国际能源政治与外交》,强晓云等译,华东师范大学出版社2005年版,第73页。

② 《2020年前俄罗斯能源战略》,载《俄罗斯经济发展规划文件汇编》,世界知识出版社2005年版,第228页。

源消费价格一直上涨;全面发展一次燃料能源的节能和深加工技术已成为当务之急。从国际来看,传统能源市场(首先是欧盟)对俄罗斯化石燃料的需求增长放缓或停滞;世界能源市场的竞争日趋激烈;资源需求的全球化正在向区域性能源自给转变;世界能源市场不稳定,世界能源价格的起伏较大。为了维护俄罗斯能源安全,提高能源效益、经济效益和保持能源行业可持续发展,2035 年前能源战略(草案)应运而生。2014 年 1 月,俄罗斯能源部在其网站上发布了《俄罗斯 2035 前能源战略(基本纲要)(草案)》,该战略是对 2009 年颁布的《2030 年前能源战略》的继承和发展。将原来的粗放式发展模式逐步向创新型发展模式转变,即不再单纯追求总量的扩大,而是通过调整能源消费结构、提升能源服务水平、改进节能工艺、深入开展电气化改造、大力发展油气化工及其它新兴产业等方面来从质上实现俄罗斯能源发展水平的根本提升;燃料能源综合体不能一味充当俄罗斯经济的"输血者"和"火车头",而应成为实现全国各地区能源一体化的重要"基础设施",同时为推动各地区、各生产性行业整体发展创造条件。

从长远看,俄罗斯需要改变经济结构,发展创新经济。正如普京在 2012 年竞选纲领中所说:"过去十年中增加财富主要是依靠国家行为,包括调整资源红利的分配。我们用石油收入来增加居民收入,帮助几百万人脱离贫困。为了防备危机和灾难而进行国家储备。今天'原料经济'的潜力已经耗尽,重要的是,它没有战略前景。"①但这不是短期内能够完成的任务,俄罗斯经济依赖油气资源的状况短期内不会改变。

## 三、加强国家对能源产业的垄断

在叶利钦时期,80%以上的石油资源掌握在私人财团手中,出现了大型

---

① *Путин В.В.* Россия сосредотачивается – вызовы, на которые мы должны ответить. http://www.putin2012.ru/#article-1.

私营公司与跨国公司联合开发能源的局面。普京上任之初继续推进私有化进程,2002 年出台《国有财产私有化法》和《农用土地流通法》等,用法律形式规范企业的私有化进程,当年斯拉夫石油公司和卢克石油公司两个大型企业出售国有股的收入,就占全年俄私有化总收入的 80%以上。2003 年英国石油公司(BP)又以 60 亿美元收购了西伯利亚石油公司 50%的股份,成为俄石油公司历史上最大的交易。但是从 2003 年 10 月打击有西方背景的尤科斯石油公司开始,俄罗斯开始了能源领域的资产重组,加大国有成分的比重。为了控制私营石油公司的巨额财富,俄罗斯政府对石油出口实行垄断,控制管道。通过控制能源,打造有世界影响力的巨型能源企业,并借此提高俄罗斯的国际地位。

普京让国有企业重新获得霸主地位。俄罗斯天然气工业股份公司和俄罗斯石油公司控制了俄罗斯 1/3 的石油和 90%的天然气。俄罗斯不允许外国公司参与具有战略意义的油气田、金矿、铜矿的开发权竞标,只有俄罗斯企业持股比例达到 51%以上的公司,才有资格参与竞拍。俄罗斯议会根据总统的旨意制定了《资源法》,对外国投资者的活动进行限制,限制投资的领域,不允许外资开发俄罗斯有战略意义的油气田,不允许外资比例超过 50%。2005 年上半年,俄罗斯政府取消了秋明—BP 公司参与基托夫和特列布斯两大油田的投标权,理由是这些油田有战略意义。2005 年 10 月底,俄罗斯政府公布了限制外资进入的大型石油和天然气产地名单:季马诺—伯朝拉盆地的两处油田和西伯利亚地区恰扬金斯克油气田,这些油气田的共同特点是储量大。2004 年 12 月 19 日,拍卖尤科斯公司旗下的尤甘斯克油气公司 76. 79%的股份,由国有独资的俄石油公司购买,使俄罗斯石油公司生产规模扩大 2 倍,增加 6500 万吨的年开采能力。政府还通过收购私有化企业的股份,扩大国有能源企业的国有股比重。2005 年 9 月,俄罗斯政府用 75 亿美元把天然气公司的国有股比重从 38%提高到 51%。再通过国家控股的天然气工业公司收购私有石油公司的股份,打造能源领域的航空母舰。2005 年 9 月,俄罗斯天然气工业公司用 130. 91 亿美元收购了西伯利亚石油公司 72. 6%的股份,成为俄罗斯石油公司历史上最大规模的交易,增加了 3500 万吨的年开采能力。同月,它还购买了斯拉夫石油公司 50%

的股份。通过普京的努力,俄罗斯国家控制的石油开采能力从占开采总量的7.5%提至占近40%。2013年俄罗斯开采石油5.23275亿吨,其中俄罗斯石油公司——2.0303亿吨(同比上涨0.4%);"卢克"石油公司——0.8692亿吨(同比上涨1.4%);"苏尔古特"石油天然气公司——0.6145亿吨(同比上涨0.07%);"俄罗斯天然气"石油公司——0.4931亿吨(同比下降0.5%);"TNTNEFT"石油公司——0.2642亿吨(同比上涨0.4%);"BASHNEFT"石油公司——0.1607亿吨(同比上涨4%);"RUSSNeft"石油公司——0.0882亿吨(同比下降0.2%)。[①] 国有的俄罗斯石油公司占有绝对优势。

目前国家控股51%的俄罗斯天然气工业股份公司,已成为世界上最大的天然气公司,欧洲最大的天然气供应商。2013年俄天然气开采量达6680.24亿立方米,其中俄罗斯天然气公司——4804.5亿立方米;俄罗斯最大的私营天然气公司"NOVATEK"——621.7亿立方米。[②] 俄罗斯天然气工业公司控制着世界15%和俄罗斯90%的天然气储量,控制俄罗斯的天然气出口。俄罗斯天然气工业股份公司的重要战略是在保持作为向欧洲提供天然气的主角的同时开拓新的能源市场:英国、美国、亚太地区,实现出口的多样化,如出口液化气、石油、石油制品和电,扩大对最终消费者的直接供应。

为了加强对这些国有能源企业的控制,普京任命亲信担任其高层领导。时任俄罗斯总统办公厅主任梅德维杰夫兼任俄罗斯天然气工业股份公司董事长。总统办公厅第二号人物,原油品运输专营委员会主任苏尔科夫兼任俄罗斯石油运输公司董事长,该公司控制着全国石油运输系统的2/3,总统办公厅的另一副主任谢钦任俄罗斯国家石油公司—俄罗斯石油公司的董事长。

通过国家控制能源,使石油价格上涨所带来的高收益集中到国家手中,使俄罗斯政府有能力集中解决国内问题,增加居民收入,提高国内消费水平,促进经济繁荣。普京通过控制能源稳定经济,安定社会。通过把原来由

① 数据来源:http://otchetonline.ru/art/kapital-neft/36724-rossiya-v-2013-g-dobyla-523-mln-tonn-nefti-i-668-mlrd-kub-m-gaza.html。

② 数据来源:http://otchetonline.ru/art/kapital-neft/36724-rossiya-v-2013-g-dobyla-523-mln-tonn-nefti-i-668-mlrd-kub-m-gaza.html。

寡头掌控的石油公司重新由国家掌握,把石油换取的外汇纳入“特别基金”,为国家重要的战略工程提供经费。如近几年对运输能力进行的现代化改造,改建了波罗的海沿岸、里海北岸和太平洋沿岸的装卸场,对多子女家庭进行补贴,以解决人口危机问题。

2008 年金融危机后,梅德韦杰夫重新启动了私有化进程,俄罗斯政府 2010 年批准的 2011 至 2013 年私有化计划规定,2011 至 2013 年将出售的能源企业国有股份包括:俄罗斯石油公司 25%股份,石油管道运输公司 3.1%股份,俄罗斯水电公司 7.97%股份和联邦电网公司 4.11%股份。从 2011 年开始,政府官员不再在国有公司任职,这一工作由职业经理人来做。但 2012 年 5 月普京重返克里姆林宫后,实际上又加强了对能源领域的控制。2012 年 5 月 22 日,前副总理谢钦被任命为俄罗斯石油公司总裁,6 月 14 日普京签署成立“总统直属能源发展战略和生态安全委员会”的总统令,前副总理、俄罗斯石油公司总裁谢钦被任命为该委员会秘书长,这意味着他将延续自己对能源行业的影响力。这一委员会的成立表明,俄罗斯能源行业将由克里姆林宫直接掌控,而不是俄罗斯政府。

普京虽然声称没有改变对能源企业私有化的政策,但又强调要根据市场的行情来决定,不能低价出售国有公司的股票。目前世界经济形势和俄罗斯的经济形势都不容乐观,市场行情并不好,因此,私有化实际上无法进行。实际情况是国有的俄罗斯石油公司,仍然凭借自己的实力在扩张,2012 年 10 月 22 日,俄罗斯石油公司与英国石油公司和 AAR 集团分别签署了收购其在秋明英国石油公司股份条件的协议,俄石油公司将用 171 亿美元现金和本公司 12.84%股份收购英国石油公司持有的秋明—英国石油公司 50%的股份。同时,俄石油公司将用 280 亿美元从 AAR 财团手中收购秋明—英国石油公司另外 50%的股份。收购完成后,俄罗斯石油将超过埃克森—美孚,成为全球储量和开采量最大的上市石油公司,其石油年产量将增至 2 亿吨,日产量 410 万桶,开采量将占世界石油开采量的 5%。此举表明,普京仍要打造国有的巨型能源企业,以增加俄罗斯在国际市场上的竞争力和对能源的控制权。

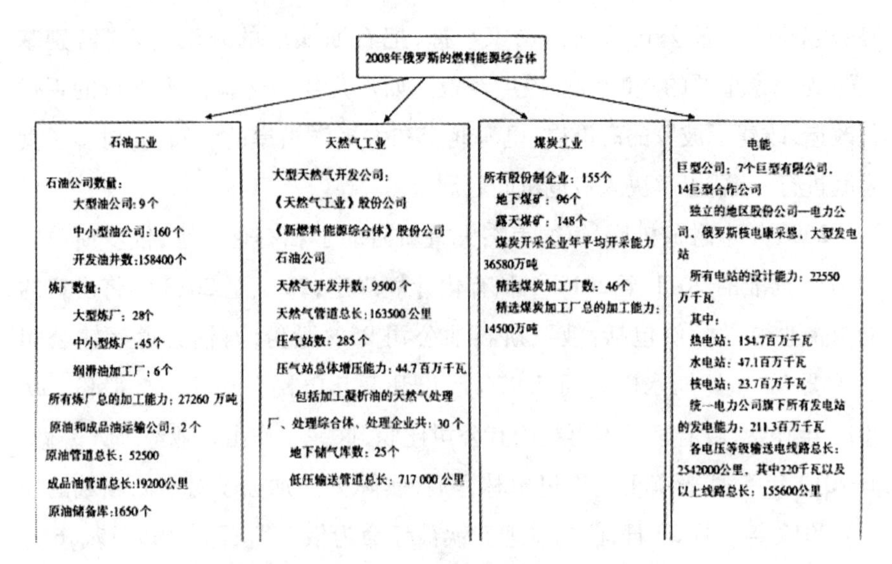


**案例图 3-2　2008 年俄罗斯的燃料能源综合体**

资料来源：A.M.马斯捷潘诺夫著，茅启平主编，《斯捷潘诺夫文集 第二卷 世纪之交的俄罗斯燃料能源综合体现状、问题和发展前景（2009）上册》，世界知识出版社，第 142 页。

## 四、构筑和控制油气运输管网

在加强国家对能源生产垄断的同时，普京也加强了对石油和天然气出口管线的控制，在俄罗斯加强对本国石油天然气出口控制的同时，普京还有一个战略目标就是控制中亚和里海这些内陆国家的石油天然气出口。

第一，俄罗斯政府不仅要控制石油天然气的生产，还要控制其运输。俄罗斯通过国家控股的能源公司控制全国能源市场和运输通道。俄罗斯把原来的天然气出口公司改名为俄罗斯天然气工业出口公司，作为俄罗斯在国际市场上出口石油、天然气及其有关产品的唯一通道。俄罗斯政府规定，任何国内外投资者必须与俄罗斯天然气工业出口公司签署使用天然气管道的合同，否则无权使用该公司的天然气管道。

第二，俄罗斯大力进行输油管道和输气管道网络的建设，努力减少对第三国的依赖，使俄罗斯成为 21 世纪能源权力的中心，以实现其使国家崛起和融入世界经济的目标。苏联解体,使俄罗斯失去了许多海港和交通运输线,向外出口的石油天然气大部分需要从其他国家的领土上穿过,不仅每年支付大量的过境运输费,还受制于人,经常发生纠纷,如俄罗斯与乌克兰因为过境费和天然气被截留问题一直矛盾重重。因此,在扩大能源出口的同时,推动出口线路的多元化,减少对过境国的依赖,成为普京的重要政策。

俄罗斯原有向西方出口石油的管道有:

1973 年投产的“友谊”输油管。从俄罗斯的阿尔梅季耶夫斯克、经白俄罗斯、乌克兰分别向波兰、捷克斯洛伐克、匈牙利输油,全长 5000 公里,这是由苏联和这些受油国共同建成。2005 年华约前成员国加入北约和欧盟,苏联的加盟共和国乌克兰和格鲁吉亚也投入到了西方阵营,俄罗斯要利用能源化解自己的不利处境。2006 年 1 月在与乌克兰的天然气争端中,俄罗斯的一个重要目标是控制乌克兰输气管道。鉴于这一目标并未达到,普京开始努力修建绕开乌克兰向欧洲提供油气的管线,于是有了“北溪”和“南流”。

“联盟”天然气管道。1975—1979 年由苏联、匈牙利、东德、保加利亚、波兰、捷克共同建设,东起俄罗斯的奥伦堡凝析气田。

为了减少对其他国家的依赖,2001 年开始俄罗斯修建了波罗的海输油管道,东起雅罗斯拉夫尔,西至芬兰湾港口普利莫尔斯克,全长 2700 公里;年输油能力 4750 万吨,完工后运输能力为 6200 万吨。

亚马尔—欧洲天然气管道,全长 4100 公里,从俄罗斯的亚马尔半岛气田—乌赫塔—托尔若克—白俄罗斯—乌克兰—德国。1994 年建,2010 年完成,年输气 657 亿立方米。

新建的“南流”天然气管道,从俄罗斯斯塔罗波尔边疆区的伊左比利诺耶,经朱布加港进入黑海海底(396 公里),到土耳其的萨姆松港上岸,输往安卡拉。2001 年动工,2005 年 11 月竣工,全长 1268 公里。计划年输气 160 亿立方米。2005 年从这一管道向土耳其输气 50 亿立方米。该线可以满足土耳其 80%的天然气需求,俄罗斯加强了与土耳其的友好关系并积极与之开展能源合作。俄罗斯还计划把这一管线扩建,使其通向意大利、希腊,向欧洲南部提供天然气。

近年来,俄罗斯全力打造的两条新的重要能源通道是:“北溪”和“南流”天然气管道，目的是绕过乌克兰和波兰，直接向欧洲供气。

2005 年 9 月，俄罗斯与德国达成协议，修建“北溪”天然气管道，该管线从俄罗斯的波罗的海到德国的格拉伊弗斯瓦里特地区，其起点在俄罗斯维堡，终点在德国东北部的格赖夫斯瓦尔德，长 1220 公里。北溪管道从波罗的海海底穿过，是全球最长的跨海天然气管道。北溪天然气管道是俄罗斯和德国共同推进的庞大工程，参与方来自包括俄德法荷在内的多国。“北溪”一线于 2005 年秋开始铺设，2011 年 11 月投入运营，成为首条不经过第三国，直接从俄罗斯通往欧洲的跨境天然气管道。2012 年 10 月 8 日，“北流”第二条长 1224 公里输气管道支线也已投入运营。这条管道的运输能力达 550 亿立方米。根据已经签署的合同，俄罗斯天然气工业公司通过这条管道向德国、丹麦、荷兰、比利时、法国和英国供应天然气。

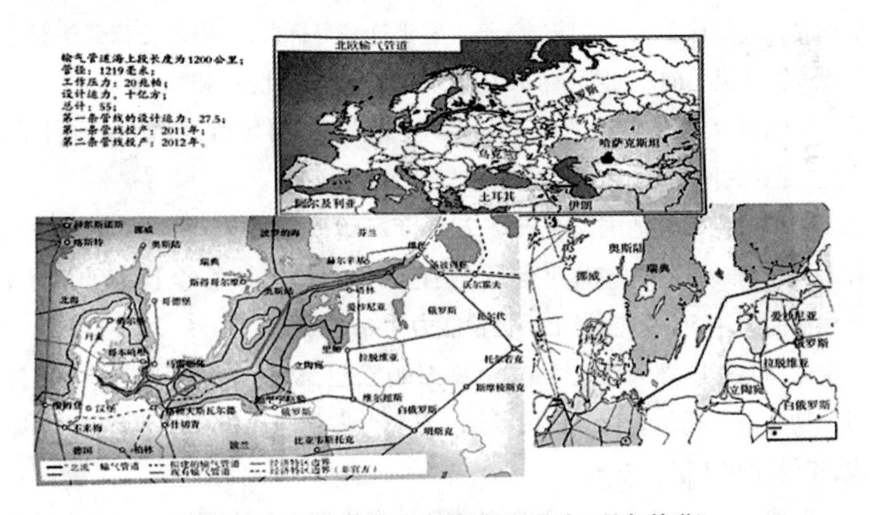


**案例图 3-3 “北溪”天然气输送图（北欧天然气管道）**

资料来源：A.M.马斯捷潘诺夫著，茅启平主编，《斯捷潘诺夫文集 第二卷 世纪之交的俄罗斯燃料能源综合体现状、问题和发展前景（2009）下册》，世界知识出版社，第 522 页。

为了多元化天然气出口路线，俄罗斯天然气工业公司落实通过黑海海域向南欧和中欧建设天然气管道的“南流”项目，该工程将由四条管线组成，分期铺设。项目计划建设经黑海的水下管道，连接俄罗斯南部和土耳其；穿越黑海海底到保加利亚上岸，经塞尔维亚、匈牙利、斯洛文尼亚至意大利；从保加利亚的黑海沿岸向奥地利鲍姆加滕市铺设管线。俄罗斯与保加利亚、塞尔维亚、匈牙利、希腊、斯洛文尼亚和克罗地亚签署了项目陆地部分的政府间协议。管道由俄天然气工业公司(50%)、意大利 ENI(20%)、法国 EDF 和德国 Wintershall(各 15%)共同建设。2012 年 12 月 10 日,穿越黑海并将俄罗斯天然气产地与欧洲相连接的“南流”天然气管道工程的第一段管道焊接仪式在阿纳帕举行,标志着南流管道项目正式开工建设,2014 年将开始在土耳其专属经济区建设“南流”天然气管道海上部分。2009 年 11 月注册了“塞尔维亚南流”(South Stream Serbia AG)合资项目公司。俄罗斯天然气公司在该公司拥有 51%股份,塞尔维亚天然气公司拥有 49%股份,2013 年 11 月塞尔维亚发放建设“南流”天然气管道许可,11 月 24 日在距离贝尔格莱德北部约 70 公里的科维良市地区开始建设,塞尔维亚部分的天然气管道长度超过 400 公里,预计两年完成。2014 年 4 月,俄气签署在奥地利铺设“南流”输气管道备忘录,将从保加利亚的黑海沿岸向奥地利鲍姆加滕市铺设管线,鲍姆加滕拥有大型天然气枢纽。该项目预计耗资 155 亿欧元(包括 100 亿欧元铺设海底管道的投资)。“南流”输气管道在 2018 年全部建成后年输气量将达到 630 亿立方米。2012 年俄罗斯通过经过黑海海底铺设的“南流”天然气管道出口了 270 亿立方米天然气。如果乌克兰危机持续发酵,可能影响到“南流”项目的建设。

**案例图 3-4 “南流”天然气管道示意图**

资料来源:A.M.马斯捷潘诺夫著,茅启平主编,《斯捷潘诺夫文集 第二卷 世纪之交的俄罗斯燃料能源综合体现状、问题和发展前景(2009)下册》,世界知识出版社,第 600 页。

第三,控制里海和中亚的油气出口。对国际能源市场而言,里海这个新产地日益受到重视。据BP《世界能源统计年鉴2017》显示,2016年,里海沿岸国家石油储量达412亿吨,占世界比重的17.1%;天然气储量85.4万亿立方米,占世界比重的45.8%。里海地区已经成为继西伯利亚和波斯湾之后的世界第三大储藏区。2016年,五国石油产量903.7百万吨,占世界总量的20.6%,天然气产量8860亿立方米,占世界总量的24.9%。"保障控制南北能源通道,以及不允许绕过俄罗斯向东西方向出口,是俄罗斯主要的地缘政治任务。与此相联系,普京总统试图把俄罗斯和里海的石油联结到一个受俄罗斯控制的系统里。在实现了俄罗斯这一纲领的前提下,俄罗斯可以得到运输和再转口里海石油的利润。俄罗斯握有强有力的经济和政治杠杆。"①哈萨克斯坦是里海和中亚地区最重要的油气生产国,据预测,到2015—2020年哈萨克斯坦每年将出口1亿到1.2亿吨石油,其中一半需要通过俄罗斯。因此必须有新的线路。俄罗斯修建了里海输油管道,东起哈萨克斯坦的田吉兹油田,西至俄罗斯新罗西斯克和图阿普西,全长1580公里,1999年开始修建,2001年11月,哈萨克斯坦田吉兹油田至黑海新罗西斯克石油终端的里海管道财团(CPC)管道正式运营。里海输油管线第一阶段设计年输送能力为2800万吨。2001—2002年俄哈签署了一系列协定,在未来10—15年,哈萨克斯坦将每年向俄罗斯提供5500万吨石油,其中1500万吨将运往萨马拉石油生产中心,通过"波罗的海石油管道系统"出口。另外从田吉兹运2000万吨、从库尔曼加兹运1000万吨至俄罗斯在黑海的终点站新罗西斯克,其余运往俄罗斯其他地方。② 通过里海管道财团出口哈萨克斯坦石油是俄罗斯外交的一个胜利,俄罗斯垄断了哈萨克斯坦的石油出口。为了对抗美国支持下建设巴库—第比利斯—杰伊汉输油管道,俄罗斯扩大了原有的阿特劳—萨马拉管道的运输能力,还兴建了一些新的油气管道。2009年12月,里海管线财团股东通过了项目扩建规划,从2010年1月1日起,开始阶段性落实协议项目,扩建项目拟将里海管线系

① *Морозов С.С.* Дипломатия В.В.Путина СПБ.2004.с.210.

② *Морозов С.С.* Дипломатия В.В.Путина СПБ.2004.с.211.

统的年输送能力提高至6700万吨。

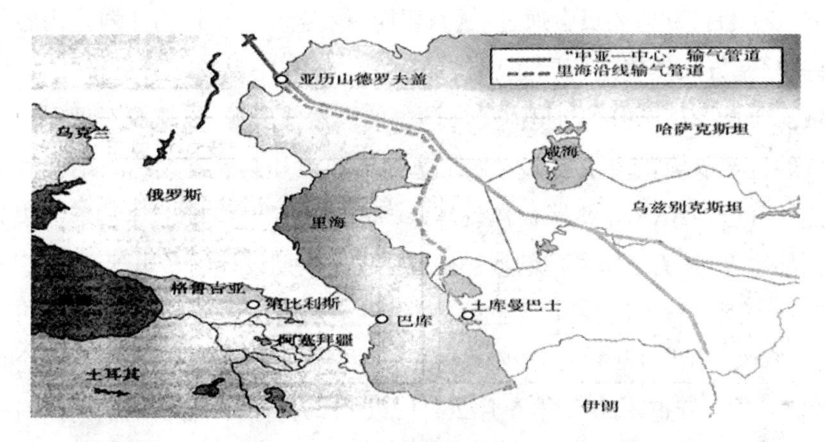


**案例图3-5 "中亚—中心"输气管道和里海沿线输气管道线路图**

资料来源:A.M.马斯捷潘诺夫著,茅启平主编,《斯捷潘诺夫文集 第二卷 世纪之交的俄罗斯燃料能源综合体现状、问题和发展前景(2009)下册》,世界知识出版社,第600页。

在里海和中亚油气出口问题上,俄罗斯遇到了美国和欧盟强大的竞争。从90年代中期开始,美国竭力推动修建从阿塞拜疆的巴库,经格鲁吉亚的第比利斯,到土耳其港口杰伊汉的管道,目的是打破俄罗斯的垄断。2006年7月,杰伊汉管道的建成打破了俄罗斯在高加索的能源运输垄断,2007年,哈萨克斯坦石油开始注入BTC管道,实现通过BTC管道年出口2000万吨石油的目标。但俄罗斯仍垄断着中亚地区的天然气出口。另一条与这条石油管线平行的天然气管道也于2004年10月21日开工:从巴库—第比利斯—埃鲁祖鲁姆,从阿塞拜疆海上的沙阿德尼兹天然气田向土耳其输送天然气,在土耳其注入南欧的输气网络,转而送到希腊,最终到达意大利。

2007年12月,俄罗斯和哈萨克斯坦、土库曼斯坦达成共建里海天然气管道的协议。该管道起点在土库曼斯坦境内,沿里海东岸经哈萨克斯坦到达俄罗斯,进入俄罗斯的天然气管网系统。俄罗斯努力发展与欧洲的天然气供应关系,阻止哈萨克斯坦、土库曼斯坦等新兴能源供应国找到其它通往欧洲市场的出口路线。

欧盟为了制衡俄罗斯,曾计划修建纳布科管道,该项目是2002年奥地利提出的。从里海,经南高加索地区到黑海,再通往欧洲,长达3300公里。2008年11月,欧盟委员会通过了《欧盟能源安全和合作行动计划》,内容包括修建"南方天然气走廊",也就是铺设跨里海海底天然气管道,使欧盟绕过俄罗斯直接获得中东与里海沿岸国家的天然气资源,以摆脱对俄罗斯天然气的过度依赖。2011年12月,阿塞拜疆和土耳其就建设跨安纳托利亚天然气管道(TANAP)签署合作备忘录,TANAP管道连接土耳其东部边界和西部边界,是为阿塞拜疆的沙赫德尼兹气田二期设计的专用管道,可用于阿塞拜疆境内其他项目甚至土库曼斯坦生产的天然气的运输。2012年6月,土耳其和阿塞拜疆两国政府在备忘录的基础上达成正式协议,同意合作修建TANAP管道。2013年6月26日,以BP为首的沙赫德尼兹财团对外宣布,选择跨亚得里亚海天然气管道(TAP)作为沙赫德尼兹气田项目二期向欧洲输送天然气的运输管道,而不是与其竞争的纳布科管道。天然气不再经过土耳其、保加利亚、罗马尼亚、匈牙利到达奥地利,而是从土耳其边境,通过希腊北部、阿尔巴尼亚,通过亚得里亚海输送到意大利南部及西欧国家,TAP项目总长度800公里。预计从2019年起,跨亚德里亚海天然气管道将每年向欧洲输送100亿立方米天然气。欧盟支持的纳布科天然气管道项目在计划了近11年后宣告失败。① TAP管线计划于2018年竣工。2013年9月,多家欧洲能源公司与阿塞拜疆沙赫德尼兹气田开发商签订了长达25年的天然气供应合同,总价值超过1000亿美元,成为阿塞拜疆油气史上金额最大的一笔交易。2013年12月17日,沙赫德尼兹气田项目二期开发及输欧管线建设投资协议在巴库签署,包括气田开发以及与之相连的输欧管线(TANAP和TAP)建设,总投资350亿美元。该线路不仅得到了沿线国家政府的支持,德、法、瑞士等国能源公司也表示愿意购气。同时,保加利亚积极推动与TAP管道相连接,计划在5年内把从俄罗斯进口的天然气年消费量从87%降至50%,以确保能源瓶颈不会制约经济发展。2014年初,TAP管道项目公司和IGB保加利亚—希腊国际天然气公司签署备忘录,双方将在希腊的科莫蒂尼建设天然气中转站,将阿塞拜疆的天然气输送

① 《纳布科天然气管道项目流产》,《人民日报》2013年6月28日。

到保加利亚境内旧扎果拉市的天然气管道。① 欧盟的“南方天然气走廊”与俄罗斯的“南流”管道竞争激烈,如果乌克兰危机导致欧盟国家中断“南流”管道的建设,将对俄罗斯不利。

第四,开拓新的能源市场,向远东和亚太地区出口石油和天然气,俄罗斯开始加快修建新的通道。2006 年 4 月俄罗斯正式开工修建远东石油管道,俄罗斯石油管道运输公司负责远东输油管道的铺设。东线石油管道年出口能力为每年 8000 万吨,西起伊尔库茨克州泰舍特市,经阿穆尔州的斯科沃罗季诺,到达滨海边疆区太平洋沿岸佩列沃兹纳亚湾,全长 4188 公里,建设费用 115 亿美元。一期工程于 2009 年 12 月 28 日正式交付使用,年输油能力为 3000 万吨。2010 年 9 月从斯科沃罗季诺经中国漠河到大庆的中俄石油管道建成,中俄石油管道总长超过 1000 公里,俄方将在 20 年内每年向中国输出 1500 万吨原油。

以习近平主席 2013 年 3 月访问俄罗斯为契机,中俄两国领导人确定要构建牢固的中俄能源战略合作关系,中俄能源合作取得重大进展。2013 年 12 月俄罗斯国家杜马和俄罗斯联邦委员会(议会上院)先后批准了俄中扩大原油贸易领域合作协议,俄罗斯总统普京签署法律,批准对华供油的政府间协议。根据合同,俄罗斯石油公司计划对华供应约 3.6 亿吨石油,总价值约达 2700 亿美元。根据增供合同,俄罗斯将在目前中俄原油管道(东线)1500 万吨/年输油量的基础上逐年对华增供原油,到 2018 年达到 3000 万吨/年,增供合同期 25 年,可延长 5 年;通过中哈原油管道(西线)于 2014 年 1 月 1 日开始增供原油 700 万吨/年,合同期 5 年,可延长 5 年(2013 年 12 月 24 日,俄罗斯与哈萨克斯坦签署了关于过境哈萨克斯坦对华输油领域合作的政府间协议。根据俄哈签署的协议,俄罗斯过境哈萨克斯坦对华供油规模将达 700 万吨,将来还可增至 1000 万吨)。俄方还承诺在中俄合资天津炼油厂建成投产后,每年向其供应 910 万吨原油。未来中国石油进口俄罗斯原油量将达到每年 4610 万吨。这份增供合同是中国对外

① 毕洪业:《里海 BTC 管道背后的俄欧角力》,石油观察网,2014 年 4 月 17 日,http://www.oilobserver.com/html/960324317.html。

原油贸易中最大单笔合同,对保障国家能源安全、促进中国经济发展将发挥重要作用。

中俄天然气领域的合作也取得了很大进展。2009 年 10 月普京总理访华期间,中俄能源投资股份有限公司宣布成立并出资收购俄罗斯松塔儿石油天然气公司 51%的股权,从而取得俄罗斯东西伯利亚地区两块储量达 600 亿立方米天然气田的勘探开采权。2010 年 9 月,中俄就天然气供应基本条件签署了具有法律约束力的文件。天然气供应条件合同规定将通过东西两条线路对华输气:西线规定利用西西伯利亚的资源基地,东线规定利用东西伯利亚、远东和萨哈林大陆架上的资源基地。预计两条管道的输气量将达到每年 680 亿立方米,其中 300 亿立方米将通过西线输送。2013 年 3 月 22 日,俄罗斯天然气公司与中石油签署了一份备忘录,将从俄罗斯远东地区的气田向中国提供天然气,对华供气方面的主要障碍是价格问题。2014 年 5 月 21 日普京访华,双方在价格问题上终于达成协议。中俄两国元首在上海共同见证两国政府《中俄东线天然气合作项目备忘录》、中国石油天然气集团公司和俄罗斯天然气公司《中俄东线供气购销合同》的签署。根据双方商定,从 2018 年起,俄罗斯开始通过中俄天然气管道东线向中国供气,输气量逐年增长,最终达到每年 380 亿立方米,累计 30 年。

## 五、俄罗斯与大国在能源领域的合作与竞争

加强与国际社会的能源合作,是俄罗斯能源外交的重要内容。俄罗斯政府竭力为俄罗斯天然气公司、俄罗斯石油公司进入欧美市场创造条件。2006 年年初俄罗斯天然气公司有意接管英国境内最大的天然气供应商——英国煤气公司,在英国引发强烈反对。俄罗斯的能源工业需要大量投资,据估算,到 2020 年前需要 5000 亿—6500 亿美元投资,随着国内经济形势的好转和国家对能源控制的加强,俄罗斯将主要靠国内投资,但也离不开外资。欧盟、美国与亚太国家是俄罗斯关注的重点,也是俄罗斯国际能源合作的主要对象。

欧盟方面关注的是俄罗斯国内天然气市场的改革,希望打破俄罗斯天

然气工业股份公司对天然气的垄断,并改善俄罗斯国内的投资环境,开放国内能源市场,为西方能源公司进入俄罗斯能源领域提供良好的体制保证,以全面进入俄罗斯的能源勘探、生产和运销体系,提高能源效率和可再生能源的使用。欧盟希望通过提高俄罗斯能源部门的效率来降低俄罗斯国内能源消费,提高俄罗斯能源出口的能力。俄罗斯一方面要保证西欧这个稳定的市场;另一方面要推动俄罗斯公司进入欧洲国家的零售市场,要求欧盟给予俄更多的市场准入,包括天然气零售市场。双方在合作上有共同利益,亦有分歧,俄罗斯与欧盟的能源合作更多地受地缘政治和安全因素的影响,欧盟则更注重经济利益,希望把能源当成普通商品来看待。俄欧间存在矛盾与分歧,很难达成一致,但二者的相互依赖程度很深,正如普京所说:"我提请同事们注意,欧盟对俄罗斯的天然气需求占总需求的44%,而俄罗斯向欧洲出口的天然气占总出口的67%。这就是说,实际上俄罗斯目前更依赖欧洲的消费者,而不是你们更依赖我们。""欧盟和俄罗斯的领导人再一次强调,能源合作应该建立在能源市场的可预见性和稳定性的基础上,能源的生产方和消费方都应该共同承担责任,可靠保障重要的能源设施的安全。"①在乌克兰危机中,欧盟对美国提出制裁俄罗斯的建议顾虑重重,很大程度上也是因为离不开俄罗斯的天然气。欧盟一方面稳定俄罗斯这个传统的天然气合作伙伴,与俄罗斯签署长期能源供应合同,创建一体化的供应体系,互利互惠;另一方面也加大了与邻近能源大国的战略合作伙伴关系,在更大的范围内建立与欧盟能源网络相连的大市场,加大购买液化天然气的数量。阿尔及利亚和里海、高加索地区、美国成为供欧洲选择的能源供应地。

在世界能源领域,俄罗斯与美国都是能够影响世界能源走向的大国,两者仍像"冷战"时期一样,有竞争、有争夺,也有共同利益。由于俄罗斯向美国供应能源数量不多,主要是政治性的,两国在能源领域的关系主要是竞争关系。随着美国页岩气革命,俄美在能源领域的争夺会更激烈。俄美在能源方面的争夺与斗争集中在里海地区。里海含油气盆地被认为是"第二个

① president.kremlin.ru/appears/2006/10/20/1224_type63377type63380_112784.shtml.

中东”。据美国能源部估计，里海石油地质储量约2000亿桶，占世界总储量的18%。里海地区共有5个国家：俄罗斯、阿塞拜疆、伊朗、土库曼斯坦、哈萨克斯坦，这几个国家都是油气资源大国，在世界能源市场上发挥重要作用。美国的一些战略家早就声称，一旦占据里海油田，既可以挤压俄罗斯的战略空间，又能左右阿富汗及整个西亚地区的局势，还能增强美国在21世纪的能源安全。俄罗斯力争维护自己的里海油气过境国的传统地位，美国的目的是打破俄罗斯的垄断。美国所倡导修建杰伊汉（巴库、第比利斯、杰伊汉）管道的开通，加强了美国在该地区的存在，扩大了其影响，也帮助了西方盟国土耳其和倒向西方的苏联共和国——阿塞拜疆和格鲁吉亚。该管道改变了里海石油以前都是通过俄罗斯的黑海港口转运的状况。这条管道实际上是政治线，被西方国家看成是避免伊朗和俄罗斯插手、又能开发里海石油的途径。哈萨克斯坦于2006年加入杰伊汉管道，当年输油300万吨，承诺在该管道配套设施完善后，将年输油量提高到2500万吨，减轻了哈萨克斯坦对俄罗斯的依赖。杰伊汉管道还阻止了里海石油通过伊朗进入波斯湾市场。美国和西欧的许多人士都认为，俄罗斯国家完全控制石油和天然气，对西方投资者不透明，外国公司难以进入。管道问题表现了双方的互不信任。美国积极推动欧洲能源来源多元化，以使俄罗斯无法利用欧洲的能源依赖性来达到政治目的。

其次是油气开采权的争夺，美国和西方大公司扩大了在里海油气产区的存在。为了在里海石油争夺中占有有利地位，俄罗斯注意调整与里海沿岸国家的关系，加大与这些国家合作的力度。2002年6月，俄罗斯与阿塞拜疆就里海海底资源的划分达成一致，同时与土库曼斯坦、哈萨克斯坦等国家签署了一系列天然气合作协议。俄罗斯与伊朗关系良好，一直不顾美国的反对进行经济和能源合作。俄罗斯还在成功地发展与土耳其的关系，俄土关系大幅度改善，目前俄罗斯供应的天然气占土耳其天然气的65%，俄罗斯是土耳其最大的贸易伙伴。

俄罗斯以能源为手段，积极拓展亚太外交，与中国、印度、日本三个石油进口大国周旋，以获取自身利益的最大化。按照俄罗斯能源战略的计划，俄罗斯向亚太地区的出口石油将从现在占3%增加到30%，天然气出口从零增加到15%。中俄能源合作,一波三折,中俄输油管道终于从2010年11月起正式输油,俄罗斯通过该管道每年向中国供油1500万吨。2013年3月习近平访俄期间,中俄签署能源新协议,"未来将把对中国的石油出口量提升至三倍,由此中国将成为俄罗斯原油最大进口国。而俄罗斯石油公司将获得来自中国国家开发银行一笔20亿美元的25年期贷款。"①2013年11月,俄联邦政府监督外国投资委员会批准了中国石油天然气集团公司购买亚马尔液化天然气公司20%股份。亚马尔液化天然气项目的主要股东是俄罗斯最大的私人天然气生产商"诺瓦泰克公司"。目前诺瓦泰克公司拥有80%股份,还有20%属于法国道达尔石油公司(Total)。亚马尔LNG项目位于俄罗斯亚马尔—涅涅茨自治区,已探明天然气储量超过1万亿立方米,拟建设LNG产能1650万吨/年。协议签署后,中国石油将与合作伙伴开展上下游一体化合作。此外,中国石油参与该项目对进入北极地区油气资源勘探开发,开辟北极航道具有重要意义。

中俄能源合作与竞争的重要地区在中亚。中亚地区的能源储量远远超出了人们当初的预计。中亚地区不仅油气资源丰富,还具有重要的地缘政治意义。中国开辟中亚能源市场,满足国内的需要,与中亚国家希望摆脱俄罗斯的控制不谋而合。截至2016年年底,哈萨克斯坦探明的石油储量为39亿吨,天然气1万亿立方米,潜在储量约为10万亿立方米。据估计,土库曼斯坦石油储量为1亿吨,天然气所探明的储量为17.5亿立方米,土库曼斯坦政府计划到2020年把天然气产量提高至2000亿立方米。乌兹别克斯坦石油储量约为1亿吨,已探明天然气储量约为1.1万亿立方米。②2005年12月中哈石油管道建成,该管道西起哈萨克斯坦的阿塔苏,东到中国的阿拉山口,全长962.2公里,一期设计输油能力为每年1000万吨。2009年10月中哈石油管建设二期工程第一阶段——"肯基亚克—库姆科尔"石油管线投入运营,使中哈石油管道的运输能力提高至每年2000万吨。中哈石油管道的开通,使哈萨克斯坦增加了石油出口渠道。中哈石油管道

① 《习近平访俄,签署多份"重量级"协议》,搜狐网,2013年3月25日,http://news.sohu.com/20130325/n370175163.shtml。

② 数据来源:*BP Statistical Review of World Energy*,2017。

在2011年向中国输送了1100万吨石油。2009年12月,中国—中亚天然气管道投入使用,该天然气管道起于阿姆河右岸的土库曼斯坦和乌兹别克斯坦边境,经乌兹别克斯坦中部和哈萨克斯坦南部,从阿拉山口进入中国,其中在土库曼斯坦境内长188公里,在乌兹别克斯坦境内长530公里,在哈萨克斯坦境内长1300公里,管道分AB双线铺设。根据规划,每年从土库曼斯坦向中国输送300亿立方米的天然气。2011年11月签署了土库曼斯坦对中国每年增供250亿立方米天然气的协议,为此,2012年9月,中亚天然气管道的C线开工建设。2014年6月15日,中国—中亚天然气管道C线建成,开始向中国输送天然气。C线建成,不仅可增加土库曼斯坦的天然气出口量,还为乌兹别克斯坦、哈萨克斯坦两国增添了天然气外输通道,有助于中亚国家实现天然气出口多元化。中国与中亚的油气合作,是互利共赢的。

2012年以来,俄罗斯与外国公司合作的热情增高。这主要是因为北冰洋大陆架等地区的油气开采技术水平高,投资大,单靠俄罗斯一国之力难以完成。

2012年年初,作为主管国家能源事务的副总理谢钦,促成俄罗斯石油公司与埃克森美孚公司签署关于共同开发北冰洋大陆架石油天然气资源的协议。4月,又使俄罗斯石油公司与意大利埃尼石油公司签署了共同开发巴伦支海及黑海大陆架油气田资源的战略合作协议。5月,俄罗斯石油公司再次与挪威国家石油公司签署合作协议,联合开发巴伦支海和鄂霍次克海大陆架。考虑到海上勘探项目的巨大前期投入成本,谢钦又说服普京支持新的税制计划。普京授权把开采全部大陆架75%的权利在最短时间内交给俄罗斯石油公司,目前开发大陆架只能是经验不少于5年的国企。国内外希望开采大陆架的私企都需要跟国企签订协议。此外,2012年9月,俄罗斯石油公司与委内瑞拉国家石油公司还签署了一项旨在组建一家合资企业开发位于委内瑞拉南部奥里诺科超重原油带的卡拉沃沃—2区块的协议。该区块估计拥有65亿吨原油储量,俄油将为此投资160亿美元,其商业石油日产量预计将达到40万桶。英国石油获准进入俄罗斯北冰洋进行开采,据估计那里拥有超过100亿桶石油和近3万亿立方米的天然气。

2013 年 3 月,根据与俄罗斯石油公司签署的协议,中石油将与俄罗斯石油公司合作开发八个陆上区块和三个离岸项目。

能源是国际性产品,任何国家都不可能孤立于国际能源市场之外,能源的供求双方是利益共同体。为了人类的生存和可持续发展,国际合作是大势所趋,各国需要加强沟通和了解,共同解决能源的供给与需求问题。

# 案例研究四：中国进口能源战略通道安全问题研究①

改革开放以来，基于对国家各个发展阶段状况及其面临的国际局势的分析判断，早在“九五”“十五”时期，中国即已考虑和着手油气资源战略通道的建设。“十一五”和“十二五”期间，即2006—2015年，中国能源国际合作取得重大进展，已在西北、东北、西南三大方向布阵能源进口通道，这三个方向通道与原有海上航运通道一起，形成了中国油气进口的四大战略通道。其中西北方向，中哈石油管道2009年已投产；中亚天然气管道A、B、C线分别于2009年、2010年和2014年投入使用，D线在建设中；东北方向，中俄原油管道2011年已投入使用，中俄天然气管道2014年已经签约；西南方向，中缅天然气管道2013年9月已投产输气。中国在油气进口战略管道建设方面所取得的成绩是巨大的，但是，这四大战略通道成形并成功投产运行后，仍面临哪些问题，这些问题会对中国有哪些影响和挑战，中国应如何看待和应对这些问题，本章试从地缘政治的角度对此做一下分析探讨。考虑到四大通道情况各有不同，故采取分别论述的方式。

## 一、中国海上进口能源战略通道

### （一）海上能源通道简介

由于中国从海外获取原油主要来自中东、非洲、亚太地区（主要是东南

---

① 本章的“能源”概念主要指石油和天然气。——笔者注

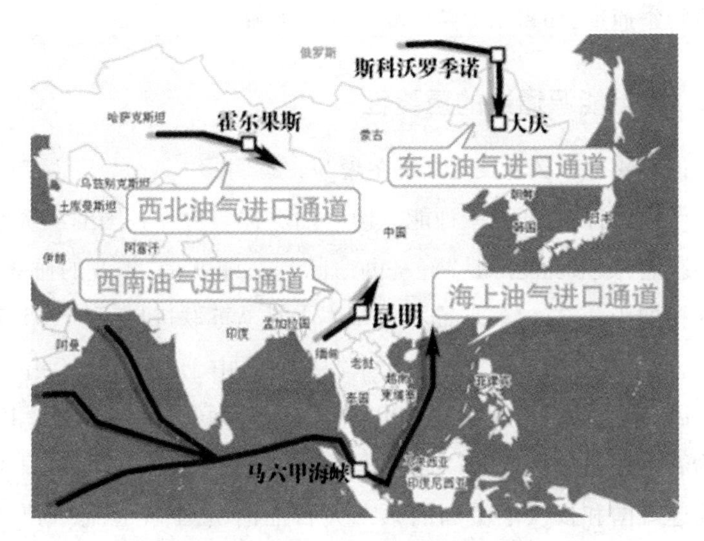


**案例图 4-1 中国四大油气进口通道图示**

资料来源:http://www.china5e.com/subject/show_693.html。

亚),而这三个地区的原油进口需经过以下几条海运路线:

第一条为中东航线:中国从中东进口的石油主要是从波斯湾出发,穿过霍尔木兹海峡,经阿拉伯海进入印度洋,再从马六甲海峡抵达中国南海地区,最终经台湾海峡到中国内地。

第二条是非洲航线,其中又分为两条:一条是由北非地区出发,从地中海起航,经过苏伊士运河和红海,穿过曼德海峡,再过亚丁湾,入阿拉伯海,渡过印度洋,由马六甲海峡进入南中国海;另一条是由西非地区出发,经过好望角,入印度洋,从马六甲海峡进入南中国海。

第三条东南亚航线:经马六甲海峡和台湾海峡到中国内地。

此外,还有南美航线,经巴拿马运河入太平洋,最终至中国。

观察上述线路图,可看出中国海上能源通道具有如下特点:一是海上能源通道航距漫长,以非洲航线为例,从北非出发,途经地中海、印度洋、南中国海三大海域,平均航程约 6000 海里,如此漫长的航程无疑会增加海上能源运输的困难和风险。二是海上能源运输线路单一,可替代的航线少。这是由中国的地理位置所决定的。中国地处东亚,出海通道少,能源进口主要来自中东和非洲,新航线又一时难以开辟,这使得海上运输不得不走这些特定线路或特定通道，如霍尔木兹海峡或马六甲海峡等。

## （二）海上能源通道的重要性

### 1. 中国石油进口数量较大且逐年增加

在当今世界，没有任何一种能源像石油那样对世界各国的经济产生如此重大的影响，如果说能源是“经济的命脉”，石油就是“工业的血液”。新中国成立初期尚为贫油国，所需石油基本上是从苏联进口，到1965年开始实现自给，甚至成为出口创汇的主要来源之一。由于改革开放后中国经济的快速发展，石油供需矛盾不断突出，不得不依赖国外大量进口。1993年中国成为石油净进口国，2007年，中国成为世界上仅次于美国和日本的第三大石油进口国和仅次于美国的第二大石油消费国，全年总进口石油达1.84亿吨，对外依存度达50.3%。2009年中国进口石油突破2亿吨大关，对外依存度同时上升。2013年中国进口石油达2.82亿吨，对外依存度达55.6%；2016年中国进口石油达3.82亿吨，对外依存度达65.4%。有学者认为，石油进口依存度高低可代表一个国家经济的安全程度。中国的石油进口依存度高于50%，说明中国经济已过“危机”线。① 无论这种判断是否准确，中国石油进口数量较大且逐年增加却是不争的事实。

**案例表4-1　2003—2016年中国石油探明储量、产量、消费量、原油进口量、进口依存度和采储比数据统计**

| 时间 | 储量（万亿立方米） | 产量（百万吨） | 消费量（百万吨） | 原油进口量（百万吨） | 进口依存度 | 采储比（年） |
| --- | --- | --- | --- | --- | --- | --- |
| 2003 | 1.4 | 169.6 | 276.9 | 107.7 | 39.6% | 19.1 |
| 2004 | 1.5 | 174.1 | 323.4 | 149.7 | 46.9% | 12.1 |
| 2005 | 1.6 | 181.4 | 328.9 | 146.2 | 48.7% | 12.1 |
| 2006 | 1.7 | 184.8 | 353.1 | 168.6 | 44.6% | 12.1 |
| 2007 | 2.3 | 186.3 | 370.7 | 184.8 | 50.3% | 11.3 |
| 2008 | 2.8 | 190.4 | 378.1 | 194.5 | 51.7% | 11.1 |

① 庄芮：《石油进口持续增长对我国经济安全的影响》，《世界经济研究》2005年第6期。

续表

| 时间 | 储量（万亿立方米） | 产量（百万吨） | 消费量（百万吨） | 原油进口量（百万吨） | 进口依存度 | 采储比（年） |
|---|---|---|---|---|---|---|
| 2009 | 2.9 | 189.5 | 392.8 | 203.5 | 52.4% | 10.7 |
| 2010 | 2.8 | 203.0 | 428.5 | 234.6 | 54.7% | 9.9 |
| 2011 | 3.0 | 202.9 | 465.1 | 252.9 | 55.0% | 9.9 |
| 2012 | 3.2 | 207.5 | 487.1 | 271.3 | 55.3% | 11.4 |
| 2013 | 3.5 | 210.0 | 508.1 | 282.6 | 55.6% | 11.9 |
| 2014 | 3.7 | 211.4 | 528.0 | 309.2 | 59.6% | 11.9 |
| 2015 | 4.8 | 214.6 | 561.8 | 336.2 | 60.6% | 11.7 |
| 2016 | 5.4 | 199.7 | 578.7 | 382.6 | 65.4% | 12.7 |

数据来源:*BP Statistical Review of World Energy*,2017;采储比指年末剩余储量除以当年产量得出剩余储量按当前生产水平尚可开采的年数。

2. 中国能源进口对海上运输通道的依赖性

世界海洋和陆地分割的特点,决定了世界贸易85%的物资依靠海运完成。据美国能源部统计,全球石油产量超过一半是通过油轮沿着固定的海运航线运送。海运通道是世界石油的最重要运输通道。如果说石油是现代工业的“血液”,那么这些石油运输通道就是“血管”。据BP数据显示,2016年中国原油进口来源地区及份额分别为:中东地区48.1%,非洲地区17.7%,欧洲和独联体地区16.3%,中南美洲13.3%,亚太地区4%。[①] 从以上数据可知,中国石油进口量中60%以上来自中东和非洲等地,预计在未来较长一段时期内,这种格局也不会发生巨大变化。另外,中国通过陆上管线进口石油已经开始,中俄、中哈、中缅的能源合作还有相当潜力。中国的石油进口多元化可以分散依赖海上运输的风险,这一思路的提出和实施是十分正确的,今后要朝此方向继续做出努力。但目前的情况是海上油气运输通道的地位和重要性,并没有因为三大陆地油气进口通道的建成而呈下降趋势。相对于海上运输,中国的陆路油气运输还只能作为一种补充,绝大部分石油仍需通过海上运输,而且苏伊士运河—印度洋—马六甲海峡—南

① 数据来源:*BP Statistical Review of World Energy*,2017。

中国海是必经之路,这是我们必须给予充分正视的客观现实。

### (三)海上能源通道面临的挑战

1. 美国亚太再平衡战略

所谓美国的"亚太再平衡战略",指美国前防长帕内塔在2012年6月3日闭幕的香格里拉对话会上对此前美国"重返亚洲"战略的修订。其基本内涵是:针对20世纪末和21世纪初以来国际局势和国际力量对比的新变化,适时调整美国的全球战略重点及其在亚太地区的力量布局,以应对中国崛起,确保美国在亚太地区主导权。其主要内容包括以下三个方面:在经贸方面,通过推动"跨太平洋伙伴关系"(TPP)谈判,尤其是通过一系列经贸新规则的制定,介入亚太地区经济一体化和贸易自由化进程,分享亚太地区的"发展红利",重振美国经济。在军事安全方面,通过加强与日、韩、澳、菲、泰等亚太地区盟国、东盟伙伴国,以及印度等国的军事合作,如进行军演、出售武器和改造军事基地等,来确认和巩固美国在亚太地区安全方面的主导地位。尤令国际舆论关注的是,美国提出未来若干年内将部署60%海空力量到亚太地区。① 美国还积极介入并影响亚太地区多边国际组织,主要是东盟首脑和部长级会议、东亚峰会,以及亚太地区安全论坛等。应该指出,美国亚太再平衡战略的实质依然是为了维护其在全球范围内的超强地位。该战略的实施将影响亚太地区国际关系格局,对中国的海上安全构成重要影响,也间接地对中国海上能源安全形成一定的压力。

2. 钓鱼岛问题和南海问题

美国亚太再平衡战略的实施势必影响到钓鱼岛问题和南海问题。中日两国在钓鱼岛问题上本来存在争议,20世纪70年代中日邦交正常化过程中,中日两国领导人着眼大局,同意搁置钓鱼岛问题。但是,2012年由于日本政府单方面宣布购买该岛,实施所谓"国有化",引起中国强烈反对和抗议,致使钓鱼岛问题凸显。在钓鱼岛问题上,美国一再表示不对主权问题持

---

① 《2020年前60%海空力量部署到亚太》,《南方日报》,载于网易新闻中心,2013年6月2日,http://news.163.com/13/0602/08/90BOO6D000014AED.html。

有立场，但又明确表态美日安保体系适用于钓鱼岛。正是由于美国的支持，日本一再在钓鱼岛问题上采取强硬立场，拒不承认中日之间在钓鱼岛问题上存在的争议，并否认中日两国领导人曾经达成的搁置争议的共识。南海问题是南海诸岛及其水域的归属问题，涉及包括中国在内的“六国七方”的争议。[①] 近年来南海问题备受国际关注，成为中国与周边相关国家的矛盾交汇点。相关当事国不仅强化各自对所占岛礁和海域的控制，加快对南海资源的开发，而且不断与中国发生实质性摩擦与碰撞，2012 年中菲黄岩岛事件和 2014 年发生的中越南海争端便是突出的例证。菲越两国之所以敢于对中国示强，显然与美国推行亚太再平衡战略有密切关系。两国无非是想借助美国的力量，实现本国利益最大化。钓鱼岛问题和南海问题的存在和激化，也为中国海上能源安全带来某种不确定因素。

3. “马六甲海峡困局”

马六甲海峡是连接太平洋与印度洋的国际水道，也是亚洲与大洋洲之间的十字路口，素有“东方的直布罗陀”之称。它位于马来西亚的马来半岛和印尼的苏门答腊岛之间，全长 1080 公里，平均深度 25—27 米，最宽处 370 公里，最窄处仅 37 公里，其沿岸的三个国家分别是印度尼西亚、马来西亚和新加坡。马六甲海峡是世界上最繁忙的水道之一，每年有约 8 万艘次船只通过，其中约 60%为中国船只。中国进口原油约 80%，进出口货物约 50%要经过该海峡。许多种学者认为，对中国而言，马六甲海峡是一条名副其实的“海上生命线”，它的通畅与否直接关系中国的能源安全、经济发展以及国家安全，这便是人们所言的“马六甲海峡困境”。应该说，有关“马六甲困境”的观点不无道理，无论从传统和非传统安全角度，马六甲海峡一旦有意外事端发生，如恐怖袭击和自然灾害，包括沉船事件，都会对中国能源海上运输构成重要影响，值得中国高度关注，并探讨积极的解决之道。但目前尚不存在对中国的现实战争威胁，即使在可预见的未来，对中国能源海上运输的最根本挑战——截断马六甲海峡的极端情况，在常态下仍然可以避免。

4. 海盗行为和海上恐怖主义问题

一个时期以来，对中国海上运输危害最大的当属索马里海盗。索马里

① “六国七方”为中国（台湾）、越南、菲律宾、马来西亚、印度尼西亚、文莱。——笔者注

位于非洲大陆最东部，北临亚丁湾，东濒印度洋，海岸线长 3200 公里。20 世纪 90 年代以来，这个非洲之角国家一直处于战乱状态，为海盗提供了生存空间。进入 21 世纪后，索马里海盗力量不断壮大，频繁袭击或劫持途经亚丁湾、索马里海域的船舶，对国际航运和海上安全构成严重威胁，成为一大国际公害。索马里海盗通常以劫持船只和扣押船员为筹码，向船主勒索赎金，金额最多可达上百万美元。2009 年索马里附近海域发生海盗袭击事件 214 起，至少 47 艘船只被劫持，占全球海盗活动的一半以上。[①] 中国船只深受其害。自 2008 年 10 月以来，联合国安理会连续通过决议，呼吁国际社会积极参与打击索马里沿岸的海盗和海上武装抢劫行为。由于包括中国在内的一些国家进行海上护航和对海盗行为的打击，嚣张一时的索马里海盗活动已经大幅度减少，但是，对国际航运的威胁并未解除。除了亚丁湾、索马里海域外，马六甲海峡一带也不时受到海盗袭扰，例如，2014 年 4 月 23 日，一群武装海盗在该海域劫持了一艘油轮，并带走三名随行船员。更令许多国家政府担忧的是，某些海盗集团与恐怖组织相勾结，共同从事海上犯罪活动，有人将"海上恐怖主义"归为"政治性海盗行为"。[②] 海盗和海上恐怖主义都是人类共同的敌人。

5. 中东和非洲政局的动荡

中东地区具有得天独厚的地理位置和极其丰富的油气资源，一直作为世界重要的能源供应基地。对中国而言，中东又是中国能源海上运输的主要出发地和进口石油的主要源头。但该地区各种矛盾错综复杂，历来形势多变。2010 年年底以来，该地区发生了被称之为"阿拉伯之春"的一系列反政府运动。这些运动多采取公开示威游行和网络串联的方式，先后波及埃及、利比亚、也门、叙利亚、巴林等国，阿尔及利亚、约旦、沙特阿拉伯、伊拉克、毛里塔尼亚、阿曼、摩洛哥、科威特、黎巴嫩、苏丹等其他阿拉伯国家乃至部分非阿拉伯国家也都受到不同程度的影响，导致多名领导人下台，其影

① 王雅楠：《一台湾渔船在索马里附近海域被海盗劫持》，新华网，转载于中华网，2010 年 4 月 4 日，http://military.china.com/zh_cn/news/568/20100404/15882705.html。

② Samuel Pyeatt Menefee, "Terrorism at Sea: The Historical Development of an International Legal Response," in Brian A.H.Parritt, ed, *Violence at Sea*, CBE, Paris, 1986, p.192.

响之深、范围之广、爆发之突然、来势之迅猛吸引了全世界的高度关注,时至今日尚未完全结束。中东的政局动荡导致一些国家的石油价格、产量和出口等受到影响,给中国能源安全带来诸多挑战。非洲是中国第二大石油进口地区。除了属于中东板块的北非地区的政治动荡外,在撒哈拉以南非洲,虽然未发生大规模的政局变动,但也不同程度地存在国家内部政局不稳、国家之间的武装冲突、恐怖活动等,这些无疑增大了中国能源投资的风险。同时,随着中国在非洲经济活动的日益增多,某些西方国家无端指责中国"掠夺非洲资源","搞新殖民主义"等,也给中非油气合作蒙上了阴影。

### (四)维护海上能源通道安全的思考

1. 积极应对美国亚太再平衡战略

对美国亚太再平衡战略,中国首先应给予冷静观察。分析起来,美国亚太再平衡战略有其强势的一面,但也受到各种因素制约,诸如金融危机、中东事态变化,以及乌克兰危机等,即使包括美国盟友在内的许多亚太国家与美国也存在诸多分歧,美国学界已开始反思和批评美国亚太再平衡战略带来的各种不利影响。由于上述因素的制约,美国亚太再平衡战略不得不一再进行调整,这也就大大削弱了其实际效力,从而为中国提供了回旋余地。中国应做好以下几个方面工作:一是通过构建新型大国关系来保持中美关系的总体稳定。对美国来说,是怎样处理与崛起大国中国的关系问题,反过来,对中国而言,是怎样处理与既成大国美国的关系问题。这方面没有先例而循,中国应有创新思维,避免与美国陷入安全困境,即所谓"修昔底德陷阱"。[①] 二是推进中俄全面战略协作伙伴关系。不断深化中俄关系,不仅有利于两国人民,也有利于世界的和平与稳定。三是坚持"与邻为善、以邻为伴"的方针,打造中国与周边国家的"命运共同体",以构建良好的中国周边环境。同时保持中国经济稳步增长,不断提高中国自身综合国力。概言之,

① "修昔底德陷阱",是指一个新崛起的大国必然要挑战现存大国,而现存大国也必然会回应这种威胁,这样战争变得不可避免。此说法源自古希腊著名历史学家修昔底德,故名。——笔者注

中国能否成功应对美国亚太再平衡战略带来的挑战,是中国能否开创良好的能源外部环境,确保中国海上能源通道安全的前提条件。

2. 进一步开展海外能源合作

美国亚太再平衡战略使中国的安全环境发生了新的变化,但总体而言,目前大国关系仍处于相对稳定状态,它们之间是一种既合作又竞争的关系。和平与发展依然是时代的主题。所有这一切,为中国进一步开展海外能源合作,确保中国海外石油进口安全,提供了有利的国际条件。中国能源外交涉及许多方面,仅举与海洋通道安全有关的几例,首先是中美石油合作,应将其置于构建两国新型大国关系框架之中加以考虑。美国和中国作为世界两个最大的石油消费国和主要石油进口国,在稳定全球石油供应、扩大石油生产能力、提高石油使用效率等方面,存在着利益共同点,而在推动全球石油投资,开发利用节能技术方面,两国也具有合作的潜力。在东亚,中、日、韩三国是名列世界前茅的石油进口国,而且三国的原油供给地、主要石油运输通道具有很大的重叠性,都严重依赖中东地区、印度洋和马六甲海峡,三国在维护海上通道安全,化解投资风险,共建石油战略储备,影响国际石油市场定价等方面存在很多利益共同点。但由于目前中日关系陷入僵局,中国可先期推进与韩国的石油合作。中国和印度两国作为发展中国家,资金缺乏,技术落后,管理经验欠缺,在国际能源市场面临着国际石油公司的激烈竞争。如果两国石油公司加强合作则可以取长补短,增强国际竞争力,而中印能源合作也能为中国海上石油通道增加安全系数。中国与东盟国家在石油贸易、石油通道安全和石油勘探开发等方面具有广阔的合作空间,仅从海上石油通道安全考虑,中国也不应将与东盟国家关系搞僵,当然个别挑衅国另当别论。

3. 妥善处理钓鱼岛问题和南海问题

从目前的情况看,无论是钓鱼岛问题还是南海问题,以及东海大陆架划界问题等,均无望在短期内加以解决。中国与相关国家关于上述问题的争议将长期存在,中国应有清醒的认识。在钓鱼岛问题上,中国在坚持主权的前提下,应进一步强化对钓鱼岛的实际控制,如通过中国海监船和中国战机的定期巡航,宣示中国对钓鱼岛的主权等。同时,还应与日方就钓鱼岛问题建立危机管控机制,避免因“擦枪走火”而引发冲突,给两国乃至亚太地区带来灾难性后果。而在目前中日关系陷于僵局的状态下,中国应仿效20世纪50至60年代的中日交往模式,加强对日“民间外交”,争取“以民促官”。中国还应注意协调与美国的关系,因为中日冲突并不符合美国的利益,没有美国的首肯,日本不可能贸然采取重大行动。在南海问题上,中国应坚持历史依据和法理依据,坚持“主权属我、搁置争议、共同开发”原则和《南海各方行为宣言》精神。由于南海问题牵涉周边国家较多,中国应坚持双边谈判与协商原则,力避南海问题国际化,并防止东盟国家形成对中国不利的一致立场。中国还应探讨对南海岛礁各种不同管控方式,持续扩大南海维权范围和力度,但应努力防止和避免南海事态升级和向不利于中国的方向转化。

4. 打击和治理海盗及海上恐怖主义

针对索马里海盗所造成的严重危害,自2008年6月始,联合国安理会先后通过一系列决议,呼吁关心海上活动安全的国家积极参与打击索马里海盗的行动。2008年12月20日,中国政府宣布决定派遣海军舰艇前往亚丁湾、索马里海域执行护航任务。截至2014年3月,中国海军已先后派出十七批护航编队,为维护海上通道安全和打击海盗活动作出了重要贡献。但是,仅仅依靠军舰护航尚不足以杜绝海盗和海上恐怖活动,因为任何一个国家均不可能为每一艘商船护航,必须采取综合治理措施方能奏效。从形式上看,海盗行为发生在海上,但其根源却来自陆地。索马里就是一个典型的案例。只要类似索马里这样的国家仍处于政治割据状态,以及其国民经济仍处于极度落后状态,海盗和恐怖活动便有生存的空间。据联合国2013年5月2日发布的一份报告称,尽管索马里局势已经趋于稳定,但1/4的索马里人依旧饱受饥饿和居无定所的折磨,仍需接受救济。报告还称,从2010年到2012年间,大约有26万人死于饥荒,其中一半都为儿童。[①] 因此,中国应积极推动国际社会帮助此类国家尽快恢复其社会和经济秩序,解

① 王雪:《调查称索马里26万人死于饥荒1/4人口仍需救济》,环球网,2013年5月3日,http://world.huanqiu.com/exclusive/2013-05/3898374.html。

决它们所面临的“和平与发展”问题，这样才能逐步铲除海盗和恐怖主义得以滋生的土壤。

5. 努力规避或降低与中东非洲国家油气合作的风险

由于特殊的资源和地理优势，中东地区在世界石油市场占据着无可替代的重要位置。尽管在未来相当长的时期内，中东地区局势尚很难处于稳定状态，但该地区仍将是中国石油进口的重要来源地，仍将对中国石油安全产生重要影响。中国政府和企业应积极应对，规避风险，以保障中国石油进口安全。例如，如果此次中东地区动荡事发前相关研究机构或企业能够对事态发展提出预测，并能够及时提出应对举措，将会大大有利于中国企业规避或降低由此带来的风险损失。即使在目前中东局势尚不稳定的情况下，中国企业还应密切关注和分析当地局势，以把握新的机遇。因为任何一个国家在政局基本稳定之时，必然将发展经济，改善民生提到本国议事日程上来。尤其是随着美国推行亚太再平衡战略，其战略关注点向东亚转移，势必放松对中东地区的管控，这将有利于中国在该地区拓展新的国际空间。非洲是中国进口油气的另一个重要来源地。在中非油气合作中，中国也要相应加大在非洲的风险投入。在此基础上，中国应设法稳定“贸易石油”份额，提升“份额石油”比重，并创新石油贸易模式，如“贷款换石油”等。为此中国应继续加大对非洲医疗、卫生、教育、交通和通讯等领域基础设施的援助，继续减免非洲债务，主动帮助非洲发展生产、改善当地人民生活水平，从而获得非洲国家、人民的理解和支持，以确保非洲国家对中国的石油供应。对于西方国家声称中国“掠夺非洲资源”和“搞新殖民主义”的观点，中国应进行有理、有力的批驳和回应。

6. 继续推进油气进口通道多元化目标

在稳定原有的运输路线基础上，中国应继续加强新的油气战略通道的建设，以进一步降低中国对于海上运输通道的过分依赖，以缓解“马六甲困境”带来的影响。在海上，近年来所提到的“北冰洋航线”就是一种可以讨论的方案，其起始于北大西洋，跨越北极地区进入太平洋。这条线路所经之处包括能源丰富的产地，据俄罗斯等国资料，北极地区原油储量约为 2500 亿桶，相当于目前被确认的世界原油储量的 1/4；天然气储量估计为 80 万亿立方米,约为全球天然气储量的41%。[1] 而该线路的开辟还能避开海盗和海上恐怖主义的袭扰。随着近年来北极冰盖的加速消融,北冰洋航线的发展兼具了客观条件。因此,积极参与北极事务,加强与俄罗斯和加拿大的深入合作,并加大对抗冰船舶的设计和研究投入,尽快组建一支现代化的破冰船队,对于未来中国的海上运输具有重大意义。在陆上,也有许多方案可供讨论,如"中巴原油管道",该管道起始于巴基斯坦瓜达尔港,抵达中国喀什,可以输送来自沙特和伊朗等中东国家的油气。由于该管道将要通过4000米以上的高原地带,可考虑沿现有的中巴公路建设,即由喀什开始,经过喀喇昆仑山红其拉甫山口,到达巴基斯坦塔科特。再如印度提议的"西亚—中亚—南亚—中国管线",从伊朗经巴基斯坦到印度,或从土库曼斯坦经阿富汗、巴基斯坦到印度,然后延伸至中国。此外,还可以考虑在陆上扩容原油进口输油管道,在海上推进东海和南海石油开发,尤其是推进争议地区资源合作开发等。

7. 稳步增强海上军事力量

党的十八大提出了"建设海洋强国"的目标。要建设海洋强国,必须增强海洋军事力量,没有一支强大的现代化海军,建设海洋强国就属空谈,中国海上石油通道安全也难以维护。经过多年来的发展,中国海军力量有了稳步增长,战斗力水平不断提高,为维护国家海洋主权安全和应对非传统安全挑战,支持国家经济建设和海洋事业发展起到重要作用。例如,中国军舰能够远赴亚丁湾为中国船队护航,赴地中海为利比亚撤侨行动提供保护,参与海上反恐怖演习以及参与海上救难救灾等。未来的中国海军将被赋予更多的历史使命,中国还将继续推进海军现代化建设,以与自身正在崛起的大国实力地位相符,并应对美国推行亚太再平衡战略带来的挑战。但是,中国的海上力量建设,其目标依然是有限的。作为陆海复合型国家,中国需要兼顾陆海两个方向,但中国的历史传统和文明属性决定了中国的战略重心将始终依托大陆。尽管目前中国在海洋方向面临一系列挑战,中国需要在保

---

① 《北极地区谁做主》,《新民周刊》,载于新浪网,2011年7月20日,http://tech.sina.com.cn/d/2011-07-20/09445808860.shtml。

证陆地安全的同时,对海洋方向给予平衡甚或进行一定的政策倾斜,但陆地安全问题始终处于中国安全战略的优先位置。因此,中国海上力量建设不应以追求当前美国和过去苏联那样的全球超强海军为目标,也不应以挑战现存美国在亚太地区主导权地位为目的,而只能是为了满足作为一个陆海复合型国家捍卫本国海洋主权和权益的基本需求而为之,这种选择也应视为中国不追求霸权的外交政策和坚持防御性的国防政策的具体体现。

## 二、中国西北方向进口能源战略通道

### (一)西北能源通道概况

西北油气进口通道主要由"中国与哈萨克斯坦原油管道"和"中国与哈萨克斯坦、土库曼斯坦、乌兹别克斯坦等中亚国家天然气管道"组成,天然气管道分为A、B、C、D四条管道,上述管道可称为"一油四气"。未来俄罗斯及里海的油气资源也可经此管道输往中国。

#### 1. 中国与哈萨克斯坦原油管道

中国与哈萨克斯坦原油管道是中国第一条跨国长输管道,也是哈萨克斯坦第一条不经过第三国而与市场直接相连的管道。它西起哈萨克斯坦西部的里海港口城市阿特劳,向东途经肯基亚克、库姆科尔和阿塔苏,从中哈边界的阿拉山口进入中国境内,到达新疆的独山子输油管道首站。全长3088公里,其中哈萨克斯坦境内2818公里,中国境内270公里。整个管道初步设计年输油量为2000万吨。主要输送哈萨克斯坦自产的原油。

中哈原油管道的开工建设经历一个过程。该项目是由哈萨克斯坦首先提议的,1997年9月,中国石油天然气集团公司与哈萨克斯坦政府达成协议,并在此后两年间完成了可行性研究报告,当时预计总造价30亿美元。按最初意向,该管道应于2005年建成投入运营,但由于哈石油年产量难以确保管道进行营利性运转所需的200万吨的最低供油量,再加上当时国际油价十分低迷,中方认为铺设输油管道不如买油合算,管道项目建设遂被搁置。2001年以后,哈萨克斯坦所属里海大陆架油气资源勘探有了实质性突破,找到了储量在10亿吨以上的大型油田,哈萨克斯坦石油产量持续增加并有良好的前景预期,加之国际油价上升且居高不下,在此形势下,中哈原油管道项目重新上马。但为减少投资风险,中方决定从2002年开始采取分阶段建设办法,首先,修建从中石油购买的肯基亚克油田向西到里海阿特劳的管道,即中哈石油管道西段,并与俄罗斯的管道相通,从而向西输入国际市场。管道全长448.8公里,年输油能力为600万吨,此管道为前期工程,于2003年年底建成投产。其次,为中哈原油管道一期工程:西起哈萨克斯坦阿塔苏,东至中国阿拉山口,长962.2公里,于2006年5月实现全线通油。再次为中哈原油管道二期一阶段工程:西起肯基亚克,东至库姆科尔,长761公里,于2009年7月建成投产。至此,中哈石油管道实现了由哈萨克斯坦西部到中国新疆全线贯通。截至2013年年末,中哈石油管道管输原油累计进口突破6000万吨,达到6362万吨。①

2. 中国与中亚国家天然气管道

中国与哈萨克斯坦、土库曼斯坦、乌兹别克斯坦等中亚国家的天然气管道横跨四国,涉及面最广。该管道分为A、B、C、D四线。2009年12月,A线开始投运;2010年10月,与A线并行的B线也开始输气,实现双线通气。A、B线西起土库曼斯坦和乌兹别克斯坦边境的格达伊姆,穿越乌兹别克斯坦中部和哈萨克斯坦南部,经新疆霍尔果斯口岸入境中国,全长1833公里,年设计输气量为300亿立方米,与中国境内西气东输二线管道相连,覆盖长三角、珠三角等沿线城市,最远可至香港。截至2013年11月15日,A、B线自投产以来累计向中国的输气量达到700亿立方米。

为进一步扩大天然气输送量,2011年C线工程开工建设,工程造价22亿美元。2014年5月31日,C线管道顺利投产,中国—中亚能源大动脉再次实现扩能。按照工程设计,C线与A、B两线并行敷设,线路总长1830公里,设计年输气能力250亿立方米,入境中国后与西气东输三线相连。目前C线输气能力达到每年70亿立方米,待2015年年底相关配

① 《中哈石油管道累计进口原油6300万吨》,《化工进展》2014年第33卷。

套设施全面建成后，将达到年 250 亿立方米的输气能力，并将提升中国—中亚天然气管道全线输送能力至每年 550 亿立方米，①可满足国内 1/5 以上的天然气消费需求。中亚天然气管道 D 线预计将在 2014 年内启动控制性工程的开工建设。

## （二）西北能源通道建设的重要影响

1. 进一步密切了中国和中亚国家的关系

中国和中亚国家开展以油气为主要内容的能源合作具有地缘政治方面的重要性。中亚国家或地区存在广义和狭义两种说法，本文指哈萨克斯坦、乌兹别克斯坦、吉尔吉斯斯坦、土库曼斯坦和塔吉克斯坦五国，即狭义的中亚国家或地区。该地区东与中国相邻，南与伊朗、阿富汗接壤，北与俄罗斯联邦相接，西与俄罗斯联邦、阿塞拜疆隔里海相望，总面积近 400 万平方公里。中亚五国油气资源十分丰富，被誉为“第二个中东”。其地理位置也十分重要，处于欧亚大陆的结合部。自 90 年代初中亚五国独立以来，中国与五国的关系不断发展，而油气合作是其中的重要组成部分。

2. 开启了中国能源进口多元化的新时代

从中国进口能源的现实情况来看，大部分石油来自中东地区，并且依靠经马六甲海峡的海上运输通道自印度洋进入南中国海境内，这是一种长距离带有一定风险性的运输方式，也就是说，一旦马六甲海峡有不测情况发生，中国能源的进口就可能发生问题。因此，为了中国的能源安全，必须走石油进口多元化的道路。中国西北能源通道建设便是践行这种多元化目标的具体行动，尤其是其中的中哈原油管道，是中国开辟的第一条陆路进口管线。有关人士高度评价这条石油管线，认为它“开启了中国境外陆路石油管线供油时代，标志着中国进入了一个更加稳定、安全、持续供油的时代”。②

---

① 安蓓、朱诸：《中亚天然气管道 C 线开始向国内输气》，新华社，转载于政府网，2014 年 6 月 16 日，http://www.gov.cn/xinwen/2014-06/16/content_2701329.htm。

② 李海楠：《中哈油气管道先行 凸显战略意义》，《中国经济时报》，转载于搜狐财经中心，2009 年 11 月 25 日，http://business.sohu.com/20091125/n268450625.shtml。

3. 对推进中俄石油合作产生重要影响

2002 年下半年,中俄石油管道规划突生变数,由于日本的竞争,俄罗斯放弃了拟议中的“安大线”,转而倾向于受日本大力支持的“安纳线”方案。在此情况下,中国加快了中哈石油管道进程,2003 年,中哈两国签署了分阶段建设阿特劳—阿拉山口输油管线的协议,该输油管线年输油量 1500—2000 万吨,远期可达 5000 万吨。[①] 中哈能源合作对俄罗斯产生巨大的触动作用,也是促成对中国相对有利的中俄“第一次石油换贷款协议”的重要因素,加之 2008 年国际金融危机的影响,中俄之间的石油合作终于有了实质性进展,“安纳线”最终变成了中方可以接受的“泰纳线”。

4. 促进中国和中亚国家的经济发展

中国西北能源通道建设有力地推动了资源国石油工业的发展。例如,哈萨克斯坦阿克纠宾项目、PK 项目、曼格什套项目等重大项目的油气产量有了大幅度提高;土库曼斯坦阿姆河天然气项目和中亚天然气管道项目均按期投产;乌兹别克斯坦油气合作项目也取得重大阶段性进展。中国西北能源通道建设还带动了资源国社会经济的发展,例如该项目可为当地提供 3.4 万余个就业岗位。与此同时,对中国经济的发展也具有巨大推动作用,如该项目将与中国西部油气管道共同组成“西油东输”和“西气东输”的战略通道,既支援内地经济建设,又促进中国的西部大开发。

### (三)西北能源通道建设面临的形势

1. 大国势力在中亚地区的角逐和竞争

里海—中亚能源带因其丰富的石油和天然气资源,以及位于欧亚大陆交通枢纽地带的特殊地缘价值,使其成为大国势力角逐和国际资本激烈竞争的舞台。据不完全统计,目前已有美国、英国、法国、德国、意大利、日本、加拿大、土耳其、印度、沙特阿拉伯、韩国、马来西亚、俄罗斯、中国、阿根廷、

---

① 赵常庆:《哈萨克斯坦油气开发与中哈能源合作》,《中国社会科学院院报》2004 年 4 月 1 日。

匈牙利、阿曼和阿联酋等20多个国家的50多个公司,聚集此地进行油气勘探开发或炼油及销售活动,其中当属美、俄、日三国的竞争最为活跃。美国从全球战略利益出发介入这一地区,一方面鼓励本国石油企业进行油气资源开发,以便从源头上控制中亚的能源市场;另一方面主张以市场原则实现中亚里海地区的油气生产和运输的多元化,积极推动绕开俄罗斯的油气外输管道建设,以打破俄罗斯对中亚油气资源出口的垄断,如美国曾力促建成“巴库—第比利斯—杰伊汉管线”。对于俄罗斯来说,中亚和里海地区是其传统的势力范围,为了维护与该地区的特殊关系,确保自身的地缘安全利益,俄罗斯大力推行能源外交,全力打造与中亚国家在传统经济、能源开发和交通运输等领域的经济产业链,旨在进一步提升自身的影响力,继续保持对中亚国家能源的垄断地位,并抑制美国对中亚国家的影响,尤其是乌克兰问题发生后,俄罗斯将更加重视中亚地区。日本则积极推进“丝绸之路能源计划”,并不断加强与里海—中亚国家的能源合作,以此在该地区能源博弈中争得一席之地,并配合美国牵制俄罗斯和中国。欧盟和印度等国也在中亚地区采取了积极参与的能源政策。所有这些为中国与中亚国家的能源合作带来各种外部压力。

2. 中亚地区“三股势力”的危害与威胁

中国西北能源通道的主要资源供应方为中亚地区。众所周知,中亚地区在冷战结束后,已与南亚、西亚和中东等地区连为一体,逐步演变为国际恐怖主义、宗教极端主义和民族分离主义等“三股势力”活动的统一空间,对中亚各国的安全稳定构成严重威胁。近年来,中亚地区反恐形势出现了一个新的变化,即被称为中亚稳定器的哈萨克斯坦不再稳定,涉恐安全事件逐年增多,2008—2012年,以哈里发和萨拉菲为代表的宗教极端组织共有148人因恐怖犯罪在哈被起诉,另有160人因极端主义犯罪被起诉,共有40名哈萨克斯坦人因参与恐怖主义犯罪或参加非法武装组织被国外安全机构逮捕,另有68人因参加国际恐怖主义和极端主义团伙在哈境内被逮捕。[①] 与此同时,随着美军撤离阿富汗提上议程,其所带来

① 罗英杰、苏骏:《2013年中亚地区安全形势述评》,《西伯利亚研究》2014年第2期。

的"蝴蝶效应"正波及中亚地区,尤其是塔吉克斯坦和阿富汗边境地区面临的安全压力陡然增大,中亚反恐形势不容乐观。中国新疆地区与中亚国家接壤和相邻,近年来发生了一系列暴恐事件,与中亚地区的"三股势力"的影响和支持密切相关。虽然目前在中亚地区和中国新疆一带尚未出现针对过境的国际油气管道的恐怖袭击事件,但未来是否可以高枕无忧尚未可知,因为油气管道要穿越中亚地区数千公里的茫茫荒原进入中国境内,其防护力量的困难和薄弱,很容易使其成为恐怖主义势力的袭击目标。

3. 中亚国家政治生活中的不确定因素

从总体来看,目前中亚五国国内政局保持了稳定状态,但仍存在一定隐患。由于历史上缺乏独立建国经验与民主思想根基,在现实上又深受计划经济体制和落后的社会经济制约,中亚五国独立后形成了"总统集权制"的威权政治,其特点是"大总统、弱议会、小政府"。这种权力集中的政治体制对于促进各国经济发展,维持民族和谐,保持政局稳定,具有积极意义,但其弊端也显而易见,如各国普遍存在腐败现象和裙带风等,加之哈萨克斯坦总统纳扎尔巴耶夫和乌兹别克斯坦总统卡里莫夫均已 70 多岁,且多年执政,人们对"后纳"和"后卡"时代能否实现权力和平交接心存疑虑。此外,2005 年 3 月吉尔吉斯斯坦曾发生"颜色革命",受其波及,乌兹别克斯坦于同年 5 月也发生了安集延骚乱。这两起事件对其他中亚国家政局均有一定影响,例如,2011 年 12 月,哈国西部石油重镇扎瑙津市发生了骚乱事件。未来中亚国家是否会再次发生类似事件,也令人们感到担忧。在 2012 年世界银行对全球 186 个国家的企业经营环境排名中,哈萨克斯坦位于 49 名,吉尔吉斯斯坦位于 70 名,塔吉克斯坦位于 141 名,乌兹别克斯坦位于 154 名。[①] 上述排名在某种程度上也是当事国的国内政治生活状况的反映。由于中国与中亚国家之间的能源合作主要是政府间的合作,所以中亚国家政局的稳定对双方的合作至关重要。

---

① 《国际统计年鉴(2013)》,中华人民共和国国家统计局,中国统计出版社 2013 年版,第 152 页。

### （四）维护西北能源通道安全的设想

1. 在“丝绸之路经济带”建设中推进中国与中亚国家及俄罗斯的能源合作

2013 年 9 月中国国家主席习近平在访问哈萨克斯坦时提出共同建设“丝绸之路经济带”。所谓“丝绸之路经济带”，是在古丝绸之路概念基础上形成的一个新的经济发展区域，它横跨亚欧大陆，东牵亚太经济圈，西连欧洲经济圈，绵延 7000 多公里，途经多个国家，是世界上最长、最具有发展潜力的经济大走廊。“丝绸之路经济带”建设为中国与中亚国家及俄罗斯的全方位合作带来了新的机遇，而能源领域的合作为其中的重要组成部分之一。中国应抓住这一历史机遇，与中亚国家及俄罗斯共同探讨各种能源合作新方式：通过建立市场化能源合作运行机制及能源价格机制等，促进中国与中亚国家及俄罗斯能源贸易保持长期、稳定的态势；助力中亚国家建设铁路、公路以及航空等基础设施，使中国与中亚国家及俄罗斯能源合作更加便利快捷；联合研发先进和高端科技项目，推动中国与中亚国家及俄罗斯能源合作向高层次高水平迈进；参照中俄能源本币兑换和结算的做法，与中亚国家实现能源本币兑换和结算，节省中间环节，避免汇率损失，降低流通成本；建立项目评估机制，降低能源投资风险，使中国与中亚国家及俄罗斯能源合作实现互利双赢和多赢；建立完善各种对话机制，妥善解决存在的利益纠纷和摩擦。总之，通过“丝绸之路经济带”建设，争取使中国与中亚国家及俄罗斯的能源合作再上新台阶。

2. 以“上合组织”为平台，提高打击“三股势力”的力度

中国与中亚国家的能源合作离不开反恐合作，而中亚地区的反恐合作主要是在“上合组织”框架内展开的。2001 年 6 月 15 日，中、俄、哈、吉、塔和乌六国元首签署了《打击恐怖主义、分裂主义和极端主义上海公约》，为联合打击“三股势力”提供了法律依据。自 2002 年起，上合组织成员国多次举行双边和多边联合反恐演习，对中亚“三股势力”产生了直接的震慑作用。与东北亚、东南亚、南亚和中东地区相比，中亚地区保持了相对稳定，这与上合组织的存在和发展具有密切关系。鉴于中亚地区面临的安全新形

势,中国应充分利用“上合组织”这一平台,进一步加强与“上合组织”成员国在法律、政治和技术领域等多方面的合作,切实履行上海公约宗旨,共同打击中亚“三股势力”。如果中亚“三股势力”的破坏活动得到有效控制,那么中国境内的“东突”分裂势力就失去了强有力的后盾。为此,中国在搞好上合组织框架中的多边反恐合作的同时,还应分别加强与哈萨克斯坦、吉尔吉斯斯坦及塔吉克斯坦这三个与中国领土接壤的国家的双边反恐合作,以截断中亚“三股势力”与中国“东突”势力的联系纽带,不断缩小他们的活动空间。中国还应进一步加强与美国等西方国家的反恐合作,但要注意防范其利用反恐推行双重标准政策。

3. 在中亚地区开展务实灵活的能源外交

中国与中亚国家的关系日益加深,但中国不是中亚国家唯一的交往对象。通过奉行多边平衡外交政策,中亚国家正在与越来越多的国家和国际组织进行交往和能源合作。中国在与中亚进行能源合作方面,虽然比西方国家具有地缘上的优势,但也有自身的短板。在国际层面上,中国进入石油领域比欧美国家要晚一百多年;中亚国家独立后,中国进入其石油领域也相对较晚,中国石油公司技术水平和管理水平也相对落后。因此,在与欧美国家以及日本等西方国家的竞争方面不占据优势,加之中国这个庞大的能源需求大国进入中亚,或多或少会影响先到者的利益。基于这些原因,中国在中亚地区需要采取务实灵活的能源政策。对俄罗斯,中国应将中俄油气合作作为中俄战略合作的重要内容,同时应向俄罗斯释放尊重其在中亚地区传统利益的明确信息。在上合组织内部,应循序渐进推进成员国间的能源合作,能在多边框架下解决的问题就在多边框架下解决,而能在双边框架下解决的问题就在双边框架下解决。不急于在上合组织内拓展合作的领域,以增强聚合性,减少离散性为重,如目前提建立自由贸易区尚为时过早。对以美国为首的西方国家在中亚的能源竞争,中国应与对方寻找能源利益契合点,争取达到双赢或多赢的目标。由于中亚国家的能源出口多元化和中美以及欧盟的能源进口多元化存在互补性,中国与欧美国家存在能源合作的可能性。中国应避免与之进行零和博弈,更应防止与之迎头相撞,导致双输。当然,对于美国等西方国家损害中国能源利益的做法,中国应加以反对;对于其超出能源范畴过度扩张势力的行径,中国则应与俄罗斯协调立场来共同加以抑制。对中亚国家,中国应注意与中亚各国搞好能源领域的平衡外交,同时,中国企业应注意承担相关社会责任,采取诸如无偿援助、优惠贷款、企业捐赠和教育、人员培训以及基础设施建设等各种方式,促进当地的就业和提高当地民众的生活水平和质量,为相互间长期、稳定的能源合作奠定社会基础,确保其不致受当地各种其他因素干扰,也就是说,即使当地出现一时的政局动荡,双方的能源合作也能继续保持下去,使中国西北能源战略通道畅通无阻。

## 三、中国东北方向进口能源战略通道

中国东北方向能源进口战略通道主要包括中俄原油管道和中俄天然气管道,由于仅涉及中俄两国,也可简称为"中俄能源管道"。

### (一)中俄能源管道概况

1. 中俄石油管道

中俄原油管道是俄罗斯"东西伯利亚—太平洋"石油管道的中国支线。俄"东西伯利亚—太平洋"管线西起伊尔库茨克州的泰舍特,东至俄罗斯太平洋沿岸纳霍德卡地区的科济米诺湾,全长4000多公里。其中中国支线起自俄罗斯远东地区阿穆尔州的原油管道斯科沃罗季诺分输站,穿越中国漠河县边境,途经黑龙江省和内蒙古自治区13个县市区,止于大庆市。管道全长1000余公里,其中俄罗斯境内72公里,中国境内930公里。

中俄原油管道的问世几经周折,历时10余年。1996年,俄罗斯总统叶利钦访华,两国签署《中俄共同开展能源领域合作的政府间协定》,由此拉开了中俄能源合作的序幕。2003年俄方宣布将修建"安大线"输油管道,但此后由于俄方一直在此方案与日本方面提出的"安纳线"方案之间举棋不定,致使该方案暂时搁浅。其间,中方与中亚国家的能源合作谈判取得突破,促使俄方重视中俄原油管道合作。同时,伴随金融危机来临,中方提出了“贷款换石油”建议。谈判僵局终于被打破。2009年4月21日,中俄两国政府签署了《中俄石油领域合作政府间协议》,双方管道建设、原油贸易、贷款等一揽子合作协议随即生效。2009年4月中俄原油管道俄境内段开工建设;同年5月,中俄原油管道中国境内段开工建设。2010年9月27日,中俄原油管道全线竣工。依据中俄两国协定,该管线自2011年起担负每年1500万吨的供油任务,共持续20年,管道输油能力最高可升至每年3000万吨。

2. 中俄天然气供应合同

2014年5月21日,中俄在上海签署两国政府东线天然气合作项目备忘录、中俄东线供气购销合同两份能源领域重要合作文件。根据合同,从2018年起,俄罗斯开始通过中俄天然气管道东线向中国供气,输气量逐年增长,最终达到每年380亿立方米,累计合同期30年。①

中俄两国天然气供应谈判至2014年持续10年之久。2006年俄气公司与中石油签订了合作备忘录。按照计划,将修建两条通往中国的天然气管道。西线管道将运送西西伯利亚开采的天然气,进入中国新疆。东线管道则经俄远东地区输送到中国东北地区。然而,由于国际能源价格的上涨及俄罗斯制定的多元化能源出口政策,中俄双方就管道建设、预付费方式、价格以及定价方式一直没有达成共识。中方转而与中亚国家进行谈判。随着中国与中亚国家的能源合作取得突破,中国在与俄罗斯的油气谈判中处于相对有利的地位。受国际金融危机的影响以及欧盟对俄能源需求的萎缩,俄罗斯的态度开始发生变化。2012年4月,时任中国国务院副总理的李克强访俄之后,俄中双方就“西线”项目展开了对话。2013年11月乌克兰危机爆发和2014年3月克里米亚公投,导致西方国家对俄罗斯实施制裁,这使得俄罗斯十分需要来自中国的支持。与此同时,欧洲重新开始寻找新的天然气供应,以减少对俄罗斯的能源依赖。这些无疑使俄罗斯更加迫切需要与中国进行天然气合作。中俄天然气合同终于得以签署。

---

① 安蓓、王希、刘华:《中俄签署30年天然气购销合同》,新华网,2014年5月21日,http://news.xinhuanet.com/world/2014-05/21/c_110798887.htm。

中俄天然气合同约定,主供气源地为俄罗斯东西伯利亚的伊尔库茨克州科维克金气田和萨哈共和国恰扬金气田,俄罗斯天然气工业股份公司负责气田开发、天然气处理厂和俄罗斯境内管道的建设。中石油负责中国境内输气管道和储气库等配套设施建设。根据中石油天然气集团公司提供的技术参数,这条天然气管道西起俄罗斯科维克金气田,途经伊尔库茨克州、布里亚特共和国、赤塔州,从满洲里进入中国境内,再途经哈尔滨,到达干线终点沈阳,然后从沈阳出发将分出两个支线:一个到北京,另一个到大连。俄进口天然气目标市场主要是中国东北、京津冀和长三角地区,并将通过管道联网,平衡全国供气格局。

### (二)中俄能源管道建设的重要意义

1. 有助于推进中俄之间的战略协作关系

中国与俄罗斯之间有着4300多公里的共同边界线,具有地缘政治方面的利害关系。自新中国成立以来,中国与苏联之间的关系经历了大起大落,直到20世纪80年代末期才重新建立起睦邻友好关系。从现实来看,保持和发展两国的睦邻友好关系,符合双方的利益。中俄能源合作是双方战略合作的重要抓手。还应看到,中俄保持合作不仅是双边关系问题,而且涉及整个东北亚的和平与安全局势问题。因为中国与俄罗斯都是当今世界重要的国家,双方的合作是一种大国合作,这与中国与一般的石油资源国的合作具有差异性。东北亚地区情况又极为复杂,不同类型国家并存,热点问题集中。中俄能源合作对促使这些问题的缓解和解决具有示范效应。

2. 促进中国油气进口来源的多元化

中俄原油管道工程(包括未来的天然气管线)的建成运营,将成为中国陆路油气进口东北方向的重要战略要道。这条线路是根据中国油气进口来源多元化的思路,继中国西北方向的能源线路之后的第二条陆上能源通道,它的建成有其独特之处:一是不像西南方向中缅管道的原油还要经过海上,这条中俄原油管道从原油源头到接受地均经过陆路管道;二是不像西北方向中国与中亚国家的油气管线中,有的管线需要经过第三国才能入境中国,这条中俄原油管道是由俄罗斯直接进入中国,未来的中俄天然气管线也是如此。由于这条线路的合作方只有俄罗斯和中国两个国家,而且是两个大国直接进行合作,可以认为,这条管线的安全系数相对高于西南方向和西北方向的两条油气管线。

3. 开创了"贷款换石油"的新模式

"贷款换石油"模式产生于中俄石油管道谈判过程中。2008 年,国际金融危机袭来,中方向俄方提出了提供贷款的建议。此后,双方对细节进行磋商,2009 年 2 月 17 日,3 亿吨的原油合同正式签署,"贷款换石油"模式由此问世。与购买"贸易油"和直接投资海外获取"份额油"不同,这是一个由中国创造的国际石油贸易新模式。"贷款换石油"对贷款双方而言,可谓各取所需。对中国来说,"贷款换石油"既可以保证中国稳定获取原油,不对国际市场带来重大冲击;又可以降低"走出去"过程中的政治风险,还能起到外汇储备投资多元化的功能。此后,中国将这一模式应用于多个国际能源合作项目。但其风险性也是有的,如国际市场价格波动带来的冲击问题,因此,相关协议设定的时限不宜过长。

4. 促进中俄双方社会经济的发展

中俄能源合作将有助于俄罗斯进行东部油气资源开发,这既可以解决俄经济发展急需的资金问题,为其经济振兴提供支撑,也有利于俄防范地区分离主义,维护国家统一。目前俄东部地区经济发展严重滞后,人口大量外流,远东 8 个行政区的人口已从 800 万减少到 600 万。要防止该地区人口继续减少,俄政府唯有尽快提高当地生活水平。中俄能源通道的运行,对中国来说也相当重要。它将有利于优化中国能源结构,促进中国社会经济发展。尤其是这些石油可以首先供给中国的东北地区,使像大庆这样的因油而生、因油而兴的资源型城市,增强可持续发展的后劲,保证其平稳的运行,并由资源型城市逐渐过渡到高科技现代化城市,这对整个东北老工业区的振兴都具有重要影响。

## (三)中俄能源管道建设面临的问题

1. 俄罗斯对本国利益最大化的追求

俄罗斯一直是能源工业主导国民经济的国家。早在苏联时期,能源收入就大量被用于扩充军备等“硬实力”方面，为其成为世界超级大国奠定了基础，直到最后的解体。然而，进入21世纪以后，随着经济全球化快速发展，世界能源需求和价格不断增长，能源出口再次成为拉动俄罗斯经济增长的重要引擎，并很快成为历届俄罗斯政府发展国民经济、振兴大国地位的重要资本。俄罗斯使能源优势价值倍增的重要途径是开展积极主动的能源外交，即在利用油气资源获取经济利益的同时，也力图取得地缘政治方面的利益，从而实现其国家利益的最大化。例如，俄利用油气资源加强其对独联体内部的控制，以提价或“断气”的方式向与俄闹对立的国家施加压力，并以此间接对欧盟起到警示作用。在东北亚地区，俄罗斯虽然未采取过上述过激措施，但尽可能多地为本国谋取好处的做法也是显而易见的：在向他国提供油气的同时总要提出与其他领域的合作加以“挂钩”和“捆绑”；在本国油气资源开发和外运管线走向问题上，总是尽可能造成多国公司竞争的局面。俄最初提出“安大线”是单纯与中国合作的项目，后来变为受日本大力支持的“安纳线”，最后又提出“泰纳线”，既满足了中国修建支线的要求，又可继续借该主线的修建同日本讨价还价。

2.“中国威胁论”在俄国内仍有市场

过去很长时期里，从苏联到俄罗斯，一直视中国为“小兄弟”，主要因其国力的强大，形成他们居高临下看中国的惯性。但90年代之后，中国经济连续多年高速增长，目前GDP的总量约为俄的4倍。而苏联解体之后，俄罗斯几乎成为一个“失败国家”的典型。尽管近年来俄罗斯在普京领导下经济实力有了很大提高，但尚未恢复过去的地位，与中国相比，也处于弱势。看到昔日的“小兄弟”超过“老大哥”，俄罗斯人的心情是复杂的。据俄罗斯国内有关研究机构所做的民意调查表明，大多数俄罗斯人对中国的感觉是矛盾的，既有尊重和好感，也有担忧和不安。俄远东和东西伯利亚地区的居民对中国非法移民问题尤其感到忧虑，“中国威胁论”在这两个地区有相当的市场。有些俄罗斯人称中国是俄安全的威胁，把中俄之间的企业行为和商业行为与国家安全相联系，指责中国对俄进行“渗透”和“扩张”等。这方面有代表性的观点是“固有领土回归说”，认为中国实现现代化后，会重新瞄准被俄罗斯拿走的领土。还有“人口扩张说”，称中国正在将非法移民大量地移往俄东部地区。尽管"中国威胁论"在两国关系中不占主流地位,但它作为一种不谐和音,始终在两国发展合作中存在,有时在某一具体问题上可能被突然放大,其中有政治家的说辞,俄利益集团的干预,也有媒体的炒作,但这些活动均可能影响政府决策,也会影响中俄能源合作。

3. 东北亚地区内其他国家的竞争

中国在同俄罗斯的油气管线合作中,还存在着本地区内其他国家的竞争。东北亚地区持续增长的经济、能源需求使中日韩三个能源消费国之间产生竞争,其中又以中国和日本的竞争最为激烈,日本中途介入中国长久以来推进的俄罗斯东西伯利亚输油管道建设的项目就是一个典型例证。1994年俄罗斯首先提出了修建"安大线",即从俄罗斯东西伯利亚的安加尔斯克至中国东北的大庆。2001年俄中两国签署协议,双方在此后两年多中完成了"安大线"的技术论证等工作。但随着本国经济的不断好转,俄对"安大线"变得犹豫不决,此时日本抓住时机,展开一系列赴俄游说,提出帮助俄罗斯开发东西伯利亚新油田,并承诺提供75亿美元资金等,致使俄转而偏向"安纳线",即修建从安加尔斯克绕经贝加尔湖北部,沿贝阿铁路至纳霍德卡的输油管线。但俄后来又以保护贝加尔湖生态为理由,否决了"安大线"和"安纳线",提出了"泰纳线",该线路起点是俄东西伯利亚的泰舍特,经贝加尔湖更加偏北的一侧,再沿贝阿铁路和中俄边境地区至纳霍德卡。"泰纳线"实际上是"安纳线"的修改版,即在"安纳线"方案的基础上作远离贝加尔湖的修改。从"安纳线"到"泰纳线",均与日本"金元"外交有密切关系。日本之所以不惜花费血本介入中俄能源合作,无非是企图借助俄罗斯来制约中国的发展。但最终日本并未能独享"泰纳线"的好处。正如俄不愿使"安大线"单独面向中国,也不可能使"泰纳线"单独面向日本,而是要面向包括中国在内的更多的环太平洋的国家。因此,日本的一系列努力不可能达到制约中国发展的目的。

### (四)保持中俄能源管道安全的思路

1. 进一步增强中俄政治互信

增强中俄政治互信是推动双方能源合作的重要前提。首先,必须从战略高度认识发展稳定、健康、持久的中俄全面战略协作伙伴关系的重要性,使之避免因受一时一事的影响而偏离既有的正确轨道。不论遇到什么问题,都应将其置于是否有利于发展与巩固两国国家关系,是否有利于维护两国安全利益与经济利益的战略高度去考虑,都应以此大局为重。中俄两国在促进世界多极化发展、反对民族分裂和反对恐怖主义等方面有着利益共同点,这是两国关系发展的重要政治基础。其次,应继续加强中俄双方的官方往来,增进两国政府之间的互信协商。自20世纪90年代开始,中俄已先后建立起两国国家元首和政府总理定期会晤制度和两国议会和政府各部门之间的工作交流制度,俄罗斯联邦各主体与中国地方政府之间也建立了交流机制。中国应与俄一道,充分利用并不断完善这些会晤制度和交流机制,将双方政府之间的互信水平提到新的高度。再次,应加强中俄之间的公共外交和民间外交。仅仅停留在中俄官方层面之间的交往还是远远不够的,要让中俄各界人士全面真实地了解对方,认识对方,扩大两国互信的民众基础。在这方面,中国应采取多种形式,主动介绍中国社会状况和对俄政策,增进俄罗斯普通民众对中国的历史文化和现实政策的了解,以消除他们对中国的各种疑虑。近年来,中俄两国通过举办"国家年"、"语言年"和"旅游年"等,对推动两国人民之间的相互沟通和交流具有非常好的效果。

2. 在"互利共赢"原则基础上推进中俄油气合作

所谓"互利共赢",就是努力找到双方利益的契合点与平衡点,既要坚定地维护自身利益,又要充分考虑对方的利益与关切。中俄两国的能源战略具有很强的互补性,为双方在这一领域实现互利共赢提供了有利条件。对中国来说,由于经济快速发展,不仅需要长期稳定的油气来源,而且需要加强油气资源进口多元化。对俄罗斯来说,由于面临美国"页岩气革命"以及欧洲传统市场对俄油气资源需求下降等新的现实情况,俄选择进一步加大对亚洲的油气出口,并首选中国这样一个油气消费大国作为重要的合作方。但是,能源战略的互补性并不能自然导致互利共赢的结果,在实际合作中,必须将"互利共赢"原则落实到每个具体项目甚至具体环节。在中俄东部原油管线合作项目上,俄罗斯最终选择了"泰纳线",取代了最初的"安大线”和继之的“安纳线”。客观而言，俄罗斯的这一选择使其获得了较大收益，因为俄实现了石油出口更加多元化的目标，并消除了对日后中国可能会控制其远东石油出口权的担忧。反观中国，尽管“泰纳线”的收益不如“安大线”大，但还是优于“安纳线”，一是“泰纳线”以保护生态为由，改变了“安纳线”方案中紧贴贝加尔湖北侧的设计，而是向北再后撤150公里，这在情理上容易被中方理解和接受；二是“泰纳线”优先修建中国支线。所以，中国也不是输家。只要中俄双方坚持以“互利共赢”原则推进中俄油气合作，并为两国人民带来实实在在的利益，所谓“中国威胁论”便会不攻自破。

3. 继续推动建立东北亚多边石油合作机制

俄罗斯的“东向”政策是希望优先加强与东北亚国家的合作，扩大向亚太地区的能源出口。但至今东北亚国家与俄罗斯之间尚缺乏一个共同参与的合作机制，而俄与欧盟的能源对话已持续多年，这种机制的存在确保了俄与欧盟的长远合作利益，同时有利于解决双方突发的冲突。与欧洲不同，东北亚地区作为大国利益交汇中心，存在诸多热点问题和隐患，这些问题阻碍了东北亚合作机制的建立。近年来中日韩三国分别与俄罗斯进行了一系列的双边能源对话与合作，却缺乏整体的协调动作。造成这一局面的重要原因是中日两国在领土问题上寸步不让，双边关系持续紧张，很难达成妥协；日韩关系也因日本方面的原因频生龃龉。因此，东北亚区域能源合作的前景渺茫。然而，中日韩三国作为相同的东北亚地区的油气消费大国，在开发俄罗斯远东油气资源方面，具有共同的利益，且三国在能源方面有诸多互补之处。日本资金和技术优势明显，战略石油储备体系完善，石油精炼能力很高，特别是在核电、节能、环保、开发新能源等方面，法律完备，技术先进，经验丰富。中国拥有劳动力、地利以及油气勘探等部分技术优势，同时也是能源生产大国，对先进的新能源和节能技术需求大。韩国在节能、市场运作、储备等方面也有诸多可供借鉴的地方。除了中日韩三国，蒙古和朝鲜也是潜在的石油需求国。因此，从长远来看，只有加强东北亚地区各石油消费国之间以及消费国与生产国之间的对话和协调，才能共同维护本地区的石油安全。

# 四、中国西南方向进口能源战略通道

中国西南方向进口能源战略通道主要指中国与缅甸的原油管道和天然气管道，由于仅涉及中缅两个国家，而且原油管道和天然气管道采取双线并行敷设，所以一般称为“中缅油气管道”。

## （一）中缅油气管道概况

中缅油气管道总体上是油、气双线并行，起点位于缅甸西海岸皎漂市马德岛，在缅甸境内经若开邦、马圭省、曼德勒省和掸邦，从缅中边境地区进入中国的瑞丽，再延伸至云南省昆明市。在贵州省安顺市实现油气分离，原油管道向东北敷设至重庆，天然气管道向东南敷设至广西贵港，最终与西气东输二线联网。中缅原油管道在缅甸境内长771公里，在中国境内长1631公里；天然气管道在缅甸境内长793公里，在中国境内长1727公里。油气管道初步设计输油能力为每年向中国输送2200万吨原油、120亿立方米的天然气。原油主要来自中东和非洲，天然气主要来自缅甸近海油气田。中缅油气管道缅甸境内段和中国境内段分别于2010年6月3日和9月10日开工建设。2013年9月30日中缅天然气管道全线贯通，并开始输气。

中缅油气管道建设计划早在2004年提出。经过6年的谈判和磨合才签署协议。谈判初期，中缅两国的关注点不尽相同。由于缅甸盛产天然气，石油产量相对不高。缅甸主要希望输出近海开采的天然气；而中国除了关注天然气外，还希望建设一条石油管道，将从中东进口的原油经海路运到缅甸，再经缅甸陆上管道输送到国内，况且油、气两条管道同时铺设更为经济。最后缅方同意了中国的要求。在中缅接洽谈判的过程中，中国也面临不少外国公司的竞争，其中印度是强有力的竞争对手。印度与缅甸也有着良好的双边关系。印度最初的竞争方案是从缅甸铺设天然气管道，过境孟加拉国，到达印度，但是印度和孟加拉国在管道过境谈判上一直不顺利。印度的这一方案因此泡汤。印度又提出绕道铺设天然气管道，但是该方案不仅成本过高,而且管道安全上也难以保障。最后缅甸还是确定与中国合作。

## (二)中缅油气管道建设的重要性

1. 有助于促进中缅关系发展

处于东亚、南亚、东南亚三大板块以及中印两个大国之间的缅甸的地理位置非常重要,其油气资源丰富,但是缺乏资金和技术,油气的开采、加工和生产技术方面都十分落后。中缅油气管道项目的实施和成功可以促进缅甸石化工业的发展和管道沿线的城市化进程,并拉动缅甸整体经济发展,给缅甸民众带来更多实惠。例如,随着管道建设和正式通气,不仅皎漂地区的供电将得到根本改善,整个若开邦也将不会再出现供电短缺。马圭省还将建设一个年提炼 350 万吨原油的炼油厂,炼成的石油产品不仅可以供缅甸国内使用,甚至有可能出口。据缅甸方面人士预测,未来 20 年,缅甸年均经济增长有可能达到 7%—8%,而油气将是经济发展的重要支撑。① 不仅如此,随着中缅油气管道的建成,中缅双方还要沿管道修建铁路、公路,从而形成从昆明到皎漂再进入印度洋的战略通道,这将有利于进一步巩固和深化中缅关系,为打造中缅经济共同体奠定坚实基础。

2. 有助于提升中国油气进口的安全系数

中缅油气管道为中国第四大能源进口通道。该管道的铺设成功,意味着中国的东北(中俄原油管道)、西北(中国与中亚的石油天然气管道)、西南(中缅油气管道)和海上(经过马六甲海峡的海上通道)的"三陆一海"四大油气进口通道的战略格局已初步成型,基本打下了石油运输渠道多元化的基础,为中国的能源供应提升了一定的安全系数。中缅油气管道建成后,来自非洲和中东的石油和来自缅甸的天然气可以通过缅甸西海岸的管道直接运输至中国境内,而不必经过马六甲海峡,在距离上还比通过马六甲海峡

① 《中缅天然气管道对缅甸长期发展就有重要意义》,国际在线,转载于网易新闻中心,2013 年 7 月 29 日,http://news.163.com/13/0729/12/94UUGCN800014JB5.html。

运输缩短了1200公里。由于中缅油气管道的问世,令“泰国克拉地峡运河”方案①已显得黯然失色,因为前者性价比明显超过后者。就此而论,该管线不仅为中国提供了一个稳定的能源供给源,还有助于从心理上缓解人们对“马六甲海峡困局”的忧虑。

3. 有助于推动国内建设,加速西部发展

中缅油气管道建设,不仅将填补云南成品油生产空白,而且将对云南省化工、轻工、纺织等产业产生巨大拉动作用,石化工业将成为云南省新的重要产业。由于中缅油气管道经过云南多个州市,因此,中缅油气管道建设对推进云南经济结构调整和增长方式转变、加快经济社会发展、促进边疆少数民族地区经济社会进步具有重要的现实意义和深远的历史意义。中缅管线还是通向中国西部的捷径,它可以加快整个西南地区的建设。据预测,中缅油气管道项目建成后,中国西南地区将新增炼油能力2000万吨/年,年产成品油1277万吨,其中汽油310万吨、柴油840万吨、煤油127万吨。配套的乙烯工程规划建设年产乙烯100万吨、合成树脂153万吨、基本有机原料177万吨装置。

### (三)中缅油气管道建设面临的局势

1. 缅甸国内政局变动带来的影响

2011年3月,民选总统吴登盛上台,结束了军政府长达23年的统治,开始推行政治经济改革,采取了包括放松对媒体的控制,推行私有化,推动民族和解,放宽对政党的限制,释放数百名政治犯,并让反对派领袖昂山素季进入政坛。在外交上,奉行“全方位外交”和“大国平衡”政策,改善与美国等西方国家的关系,争取宽松的国际环境。随着与西方国家关系僵局的打破,缅甸在对华能源合作方面开始考虑西方立场,2011年9月30日,缅

① “克拉地峡运河”方案是指在泰国克拉地峡处挖掘一条沟通泰国湾与安达曼海的运河。克拉地峡位于泰国南部马来半岛上,两侧海域分属太平洋与印度洋,这条运河修成后,船只不必穿过马六甲海峡,可直接从印度洋的安达曼海进入太平洋的泰国湾。据说早在17世纪就有关于开凿这条运河的动议。冷战结束后,尤其是进入21世纪,开凿克拉运河的议题又重被人们提起。——笔者注

甸政府宣布搁置中国投资开发建设的伊洛瓦底江上最大的水电项目——密松水电站,理由是该工程“违背民众的意愿”,这一举动使中缅关系产生波动。除了密松水电站之外,中国在缅甸投资的第二大项目——莱比塘铜矿自2011年3月正式开工以来也屡遭抗议。而目前已成功通气的中缅油气管道项目也并非一帆风顺,2013年年初,约100名缅甸籍民间人士在缅甸驻泰国大使馆门前进行示威活动,要求缅甸总统吴登盛喊停中缅油气管道建设工程。一些非政府组织也参与阻止中缅油气管道建设项目,其中两个油气监督组织“瑞天然气运动”(SGM)和“阿拉干石油观察”(AOW)最为活跃。如果缅甸政府进一步推动改革,民众抗议活动有可能再次上升,并进而影响中缅油气管道项目的运作前景,为中缅油气管道带来不确定因素。即使中缅油气管道运输不被中断,其中存在的一个潜在冲突点是,它究竟应在缅甸境内交付多少油气?许多缅甸人士批评缅甸政府在未解决自身能源供应的情况下将油气输往中国,而缅甸中部和北部缺乏能源供应。面对这些质疑,缅甸政府将有可能大幅调高油气在缅甸境内的交付量,这将影响中方的经济利益。

2. 缅甸政府与“民地武”之间的矛盾

民族地方武装组织(简称民地武)是缅甸民族政治的一个“特色”。自独立以来,缅甸催生了许多民地武,这些民地武虽然诉求不同,历史长短不一,力量大小相异,但都割据在缅甸边境地区,长期与中央政府对抗,是历届政府的棘手问题。据官方资料,目前缅甸有11个民地武,成立于1961年的克钦独立军是其中较强大的力量之一。2011年6月,缅甸政府与克钦独立军爆发新一轮武装冲突,在一年半的时间里,双方交火达2000多次,造成人员财产重大损失,大约有10万多克钦族人流离失所,其中有边民不时越境进入中国境内,以逃避战火。2012年年底和2013年年初,更是有多发炮弹落入中国境内。克钦邦的战事不仅影响缅甸民族和解进程,也影响到中缅油气管道的安全。中缅油气管道在缅甸境内将近800公里,在进入缅北地区后,需经过由克钦独立军控制的掸邦克钦专区以及由巴朗国家解放阵线、德昂民族解放军、北掸邦军和南掸邦军等民地武势力所控制的区域。在缅甸政府军与克钦独立军交火过程中,中缅油气管道曾经几次被迫停工。目前,尽管中缅油气管道已经建成投产,但由于缅甸政府与民地武之间的矛盾尚未得到根本解决,从这些地区经过的中缅油气管道仍然面临着重要的安全挑战,因为民地武有可能将中缅油气管道作为要挟缅甸政府的一个重要筹码,例如,他们有可能以威胁攻击油气管道来逼缅甸政府就范;也有可能以管道经过其割据之地为由,向缅甸政府乃至中方索取“过路费”,这些都有可能威胁到中缅油气管道的正常运输。

3. 大国势力角逐对中缅能源合作的影响

近年来,美国、日本和印度等国纷纷调整对缅政策,致使中缅能源合作面临更大的竞争和挑战。美缅关系自20世纪80年代末以来长期陷入恶化状态,里根政府之后的美国历届政府对缅始终保持“严厉制裁”政策。2009年奥巴马上台后,美国在推行重返亚洲的“再平衡”战略过程中,开始改变对缅甸的高压政策,放松对缅甸的制裁,改善与缅甸的关系。2011年11月,时任美国国务卿的希拉里对缅甸进行“历史性访问”,这是50多年来第一位访缅的美国国务卿;2012年11月,美国总统奥巴马对缅甸进行访问,这是首位在位期间访缅的美国总统;2013年5月,吴登盛总统对美国进行国事访问,这是自1966年以来首位访美的缅甸领导人。美国对缅甸的重视,主要是因为美国从缅甸的政治转型中看到了机会,即缅甸国内的政治经济改革恰好与美国亚太新战略不谋而合,美国与之接触既有可能加速其民主化进程,至少可以防止其倒退,也可以缅甸为支点实施针对中国的“再平衡”战略。随着美国对缅政策的改变,日本也开始加强与缅甸的关系。2012年4月,缅甸总统吴登盛在时隔28年后首次访日;2013年5月,日本首相安倍晋三访问缅甸,这是自1977年以来首次访缅的日本首相。与此同时,日本加强了对缅甸经济援助。日本的行动无疑是配合美国实现制衡中国的目的。印度也加强了与吴登盛政府的往来,并对缅提供经济援助。印度努力发展印缅关系,除了对缅甸油气资源的需求外,也有平衡中国力量的目的。上述国家对缅政策的调整,都有可能直接或间接影响到中缅能源合作,为中缅油气管道的发展前景带来各种不确定因素。

## (四)保障中缅油气管道安全的建议

1. 进一步推进和加深中缅传统友谊

缅甸国内的变革以及缅甸与美国等西方国家关系的改善为中缅关系带来了一些不确定因素,但其影响依然是有限的。一是中缅传统“胞波”友谊深厚,且双方不存在领土争议,缅甸高层与中国加强合作的意愿依然强烈;二是西方国家虽然放松了对缅甸的制裁,但却是有条件的,缅甸对西方国家仍抱有戒心;三是缅甸国情复杂,很难照搬西方模式;四是缅甸素有“中立”和大国平衡外交传统,不太可能将本国命运系于任何一个大国身上。因此,尽管美缅关系改善使缅甸对中国有一定疏离,但基于中缅的地缘关系及两国间在多领域的相互依赖,以后不论缅甸的政局如何发展,缅甸都不太可能形成对西方的“一边倒”。基于这种分析,中国应继续从战略高度重视和发展中缅关系,将其作为中国周边外交重要组成部分,认真贯彻落实“睦邻、富邻、安邻”和“以邻为伴、与邻为善”的方针政策。首先,要继续发展两国政府之间的外交关系,保持高层互访,推进政治互信,不断深化双方“全面战略合作伙伴关系”。[①] 其次,还要注意与缅甸反对党民盟和其他中小政党、非政府组织、新闻媒体、工会妇联等社会团体、学生组织、少数民族组织和武装,以及智库等发展关系,加强沟通交流。通过进一步开展官方和民间外交,使中缅“胞波”友谊之树更加根深叶茂,从而确保中缅油气管道的畅通。

2. 进一步加强中缅经济合作

积极开展互利双赢合作,在不断提高云南等省份沿边开放水平过程中,进一步强化与缅北地区经济合作的力度,促使缅甸全境,尤其是包括民地武控制地区在内的缅北社会经济的良性发展。针对国际舆论的批评,中国一方面要澄清西方媒体的夸大宣传,另一方面要积极调整中国对缅投资集中在资源开发领域的倾向。由于缅甸社会经济发展水平非常落后,今后中缅经济合作应向改善民生和国家能力建设等方面扩展。例如,针对电力短缺

---

① 2013年6月25日,中国和缅甸签署了《中缅全面战略合作伙伴关系行动计划》。——笔者注

严重阻碍缅甸社会经济发展的现状,中国应通过与缅合作改善当地的电力供应;针对缅甸加工制造业、农业和服务业等方面也较为落后的状况,中国应加强在这些领域的投资与合作。同时,中国对缅投资还应注意吸取过去片面追求经济效益而忽视社会综合效益的教训,尊重当地社会文化,承担相应社会责任,以赢得更多缅甸民众的理解和支持。近年来,经过内部整顿,中国在缅企业的形象已较过去有明显好转,许多中国企业投入相当资金,专门用于改造管道沿线地区的教育、医疗、电力等基础设施建设,以实际行动履行跨国公司的社会责任。今后中国在缅企业还要深入了解缅甸的国情,更加关注当地社会公共关系,努力开展社会公益活动,以使中国企业更能被缅甸广大民众接受。可以说,让缅甸民众尽早得到实惠,是中国企业在当地立足的重要保证,也是中缅油气管道安全的重要保证。

3.“创造性介入”缅政府与民地武之间的和谈

在缅甸政府与民地武的关系上,中国曾经长期处于两难境地,因为倾向于任何一方,都会得罪另一方,引起其对中国的不满,所以中国最初在对双方“劝和促谈”过程中,一般都是采取不介入的立场。例如,中国只是为缅政府代表与克钦独立军的会谈提供会谈场所和安全保障等,并不介入具体事务。但由于收效不明显,中国加大了对双方的协调力度,2013 年 2 月 4 日中国外交部亚洲司司长罗照辉在瑞丽分别会见了双方代表,并作为见证人参与了有关会谈。随后王英凡被中国政府任命为首任外交部亚洲事务特使,负责处理中缅有关事务,并参与缅政府与克钦独立军的会谈。对于中国介入缅北和谈,并不是像国外有的人士认为的是一种“干涉”,而是如中国学者王逸舟提出的“创造性介入”。[①] 所谓“创造性介入”,既不是对“韬光养晦”的抛弃,也非西方式的干涉主义,它是在坚持不干涉当事国内政前提下,以平等的朋友身份,提出建设性意见,供当事国冲突各方参考。派遣特使是中国“创造性介入”的重要特点。由于中国的“创造性介入”,缅政府与主要民地武之间的和谈已经取得重要进展。今后,中国还应继续丰富和完善“创造性介入”内涵,进一步加大对缅北民地武问题的劝和促谈力度,促

① 参见王逸舟:《创造性介入——中国外交新取向》,北京大学出版社 2011 年版。

使缅北民地武与缅中央政府能够尽快签署长期和平协议,从而实现中缅边境的长治久安。

## 结语

通过上述分析,可以看到,经过多年的持续努力,中国在海上和西北、东北、西南形成了进口能源四大战略通道的格局。这对增进中国与周边相关国家的友好关系,促进通道沿线地区的经济发展,尤其是实现中国油气进口多元化,保障中国能源安全等,都具有十分重要的意义。但必须清醒地认识到,该“一海三陆”格局仍存在明显不足。首要的一点是,对传统的海上通道的依赖性仍然很大,来自中东和非洲的绝大多数进口原油,还是要通过海上运输的方式,经过马六甲海峡,有的还要先走曼德海峡,才能到达中国。其次,陆上三个方向的管道油气进口数量相对有限,且不稳定。因此,继续实现油气进口多元化,开辟新的战略通道,以保障中国能源安全,依然是一项任重道远的工作。在这方面,有许多话题可继续讨论,如“中巴管道”、“北极航道”、“克拉地峡运河”、拓展西北能源大通道,等等。但是,在经济全球化不断发展,世界各国日益相互依赖的今天,任何国家已很难追求自身绝对安全,包括能源安全。正如有的中国学者已经指出的,管道运输存在着自身的弱点,容易受到精确制导导弹的袭击。[①] 在这种情况下,如何减少和规避海上运输风险,不仅是紧迫而现实的问题,更重要的是需要创新思维,探索更多不同的路径。无论采取何种方式,奉行和平与合作的能源外交,实现能源生产国和能源消费国之间的双赢和多赢应为中国之首选。

① [美]莱尔·戈德斯坦、安德鲁·埃里克森:《中国海军与石油安全战略》,叶子编译,《世界报》2009年6月3日。

# 案例研究五:中国应对气候变化战略与外交政策之关系研究

20 世纪末期以来,全球气候变化成为当今国际社会热议的话题之一,气候外交也成为全球外交领域的热点。中国气候变化战略与中国外交整体战略是相辅相成的,在应对气候变化的外交实践中,中国既要有效回应国际社会的要求和期待,又要符合本国的发展需要和适应能力,在不断调整和改进的过程中,逐渐摸索出适合中国的气候变化战略及与之相适应的外交政策。当前,中美两国在气候问题上的合作与博弈在未来一段时期内将会主导全球气候谈判格局的基本走向。

## 一、气候变化问题在当今国际政治格局中的地位

当前国际社会对气候变化的认识,并没有在全球范围内达成共识。但是,在国际关系领域,主流的观点是,以联合国政府间气候变化专门委员会(IPCC)为代表的结论,即气候变暖和反常气候现象增加是气候变化的两个基本趋势。根据 IPCC 的报告,这个结论是以科学检测为基础,以大量的科学数据为依据的。IPCC 认为,气候变暖是全球范围的基本趋势,它在空间的分布上可能并不均衡,在时间的变化上也会出现波动,但总的趋势是确定的。虽然对这一结论有不同的声音,仍有学者对气候变暖是主要趋势提出质疑并进行争论,但当前科学界处于绝对优势的观点是,近百年来,全球气候变化的总体趋势是在变暖,这一点毫无疑问。正因为如此,这一科学界的主流观点在国际关系领域达成了共识——全球气候确实在变暖,且这一后

果主要是由人类活动导致的,其负面影响涉及自然界和人类社会的诸多方面。气候变化在改变自然界的同时,改变了人类的生活,进而改变了国际关系的基础。

## (一)气候—能源问题是国际公共安全领域的突出问题

国际公共安全,是指国际层面的“社会安全”和“公众安全”。该领域所涉及的问题十分广泛,如国际环境变化、粮食与能源安全、非法移民、武器扩散、流行性疾病、武器扩散等。但在经济、生产、消费全球化的今天,国际公共安全领域中最受关注的两个议题就是气候变化与能源安全,而且气候与能源问题本身就是一对双生子,构成了对未来人类发展的双重挑战。

进入21世纪以来,随着全球问题日趋增加和恶化,任一政府组织或民族国家都难以单独应对,无论是发达国家还是发展中国家都对全球治理的目标和议程表现出更多的关注。而全球气候变化治理与全球能源治理,又是全球治理议程中最受关注的两大议题。

1. 全球气候变化问题

气候变化的科学研究已经表明,全球变暖已经成为人类迄今为止面临最严重,规模最广泛,影响最深远的问题之一。① 根据《联合国气候变化框架公约》中的定义,气候变化是指“经过相当一段时间的观察,在自然气候变化之外由人类活动直接或间接地改变全球大气组成所导致的气候改变”。目前的全球气候变暖表现在地球大气和海洋温度的升高,这是由人为因素造成的。而任由这种情况发生下去,将有可能对全球生态系统和人类健康等产生巨大的不利影响。

目前,全球气候变化问题呈现出的特点主要有:第一,全球气候变暖具有全球性与不均性的特点。气候变暖没有完全平等的发生在每一个国家或地区,有的区域受害,有的区域可能受益。第二,各国气候应对政策差异明显。各国的具体情况差异决定了各国在应对气候变化对策的差异性。第三,气候问题的不确定性使其在民众中信任度下降。这种不确定性提高了

① O.C.Change, *Intergovernmental Panel on Climate Change*, United Nations, 2001.

治理的成本,也损害了各国参与减排的积极性。

在不到30年的时间,气候变化已经从一个模糊的科学话题发展成为全球政治议程中的关键议题,并出现了一种强有力的全球共识,即气候变化必须通过减少碳排放加以解决,这也是全球治理努力的基本目标。归纳起来,全球气候变化治理体系的主要组成部分包括国际环境组织和国际环境法律体系。

在国际环境组织方面,一是联合国环境规划署。虽然在过去几十年间联合国环境规划署发挥了重要的作用,但由于协调能力差、资金缺乏等问题,在全球气候变化问题上几乎没有什么大的作为。二是非政府组织。虽然其在全球治理方面崭露头角,但仅局限在宣传引导、提供信息等层面,还没有真正参与气候变化治理。

在国际环境法律体系方面,最重要的就是《京都议定书》。2005年正式生效实施的《京都议定书》,是全球唯一从法律上要求各国减排的全面条约,要求主要工业化国家在2008年至2012年减排5.2%,但实际上它对全球碳排放的影响也并不明显。美国一直拒绝加入,而日本、加拿大与俄罗斯已经相继退出《京都议定书》,而其后续协议的想法已经无望。

全球气候治理机制及国际气候协议没有取得理想的效果,主要是因为所应对的气候问题是具有跨区域性质的,但是应对手段却是基于国家的、片面的、不完整的。这本身是一个悖论,具体表现在:

无政府状态下的低效率。由于参与全球治理的合作者都是主权国家,在国际协定的制定和实施过程中缺乏一个超国家机构,强制性地推进各国合作协议的执行。所以,设计一个具有执行力的协议才是气候变化治理的关键。

“搭便车”问题。由于气候是一个全球公共产品,部分国家对温室气体减排的努力可使全球获益,于是其他不作为的国家就会存在“搭便车”的动机和行为。

南北国家参与决策与调动资源的不平等。实现温室气体排放量减少的任务,需要发达国家和发展中国家都参与进来。一方面,发达国家具备更强大的谈判能力,这样就存在参与决策的机会不平等。另一方面,许多发展中国家无法轻易地支配公共资金、能力或技术来履行减少温室气体排放。所以,如果发达国家没有为发展中国家承担相当一部分转型成本的话,协议很难成功达成乃至实施。

通过对全球气候变化问题的特点分析,可知其不再是一国国内问题,而是需要国际各国通力合作的国际公共安全问题。

2. 与之衍生的国际能源安全问题

能源问题与气候变化问题息息相关,其中高碳能源的大范围利用是全球气候变暖的罪魁祸首。随着世界经济的复苏,世界能源需求增长强劲,能源安全重新成为世界关注的焦点问题。关于能源安全,表现在四个方面,包括实体安全,即资产、供应链、基础设施的安全;能源获取安全,即能够获得稳定的供给;机制体系协调,即国家政策和国际协调来共同应对存在的问题;使用安全,即对环境、人类健康等没有危害。从目前的形势来看,国际能源安全已经给世界政治和经济的稳定发展构成严峻挑战。其表现在:

首先,能源需求持续增长造成巨大供给压力。1970 年世界能源消费总量为 49. 5 亿吨,到 2016 年已经增长到 132. 76 亿吨,40 多年间增长了 2. 56 倍,仅有 4 年出现负增长。[①] 2015 年世界经济复苏带动全球能源消费回升,预计全球能源消费在 2014 年至 2035 年将年均增长 1. 4%,在 2035 年达到 174. 5 亿吨。[②] 虽然目前各国都开始积极开展可再生能源的使用,但是其占全球能源消费比例在 2016 年仅为 3. 2%。[③] 所以,全球对传统能源的需求仍在增大,考验着世界能源供给的稳定性与可持续性。

其次,能源争夺导致的政治冲突日趋激烈。大国对能源产地控制权的争夺严重影响了国际能源市场的稳定。近 20 年来,连续发生的海湾战争、伊拉克战争、巴以冲突、非洲国家内战以及涉及中国主权的南沙群岛问题等,核心都是对石油资源的争夺。

---

① 数据来源:*BP statistical review of world energy*,2017。

② *Energy outlook* 2035, BP,2016.

③ 数据来源:*BP Statistical Review of World Energy*,2017。

再次,能源使用的安全性受到挑战。一是生物燃料。① 有研究机构预计,到2018年,全球生物燃料(生物乙醇与生物柴油)消费量将达到5110亿升。随着油价和粮价的起伏跌宕,生物燃料这两年也处于舆论的风口浪尖。近日英国《自然·气候变化》的一份研究报告指出,生物燃料可能加剧空气污染,导致粮食减产,以至有损人类健康。② 二是核能。2011年,日本福岛核泄漏再次引发人们对核能使用的担忧,事故后,日本几近停止核能发电,转而进口更多液化天然气等化石燃料,代替核能发电,2012年,其国内核能发电量下降89%。同时也造成全球能源价格剧烈动荡,影响到各国的核能利用进程。

全球能源治理事关全球能源供应结构、总量及其配置,但其根本问题是如何通过集体行动、按什么样的幅度和进度推动能源结构调整。迄今还没有一个全球性和综合性的全球能源治理机构,目前的全球能源治理载体实际上还是一个多元、多层、分散的治理网络。在这个治理网络中,具有多重价值目标,包括能源供应、经济效率、环境保护,这些目标之间还存在着竞争,此外,这个网络中还充斥着国家、部门与私人机构之间的利益博弈。

全球能源治理网络居于主导地位的是美欧发达消费国组织的国际能源署(IEA),其次是石油输出国组织(OPEC),天然气输出国论坛(Gas Exporting Countries Forum,以下简称GECF)等生产国组织,最弱地位的是联合国框架下的发展议程和以世界银行为中心的能源扶贫与能力建设(UN/WB),其代表能源"贫困"的发展中国家的利益。而WTO、《能源宪章条约(ECT)》、国际能源论坛(International Energy Forum,以下简称IEF)等是沟通三者尤其是前两者的桥梁。当前的全球能源治理反映出两大特征,一是全球化的市场是国际能源配置的基础机制;二是体现了以化石燃料为主的全球能源消费结构。

---

① 所谓生物燃料一般是泛指由生物质组成或萃取的固体、液体或气体燃料。由于利用的是自然界原本就存在的自然生物,生物燃料被认为可以替代化石燃料,成为可再生能源开发利用的重要方向。——笔者注

② 卜勇:《生物燃料:可能没有想象的"绿"》,《科技日报》2013年1月30日,http://digitalpaper.stdaily.com/http_kjrbsjb.com/kjrb/html/2013-01/30/content_189665.htm? div=0。

目前全球能源治理框架和机制存在以下缺陷:一是新兴经济体没有包括在机制内。占据主导地位的国际能源机构的成员都是传统的发达国家,没有包括目前在能源领域越来越重要的新兴经济体。二是生产国和消费国之间的合作仍然存在障碍。虽然国际能源论坛包括了传统能源的主要消费国和生产国,但是其讨论和决策的机制不够有效。

### (二)气候变化逐渐成为国际政治博弈的焦点问题

从人类历史看,每一次技术革命不仅可以创造巨大的经济财富,而且对这些财富的善用也可以转化为政治和军事优势,直接引发国际政治格局的改变。金融危机之后,国际社会一直在寻找新一代科技及产业经济的突破口,以挽救日益疲弱的经济。全球正在酝酿新一轮的产业结构调整,以低碳、绿色为特点的新经济模式正在逐渐形成。眼下,气候因素正成为全球产业结构调整和能源革命的最主要推动力。

特别引人关注的是,人类应对气候变化举措的提速,迅速催生了与此相对的新能源产业、环境产业、气候产业等新的经济领域和产业群。这一新兴产业从一开始即表现出了对于IT、新能源、生物、金融等诸多产业的强大整合力量。在新世纪的未来十年或者更长的时间里,气候产业或气候经济将有可能成长为战略引导型产业。这一产业每年将生长出几十万亿美元的GDP,在这个新产业的上游—下游和周边,将集合起一个巨大的产业群。尽管一些新产业的发展路径尚不清晰,但是围绕新兴产业,世界经济结构调整在深化的趋势已显端倪。全球范围内的资源重新配置,各主要国家所扮演的战略角色之位移,也同时在调整和变化。围绕气候产业——低碳经济,将建立起新的全球贸易规则、新的能源产业格局、新的经济发展模式,这一领域很有可能成为搭建国际经济新秩序的舞台。发达国家正积极构建新时代的"绿色意识形态"或称"气候意识形态",以此占据新世纪的道德高地,以此构筑新的气候政治经济制度的主导权,以此打造一个新的气候产业领域并希冀在这新的产业结构中天然地位居制高点。对于人类的可持续发展而言,应对气候变化将引出人类历史的又一场产业革命。

值得注意的是,全球化推动了环境问题政治化趋向的加速。环境问题正在衍生为发达国家主导世界政治经济秩序的新工具和发展中国家面临的新“壁垒”,环境安全成了国际政治视野中新的非传统安全,环境外交进入了大国外交政策范畴。

在日益发展的国际政治舞台上,由于气候问题的全球性破坏力,这一问题已悄然上升为了重大的国家暨国际安全问题,从而由一般性政治、经济、科学问题上升至战略安全层面。的确,气候变化与国家和国际安全存在一定的联系。随着非传统安全问题的升温,传统安全与非传统安全之间的界线日渐模糊,这主要表现在边界争端、生态移民、能源供应、其他资源短缺、社会压力和人道主义危机等方面。气候变化作为一个人类社会的全球问题,也早已超出环境问题的范畴,对国际经济和政治关系具有深远影响。事实上,国际社会所有成员都面临一个两难的困境:如果不能发展经济以满足人民需求,世界将面临冲突和不安全的风险;而发展经济就不得不消耗化石能源,加剧气候变化,也将带来对国际和平和安全的威胁。

世界各国围绕全球气候变化问题进行着国家利益的重大调整。一方面,各国对应对气候变化的必要性、紧迫性认识基本一致,态度明确,基于共同的国家利益,各国展开广泛的合作。《联合国气候变化框架公约》和《京都议定书》的签订,就是国际社会为了应对气候变化而共同努力的成果。但另一方面,国家利益的不同又使各国之间在解决全球气候变化问题上充满了矛盾和分歧,甚至影响了原本良好的国家间关系。比如,虽然1994年生效的《联合国气候变化框架公约》已经明确了发达国家与发展中国家之间共同但有区别责任的原则,2005年生效的《京都议定书》对发达国家规定了具有约束力的减排义务,但长期以来,南北两大阵营利益关系和关注的焦点存在较大差异。发达国家要求发展中国家在应对全球气候变化问题上承担共同的、无差别的减排义务,而发展中国家则要求发达国家承担历史排放责任,履行《京都议定书》中规定的发达国家的减排义务,并对发展中国家提供资金、技术的援助。矛盾的根本原因是,应对气候变化涉及各国的切身利益,需要资金和技术投入,对产业和贸易产生的重大影响,其背后的政治经济利益使各国患得患失,国际谈判与合作举步维艰。

近年来,西方国家在积极推进气候变化议题的同时,试图推动以安全为核心的气候外交新战略。2007 年,美国 10 余名退役高级将领集体撰写了题为《国家安全与气候变化威胁》的报告,警告全球变暖对美国国家安全构成严重威胁,美国可能被拖入因水和其他资源短缺引发的战争。报告呼吁美国总统采取有力措施减少温室气体排放,否则"美国将付出军事代价和人员伤亡"。美国国家情报委员会 2008 年 6 月的报告综合了美国 16 个情报机构及若干学术组织的调研结果,认为全球气候变化可能在未来 20 年间接威胁到美国国家安全。因此,美国军事及外交政策的制定应考虑气候变化的因素。无独有偶,德国全球变化咨询委员会(German Advisory Council on Global Change)也推出了气候变化与安全的专题报告《转型中的世界:气候变化的安全风险》。报告强调,如果没有全球重大的应对措施,气候变化带来的影响将超过人类社会的适应能力,在世界许多地区造成国家之间的冲突,并导致整个国际体系的不稳定。传统的安全政策不足以应对气候变化对国际安全的新威胁。气候变化政策和战略应该作为一个重要组成部分被纳入国际维护安全的政策体系。如果国际社会能充分认识到气候变化是对全人类的严重威胁,并切实采取措施来避免气候变化的不利影响,气候变化的挑战将有利于促进国际社会的团结。否则气候变化必将加深国际关系的对立和冲突。相比而言,美国军方的报告仅着眼于美国自身的安全,而欧盟国家则更多关注国际安全。

早在 2007 年,联合国安理会就首次将气候变化与国家和国际安全挂钩,使气候变化问题的政治化达到了新高度。联合国的相关文件还建议安理会就上述问题展开讨论,提高国际社会对未来所面临的一系列重大安全威胁的认识,并寻求解决的途径,尤其是安理会在防止相关冲突和促进政策协调方面可能发挥的作用。《华盛顿邮报》刊载了联合国秘书长潘基文关于苏丹达尔富尔问题的一篇文章,将达尔富尔冲突归因于气候变化造成的食物和水资源缺乏等生态危机。文章还警告,不仅达尔富尔问题如此,索马里、科特迪瓦和布基纳法索等地的冲突都源自对水源和食物安全的担心,而且类似的问题还将在世界各地出现。因此,应当认识到,气候变化问题的重要性早已超越了科学和经济范畴,成为未来可能威胁国家和国际安全的新隐患,成为国家安全领域的一个新课题和新挑战。全球变暖的直接后果,还将会导致地缘政治紧张加剧,这将极大地决定21世纪的冲突模式。

气候变化作为一个人类社会的全球问题,早已超出环境问题的范畴,对国际经济和政治关系具有深远影响。在日益发展的国际政治舞台上,由于气候问题的全球性破坏力,这一问题已悄然上升为了重大的国家暨国际安全问题,从而由一般性政治、经济、科学问题上升至战略安全层面。气候变化带来的影响将超过人类社会的适应能力,在世界许多地区造成国家之间的冲突,并导致整个国际体系的不稳定,甚至可能间接引起战争。传统的安全政策不足以应对气候变化对国际安全的新威胁。近年来,西方国家在积极推进气候变化议题的同时,试图推动以安全为核心的气候外交新战略。气候变化正在演变成一个涉及全球环境、国际政治、世界经济、国际贸易问题的复杂议题,并正在成为环境外交的焦点,而且这一特征将在经济全球化和环境问题全球化的双重背景下继续得以强化。全球气候变化集中体现了全球化背景下环境问题政治化的特征。大国围绕争夺国际环境政治主导权展开博弈。因此,应当认识到,气候变化问题的重要性早已超越了科学和经济范畴,成为未来可能威胁国家和国际安全的新隐患,成为国家安全领域的新课题和新挑战。气候变化政策和战略应该作为一个重要组成部分纳入国家安全政策体系。

### (三)应对气候变化影响下的世界政治格局

在应对气候变化问题上,目前世界各国利益交错纵横,形成了复杂的国家利益集团。基本形成南北两大阵营、三大联盟、多个主体交织覆盖的利益格局。利益各方围绕主导权、发展权与生存权展开多重博弈,围绕全球气候变化问题展开斗争与合作,这一切都标志着气候变化背景下的国际关系正在针对新的形势发生着调整与变化。

当前国际气候政治的基本格局呈现群雄纷争,三足鼎立的局面。在国际气候政治舞台上,代表不同利益诉求的国际行为体及其联盟已经形成了不同的立场集团,其复杂的内部关系已经超越了20世纪所谓“东西南北”的简单划分。其中,最引人注目的博弈焦点是以美、欧为代表的传统大国与以中、印为代表的新兴大国之间,有关减排承诺—碳排放权问题的交锋与博弈。大国之间的协商有助于国际协议的达成,但国际气候制度不应该排除大多数国家而演变为“大国气候俱乐部”。气候变化问题的根本还是能源与环境问题,而其本质则是发展问题。

欧盟、美国和中国在参与谈判的众多缔约方之中可以说位列三强。虽然各国间的矛盾纷繁复杂,但是,最显著、最根本的分歧还是在南北阵营之间,在发达国家与发展中国家之间。发达国家强调当前的成本和未来的影响,主张制定统一的环保政策,从气候公约谈判开始就不断地要求发展中国家尽早承担减排或限排温室气体的义务;发展中国家则强调历史责任和现实义务,坚持“共同但有区别的责任原则”,希望尽量推迟自身承担减排义务的时间。在具体的气候谈判过程中,各个国家在维护自身利益的基础上进行博弈,形成了三个气候联盟,分别是欧盟、以美国为代表的发达国家集团和以中国为代表的发展中国家集团。从世界各国在气候变化领域斗争与博弈的前景看来,摩擦与分歧将遍布气候谈判的各个方面,如果处理不当,很可能引发安全危机。

围绕新能源、碳排放和“气候主权”,发达国家意图主导建立起新的“集体安全机制”、新的全球贸易规则、新的能源产业格局、新的经济发展模式,构建新时代的“绿色意识形态”或称“气候意识形态”,以此占据新世纪的道德高地,以此构筑新的能源—气候政治经济制度的主导权,打造一个新的能源—气候产业体系并在其中天然地位居战略制高点。

中国在加强国内节能减排的同时,广泛参与国际合作,与欧盟和美国均建立和保持了较好的合作关系。由于中国在发展中国家中的地位凸显,不仅要直接面对来自欧盟和美国的国际压力,还必须代言发展中国家,尽可能保持发展中国家阵营的团结。中国如何制定应对气候变化战略及相应的内政外交政策,在国际合作与摩擦的不断循环中,成功化解气候变化给国家安全带来的威胁,把握住国家发展的重要战略机遇期,在后京都气候谈判中如何做一个负责任大国,处理好中欧、中美以及与其他发展中国家各方之间的关系,是对中国外交能力和智慧的一次严峻的考验。

气候变化是人类共同面临的威胁,它与其它全球性环境问题一样,具有“公共物品”的属性。由于气候—环境问题的全球性影响力,任何一个主权国家或国际组织都无法独立、有效地应对这一空前危机。欧盟美国等西方国家多年来已经出台了一系列有关气候问题的国内和国际法律、规章、制度,构建中的新的国际政治制度和国际法体系也正是以此为基础的。现行气候变化国际制度的基础与核心是《联合国气候变化框架公约》和《联合国气候变化框架公约京都议定书》。公约确立的共同但有区别的责任的原则,反映了各国经济发展水平、历史责任、当前人均排放上的差异,凝聚了国际社会共识,奠定了应对气候变化国际合作的法律基础,是最具权威性、普遍性、全面性的国际框架。联合国在气候变化问题上的主导地位不容动摇。任何联合国框架之外的多边机制只能起补充作用。

气候政治正在一套新的国际话语背景下塑型。气候变化已经成为全球性的"政治正确"标准,成为一种新的国际政治的强势话语,大有顺之者昌,逆之者亡的架势。能源—气候议题的激烈争辩,不仅呈现出各国参与国际政治博弈的技巧与成效,而且表现出各自在新的国际制度构建过程中将自身战略利益投射其中的能力,以及对新的国际气候政治话语权和外交主导权的掌控能力。正是在此意义上,全球的安全与繁荣比以往任何时候都依赖国际合作的实现,中国也不可能独善其身,而必须承担起一定的大国责任。

## 二、中国政府气候变化外交战略及与之相适应的内政外交政策

在气候变化问题上,中国政府一直坚持积极应对,原则性与灵活性并重的战略。中国是相关国际谈判的积极参与者和重要成员之一,参加了所有的应对全球气候变化的国际谈判。中国以发展中国家的身份,在"77 国集团加中国(G77+China)"的模式下,团结广大发展中国家,为维护发展中国家的发展权发挥了重要的作用。事实上,中国扮演着发展中国家阵营协调者的角色,中国积极推进了多项双边和多边气候合作,中国应对气候变化的战略轨迹和相应的内政外交政策,可以从历次国际谈判立场的坚持与变化中得到体现。

### (一)中国气候变化战略的坚持和变化

在深入分析了世界发展态势和国际格局变化基础上,中央对当前的中国外交和国际战略大局做出了清醒的判断,提出要充分估计国际格局发展演变的复杂性,更要看到世界多极化向前推进的态势不会改变;要充分估计世界经济调整的曲折性,更要看到经济全球化进程不会改变;要充分估计国际矛盾和斗争的尖锐性,更要看到和平与发展的时代主题不会改变;要充分估计国际秩序之争的长期性,更要看到国际体系变革方向不会改变;要充分估计我国周边环境中的不确定性,更要看到亚太地区总体繁荣稳定的态势不会改变。中国的发展仍然处于可以大有作为的重要战略机遇期,而最大的机遇就是中国自身不断发展壮大,同时也要重视各种风险和挑战,善于化危为机、转危为安。这些清醒的战略判断,锚定了战略大趋势的发展方向,中国坚持和平发展的决心不会动摇,中国坚持共同发展的理念不会动摇,中国坚持促进亚太合作发展的政策不会动摇。

当前,中国必须把握应对气候变化这一历史机遇,既要推动国内经济发展观念的更新和可持续发展体系的建立,又要在全球气候—环境博弈中有理有利有节地表达出合理的利益诉求,不仅以批判者更以建设者的姿态,积极参与这场国际话语权的博弈,参与构建一个公平合理的国际能源—气候政治秩序,积极实现从受惠于国际体制的分享者向新国际制度的创建者和贡献者的转型,力所能及地向国际社会提供有益的公共产品。

中国始终把环境保护作为一项基本国策,将科学发展观作为执政理念,中共十七大报告强调"加强应对气候变化能力建设,为保护全球气候做出新贡献"。2007年6月,中国成立了国家应对气候变化及节能减排工作领导小组,并根据《框架公约》的规定,结合中国经济社会发展规划和可持续发展战略,制定并公布了《中国应对气候变化国家方案》,颁布了一系列相应的法律法规。在所有国际场合中,中国与其他发展中国家一道,承诺担当应对气候变化的相应责任。中国在维护《框架公约》和《京都议定书》的主渠道地位、坚持"共同而有区别"的责任、减缓与适应并重的同时,坚持发展中国家在全球变暖问题上不承担历史责任,强调发达国家的"奢侈排放"与发展中国家"生存排放”的区别,认为发达国家应该率先承担减排责任,发达国家有向发展中国家提供技术和资金支持的责任,其应与发展中国家应对气候变化的努力平衡。中国欢迎其他相关倡议和机制,认为它们应成为公约框架有益的补充,应平衡推进气候变化领域国际合作,重视加强对发展中国家的资金援助和技术转让。在此过程中,不能单纯强调市场机制的作用,更不能把应对气候变化的任务全部推向市场。中国的立场得到了广大发展中国家的支持。

应对气候变化问题,需要主权国家跨越主权国家的地理边界,超越意识形态和主权意识的藩篱,协调与平衡主权利益与人类共同利益的关系,健全与完善气候变化国际制度,推进公正有效的气候变化国际合作,共同应对这一挑战。面对这种形势,中国除了应坚决反对任何国家将本国的法律凌驾于国际法之上,坚持在国际政治中捍卫国际法基本原则之外,当务之急便是建立和完善中国的相关法律法规体系,并积极参与国际制度体系的建设,争取在未来国际谈判中成为法律规则和技术标准的制定者,发挥中国在气候问题上对国际社会的领导力。应始终把实现中国国家利益和国家发展战略的最大化,与解决人类共同问题的国际责任之间的协调与平衡,作为中国国际战略的目标设计。中国不仅要占据一席之地,而且应将人与自然和谐相处等中国哲学与智慧贡献于国际社会,体现中国文化的人文关怀精神,藉以建立中国在国际气候政治博弈中的道德优势。

中国的气候变化战略中有两个问题是一直坚持不变的,一个是关于减排义务,另一个是关于将气候变化与其他问题挂钩。

中国的气候战略中最核心也最受国际社会关注的是坚持中国在现阶段不承担任何减排义务。尽管在不同时间或场合,中国对该立场的具体表述有所不同,但至今这一立场没有任何本质的变化。例如,中国谈判代表团团长刘江在 1999 年公约第五次缔约方会议的部长级会议上发言,“中国在达到中等发达国家水平之前,不可能承担减排温室气体的义务。但中国政府将继续根据自己的可持续发展战略,努力减缓温室气体的排放增长率”。①

① 中国代表团团长刘江在气候变化公约第五次缔约方会议上的发言,http://www.ccchina.gov.cn/cn/index.asp。

在2005年公约第十一次缔约方会议上,中国政府再次强调要在可持续发展框架下采取行动。[①] 在全球气候变化问题的谈判中,中国一直强调各国减排的义务,应当以人均能源的消耗量和人均温室气体的排放量作为其减排的基础,[②]而不应该将发展中国家的最起码的生存排放和发达国家的奢侈排放混为一谈。[③] 在2009年的哥本哈根气候大会上,中国代表团团长、国家发改委副主任解振华也曾表示,中国自主采取的减缓行动是公开透明的,有法律保障,有统计考核体系和问责制度,要向社会和世界公布,但绝不接受国际"三可"(减排的可测量、可报告、可核查)。中国拒绝接受有法律约束力的国际量化减排标准,这一点一直是中国参与国际气候谈判的底线。

另一个中国始终坚持的战略原则是,反对将气候变化与其他问题挂钩。近年来的国际气候谈判中,发达国家有通过其他问题向发展中国家施压的动向,尤其是利用国际贸易中的关税问题,以期加大中国的减排压力。在经济全球化时代,中国的对外贸易依存度不断提高,2016年中国对外贸易总额为24.33万亿人民币,[④]依然占到国内生产总值的32.7%左右,[⑤]中国企业要参与国际竞争,未来就不得不面临欧盟之类的组织可能以气候变化为由针对议定书非缔约方设置新的绿色贸易壁垒。对此,中国虽然在态度上坚持反对,但是应有清醒的认识,在行动上必须早做准备,才能面对难以阻挡的气候变化与国际贸易挂钩的趋势。

在坚持不承诺减排义务和反对与其他问题挂钩的同时,中国近年来的气候变化战略也有所变化。主要体现在中国在国际气候谈判及相关领域推

---

① 中国代表团团长王金祥在《气候变化公约》第十一次缔约方会议暨《京都议定书》第一次缔约方会议上的发言,http://www.ccchina.gov.cn/cn/index.asp。

② 《关于气候变化的国际公约条款草案(中国的建议)》,国家气候变化协调小组第四工作组,第265—266页。

③ *Report of the Fourth Conference of the Partiesto the UN Framework Convention on Climate Change*, International Institute for Sustainable Development (IISD), http://www.iisd.ca/vol12/enb1297e.html.1998-09-16.

④ 数据来源:海关总署网站,http://www.customs.gov.cn/publish/portal0/tab44604/module109000/info414066.htm。

⑤ 数据来源:国家统计局网站,http://www.stats.gov.cn/tjgb/ndtjgb/qgndtjgb/t20130221_402874525.htm。

行了更加灵活和积极的举措,展示出中国开放、合作的态度。其中有些做法超出了外界的预期,受到国际社会的高度评价。这些变化主要表现在三个方面:

其一,中国对清洁发展机制(CDM)的积极参与。2011 年,清洁发展机制执行理事会第 59 次会议于 2011 年 2 月 14 日至 2 月 18 日在德国波恩举行。本次会上讨论的 7 个注册项目中有 5 个中国项目,最终都获得了 EB 注册批准,会上讨论的 6 个签发申请中有 5 个涉及中国项目,最终 3 个申请获得了 EB 批准。① 截至 2009 年 1 月 6 日,国家发展改革委共批准 CDM 项目 1847 个②。

其二,中国开始积极参与各种国际技术开发和合作机制。中国在国际气候谈判的最初阶段,非常强调"发达国家应向发展中国家提供必要的资金并以公平最优的条件向发展中国家转让技术",现在中国已经逐渐转变,开始呼吁建立有效的技术推广机制,开展互利技术合作。中国积极参加各种国际技术开发与合作机制,如 2005 年美国倡导成立的"亚太清洁发展与气候伙伴计划(AP6)",2003 年美国能源部组织的"碳收集领导人论坛"等,中国都是重要参与者。

其三,中国加大力度推进有利于低碳发展的国内政策。尽管中国坚持对外不承诺减排义务的立场,但在国内,中国越来越紧迫地认识到,必须积极倡导科学发展观和建设节约型社会。近年来,中国制定和大力推进了一系列有利于减缓气候变化的政策措施,鼓励节能和可再生能源开发。例如,2006 年年初,中国在"十一五"规划中首次将控制二氧化碳排放列为社会经济发展目标之一,提出了到 2010 年单位 GDP 能耗比 2005 年降低 20%左右,这是中国国内一项具有约束性的节能降耗指标。经过各方努力,中国完成了"十一五"规划提出的节能目标,2010 年单位国内生产总值能耗比 2005 年累计下降 19.1%,相当于少排放二氧化碳 14.6 亿吨以上;③2007 年

① 国家发改委网站,http://qhs.ndrc.gov.cn/qjfzjz/t20110322_400551.htm。

② 国家发改委网站,http://qhs.ndrc.gov.cn/qjfzjz/P020090217616133222403.doc。

③ 张艳玲:《中国完成十一五节能目标少排二氧化碳 14.6 亿吨》,中国网,转载于网易新闻中心,2011 年 11 月 22 日,http://news.163.com/11/1122/10/7JF7NLF200014JB6.html。

6月4日,《中国应对气候变化国家方案》已经国务院批准,并正式发布实施。该方案全面阐述了2010年前我国应对气候变化的对策,是我国第一部应对气候变化的政策性文件,也是发展中国家在这一领域的第一部国家方案。

## (二)对中国气候变化战略及相应内政外交政策的分析

中国作为世界最大的发展中国家,具有非常独特的现实国情,要很好地理解中国的上述战略和政策轨迹,任何简单化判断或套用现成的分析结论都行不通,只有从影响决策的关键要素入手,进行深入细致的分析,才能诠释中国的气候变化战略和相关政策。

### 1. 中国不承诺减排义务,其主要原因是减缓行动的社会经济成本过高,超出了中国的承受能力

尽管已有许多学者对中国减排成本进行估算,结果相差较大,并没有一个准确的数据,但中国的确认为自身采取减缓行动的社会经济成本太高,承诺减排义务是中国近期无法做到的事,这是中国所处经济发展特殊阶段以及资源能源特点所决定的。正如2005年7月,胡锦涛同志在苏格兰鹰谷"G8+5"峰会上强调,"气候变化既是环境问题,也是发展问题,但归根到底是发展问题。这个问题是在发展进程中出现的,应该在可持续发展框架下解决。"①目前中国正处于快速工业化和城市化的阶段,人口增长和城市化是推动中国能源需求和排放增长的主要驱动力。中国经济发展的客观现实,决定了中国不是缺乏减排的政治意愿,而主要是缺乏减排的能力,因而无法承诺减排义务。中国对外不作出承诺,同时在国内积极行动的立场,是权衡利弊后的理性选择。中国以自身的发展为底线,坚持最基本的发展权,同时又尽量务实,从自身可持续发展的角度,积极推行减排措施,并努力塑造负责任大国的国际形象。

气候变暖问题凸显,气候变暖与能源消费密不可分。在今后相当长的历史时期,经济增长仍是中国主要的优先任务。随着经济活动的全球化,在

① 朱光耀:《气候外交:气候变化归根到底是发展问题》,《瞭望周刊》,转载于人民网,2008年1月29日,http://env.people.com.cn/GB/6835391.html。

中国日益成为“世界工厂”的背景下,环境和资源问题已不再是中国一个国家的问题了。中国政府对内所面临的环境政治压力,对外所面临的环境外交压力,也将急剧增长,也到了需要以新的战略思维重新加以审视和应对的历史时刻。

中国政府和社会面临的巨大的矛盾是:随着经济全球化的深化,中国作为一个制造业大国,深受世界经济结构中所处位置与角色的局限和束缚,在全世界分享中国制造的物美价廉的工业产品的同时,自身却付出沉重的资源与环境代价,并同时承受着“转移排放”带来的越来越大的国际政治压力;中国有可能在很短的时间内成为世界上污染最严重的国家之一,同时又必须为减少污染和能源消费作出最大的努力;在国内,它既要保证经济发展,同时又要保持政治的稳定。这就使得中国政府对内得长期面对巨大的环境政治压力,对外得长期面对沉重的环境外交压力。这一点,也已到了需要我们以新的战略思维重新加以审视和应对的历史时刻。此外,矛盾的深刻之处还在于,中国在当今世界经济结构中所处的位置,即所扮演的角色和必须付出的代价,并非可以在短期内得到改变。还应当认识到,全球应对气候变化的国际政治博弈将是一个长期的进程,环境问题政治化对中国经济社会可持续发展以及中国的国际形象,将构成长期的国际政治和外交压力。同时,与环境和气候相关的国际合作也绝不是一蹴而就的事。这些,都迫使我们作出长远的战略考量,并制定出相应的战略谋划与规划。

2. 中国在应对气候变化不利影响方面的脆弱性,使中国更重视适应问题的有效推进

减缓和适应气候变化是应对气候变化的两个有机组成部分。减缓是一项相对长期、艰巨的任务,而对中国来说,适应则更为现实、紧迫。中国认为,相对世界其他国家而言,中国更易受气候变化的不利影响,中国作为发展中国家适应能力不足,因此脆弱性较强。中国决策者对自身脆弱性的认识一方面来自科学研究所揭示的有关气候变化客观事实和规律,另一方面也与中国的经济发展密切相关。经济发展一方面积累了大量社会财富,有利于提高适应能力,但同时,在适应措施相对滞后和严重不足的情况下,社会经济发展也加剧了生态脆弱性。中国科学院大气物理研究所黄荣辉院士

指出,在自然灾害造成的总损失中,气象灾害占71%,而气候增暖又使气象灾害加剧。在气象灾害中,干旱和洪涝灾害造成的农作物受灾面积最大,分别占农作物受灾面积的55%和27%,而台风、冰雹占11%,其他占7%。有数据表明,每年因干旱造成的粮食减产和经济损失约占气象灾害造成的经济总损失的50%左右。[①] 中国对受气候变化影响的脆弱性认识不断强化,更直接地反映在中国对适应气候变化问题的关注,并敦促发达国家为发展中国家的适应行动提供必要资金和技术。例如,2005年,中国在《联合国气候变化框架公约》第11次缔约方大会(COP11)暨《京都议定书》第一次缔约方大会(MOP1)上的立场声明中就特别强调,"要正确把握适应与减缓气候变化的平衡"。[②]

气候变化的全球性和长期性,使得一个国家在实施减缓行动时,很难量化地计算出短期内其成本与可能获得的收益,很难权衡其中的利弊得失。因此,相比发达国家,发展中国家面临生存和发展的现实压力,往往更重视近期的成本与收益。现实是,气候变化已经不可避免地发生,并将持续下去,发展中国家本来适应能力就相对不足,只有采取适应措施,才能使避免灾害的效果更为直接和显著,也同时避免了存在未来风险的长期投资。

3. 中国积极参与国际转移支付和国际碳市场,以期赢得国际认可,塑造一个负责任的大国形象

国际转移支付的作用机制在于,通过资金、技术等外部投入,降低减排成本,增加短期收益,改变国家既有政策对成本与效益的权衡关系。目前现有国际转移支付机制和可用资源非常有限,远远无法弥补中国减缓行动高昂的社会经济成本,也无法扭转中国减排能力不足的现实。在国际碳市场方面,尽管中国在清洁发展机制(Clean Development Mechanism,以下简称CDM)市场上占有较大份额,但CDM是基于项目的合作,除了给参与项目

---

① 《中国科学院院士黄荣辉:适应气候变化 坚持可持续发展》,中国气象局网站,2013年05月30日,http://www.cma.gov.cn/2011xwzx/2011xxxfw/2011xbz/xbzzy/201305/t20130530_215145.html。

② 黄勇:《中国提出应对气候变化挑战五点主张 COP11暨COP/MOP1部长级会议开幕 全球政府 高官共商环境大计》,中国环境保护部网站,2005年12月9日,http://www.zhb.gov.cn/ztbd/rdzl/qhbh/wgyd/200512/t20051209_72426.htm。

合作的企业带来一定的资金收益之外,对国家宏观经济的影响很小,而且该机制对促进技术转让的贡献也微乎其微。尽管如此,2005 年 10 月,中国政府仍然起动了 CDM 基金筹备工作,2010 年 9 月,经国务院批准,财政部、国家发改委等有关部委联合颁布了《中国清洁发展机制基金管理办法》,依据该办法,CDM 基金业务全面展开。此举受到了广泛的称赞,赢得了国际社会的认可。

可见,中国对清洁发展机制(CDM)和对国际技术合作态度的变化,并非是资金和技术本身的吸引力有所增强,而主要是多年来通过学习摸索,中国对国际规则的了解不断加深,逐渐认识到了国际碳市场是降低全球减排成本,促进发达国家与发展中国家双赢的有效途径。而在技术转让方面,相关谈判的停滞不前和国际机制的缺失,使非商业的优惠技术转让前景渺茫,中国对在公约框架下获得技术帮助已经不能抱太多期望和任何幻想,必须转向加强自主创新和参与更符合市场规律的国际技术合作。

### (三)中国政府参与全球气候变化的多边谈判

全球有关气候变化的国际谈判与合作,中国政府的参与是全方位的。

#### 1. 参加联合国进程下的国际谈判

如果从 1990 年国际气候谈判启动算起,迄今为止,国际气候制度的演进大约经历了以下几个阶段:第一阶段,1990—1994 年,国际气候谈判开始启动。1992 年,里约会议通过《联合国气候变化框架公约》(UNFCCC)并开放签署,1994 年 3 月 21 日,该公约生效,从法律上确立了公约的最终目标和一系列的基本原则。第二阶段,1995—2005 年,为落实《联合国气候变化框架公约》的目标,《公约》第一次缔约方大会(COP1)决定启动议定书谈判。1997 年,在日本京都召开的第三次缔约方大会(COP3)通过了《京都议定书》,首次为附件 I 国家(发达国家与经济转轨国家)规定了具有法律约束力的定量减排目标,并引入清洁发展机制(CDM)、排放贸易(ET)和联合履约(JI)三个灵活碳交易机制。第三阶段,2005 年至今,是后京都谈判艰难前行的阶段。2005 年 2 月《京都议定书》生效后,国际上有关后京都问题的讨论如火如荼。2009 年、2010 年和 2012 年,分别在哥本哈根、坎昆和多哈召开了三次联合国气候变化大会,但都没有实质性的进展。在上述三个阶段气候制度演进的过程中,中国一直全程参与,是国际气候变化谈判举足轻重的成员之一。

2. 拓展与国际组织合作

(1)中国全面参与联合国气候变化专门委员会(IPCC)工作组的科学评估工作,中国科学家在IPCC事务中发挥着重要作用。自1990年国际气候变化谈判进程正式启动以来,IPCC出版了四次气候变化评估报告及多种议题的技术报告和特别评估报告。中国科学家积极参与了IPCC评估报告的编写,特别是在IPCC第四次评估报告的编写中,中国有两名气象专家主持了第一工作组的评估,同时还有多名专家学者全面参与到第二、第三工作组关于气候变化导致的结果和应对策略的研究之中。其中,中国气象局前局长秦大河院士在2008年连任为IPCC第一工作组联合主席之后,任期内领导编写于2014年完成的气候变化第五次评估报告。

(2)中国积极发起并参与政府间气候变化组织的项目运作。在政府多边合作方面,中国是碳收集领导人论坛、甲烷市场化伙伴计划、亚太清洁发展和气候伙伴计划的正式成员,是八国集团和五个主要发展中国家气候变化对话以及主要经济体能源安全和气候变化会议的参与者。[①] 其中,中国是"亚太清洁发展和气候新伙伴计划"发起国之一,中国积极组织承办相关工作会议,开展了各种围绕清洁发展和气候变化的项目合作。2007年,中国在北京成功举办第一届国际甲烷市场化大会暨展览会;于2006年1月启动的"亚太清洁发展和气候新伙伴计划",中国也将其视为促进清洁能源和高效能源技术开发推广的契机,已经承办了6次各工作组会议。通过参与上述项目,中国得以借助技术合作与转让,调整产业结构,推进节能减排,提高中国应对气候变化的能力。

(3)中国与气候变化非政府组织合作,积极支持配合其项目运作。中国与国际气候变化的非政府组织有着良好的合作。其中,美国自然资源保护委员会(NRDC)首先在中国开展清洁能源和绿色建筑项目;受中国政府

---

① 《中国应对气候变化的政策与行动》(白皮书),国务院新闻办公室2008年10月。

之邀,世界自然基金会(WWF)也来华开展环境保护工作。

3. 开展清洁发展机制项目合作

1997年通过的《京都议定书》,对清洁发展机制的原则、性质、范围、参与资格、管理机构等问题做出了基本的规定。清洁发展机制的本质是温室气体排放权的交易。在这一机制下,发达国家为获得核证减排单位(Certificated Emission Reductions),可以向发展中国家直接购买或进行项目投资。2001年,在摩洛哥马拉喀什举行第七次缔约方大会,通过了《马拉喀什协议》,确定了相关细则,清洁发展机制在实质上得以建立。

中国是发展中国家,也是排放大国,因此,已将清洁发展机制视为促进节能减排的重要平台。2004年6月30日,由国家发改委、科技部、外交部联合签署的《CDM项目运行管理暂行办法》启动实施。随后,中国的CDM项目从批准立项数量、在CDM-EB注册项目数量,以及获得CDM-EB签发CERs的项目数量等指标来看,都居世界首位。截至2015年7月14日,在CDM执行理事会成功注册的中国CDM项目共计3807个。① 中国已在短短几年内,迅速发展成为世界最大的CDM卖方市场。

## (四)中国政府同以美国为首的发达国家务实合作

双边气候合作是全球性气候谈判的重要组成部分,中国予以高度重视。目前,中国已经与包括发达国家、发展中国家以及周边国家在内的多个国家和地区开展气候合作。其中,中美关于气候问题的博弈是中国整体气候战略的重中之重。

1. 与美国在气候—能源问题上的博弈

近年来,中国快速和平崛起使中美关系互为战略合作者与竞争者的关系更趋复杂,双方面临在美国推出的亚太再平衡战略与中国提出的中美新型大国关系议题之间,寻求战略平衡的现实问题。从庄园峰会到中南海散步,中美两国领导人就共同建设中美新型大国关系进一步达成共识,并围绕

① 《在CDM执行理事会成功注册的中国CDM项目(3807个)》,中国清洁发展机制网,截至2015年7月14日,http://cdm.ccchina.gov.cn/NewItemAll1.aspx。

不冲突,不对抗,相互尊重,合作共赢的核心内涵,开始践行路线图。奥巴马表示,无论在双边、地区还是全球层面,美国都将中国作为重要合作伙伴,同中国发展强有力关系是美国亚洲再平衡战略的核心。因此,协调中美战略关系已成为稳定现有东亚秩序的主轴。

世界银行前副行长兼首席经济学家林毅夫对新华社记者说,发达国家要摆脱当前的金融危机,应寻找可突破的瓶颈领域进行投资。而它们将刺激经济和当前应对全球气候变化的任务结合起来,推进新能源的开发和利用,会是明智的选择。

中美两国作为世界上能源消耗和温室气体排放大国,同时也是最大的发展中国家和发达国家,在战略层面,中美能源—环境与气候合作受到意识形态,政治以及战略互信不足等因素的制约;在战术(技术)层面,中美在能源技术转让,能源贸易,气候减排原则、标准以及“碳关税”等方面存在分歧与矛盾;但是从根本上讲,中美两国的能源战略并非水火不容。从“大能源”和“大安全”的角度看,中美之间在维护国际能源市场稳定、开发新能源、节能提效、环境治理以及气候减排等领域有着广阔的合作前景和巨大的合作潜力,应进一步凝聚共识、增强互信、消除分歧、共迎挑战、谋求双赢。这不仅可以减少中美两国对世界化石能源的依赖,增强各自的能源安全和经济安全,降低中美两国在以“能源”为轴心的地缘政治博弈中的强度,重塑两国在国际气候变化中“负责任”的大国形象,促进中美关系的良性发展;而且中美两国以“合作者”的身份在后金融危机时代通过新能源合作重新划分国际政治权力,有助于优化国际能源地缘政治结构,加速以气候变化为中心的国际秩序重组的进程,促进国际体系朝着更加公正、合理的方向变革。

(1)美国的气候—能源战略。美国奥巴马政府上台后,立即着手制定并立即启动了推进新能源产业革命的国家发展战略。2009 年 2 月 12 日,美国国家情报总监丹尼斯·布莱尔向国会发表年度安全威胁评估报告称,全球经济危机以及它所引发的不稳定,已超过恐怖主义成为美国面临的头号安全威胁。报告认为,这场源于美国市场的危机,“加剧了人们对美国管理全球经济能力的质疑”。报告指出,其它不断增强的威胁,包括全球变暖以及世界范围内的食物、水源和能源短缺。

美国政府大力度调整政策意在争夺气候变化问题战略主导权。奥巴马总统将能源作为执政的核心和经济结构的基轴,他在《无畏的希望》一书中说:“一个控制不了自己能源的国家也控制不了自己的未来。”“美国准备在新能源和环保问题上重新领导世界。”奥巴马准备将其作为美国新外交或新国际战略的核心。“我们在做好我们的工作的同时也要确保中国和印度等国尽到他们的责任。”奥巴马完全摒弃了布什政府忽视气候变化问题的能源政策,同时,能源、环境政策也成为奥巴马经济刺激计划中的核心内容之一,并希望将其作为摆脱经济衰退、抢占新能源制高点、巩固美国霸主地位的战略途径。绿色经济将成为美国经济的主力引擎。

自奥巴马签署以发展新能源为重要内容的经济刺激计划以来,美国政府在短短半年内动作频繁:加大对新能源领域的投入,制定严格的汽车尾气排放标准,出台《美国清洁能源安全法案》……外界将此视作奥巴马的“绿色新政”。“岩上之屋”一词出自奥巴马的一次演讲,他引述《圣经》中的比喻说,建在沙上的房子会倒掉,建在岩石上的房子则会屹立不倒。他解释说,美国经济就像着火的房子,要重振经济,除了尽快灭火之外,还需要重建经济基础,从而打造一个“岩上之屋”。也就是说,美国必须进行全面改革,其中一个重要方面就是要建立新的经济增长点,那就是绿色经济。

美国发展绿色经济有着多重考虑。首先,有助于增加就业。奥巴马近期曾强调,在当前经济形势下,对新能源的开发可能孕育一个全新的能源产业,为美国创造数百万就业岗位。全新的能源产业有望成为可以引领美国经济发展的新领域。其次,发展绿色经济有助于确保美国能源安全。石油、煤炭等传统能源不可再生,其中石油大部分产于地缘政治敏感的区域,减少对石油的依赖是美国朝野的一致主张;另外,随着全球变暖加剧,各国都认识到减少温室气体排放的紧迫性,这也使得对传统能源的进一步使用受到限制。

新能源的开发则是奥巴马“绿色新政”的核心。在被认为是其“新政”标志的7870亿美元刺激经济计划中,与开发新能源相关的投资总额超过400亿美元。按计划,在未来三年内,美国可再生能源的产量将翻一番;在未来 10 年内,美国在可替代能源上的投入将达到 1500 亿美元。奥巴马的“绿色新政”可细分为节能增效、开发新能源、应对气候变化等多个方面。

在节能方面最主要的是汽车节能。按照新标准,到 2016 年美国境内新生产的客车和轻卡每百公里耗油不超过 6.62 升。奥巴马指出,美国因此减少的石油消耗量将与美国从沙特等四大石油出口国一年的石油进口量相当。此外,美国将大力促进绿色建筑等的开发,通过设定建筑能耗标准,对节能产品提供优惠政策,为低收入家庭提供节能补贴,鼓励建筑商发展节能建筑。另外,美国还正在制定全新的智能电网计划,以减少电力运输过程中的浪费。

还有一个方面是应对气候变暖。这很大程度上是美国“巧实力”的运用,通过一系列节能环保措施大力发展低碳经济,在全球应对气候变暖问题上掌控主导权。

(2)中美气候—能源合作的基础与前景。应对能源问题与全球气候变化,已成为中美关系新的战略交集点。在这一战略问题上的合作是事关中美关系的政治问题,卓有成效的合作将有助于两国关系发展。

以《中美科学技术合作协定》为起点,中美两国在 30 多年间共签署了 20 多个与能源—环境相关的双边协议,内容包括核能技术开发、转让与和平利用、水电开发、生物能利用、清洁能源技术研发、提高能源效率、建立绿色伙伴关系等。尽管这些合作协议、声明、意向书的制度性约束力有限,但是与之相关的一系列原则、规则、规范的达成无疑为中美两国在能源—环境以及气候领域内的合作奠定了重要的基础,也为双方合作的开展扫清了障碍。

能源合作渠道不断拓展,机制不断完善。与中美能源—环境与气候合作不断深化相伴的是中美两国政府高层之间逐渐建立起的一些高端、常规、定期的会晤机制,这其中既有双边机制,也有多边机制。而对中美能源—环境与气候合作影响最大的无疑是中美能源政策对话机制(EPD)和中美战略经济对话(SED)机制。

“中美能源政策对话”机制创立于 2004 年 5 月,中国国家发改委与美国能源部共同签署了《关于开展能源政策对话的谅解备忘录》,希望以此促进彼此在能源领域的信息交流，增进两国在能源政策和能源问题上的相互了解，并推动两国在提高能源效率、能源供给多元化、拓展清洁能源利用等方面的合作。该机制由中国国家能源局和美国能源部主办，每年举行一次，首次对话于2005年6月底在美国首都华盛顿举行，到目前为止已经成功举行了四次。从历次"中美能源政策对话"的主要议题和内容来看，与清洁能源相关的内容较多，并呈现出攀升态势。中美战略经济对话是2006年9月由中国国家主席胡锦涛和美国总统布什发起设立的，作为世界上最大的发展中国家和最大的发达国家之间在经济领域的战略性对话，中美战略经济对话是中美现有20多个磋商机制中级别最高的一个，也是历史上规格最高的中美经济主管官员的交流活动。该对话每年两次，轮流在两国首都举行。该机制的启动表明中美两国在能源、经贸领域的互动已经从战术层面进入战略层面。

能源合作模式与合作路径日益多样化。经过30多年的发展，中美能源—环境与气候合作无论是在主体层面还是在客体层面都发生了显著变化。一方面合作的主体不仅包括政府层面，也包括相关领域的能源研究机构和企业。官方合作与民间合作联结、互动，官方推动下的民间及跨国企业合作成为中美能源—环境合作的主要形式。换句话说，中美之间的能源—气候合作模式可谓是"政府搭台，学届支持，企业唱戏"①。如在美中石油和天然气行业论坛机制中企业代表在组织会议议程和会议探讨方面也扮演了非常积极的角色。另一方面，传统的能源—环境与气候合作框架融入了新的元素，即新能源（清洁能源）合作，双边合作的内容进一步拓展。这从中美双方签署的能源合作协议中就可以看出，如《中美化石能源研究与发展合作议定书》的5个附件中就包含"清洁燃料"等。1998年7月，中国科学技术部和美国能源部就在北京合作建设一座用作节能技术示范场地的商用楼签署了工作声明，这是在《联合国气候变化框架公约》规定的义务下中美

① 这些合作的基本模式是，从中美两国科学家和学者的个人层次交流开始，在条件成熟时上升到这些个人所在的研究或管理机构，再由这些机构推动各自政府提供政府间合作协议或协定的政策支持。政府间达成的协议或协定又反过来推动更广泛的机构和人员之间的合作与交流。——笔者注

之间第一次实质性的合作。

2009年,奥巴马新政府调整美国的外交政策,希望与中国在清洁能源和应对气候变化等领域继续加强合作。同年,国务卿希拉里首次访华,将环境、能源和气候变化问题列为重点。此后不久,美气候变化特使、众议院议长、参议院外交委员会主席、能源部部长和商务部部长等纷纷访华,均就气候变化问题与中方会谈。2009年7月,中美举行首轮战略和经济对话,草签了《中美气候、环境和能源合作谅解备忘录》。双方同意加强合作,实施《中美能源环境十年合作框架》下有关行动计划和绿色合作伙伴计划。

奥巴马政府非常重视与中国的气候—能源合作,将中美气候—能源合作视为中美关系中的核心议题之一,并确定能源、气候合作将成为中美双边关系的支柱;而伴随中美气候—能源合作在中美关系中地位提升的是不同层次、不同领域气候—能源对话、互动机制的日益完善①,这不仅使中美气候—能源合作更具有计划性,也使中美气候—能源合作的前景更具预见性。

奥巴马的能源新政实施以来,中美能源合作间最重要的对话、互动机制无疑是"中美战略与经济对话"。作为中美两国在双边性、区域性和全球范围等广泛领域内,对近期和长期战略性和经济利益方面的挑战和机遇进行磋商的一个现行加强化机制,该会议每年将轮流在华盛顿和北京进行一次。美国的各内阁和次内阁官员和中国多个部、局委员将根据不同议题参与该磋商。

战略互信是合作的双方对彼此的一种心理上的认同。当前中美两国在能源、气候领域战略互信的缺失,其最根本的原因在于美国的地缘战略思维("冷战思维"和"霸权思维"),即一个更加强大的中国将被理解成对美国在国际经济和政治地位的挑战,主要表现在"中国环境威胁论""能源危机论"等一系列重要的理论样式,它给中美两国能源—环境与气候合作最有可能带来的是美国的相关能源政策走向更广泛的限制。

① 从中美能源合作的历程来看,双方的合作关系一直在向前发展,尽管前进的步伐有所不同,但与中美之间的军事、安全和经济合作相比,具有更好的稳定性和连续性;而且与不断扩展的双边关系相一致,参与中美能源合作的政府部门和研究机构的种类和数量都不断增加;同时,气候、环境等议题作为中美能源合作中的重要性也在不断增长。——笔者注

在减排原则、机制方面,中美对《联合国气候变化框架条约》和《京都议定书》中所述的"共同但有区别的责任"原则存在不同的理解和诠释。在中国看来,"共同但有区别的责任"原则包含着对发展中国家在全球排放史上所处特殊地位的特殊考虑,是国际社会进行气候变化合作的基础①,相应的,中国等发展中国家在后京都时代将继续实行双轨制。美国则认为该原则使发展中国家无需付出额外代价便能获得温室气体的排放权,而仅限制少数国家的排放而置大多数国家的排放于不管,只会加快全球变暖的速度,所有国家都必须参与到全球温室气体的减排中来,②美国希望《京都议定书》到期后实施单轨制,达成一个把发展中国家也纳入其中的新协议(这一举动不仅抛弃了多年全球达成的共识,而且严重违背了"共同但有区别的责任"原则,遭到以中国为代表的发展中国家的强烈反对)。另一方面,在减排的基准、目标上,中国采用基于庞大人口基数的排放强度标准,美国采用排放总量标准并坚持认为中国也应该采用该标准。中国提出,美国尽管承诺到 2020 年将在 2005 年基础上减排 17%,但如果以 1990 年为基准,实际只减排 3%—4%,这一承诺远远低于联合国政府间气候变化专门委员会(IPCC)要求发达国家在 1990 年的基础上减排 25%—40%的目标。而美国认为,IPCC 要求到 2020 年主要发展中国家的碳排量比"未采取任何减排措施的正常水平"降低 20%—30%,中国所做的到 2020 年使单位国内生产总值的二氧化碳排放量比 2005 年下降 40%—45%的温室气体减排目标也远未达到这个标准。

事实上,中美在具体气候—能源技术领域无根本性矛盾和分歧,摩擦和冲突主要集中于政治和外交层面,而后者在很大程度上又源于彼此的不理解甚至误解。所以,除了加强相互了解和理解,增进释疑工作之外,中国需要提升对气候变化、能效和新能源的重视程度,加快与国际市场的

---

① 按上述国际条约规定,中国和其他发展中国家须努力维持目前的排放水平,而美国等发达国家应担负起历史的责任,在减少温室气体排放的问题上发挥带头作用。——笔者注

② Testimony of Timothy E. Wirth, *Under Secretary of State for Global Affairs*, Department of State, senate Foreign Relations, International Economic Policy, Export and Trade Promotion, Global Climate Change, reported in *Federal Document Clearing House Congressional Testimony*, October 9, 1997.

接轨,推动中美的相互依存,并为彼此关注的重点和预期达成的目标共同努力。

中国应当按照"权利与义务、利益与责任对等"和平等互惠的原则,在认真揣摩和评估应对气候变化在美国国家战略中的地位的基础上,积极履行双边能源合作以及全球碳减排中应当承担的责任,使其关于"中国在气候变化问题上承担的责任过少"的错误言论不攻自破,积极建构一种"负责任的大国形象",积极推动在双边能源、气候合作中放弃零和思维,淡化地缘政治和意识形态因素,尤其是要推动美国在可再生能源、核能等相关能源技术方面减少对华限制,避免动辄对出口设备和技术实行人为控制和制裁,以便为中美两国企业参与能源、气候合作创造更多更有利条件,进而为中国融入国际能源贸易体系和国际能源合作机制以及中美双边能源、气候合作奠定坚实的基础。

中美两国气候合作已成为趋势,但是,中美间的联手有明显的竞争味道,两国在气候变化领域的合作依然是"竞争性伙伴关系"。

2. 与欧盟的气候变化合作

欧盟是国际气候领域的领跑者,也是国际气候机制建设的积极推动者。欧盟在环保技术和低碳经济发展方面极具优势,中欧气候变化合作互补性强,前景广阔。

2005 年 9 月,第 8 次中欧领导人会晤期间,双方共同发表了《中欧气候变化联合宣言》,建立了中欧气候变化伙伴关系和定期磋商机制,并将其作为中欧全面战略伙伴关系的组成部分。2009 年,中欧峰会召开,会议将气候变化作为重要议题,欧盟陆续提供了资金与技术援助中国的节能减排,双方在清洁能源技术等领域的合作也已展开。2010 年 4 月 29 日,中国国家发展和改革委员会副主任解振华和欧盟委员会气候行动委员康妮·赫泽高在北京举行中欧气候变化部长级磋商,并发表《中欧气候变化对话与合作联合声明》,形成了中欧气候变化部长级对话与合作机制。①

---

① 《中国欧盟建立中欧气候变化部长级对话与合作机制》,国家发改委网,转载于中国政府网,2010 年 4 月 29 日,http://www.gov.cn/gzdt/2010-04/29/content_1595630.htm。

虽然近年来中欧在气候变化领域的合作不断增多,但中国与欧盟在气候外交上的矛盾仍不可避免。中国需要一方面借助相关国际规则,反对欧盟的单方面标准,另一方面尽可能在技术领域与欧盟开展合作,以推动国际减排进程。

3. 中日合作

日本在环保和适应气候变化领域拥有先进的理念和技术,中日之间的环境、气候合作项目数量众多、务实有效。

2004 年,中方外交部的代表团和日本外务省代表团于 3 月 3 日在北京就气候变化问题举行了磋商,双方在气候变化领域交换了意见,表示今后将进一步加强合作与对话。中日间的这一双边气候变化磋商机制,2004 至 2007 年,共举行了 4 次。[①] 2007 年,双方签署了《中日两国政府关于进一步加强气候变化科学技术合作的联合声明》《关于进一步加强中日环境保护的联合声明》和《中日两国政府关于推动环境能源领域合作的联合公报》。2008 年,中日签署的《中日关于全面推进战略互惠关系的联合声明》中,双方认识到要加强在能源、环境和气候变化领域的合作;同年,还签署了《中日两国政府关于气候变化的联合声明》,中日在联合声明中表示,愿意建立应对气候变化伙伴关系,以进一步加强两国在应对气候变化领域的合作,加深对话与交流,推动开展务实合作,把两国战略互惠关系落到实际行动,联合声明对中日气候变化合作的重点领域、合作方式和资金问题都做了具体说明。2008 年,中日还签署了《关于继续加强节能环保领域合作的备忘录》,其中对开展气候变化领域有效合作、推动解决全球气候问题提出了明确要求。[②]

资金方面,日本政府对中国的官方发展援助(Official Development Assistance,以下简称 ODA),环境贷款的比例自 1996 年开始逐渐提升,特别是 20 世纪 90 年代中期以后,日本提供的环境贷款比例已超过总额的 60%。[③]

---

① 外交部网站,http://www.fmprc.gov.cn/wjb/search.jsp。

② 张海滨:《应对气候变化:中日合作与中美合作比较研究》,《世界经济与政治》2009 年第 1 期。

③ 张海滨:《应对气候变化:中日合作与中美合作比较研究》,《世界经济与政治》2009 年第 1 期。

中日在气候问题上因地域相邻而利害相关。而且,日本政治大国的抱负,使其愿意充当世界环境领袖,重视国际环境战略,重视借环境合作扩大其国际环保产业市场,因而,日本十分关注中国的气候与环境问题,其对华ODA援助多以环保类为主,中日未来的气候合作仍有很大的发展空间。

## (五)深化与发展中国家合作

中国是最大的发展中国家,在气候变化领域,与广大发展中国家协调与合作是中国气候外交的基础和依托。在所有国际场合中,中国与其他发展中国家一道,承诺担当应对气候变化的相应责任。中国在维护《框架公约》和《京都议定书》的主渠道地位、坚持"共同而有区别"的责任、减缓与适应并重的同时,坚持发展中国家在全球变暖问题上不承担历史责任,强调发达国家的"奢侈排放"与发展中国家"生存排放"的区别,认为发达国家应该率先承担减排责任,应平衡推进气候变化领域国际合作。发达国家有向发展中国家提供技术和资金支持的责任,其应与发展中国家应对气候变化的努力平衡。中国欢迎其他相关倡议和机制,认为它们应成为公约框架有益的补充。在此过程中,不能单纯强调市场机制的作用,更不能把应对气候变化的任务全部推向市场。中国的立场得到广大发展中国家支持。中国与发展中国家的交流与合作大致可分为三个方面:

1. 中国积极推进应对气候变化方面的南南合作

2011年以来,中国政府累计安排2.7亿元人民币(约合4400万美元)用于开展应对气候变化南南合作,通过赠送节能低碳产品、能力建设培训等方式,为发展中国家提供力所能及的帮助和支持。习近平主席在G20峰会等多边外交活动中多次表示中国愿意加强与不同国家合作,共同推动积极应对气候变化。2014年9月的联合国气候峰会上,张高丽副总理宣布从2015年开始,将在现有基础上把每年的资金支持翻一番,建立气候变化南南合作基金。

2. 中国倡导在应对气候变化问题上的南北对话

发达国家与发展中国家的关系通常使用"南北关系"这一地理政治概念。南北国家之间实力不等、利益不同,在它们的关系中既存在对立和斗争的一面，也存在依存与合作的一面。一方面是作为既得利益者的发达国家利用其现有优势地位维护在现有政治和经济秩序中的国家利益；另一方面是发展中国家在发展过程中对于国际秩序中“游戏规则”制定权的诉求。独立后依旧不平等的地位使得发展中国家要求打破旧有的国际政治经济秩序。尽管发达国家和发展中国家因为经济全球化而有了更多对话的基础与条件，但是在不合理的国际经济秩序下，这种对话依然充满了不平等。

当前，发展中国家特别是新兴市场国家对于在国际经济关系中实现经济平等，与发达国家一道，平等地参与和制定有关国际问题的决定，行使经济主权、改革国际贸易制度、取消发达国家的贸易保护主义等方面的诉求越来越迫切。

因此，原本不分国界的气候变化问题，遇上各国的经济发展及政治考量时，长远的整体利益总是无法超越短期的个体利益。气候谈判表面层次是关于温室气体排放额度的谈判，更深层次则涉及各国竞争能源创新和经济发展空间。欧美发达国家气候谈判的实质就是试图占有未来新型能源技术和市场，垄断环境容量划分，最终实现对低碳经济的控制。为追逐利益而进行的气候变化问题主导权的争夺也就在所难免。中国一贯主张在应对气候变化问题上加强南北对话。早在 1992 年的联合国环境与发展大会上，为了加强在国际环保领域的南南合作，正式形成了“77 国集团与中国”的合作方式，为维护发展中国家的利益，促进南北对话发挥了积极作用。《里约环境与发展宣言》中有 20 条原则就是依据“77 国集团与中国”共同提出的草案作为基础制定出来的，《21 世纪议程》中的若干重要章节，也是以“77 国集团与中国”共同提出的草案为基础，并被环发大会所通过。

3. 与新兴发展中大国合作

发展中大国，尤其是印度、巴西、南非等新兴经济体，与中国经济发展阶段相近，温室气体排放和能源消耗增长快，均面临日益增大的减排压力，在国际气候谈判中的处境相似，立场接近，是中国在国际气候谈判中的重要盟友。2007 年的巴厘岛会议，上述四国就开始了气候议题的协商。2009 年，自哥本哈根会议起，被冠以“基础四国”的中国、印度、巴西和南非，在连续数次气候大会上，都在协商的基础上以统一立场出现，实现了协调和呼应。

目前,四国已形成固定磋商机制。此外,中国和印度、巴西均分别举行过双边气候变化磋商,加强沟通、协调立场。

4. 与周边国家合作

环境和气候问题具有跨国性,周边国家间的相互影响和相互依赖尤其显著,中国也与周边国家和地区进行了气候合作。1999 年,中日韩三国即启动了环境部长会议机制,在三国间每年轮流举办,以解决共同面临的区域环境问题,促进本地区可持续发展,并于会后由部长联合签署《中日韩三国环境部长会议联合公报》,到 2013 年,这一会议已经举办了 15 次;①2005 年至 2011 年,大湄公河区域环境部长会议成功举办三次。② 东盟与中国、东盟与中日韩机制下的环境合作也开始起步。2010 年,环境保护部组建成立中国—东盟环境保护合作中心,主要负责涉及东盟框架下的环境领域合作事务;③在中国政府的倡议下,2002 年 1 月,首次亚欧环境部长会议在北京举行,至 2012 年 5 月,已经分别在意大利、丹麦和蒙古举办了第二、三、四届亚欧环境部长会议。自 2006 年起,中国与阿拉伯国家的环境合作会议也已走上了机制化轨道。

5. 与其他发展中国家的合作

除新兴发展中大国和周边国家外,中国还与非洲等国家和地区进行环境合作与交流,推动中非在环保领域的交流与合作,帮助非洲国家提升环保能力。2003 年,中国在北京举办"面向非洲的中国环保"主题活动。2006 年,"非洲国家水污染和水资源管理研修班"在北京开班。此外,中国还是世界上最大的环保基金——全球环境基金的捐资国之一,通过该基金为发展中国家,特别是热带雨林地区和小岛屿国家提供各种形式的气候变化适应和减缓援助。

小岛屿国家在全球气候变化中受到的冲击最大,因此在应对气候变化

---

① 《中日韩三国环境部长机制下的沙尘暴监测与预警计划》,中国环境保护部网站,2003 年 8 月 6 日,http://gjs.mep.gov.cn/qyhjhz/200308/t20030806_86159.htm。

② 《第三次大湄公河次区域环境部长会议在柬埔寨举行》,中国环境保护部网站,转载于中国政府网,2011 年 7 月 29 日,http://www.gov.cn/gzdt/2011-07/29/content_1916268.htm。

③ 中国—东盟环境保护合作中心网站,http://www.chinaaseanenv.org/。

的诉求方面也最迫切，中国对此高度关注。小岛屿国家联盟（Alliance of Small Island States，以下简称 AOSIS）是一个低海岸国家与小岛屿国家的政府间组织，成立于 1990 年，其宗旨是加强小岛屿发展中国家（Small Island Developing States，以下简称 SIDS）在应对全球气候变化中的声音。AOSIS 早在 1994 年《京都议定书》谈判中推出第一份草案之后便已相当活跃。截至 2008 年 3 月，AOSIS 共有来自全世界的 39 个成员及 4 个观察员，其中有 37 个联合国会员。该联盟代表了 28%的发展中国家，以及 20%的联合国会员总数。

2014 年 11 月 22 日，国家主席习近平在楠迪同斐济总理姆拜尼马拉马、密克罗尼西亚联邦总统莫里、萨摩亚总理图伊拉埃帕、巴布亚新几内亚总理奥尼尔、瓦努阿图总理纳图曼、库克群岛总理普纳、汤加首相图伊瓦卡诺、纽埃总理塔拉吉等太平洋岛国领导人举行集体会晤。习近平主持并发表主旨讲话，就发展和提升中国同太平洋岛国关系提出以下建议：建立相互尊重、共同发展的战略伙伴关系。

加强高层交往，继续办好中国—太平洋岛国经济发展合作论坛等机制性对话。深化务实合作，中方将为最不发达国家 97%税目的输华商品提供零关税待遇。中方将继续支持岛国重大生产项目以及基础设施和民生工程建设。扩大人文交流，未来 5 年，中国将为岛国提供 2000 个奖学金和 5000 个各类研修培训名额。继续派遣医疗队到有关岛国工作，鼓励更多中国游客赴岛国旅游。加强多边协调，中方将在南南合作框架下为岛国应对气候变化提供支持，向岛国提供节能环保物资和可再生能源设备，开展地震海啸预警、海平面监测等合作。①

2015 年 1 月 8 日，中国国务院总理李克强在北京会见来华出席中拉论坛首届部长级会议的巴哈马总理克里斯蒂时指出，中方理解巴哈马等小岛屿国家在气候变化问题上的关切，中国自身也高度重视气候变化问题，中方愿继续同小岛屿国家加强合作，提供力所能及的帮助，共同应对挑战。

---

① 李斌、孟娜、刘华：《中国与南太岛国合作的"干货"》，新华网，2014 年 11 月 24 日，http://news.xinhuanet.com/world/2014-11/24/c_127245516.htm。

## 三、中国气候外交与整体外交利益诉求的协调与拓展

中国气候外交是中国整体外交的重要组成部分,中国气候外交及中国气候战略符合中国的整体外交利益和国家利益,同时中国气候外交展示了中国作为负责任的大国形象,在全球治理的框架下有效地拓展了中国的国家利益。

### (一)中国整体外交与中国在国际格局演变中的国家定位

党的十八大报告显示:中国未来10年的战略发展规划,仍是集中精力做自己的事情;未来10年中国政府的注意力,仍聚焦在13亿中国人民的福祉和民生议题上。纵观报告中涉及外交、国防政策等内容,表达了中国在未来10年将继续融入国际社会,同时要担当国际秩序的积极建设者和负责任的大国。

2013年以来,中国政府向国际社会推出一系列令人目不暇接的经济发展议程、国际投融资机制倡议。在2013年倡导构建丝绸之路经济带和"海上丝绸之路"的基础上,中国又与金砖国家合作推动建立授权资本为1000亿美元的金砖国家开发银行,以缓解金砖国家和其他发展中国家在基础设施建设领域所遭遇的"融资难"问题;中国同印度等21个亚洲国家签署了筹建亚洲基础设施投资银行的备忘录,启动授权资本为1000亿美元的亚洲区域基础设施投融资新机制,有效促进亚洲国家在基础设施领域的投资;中国倡议召开了"加强互联互通伙伴关系对话会",宣布投资400亿美元成立"丝路基金";在北京APEC峰会上,中国提议建立亚太自贸区(Free Trade Area of the Asia-Pacific,以下简称FTAAP),得到了APEC成员的支持;中美两国在APEC会议上就中美投资和贸易谈判(Bilateral Investment Treaty and Trade,以下简称BITT)寻求共识,推动区域全面经济伙伴关系(Regional Comprehensive Economic Partnership,以下简称RCEP)和跨太平洋伙伴关系协定(TPP)融合,就中国加入TPP及美国加入

RCEP 展开讨论;中国采取实质性举措破解基础设施投融资难题,大力推进G20 基础设施投资议程;中国与两个重要的亚太国家韩、澳,实质性结束了FTA 谈判;中国政府还提出了筹建海上丝绸之路银行,建立上海合作组织银行的倡导。

这些战略构想和举措的提出与付诸实施,标志着中国已开始在全球范围内展开宏大的经济战略布局,也意味着中国将不再仅仅是国际经济体系及规则的参与者,而正在努力成为国际体系的建构者和国际规则的制定者。中国明确表示愿意让各国"搭便车",一方面希望消除其他国家对中国发展的顾虑;另一方面也体现了中国和亚太伙伴同舟共济、共享发展成果的责任和担当。中国非常清楚地表明,中国有意愿和有能力帮助其他国家,向亚太和全球提供更多公共产品。这些区域国际金融基础设施的建设,旨在打破亚洲互联互通的财政瓶颈,即为"一路一带"项目筹措资金,提供财政支持。"一路一带"项目的提出,以及 2014 年中国第一次成为资本净进口国的情势,表明中国的政策和战略正在发生一种历史性的变化,即中国正在大踏步地实施"走出去"的战略。当然,这也是一次意义重大的世界地缘政治的重新定位。

中国以自己富于创新的外交实践,向国际社会阐述了中国梦的世界意义,争取世界各国对中国梦的理解和支持;把中华民族和平发展的"中国梦",延伸为地区发展的"亚洲梦"——"亚太梦"。中国梦是和平、发展、合作、共赢的梦,追求的是中国人民的福祉,也是各国人民共同的福祉。所谓"亚太梦想",包括坚持亚太大家庭精神和命运共同体意识,让经济更有活力、贸易更加自由、投资更加便利、道路更加通畅,人与人交往更加密切。从"亚洲梦"、"亚太梦"到亚洲—亚太命运共同体,推及人类命运共同体,有力地提升了中国的地区及全球影响力。

中国的外交实践丰富了和平发展战略思想,强调建立以合作共赢为核心的新型国际关系,坚持互利共赢的开放战略,把合作共赢理念体现到政治、经济、安全、文化等对外合作的方方面面;提出和贯彻正确义利观,做到义利兼顾,要讲信义、重情义、扬正义、树道义,坚持不干涉别国内政原则,坚持尊重各国人民自主选择的发展道路和社会制度,坚持通过对话协商以和平方式解决国家间的分歧和争端;倡导共同、综合、合作、可持续的安全观,提出了“亚洲的事情归根结底要靠亚洲人民来办,亚洲的问题归根结底要靠亚洲人民来处理,亚洲的安全归根结底要靠亚洲人民来维护”的亚洲安全观;提出和践行亲诚惠容的周边外交理念,坚持与邻为善、以邻为伴,坚持睦邻、安邻、富邻,打造周边命运共同体;推动构建新型大国关系,切实运筹好大国关系,构建健康稳定的大国关系框架,特别是扩大同发展中大国的合作。

亚太经济乃至世界经济将跟随中国经济持续快速发展前行,中国将成为区域经济一体化进程中的主导力量,中国自身经济社会发展改革也将藉此获得动力,将成为一种新常态。中美在构建新型大国关系进程中,两国在全球尤其是亚太区域的共同战略利益增多,需要共同制定国际规则、共同承担责任和义务的空间急速延展,与此同时,围绕无论是经济发展格局,还是地区安全格局争夺主导权的竞争也在加剧,这些将成为中美关系的新常态。在中国周边关系中,涉及领土主权的争端短期内无法彻底解决,中国与涉事国的双边关系既合作又斗争的局面,中国与周边国家理性对待彼此存在的历史遗留的领土争端,处理好、管控好潜在危机,使之不干扰彼此国家关系的大局,将成为中国周边国际关系新常态。对于中国来说,类似 APEC 会议的重大多边国际场合,不仅是中国与大国及周边国家之间巩固关系的场合,也是彼此协调立场、疏解纠纷的良好国际空间。因此,利用好这类重大国际场合,不仅在主场外交,将来恐怕更多的还是在客场外交,发挥中国外交的道义、智慧与日益增强的战略力量优势,维护和延展中国的国家利益,担当相应的国际责任,提供越来越多的优质的国际公共产品,也将成为中国外交的新常态。

### (二)中国在全球治理中的角色

党的十八大报告第一次把“公共外交”和“全球治理”写进文件,表达了中国准备承担更多国际责任。“公共外交”和“全球治理”都是大国应有之物。习近平主席讲:“不论全球治理体系如何发展变革,我们都要积极参与。”十八大以来,中国政府相继提出“突出互利共赢”“追求公平正义”“弘扬中华文化”“提供公共产品”“倡导新型义利观”“承担国际责任”等一系列外交新提法，展现出中国正在积极探索走出一条有中国特色大国外交之路。

目前，国际环境制度仍在建立中，不是很成熟，中国作为最大的发展中国家还有很大的发展空间，主动积极地参加全球环境治理，包括气候变化治理体系的建立，有助于在国际领域取得话语权与争取国家利益。

1. 争取构建全球气候变化治理体系的主动权

（1）主导并积极参与全球气候变化问题治理组织的建立和运行。如果任由西方国家主导规则的建立，中国就只能适应，要改造、修改规则非常困难，也相当有限，所以中国应在这种主导规则建立之前，积极充当组织的倡导者和推动者，争取在这一问题上发挥主导作用。

（2）尝试与欧盟、美国合作建立全球气候变化治理组织。一方面，美国作为当今世界唯一的超级大国，在许多国际制度中具有主导地位，甚至一些国际制度成为美国战略和利益的工具。另一方面，由欧共体启动的气候变化公约谈判进程某种程度上是欧盟制约美国的制度工具。可以说，中国、美国、欧盟实际上在气候公约谈判中形成了相互制衡的关系。因此，中国在欧盟与美国之间选择恰当的伙伴，与其在气候治理组织问题上达成共识，可以更好地通过参与制定组织的法律法规来保障自身利益。

（3）对全球气候变化问题进行科学的判断与估计。事实上全球气候问题存在许多不确定性，例如，美国退出“京都协议”给出的一个主要理由是气候变化问题的科学性尚存疑；法国地质学家洛德·阿莱克尔在《气候的骗局或是虚假的生态》一书中指出，全世界的人们都在为一个“缺乏依据的谎言”奔走。因此，对气候变化进行科学的中国式解读、充分分析解决气候问题的各个措施，得出我国经过严格论证的结论尤为重要。这将为中国气候环境外交和谈判提供可靠而有力的支撑和保障。

2. 中国积极参与全球能源问题治理责无旁贷

中国作为世界能源需求大国，需要与国际社会展开合作，积极参与全球能源治理不仅可以保证充足的外部能源供应，也将有助于中国国内能源问题得到解决。

(1)中国理应纳入全球能源治理架构。中国不仅是能源消费大国,同时也是经济大国,但由于不是 OECD 成员,所以无法加入 IEA。应该通过采用适当方法,使中国加入 IEA 共享体系,共同行动。实际上没有中国的参与,IEA 就无法发挥更大的作用,把世界主要能源消费国排除在世界主要能源组织之外的全球治理将无法实现。

(2)尝试在中国设立全球能源治理机构的秘书处。目前在欧洲、沙特阿拉伯、拉美都设有国际能源组织秘书处。作为国际能源治理最大的利益攸关者之一,中国对全球能源市场的利益诉求会越来越大,但中国不是现有国际能源安全机制的成员,而且至今也没有任何国际机构的总部设在中国,可以考虑推动成立总部设在中国的国际能源治理机构。

(3)积极开展新能源与可再生能源利用的国际合作。鉴于世界化石能源供求日益紧张,开发利用新能源和可再生能源是中国未来开展能源合作的发展方向,也是维护全球能源安全的内在要求。中国应积极建立与其他国家的相关技术共享交流平台,推动可再生能源与新能源科学技术的整体发展。特别是在新一代核电技术、太阳能发电技术、节能建筑等重点领域开展国际合作。

3. 全球治理中的中国责任

中国迅速崛起后,在全球治理中有什么样的责任和战略,同时国际社会对中国提出怎样的要求,这是不可回避的课题。

中国越来越深刻地认识到,“和平发展道路能不能走得通,很大程度上要看我们能不能把世界的机遇转变为中国的机遇,把中国的机遇转为世界的机遇”。面对世界,和平与发展都需要赋予新的内涵:和平——避免世界战争,不与现行国际体系(即整个西方体系)对抗,不与大多数周边国家对抗,在国际舆论环境中确立中国的非好战国家形象;发展——转变发展方式,继续保持较高速增长,提高中国人民的福祉,把国内矛盾控制在可控的低水平上,加快国家治理现代化。中国不仅要打造中国经济的升级版,更要打造中国对外开放与合作的升级版。中国将不断拓展同世界各国的互利合作,促进世界经济实现强劲、可持续和平衡增长,并将中国发展的红利惠及国际社会。

（1）构建中国的全球治理战略。继续增强综合能力，提高我国国际竞争力和全球治理能力；确立整体的国家安全战略，维护国家利益；主动参与全球治理，承担更多责任。我们应该比美国更加积极地推动全球治理，主动参与全球价值的建构、全球秩序的重构和全球治理规则的制定，同时提供更多的人道主义帮助和承担更多的全球安全责任，积极参与全球公民社会的发展，不断增强中国在全球治理中的发言权。

（2）认清承担责任的最大受益者是中国。承担责任并不是给别人买单，而是在帮助自己。中国在工业化过程中产生了许多的环境污染，这些污染的受害者主要是中国自身，所以承担责任首先是为了自身。在参与全球治理的过程中，要在体系中按规则办事，从遵守规则到制定规则，融入体系才能对体系施加压力，进而谋取自身利益。

（3）参与全球治理要统筹地方支持。任何公共问题，都应该从"国内—国际"合作的角度出发。否则，割裂国内政治和国际政治，用单一的、孤立的解决途径，往往是失败的。所以在国家行为上参与全球治理的情况下，同时需要以地方为代表的次国家行为站稳立场，使地方支持与国家争取形成合力，才能使中国参与全球治理得到顺利地开展。

（4）理清中国发展与全球治理的关系。中国问题的解决不仅要靠自己，还要靠与别国的合作。中国过去并不使用"全球治理"的说法，但长期通过介入国际事务来促进人类进步事业。因此，我们要区分建设性介入支持与干涉内政的关系，区分批评与帮助的关系，同时还应当冷静处理来自别国的批评。全球治理让中国与世界进步，中国可以借助全球治理来帮助别国发展，但前提是让自己也得到发展。

### （三）中国明确提出气候问题关系中国乃至全人类的福祉

中国政府一再重申气候问题关系到中国和全世界人民的福祉和可持续发展。2007 年 9 月 8 日，中国国家主席胡锦涛在亚太经合组织（APEC）第 15 次领导人会议上，本着对人类、对未来的高度负责态度，对事关中国人民、亚太地区人民乃至全世界人民福祉的大事，郑重提出了四项建议，明确主张"发展低碳经济"，令世人瞩目。他特别提出："开展全民气候变化宣传教育，提高公众节能减排意识，让每个公民自觉为减缓和适应气候变化做出努力。”①

2009年9月22日，联合国气候变化峰会在纽约联合国总部举行，中国国家主席胡锦涛出席峰会开幕式并发表重要讲话。他强调，中国高度重视和积极推动以人为本、全面协调可持续的科学发展，明确提出了建设生态文明的重大战略任务，强调要坚持节约资源和保护环境的基本国策，坚持走可持续发展道路，在加快建设资源节约型、环境友好型社会和建设创新型国家的进程中不断为应对气候变化作出贡献。因此，建设“低碳型”社会已经成为中国的基本国策。②

党的十八大报告显示：中国未来10年的战略发展规划，仍是集中精力做自己的事情；未来10年中国政府的注意力，仍聚焦在13亿中国人民的福祉和民生议题上。纵观报告中涉及外交、国防政策等内容，表达了中国在未来10年将继续融入国际社会，同时要担当国际秩序的积极建设者和负责任的大国。

2013年4月，习近平总书记在海南考察时指出，保护生态环境就是保护生产力，改善生态环境就是发展生产力。良好生态环境是最公平的公共产品，是最普惠的民生福祉。③

2013年7月8日，习近平在致生态文明贵阳国际论坛2013年年会的贺信中指出：“走向生态文明新时代，建设美丽中国，是实现中华民族伟大复兴的中国梦的重要内容。中国将按照尊重自然、顺应自然、保护自然的理念，贯彻节约资源和保护环境的基本国策，更加自觉地推动绿色发展、循环发展、低碳发展，把生态文明建设融入经济建设、政治建设、文化建设、社会建设各方面和全过程，形成节约资源、保护环境的空间格局、产业结构、生产方式、生活方式，为子孙后代留下天蓝、地绿、水清的生产生活环境。保护生态环境，应对气候变化，维护能源资源安全，是全球面临的共同挑战。中国

① 张仕荣：《低碳经济：全球与中国永续发展的关键》，《学习时报》2014年12月8日。

② 张仕荣：《低碳经济：全球与中国永续发展的关键》，《学习时报》2014年12月8日。

③ 《习近平：良好生态环境是最公平的公共产品》，新华网，2013年4月11日，http://www.hq.xinhuanet.com/news/2013-04/11/c_115344007.htm。

将继续承担应尽的国际义务,同世界各国深入开展生态文明领域的交流与合作,推动成果分享,携手共建生态良好的地球美好家园。"①

2013年10月7日,国家主席习近平在印度尼西亚巴厘岛出席亚太经合组织工商领导人峰会,并发表《深化改革开放 共创美好亚太》的重要演讲中指出:我们将加强生态环境保护,扎实推进资源节约,为人民创造良好生产生活环境,为应对全球气候变化作出新的贡献。②

2014年3月21日,中共中央政治局常委、国务院总理李克强主持召开节能减排及应对气候变化工作会议,推动落实《政府工作报告》,促进节能减排和低碳发展,研究应对气候变化相关工作。李克强说,必须看到,节能减排与促进发展并不完全矛盾,关键是要协调处理好,找到二者的合理平衡点,使之并行不悖、完美结合。淘汰落后产能,关停高耗能、高排放企业,会对增长带来影响,但其中也蕴含着很大商机,会为新能源、节能环保等新兴产业成长提供广阔空间。我们要善抓机遇,进退并举,控制能源消费总量,提高使用效率,调整优化能源结构,积极发展风电、核电、水电、光伏发电等清洁能源和节能环保产业,开工一批新项目,大力推广分布式能源,发展智能电网,逐步把煤炭比重降下来。尤其是要着力发展服务业特别是生产性服务业。服务业总体能耗低,又是就业最大容纳器,对推动发展潜力巨大。要加快有序放宽市场准入、加大政策激励,提升服务业在国民经济中的比重,确保2014年继续超过二产,使其成为促进产业结构优化、推动节能减排和低碳发展的关键一招。李克强说,应对气候变化与节能减排相辅相成,是人类的共同责任。中国作为负责任的大国,愿主动积极作为,与世界各国一道,在坚持共同但有区别的责任原则、公平原则、各自能力原则的基础上,为应对气候变化的挑战作出更大努力。会议原则通过《2014—2015年节能减排低碳发展行动方案》,并研究讨论了我国应对气候变化的行动方案。③

---

① 《习近平谈治国理政》,外文出版社2014年版,第250—251页。

② 《习近平谈治国理政》,外文出版社2014年版,第347页。

③ 《李克强主持召开节能减排及应对气候变化工作会议》,新华网,2014年3月23日,http://news.xinhuanet.com/photo/2014-03/23/c_126303992.htm。

### （四）中国通过高效扎实的应对气候战略赢得国际社会的尊重与理解

党的十八大报告第一次把“公共外交”和“全球治理”写进文件，表达了中国准备承担更多国际责任。“公共外交”和“全球治理”都是大国应有之物。习近平主席讲：“不论全球治理体系如何发展变革，我们都要积极参与。”

中国已经成为全球治理体系中最重要的参与者、推动者，并将成为改革者和引领者。近年来，中国经济发展对全球治理贡献良多，中国已经在全球经济治理中发挥着决定性的作用。中国应站在“全球公域”治理的前沿，维护中国国家利益与人类共同利益的统一；加大提供国际公共物品，积极参与国际制度、体制的创新；中国在推进自身国家治理现代化的进程中，融入现有国际体系，在道德制高点上认同人类共同利益。中国将更积极参与国际和地区热点问题的处理，继续积极参与国际反恐合作，积极推动实现联合国千年发展目标，共同应对气候变化、网络安全、极地、太空等全球性问题。

气候变暖问题一直是攸关全人类发展的现实性重大挑战，而中国能否延续“APEC 蓝天”一直为世人所关注。2014 年 11 月 16 日，习近平主席在澳大利亚出席二十国集团领导人第九次峰会时发表讲话，宣布中方计划 2030 年左右达到二氧化碳排放峰值，到 2030 年非化石能源占一次能源消费比重提高到 20%左右，同时将设立气候变化南南合作基金，帮助其他发展中国家应对气候变化。①

2013 年 6 月 19 日，国家主席习近平在北京会见联合国秘书长潘基文时指出：中国需要联合国，联合国也需要中国。中国重视联合国，将坚定地支持联合国。中国是联合国安理会常任理事国，这不仅是权力，更是一份沉甸甸的责任。中国有这个担当。中国将继续大力推动和平解决国际争端，支持联合国推进千年发展目标，愿同各方一道努力，共同应对气候变化等问

① 张仕荣：《后北京 APEC 时代：中国“极”的崛起》，《中国党政干部论坛》2015 年第 1 期。

题,为世界和平、人类进步作出更大贡献。①

2014 年 8 月 16 日,国家主席习近平在南京会见联合国秘书长潘基文。习近平表示,2015 年是联合国成立 70 周年。国际社会应该把握这一契机,致力于维护联合国宪章和原则,共同加强多边主义,促进世界和平与发展。中方将积极参与 2014 年 9 月联合国气候变化峰会,为推动应对气候变化国际合作注入新动力。

2014 年 11 月 12 日,中美双方共同发表了《中美气候变化联合声明》。根据声明,美国计划于 2025 年实现在 2005 年基础上减排 26%—28%的全经济范围减排目标并将努力减排 28%;中国计划 2030 年左右二氧化碳排放达到峰值且将努力早日达峰,并计划到 2030 年非化石能源占一次能源消费比重提高到 20%左右。声明中说,中美双方将携手与其他国家一道努力,以便在 2015 年联合国巴黎气候大会上达成在公约下适用于所有缔约方的一项议定书、其他法律文书或具有法律效力的议定成果。双方致力于达成富有雄心的 2015 年协议,体现共同但有区别的责任和各自能力原则。双方计划继续加强政策对话和务实合作,包括在先进煤炭技术、核能、页岩气和可再生能源方面的合作,这将有助于两国优化能源结构并减少包括产生自煤炭的排放。当天双方宣布了加强和扩大两国合作的进一步措施。② 有专家表示,该项双边协议的达成是“具有历史意义的事件”,为中美气候领域乃至新型大国关系的发展树立新的里程碑。这一声明的发布是政治战略的决定,表明两国正式在最高决策层确立了未来发展的低碳方向,为应对气候变化、实现可持续发展提供了巨大的推动力,将在联合国气候谈判中为达成 2015 年巴黎协议带来推动力和良好势头。双边声明在气候变化领域和低碳发展领域开辟了广阔的合作前景,为两个最大经济体之间的贸易、投资提出了新的课题和机会。低碳发展、绿色发展,有可能成为中美经贸关系的新主题、新概念、新线索和新亮点。同时也有专家指出,要达到声明中所既定的目标,中美两国都面临巨大挑战。对美国而言,意味着美国年均温室气体

① 《习近平谈治国理政》,外文出版社 2014 年版,第 211—212 页。

② 《中美气候变化联合声明》,《人民日报》2014 年 11 月 13 日。

排放下降速率需翻番,从 2005—2020 年的 1.2%增加到 2020—2025 年的 2.3%—2.8%。此外,美国国家体系会多深、多快、多持久地顺应世界和美国的低碳转型大势也有待观察。对中国而言,在 2030 年左右达到碳排放峰值,意味着届时单位国内生产总值(GDP)的二氧化碳排放强度下降率要大于 GDP 年增长率。实现这一目标涉及很多难点,包括如何实现煤炭投资、就业的平稳过渡,如何在煤炭在能源消费格局中占比相对较高的情况下不断低碳化、清洁化等。

2015 年联合国气候变化巴黎大会,是 1997 年《京都议定书》达成以来最重要的一次全球气候谈判大会。中国应对气候变化问题的立场非常坚定,在巴黎大会制度建设方面的作用至关重要。作为影响全球气候变化重要"利益攸关方",中国提交联合国的"国家自主贡献"目标确认:到 2030 年,单位 GDP 温室气体排放强度在 2005 年的基础上减少 60%—65%;二氧化碳排放总量 2030 年左右达到峰值并争取尽早达峰值;非化石能源占一次能源消费比重达到 20%左右。中美两国自 2014 年 11 月以来共签订了三个元首级气候变化联合声明,强有力地推动了《巴黎协定》的达成和签署。中法两国也发表了关于气候变化的联合声明。中美法三国在气候变化问题上共同发出坚定的政治意愿,并就巴黎气候谈判诸多核心与焦点问题凝聚共识,为巴黎大会的成功发挥了历史性和基础性的作用。

在巴黎气候大会开幕式演讲中,习近平主席向世界介绍了中国在推进生态文明建设,推动绿色循环低碳发展的成果,阐述了中国把生态文明建设作为"十三五"规划重要内容。习近平主席指出,巴黎大会正是为了加强公约实施,达成一个全面、均衡、有力度、有约束力的气候变化协议,提出公平、合理、有效的全球应对气候变化解决方案,探索人类可持续的发展路径和治理模式。会场内外,中国领导人忙碌的身影,体现出为推动全球气候治理的"中国担当"。大会期间,习近平主席与美国总统奥巴马两次通话,就推进巴黎气候大会取得成功进行磋商,推动了两国谈判代表在巴黎的密切合作,确保巴黎大会如期达成协议。

在巴黎大会进程中,中国代表团积极行动,提出多项建议。例如,为达成一个"全面、均衡、有力度、有约束力"的协议,中国提出了"协议+决定"的务实建议,协议以2020年后全球应对气候变化的机制性安排为主要内容,但考虑到各国国情不同,各国提交的自主贡献的目标则可放到没有法律约束力的决定中。其次,中国支持进行整体成果的定期盘点,但强调这个盘点应当是一种激励性的机制,应当是非惩罚性、非强制性的,协议应设定一项逐渐提高力度的机制,逐步引导全球向低碳、绿色发展方向转变。中国还主张,发达国家必须兑现到2020年每年为发展中国家提供1000亿美元资金支持的承诺,2020年后应在此基础上扩大规模,继续支持发展中国家提高应对气候变化的能力。此前,中国和印度、巴西两大发展中国家签署了气候变化联合声明,强调了发展中国家为全球应对气候变化应该努力作出贡献。中国宣布设立200亿元人民币的中国气候变化南南合作基金,并将启动在发展中国家开展10个低碳示范区、100个减缓和适应气候变化项目及1000个应对气候变化培训名额的合作项目,继续推进清洁能源、防灾减灾、生态保护、气候适应型农业、低碳智慧型城市建设等领域的国际合作,帮助其他发展中国家提高减缓和适应的能力。巴黎气候协议最终文件显示,中国的建议被纳入谈判进程,并最终体现在了协议中,体现出了中国智慧与创意。中国积极推动巴黎气候变化大会的成功,表明中国已成为全球气候治理的引领者,其已成为中国深度参与全球治理的成功范例。

然而,《巴黎协定》能否生效不仅取决于各国国内的法律程序情况,还需同时满足"双55"条件,即至少55个缔约方加入协定并且涵盖全球55%的温室气体排放量。截至2016年秋季,《巴黎协定》已获得180个缔约方签署,并获得22个缔约方(或通过其他方式加入)批准。欧盟成员国中,匈牙利和法国已完成国内审批程序,欧盟的批准程序预计2017年完成。《巴黎协定》能否最终生效、履约情况如何,在很大程度上取决于中美两个大国的行动。中国不仅将"积极参与应对全球气候变化谈判,落实减排承诺"明确写入"十三五"规划,还在8月17日举行的十二届全国人大常委会第七十三次委员长会议上建议审议国务院关于提请审议批准《巴黎协定》的议案,有望实现在2016年G20杭州峰会前完成参加协定的国内法律程序的承诺。中国和美国这两个排放大国表示正在完成国内步骤,希望于2016年内加入《巴黎协定》。

2016年9月,第11次G20领导人峰会在中国杭州举行。众所周知,G20成员的经济规模约占全球经济总量的85%,同时,其温室气体排放量也占到全球的80.82%,有17个成员国属于全球最主要碳排放国。显然,这是一次夯实并推进巴黎峰会政治共识的良机。2016年4月,G20协调人会议发表关于气候变化问题的主席声明,这是G20历史上首次就气候变化问题专门发表声明。作为东道主,中国首次将绿色金融议题引入G20议程,建立了绿色金融研究小组,以鼓励各方根据具体国情,深入研究如何通过绿色金融调动更多资源用于绿色投资。在此基础上,可加强对气候变化相关风险的披露,并将其纳入金融风险评估体系,从而提供更加全面理性的投资建议。在公共和私有领域,将盲目低效的化石燃料投资转向低碳投资,以企业行为实现政治承诺,以市场倒逼低碳转型。

值得一提的是,中美化石燃料补贴同行审议计划在G20杭州峰会之前完成。G20框架下的化石燃料补贴同行审议源于2009年9月匹兹堡峰会做出的"到中期取消导致浪费型消费的化石能源补贴"的承诺。2014年7月,中美双方率先达成同行审议任务说明书。这一互查倡议将鼓励更多国家加入审议,增强全球能源市场的透明度,推进取消化石燃料补贴的全球化进程。七国集团于2016年5月宣布,到2025年将取消化石燃料补贴。中国还推动了G20成员国在2030年可持续发展议程,可获得、可负担、可持续的能源供应,以及气候资金等议题上的行动。

## 四、统筹我国气候变化战略与外交战略的对策及建议

### (一)准确把握我国的气候国情特征

我国的气候国情特征主要表现为以下四点:

第一,中国既有发展中国家身份,又具备发达国家的部分特征。从人均GDP来看,中国属于发展中国家,根据中国国家统计局数据,2013年我国人均GDP为6995美元,仍然只有世界平均水平的三分之二,距世界银行公布

的高收入国家还有相当长的路要走。按照2013年平均汇率折算,2013年我国GDP总量为94946亿美元,相当于同期美国GDP的56.5%,中国GDP排在世界第二。因此,中国在未来五年内GDP以平均汇率结算将会超过美国。而根据世界银行国际比较项目(ICP)公布的数据显示,中美之间的经济规模正在缩小,2014年中国就会超越美国成为全球最大经济体,比此前预计的2020年前后的时间点提前了6年,对此观点中国政府不予认同。总之,从人均GDP来看,中国属于发展中国家,但是从GDP总量来看,中国具有发达国家的部分特征,中国不能完全将自己认定为发展中国家,中国必须承担责任,但是不能同美欧承担相同的减排责任,这是中国的身份认同和创造新的气候问题国际话语权所面临的首要矛盾。

第二,中国已经成为全球能源消费、进口和碳排放第一大国,同时中国也是全球最大工业产品生产国和出口国,中国政府和社会因此面临的巨大的矛盾是:中国作为一个制造业大国,深受世界经济结构中所处位置与角色的局限和束缚,在全世界分享中国制造的物美价廉的工业产品的同时,自身却付出沉重的资源与环境代价,并同时承受着"转移排放"带来的越来越大的国际政治压力;中国有可能在很短的时间内成为世界上污染最严重的国家之一,同时又必须为减少污染和能源消费作出最大的努力。此外,中国人口众多,幅员辽阔,区域发展不平衡十分突出,同时中国城市化进程远未结束,未来二十年碳排放总量还将增加。

第三,目前中国正在面临经济转型的关键时期,如何转型及转向何方将对世界未来气候大格局产生深远影响。当前虽然碳排放总量世界第一,但是中国政府希望中国经济转型成功后能够为全球气候变化作出贡献,并引领全球气候变化的方向。

第四,中国在国内既要保证经济发展,同时又要保持政治的稳定。这就使得中国政府对内长期面对巨大的环境政治压力,对外则长期面对沉重的环境外交压力。

在以往的认知中,这些矛盾和问题被认为是一些负面消极的因素,导致中国在应对气候变化中的话语权式微,战略应对被动。此外,这些矛盾的深刻之处还在于中国在当今世界经济结构中所处的位置,即所扮演的角色和必须付出的代价,并非可以在短期内得到改变。现在需要我们正确面对中国气候国情,化被动为主动,化消极为积极。中国构建自身话语权必须体现出中国气候国情特征,所有中国应对气候变化的主张都要立足于国内经济发展和改革的基础上,同时今天中国的发展已经不是原来的发展模式,已经在向绿色低碳模式转向。

## (二)加强顶层设计,统筹职能,协调政策

中国应从国家的层面做好顶层设计,打破部门界限,加强协调,有效实施管理。早在1990年,我国就成立了应对气候变化的相关机构——国务院环境保护委员会下的国家气候变化协调小组;1998年组建了国家气候变化对策协调小组,统一协调相关政策和行动。2007年,成立了以温家宝总理为组长的国家应对气候变化领导小组,负责制定国家应对气候变化的重大战略、方针和对策,协调解决应对气候变化工作中的重大问题。2008年,国家发展改革委成立了应对气候变化司,承担领导小组的具体工作。目前,国家层面的应对气候变化部门,在组织履行国际公约中的重要活动、协调各个部门间合作方面发挥了积极作用,但国家发改委、外交部、环境保护部、国家气象局等部门都分担国家层面的气候变化问题与气候外交合作,有职能重叠、分工不清和责任模糊的问题,因此,中国在协调、组织国内的气候变化工作设计分工方面仍需加强。

中国在全球气候—能源体系中的重要性日益增加,但现有的国际机制并未充分体现出来,中国还需通过创建完善合作机制来承担维护彼此和全球能源安全的责任和义务。因此要建立一种能将能源安全、环境保护与气候变化结合起来的新的协调机制(包括各种专业的委员会)或者组建并发展世界范围内更具代表性和更加有效协调的能源合作组织,[1]以便进一步规范国际能源市场,制定统一的贸易规则和投资标准,促使中国的气候—能源对外战略更加规范化,更具落实力。

---

① 该新组织应该把利益相关者(包括私营企业、政府、国内团体)的重要利益考虑在内,它的范围应该比现在的国际能源署广泛得多,并且这个组织必须提供对能源获取和供应制定具有约束力的规则以及对能源危机进行反应的更好的机制。——笔者注

### （三）积极提出总量控制目标，在气候外交中争取主动

中国应适时主动出击，在气候变化问题上占领道德制高点。虽然，中国仍将长期为发展中国家的一员，但经济总量第一大国与碳排放第一大国的身份，使中国在未来的气候谈判博弈中要谋划新的思路和对策。

2014年，国际货币基金组织公布数据显示，中国的经济总量首次超过美国成为世界第一。2011年德班会议前夕，中国承认世界二氧化碳排放第一大国地位。21世纪的第一个十年，中国二氧化碳排放占比由12.9%提高到23%，人均二氧化碳排放量超过世界平均水平。人均排放低于世界水平，一直是中国坚守不承担温室减排义务的最有力的支撑之一。如今，这一支撑消失，中国必须找到新的论据。2014年12月，中国公布了碳排放达峰时间表，明确为2030年左右，表明中国政府已经逐渐把应对气候变化提升到了一个新的阶段，即从排放强度控制阶段，转向排放总量控制的阶段，为中国在未来的气候博弈中争取了主动。

依照目前国际气候谈判的制度，在2020年之前，中国不需承担温室气体减限排义务。但是，2015年巴黎的气候大会将就2020年以后的温室气体排放达成一项新的全球协定，届时，中国将无法坚持“共同但有区别的责任”。因此，中国应该积极与欧盟、美国以及其他发展中大国方充分沟通，努力协调，力争提出各方均能接受的中国温室气体排放总量控制目标。中国应向世界申明，在气候变化问题上，全球是一个共同体。无论从人口数量、国土面积、经济规模以及与世界联系的紧密程度来说，中国都是这个共同体中影响巨大的一员。全球应对气候变化的要求，必然也是中国需要积极应对的挑战。事实上，节能减排，应对气候变化，是国际社会对中国的要求，更是中国可持续发展、改善民生问题的关键，是与中国自身发展要求一致的。中国愿意也必须承担起环境保护的责任，中国发展模式与国际社会的低碳发展要求是完全一致的，但是，这个一致是总体和长期目标的一致。中国目前要解决的发展与环境保护相协调的问题，只能立足于自身的条件，按自己的节奏安排。从长远来看，中国对低碳发展的要求并不低于国际社会的要求，中国对良好环境的需要，并不弱于国际社会的需要。在全球经济

一体化的背景下,如果牺牲中国的经济发展,也就是牺牲全球的经济发展,中国要承担的经济成本,也是全球要承担的经济成本。

从外交角度来说,中国如果主动提出承担减排义务和实施力度,在外交谈判中会更有利,而且,早提出比晚提出更有利,便于中国在气候谈判中占领道义制高点,树立负责任大国形象。

### (四)及早制定实施“减缓战略”和“适应战略”

一方面,中国需要以节能减排为主的减缓气候变化的行动,包括增加非化石能源比例、增加森林土地碳汇等措施。在化石能源仍占据重要地位的阶段,中国应大力节约使用煤炭和石油等化石资源,减少化石能源开发和利用过程中的环境影响和污染物排放,包括二氧化硫、可吸入颗粒物等危害人体健康的污染气体的排放,减少以二氧化碳为主的温室气体的排放。减缓行动还包括培育森林、草地等绿色植被,保护生态与水资源、实现绿化环境、净化空气,保护和增加碳汇。中国如果能够抓住转变发展方式的战略机遇期,从依靠低端产业的扩张,转向更加注重质量和效益的绿色、低碳发展模式,则可以成功抢占国际战略制高点。

另一方面,中国还要及早制定并实施我国的“适应战略”,建设防灾减灾的基础设施,提高人类及生物适应气候变化的生存能力。中国是一个水旱等自然灾害频发的国家,人均水资源和土地资源十分有限,改善防洪抗旱的基础设施,从技术和管理上强化水安全战略,已成为迫切的实际需求。同时,中国土地资源有限,要提供充分的粮食和其他农林产品,也必须不断改进品种、土壤和栽种技术,强化保护生物多样性的意识,创新适应气候变化的农业发展模式。而且,中国的资源(包括水资源、土地资源、矿产资源和能源)的供给模式也需要改变,应由粗放供给满足过快增长需求的模式,转变为以节约供给满足科学发展需求的模式。同时,中国还要加大保护生态和环境的力度,争取在2030年前基本解决空气、水和土壤三大污染问题。制定“减缓”和“适应”战略,是中国应对环境气候变化、保持可持续发展的必经之路。唯有如此,我国综合国力才能迅速提升,在世界经济政治格局中的地位才能显著提高,大国责任才能更加彰显,在国际气候谈判中才能更加积极主动,更加具有发言权。

### (五)争取气候谈判的主动权和话语权,有效参与全球气候治理制度建设

2012年,欧盟的突出矛盾为主权债务危机,气候变化问题暂时淡化;美国的气候变化立法停滞不前;日本因核事故放弃了原来的减排目标;加拿大也由于无力支付交易,宣布退出《京都议定书》的减排承诺名单。针对上述变化,中国应抓住发达国家对气候变化问题有所松懈、全球应对气候变化的公共舆论压力减弱的机会,利用发达国家间的矛盾,团结发展中大国,采取更为灵活的谈判策略,争取更加主动的地位。

一方面,参与国际气候谈判的众多国家中,大国依然是主导,中国应充分认识主导大国政策的变与不变,审时度势,继续积极参与或倡导相关的制度建设,增加自身的发言权与决策权。欧盟是气候谈判的领跑者。虽然在2012年,欧盟的突出矛盾为主权债务危机,气候变化问题暂时淡化,但其作为国际气候谈判领导者自我定位依然没变,其倡导的大力度减排目标没变,其对减排问题的激进态度也没有变。日本的气候外交政策也是稳定的。日本一直认为,国际环境问题上,是其发挥国际影响力的重要领域,也是其实现政治大国梦想的重要手段。因此,虽然2011年的福岛核事故导致日本的减排承诺目标大幅后退,但未来日本仍会积极参与并推动国际气候谈判与合作,并试图通过开展气候外交,主导国际谈判进程。比较而言,美国则伴随总统的更换,气候外交政策蹒跚前行,充满变化。老布什时期,美国对气候问题比较保守;克林顿上台,美国对气候问题的态度变得相对积极;小布什执政,美国的气候立场转为消极;奥巴马主政期间,美国的气候政策趋于积极。

针对发达国家的不同趋势与变化,中国应抓住机会,加大与其开展多边和双边的气候合作,为中国的低碳发展提供先进的环保技术和环保理念。同时,中国还应准确把握发达国家对气候变化问题的趋势与变化,利用发达国家自身及相互间的矛盾,团结尽可能多的力量,采取更为灵活的谈判策略,争取在国际气候谈判中更加主动。

另一方面，发展中国家也是中国不可或缺的伙伴。中国应加强与发展中国家的合作，改善自身的国际形象，团结更多国家支持中国的气候变化主张。中国的邻国多为发展中国家，气候问题具有跨国性，邻国间易产生矛盾，邻国间的合作也最容易获得效果。中国应加强与周边国家的气候合作，共同防治沙尘暴、酸雨和环境污染等。另外，对于图瓦卢、马尔代夫等最易受气候变化影响的小岛国，非洲的经济落后、生态极为脆弱的发展中国家，中国应积极给予资金和技术方面的援助和支持。这既可以帮助中国改善国际形象，团结更多国家支持中国的气候变化主张，也可以激励国际社会特别是发展中国家更加主动、有效地应对气候危机。

### （六）推动中美在气候—能源领域成为制定国际规则的主导力量

在全球应对气候变化的进程中，中美两国已经成为主导力量。统筹中国气候变化战略与外交战略需要具备顶层设计和底线思维，关键在于把握住中美在气候变化问题上的协调与合作，达到纲举目张的效果。中国在2014年年底利马气候大会的基础上，与美国共同提出新的纲领，力争成为全球气候变化谈判的主导者；围绕气候问题话语权的构建，推动中国与美国同时成为气候问题国际规则的制定者和主导方。

中美既是利益攸关方又是建设性合作者，中美在气候—能源合作潜力巨大，尤其是奥巴马政府实施能源新政后，中美在能源环境领域利益交汇点更多，双边互补性更强，合作前景更加宽广。① 因此要积极创造新条件，创造推动中美气候—能源合作发展的新因素。针对中美能源领域中存在的分歧和误解，要进一步促进双方的沟通和了解，寻求增信释疑的办法。

一方面，有必要通过多层次的对话，主动寻求与美国在有争议的课题上

① 2009年7月28日，中美在华盛顿签署《关于中美两国加强在气候变化、能源和环境合作的谅解备忘录》，确定中美能源、气候和环境合作领域的10项发展内容，包括：能源节约与能源效率；可再生能源；洗煤、碳捕捉与储存；可持续运输，包括电动车辆；电网现代化；清洁能源技术的联合调研与发展；清洁空气；清洁水；自然资源保护，如湿地保护和自然保护区；应对气候变化和促进低碳经济增长。——笔者注

进行沟通,寻求减少摩擦的可能,致力于将目前所面临的挑战变成机遇,并走向基于双方共同利益的合作。要积极推动中美能源、气候从理论探讨转移至建构实际行动,将双边对话内容从战略层面转移至技术层面,如能源技术、能源效率等,并落实至企业间的合作层次;同时,积极扩大合作范围,将其拓展至包括减少环境污染以及建立有关能源效率、能源安全和环境影响的长远联系机制上。具体而言,中美两国应加强研讨,积极磋商,通过双边对话的方式明晰彼此的攸关利益和意图,凝聚共识,进而确立合作的原则、规则、规范和决策程序,要强化政府层面的沟通(尤其是与美国国会等机构的交流),减少议会政治对中美能源、气候合作的干扰;同时积极开展第二轨道包括非政府之间、学术界的、科学界的、商业和金融之间的外交,通过必要的学术研究和政策沟通增强美国对中国能源、气候政策的认知和了解,扩大两国的民间共识,积极消除中美两国彼此之间的误解,并推动中美能源领域间的共识上升到美国政府、国会等层面。以便继续强化中美新能源合作的积极因素,提高双方的合作水平。

同时,中美还可以通过多边协调来进一步加强沟通,明确彼此的责任与义务,增信释疑。要积极加强中美两国在世界多边能源机构尤其是国际能源署框架下的协调与合作(尽管中国已经开始以观察国的身份参加国际能源署的会议),注重要在国际舞台上积极宣传中国的能源、气候变化政策和主张,让美国了解中国近年来在国内和国际两个层面为全球温室气体减排采取的措施和作出的贡献,了解中国积极应对气候变化的决心和态度(中美越了解对方的目标和政策,就越能从双边合作中获益),这不仅能够使中美双方提高能源信息交流的质量和速度,增强国际气候变化合作中中国的话语权,也可增加双方能源市场的透明度,积极营造宽松的国际能源合作和竞争环境。

另一方面,要按照量力而行、逐步推进的原则,在巩固、夯实中美下游气候—能源合作机制的基础上,着重关注那些彼此较易达成共识的领域(例如研发清洁高效的可再生的能源),着力增强现有机制的“外溢效应”,积极推进中美之间的初始能源合作向中游和上游领域开展,尤其是在能源技术转让、知识产权保护等领域。这不仅有利于减少我国对美国气候—能源技术的“脆弱性”依赖,也有助于增强我国的国家安全。

美国是中国气候战略与外交战略中的主要对手和伙伴。机制建设是破解中美能源、气候合作瓶颈,增强合作效能的重要路径。虽然当前中美能源—环境与气候合作的框架已经形成且现存的中美能源双边合作机制已经使中美能源合作中的行为更透明,更有预见性,也更有合法性,尤其是中美战略与经济对话机制已经将中美能源合作提升至战略层面;但就中美关系发展的全局来看,双边能源、气候合作仍有很大的提升空间。一方面,应进一步加强顶层制度设计,将中美两国在能源、气候领域的合作纳入中美“积极全面伙伴关系”发展的全局,使之成为推动中美关系进一步健康发展的重要积极因素(将能源问题列为中美两国在国际和地区事务以及全球性问题上沟通和协调,不断充实两国关系战略内涵的重要领域)。同时,重视发挥官方渠道(如部长级会晤、磋商,首脑会晤等)在中美能源、气候合作中的作用,尤其是要积极促进第二轨道的对话机制向正式的、官方的对话机制转化,如进一步推动中美学者间规划的能源合作路线图官方化,进而不断提升和引导合作的层次与水平。

### (七)发挥国际非政府组织的作用,积极开展公共外交

中国气候外交的一个重要任务,是要向全世界介绍中国在应对气候变化方面的积极态度、所采取的措施和已取得的成果,树立中国建设性的、负责任的大国形象。在处理全球气候变化的国际谈判中,非政府组织扮演着越来越重要的角色。许多国际非政府组织通过科学的资料分析和研究成果,为政策制定和国际谈判提供科学依据;他们通过宣传教育提高公众环保意识,影响国内决策;有的非政府组织还可以通过游说或直接加入政府代表团,影响全球气候谈判的进程。因此,中国应与相关的国际非政府组织加强沟通和协调,通过它们宣传中国的气候政策和减排努力,建立良好的互信机制。同时,积极培育本土的非政府组织,支持它们开展民间气候外交,鼓励它们在应对气候变化问题上发挥更大作用。

中国在气候变化问题上面对国际社会的重重压力,必须在气候变化战略和外交政策上有所突破。中国首先要提出自己的国际气候治理的方案,

清晰地表明中国的态度,并向国际社会提出可观察到的、切实可行的解决方案。在此基础上,对国际环境审时度势、抓住机遇,利用矛盾、团结共同利益者,才能争取在国际气候谈判和国际气候的舆论中占据主动。这样,中国才能既有效地维护国家的发展权益,又能为应对人类共同面对的严峻挑战作出贡献。

# 后　记

呈现给读者的这部书，是国家开发银行资助、中共中央党校2012年度重点科研项目暨2013年国家社会科学基金项目《国际战略格局转变中的能源与气候问题研究》之最终成果，磨砺辗转5年终于问世。

这一课题成果是由一个出色的研究团队集体完成的。团队由马小军教授领衔，成员主要为中共中央党校国际战略研究院的中青年学者同仁。课题的题目立意，章节体系的设计谋划，研究案例的设立与推敲安排，全书的多次增改与最终统稿，由马小军总揽其责。各章节的研究写作分工如下：导论——马小军、高祖贵、文洋；第一章——惠春琳、梁亚滨、姜英梅、马小军；第二章——张仕荣、马小军；第三章——马小军、文洋、张仕荣；第四章——马小军、惠春琳；第五章——崔波、马小军。本课题研究的一大特色是，课题在章节体系之外，以案例研究的形式，向读者奉献了五项具有很强专业特色的研究报告，其研究写作分工如下：案例研究Ⅰ——姜英梅；案例研究Ⅱ——惠春琳；案例研究Ⅲ——左凤荣；案例研究Ⅳ——张明明；案例研究Ⅴ——周绍雪、张仕荣、惠春琳、马小军；梁亚滨参与了全书的统稿改定工作，并编排梳理了全书繁杂的图表目录。大量丰富、权威的，且经多次更新的统计数据和专业精致的图表，成为本课题研究成果的重要特征，为本书贡献了充分的统计技术支持。罗云峰及李鑫为此做出细致专业的工作。李鑫还为本书的多次增改，提供了重要的数据支持。特别需要提出的是，作为课题组行政总管的顾丽丽女士、贾春华以及宋海云女士，为研究工作的顺利进行和最终完成，总揽繁杂的行政和财务事项，付出了辛勤的劳动。

本研究课题研究工作的顺利完成，有赖于国家开发银行和国家社会科学基金有力的财政支持，有赖于中共中央党校各职能部门的领导、指导与行政协调,有赖于国际战略研究院良好的学术研究环境和便利的工作条件,有赖于在课题研究进程中,诸多学者无私贡献的宝贵学术专业意见,当然,更有赖于本课题各位同仁的勉力工作和仁爱的团队精神。因为有了你们的共同努力,才有了读者手中这份沉甸甸的优质学术成果。最后,得以使这厚重的研究成果付梓出版,人民出版社的徐庆群女士居功至伟,责任编辑柴晨清博士精勤敬业。作为课体的总负责人,马小军在此深深地向你们鞠躬致谢。

本课题研究写作时期(2012—2017),国内经历了国家经济社会发展从"十二五"向"十三五"的重大转变;党的十八大的召开,特别是三中全会以来各项政策持续进行战略性调整,提出供给侧结构性改革的大政策,相继推出"五位一体"总体布局、"四个全面"战略布局,习近平总书记做出有关能源革命、环境—气候变化、生态文明建设、绿色增长等方面的一系列重要论述。在国际方面,绿色发展、低碳经济、生态文明已成为人类共识;经过艰苦谈判,国际社会在应对气候变化方面取得了《巴黎协定》这样重大的成果;中国成为全球能源革命、应对气候变化、全球生态文明建设的重要参与者、贡献者、引领者;反之,美国特朗普政府上台伊始,即对美国前政府以及国际社会迄今取得的一系列涉及能源、环境—气候变化的政治和政策成果,采取了重大的倒行逆施的做法,导致了国际社会所取得的上述成果和世界经济与发展形势面临巨大的不确定性。

短短5年间如此令人目不暇接的形势变化,使得本课题的研究写作始终处于如履如临、亦步亦趋的状态,叙述框架的调整、思想政策的修正、数据的补充完善,乃至整个课题大思路的改变,时常让人有首尾无法相顾、观点数据挂一漏万之惶恐与忧虑。这就导致课题最终成果中,大约会让人不免对一些新材料数据的补充、最新的领导人重要思想论述及中央政策解读、国际应对气候变化最新形势的增添补写等方面有生硬之感觉。这些不足与瑕疵的责任,全部由课题首席专家承担,也静候有识之士和读者批评指正。

马小军

2018年秋谨识于

京西大有庄点墨斋

责任编辑:柴晨清

**图书在版编目(CIP)数据**

国际战略格局转变中的能源与气候问题研究/马小军等 著. —北京:
人民出版社,2018.11
ISBN 978-7-01-019863-7

Ⅰ.①国… Ⅱ.①马… Ⅲ.①能源-研究②气候变化-研究
Ⅳ.①TK01②P467

中国版本图书馆 CIP 数据核字(2018)第 225460 号

**国际战略格局转变中的能源与气候问题研究**

GUOJI ZHANLÜE GEJU ZHUANBIANZHONG DE NENGYUAN YU QIHOU WENTI YANJIU

马小军　惠春琳　梁亚滨 等　著

人民出版社 出版发行
(100706　北京市东城区隆福寺街 99 号)

山东鸿君杰文化发展有限公司印刷　新华书店经销

2018 年 11 月第 1 版　2018 年 11 月北京第 1 次印刷
开本:710 毫米×1000 毫米 1/16　印张:36.5
字数:551 千字

ISBN 978-7-01-019863-7　定价:109.00 元

邮购地址 100706　北京市东城区隆福寺街 99 号
人民东方图书销售中心　电话 (010)65250042　65289539